KB091745

인프라 보안

기업 보안 분야 침입탐지의 실무적 접근

인프라 보안

기업 보안 분야 침입탐지의 실무적 접근

지은이 강병탁
펴낸이 박찬규 엮은이 이대엽 표지디자인 Arowa & Arowana

펴낸곳 위키북스 전화 031-955-3658, 3659 팩스 031-955-3660
주소 경기도 파주시 문발로 115, 311호(파주출판도시, 세종출판벤처타운)

가격 30,000 페이지 516 책규격 188 x 240mm

1쇄 발행 2018년 04월 18일
2쇄 발행 2020년 12월 10일
ISBN 979-11-5839-101-0 (93500)

등록번호 제406-2006-000036호 등록일자 2006년 05월 19일
홈페이지 wikibook.co.kr 전자우편 wikibook@wikibook.co.kr

이 도서의 국립중앙도서관 출판시도서목록 CIP는 e-CIP 홈페이지
http://www.nl.go.kr/cip.php에서 이용하실 수 있습니다.
CIP제어번호 CIP2018010901

인프라 보안

기업 보안 분야 침입탐지의 실무적 접근

강병탁 지음 / 김휘강 감수

위키북스

제 인생 두 번째로 집필한 책이 나왔습니다. 이전의 『리버스 엔지니어링 바이블』에 이어 이번에는 『인프라 보안』이라는 서적입니다. 분야가 좀 많이 바뀌었습니다. 출판사와는 2년에 한 권을 내기로 얘기했는데 어느새 예전 서적을 출간한 지 5년이나 훌쩍 지나버렸네요. 출판사에서는 이전의 리버스 엔지니어링 1판에 이어 2판을 희망했지만 제 업무 포지션이 좀 많이 바뀌다 보니 그간 리버싱에 많이 집중하지 못했고 이제 하수 집단에 들어서 버린 관계로 그 대신에 요즘 메인으로 하는 인프라 보안 분야를 다루기로 했습니다.

기업에서의 인프라 보안이라는 것이 네트워크/시스템 실무지식 기반이 없는 상태에서는 수박 겉핥기만 될 수도 있는지라 미국에서 근무하는 동안 제가 시도해봤던 것들 중 하나인, 집에다가 각종 중고장비를 동원해서 회사와 그럭저럭 거의 똑같은 네트워크 환경을 구성해 봤고, 인프라 보안은 돈질이라는 오명에서 벗어나 보기 위해 최대한 오픈소스와 무료 시스템을 가져다가 구축하는 쪽으로 작업을 해 봤습니다. 회사에서 인프라 보안 업무를 제대로 하기 위해, 그리고 보안을 하기에 앞서 네트워크/시스템 엔지니어들의 고충을 직접 이해해 보기 위해 죄다 직접 구현하고 모두 하나씩 구축해 봤습니다.

그러다 보니 좋은 표현으로는 연구를 통해 얻은 지식, 하지만 저속한 표현으로는 삽질을 통해 얻은 것들이라 할 수 있는 이런 시행착오/노하우/빠르게돌아가는길 등의 장단점에 대해 이런저런 여러 가지 경험이 많이 생겼습니다. 이 과정에서 개발/네트워크디자인/서버운영/정책수립 등을 1인 플레이로 해보며 느낀 것들도 많았습니다. 인프라보안이라는 태스크가 보안팀과 네트워크팀의 업무 경계가 모호한 영역이 많고, 보안팀에서 제대로 알지도 못하면서 무조건적인 설정 변경을 요구하는 경우도 없지 않은데, 네트워크 엔지니어의 입장에서 보안팀의 권고사항이라고 날아온 것들을 반영하는 데 어떠한 실무적인 애로가 없는지, 또 현실적인 타당성이 있는지에 대해 이 같은 1인 플레이랩을 통해 많이 겪어볼 수 있었습니다. 그런 관점에서 해킹과 보안을 공격과 수비라고 가정했을 때, 수비자의 입장에서 살펴본 기업 환경에서의 인프라 전체를 다룬 보안이라는 토픽으로 한 권 전체를 다룬 서적이 우리나라에는 그다지 많지 않은 관계로 이런 책을 내보고 싶었고, 그것이 실무자의 입장에서 봤을 때 충분한 현실적 근거가 있는 내용이 되기를 희망하며 글을 썼습니다.

해외 기술원서를 읽다 보면 그냥 단순 지식의 전달이 아닌 무언가 그 분야에 정통한 사람의 깊은 내공이 담긴 노하우를 전수받는 듯한 느낌을 받을 때가 많은데, 그런 책들이 국내 번역서로 나오면 번역체의 그 독특한 느낌 때문에 많은 사람들에게 어감이나 분위기를 강하게 전달하지 못하는 아쉬움이 있습니다. 이런 상황에 순수 100% 토종 한국인이 집필한 한국인 느낌 그대로의 의미 전달을 통해 기술 전수를 할 수 있는 테크니컬 서적을 집필해 보고 싶었던 마음이 강했던지라, 또한 저 본인 스스로 생각할 때, 그래도 저는 딱딱한 엔지니어가 아닌 나름 유치하지만 조금의 위트를 가진 사람이라고 자부하는 관계로 그런 유머러스함을 최대한 반영해서 지루하고 하품 나는 기술서적이 되지 않도록 꾸며보는 쪽으로 노력하며 글을 썼습니다.

예전 서적을 집필할 때는 사실 마소에서 2~3년간 매달 연재했던 칼럼을 근간으로 썼던, 어찌 보면 오랜 기간의 글집 모음 같은 것이라, 멋도 모르고 용감하게 글을 쓰던 새내기 작가 시절이었을 뿐이어서 아무래도 거친 부분이 많았고, 매달 쓴 글이 합쳐지다 보니 각 챕터도 통일성 부분에서 여러모로 많이 부족했습니다. 더불어 챕터마다 글체는 물론 방향성도 약간 좀 들쭉날쭉했던 무일관성의 모습도 많이 보였으며, 초보자들이 스텝바이스텝으로 따라할 수 있는 친절함도 갖추지 못했던 등의 문제도 많았습니다. 단점을 열거하자면 정말 끝이 없지만, 이번에는 그때의 부끄러운 경험을 거울 삼아 작성한 모든 내용을 제가 가상서버에 다시 한 번 똑같이 따라서 해 보며, 기술서적, 참고서적, 튜토리얼, 그리고 컨설팅 성격까지 모두 갖추도록 빠진 부분이나 미숙한 부분을 최대한 없애보려는 노력을 기울였습니다.

이 책이 나오기까지 많은 도움을 주시고 관심 가져주신 김휘강 교수님과 고려대학교 해킹대응기술연구실 일동, AI.Spera 전원과 넥슨 아메리카 InfoSec Team, 네오플 인프라기술실 CERT, 시스템팀, DB팀, 인프라개발팀 모두에게 감사를 드립니다.

저자 강병탁

우선 결론부터 이야기하자면 이 책은 대학 교재로 쓰기에도 너무 좋고 기업 보안 담당자들이 지식을 습득하기에도 너무나 훌륭한 책이다.

보안에 막 입문한 분들에게 도움이 되는 것은 물론이고, 어느 정도 보안 경력이 쌓인 보안 담당자들도 이 책을 읽으면서 '아, 이런 방식으로 보안을 할 수도 있겠구나'라고 느끼게 될 것이다.

이 책을 읽다 보면 오랜 기간에 걸친 저자의 보안 운영 경험, 침해사고 대응, 보안솔루션 관리 노하우를 배울 수 있다. 그리고 단순히 구축 노하우 외에도 구축 후에 운영하면서 필요한 데이터 분석 노하우가 잘 담겨 있다.

기업에서는 대부분 상용 보안 제품으로만 쓸 것으로 생각하지만, 실제로는 예산을 효율적으로 사용하기 위해 오픈소스로 된 제품들 역시 많이 활용하고 있는데, 이 책은 오픈소스 기반 보안 솔루션에 관심이 있거나, 비용절감을 하려 애쓰는 모든 조직에 잘 맞을 것으로 판단한다.

요컨대 이 책은 오픈소스 기반의 Firewall, VPN, IDS, IPS를 설치하고 룰을 튜닝해서 오탐을 줄이고 아직 알려지지 않은 공격 증후들을 탐지할 수 있도록 가이드를 제시하고, 망분리 예제, 그리고 서버 단에서의 이벤트 로그 분석 및 ESM을 통한 통합 분석을 모두 다룬 요근래 보기 드문 수작이라 생각한다. 이에 적극 이 책을 추천한다.

감수자 김휘강

고려대학교 정보보호대학원(대학원), 사이버국방학과(학부) 교수

1부 침입 탐지를 위한 네트워크와 서버 디자인

1장 OSI 7 계층과 보안 솔루션

2장 IPS와 웹 방화벽

3장 IDS 위치 선정과 센서 디자인

6장 VLAN 구성을 통한 망분리

7장 웹 필터, 유해차단 시스템 스쿼드 구축

8장 인라인 IPS 구축

9장 VPN을 통한 외부에서의 접근 제어

3부 IDS 구축과 운영: 오픈소스 IDS 보안양파

10장 시큐리티 어니언 설치

11장 IDS의 튜닝과 주요 명령어

12장 룰 관리와 제로데이 익스플로잇 대응

13장 브로와 Xplico를 이용한 네트워크 포렌식

4부 ESM과 보안 로그의 중앙 집중화

14장 ESM을 이용한 보안 로그의 중앙 집중화

15장 윈도우 이벤트 로그와 리눅스 로그의 분석

16장 윈도우 로그 분석의 최강자 시스몬

17장 시각화와 교차분석을 통한 탐지 능력 고도화

1부 침입 탐지를 위한 네트워크와 서버 디자인

01 _ OSI 7 계층과 보안 솔루션

02 _ IPS와 웹 방화벽

03 _ IDS 위치 선정과 센서 디자인

04 _ VPN의 실무적인 접근과 이해

1장 OSI 7 계층과 보안 솔루션

이 책의 1장에서는 보안을 위한 네트워크 디자인에 대한 실무적 흐름을 잡는 이야기를 하겠다. 따라서 방화벽을 가장 먼저 다룰 것이고, 그다음에는 IDS, IPS, 웹 방화벽 등을 설명할 예정이다. 각 장마다 필자의 경험을 더해서 네트워크 보안에 이론과 실무를 접목한 방향으로 구성했고, 특히 방어하는 입장을 우선적으로 감안해서 내용을 정리했으므로 모의해킹을 수행하는 보안팀보다는 방어 시스템을 구축하고 수비 관점에서 디자인하는 보안팀에 좀 더 초점을 맞췄다고 볼 수 있다. 이런 점을 감안하고 차근차근 따라오면서 네트워크 보안 실무를 수행하기 위한 필수적인 체계를 다듬어보자.

01 _ 보안 관점에서만 바라본 OSI 7 계층 이야기

전산개론 또는 정보통신 관련 서적에서 네트워크에 대해 설명할 때 보통 맨 먼저 OSI 7 계층으로 시작하고, 네트워크 보안을 논할 때도 OSI 7 계층 이야기가 빠질 수 없다. 하지만 한 가지 아쉬운 점은 정말 기본적이고 중요한 개념이기 때문에 항상 거의 초반에 공부하게 되는 항목임에도 학생들이나 후배들을 보면 이 개론과 현실을 접목하지 못하거나 OSI 7 계층에 대한 이해 없이 해킹/보안을 논하는 친구들이 많다는 사실이다. 실제로 화려한 해킹 기술을 쓰는 데는 대부분 L7의 페이로드가 필요하고 아무리 계층별로 공부한다 하더라도 결국에는 L7에서 무언가 일어나기 때문에 OSI에 대한 구체적인 개념이 필요없다고 느낄 수도 있지만 이것은 모래 위에 성을 쌓는 듯한 대단히 위험한 발상이다. L2 계층에서 왜 TP 모드를 사용하는지, L3에서 NAT을 쓸 때 IDS 디자인에 걸림돌이 되는 부분이 무엇인지 등을 이해하지 못하고 있다면, 결국 인터넷에서 익스플로잇 코드를 내려받아 소스코드를 조금 수정하고 그걸 서버에 던져보는 정도밖에 할 줄 모르는 스크립트 키드 수준의 보안 엔지니어가 될지도 모른다. 따라서 네트워크 엔지니어 수준으로 OSI 7 계층에 대해 심도 있게 접근하지는 않는다고 하더라도 보안 업계에 종사하는 사람이라면 기본이 되는 내용은 반드시 짚어두고 가는 것이 맞다.

지금부터 설명할 OSI 7 계층에 대한 내용은 각 계층에 보안 솔루션이 실제로 어떤 것이 있는지 구분하는 방식으로 진행할 예정이다. 아무래도 네트워크 엔지니어가 아닌 보안 엔지니어라면 보안 시스템과 비교하면서 설명하는 편이 가장 이해하고 쉬울 것이며, 네트워크 개론에 대해 공부한 적은 없지만 네트워크 보안에 조금만 관심이 있는 사람들이라면 L1 물리, L2 맥 주소, L3 라우팅 등을 구분하지는 못하더라도 DDoS 방어 장비, 방화벽, 블루코트(Blue Coat), 파이어아이(FireEye)라는 이름이나 실제 제품명 등은 들어봤을 것이다. 따라서 비교를 섞어가면 빠르게 이해할 수 있고 현실에 접목하기도 수월할 것이라 생각해서 순수하게 보안 관점에서만 바라본 OSI 7 계층 이야기를 준비했다.

표 1.1 OSI 모델

OSI Model		
L7	응용 계층(Application Layer)	상위 계층
L6	표현 계층(Presentation Layer)	
L5	세션 계층(Session Layer)	
L4	전송 계층(Transport Layer)	
L3	네트워크 계층(Network Layer)	하위 계층
L2	데이터 링크 계층(Data Link Layer)	
L1	물리 계층(Physical Layer)	

먼저 네트워크 스위치에서 보는 데이터에 초점을 맞춰 생각해 보자. 표 1.1을 보면 7가지 계층이 있지만 실제로 OSI 7 계층에서 가장 중요한 것은 MAC, IP, 프로토콜, 페이로드이며, 아래 표를 보면 이를 순서대로 L2, L3, L4, L7과 연관된 개념이라 생각하면 될 것 같다. L2부터 이야기를 시작할 텐데, L1을 건너뛰는 이유는 보안 실무를 할 때 물리 계층만 논하면서 업무를 수행하는 경우도 없고, L1 보안 시스템이나 L1 스위치라는 말도 없기 때문이다(물론 허브나 리피터로 쓰이기도 하지만 논점에서 벗어나므로 생략한다). 따라서 L1은 물리 계층이라는 개념만 알아두고 넘어가자. 물론 네트워크를 좀 더 깊이 있게 이해하고 싶은 분들은 별도의 서적을 꼭 참고하자.

표 1.2 계층별 역할

L2	L3	L4	L7
MAC	IP	프로토콜(TCP/UDP/etc)	페이로드

L2 계층

먼저 L2는 데이터 링크 계층으로서 MAC과 가장 관련이 깊다고 볼 수 있다. 예를 들어, L2 스위치라고 하면 MAC 주소를 보고 해당 데이터를 어디로 보낼지 검사하는 장비를 말한다. 일반적으로 매니지먼트 기능이 없는 스위치나 인터넷 공유기에서 DHCP 기능 등을 끄고 사용할 때 등 대부분의 스위칭이 L2 스위치에 해당한다. 이더넷에는 프레임 헤더에 소스 MAC 주소와 데스티네이션 MAC 주소가 들어 있다. 어떤 호스트가 패킷을 발생시키면 해당 네트워크의 모든 호스트에 전달하되 실제 보내고 싶은 녀석의 MAC 주소와 일치하는 경우에 트래픽을 전달하게 된다. 다시 한 번 쉽게 말해 이더넷 부분만 보고 패킷이 어디로 갈지 결정해주는 것이라 보면 된다. 그림 1.1을 보며 L2가 어디에 해당하는지 생각해 보자.

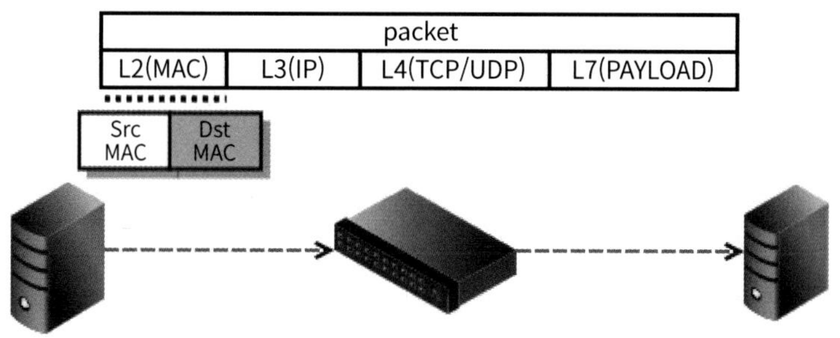

그림 1.1 L2 계층

L2와 가장 관계가 깊은 보안 시스템은 방화벽으로서 특별히 L2 방화벽이라고 하며, 브리지 모드(Bridge Mode) 또는 Transparent Mode(일명 TP Mode)라고도 한다. 방화벽에 NAT 기능을 쓰지 않고 TP 모드로 사용하면 그 방화벽은 Transparent라는 이름답게 두 장비 사이에서 투명하게 자리잡게 되며, 해당 장비 사이로 오가는 모든 트래픽을 제어할 수 있다. 일반적으로 방화벽의 경우 최소 두 개 이상의 NIC 카드가 필요하며 L3 이상의 방화벽에서는 들어오는 인터페이스와 나가는 인터페이스가 대역이 다른 것이 보통이지만 L2 방화벽의 경우 특성상 IP 주소를 할당할 필요가 없으므로 두 인터페이스 모두 같은 IP 주소대역을 사용할 수 있으며 심지어 IP 주소를 할당할 필요도 없다. 단지 장비 관리를 위한 매니지먼트 IP 주소만 있으면 된다(IP 주소를 할당할 필요가 없다고 하더라도 장비에 접속해서 설정을 조정할 필요는 있다).

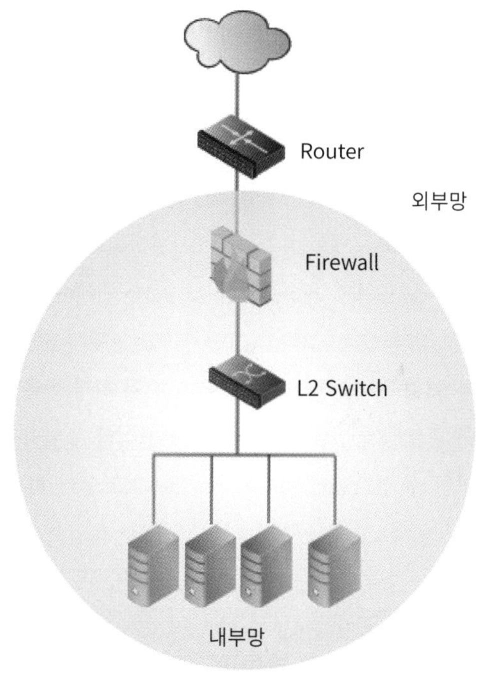

그림 1.2 TP 모드를 사용하는 방화벽

일반적으로 방화벽을 새로 넣거나 변경하는 작업은 회사 차원에서 굉장히 큰 규모의 프로젝트이며, 디자인에 따라서 일부 시스템/네트워크 부서에서 반대하는 경우가 많다. 하지만 L2 방화벽을 설치할 때의 장점으로는 새로 방화벽을 도입할 때 기존 네트워크 디자인을 바꾸지 않아도 되므로 보안팀이 네트워크팀과 싸울 필요가 없고(방화벽을 도입하는 작업은 도입 중에는 서비스 전체를 내리거나 직원들이 일정 시간 동안 업무를 수행하지 못하는 등 대단히 공수가 큰 작업이므로) Transparent라는 이름답게 외부 네트워크나 내부망에서 방화벽이 전혀 보이지 않기 때문에 방화벽을 해킹하는 익스플로잇 공격 등에 대해서도 상대적으로 안심할 수 있다.

물론 그렇다고 해서 모든 네트워크 엔지니어들이 TP Mode만 선호한다는 이야기는 절대 아니다. TP 모드로 L2 방화벽을 구성하면 해당 망은 동일한 네트워크 안에서만 가능하기 때문에 기업 환경에 따라 L2 방화벽을 설치하는 작업이 전체 네트워크 범위를 다 제어할 수 없는 상황이 생기기도 한다. 방화벽을 설치해 봤자 구멍이 생기는 구간이 생긴다면 그것 역시 실패한 네트워크 보안 디자인이라고 볼 수 있기 때문에 결국 해당 기업의 네트워크 환경에 따라 TP Mode가 답이 될 수도, 다음에 이어서 설명할 L3 Mode가 답이 될 수도 있다. 1장부터 너무 자세하게 설명하자면 한도 끝도 없기 때문에 여기서는 방화벽 디자인에 대해 좀 더 설명하고 넘어가겠다. 정리하자면 보안 시스템을 L2 계층에 설치한다는 이야기는 TP 모드로 들어간다는 의미로서 기존 네트워크의 변동 없이 모니터링 또는 제어하고자 하는 장비 사이에, 그리고 같은 서브넷 대역에 끼워넣는 것이라 보면 된다.

L3 계층

L3는 네트워크 계층으로서 TCP/IP 입장에서 보자면 IP 주소와 연관이 깊다(특히 데스티네이션 IP 주소). 모든 호스트가 MAC을 가지고 있듯이 IP 주소 또한 당연히 가지고 있다. L3는 쉽게 말해 이 IP 주소를 읽고 처리하는 역할을 한다. 먼저 라우팅에 대해 생각해보자. 어떤 IP 주소를 보며 어느 쪽으로 데이터를 보낼지 선택하는 것을 라우팅이라고 한다. 그래서 L3 계층에서는 이처럼 IP에 근거해서 패킷을 처리할 수 있으므로 하나의 장비를 갖고 있다 하더라도 NAT과 VLAN을 이용해 여러 개의 네트워크 망을 구성할 수 있다. 예를 들어, 기업에서 운영하는 웹 서버에는 엔지니어팀이 주로 터미널로 접속하고, 인사팀이나 총무팀에서는 웹서버에 터미널로 접속할 일이 없다. 이때 L3 레벨에서 NAT를 만들고 VLAN을 분리해서 엔지니어를 위한 VLAN과 인사팀을 위한 VLAN을 분리한다. 두 VLAN은 서로 접근할 수 없게 해두며, 엔지니어만 웹서버에 터미널로 접근할 수 있게 제어하는 것, 이 모든 것이 L3 계층에서 하는 작업이다. 위 L2 의 브리지 방식과의 차이점이 바로 이것이다. 앞서 이야기했듯이 브리지 방식은 네트워크의 대역이 같기 때문에 만약 별도의 NAT이나 VLAN 없이 브리지 방식으로만 방화벽을 설정했다면 인사팀 직원이든 엔지니어든 모두 웹서버에 터미널 접속을 할 수 있을 테지만, 이처럼 L3의 라우팅 방식은 네트워크 대역을 구분할 수 있다. VLAN에 대한 설명은 2부 'UTM 활용: 오픈소스 통합 보안 시스템 구축' 편에서 실제 ACL을 만드는 부분에서 이해할 수 있게 설명했다.

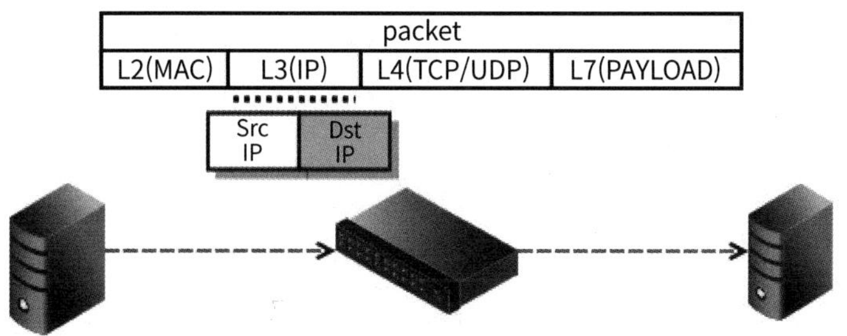

그림 1.3 L3 계층

그림 1.4를 보자. 방화벽을 NAT Mode로 사용할 때의 디자인이다. 방화벽 밑에 있는 스위치는 직원들이 접속하는 내부망이 될 수 있으며, 직원들이 회사에서 인터넷을 할 때 외부로 나가는 아웃바운드 트래픽은 공인 IP 주소가 되지만 방화벽 밑에서 가동되는 IP 주소들은 L3 계층에서 제어되는 사설 IP 주소가 된다.

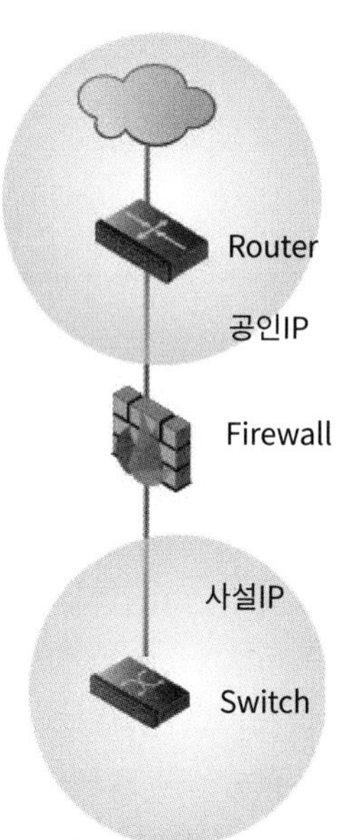

그림 1.4 NAT 모드의 방화벽

보통 이처럼 방화벽에서도 L3 계층을 제어하지만, 라우터나 L3 스위치에서 이 작업을 할 수도 있다. 사실 보안 관점에서 좀 더 이야기하자면 이것은 L2, L4와도 이야기가 연결되는 부분이 많고, 특히 L3 계층은 IDS 디자인과 관계가 깊다. 따라서 일단은 여기까지만 설명해 두고 좀 더 자세한 내용은 IDS 위치 선정을 다룬 부분에서 L3 계층과 NAT에 대해 자세히 설명해뒀으므로 궁금하신 분들은 해당 내용을 살펴본 뒤 돌아오길 바란다.

L4 계층

L4는 전송(Transport) 계층이다. TCP/IP에서 보면 IP에 해당하는 것은 L3이고 L4는 TCP에 해당한다. L4에서는 포트 수준까지 제어할 수 있기 때문에 L3보다 좀 더 정밀한 필터링이 가능한 구간이다. 다시 말해, L3까지의 전송은 IP 주소만 검사하기 때문에 IP 주소만 맞으면 일방적으로 보내버리지만 L4 계층에서는 포트까지 확인하기 때문에 IP 주소와 포트가 모두 일치해야 전송이 완료된다. 그래서 L4 장비에서는 로드밸런싱이 가능해진다. 예를 들어, L4 장비에 window31.com을 운영하는 웹서버가 10대 있고 모두 80번 포트로 통신하고 있다고 가정해 보자. 사용자가 이 URL로 접속했을 때 L4 스위치에서는 들어오는 트래픽의 80번 포트까지 읽어서 현재 서버들의 리소스나 트래픽의 양을 감안해서 이 사용자를 가장 적합한 웹서버로 연결해 준다. 이처럼 들어오는 사용자마다 각 웹서버에 균등하게 배분할 수 있는

이유는 프로토콜의 포트까지 확인할 수 있는 L4의 특성 때문이다. 서버를 이처럼 10대 설치했을 때 만약 A라는 사용자가 1번 서버와 통신하고 있다가 갑자기 2번 서버로 넘어가게 된다면 세션이 꼬여버릴 수 있지만 L4 계층을 지원하는 장비에서는 본인을 거쳐간 세션을 기억하고 있다가 항상 그 방향으로 패킷을 보내준다. 따라서 L4를 여러 머신으로 분산 부하하는 로드밸런서로 쓸 수 있고, 세션에 따라 패킷의 흐름을 지정해줄 수 있으므로 방화벽의 스테이트 풀 인스펙션(Stateful Inspection) 기능을 구현할 수 있다. 스테이트풀 인스펙션에 대한 설명은 아래 방화벽 디자인을 다룬 장에서 좀 더 상세히 설명하고 있다.

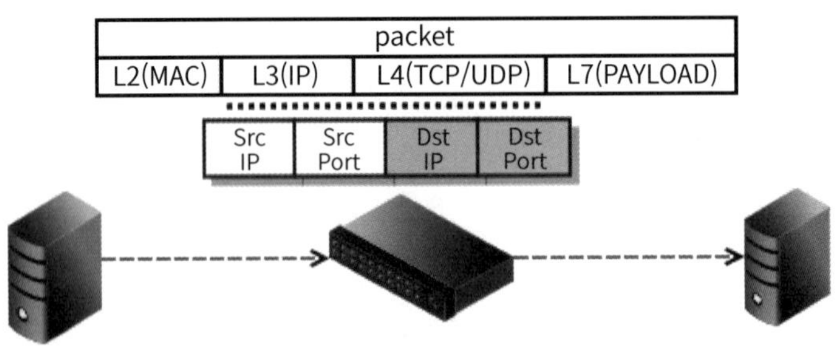

그림 1.5 L4 계층

L7 계층

사실 L5는 세션, L6은 표현, 그리고 L7은 응용 계층에 해당하는데, 요즘에는 거의 뭉뚱그려서 L7으로 일컫기도 한다. 즉 L7은 응용 프로그램 계층으로, 쉽게 말해 실제 응용 프로그램을 만든 개발자가 집어넣은 패킷이 보이는 영역이다. 예를 들어, 브라우저를 띄우고 네이버에서 wikibooks라고 검색했을 때 보이는 웹 쿼리의 내용인 http://search.naver.com/search.naver?sm=tab_hty.top&where=nexearch&ie=utf8&query=wikibooks라는 문자열이나 온라인 게임에서 채팅창에 “hello”라고 쳤을 때 보이는 hello 등이 여기에 해당한다(물론 온라인 게임의 경우 패킷 암호화가 적용돼 있다면 암호화된 패킷 그대로 보일 것이므로 실제 패킷 캡처를 통해 확인할 수 없을 수도 있다).

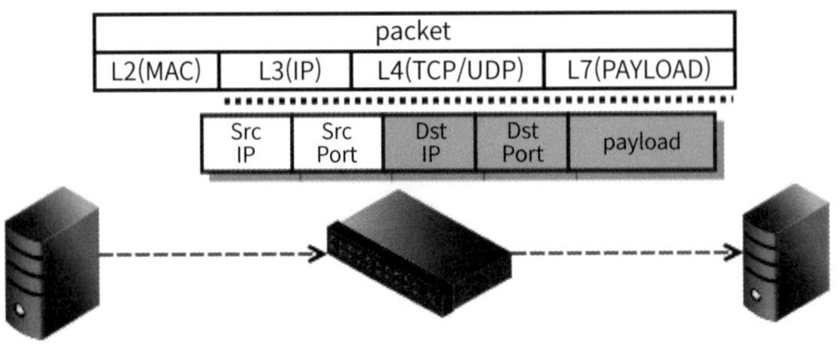

그림 1.6 L7 계층

방화벽 관점에서 볼 때도 L2 ~ L4 방화벽에서는 페이로드가 기록되는 이 L7 영역이 보이지 않지만 L7 방화벽에서는 이처럼 패킷에 기록되는 문자열까지도 걸러낼 수 있다. 이처럼 페이로드를 확인할 수 있기 때문에 보안 솔루션으로 분류하자면 응용 레벨의 거의 모든 보안 솔루션은 L7 영역에서 가장 강점을 보인다고 할 수도 있을 것이다. 이는 L7 방화벽 부분에서 좀 더 자세히 설명해뒀으며, 나중에 실제 제품명을 거론할 때도 좀 더 구체적으로 설명하겠다.

```
252 4.39146000 125.209.214.40    192.168.20.51     HTTP    449 HTTP/1.1 200 OK  (application/javascript)
258 4.49250000 192.168.20.51     114.111.42.141    HTTP    782 GET /search.naver?where=nexearch&query=wikibooks
262 4.52860300 192.168.20.51     125.209.210.116   HTTP    740 GET /cc?a=sch.action&r=&i=&bw=1040&px=0&py=0&sx=
⊞ Frame 258: 782 bytes on wire (6256 bits), 782 bytes captured (6256 bits) on interface 0
⊞ Ethernet II, Src: CadmusCo_d2:d4:02 (08:00:27:d2:d4:02), Dst: PaloAlto_00:0a:31 (00:1b:17:00:0a:31)
⊞ Internet Protocol Version 4, Src: 192.168.20.51 (192.168.20.51), Dst: 114.111.42.141 (114.111.42.141)
⊞ Transmission Control Protocol, Src Port: 49320 (49320), Dst Port: 80 (80), Seq: 1, Ack: 1, Len: 728
⊟ Hypertext Transfer Protocol
  ⊞ GET /search.naver?where=nexearch&query=wikibooks&sm=top_hty&fbm=1&ie=utf8 HTTP/1.1\r\n
    Host: search.naver.com\r\n
    Connection: keep-alive\r\n
    Accept: text/html,application/xhtml+xml,application/xml;q=0.9,image/webp,*/*;q=0.8\r\n
    Upgrade-Insecure-Requests: 1\r\n
    User-Agent: Mozilla/5.0 (Windows NT 6.1) AppleWebKit/537.36 (KHTML, like Gecko) Chrome/47.0.2526.106 Safari/537.3
    Referer: http://www.naver.com/\r\n

0000  00 1b 17 00 0a 31 08 00  27 d2 d4 02 08 00 45 00   .....1.. '.....E.
0010  03 00 47 7b 40 00 80 06  00 00 c0 a8 14 33 72 6f   ..G{@... .....3ro
0020  2a 8d c0 a8 00 50 9b e0  8c 4e f2 7e 2a e2 50 18   *....P.. .N.~*.P.
0030  40 b0 74 ca 00 00 47 45  54 20 2f 73 65 61 72 63   @.t...GE T /searc
0040  68 2e 6e 61 76 65 72 3f  77 68 65 72 65 3d 6e 65   h.naver? where=ne
0050  78 65 61 72 63 68 26 71  75 65 72 79 3d 77 69 6b   xearch&q uery=wik
0060  69 62 6f 6f 6b 73 26 73  6d 3d 74 6f 70 5f 68 74   ibooks&s m=top_ht
0070  79 26 66 62 6d 3d 31 26  69 65 3d 75 74 66 38 20   y&fbm=1& ie=utf8
0080  48 54 54 50 2f 31 2e 31  0d 0a 48 6f 73 74 3a 20   HTTP/1.1 ..Host:
0090  73 65 61 72 63 68 2e 6e  61 76 65 72 2e 63 6f 6d   search.n aver.com
00a0  0d 0a 43 6f 6e 6e 65 63  74 69 6f 6e 3a 20 6b 65   ..Connec tion: ke
00b0  65 70 2d 61 6c 69 76 65  0d 0a 41 63 63 65 70 74   ep-alive ..Accept
```

그림 1.7 패킷 캡처 화면

02 _ 각 계층별 보안 솔루션

이제 L2부터 L7까지 어느 정도 살펴봤으니 마무리해보자. 마지막으로 정리하자면 다음과 같이 요약할 수 있다.

표 1.3 계층별 역할

계층	하는 일	참조하는 곳
L2	MAC 정보를 보고 스위칭을 수행	MAC 테이블
L3	IP 주소 정보를 보고 스위칭을 수행	라우팅 테이블
L4	IP 주소 + PORT 를 보고 스위칭을 수행	세션 또는 연결
L7	애플리케이션 데이터를 보고 스위칭을 수행	콘텐츠

이제 그림 1.8을 보면 각 보안 솔루션이 어느 계층에 들어가 있는지 알 수 있을 것이다. 아울러 대표적인 제품 이름까지 넣었다. 먼저 기본적인 네트워크 디자인 내에서 보안 시스템이 어느 구간에 들어가는지 일차원적으로 나타내는 그림을 그려 놓았고, 각 보안 솔루션이 어느 계층에 속하는지 알 수 있을 것이다.

Anti-DDoS

디도스 방어 장비로 인라인 모드로 디자인할 경우 요즘은 네트워크 맨 상단에 설치하는 것이 일반적인 추세다(물론 인라인으로 연결하기에 부담이 되는 대규모 환경의 경우 트래픽을 복제해서 분석 후 결과를 보내주는 아웃 오브 패스(Out of Path) 방식도 있지만 그것은 일단 논외로 한다). 전통적인 DDoS 방어 장비의 경우 L4 계층까지 커버하는 것이 일반적이었지만 요즘 출시되는 DDoS 방어 장비는 페이로드까지 다 읽을 수 있으므로 L7까지 커버하는 것으로 가정했다.

방화벽(Firewall)

이어서 방화벽을 설치하는 구간이 나오는데, 방화벽은 앞에서 설명했다시피 NAT 모드로 설치할 경우 L4까지 커버할 수 있고, TP 모드로 가동하면 L2 계층의 환경이 된다라고 설명했다. 물론 차세대 방화벽이라고 불리는 팔로알토 등의 L7 방화벽은 잠시 예외로 둔다.

IPS/IDS

IPS/IDS(Intrusion Prevention System, Intrusion Detection System)의 역할은 페이로드를 읽어서 패킷 내용을 완전히 다 들여다보는 것이므로 L7까지 커버하는 역할이라고 볼 수 있다.

웹 방화벽, 웹 프락시

웹 방화벽(Web Firewall)은 IPS의 역할과 비슷하다고 보면 된다. 보통 웹서버가 있는 서비스 구간에 설치해 두므로 L7까지 커버할 수 있다. 웹 프락시(Web Proxy)는 생소한 분도 있을지 모르겠는데, 직원들이 인터넷에 접속할 때 악성 사이트에 접근할 수 없도록 위험한 사이트를 차단하는 역할을 한다. 따라서 보통 80번과 443번 포트를 위주로 모니터링하게 되며, http 트래픽의 내용을 들여다보고 위험한 URL로 접근하는 것이 확인됐을 때 차단하고 나서 이 사이트는 차단됐다는 메시지를 보여주는 페이지로 리다이렉션해서 사용자에게 안내하는 역할을 한다. 당연히 패킷 내용을 페이로드까지 들여다 보고 있으므로 L7 계층에서 동작하며, 이 시스템은 때로는 웹필터 또는 웹프락시라고도 한다. 한국에서만 사용하는 독특한 표현으로 콘텐츠 필터링, 유해차단시스템으로 불리기도 한다. 대표적인 제품으로 블루코트(Blue Coat), 웹센스(WebSense), 스퀴드가드(SquidGuard), URL 필터(URL Filter) 등이 있다.

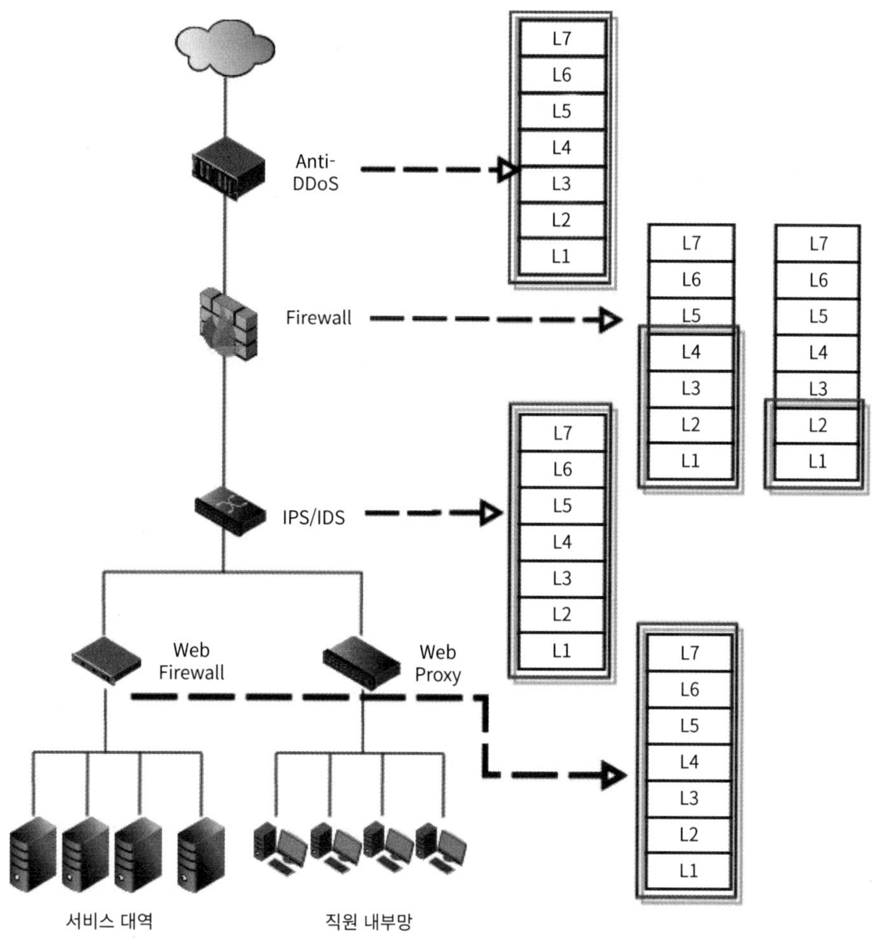

그림 1.8 계층별 보안 솔루션

여기에 나온 네트워크 보안 솔루션을 위주로 계속해서 내용을 진행하겠다. 즉, 다음 장에서는 각 계층별 보안 솔루션에 대해 디자인과 더불어 기업 보안팀에서 필요한 내용을 실무 위주로 논하고, 그다음 장부터는 실제로 오픈소스 시스템을 이용해 실습하는 내용을 알아본다. 먼저 어떤 보안 솔루션이 어떤 계층에서 어떤 식으로 활용되는지 눈으로 익히고 몸에 배도록 만드는 것이 중요하다. 저자의 경험과 더불어 기업에서 늘상 겪는 문제도 함께 다뤘으므로 다음 절부터는 소설을 읽는 기분으로 따라오면 좋을 것 같다.

03 _ 방화벽 디자인

굳이 보안 관계자가 아니더라도 방화벽이라는 용어를 모르는 사람은 없을 것이다. 가끔은 코모도나 백신에서 제공하는 애플리케이션 방화벽과 혼동하는 분들도 있는데, 그림으로 확실히 확인해보자. 아래의 하드웨어 장비가 바로 일반적으로 네트워크 보안 업계에서 볼 수 있는 방화벽이다.

그림 1.9 일반적인 방화벽의 모습

그리고 그림 1.10이 소프트웨어 방화벽으로, 이것은 별도의 어플라이언스 장비가 아니고 PC에 그냥 설치하는 소프트웨어다. 내 PC에 설치하면 끝나므로 내 PC의 네트워크만 제어하게 된다. 예를 들어, 이 방화벽에서 특정 IP 주소를 차단하면 단지 내 PC로 접속하는 중에 발생하는 IP 주소만 차단될 뿐이며, 다른 네트워크는 아무 상관이 없다. 즉, 여러 대의 PC나 서버를 제어하는 네트워크 방화벽과는 완전히 다르다. 우리가 설명하려는 방화벽은 이 같은 소프트웨어 방화벽이 아니라는 것을 미리 염두에 두자.

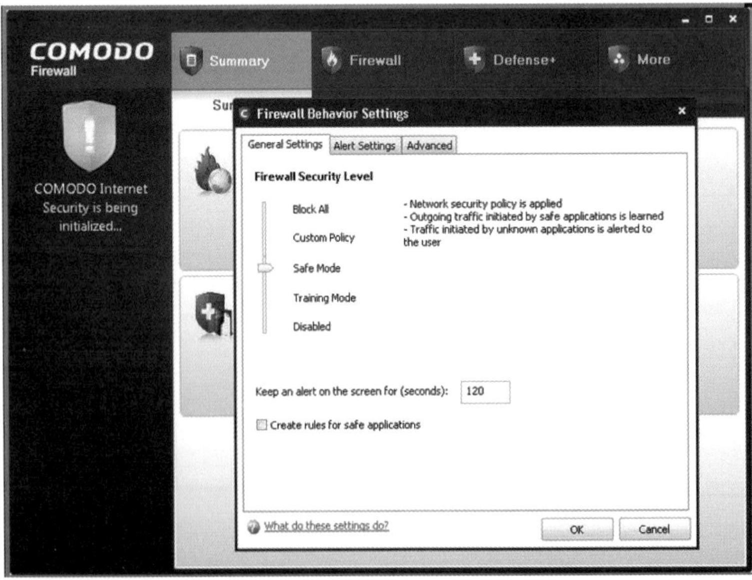

그림 1.10 소프트웨어 기반의 방화벽

방화벽은 보안팀의 작업인가, 네트워크 팀의 작업인가?

앞서 이야기한대로 사실 방화벽은 보안 업계에서 중요하며, 가장 기본이 되는 보안 시스템이라서 용어 자체를 모르는 사람은 없다. 하지만 보안엔지니어임에도 방화벽의 이론과 실체, 디자인 또는 운영 방식을 자세히 아는 사람은 생각보다 많지 않다. 그냥 막연하게 '방화벽이 있구나' 또는 '이미 누군가 구축해 놓았구나' 또는 '저건 내 업무가 아닐거야'라는 어설픈 마음가짐으로 사내에 훌륭한 방화벽이 구축돼 있음에도 방치돼 있거나 제대로 활용하지 못하는 경우가 많다.

사실 그것도 어느 정도 이해할 수 있는 이유는 방화벽이 보안 장비임에도 불구하고 보안팀보다는 네트워크 팀에서 전담하는 경우가 많기 때문이다. 왜냐하면 방화벽도 일종의 네트워크 장비고, 그것을 가져다 설치하는 작업은 네트워크팀의 업무이기 때문이다. 따라서 보안팀의 엔지니어가 IDC에 직접 들어가서 방화벽을 랙에 꽂고 선을 연결하는 등의 일을 전담하기보다는 주로 네트워크팀에서 그 작업을 하게 된다(물론 희귀한 경우로 네트워크팀의 발언권이 적고 보안팀의 힘이 센 회사라면 보안팀이 직접 가져다 설치하는 진귀한 광경을 볼수도 있다). 비유하자면 웹 해킹을 방지하기 위해 보안팀에서 시큐어 코딩에 대해 가르친다고 해서 직접 개발팀에 가서 코드를 작성해 주고 오지는 않는 것이라고 생각하면 된다.

보안 관점에서 생각해 봤을 때 발생하는 이슈로는 보안팀이 아닌 네트워크 팀에서 방화벽을 중점적으로 운영할 경우 고도의 해킹 방지를 차단하기 위한 튜닝보다는 네트워크 가용성이나 24시간 업타임을 보장하기 위한 작업에 중점을 두기 마련이라는 것이 있다. 이 같은 상태가 지속되면 방화벽의 각종 보안 기능을 활성화하는 일에 대해 반감을 표하거나 무감각해지게 된다('잘 돌아가는 장비는 건드리지 말자'라는 심리하에). 이러한 이유로 보안팀이 방화벽에 관여하지 않는 경우가 자주 있다.

하지만 그런 상황이라 하더라도 방화벽 교체 작업이나 어떤 보안 이슈로 방화벽의 기능을 업그레이드하거나 디자인을 변경해야 할 때 네트워크팀은 보안 측면에서 보안팀과 논의하기 마련이고, 여기서부터는 보안팀이 방화벽에 대해 잘 알고 있지만 네트워크팀의 디자인과 운영 능력을 믿고 그동안 관여를 안 한 건지, 아니면 처음부터 아무것도 몰라서 내버려둔 건지가 판가름난다. 따라서 인프라 보안을 담당하고 있다면 보안팀이 직접 방화벽을 IDC에 가져다 설치하지 않는다고 하더라도 기본적인 디자인이나 구성, 튜닝에 대해 어느 정도 지식을 갖추고 있어야 한다. 네트워크 엔지니어에 버금갈 정도는 아니더라도 최소한의 네트워크 구성이나 문제점 등에 대해서도 논의할 수 있는 수준은 돼야 한다.

따라서 이제부터는 이 같은 맥락에서 위와 같은 배경을 머릿속에 갈무리해 놓고, 방화벽 디자인과 연관된 기본적인 내용을 소화할 수 있는 지식을 쌓아보자. 어찌 보면 너무나 기본적인 내용일지도 모르겠지만 불필요한 이론이나 네트워크 개론이 될 만한 이야기는 최대한 줄이고, 실무에 필요하면서도 원리나 뿌리를 이해할 수 있는 내용만으로 정리했다. 이번 절을 읽고 나면 방화벽에 대해 어디서든 토론할 때 밀리지 않을 만한 지식을 갖출 수 있을 것이다.

패킷 필터링과 1세대 방화벽의 한계

지금부터 방화벽의 역사부터 간단히 살펴보겠다. 고리타분하게 역사 이야기로 시작하는 건가, 라고 생각할 수도 있지만 아직도 중소규모 기업에서는 수명이 다한 구형 방화벽을 그대로 설치해서 쓰고 있거나 아예 방화벽도 없이 L3 스위치나 라우터 하나로 버티는 곳도 은근히 찾아볼 수 있다. 어떤 관점에서 보면 이것은 1세대 또는 2세대 방화벽을 그대로 사용하는 형태라고도 볼 수 있으므로 현재 근무하는 회사에 예산이 부족해서 어떤 악조건 속에서도 보안 업무를 해내고 싶은 모습을 보이고 싶다면, 이러한 구형 방화벽으로도 활용할 수 있는 선까지는 모두 해내는 모습을 보여주거나, 경영진에게 신규 방화벽 구축을 위한 예산을 따내는 어필을 하기 위해서라도 고전적인 형태의 방화벽에 대해서도 이해하고 넘어가야 한다.

요즘에야 차세대 방화벽(Firewall-NG, New Generation Firewall)이라고 하는 팔로알토 방화벽(Palo Alto Firewall) 등 L7까지 커버하는 방화벽이 출시되고 있지만 아무래도 방화벽의 기본은 L2, L3에서의 제어나. 맥어드레스를 보며 IP 주소와 포트를 찾아가는 방식으로 동작하며, 보통 1세대 방화벽이 여기에 해당한다. 미리 설정해둔 정책에 따라 특정 IP 주소를 허용 또는 거부하는 등의 작업을 주로 수행하며 이는 포트에 대해서도 마찬가지다. 이 같은 방식을 가리켜 패킷 필터링이라고 한다. 하나의 통신을 하나의 패킷으로 보고 현재 방화벽의 룰을 참고해서 통신을 허용할지 말지를 결정하는 것이다. 예를 들어보자.

표 1.4 ACL(Access Control List)

src IP	dst IP	src Port	dst Port	control
any	1.1.1.1	any	80	permit

위 룰을 간략히 설명하자면 80번 포트를 리슨하고 있는 웹 서버가 방화벽 뒤에 있으므로 방화벽에서 80번 포트를 열어둔 상태다. 얼핏 봐서는 문제 없는 룰처럼 보이지만 1세대 방화벽에서는 이 상태만으로 외부에서는 1.1.1.1 서버로 접근이 되지 않는다. 패킷 필터링 기반의 방화벽에서는 모든 패킷에 대해 현재 가진 룰을 참고해서 통신을 허가할지 차단할지를 결정하기 때문에 해당 커넥션에 대해 되돌아나가는 통신도 역시 허용해야 한다. 예를 들어, 2.2.2.2라는 클라이언트에서 1.1.1.1 서버의 데스티네이션 포트인 80번 포트로 접근했다면 2.2.2.2에서 갖게 되는 소스 포트는 무작위로 44512 같은 포트가 할당될 것

이다. 그리고 커넥션이 이뤄지는 순간 패킷 필터링 기반에서는 되돌아나가는 패킷에 대해서는 소스와 데스티네이션이 다시 바뀌어버리기 때문에 소스 포트를 80번, 데스티네이션 포트를 44512번 포트로 인식한다. 예를 들어, 아래의 netstat 화면을 보자. https 서버인 443번으로 접속하고 있지만 소스 포트는 5만번 대의 무작위 포트를 사용하고 있음을 알 수 있다. 룰을 만들 때는 이러한 소스 포트에 대해서도 신경 써야 한다.

```
TCP    10.2.1.209:53598    203.104.160.12:443     ESTABLISHED
TCP    10.2.1.209:54069    52.1.176.134:443       CLOSE_WAIT
TCP    10.2.1.209:54150    54.230.84.111:443      CLOSE_WAIT
TCP    10.2.1.209:54179    207.46.11.151:443      ESTABLISHED
TCP    10.2.1.209:54181    108.160.167.175:443    ESTABLISHED
TCP    10.2.1.209:54241    216.58.219.40:443      TIME_WAIT
```

그림 1.11 netstat 결과

따라서 돌아나가는 패킷에 대한 허가 룰이 없고 위의 룰이 달랑 하나뿐이라면 통신 과정에서 SYN이 전송되기는 하겠지만 쓰리웨이 핸드셰이킹까지 이어지지 않고 결국 커넥션이 맺어지지 않는다. 따라서 반환되는 통신에 대해서도 허가 룰을 만들 필요가 있다. 즉, 다음과 같이 수정해야 한다.

표 1.5 표 1세대 방화벽의 ACL

src IP	dst IP	src Port	dst Port	control
any	1.1.1.1	any	80	permit
1.1.1.1	any	80	any	permit

이처럼 1세대 방화벽의 단점으로는 돌아오는 패킷도 허용해야 하는 정책을 만들어야 함으로써 보안에 취약해지는 문제가 있다. 웹서비스를 위해 80번 포트를 방화벽에서 열 때 소스 포트에 대해서도 하나하나 열어주거나 아예 any로 열어줘야 하니 상당히 많은 허용 룰이 필요해진다(TCP 커넥션에 대해 소스 포트를 운영체제에서 무작위로 결정하는 범위는 1024부터 65535까지의 포트가 되므로). 이 경우 룰 관리의 불편함과 더불어 많은 포트를 개방함으로써 발생하는 취약점까지 동시에 안고 있다. 사실 과거의 이야기 같지만 아직도 일부 스위치나 라우터에서는 이 같은 방식을 쓰기 때문에 구형 장비를 방화벽으로 겸용으로 쓰는 곳에서는 이런 식으로 룰을 만들며 네트워크를 운영하곤 한다.

2세대 방화벽의 스테이트풀 인스펙션

그래서 2세대 방화벽에서 나온 개념이 스테이트풀 인스펙션(Stateful Inspection)이다. 스테이트풀 인스펙션은 TCP 접속 시 쓰리웨이 핸드셰이킹을 함과 동시에 방화벽에서 페이로드를 보며 허가 룰을 자동으로 추가하는 방식이다. 통신을 하나의 커넥션으로 인식해서 해당 커넥션이 유지되는 동안에는 소스 포트가 무작위로 설정된 경우라도 허용해 준다. 다음 예를 보자.

표 1.6 패킷 필터링 기반 방화벽의 ACL

src IP	dst IP	src Port	dst Port	control
any	1.1.1.1	any	80	permit

앞의 패킷 필터링 기반 방화벽에서 살펴본 웹 서버의 룰이다. 80번 포트가 방화벽 안에서 허용돼 있는 상태다. 다만 현재 방화벽은 2세대로 스테이트풀 인스펙션 기반으로 제어되고 있다고 가정하자. 여기서 방화벽은 80번 포트로 접속이 들어오는 순간의 처리를 동적으로 진행한다. 먼저 SYN을 받으면 이 커넥션이 허가된 것인지 방화벽의 룰을 통해 검증한다. 그리고 허가가 됐다면 소스 포트를 검사해서 새로운 룰을 동적으로 추가한다. 예를 들어, 무작위로 부여되는 소스 포트가 위와 동일하게 44512라고 가정하자. 그렇다면 아래와 같이 두 번째 줄을 방화벽이 알아서 동적으로 추가한다.

표 1.7 자동으로 생성되는 ACL

src IP	dst IP	src Port	dst Port	control
any	1.1.1.1	44512	80	permit
1.1.1.1	any	80	44512	permit

그러면 이제 허가 룰이 생겼으므로 웹 서버는 아까 클라이언트가 보낸 SYN에 대해 SYN/ACK을 반환할 수 있게 된다. 물론 실제로 우리가 넣은 룰은 하나뿐이다. 패킷 필터링 기반에서라면 되돌아가나가는 룰을 넣어주지 않았기 때문에 본래 이 SYN/ACK은 블록돼야 정상이지만 스테이트풀 인스펙션 기능으로 인해 방화벽이 동적으로 룰을 추가한 상태이므로 웹 서버가 보낸 패킷은 다시 클라이언트로 전달된다. 그리고 클라이언트는 ACK를 만들어서 다시 웹 서버로 보내게 되고, 방화벽은 이제 정상 커넥션이 하나 만들어졌다고 판단한다. 이후부터 이 커넥션의 통신에는 전혀 문제가 없다. 정상적으로 통신을 지속하다가 통신이 종료될 무렵(예를 들어 일정 기간 동안 더는 패킷이 오지 않거나 FIN 등을 받은 경우) 방화벽이 앞에서 동적으로 생성한 룰을 자동으로 삭제한다.

이처럼 유연하게 처리하는 스테이트풀 인스펙션 기능 덕분에 반환되는 패킷에 대한 룰을 불필요하게 작성할 필요가 없어졌다. 그뿐만 아니라 보안성이 향상되는 것은 물론 룰 관리도 쉬워졌다. 또한 스테이트풀 인스펙션이 동작하는 동안에 패킷의 체크섬까지 검사하기 때문에 만약 TCP 핸드셰이킹에 맞지 않는 패킷이 오면 방화벽에서 이를 불량 패킷 혹은 DDoS 공격이라고 판단하고 접속을 끊어버리기도 한다.

이 개념은 컴플라이언스 이슈에서도 활용되기 때문에 정보보안을 수행하는 보안담당자라면 반드시 알아둬야 한다. PCI DSS나 ISO-27001 등의 국제 보안인증의 통제항목을 살펴보면 중요한 서버의 네트워크 상단에는 스테이트풀 인스펙션 기능을 수행하는 방화벽을 반드시 설치해야 한다는 조항이 포함돼 있다. 지금이야 거의 모든 방화벽이 이 역할을 수행하고 있지만 아직도 구형 방화벽을 사용하는 경우 또는 방화벽 없이 상단에 스위치 하나로 버티는 경우에는 패킷 필터링 기반의 제어를 사용해야 하는 경우가 대부분이고, 양쪽에서 ACL을 열어야 하는 당황스러운 모습을 목격하게 된다. 따라서 반드시 스테이트풀 인스펙션의 개념을 파악하고 있어야 하며, 이 개념을 알고 나면 방화벽이 없는 곳에서 ACL을 여는 작업을 할 때, 왜 최소 두 줄 이상씩 넣어야 하는지 이해할 수 있을 것이다. 그리고 그러한 구간을 찾아 요즘 트렌드에 맞는 방화벽을 설치하는 업무 계획을 세울 수 있다.

L7까지 커버하는 3세대 방화벽

전통적인 패킷 필터링 기반의 방화벽에 대해 간략하게 설명했으니 이제 다음 세대의 방화벽(차세대 방화벽이라고 하는) L7 방화벽 또는 애플리케이션 방화벽을 알아보자. 기존 방화벽이 포트와 IP 주소를 기반으로 차단 룰을 만들고 커넥션을 검증했다면, L7 방화벽은 실제 패킷의 내용을 검사해서 단순한 포트/IP의 조사와 더불어 어떤 애플리케이션이 통신하고 있는지까지 파악할 수 있다. 앞에서 OSI 7 계층에 대한 설명에서 본 것처럼, L7에서는 실제 페이로드와 패킷 내용까지 확인할 수 있다. 차세대 방화벽에서는 이처럼 URL이나 패킷 내용 등을 보고 현재 이 트래픽이 어떤 애플리케이션인지까지 가늠할 수 있다. 따라서 기존 방화벽보다 좀 더 정밀한 룰 설정이 가능하다. 예를 들어, 기업 사내망에 설치된 전통적인 방화벽에서는 웹서핑을 제어하려면 80/443번 포트를 완전히 다 막거나 완전히 다 푸는 식으로 양자택일하는 수밖에 없었지만 차세대 방화벽에서는 선택적으로 필터링할 수 있다. 예를 들면, 페이스북은 차단하되 인스타그램은 허용하는 룰을 만들 수 있고, 라인과 카카오톡은 차단하되 텔레그램은 열어둘 수도 있다. 또한 라이브 서버에 원격제어 툴을 설치하는 악성코드를 방지하기 위해 서버에서는 RDP를 제외한 모든 원격제어 툴을 차단할 수도 있다(여담이지만 때로는 이를 통해 해커보다는 보안 정책을 어기고 몰래 서버를 원격제어하는 내부직원들이 더 잘 탐지되기도 한다).

대표적인 예를 한번 살펴보자. 특정 제품을 광고하고 싶은 생각은 없지만 현재 차세대 방화벽으로 팔로알토의 PA 시리즈 방화벽이 업계에서 유명한 편이다. 팔로알토 방화벽을 통해 원격제어를 차단하는 룰을 살펴보자. 일반적으로 ACL 룰을 넣을 때는 소스와 데스티네이션의 IP 주소/포트를 지정하는 것이 일반적이지만, L7 방화벽에서는 이처럼 해당 애플리케이션 자체를 룰로 만들 수 있기 때문에 데스티네이션은 any로 두고 해당 프로그램을 쓰는 경우 자체를 막을 수 있다. 그림 1.12처럼 여러 가지 애플리케이션을 고를 수 있는데, 우리가 흔히 알고 있는 싸이월드나 다음 포털의 여러 애플리케이션도 볼 수 있다.

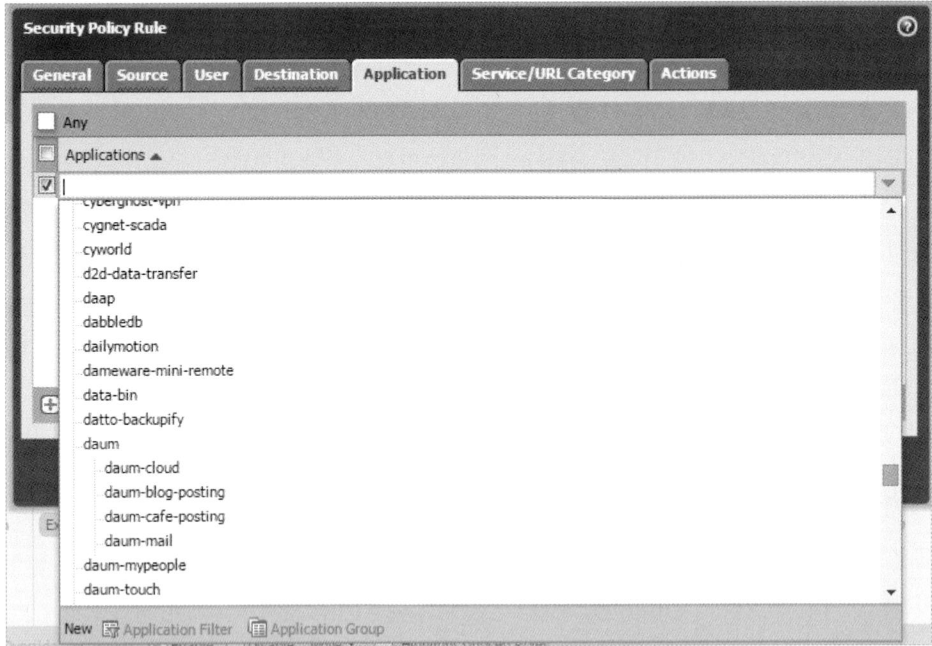

그림 1.12 L7 방화벽의 애플리케이션 목록

아래 룰은 원격제어를 차단할 목적으로 로그미인(LogmeIn)을 차단한 것이다. 소스 대역은 서버든 오피스 대역이든 우리 회사의 인트라넷으로 지정하고, 데스티네이션을 any로 하더라도 Application 항목을 로그미인으로 넣으면 우리 회사에서 로그미인 사이트로 접속하는 모든 경우를 차단할 수 있다. 심지어 로그미인 사이트에서 자신의 서버 IP 주소를 바꿔도 로그미인 자체를 계속 차단할 수 있다. 이것은 L7에서 발생하는 애플리케이션의 패킷 프로토콜을 기반으로 팔로알토 방화벽에서 미리 정해놓은 룰인데, 만약 로그미인에서 애플리케이션의 패킷 프로토콜을 변경 또는 업데이트하더라도 무방하다. 이처럼 L7 차단 기능을 제공하는 회사에서는 주요 애플리케이션의 구조를 정기적으로 업데이트하고 있기 때문에 패킷의 변화가 있어도 금방 다시 파악해내는 편이고, 방화벽의 자동 업데이트 기능으로 신규 패턴/프로토콜을 내려받으므로 애플리케이션 버전이 올라가는 것을 걱정할 필요가 없다.

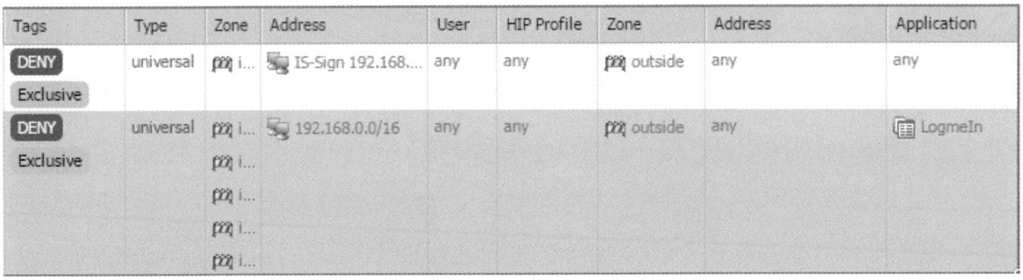

Tags	Type	Zone	Address	User	HIP Profile	Zone	Address	Application
DENY Exclusive	universal	i...	IS-Sign 192.168....	any	any	outside	any	any
DENY Exclusive	universal	i... i... i... i... i...	192.168.0.0/16	any	any	outside	any	LogmeIn

그림 1.13 L7 방화벽에서 애플리케이션 패턴을 기반으로 한 ACL

아래 URL로 들어가면 팔로알토가 인식하는 애플리케이션 목록을 확인할 수 있다. 앞에서 설명한 것처럼 계속 업데이트되고 있으며, 다양한 애플리케이션을 종류별로 관리할 수 있음을 알 수 있다. 이 목록만 봐도 느낄 수 있겠지만 L7 방화벽의 등장으로 이제 IP 주소와 포트로만 차단하는 시절은 저물었다고 봐도 무방하다. 원하는 애플리케이션을 정확하게 잡아내서 차단하는 룰을 작성할 수도 있기 때문이다.

- https://applipedia.paloaltonetworks.com/

paloalto networks.

PRODUCTS SOLUTIONS SERVICES PARTNERS CUSTOMERS COMPANY CAREERS CONTACT

Search: 2143 Applications (Clear filters)

CATEGORY	SUBCATEGORY	TECHNOLOGY	RISK	CHARACTERISTIC
543 business-systems	48 audio-streaming	812 browser-based	648 1	616 Evasive
531 collaboration	21 auth-service	963 client-server	542 2	586 Excessive Bandwidth
379 general-internet	28 database	239 network-protocol	473 3	359 Prone to Misuse
262 media	74 email	129 peer-to-peer	344 4	430 SaaS
428 networking	59 encrypted-tunnel		136 5	1023 Transfers Files
	33 erp-crm			359 Tunnels Other Apps
	270 file-sharing			296 Used by Malware
	61 gaming			1237 Vulnerabilities
	119 general-business			1256 Widely Used
	72 infrastructure			
	131 instant-messaging			

NAME	CATEGORY	SUBCATEGORY	RISK	TECHNOLOGY
100bao	general-internet	file-sharing	5	peer-to-peer
1c-enterprise	business-systems	erp-crm	1	client-server
1und1-mail	collaboration	email	3	browser-based
2ch				
└ 2ch-base	collaboration	social-networking	2	browser-based
└ 2ch-posting	collaboration	web-posting	2	browser-based
360-safeguard-update	business-systems	software-update	2	client-server
3pc	networking	ip-protocol	1	network-protocol
4shared	general-internet	file-sharing	4	browser-based
4sync	general-internet	file-sharing	3	client-server
51.com				
└ 51.com-mail	collaboration	email	1	browser-based
└ 51.com-base	collaboration	social-networking	2	browser-based
└ 51.com-bbs	collaboration	web-posting	2	browser-based
└ 51.com-posting	collaboration	web-posting	2	browser-based
└ 51.com-webdisk	general-internet	file-sharing	4	browser-based
└ 51.com-music	media	audio-streaming	2	browser-based
└ 51.com-games	media	gaming	2	browser-based
absolute-manage	business-systems	management	1	client-server
accellion	general-internet	file-sharing	4	client-server
access-grid	collaboration	voip-video	3	client-server
acronis-snapdeploy	business-systems	management	2	client-server
active-directory	business-systems	auth-service	2	client-server

그림 1.14 L7 방화벽인 팔로알토에서 처리할 수 있는 애플리케이션 리스트

다시 계층 이야기로 돌아와서, 각 계층의 제어와 관련해서 주지해야 할 내용이 하나 있다. 사실 스위치도 그렇고 방화벽도 그렇고 자기 자신보다 낮은 계층의 기능을 모두 수행할 수 있다. 예를 들어, L7 스위치라면 L2, L3, L4 기능까지 다 할 수 있다는 이야기다. 하지만 그렇다고 해서 모든 계층을 한 대로 처리한다면 그에 따른 부하도 무시할 수 없기 때문에 실제로 L7 장비에서 하위 계층까지 모두 담당하게 해놓지는 않는다. 농구에서 정대만이 포워드, 가드, 센터까지 다섯 개의 포지션 모두를 소화한다고 해서[1] 혼자

1 슬램덩크에서 정대만은 "포지션은 아무거나 다합니다"라는 명언을 남긴 바 있다.

전 포지션을 모두 다 소화하려고 하지는 않는 것처럼 채치수가 센터, 강백호가 포워드를 맡는 식으로, L2 따로, L3 라우팅 따로, L4 로드밸런싱 따로, L7 애플리케이션 감지 따로 장비를 분산해서 포지션별로 나누듯이 계층별로 사용하는 것이 일반적이다.

따라서 팔로알토 등의 L7 방화벽이 아무리 좋다고 해도 여기에 모든 처리를 일임하거나 이 방화벽 하나만 믿고 가는 것도 좋은 디자인은 아니다[2]. 이 내용은 IPS/웹 방화벽 위치 선정 부분에서 계속 설명할 예정이다.

방화벽 앞뒤 구간의 위치별 역할

그럼 이제부터 지금까지 설명한 내용을 머릿속에 갈무리해 두고 방화벽을 어디에 놓을지 고민해 보자. 아래에 간략한 구성도를 그렸다. 일단 이 그림의 경우 방화벽에 대한 가장 일반적이고 일차원적인 디자인이다. 외부에 서비스하는 서버가 있고, 사무실에서 일하는 직원들이 있다고 가정한 작은 회사의 네트워크다.

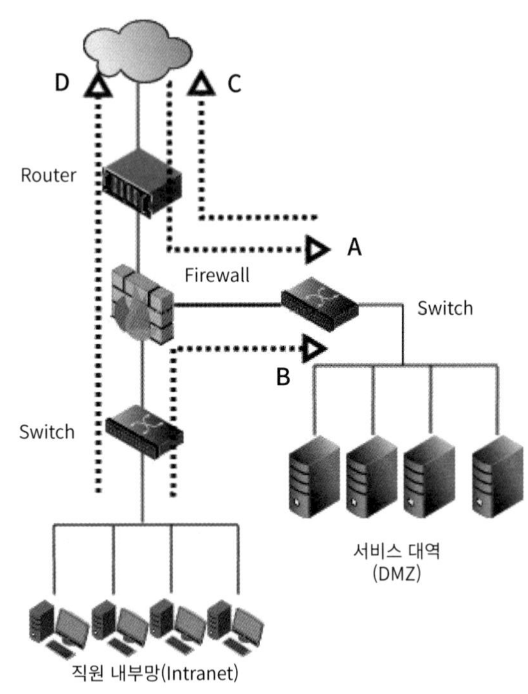

그림 1.15 기본적인 네트워크 구조

DMZ는 서버를 놓는 영역으로, 외부에 오픈된 서버라 할 수 있다. 예를 들어, 여기가 쇼핑몰이라면 사용자들이 실제로 물건을 구매할 수 있는 사이트인 쇼핑몰 프런트엔드 서버나 사용자가 직접 접근할 수 있는 고객지원 사이트의 서버가 놓여있을 것이다. 이 영역에 대해서는 80번 포트나 443번 포트만 열려 있고 그 밖의 모든 접속은 방화벽에 의해 외부로부터 차단돼 있다. 그리고 직원 내부망(Intranet)이라고 적힌 영역은 일종의 인트라넷으로, 직원들이 사무실에서 PC를 쓰는 환경이다. 이 영역 안에서 인터넷 등을 쓰는 데는 문제가 없지만 외부에서 안쪽으로 들어올 수는 없게 돼 있다. 또한 서버의 DMZ에 직접 접근을 할 경우, 예를

2 L7 방화벽은 오피스 대역이 아닌 서비스 대역에 사용할 경우 생각보다 성능이 떨어지기도 한다. 모든 트래픽의 패킷을 일일이 검사한다고 가정하면 당연한 결과이기도 하다. 그래서 혹자는 L7 방화벽은 서비스팜보다는 오피스용 방화벽이라고 부르기도 한다. 하지만 이것은 네트워크 환경에 따라 달라질 수 있으므로 정확한 판단은 실제로 체감해본 후에 내리기로 하자.

들어 RDP 접속이나 SSH 접속을 할 때는 바로 이곳의 내부망 존에서 B 코스로 DMZ로 들어가게 된다. 이런 상황을 두고 그림 1.15의 A, B, C, D 코스를 알아보자.

A 코스: 외부에서 서버로 접속

사용자들이 쇼핑몰 서버로 접근하는 구간이다. 쇼핑몰 서버가 외부에 오픈돼 있으며, 80, 443번 포트가 외부로 공개돼 있다. 따라서 방화벽은 80, 443번 포트를 데스티네이션 포트로 여는 룰을 만든다. 사용자들은 이 서버에 웹상으로 접근할 수는 있지만 그 밖의 모든 포트는 차단한다. 따라서 RDP(3389)나 SSH(22) 등의 직접 접근은 불가능하고 오직 웹서비스(80/443)만 열려 있다. 따라서 외부에서 웹 브라우저를 띄워 이 서버의 주소를 입력하면 외부 사용자들도 이 서버로 웹 관련 포트에 한해 접근할 수 있게 된다. 참고로 서비스 목적으로 외부에 열어둔 이 포트를 서비스 포트라고도 한다. 그림 1.16은 지금까지 설명한 내용을 보여준다.

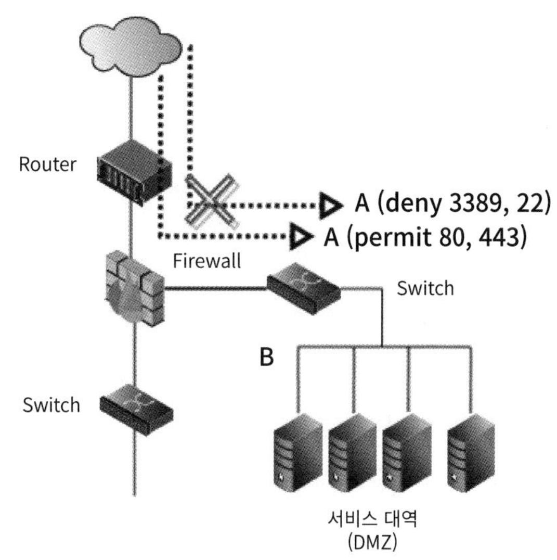

그림 1.16 A코스에 대한 네트워크 흐름

B 코스: 내부망에서 서버로 접속

내부망은 직원들이 사무실에서 사용하는 네트워크 환경이다. 사무실에 상주하는 엔지니어들은 DMZ 영역에 있는 이 쇼핑몰 서버들에 대해 서버 코드 패치도 하고 윈도우/리눅스 보안 패치도 적용해야 하기 때문에 RDP/SSH 등의 접속을 위한 매니지먼트 연결을 어딘가에 열어놓기 마련이고, 보통은 이 같은 B 코스를 통해 엔지니어들이 서버로 접근한다. 따라서 방화벽에서는 A 코스에서는 80, 443번 서비스 포트만 허용해 두지만 B 코스에서는 3389(RDP), SSH(22), SMB(139,445),

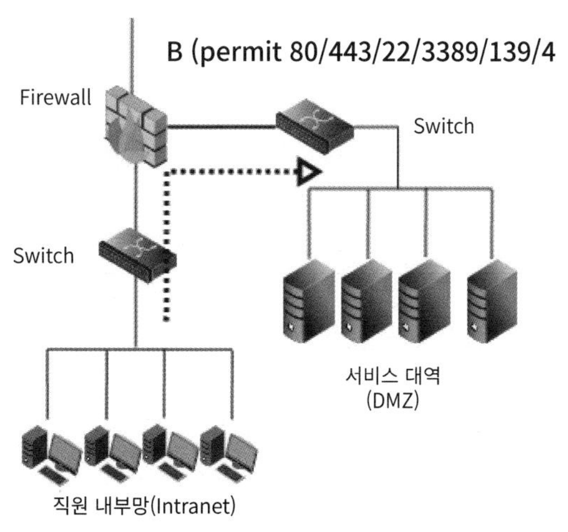

그림 1.17 내부망에서 DMZ로 접근하는 경우

FTP(21) 등의 관리용 포트도 열어두게 된다. 즉, 이 같은 매니지먼트 포트에 대해서는 사무실 환경에서만 접근할 수 있도록 방화벽에서 ACL을 설정한다. 앞의 그림 1.17을 보자.

C 코스: 서버에서 외부망으로 접속

이 쇼핑몰 서버도 현재 사용하는 애플리케이션의 신규 패치를 받기 위해 인터넷으로 연결할 필요가 있다. 예를 들어, 윈도우/리눅스 보안 패치를 받기 위해 외부로 접근해야 할 수 있다. 하지만 실제로 기업 네트워크 환경에서는 서버에서 외부로 나가는 패킷은 필요없다고 판단해서 거의 모든 아웃바운드를 차단하고 있다(스테이트풀 인스펙션으로 인한 되돌아나가는 패킷은 제외). 예를 들어, 서버에서 구글이나 네이버에 들어가거나 할 일은 없다. 새로운 프로그램을 내려받는 것도 외부 인터넷이 가능한 환경에서 미리 내려받은 뒤 서버로 업로드할 뿐이다(이 경우는 인바운드에 해당하기 때문에 역시 아웃바운드는 필요하지 않다). 윈도우 보안 패치를 위해서도 WSUS라는 윈도우 보안 패치 서버만 아웃바운드를 열어놓고, DMZ에 위치한 서버는 WSUS 쪽으로만 아웃바운드를 열어두면 역시 외부로 굳이 모든 포트를 오픈하지 않고도 충분히 패치를 받아올 수 있다. 리눅스의 경우도 스쿼드 프락시(Squid Proxy) 같은 서버를 만들어두고 허용할 URL로 리눅스 패키지 주소만 넣어두면 apt-get update, apt-get install 등을 실행할 때 내부의 프락시 서버를 경유하게 되므로 인터넷이 열려 있지 않더라도 아무런 문제가 없다. 물론 네트워크 관리를 허술하게 하는 기업은 이 C 코스에도 인터넷을 죄다 열어둔 상태로 방치해 두는 경우도 꽤나 있지만 대부분의 경우는 여기서 아웃바운드로 나가는 트래픽은 차단하는 룰을 넣는 것이 일반적이다. 그림 1.18을 보며 C 코스에 대한 설명을 이해해 보자.

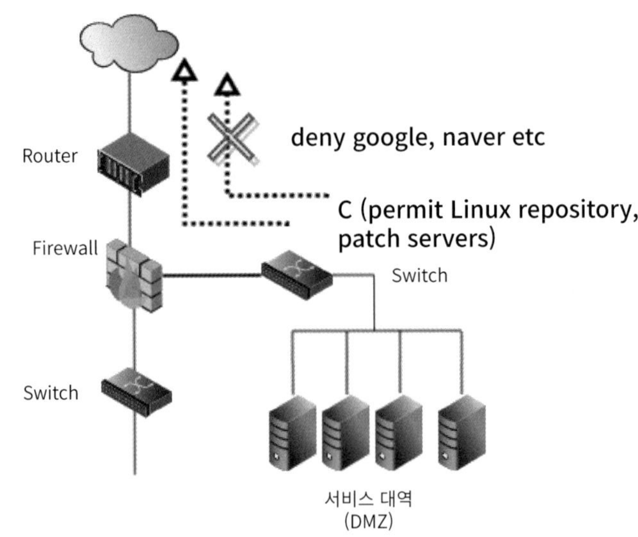

그림 1.18 DMZ에서 외부로 트래픽이 나가는 경우

D 코스: 내부망에서 외부망으로 접속

내부망은 직원들의 업무용 PC가 있는 공간으로서 직원들이 사무실에서 인터넷을 하는 경우를 말한다. 집에서 인터넷을 하는 것과 크게 다를 바 없다고 생각할 수 있겠지만 기업 보안팀에서는 악성코드로 인한 기업 내부 정보가 유출되는 것을 차단해야 하며, 사무실에 감염된 PC를 매개체로 DMZ의 서버로 타고 들어가는 것 또한 방지해야 한다. 또한 그 밖에도 직원들이 사내 정보를 빼돌리는 것을 방지하기 위해 웹하드 같은 것을 차단하는 경우도 있다. 따라서 방화벽에서는 이와 관련된 모든 룰이 이 코스에 들어간다(블루코트나 웹센스 등의 웹 필터가 사용되는 등 보안 솔루션이 용도별로 여러 가지로 나뉘어 있다면 여기서 다시 범주가 나눠질 수 있지만 어쨌든 큰 그림은 그렇다). 이미 알려진 악성코드의 C&C IP 주소나 악성 트래픽을 뿜어내는 URL, 피싱 주소나 웹하드 주소까지, 지금까지 이 코스에서 이야기한 모든 ACL을 방화벽에 추가한다. 그 밖의 구글이나 네이버 등의 기본적인 웹사이트는 허용되므로 아웃바운드 트래픽은 나갈 수 있게 설정한다. 그림 1.19를 보자.

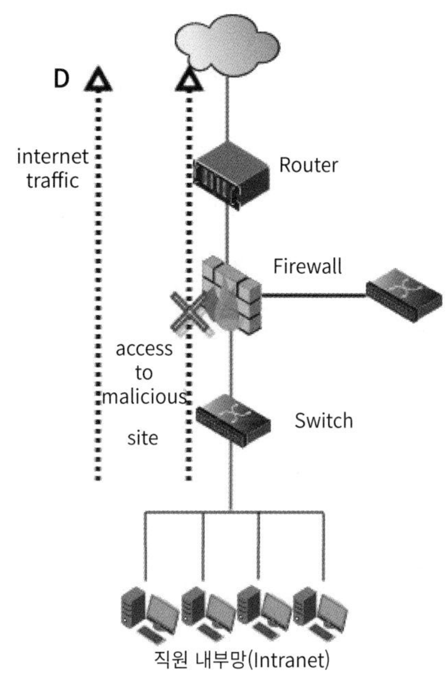

그림 1.19 내부망에서 외부 접속을 하는 경우

04 _ NAT에서 발생하는 보안 취약점

NAT을 사용하는 목적은 크게 두 가지다. 첫 번째는 인터넷의 공인 IP 주소를 절약할 수 있다는 점이고, 두 번째는 인터넷에 연결되는 사용자들을 보호하기 위해 사설망을 만들어 외부에서 접근할 수 없게 만들 수 있다는 점이다. 일반적으로 공인 IP 주소는 한정돼 있기 때문에 여기서 NAT을 이용하면 사용자들에게 각기 사설 IP 주소가 부여되므로 IP 주소 고갈이라는 문제가 해결되며, 보안 관점에서는 공개된 인터넷과 사설 IP 주소 사이에 방화벽을 둬서 외부 공격으로부터 보호하기 위한 목적으로 활용할 수 있다. 여기서 알아볼 내용은 보안 측면에서 생각했을 때 여러 가지 보안 정책이나 추후 침해사고 대응 시 네트워크 시야 확보라는 문제와 맞물리게 되므로 제대로 이해할 필요가 있다. 일단 NAT은 공인 IP 주소를 사설 IP 주소로 변경하는 체계 중 하나고, 이것이 외부로 뻗어나갈 때는 SNAT과 DNAT이라는 개념으로 연결된다. 여기서는 네트워크 개론에 해당하는 내용보다는 보안 디자인을 할 때 필요한 내용 위주로만 몇 가지 알아보자.

DNAT

DNAT(Destination Network Address Translation)은 외부에서 방화벽 안쪽으로 들어올 때 네트워크 주소가 변환되는 것을 말한다. 예를 들어, 회사에서 웹서버가 192.168.1.3에 있을 때 외부의 일반 사용자는(A 코스) 아무리 192.168.1.3로 접근해 봤자 이 웹서버까지는 도달할 수가 없다. 따라서 DNAT을 이용하면 회사가 가진 A.A.A.A라는 공인 IP 주소 하나를 할당하고, 외부에서 A.A.A.A로 접근했을 때 이를 NAT 테이블을 참조해서 해당 IP 주소는 내부적으로는 192.168.1.3이라는 서버로 매핑돼 있음을 확인하고 해당 커넥션을 연결해 준다. 일반적으로 외부에 웹서버 등의 서버를 오픈했을 때는 모두 이 같은 DNAT을 사용한다. DNAT은 방화벽보다는 IDS 등의 침입탐지시스템을 구축할 때 더욱 중요한 개념이므로 일단 여기서는 여기까지만 설명하고, IDS 구축을 다룬 부분에서 좀 더 상세히 설명하겠다. 앞의 그림에서는 A 트래픽에 해당한다.

SNAT

SNAT(Source Network Address Translation)는 일반적으로 우리가 사용하는 PC에서 인터넷을 할 때 해당하는 상황이라고 볼 수 있다. 가장 쉽게 이해하려면 가정용 인터넷 공유기를 생각하면 된다. 가정에서 인터넷에 연결할 때 인터넷 공급업체(ISP)에서 제공하는 공인 IP 주소는 하나지만 이를 공유기에 설정해 놓고 쓰는 집이 대부분이고, 그런 환경에서 각 PC 그리고 스마트폰, 타블릿 등에서 할당받는 IP 주소는 모두 NAT가 적용된 사설 IP 주소다. 개인 PC에 공인 IP 주소를 설정하고 쓰는 PC방 등의 특별한 경우를 제외하고는 공인 IP 주소를 PC 한대당 하나를 쓰는 경우는 거의 없으므로 기업 환경에서도 NAT이 적용된 환경에서 PC를 사용한다. 192.168.x.x나 10.x.x.x 등으로 시작하는 사설 IP 주소는 B 코스에서 볼 수 있는 것처럼 내부에서 트래픽이 돌 때는 아무 문제가 없지만 외부와 통신할 때는 실제로 존재하지 않은 IP 주소이며 외부로는 라우팅되지 않기 때문에 D 코스에서처럼 외부 호스트와는 별도의 매핑 작업 없이는 통신할 수 없다. 따라서 외부와의 연결을 위해 밖으로 나가는 IP 주소는 공인 IP 주소로 매핑해줄 필요가 있다. 예를 들어, 192.168.1.2라는 IP 주소를 가진 우리집 PC에서 어떤 인터넷 사이트에 글을 쓰면 해당 사이트의 서버에서는 내 연결에 대해 211.21.42.34라는 IP 주소로 접속됐다고 인식할 것이다. 이것이 바로 SNAT다. 사설 IP 주소에서 외부와 통신할 때 NAT 시스템이 주소 변환을 통해 외부와 내부를 연결하는 매개체 역할을 한다. 보안과 무슨 상관이냐고 생각할 수 있겠지만 실제로 현업에서도 이 SNAT은 설정을 어떻게 하느냐에 따라 네트워크 보안을 디자인할 때 각종 취약점으로 작용할 수 있다. 예를 들어보자.

보안 취약점 예시

회사에서 내부 위키 시스템을 하나 운영한다고 가정하자. 이 서버는 외부에는 공개되지 않은, 직원들만을 위한 서버이며, 회사의 각종 중요한 정보가 업로드돼 있고 직원들도 실시간으로 정보를 업데이트하고 있으므로 서버 한두 대로는 성능이 충분하지 않아 10대의 웹 서버(192.168.1.11 ~ 192.168.1.20)로 늘려서 사용하고 있다. 실제 직원들이 접속하는 URL은 http://important_wiki.com이라는 도메인 하나이기 때문에 직원들은 오직 하나의 서버에만 접속하면 되는 것처럼 보이는 환경이었고, 10대의 서버는 L4 스위치에 의해 서버 리소스에 따라 적절하게 로드밸런싱돼 있다.

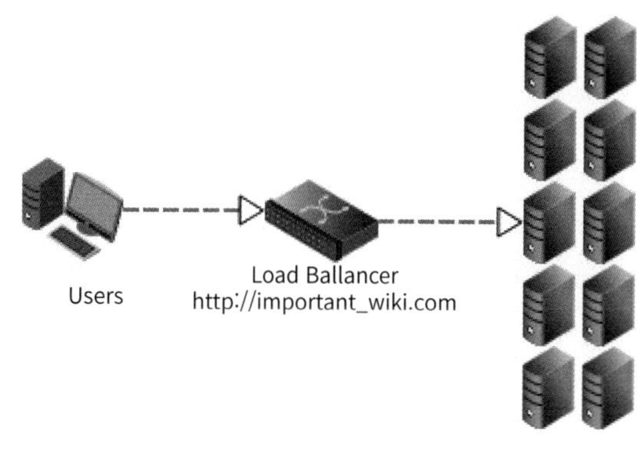

그림 1.20 L4 스위치에 의해 분배된 서버들

서버를 설정할 때는 당연히 윈도우 보안 업데이트나 리눅스 패키지 업데이트 등 인터넷 접속이 필요하다. 하지만 보안 정책상 서버에서는 인터넷 사용이 금지돼 있으므로 프락시 서버나 각종 보안 정책을 통과해서 패치를 받을 수 있게 해 두는 것이 일반적이다. 더군다나 이 위키 서버는 외부 서비스를 하지 않을 예정이고, 내부 직원에게만 80/443포트를 열면 되는 서버라서 공인 IP 주소는 아예 필요하지도 않다. 네트워크 엔지니어는 이 같은 보안 정책을 감안해서 인터넷이 되지 않는 서버로 준비해서 실무자들에게 전달해 준다.

하지만 보통 라이브 서버의 경우 위와 같은 정책들을 엄격히 관리해 두지만 직원들 내부에서만 쓰는 내부 서버나 테스트 서버의 경우에는 이러한 보안 정책이 약간 느슨하게 돼 있는 것이 현실이다. 인터넷이 되지 않자 apt-get install 등의 명령어가 작동하지 않게 되고, 아파치나 엔진엑스 등을 설치할 수 없다며 실무자들은 인터넷 연결을 허용해 달라고 보안팀에 요청한다. 이러한 상황에는 보통 아래와 같이 아웃바운드 접속이 허용된 프락시 서버가 있고, 일반 서버는 해당 서버로의 프락시 연결 설정을 통해 인터넷 접속을 시도해야 하는 것이 정상적인 보안 정책이다. 물론 해당 프락시 서버는 실무자들이 반드시 접속해야 하는 리눅스 리파지토리 같은 중요한 사이트에만 접속할 수 있게 허용돼 있다. 참고로 프락시 서버에 대한 상세한 설명은 2부 'UTM 구축: 오픈소스 통합 보안 시스템 구축' 편에서 자세히 설명한다.

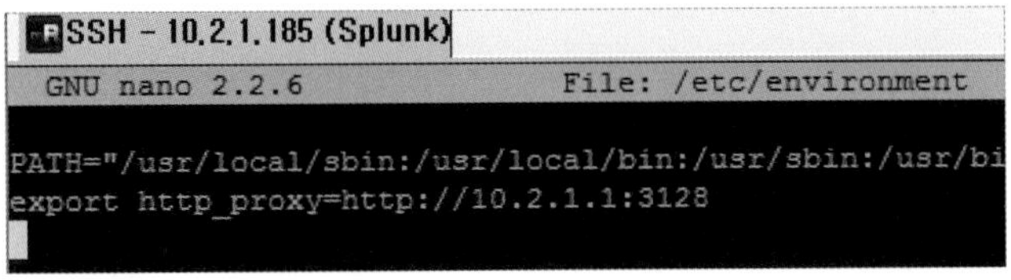

```
SSH - 10.2.1.185 (Splunk)
  GNU nano 2.2.6                File: /etc/environment

PATH="/usr/local/sbin:/usr/local/bin:/usr/sbin:/usr/bi
export http_proxy=http://10.2.1.1:3128
```

그림 1.21 리눅스 서버에 설정된 프락시(일반적인 경우)

하지만 이 위키 서버는 내부 서버이고, 이러한 서버에 대한 정확한 정책이 없었기에 네트워크 관리자는 귀찮은 마음에 아웃바운드를 모두 여는 ACL을 하나 넣어준다. 그 덕분에 서버에서 직접 바깥으로 접속할 수 있게 됐지만 이 상태로는 사설 IP 주소이기 때문에 외부로 라우팅되지 않고 추가로 필요한 작업으로 공인 IP 주소 할당이 따라온다. 보통 이처럼 SNAT 설정을 할 때는 공인 IP 주소를 필수적으로 하나 할당해야 한다. 그래야 받는 쪽에서 현재 이 접속이 어느 쪽에서 왔는지 알 수 있기 때문이다. 그래서 남는 공인 IP 주소를 찾다 보니 그냥 211.21.42.34라는 IP 주소를 엔지니어들이 주로 NAT으로 쓰고 있기에 이 IP 주소를 아웃바운드 IP 주소로 할당한다. 10대에 걸친 모든 서버에 대해 이 IP 주소를 할당했다.

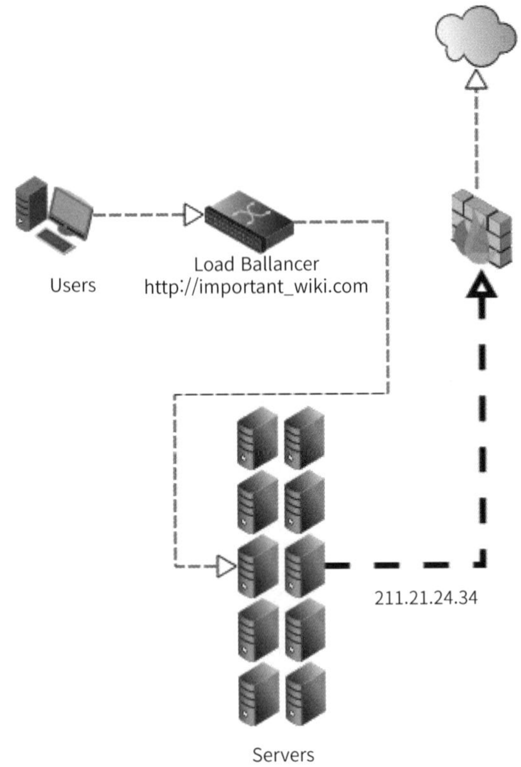

그림 1.22 L4 SNAT 구조에서 발생되는 트래픽의 흐름

그러던 어느 날 외부 신고를 통해 회사의 서버에 침해가 발생해 악성코드를 뿌리고 있다는 사실을 접하게 된다. 조사 결과, 악성코드를 뿌리고 있는 서버의 IP 주소는 211.21.42.34라는 사실을 알게 됐고, 네트워크 관리자는 지난번 위키 서버에서 잠시 인터넷 접속을 위해 SNAT을 이 IP 주소로 매핑했다는 사실을 깨닫는다. 그리고 서둘러 조사에 들어갔으나 안타깝게도 10대의 서버가 모두 이 IP 주소로 NAT이 돼 있던 것도 모자라, 추가로 다른 부서에서도 IP 주소가 모자란다며 NAT을 같은 IP 주소로 처리하고 있었다는 사실도 발견한다. 그렇게 해서 211.21.42.34 IP 주소로 외부로 나가는 서버가 총 50여 대가 존재한다는 충격적인 사실을 접한다.

이제 보안팀은 해킹 흔적을 찾기 위해 50여 대를 모두 조사해야 한다. 시간이 지나면 지날수록 해킹 사건은 더욱 심각해진다. 아웃바운드가 열려 있으므로 이 서버를 통해 다른 서버로 뛰어넘어갈 수 있고, 심지어 다른 회사의 감염된 서버로 접속한 내역이 발견되기도 한다. 타 회사의 보안팀에서 연락이 온다. 당신 회사의 211.21.42.34라는 IP 주소를 조사하라는 요청이다. 이 서버가 해킹당한 서버임이 확실하므로 조사를 시작해보라는 문의가 오지만 그 IP 주소로 트래픽을 뿜어대는 서버는 50대가 넘는다. 이렇게 아웃바운드가 열린 상태에서 계속 다른 서버로 침투하고, 침해의 원인이 되는 서버를 찾기는 더욱더 힘들어진다.

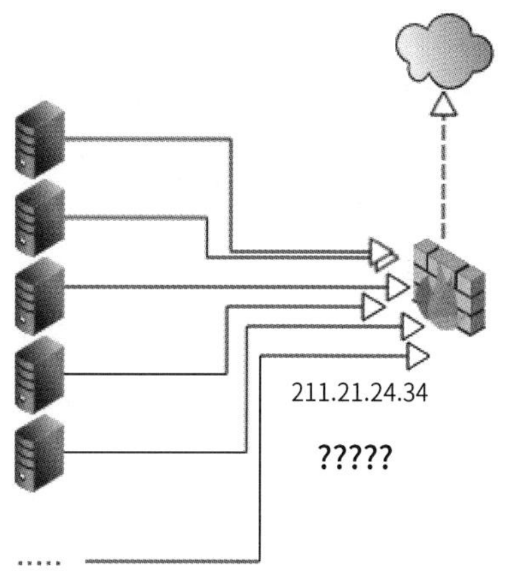

그림 1.23 침해의 원인이 되는 서버를 찾기 힘든 구조

지금까지 NAT을 함부로 설정했다가 어떤 무서운 일이 발생할 수 있는지 실제 사례를 통해 이야기했다. NAT으로 인한 문제와 아웃바운드 오픈으로 발생하는 위험성에 대해 충분히 이해했으리라 생각한다. 따라서 SNAT를 설정할 때는 어떤 서버가 소스인지 명확히 정의해 둬야 하고, 굳이 외부 접속이 필요없는 서버를 겨우 리눅스 리파지토리에 접속하겠다는 이유로 SNAT까지 연결하는 상황은 일어나지 말았어야 한다. 일반적으로 기업 보안팀에서는 이러한 정책 위반 사례를 잡아내는 것이 업무 중 하나가 되는데, 사실 이것은 네트워크 구조만 처음부터 제대로 잘 설계했으면 발생하지 않는 문제이기 때문에 어찌보면 제대로 된 업무라기보다는 잘못된 설계 때문에 불필요하게 반복되는 소모성 업무라고 볼 수도 있다. 따라서 초반부터 네트워크 설계를 명확하게 하는 것이 중요하다. 이 내용에 대해서는 여기서 설명한 사례에 대해 UTM 구축을 다룬 부분에서 실제로 실습해 보며 어떤 식으로 대응하는지 준비해뒀다.

05 _ 네트워크 환경에 따라 달라지는 방화벽 디자인

방화벽이 연결되는 각 코스를 설명하며 NAT으로부터 발생하는 보안 취약점과 방화벽에서 아웃바운드를 열어두는 것이 얼마나 위험한 일인지까지 알아봤다. 이를 통해 방화벽에서 당연히 해야 할 기본적인 제어를 빼먹거나 설정 실수로 얼마나 큰 보안사고가 발생하는지 느꼈을 것이라 생각한다. 지금까지 방화벽 앞뒤로 흐르는 트래픽이 어떤 종류이고, 그에 따라 어떤 보안 정책을 세워야 하는지를 알아봤는데, 이번에는 방화벽을 어디에 놓을지를 비롯해 방화벽 디자인의 큰 그림과 관련된 내용을 알아보려고 한다. 흐름상 방화벽을 설치하기 전 이야기부터 다루고 난 뒤에, 설치한 후의 이야기를 진행했어야 하는 것이 아닌가라고 생각할 수 있겠지만, 기업의 보안팀으로 근무할 때는 이미 구축돼 있는 방화벽을 올바른 방향과 정책으로 다듬는 작업을 우선시하거나 먼저 하게 되며, 방화벽을 설치하기 전의 일들은 실제로 방화벽을 교체하거나 새 방화벽을 들여오지 않는 이상 자주 발생하지 않는 업무다. 즉, 방화벽 구축 업무가 전혀 없는 일은 아니지만 방화벽을 최적화하는 일이 방화벽을 구축하는 일보다 우선순위가 높고 정기적으로 발생하는 업무라서 앞에서 먼저 다룬 것이다. 사설이 길었는데 이제 디자인에 대한 이야기를 본격적으로 시작해 보겠다.

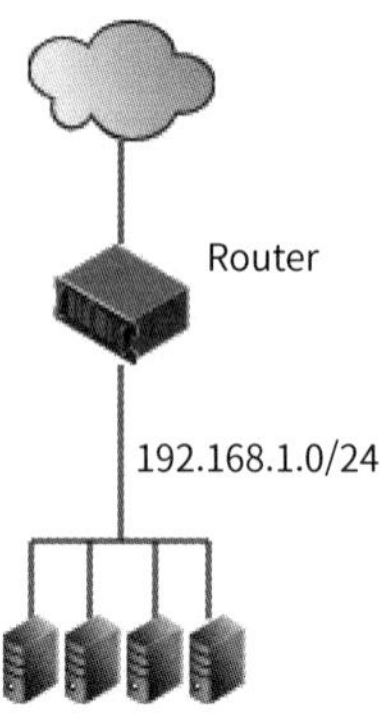

그림 1.24 방화벽이 없는 때의 네트워크 구조

먼저 이 그림은 방화벽이 없는 형태로 볼 수 있다. 라우터가 그냥 라우팅만 수행하며, 1개의 VLAN에 모든 서버가 어떠한 제어도 없이 서로 통신할 수 있는 상태가 된다. 보통 아무것도 없는 환경에 라우터부터 꽂아본다고 했을 때 정말 순수하게 서비스만 하고 싶으면 이런 형태가 되겠지만 보안 측면에서 봤을 때 결코 좋은 디자인이 아니다. 문제점을 생각해 보자.

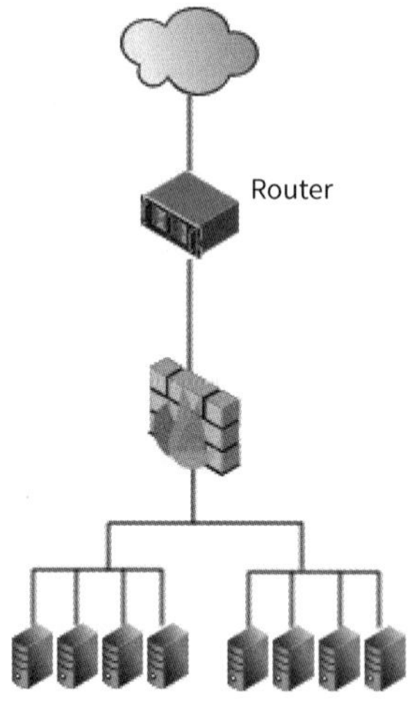

그림 1.25 방화벽을 사용할 때 가장 기본적인 구조

먼저 보안 대책이라고는 라우터에서 할 수 있는 IP/PORT 블록뿐이다. 패킷을 중간에 검사해서 익스플로잇 페이로드가 날아오는지도 점검할 수 없고, 방화벽에서 제공하는 TCP 인터셉트 등의 수많은 보호 기능을 사용할 수도 없다. 또한 VLAN이 없기 때문에 모든 서버가 같은 대역을 쓰고 있고, 한 대만 해킹당한다면 다른 서버까지 매우 쉽게 감염될 수 있는 위험이 있다. 예를 들어, 만약 위 서버 중 웹서버와 DB 서버가 있다면 웹서버에만 침투해도 DB 서버까지 침투할 수 있게 된다. 심지어 라우터가 구형 라우터라면 스테이트풀 인스펙션도 되지 않아서 아웃바운드 포트마저 일일히 열어야 하는 불상사가 생길 수도 있다. 정말 특별한 경우를 제외하고는 이처럼 네트워크 환경을 꾸며 놓는 곳은 극히 드물다. 하지만 혹시라도 독자가 어떤 회사에 입사했는데 네트워크 환경이 이렇게 돼 있다면 앞에서 열거한 문제를 모두 해결해야 하기 때문에 마음을 굳게 먹어야 한다.

이번 경우는 첫 번째 디자인을 기본 골격으로 하되, 네트워크 사이에 방화벽이 끼워져서 NAT이 이뤄지는 케이스다. 이렇게 VLAN을 나눠주므로써 A 대역과 B 대역은 영역이 서로 분리되며 따로 ACL을 열어

주지 않는 한 서로 접근할 수 없게 된다. 일반적으로 기업에서 사용하는 케이스가 여기에 해당한다. 예를 들어, A 대역은 웹 서버 영역, B 대역은 DB 서버 영역 등으로 용도와 목적에 따라 서버를 분리하는 것이 가능하며, 필요한 포트나 IP 주소만 여는 방향으로 정책을 만들어서 보안 측면에서 훨씬 안정된 환경을 가질 수 있다. 이처럼 NAT Mode로 방화벽을 디자인하는 방법은 앞서 OSI 7 계층 부분의 L3 절에서서 이미 살펴본 바 있다. 이러한 디자인에서는 방화벽을 외부 네트워크와 내부 네트워크로 나누는 구간에 설치하며, 흔히 외부 네트워크를 External 또는 Untrust Zone이라 하고, 내부 네트워크를 Internal 또는 Trust Zone으로 표현한다.

이해하기 가장 쉬운 방법으로 인터넷 공유기를 생각해볼 수 있다. 집에 설치해 놓은 인터넷 공유기에는 WAN 포트와 LAN 포트가 있는데, 모뎀에 연결돼 있거나 아파트 시공사에서 정리해놓은 아파트 지하의 스위치에서 뻗어나와 우리집 벽으로 연결되는 랜선은 WAN 포트에 연결돼 있고, LAN 포트에는 집에서 쓰는 PC나 노트북, 스마트티비 등이 연결돼 있다. 여기서 WAN 포트에 연결된 네트워크를 External 또는 Untrust Zone이라고 하며, LAN 포트에 연결된 기기를 가리켜 Internal 또는 Trust Zone이라고 이야기한다. WAN 포트에 연결된 IP 주소는 당연히 공인 IP 주소이므로 할당된 IP 주소가 107.184.156.114라고 했을 때, LAN 포트에는 192.168.1.0/24 등으로 NAT이 적용된 IP 주소가 연결된다. 공유기도 일종의 방화벽이므로 NAT이 적용된 IP 주소로 인해 외부에서는 우리집 LAN 포트로 접근할 수 없다. 예를 들어, 중국에 있는 해커가 우리집 LAN 포트에 연결된 데스크톱 PC 에서 리슨하고 있는 포트로 다이렉트로 공격을 감행하는 것은 불가능하다. 방화벽과 NAT에 의해 열려있는 포트가 하나도 없기 때문이다. 기업도 이와 마찬가지다. NAT 뒤에 있는 IP 주소에 대해서는 외부에서 직접적인 공격이 불가능하다. 이 이야기는 OSI 7 계층 부분에서 설명한 바 있다.

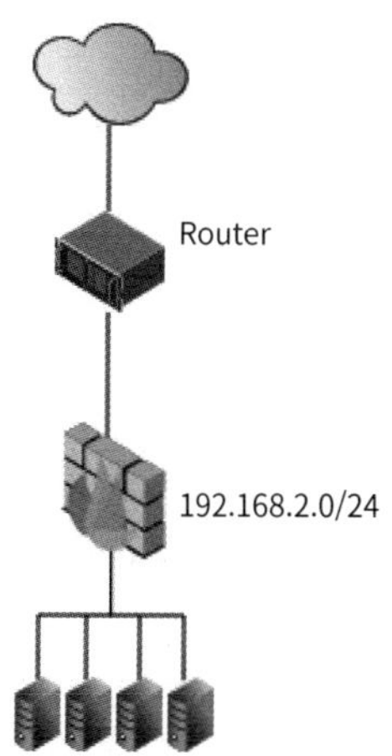

그림 1.26 L2 방화벽을 사용할 때의 구조

방화벽도 기업 네트워크 환경에 따라 달라질 수 있다. 다음 디자인으로, 방화벽에서 NAT 처리를 할 수도 있지만 특정 환경에서는 이미 상단에 있는 라우터나 L3 스위치 등 다른 네트워크 장비에서 NAT을 처리하고 있는 상황이라면 네트워크 엔지니어는 방화벽에서 굳이 또 NAT을 처리하고 싶지 않은 경우도 있다. 이럴 때는 브리지 모드로 해결할 수 있다. TP 모드로 방화벽을 연결하면 그쪽을 지나는 모든 트래픽은 방화벽에서 제어할 수 있게 되므로 보안성도 높아짐과 동시에 방화벽을 도입할 때 같은 대역의 양방향에 그저 끼우기만 하면 되므로 굳이 네트워크 환경을 많이 변경할 필요도 없다. 이 내용 역시 OSI 7 계층의 L2 부분에서 이야기한 바 있으며, 이것이 바로 L2 방화벽으로 쓰는 경우에 해당한다. 방화벽을 브리지 모드로 설정할 때는 커널에서 IP 계층으로 데이터를 전달하는 프로세스나 라우팅 테이블을 뒤져보는 과정 등의 여러 과정들이 생략되므로 성능 향상도 기대해볼 수 있다(사실 이론적으로 그렇긴 하지만, 요즘 장비는 워낙 고사양으로 나오기 때문에 사실 그렇게 차이가 많이 나는 것은 아니다). 하지만 앞서 설명한 대로 NAT 등을 사용할 수 없는 등 방화벽의 여러 기능을 활용할 수 없다는 단점도 있다.

일반적으로 방화벽을 설치할 때 NAT을 어디서 할 것인가를 중점적으로 보게 되는데, 이는 곧 VLAN을 방화벽에서 나눌지, 아니면 백본이나 코어스위치에서 나눌지를 고민하는 것으로 이어진다. 그리고 이렇게 되면 방화벽을 TP 모드로 쓸지 여부를 고려하는 과정이 또 동반되기 마련인데 결국 어떤 정답이 있다고 할 수 없는 이유는 기업의 네트워크 환경에 따라 그 선택이 달라지므로 절대적으로 어느 방법이 좋다고 말할 수 없기 때문이다. 회사에서 웹서버만 서비스하거나, 직원용 내부망만 운영하거나, 게임 서비스를 하거나, 외부에 오픈하지 않는 내부 서버만 운영하는 등 네트워크팀과 보안팀의 요구사항에 맞춘 논의가 필수적이다.

06 _ 방화벽이 죽을 때를 위한 대비 – HA

여러분이 보안팀에 속해 있고 방화벽을 새로 구입해서 네트워크팀에 설치해 달라고 요청했을 때 장비 구매를 위한 예산을 1대에 대한 값만 확보해서 덜렁 1대만 산다면 네트워크 팀에서는 그 방화벽을 절대 설치하지 않거나, 설사 설치한다 하더라도 여러분은 네트워크팀에게 두고두고 욕을 먹게 될 것이다. 그 이유는 가용성에 있다. 네트워크 장비는 언제든지 죽을 수 있다는 가정하에 디자인한다. 특히 방화벽처럼 민감한 장비는 일반 스위치나 라우터에 비해 크래시되거나 CPU 사용률이 100%에 치닫는 일이 매우 흔히 발생한다. 회사에서 시간당 천만 원 이상의 매출을 올리고 있는데, 방화벽이 죽으면서 서비스 중인 쇼핑몰이 다운되거나, 회사 업무를 보고 있는데 사내 인터넷이 죄다 다운되는 일이 발생한다면 어떻게 될까? 여러분이 관리하는 방화벽 때문에 매출이 타격을 받고 전 직원의 인터넷이 마비된다면 여러분의 심장은 콩닥콩닥 뛰면서 수명이 줄어드는 느낌이 들 것이다.

액티브 스탠바이. 한대는 온라인, 한대는 대기

그래서 나온 개념을 HA(High Availability)라고 한다. 한국식으로는 고가용성 또는 이중화라고 표현하기도 한다. HA를 쓰는 이유는 쉽게 말해 한 대의 방화벽이 죽었을 때 다른 한 대의 방화벽이 활성화되면서 백업하기 위해서다. 위의 방화벽 디자인 장에서 나온 TP 모드의 그림에서 HA 설정으로 이중화한 모습을 아래에 다시 그려봤다. L2 스위치 사이에 방화벽이 달려있지만 거기에 방화벽을 한 대 더 추가한다.

그리고 평소에는 1번 방화벽으로 트래픽이 흐르다가 1번 방화벽에 문제가 생기면 2번 방화벽으로 전환하며 네트워크 흐름에 문제가 없게 만든다. 이 경우 두 개의 방화벽은 설정이 완벽히 동일해야 다른 하나의 방화벽으로 전환됐을 때도 문제없이 네트워크를 가동할 수 있을 것이다.

방화벽이라는 장비가 내버려두고 아무런 설정도 변경하지 않는 시스템이 아니기 때문에 실제로 방화벽에 뭔가 작업을 하는 경우는 매우 잦은 편이지만 그렇다고 해서 매번 작업할 때마다 두 장비에 동일한 설정을 적용하는 등의 무식한 방법을 쓰지는 않는다. 따라서 LACP(Link Aggregation Control Protocol) 등의 프로토콜을 통해 두 방화벽의 설정을 자동으로 동일하게 맞추는 작업이 추가로 더해지는데, 이 주제는 보안보다는 네트워크 분야에 가까우므로 더 이상의 자세한 설명은 생략한다. 이중화 작업 자체를 수행할 때는 보안엔지니어와 논의하겠지만 실제로는 네트워크팀에서 담당하기 때문이다. 어쨌든 이처럼 한 대를 메인으로 쓰고 다른 한 대를 레디 상태로 두는 것을 액티브 스탠바이(Active–Standby) 또는 줄여서 AS 방식이라고 한다.

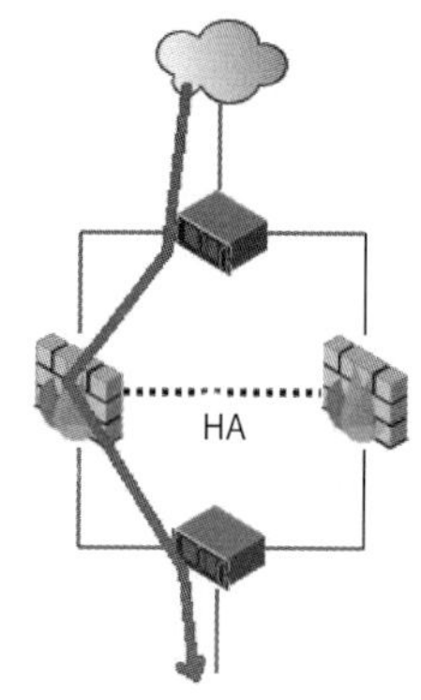

그림 1.27 액티브 스탠바이 모드의 방화벽 구조

이처럼 AS 방식에서는 두 장비의 설정을 동기화하는 것이 필수적인 작업이며, 최종적으로 해야 할 일은 레디 상태의 2번 방화벽이 서비스되는 동안 메인의 1번 방화벽의 문제점을 찾고 리부팅하거나 펌웨어를 업그레이드하는 등의 작업을 하면서 잠정적으로 발생할 수 있는 문제점을 수정해 둔다. 이 점검이 진행되는 동안은 계속 2번 방화벽이 방어 역할을 하고 있으므로 서비스는 여전히 지장 없는 상태가 지속된다. 그리고 점검이 끝나면 다시 트래픽을 1번 방화벽으로 돌려놓는 작업을 하게 되며, 그러면 다시 원래의 설정대로 1번 방화벽이 다시 메인으로 오고, 2번 방화벽은 다시 스탠바이 상태로 대기하게 된다.

이처럼 자동으로 백업 방화벽으로 전환되는 과정을 가리켜 페일오버(failover)라고 한다. 한 대가 사망해도 다른 한 대가 받쳐주니 페일오버만 갖춰져 있다면 만사형통일 것 같지만 실제로 페일오버가 진행되는 경우 몇 초에서 몇십 초 정도의 네트워크 순단이 발생하게 되므로 상황에 따라 문제가 될 수도 있고 조용히 넘어갈 수도 있다. 예를 들어, 방화벽 밑에서 직원들이 그냥 인터넷 서핑만 하는 환경에서 네트워크 순단이 발생한다면 네이버에 접속할 때 잠깐 랙을 느끼다가 다시 원상복구되는 정도겠지만 TCP 연결이 유지돼야 하는 서버를 외부에 서비스하는 경우(동영상 스트리밍 서비스나 게임 서비스 등)에는 동영상이 갑자기 수초간 끊기거나 게임에서 접속이 종료되어 사용자가 항의할 만한 문제로 불거질 수도 있다. 따라서 페일오버 덕분에 네트워크가 장시간 마비되는 것은 막을 수 있지만 순단 현상으로 발생하는 장애는 각오해야 한다.

L4 스위치를 이용한 액티브

OSI 7 계층에서 배운 내용으로 L4는 로드밸런싱 역을 할 수 있다고 알고 있다. L4는 로드밸런싱 작업을 통한 웹서버의 HA 뿐만 아니고, 방화벽의 가용성을 위해서도 활용할 수 있다. 그림 1.28처럼 두 대의 방화벽 양쪽 끝에 L4 스위치를 끼운다. 그러면 L4 스위치가 트래픽을 적절히 분배해서 좀 더 여유 있는 방화벽 쪽으로 트래픽을 몰아준다. 앞의 케이스에서는 두 대의 방화벽을 설치해두되 한 대를 메인으로 이용하고 한 대는 레디 상태로 두는 액티브-스탠바이로 구성했지만 이번에는 두 대의 방화벽을 설치해두는 것은 같지만 트래픽이나 리소스를 감안해서 두 대 모두 동시에 이용하는 구성을 보여준다. 이 같은 설정 방식을 액티브-액티브(Active-Active) 또는 줄여서 AA 방식이라고 한다. 여기서 L4 스위치는 방화벽과 HA 설정을 하는 것이 주된 역할이라서 안정성을 최우선 목표로 잡고, 결국 방화벽과 잘 호환되는 L4 스위치를 구매하는 경우가 많다. 그래서 특정 방화벽을 구매한 후 양쪽에 설치하는 L4 스위치도 같은 제품으로 교체하는 경우가 잦다. 이래서 네트워크 보안은 항상 고가의 제품을 두 대 이상으로 구매하는 경우가 많고 HA를 정교하게 디자인하면 할수록 장비 구매를 늘려야 하기 때문에 이를 부정적으로 비꼬는 사람들에게 쇼핑의 향연이라는 소리를 듣기도 한다.

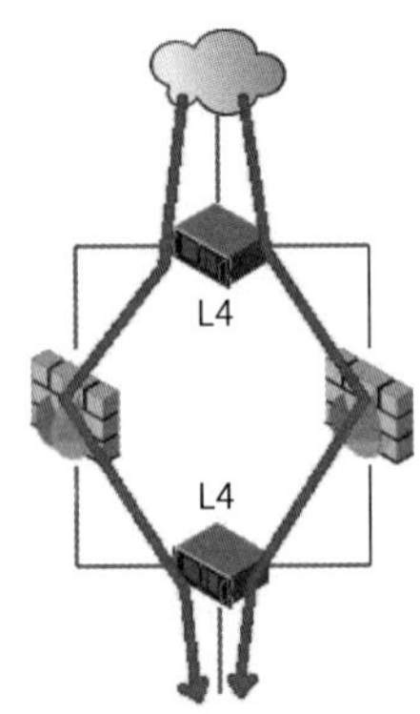

그림 1.28 액티브 액티브 모드의 방화벽 구조

참고로 현업에서는 액티브-스탠바이가 답인지 액티브-액티브가 답인지 단정할 수 없다. 두 가지 모두 많이 쓰이는 방식이며, 마찬가지로 기업의 네트워크 환경과 비즈니스 모델에 따라 케이스가 매우 다르므로 환경을 철저하게 분석한 뒤 적절한 디자인을 선택해야 한다.

07 _ 바이패스 스위치, L2 Fallback

가용성과 관련해서 또 한 가지 알아둬야 할 내용은 바이패스 스위치다. 앞에서 언급했듯이 방화벽이나 IPS 등의 장비는 언제나 죽을 수 있다고 가정하고 네트워크 디자인을 한다. 따라서 그런 상황에 대비해서 우회경로를 만들어 주는 장비가 추가로 필요하다. 그림 1.29를 보자. 평소에는 A 흐름대로 트래픽이 흐르지만 장애에 대비해서 방화벽 앞뒤로 바이패스 스위치를 설치해 두고, 방화벽이 죽었을 때는 B 경로로 트래픽이 흐르게 만든다. 보안 기능은 잠시 사라지겠지만 그래도 네트워크 전체를 다운시키는 것은 막아준다. 이것이 바로 바이패스 스위치가 하는 역할이다.

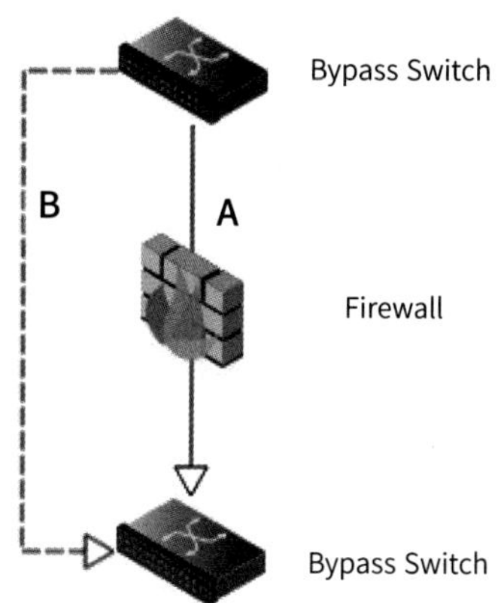

그림 1.29 바이패스 스위치의 구조

비슷한 이야기로, 네트워크 보안 솔루션을 검토할 때 L2 fallback이라는 기능이 제공된다고 적힌 경우가 많다. 이 또한 가용성을 위한 장치로서, 일종의 트리거 룰이라고 생각하면 된다. 예를 들어, L2 Fallback 기능이 지원되는 방화벽을 사용하던 중에 해커의 외부 공격이 굉장히 거세게 들어오고 있고, 방화벽이 공격을 열심히 막다가 거의 다운될 지경에 이르렀다. 이때 L2 Fallback이 가동되며, 그 후부터는 방화벽이 그냥 L2 스위치가 되어버린다. 따라서 그냥 단지 연결만 돼 있는 장비로 인식해서 방화벽의 트래픽을 딱히 제어하지 않고 그냥 다 흘려보내게 된다. 그러면 모든 트래픽이 다 안으로 치고 들어올 테니 해킹 공격은 어떻게 막느냐고 생각할 수 있겠지만, 사실 기업에서 보안 업무를 하다 보면 방화벽이 죽는 경우를 심심찮게 볼 수 있고, 이것은 곧 해커의 공격을 막다가 아예 초가삼단을 다 태워먹는 결과로 이어질 수 있다. 따라서 위급한 상황에서는 이처럼 바이패스 모드로 장비를 둔갑시키는 작업이 필요하다. 괜히 어쭙잖게 해킹을 막으려다가 시스템까지 모두 다운되는 사태까지 몰고가지 말고, 잠시 해킹을 방어하지 못하더라도 바이패스시켜버리는 선택이 정답일 때도 있기 때문이다. 기업 보안팀의 아이러니한 숙명 중 하나다.

08 _ 가용성의 끝판왕, 풀 메시

액티브-스탠바이를 쓰건, 액티브-액티브로 디자인하건, 어쨌든 이제 방화벽이 죽는 것은 막을 수 있게 됐다. 하지만 여기서 걱정거리가 더욱 업그레이드되어 방화벽 앞뒤로 있는 L2 스위치나 L4 스위치도 죽을까봐 걱정되는 상황이 온다. 그래서 그림 1.30과 같은 디자인이 나온다.

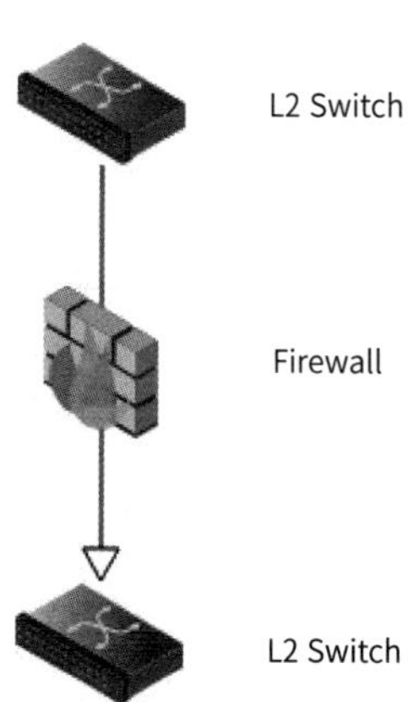

그림 1.30 방화벽 앞뒤로 설치된 L2 스위치

먼저 처음으로 돌아와서 기초적인 모델을 보자. 이 같은 디자인에서는 방화벽이 죽으면 네트워크가 모두 끊어진다. 따라서 여기서 방화벽을 이중화한다. 방화벽이 두 대가 됐으니 방화벽 앞뒤로 설치된 L2 스위치는 위로 올리고 로드밸런싱을 위해 그 사이에 L4 스위치를 설치해야 한다. 여기까지는 앞에서 배운 내용이다.

하지만 이 L4 스위치가 다운되는 장애가 걱정될 수 있다. 그렇다면 그 위에 있는 L4 스위치도 이중화한다(그림 1.32 참고). 점점 더 복잡해지는 모양새다.

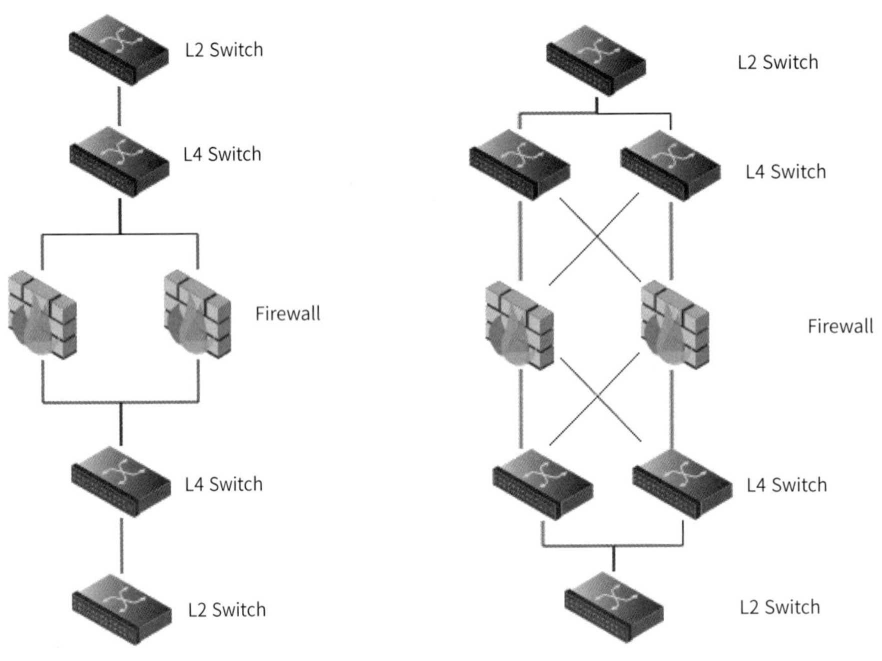

그림 1.31 방화벽을 이중화한 모습

그림 1.32 L4 스위치를 이중화한 모습

이런 식으로 하다 보면 안정성은 점점 보강되지만 사실 모든 장비를 두 개 이상씩 구비해야 하므로 비용 측면에서 문제가 되고, 또한 실제 장애가 발생했을 때 정확히 어느 구간에서 문제가 됐는지 찾기가 힘들어지는 문제가 발생하기도 한다. 어쨌든 이 같은 디자인을 풀 메시(Full Mesh)라고 한다. 실제 기업 네트워크 환경은 연속성을 보장하기 위해 풀 메시를 기본 디자인으로 삼고 있기 때문에 이처럼 거미줄 같이 얽힌 네트워크 환경을 볼 수 있다. 어느 선까지 이중화하느냐는 서비스의 중요도에 따라 네트워크팀에서 결정하겠지만 더 깊이 다루는 것은 이 책의 범위를 벗어나므로 풀 메시를 소개하는 선에서 마무리하겠다.

09 _ 방화벽 룰 관리

앞에서 방화벽 앞뒤로 A, B, C, D 구간에 대해 살펴보고 NAT으로 인한 보안 취약점으로 어떤 것이 발생하는지 알아봤다. 이쯤 되면 방화벽에 어떤 룰이 들어가야 할지 대략적으로 상상할 수 있을 것이다. 이제부터는 룰 이야기를 해볼까 한다. 방화벽을 구성하는 데 룰을 몇 개나, 그리고 얼마나 효율적으로 넣느냐에 따라서 방화벽의 활용 가치와 방화벽의 성능이 완전히 달라진다. 불필요한 룰을 많이 넣으면 방화벽은 그만큼 많이 부하를 일으키게 되고 장애를 가져온다. 네트워크 보안의 가장 중요한 요소로서 네트워크가 단절되는 것만은 방지해야 한다. 빈대 잡다가 초가삼간 태우지 않는 것이 네트워크 보안의 기본이다.

이전 장의 L7 방화벽에서 본 것처럼 이제 방화벽 룰이 애플리케이션까지 제어할 수 있다 하더라도 어쨌든 망 구성에서 IP 주소 차단이나 포트 차단이 여전히 방화벽의 주요한 역할이라는 것은 자명한 사실이다(사실 가장 편한 방법이기도 하다). 예를 들어, A라는 서버가 웹 서버이고 이를 외부에 오픈해야 한다고 가정했을 때 80번 포트를 열어두기에 가장 좋은 위치도 방화벽이고, 실제로 악성코드 등에 감염됐을 때 정보를 빼가는 해커의 행위를 가장 차단하기 쉽고 좋은 방법은 IP 블록이기 때문이다. 따라서 방화벽을 운영한다면 IP 차단을 하는 위치, 그리고 IP 차단을 어떤 규칙이나 정책을 기준으로 진행해야 할지 생각해야 한다. 하지만 현실에서는 이 과정이 생각보다 녹록치 않다. 실제로 네트워크 보안 업무를 하다 보면 누가 넣었는지 알 수도 없는 차단 룰이 도처에 널려있고, 이걸 빼자니 무섭고 안 빼자니 방화벽이 비틀비틀하고 이래저래 고민이 되는 경우가 많아지기 때문이다. 이런 현상은 체계적인 관리 없이 방화벽에 마구 IP 블록을 해댔기 때문에 발생하는 현상으로, 방화벽 담당자라면 오래된 룰을 정기적으로 지워주는 것도 중요하며, 룰이 겹치지 않게 효과적으로 룰 튜닝을 하는 것도 필요하다. 예를 들어, 다음과 같은 ACL 룰이 있다고 해보자(룰의 문법에 대해서는 논하지 않기로 한다).

```
permit tcp any 80 any any
permit tcp any 443 any any
permit tcp any 3389 any any
permit tcp any 445 any any
permit tcp any 139 any any
.....
permit tcp any any any any
```

어떤 보안 엔지니어가 룰 정리를 한다면서 한줄한줄 모든 룰을 따라가며 점검하고 있는데, 맨 밑에 all open인 any any 룰이 보인다. 이러면 결국 모든 포트와 모든 IP 주소를 개방하라는 뜻이기 때문에 그 위에 나온 줄은 전혀 필요없는 쓸데없는 내용이 된다. 보통 이런 일이 일어나는 원인은 뭔가 정교하게 룰을 만들고 있는데 접속이 원활하지 않는 이슈가 발생하고, 실무 부서에서 빨리 처리해 달라고 압박이 오는 가운데 급한 마음에 '에잇, 잠깐만 다 열어보자'라면서 그냥 죄다 오픈해 두는 사건으로부터 시작된다. 접속 확인이 완료되면 그 당시에는 '나중에 체크해봐야지'라고 하게 되지만, 실제로는 이후부터 잊어버리고 방치해 두는 일로 이어진다. 경우에 따라서는 한술 더 뜨기도 하는데 any any로 열어놓고 그 밑에 다시 특정 포트만 여는 룰을 추가하는 등 진귀한 장면을 볼수도 있다.

이 같은 현상은 모두의 업무가 바쁘게 돌아가는 가운데 급하게 일 처리를 하느라 생긴 것이긴 하지만 어쨌든 이런 룰은 방화벽의 리소스를 좀먹는 불필요한 쓰레기 룰이며, 반드시 청소해야 될 대상이다. 이런 룰을 방치하면 결국 방화벽 다운의 원인이 되기도 한다. 또한 룰을 논리적으로 잘못 추가해서 서로 충돌이 나기도 하는데, 방화벽은 컴파일러가 아니므로 문법적인 오류를 찾기에도 쉽지 않다. 그래서 ACL 매니저 같은 상용 ACL 관리툴이 있기는 하지만 하나의 룰 때문에 네트워크 전체가 먹통이 되기도 하므로 실제로 잘 사용되지는 않고 있다. 이 내용은 2장에서 실제 룰 관리 실습을 하며 좀 더 자세히 설명할 예정이다.

10 _ 정리

지금까지 방화벽 디자인과 역할별 설계 등을 다뤄봤다. 최대한 현실적인 이야기를 많이 접목시키긴 했지만 실제 설정 과정이나 튜닝 과정이 없어서 쉽게 와 닿지 않았을 부분도 있었을 텐데, 지금까지 설명한 내용 중 보안 관점에서 더욱 중요한 부분은 다음 장인 'UTM 구축 편'에서 실제 오픈소스 방화벽을 설치해보며 실습할 수 있게 구성해뒀다. 하나씩 따라해보며 방화벽을 구축한 후에 이번 장의 내용을 다시 본다면 처음 읽을 때와는 달리 필자가 의도하고자 하는 부분이 좀 더 눈에 들어올 것이라 확신한다.

2장 IPS와 웹 방화벽

이 책의 1부에서는 보안을 위한 네트워크 디자인에 대한 실무적 흐름을 잡는 이야기를 하겠다. 따라서 방화벽을 가장 먼저 다룰 것이고, 그다음에는 IDS, IPS, 웹 방화벽 등을 설명할 예정이다. 각 장마다 필자의 경험을 더해서 네트워크 보안에 이론과 실무를 접목한 방향으로 구성했고, 특히 방어하는 입장을 우선적으로 감안해서 내용을 정리했으므로 모의해킹을 수행하는 보안팀보다는 방어 시스템을 구축하고 수비 관점에서 디자인하는 보안팀에 좀 더 초점을 맞췄다고 볼 수 있다. 이런 점을 감안하고 차근차근 따라오면서 네트워크 보안 실무를 수행하기 위한 필수적인 체계를 다듬어보자.

01 _ IPS가 제공하는 기능

앞서 언급했듯이 IDS는 Detection이라는 이름에서 알 수 있듯이 실질적인 블록 기능은 없고 단지 의심스러운 트래픽을 로깅하기만 한다. 방화벽에 L7 기능이 없었던 시절, 실제 악성코드나 익스플로잇 공격코드의 페이로드를 확인하기 위해 IDS를 방화벽과 함께 콤비플레이로 구축해 두는 것이 일반적이었고, IDS로 모니터링을 하다가 뭔가 의심되는 내용이 발견될 경우 분석 과정과 이중 체크 과정을 거쳐 악성 행위가 맞다면 방화벽에서 막으며 마무리하는 프로세스로 보안 업무를 진행하곤 했다. 하지만 실제 이 과정은 매우 시간도 많이 들어가고 사람이 일일이 작업해야 하는 불편함이 있어서 이 같은 IDS의 Detection을 Prevention으로 바꿔서 IPS라는 것이 등장하기 시작했다.

그림 2.1 생김새는 방화벽과 비슷한 IPS

일반적으로 IPS가 나온 배경 이야기를 할 때면 기가바이트 시대의 도래, 기업정보 환경의 변화, 새로운 공격에 대한 방어 필요성, IDS의 한계 등과 같이 보안 컨퍼런스 등에서 보이는 거창한 이야기가 나오지만 그런 누구나 다 알고 있는 이야기는 제외하고 방화벽과 더불어 IPS라는 것이 추가로 연결될 때 초점을 맞추고 있는 부분은 크게 세 부분이었다.

- L7 계층을 커버할 수 있어야 할 것
- 디도스를 막아야 할 것
- 트래픽 학습을 할 수 있을 것

02 _ L7 계층의 공격을 방어하자

첫 번째 이야기를 먼저 해 보자면 주로 L4 계층까지만 커버하고 있는 방화벽으로는 부족하다는 정설이 일반화됐고, 이제 방화벽에서도 접근 제어 외에 IDS처럼 페이로드를 읽을 수 있는 침입 탐지 패턴이 있어야 한다는 분위기가 생기고 있었다. 이는 인라인으로 연결된 네트워크 보안 장비로도 L7 계층을 커버해야 한다는 인식의 보급화로 이어졌고, 방화벽에 특정 모듈을 끼워넣어 IDS처럼 패턴을 넣으면 그에 맞는 패킷을 읽어 탐지하는 기능을 추가한다거나 L2, L3, L4 장비를 별도로 두듯이 아예 L7을 전용으로 커버할 수 있는 장비가 별도로 나오기 시작했으며 그것이 곧 IPS의 모태가 된다. 그 덕분에 IT 업계 역사상 가장 치명적인 해킹 사건이었던 1.25 대란에 치명적인 피해를 줬던 슬래머 웜이라던가 SQL 인젝션 등의 웹 공격 패턴을 찾아서 IPS에서 해당 패킷이 발견되는 즉시 차단하는 것이 가능해짐으로써 이런 부류의 공격에 대해 좀 더 넓은 시야에서 기업 보안을 처리할 수 있는 환경이 만들어진다.

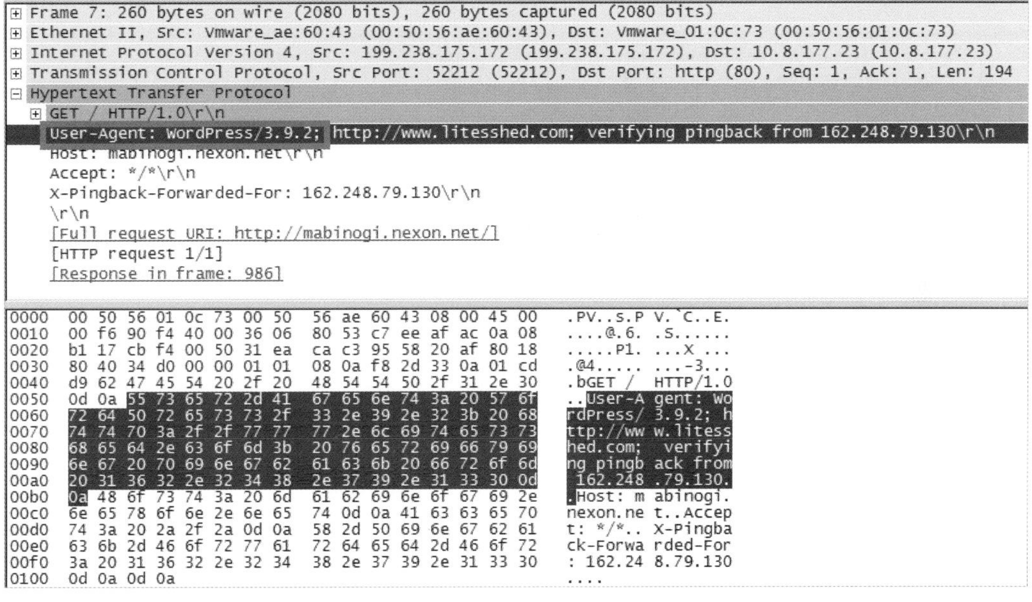

그림 2.2 워드프레스 핑백 디도스 공격 페이로드

그림 2.2는 워드프레스 핑백(pingback) 디도스 공격에 탐지된 문자열을 보여준다. 전통적인 방화벽에서는 이러한 페이로드에 대응할 수 없었지만 IPS에서는 이러한 공격을 시그니처로 잡아서 탐지할 수 있게 됐다.

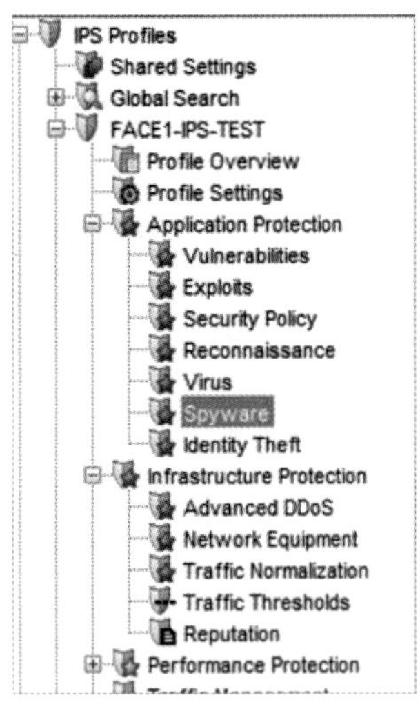

그림 2.3 IPS에서 제공하는 시그니처의 대분류

✔	13559: TCP: Neverquest Malware Communication Attempt	Category	Block / Notify	Spyware
✔	13561: HTTP: Possible Malware Communication Attempt	Category	Block / Notify	Spyware
✔	13570: HTTP: Neverquest Malware Communication Attempt	Category	Block / Notify	Spyware
✔	13607: HTTP: Alina.A Malware Communication Attempt	Category	Block / Notify	Spyware
✔	13627: HTTP: Alina.B Malware Communication Attempt	Category	Block / Notify	Spyware
○	13764: HTTP: China Chopper Malware Communication Attempt	Category	Disabled	Spyware
✔	13767: HTTP: China Chopper Malware Communication Attempt	Category	Block / Notify	Spyware
✔	C001: adware_militarysurplus	Filter	Block + Notify + Trace	Spyware

Find... Search Distribute...

그림 2.4 IPS에서 제공하는 각종 시그니처

거기에 더해 악성 행위 차단 패턴에 대해 보안회사 또는 장비 배급회사에서 공식적으로 배포하는 정규 패턴 외에 커스텀 패턴도 넣을 수 있는 정도는 거의 필수적으로 제공되는 기능으로 자리 잡았다. 커스텀 패턴을 넣을 수 있다는 것은 매우 큰 장점인데, 예를 들어 다음과 같은 프로세스로 업무를 진행할 수 있다.

1. 직원들로부터 업무용 PC가 느려졌다는 문의를 받는다.

2. 해당 PC의 조사 작업에 들어간다. 분석 결과, A라는 악성코드에 감염돼 있는 것을 발견한다.

3. 악성코드를 분석해서 행위상 0E 03 34 12 F1 ... FF 23 4D라는 트래픽을 반드시 외부로 전송한다는 것을 확인한다. 이 트래픽이 보이면 악성코드에 감염된 PC라고 봐도 무방하다.

4. IPS에 위 패턴을 넣고 가동시킨다. 직원들 중 보안팀에 문의하지 않은 다른 몇몇 사람들이 이 악성코드에 감염돼 있다는 것을 더 확인할 수 있었다. 또한 IPS는 탐지와 즉시 차단 작업을 수행하므로 신고받지 않은 그 밖의 직원들의 악성코드 활동도 멈추게 할 수 있었다.

5. 이처럼 감염된 직원들의 악성코드 활동은 IPS에 의해 중단시켰지만 그 밖에도 감염자들은 더 많은 또 다른 악성코드가 있을 수 있으므로 해당 직원들에 대해 추가 분석 작업에 들어갈 수 있다.

이런 식으로 진행할 때 L4까지만 지원하는 방화벽만 있다면 위 같은 악성코드의 페이로드는 찾을 수 없고, 막을 수도 없다. 따라서 이럴 때 IPS는 아주 중요하며 침해사고대응을 위한 하나의 훌륭한 무기가 돼 준다.

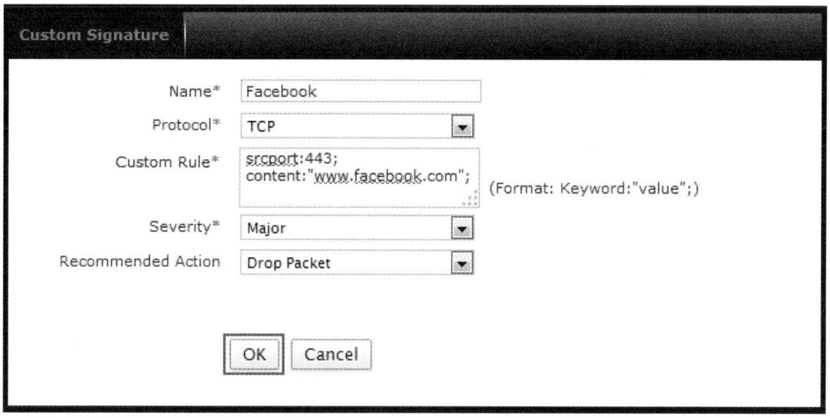

Custom Signature

Name* Facebook
Protocol* TCP
Custom Rule* srcport:443; content:"www.facebook.com"; (Format: Keyword:"value";)
Severity* Major
Recommended Action Drop Packet
OK Cancel

그림 2.5 커스텀 시그니처를 넣는 모습

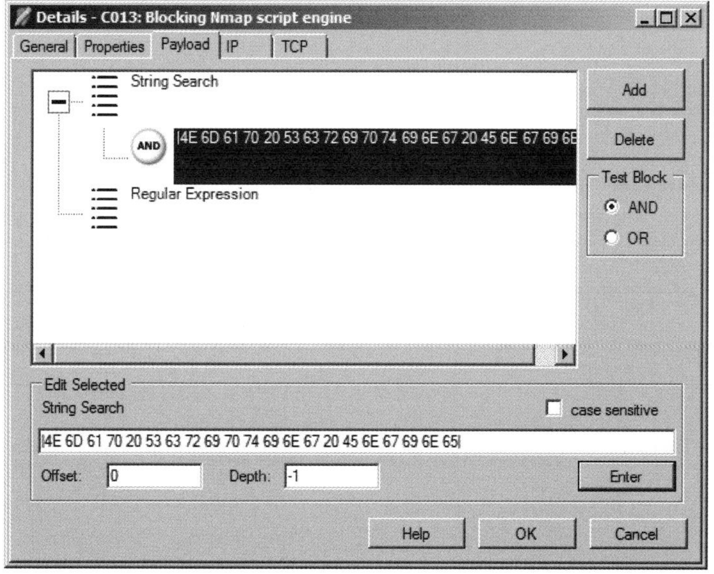

그림 2.6 커스텀 패턴을 넣는 모습

이처럼 L7 계층을 읽을 수 있는 만큼 수많은 애플리케이션의 패턴을 찾을 수 있게 됐고, 그 덕분에 이제 IPS가 단순히 침입방지의 기능 외에도 컴플라이언스나 사내 직원들을 제어하기 위한 보안 정책 도구의 하나로도 사용되고 있다. 예를 들어, 회사 업무용 PC에서는 eDonkey 등의 P2P 공유 프로그램을 사용할 수 없게 한다거나, 당시에 매우 활성화되던 소리바다를 쓸 수 없게 한다거나, 페이스북, 스카이프, 네이트온 등의 SNS나 메신저를 차단하는 등이 여기에 해당한다. 이러한 기능 덕분에 IPS가 지금까지도 완전히 사장되지 않고 현업에 쓰이며 연명하고 있다.

03 _ 디도스 방어

다음으로 두 번째 주제인 디도스 이야기를 해보자. 본래 디도스는 방화벽으로 막는 것이 기본적인 디자인이지만 방화벽이 하는 일이 많아 점점 무거워지며 부담이 심한 가운데 공격 스타일 또한 웹 공격에 특화된 것들이 많아지고 있어서 디도스의 방어 포인트를 IPS로 옮기기 시작했으며, 디도스에 관해서는 방화벽보다는 IPS 쪽 튜닝에 좀 더 중점을 두게 된다. 물론 요즘에야 아예 전문적인 안티 디도스 장비까지 등장하며 이 트렌트가 다시 좀 바뀌었지만, 어쨌든 이런 이유로 10G 등의 고용량 IPS가 나오기 시작했다. 실제로 어떤 기업의 평소 웹 트래픽이 수백 MB 전후이고 최대 트래픽이 300MB를 넘지 않을 때 회사의 주머니 사정이 넉넉하지 않다면 웹 공격을 막기 위한 IPS로는 1G 정도의 장비를 달아도 충분할 것 같지만 디도스를 대비해서 아예 10G의 장비를 구축하는 등의 일이 발생하곤 했다.

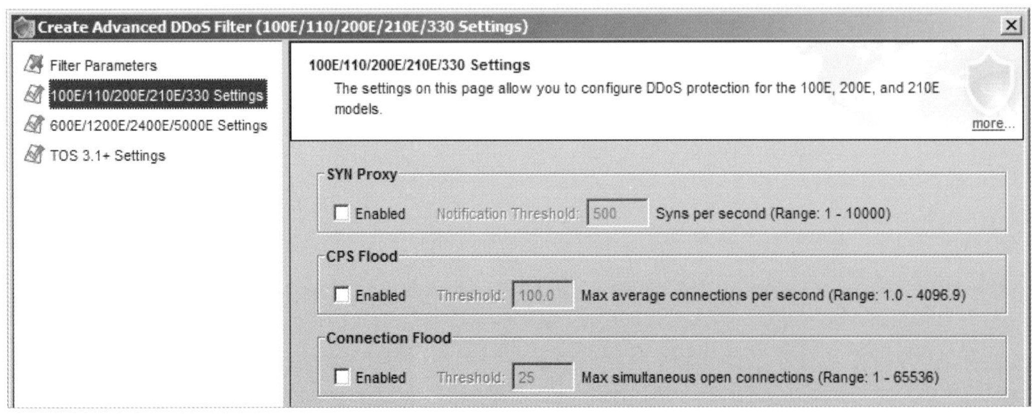

그림 2.7 IPS의 디도스 방어 기능

04 _ 트래픽 학습

마지막으로 세 번째 주제인 트래픽 학습은 대부분의 보안장비에 악성 행위에 대한 패턴이 있고 그에 대한 시그니처를 기반으로 탐지하기 때문에 결국 알려지지 않은 공격은 탐지가 불가능하다는 단점을 지적한 것에서부터 시작하는 주제로서, 비정상 행위를 탐지할 수 있어야 한다는 것이다. 요즘 들어 많이 사용하는 표현으로 애노멀리 디텍션(Anomaly Detection)이라고 하는데, 평소 트래픽을 학습해 뒀다가 비정상적인 트래픽이 올라오면 잡아낸다는 개념이다. 임곗값을 설정하고 해당 트래픽을 넘어서면 그때부터 막는 방식이다. 예를 들어, 회사에 흘러다니는 트래픽을 3개월 정도 학습한 결과, 회사 웹서버는 개별 IP 주소당 최대 10Mbps의 트래픽이 발생한다고 가정했을 때 트래픽이 20Mbps 이상인 경우 디도스나 스캔성 공격으로 간주해서 차단하고, 별도의 시그니처나 패턴이 보이지 않아도 해당 IP 주소를 차단하는 것이다. 물론 방화벽에서도 이와 유사하게 처리할 수 있지만 전통적인 방화벽은 보통 전체 트래픽 양으로 임곗값을 설정하는 수준에 불과해서 개별 IP 주소에 대한 스레시홀드는 IPS에서 추가하는 것이 훨씬 보편적이었다(물론 그건 조금 옛날 이야기이고 요즘 방화벽들은 또 다시 업그레이드되어 IPS 수준으로 처리할 수 있다).

하지만 그 밖에 머신러닝이나 데이터마이닝 수준까지 가는 IPS는 거의 없었던 현실로, 과거에 IPS가 광고로 엄청 밀어대던 트래픽 학습과 비정상 행위에 대한 차단이라는 내용은 무언가 지능적인 냄새가 나며 많이 어딘가 있어 보이긴 하지만 사실 필자 개인적으로 느끼기에는 단지 스레시홀드 설정 수준이기 때문에 지능적이라고 하기에는 조금 어패가 있지 않나, 라는 생각이 든다. 물론 어쨌든 당시 방화벽이 제공하지 않는 이 같은 기능을 제공한다는 측면에서는 큰 의의가 있었다. 하지만 정작 큰 문제는 담당자가 평소 트래픽을 체크하며 이 기능에 설정을 계속해서 추가해야 한다는 인력적인 문제를 비롯해 인라인으로 연결된 IPS의 특성상 조금만 실수해도 회사 서비스에 막대한 지장을 가져오는 위험성이 있어서 담당자가 사내 트래픽과 네트워크에 정통하지 않는 이상 이 기능에 손 대기를 꺼려해서 이 기능을 적극적으로 활용하지 않게 된다는 것이다. 부정적인 얘기로 결론 나는 것 같지만 어쨌든 잘 사용하면 훌륭한 기능임에는 두말할 필요가 없으며 장비도 결국 사람을 잘 만나야 기능을 제대로 발휘한다는 휴머니즘성 마무리쯤으로 생각하면 좋을 것같다. 물론 이런 시각은 현재의 모든 보안 솔루션이 지향해야 할 방향이라는 것은 틀림없는 사실이다. 그래야 구입해둔 장비를 정작 제대로 다루지 못해서 방치하는 일이 발생하지 않기 때문이다.

05 _ IPS 역할과 위치 선정

요즘 들어 IPS가 예전보다 인기가 시들시들한 이유는 IPS의 기능이 기타 다양한 보안 솔루션으로 갈라졌기 때문이다. 다시 말해, 요즘 트렌드는 여러 가지 해킹공격을 IPS 하나로 퉁쳐오며 방어하던 것을 다음과 같이 구간별로 분리해서 구축하는 쪽으로 흘러가고 있다. 예를 들어, IPS에서 가지고 있는 애플리케이션 패턴의 페이로드 차단 기능은 L7 계층에서의 방화벽인 Firewall-ng 등에서 담당하거나 웹 공격의 경우 아예 전문 웹 방화벽을 사용하기도 한다. 디도스 방어 기능은 IPS보다는 전문 디도스 방어 장비를 이용해서 차단하는 편이고, URL 차단 등은 유해차단시스템 또는 웹필터로 불리는 블루코트나 웹센스 등의 제품을 통해 회사 내 인터넷 트래픽을 사내 정책에 맞게 제어한다.

그렇다고 해서 이제 IPS가 완전히 박물관에서 볼 법한 유물이 된 것은 아니다. 아직도 심심찮게 IPS를 사용하는 곳은 있으며, 회사의 형편에 따라서, 그리고 회사에서 보호해야 할 자산이 어떤 것이냐에 따라서 구간별로 모든 보안 솔루션을 배치할 수도 없는 상황이 있기 때문에 여전히 IPS를 사용하는 곳이 꽤 많다. 따라서 IPS에서 제공하는 어떤 기능을 어떻게 사용할 것이며, 그리고 네트워크에서 어느 위치에 놓을지를 고민하는 것은 인프라 보안에 매우 중요하다. 이를 위해서는 회사의 네트워크 환경을 이해할 필요가 있으며, IPS를 연결하는 방식을 고민할 필요가 있다. 이제부터 이 주제에 대해 생각해 보자.

06 _ IPS 위치 디자인

지금까지 설명한 내용으로 느끼신 분들도 있겠지만 IPS의 강점 중 하나는 직원들이 PC를 이용하는 네트워크 구간과 외부에 서비스하는 서버 구간에서도 동시에 활용할 수 있다는 점이다. 요즘 트렌드처럼 용도별로 구분된 보안 솔루션은 그렇게 사용하지 않는다. 예를 들어, 웹 방화벽의 경우 서비스를 위한 웹서버의 구간에 놓지, 직원들이 인터넷을 사용하는 구간에 놓을 필요는 없을 것이다. 마찬가지로 토렌트를 차단하거나 성인 사이트를 차단하기 위한 유해차단시스템이나 웹필터 같은 솔루션은 직원들의 인터넷망에 놓아야 하지, 서버 대역에 둘 이유는 없을 것이다. 서버에 들어가서 성인 사이트를 방문할 사람은 없을 것이기 때문이다. 하지만 IPS는 서버 영역이나 직원들이 인터넷을 사용하는 영역을 모두 커버할 수 있으므로 현재 기업의 요구사항에 따라 둘 다 핸들링하는 위치에 둘지, 아니면 서버든 인터넷망이든 하나만 커버하는 위치에 둘 지 고민할 필요가 있다. 먼저 첫 번째 디자인으로 둘 다 방어하는 구조를 설명하겠다.

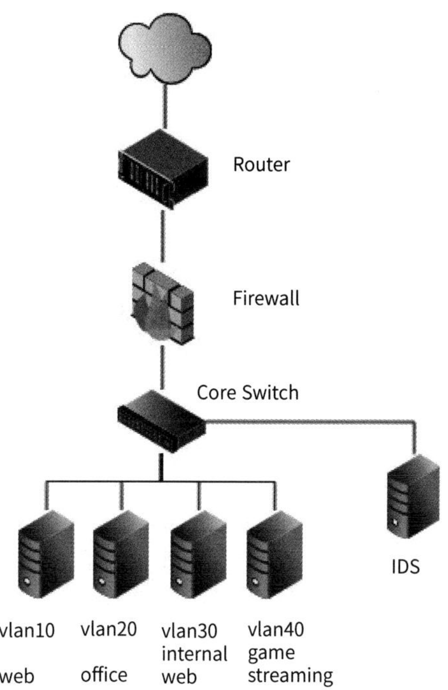

그림 2.8 일차원적인 네트워크 디자인

그림 2.8을 보면 직원들을 위한 사내망과 외부 서비스를 위한 네트워크를 모두 가지고 있는 어떤 회사의 일차원적인 네트워크 디자인이다. 맨 상단에 보더 라우터가 있고, 그 밑에 방화벽이 있으며, 방화벽을 통과한 트래픽은 코어 스위치에서 각 VLAN으로 용도에 맞게 트래픽을 나눠준다. 이번에는 각 VLAN에 대한 설명을 들어보겠다. 앞서 이야기했듯이 VLAN의 개념은 2부 'UTM 구축: 오픈소스 통합 보안 시스템 구축'에서 자세히 설명했다.

1. **VLAN 10**: 외부에서 이 회사의 웹사이트에 접근하기 위해 놓인 서버는 VLAN 10에 놓여 있다. 예를 들어, 이 회사에서는 쇼핑몰을 서비스하고 있고 해당 서버들은 VLAN 10 대역에 놓인다.

2. **VLAN 20**: 사내의 직원들이 사용하는 인터넷망과 업무용 PC는 VLAN 20에 놓인다.

3. **VLAN 30**: 이 회사와 협력 관계에 있는 파트너사와 데이터를 주고받기 위한 관계사용 웹 서버나 FTP 서버는 VLAN 30에 놓인다. 이 서버는 다른 관계사 쪽에는 개방돼 있기 때문에 관계사에서는 접근이 가능하지만 완전히 공개돼 있지 않으므로 모든 일반들에겐 오픈돼 있지 않다.

4. **VLAN 40**: 이 회사는 쇼핑몰 외에 스트리밍 서비스나 게임 서비스도 하고 있다. http 포트는 일반적으로 80번 포트나 443번 포트를 사용하지만, 다른 커스텀 TCP를 사용하는 서버는 이 서브넷에 놓인다.

이 같은 상황에서 IPS를 어디에 놓을지 생각해 보자. 먼저 이 회사에서 발생하는 보안 위협은 무엇이고 그것을 보완하기 위한 요구사항에 대해 명확히 생각해 볼 필요가 있다. 보안팀이 IPS를 통해 무엇을 보호하려는 것인지가 가장 중요하다.

서버를 통해 발생하는 위협

웹서버는 모든 사용자를 위해 퍼블릭으로 열려 있으므로 누구나 접근할 수 있다. SQL 인젝션이나 XSS 등의 공격에 언제나 노출돼 있는 것이다. 따라서 웹 공격을 막을 필요가 있다. 방화벽이 있어도 L7 계층에는 대응할 수 없는 전통적인 방화벽이라서 해커의 공격으로 추정되는 IP 주소는 막을 수 있지만, IP 주소는 언제나 바뀔 수 있고 특정 페이로드를 가지고 공격하는 형태에 대해서는 대응할 수 없기 때문에 IPS가 필요하다.

직원들의 사내망을 통해 발생하는 위협

이 회사의 네트워크는 나름 보안 디자인을 신경 써둔 형태라서 VLAN10에 놓인 웹서버에 관리용 RDP나 SSH 등으로 접근할 때는 VLAN20에서만 가능하도록 방화벽 또는 코어스위치에서 정책이 설정돼 있다. 그래서 해커들은 웹서버를 바깥에서 다이렉트로 뚫을 수 없다면 VLAN20에 놓인 직원들의 PC를 스팸 메일 등으로 감염시킨 뒤에 직원 PC를 경유해서 VLAN10으로 건너가는 시도를 할 수 있다. 이런 위협에 대해 직원들이 악성코드에 감염된 것이 포착되면 해당 악성코드의 시그니처를 뽑아 IPS에서 즉시 차단할 필요가 있다.

디도스 공격으로부터 발생하는 위협

이 회사는 웹서비스를 제공하고 있기 때문에 디도스에 대한 대응이 필요하다. 물론 SYN flood나 UDP flood 등에 대해서는 이미 연결해둔 방화벽에서 어느 정도 대응하고 있지만 L7 계층에서 HTTP flood 등의 공격이 들어오면 방화벽에서는 대응하기가 어렵다. 디도스를 대응할 수 있는 장치가 필요하다.

이 같은 요구사항을 정리하고 다시 한 번 네트워크 환경을 보면 IPS를 놓기에 가장 적절한 구성은 그림 2.9와 같다. 세 가지 사항을 모두 커버할 수 있는 곳은 라우터와 방화벽 사이의 모든 네트워크가 오가는 곳이다. 웹서버를 통한 서비스 트래픽도 이 라우터를 통해 지나가고, 직원들이 사용하는 인터넷도 여기를 지나간다고 했을때, 1)번과 2)번의 요구사항을 모두 만족하는 것은 두말할 것 없이 라우터 아래가 된다. 그리고 방화벽 위에 놓느냐 방화벽 아래에 놓느냐가 또 하나의 고민거리가 될 수 있는데, 디도스를 IPS로 막기 위해서는 방화벽 위에 놓는 것이 좋다. 디도스로 인해 방화벽이 먼저 죽어버릴 수도 있기 때문이다. 또한 바이패스 라인에 대해서도 생각해 둬야 한다. 바이패스 라인은 대부분의 IPS가 제공하는 기능인데, IPS에 장애가 생길 때를 대비해서 그때는 보호 기능을 잠시 비활성화해 두고 트래픽을 그냥 흘러가도록 L2 스위치로 변경해 버리는 기능이다. 기업 환경에서 IPS를 운영하다 보면 이처럼 바이패스 모드로 변경해야 될 때가 여러 번 온다. 바이패스 모드에 대한 기본적인 설명은 방화벽 부분의 바이패스 스위치에서 설명한 바 있다.

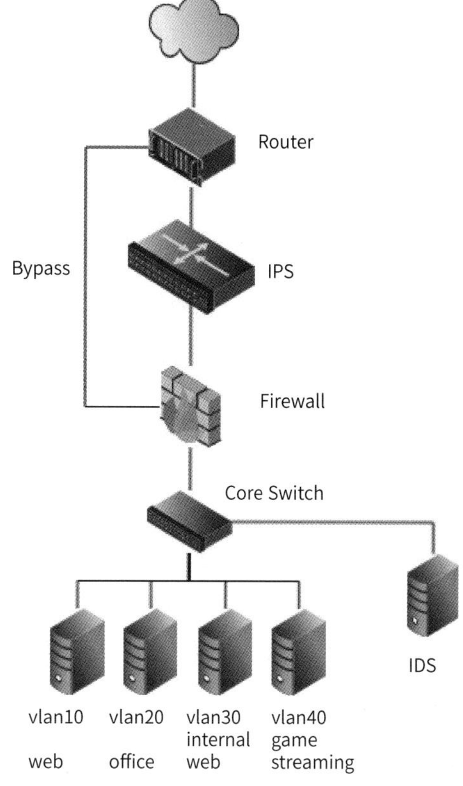

그림 2.9 디도스를 방어하기 위한 IPS의 네트워크 디자인

07 _ 웹으로 한정한 보호 구간과 웹 방화벽의 위치

하지만 앞의 디자인이 무조건 답이라고 볼 수 없는 이유는 다음과 같은 변경 사항이 생길 수도 있기 때문이다.

1. 회사의 트래픽을 IPS만으로 막지 못하는 형태가 증가하고 있다. 디도스 공격에 대해서는 별도의 방어 장비를 마련하기로 했다.
2. 예산 문제가 있는 관계로 쓰루풋이 작은 장비를 구매해야 하는 상황이 왔다.

이때는 위와 같이 디자인할 수가 없다. 회사가 서비스받고 있는 ISP는 5G인데, 실제 전체 트래픽은(서비스망 + 사내망) 1G가 들어오고 있다고 가정했을 때 위 디자인으로 구성한다면 IPS도 ISP의 대역폭에 맞는 5G 장비를 준비해야 한다. 하지만 내부 사정으로 IPS를 1G 정도로만 구축해야 한다면 이미 용량을 초과한 상황이라서 위와 같은 위치에는 절대 설치할 수가 없다. 평소 트래픽 양만으로도 IPS에 과부하가 걸릴 뿐 아니라 공격이 조금만이라도 들어오면 IPS 자체가 다운될 수 있기 때문이다. 따라서 이 경우에는 IPS를 2개 이상으로 분산하거나 IPS의 가상 센서 기능을 이용하거나(물론 이것도 대역폭이 허용하는 한에서) 또는 여러 가지 요구사항 중 하나를 포기해야 할 수도 있다. 예를 들어, 현재 남은 요구사항으로 직원을 보호하느냐 웹서버를 보호하느냐가 있는데, 그림 2.10은 직원 보호 정책보다는 웹서버 보호 쪽에 초점을 맞춘 디자인이다.

네트워크 상단에 달아둔 IPS를 떼고, 웹서버가 있는 VLAN10 쪽에다 IPS를 연결했다. 다행히 이 회사는 사내망과 서비스망을 합친 트래픽이 1Gbps라서 사내망과 관계사와의 트래픽, 스트리밍 서비스나 게임 트래픽을 제외하면 VLAN10 쪽으로 들어오는 트래픽은 100Mbps에 불과하다는 사실을 그간의 트래픽 학습으로 확인해놓은 상태다. 그렇다면 1G 쓰루풋을 지닌 IPS 장비도 이를 커버하기에는 충분하다. VLAN10을 통해 다니는 트래픽은 고작 100Mbps에 불과하기 때문이다. 하지만 이 디자인에서 직원들의 트래픽은 IPS를 제어할 수 없다는 단점이 있다. 그래도 어쨌든 사내망의 직원 트래픽은 포기하더라도 반대급부로 작은 장비로 보안팀이 원하는 요구사항을 충족하며 웹서버 대역을 보호할 수 있다. 참고로 이 디자인은 웹 방화벽을 설치할 때도 같은 원리로 이해할 수 있다. 웹 방화벽은 웹서버 대역만 보호하는 것이 역할이기 때문에 같은 위치에 그대로 웹 방화벽을 놓아도 무방하다.

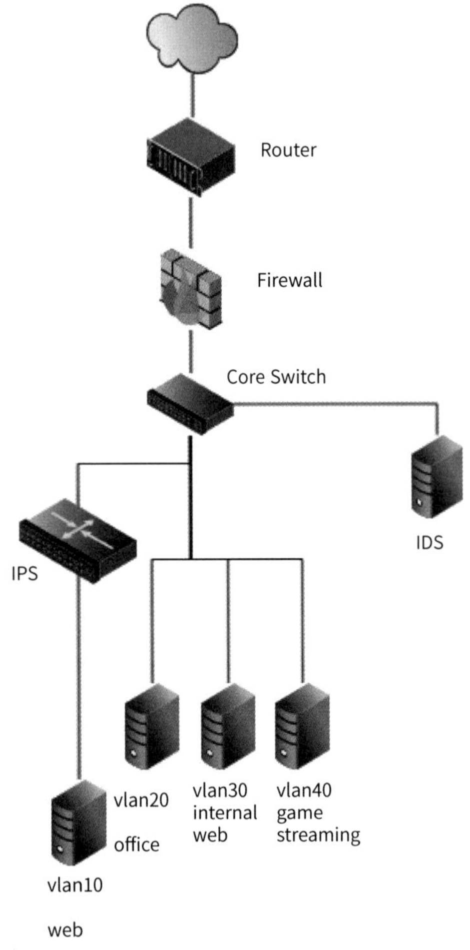

그림 2.10 웹 공격을 방어하기 위한 IPS의 네트워크 디자인

08 _ IPS로 직원을 보호하는 디자인

하지만 만약 반대의 경우로, 회사 웹서버에 동적 페이지 또는 사용자가 직접 게시물을 올릴 수 있는 페이지가 별로 없어서 상대적으로 웹 해킹 공격에 비교적 안전하다고 가정해 보자. 또는 고객정보DB가 없기 때문에 웹을 공격해도 얻어갈 게 없는 반면 직원들의 PC에는 기업비밀 등 중요한 자료가 많다고 해보자. 이 경우는 웹 서버보다는 사내망이 보호 우선순위가 높고, 웹서버보다는 직원 PC망에 IPS를 연결해야 할 수도 있다. 그림 2.11을 보자.

VLAN10이 아닌 VLAN20에 IPS를 연결한 모습이다. VLAN20은 직원들이 PC를 사용하는 환경이다. 웹서버는 보호할 수 없지만 직원들이 쓰는 인터넷 트래픽은 모두 IPS를 통해 들어오고 나가게 된다. 앞서 이야기한 환경과 동일하며 단지 VLAN 위치만 바뀐 것이므로 구체적인 설명은 생략한다.

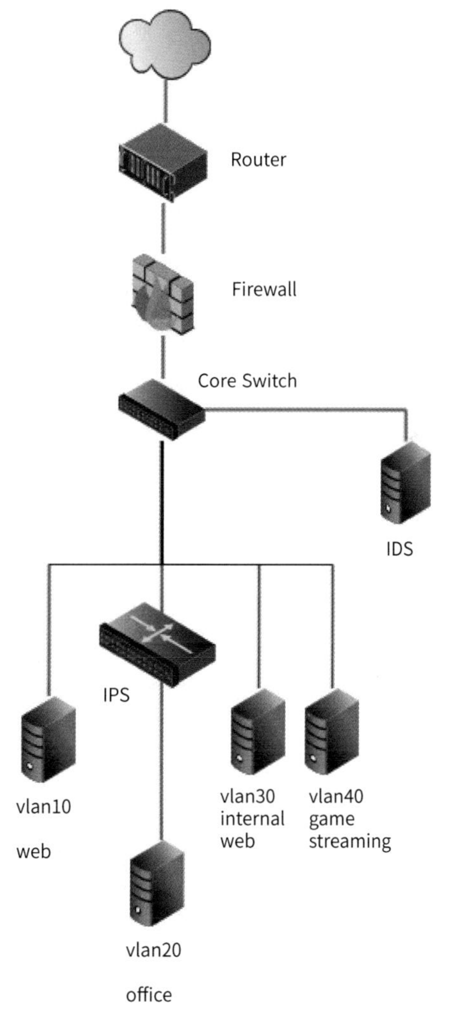

그림 2.11 직원 PC를 보호하기 위한 IPS의 네트워크 디자인

09 _ IPS의 가상 센서

위의 두 가지 사례를 봤을 때 장비를 두 대 준비해야 하는 것이 아닌가, 라는 생각도 있지만 만약 쓰루풋만 충분하다면 IPS의 가상 센서(Virtual Sensor)로 해결할 수도 있다. 하나의 물리적 IPS 자체를 가상으로 여러 개인 것처럼 나눌 수 있다. 하나에 연결된 물리적 포트를 가상 존으로 나누는 방법이다. 이때 얻

는 장점은 보안 정책을 설정하기가 수월해진다는 것이다. 웹 서버에 설정하는 보안 정책은 주로 SQL 인젝션 등의 공격 패턴과 관련된 것이겠지만 직원들의 망에는 토렌트 다운로드나 실행 파일로부터 실행되는 악성코드의 패턴과 같은 정책을 분리해서 반영할 수 있다. 방법은 장비에 따라 다양한데, 단지 IP 주소 범위로 나누거나 물리적 포트로 나누거나 또는 VLAN 태그로도 나눌 수 있다. VLAN10에는 디도스를 막는 기능과 웹 공격을 막는 A라는 보안정책을 적용하고, 직원들이 사용하는 PC의 VLAN20에는 직원들이 디도스 공격을 할 일은 없을 테니 B라는 정책을 적용하는 등, 1대의 IPS로 여러 네트워크 세그먼트를 독립적으로 지원할 수 있다. 더 자세한 내용은 보안 영역이라기보다는 네트워크 작업과 좀 더 연관성이 깊으므로 일단 이 정도로만 설명을 마무리하겠다.

10 _ 보안 시스템으로 발생할 수 있는 성능 저하에 대한 고민

그 밖에도 고려할 요소가 많다. 네트워크 보안 장비를 연결하는 순간 성능 이슈가 생기는 경우가 흔치 않게 발생한다. 그래서 IPS를 연결하는 동시에 정상적으로 서비스하는 트래픽이 뚝 떨어지는 일도 발생하곤 한다. 즉, 성능 관리 또한 중요한 결정 요소가 된다. 예를 들어, 레이턴시가 얼마나 되고 패킷 크기에 따라 마이크로초 단위로 얼마만큼의 지연 시간 내에 처리하도록 설계됐는지 체크하는 작업은 필수다. 또한 세션 관리에서도 Concurrent Session 개수가 얼마나 되는지, 초당 몇 개 이상의 세션을 처리하는지도 반드시 점검해야 할 항목이며, 룰 관리에서도 룰을 몇 개까지 활성화할 수 있는지 등을 알아봐야 한다. 매뉴얼에 보면 이론적으로 백만 개의 룰을 지원한다고 적혀 있는 경우도 실제로는 룰을 매우 단편적이고 아름답게 만들 때의 이야기이고 any any에서 any any로 탐지/차단해야 하는 등의 범위가 넓은 룰만 계속해서 만든다면 당연히 보안 장비가 힘들어 할 테고, 원래 표준에 적혀 있는 룰의 한계치보다 훨씬 못 미치는 개수밖에 넣을 수 없을 것이다.

이 같은 성능 문제는 앞서 여러 번 언급했던 대로 보안팀의 업무 영역보다는 네트워크팀의 업무 영역에 더 가까우므로 인프라 보안 담당자보다 인프라 관리자의 조언이 더욱 필요한 부분이다. 시큐어 코딩을 할 때나 비즈니스 로직의 허점을 메울 때 개발자와 논의를 하며 작업하듯이 네트워크 엔지니어와 심도 있는 토론을 거쳐 보안 시스템으로 인해 장애가 발생하지 않게 예외 상황을 항상 커버할 수 있도록 가능한 모든 조치를 해둬야 한다.

11 _ 보안 위협을 먼저 정의하자

가장 중요한 것은 회사에 가장 필요한 보안 시스템이 무엇이고, 가장 위협이 되는 대상이 어떤 것이며, 보호해야 할 자산을 구체적으로 명시해 두는 것이다. 웹이나 직원망 중 하나만 보호하면 충분한지 검토하고, 둘 다 보호해야 하는데 할당된 예산이 부족하다면 경영진과 싸워서라도 보안 엔지니어 입장에서 얻어야 할 것을 얻어야 하는 것이고, 또한 굳이 보호하지 않아도 괜찮거나 우선순위가 낮은 작업보다는 상대적으로 중요도가 높은 작업에 초점을 맞춰야 한다. 많은 보안인들이 경영진에서 도와주지 않아서 일하기 힘들다고 말한다. 실제로 윗선에서 지원해주지 않아 일하기 힘든 경우도 있지만 회사의 보호 자산이 무엇이냐는 경영진의 질문에 쭈뼛쭈뼛하며 대답하지 못하거나 그냥 '모두 다요'라는 모호한 답변으로 실망감을 주는 기업 보안담당자도 없지 않아 있다. 그래서 먼저 회사의 보안 위협이 무엇이고, 평소의 쓰루풋이 얼마나 되는지 확실히 파악하고 그에 따라 보안 디자인을 하는 것이 중요하다. 어떤 회사에 입사했는데, 웹서비스를 하지 않는 곳임에도 네트워크 상단에 IPS가 설치돼 있고, 사내 직원망에는 바이패스 모드가 적용돼 있다면 그와 같은 디자인을 다시 정상적으로 고칠 수 있어야 한다.

그럼 지금까지 살펴본 내용을 머릿속에 잘 넣어두고, 실제 IPS 구축/운영 실습은 2부 'UTM 구축: 오픈소스 통합 보안 시스템 구축' 편에서 pfSense의 Snort IPS를 통해 진행해보겠다.

3장 IDS 위치 선정과 센서 디자인

지금까지 방화벽, IPS 등을 설명했다. 이번에는 IDS에 대해 알아보겠다. IDS(Intrusion Detecion System)는 말 그대로 침입 탐지를 위한 시스템이다. 탐지라는 단어가 한국인들에게는 곧 차단을 의미하는 것으로 혼동하기도 하는데, 엄연히 탐지는 단지 잡아내기만 한다는 것이며, 실제 차단 행위는 취하지 않는다고 볼 수 있다. 따라서 굳이 비유하자면 "로깅"이라고 생각할 수 있고, IDS는 해킹 시도에 대한 로깅 작업을 한다고 이해하면 되겠다. 물론 이렇게 잡아낸 흔적은 분석 과정을 통해 방화벽 등에서 차단하는 작업으로 이어져야 비로소 해킹 대응 과정이 마무리되기 때문에 IDS 하나만으로는 뭔가 발견은 할 수 있지만 그 자체로 완전한 보안 대책은 아니라고 봐야 한다. 그래도 어쨌든 트래픽 분석을 통해 원하는 결과를 뽑아내고, 네트워크 시야를 넓힐 수 있다는 측면에서 IDS는 반드시 필요한 보안 시스템 중 하나다.

01 _ 패턴 매칭 기반의 IDS

IDS는 다음과 같은 탐지 룰을 기반으로 작동한다.

```
alert tcp any any -> any any (msg: "LOCAL-RULE Test for TestMyIDS.com"; content: "testmyids.com";
classtype:misc-activity; sid:1000001; rev:1;)
```

이 룰을 해석해 보자. 위 룰은 패킷에 testmyids.com이라는 문자열이 보이면 모두 잡아내라는 간단한 시그니처다. 다시 말해 떠다니는 네트워크 패킷 중에서 소스 IP 주소와 포트가 any인 곳에서 데스티네이션 IP 주소와 포트 역시 any인 곳으로 들어오는 패킷 중(즉, 모든 패킷 중), testmyids.com이라는 문자열이 발견되면 알람을 전송하라는 의미다. 이처럼 문자열 외에 00 0C 23 45 53 같은 바이너리의 조합도 같은 방식으로 잡아낼 수 있다. 소스와 데스티네이션을 정의한 뒤 특정한 값을 넣고, 이와 일치하는 데이터가 발견되면 탐지하는 방식이 IDS의 기본 원리인데, 이를 가리켜 패턴 매칭이라고 부르기도 한다(지금은 일단 IDS를 어떻게 구축할지에 대해서만 이야기하고 있으므로 classtype과 sid 등의 내용은 IDS 관련 장에서 다시 자세히 다루겠다).

IDS는 크게 HIDS(Host-based IDS)와 NIDS(Network-based IDS)의 두 가지가 있다. 이번 장에서는 네트워크 디자인이 주제이므로 NIDS에 대해서만 다루겠다. HIDS는 개별 호스트 로컬에 설치하는 시스템이라고 보면 된다. 아래 표에 장단점을 정리했다.

표 3.1 NIDS와 HIDS

	장점	단점
NIDS	모든 호스트에 개별적으로 설치하지 않아도 되고, 네트워크 전체를 한군데서 분석 가능	IDS를 경유한 공격만 확인 가능하며 서버 로컬에서 침해당한 건은 알 수 없음

	장점	단점
HIDS	호스트별 상세 분석이 가능하며 사용자 단위 분석도 가능	개별로 설치 및 관리해야 하며, 네트워크 패킷은 탐지 불가. 호스트에 침해가 발생하면 해커가 IDS를 마음대로 꺼버릴 수 있는 문제도 있음

이 같은 패턴 매칭 방식은 원하는 타깃을 확실히 잡아낸다는 장점은 있지만, 그 대신 같은 문자열이나 바이너리를 가진 수많은 다른 트래픽이 오진으로 잡힐 가능성이 매우 크다는 단점이 있다. 그래서 실제로 그림 3.1에서 볼 수 있는 것처럼 아무런 설정 없이 기본적으로 제공되는 룰 그대로 IDS를 가동한다면 상상을 초월할 정도의 오진 로그를 접할 수 있다. 물론 이 트래픽에 대해 제대로 이해하고 정밀하게 룰을 튜닝한다면 IDS를 여전히 잘 활용할 수 있지만 그렇게 부지런하며 센시티브하게 IDS를 다루는 사람들은 생각보다 많지 않다. 보안 엔지니어들은 최대한 시간을 덜 투자하면서 큰 효과를 얻기를 바라고 있지만 IDS를 운영하는 데는 너무도 잔손이 많이 든다는 지적이 늘 뒤따른다. 그래서 가트너 등에서는 IDS는 죽었다며 IDS 무용론을 제기하기도 했고, 수작업이 많이 든다는 단점을 보완하기 위해 불필요한 탐지 시그니처를 줄이고 목적에 맞는 전문 보안 시스템으로 한걸음 업그레이드하는 보안 시스템이 별도로 나오기도 했다. IDS의 기반 기능에 가상화 시스템에서 탐지한 바이너리를 시뮬레이션해서 2차 검증을 한다거나 DB 관련 트래픽만 전문적으로 뽑는 등이 여기에 해당하는데, 그것이 바로 국내에서 좀비 탐지 시스템으로 불리는 파이어아이(FireEye), DB 감사 시스템 등의 모태다.

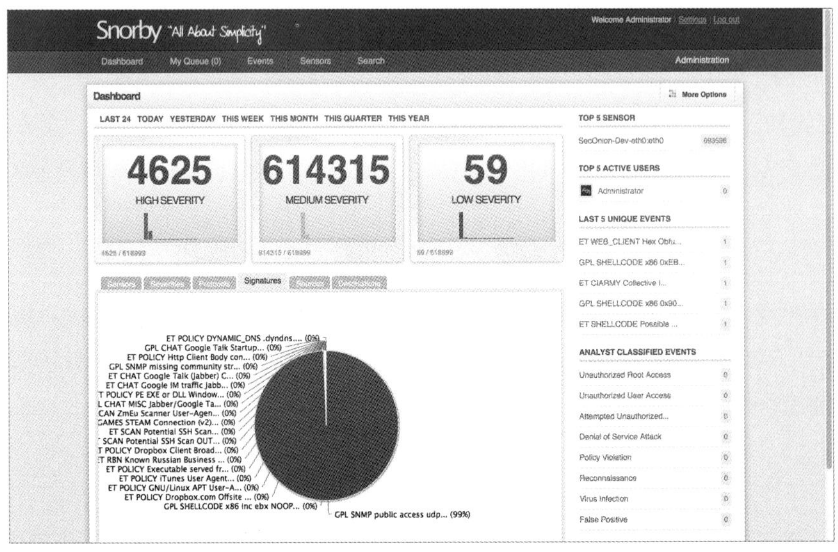

그림 3.1 IDS는 설치하자마자 엄청나게 많은 오진 트래픽이 보인다는 것을 알 수 있다. 보다시피 탐지 개수가 HIGH 등급은 4000개가 넘고 MEDIUM 등급은 61만 개가 넘는다.

하지만 그렇다고 해도 IDS가 완전히 폐기된 것은 아니다. 아직도 IDS를 쓰는 곳은 굉장히 많다. 왜냐하면 IDS는 단지 패턴 매칭에 의한 악성코드의 탐지 외에도 네트워크의 시야 확보라는 측면에서도 아주 필수적인 시스템이기 때문이다. IDS만 잘 설치해도 현재 기업 환경의 네트워크 흐름을 알 수 있고, 회사에서 어떤 애플리케이션이 사용 중이고, 어떤 트래픽이 주로 흘러가며, 사내망 환경에서는 직원들이 어떤 사이트에 주로 접속하는지에 대한 트래픽 학습을 하는 데 이바지한다. 이는 나중에 보안 정책을 세울 때 현재 환경에 필요한 정책과 연동하는 데 훌륭한 근거가 돼주기도 하며, 악성 행위 탐지를 위한 정밀한 룰을 설정하는 데도 큰 도움이 된다.

그 밖에도 굳이 해킹 탐지가 아니더라도 잘못된 설정 파악이나 비정상적인 트래픽까지 파악할 수 있다. 때때로 네트워크 장애 문제를 해결하는 데도 도움을 주기도 한다. 네트워크 운영을 하다 보면 장애는 발생하기 마련이고, 기업 환경에서 보안 업무를 하다 보면 장애가 발생할 때마다 보안 솔루션이 누명을 쓰는 경우가 있다. 그때도 IDS는 훌륭한 네트워크 시야 확보의 매개체가 될 수 있으며, 또 한편으로는 트래픽 증거물을 제공하는 역할을 함과 동시에 보안팀의 무죄를 입증하는 데 필요한 도구가 되기도 한다. 물론 이것들은 모두 부수적인 이유에 불과하지만 어쨌든 IDS는 전체 네트워크를 한눈에 볼 수 있다는 장점이 있으므로 튜닝만 잘한다면 원하는 트래픽이나 패턴을, 원하는 위치에서 탐지할 수 있다.

02 _ 트래픽을 복사하자, 스팬(SPAN)/포트 미러링

그럼 이제부터 IDS를 어떻게 설치할지, 디자인에 대해 고민해 보자. IDS는 탐지 위주의 정책을 이용하므로 네트워크 사이에 인라인으로 끼어들어가는 것도 아니고 장애를 예방하기 위한 이중화 구성 또한 무조건적으로 필요하지는 않다(물론 IDS가 잠시라도 정지됐을 때도 탐지 로그를 놓치고 싶지 않은 분들은 IDS조차 이중화하기도 한다). 방화벽/IPS처럼 다른 네트워크 사이에 끼어들어 트래픽을 막을지 통과시킬지 고려할 필요도 없기 때문에 IDS가 죽어봤자 장애가 일어나는 것도 아니고 기존 네트워크의 디자인을 흐트러놓는 일도 그다지 많지 않다(물론 NAT 문제가 복잡하게 꼬이면 디자인을 바꿔야 하는 이슈가 발생하기는 한다. 이와 관련된 내용은 NAT 부분에서 설명한다).

IDS에 필요한 것은 단지 분석해야 할 패킷 뿐이다. 즉, 보안 모니터링을 필요로 하는 트래픽을 복사해서 IDS에 밀어넣기만 하면 된다. 이처럼 트래픽을 복사하는 작업을 가리켜 시스코에서는 스팬(SPAN – Switched Port Analyzer)이라고 하고 델이나 주니퍼 등의 장비에서는 포트 미러링(Port Mirroring)이라고 한다. 크롬캐스트나 애플티비 등을 통해 미러링하는 것을 생각해 보면 쉽게 이해할 수 있을 것이다(편의상 이후로는 스팬이라고만 표현하겠다). 이 작업은 디자인만 결정되면 설정 자체는 매우 간단한 편이다. 기업에서 사용하는 대부분의 스위치 장비에서는 이 기능을 제공하므로 단지 관리 페이지에 들어가서 기능을 켜기만 하면 되고 추가로 들어갈 비용도 없다. 또한 기능을 활성화할 때는 별도의 시스템 다운타임이나 네트워크 점검 없이도 언제나 서비스 무중단 상태에서 켤 수 있다는 장점도 있다.

그림 3.2 8포트 네트워크 스위치

쉬운 예를 들어 보기 위해 8포트짜리 작은 스위치 사진을 준비했다. 8개의 포트를 꽂을 수 있으며, 스팬 작업을 통해 패킷을 복사할 트래픽은 아래와 같이 설정 조정 페이지에서 지정할 수 있다.

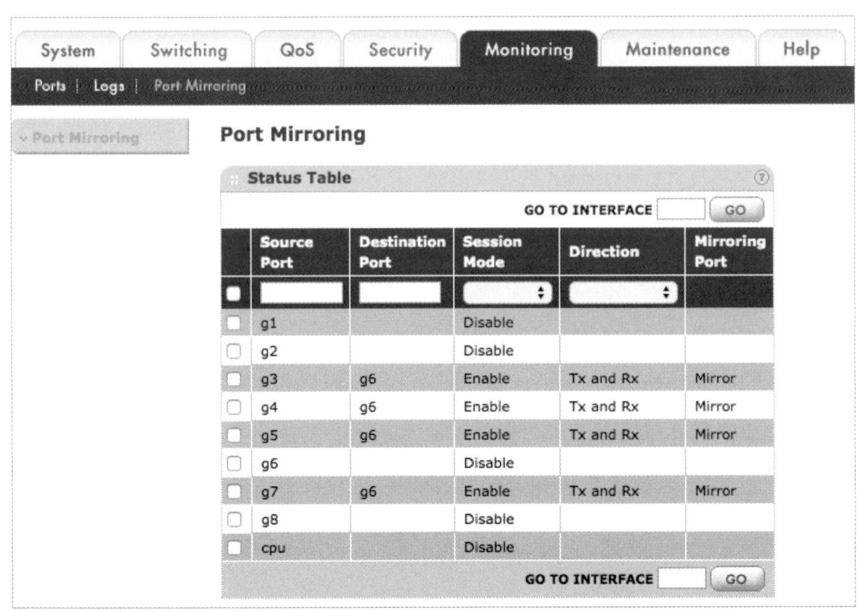

	Source Port	Destination Port	Session Mode	Direction	Mirroring Port
	g1		Disable		
	g2		Disable		
	g3	g6	Enable	Tx and Rx	Mirror
	g4	g6	Enable	Tx and Rx	Mirror
	g5	g6	Enable	Tx and Rx	Mirror
	g6		Disable		
	g7	g6	Enable	Tx and Rx	Mirror
	g8		Disable		
	cpu		Disable		

그림 3.3 포트 미러링

그림의 Source Port에 g1부터 g8까지 있는 것은 위 사진에 보이는 순서대로 나온 포트 번호이며, Destination Port에 적힌 것은 해당 포트의 트래픽을 이 포트로 복사하라는 의미다. 즉, 3, 4, 5, 7번 포트를 통해 오가는 트래픽을 6번 포트에 연결된 장비로 복사하라는 의미다. 이런 상황에서 3, 4, 5번 포트에는 서버가 연결돼 있고, 7번 포트에는 개인 PC가 연결돼 있다면 IDS로 설치해둔 서버의 센서 포트를 6번 포트에 연결하면 된다(IDS는 항상 어플라이언스 장비를 구매하는 방화벽과는 달리 그냥 리눅스 서버에 설치해서 사용하는 경우도 많다. 그 대신 NIC 카드가 두 개 이상 존재해야 하는데, 그중 복사된 트래픽을 받는 닉을 센서라고 한다. 이에 대한 설명은 잠시 후 계속된다). 그러면 해당 스위치에 연결된 모든 장비(서버와 개인 PC 등)의 트래픽은 6번 포트에 연결된 IDS에 들어오게 되고, 여기서 트래픽을 복사해서 분석할 수 있게 된다. 참고로 기업에서 사용하는 대용량 스위치에는 대부분 포트 미러링을 지원하지만 가정용 또는 중소규모 기업에서 쓰는 스위치에서 미러링이 필요하다면 반드시 managed switch라고 적힌 제품을 골라야 한다. 그림 3.3에서도 Monitoring 메뉴의 하위 메뉴로 Port Mirroring이라는 것을 볼 수 있다. 대다수의 managed 스위치는 이처럼 여러 포트들의 트래픽을 하나의 포트로 미러링하는(Many-to-one) 설정을 지원한다.

앞에서 설명했듯이 하드웨어까지 제공되는 IDS 장비를 통째로 구매하는 경우도 있지만 상용 어플라이언스 IDS가 아닌 오픈소스 IDS를 사용한다면 보통 IDS는 리눅스에 설치하기 마련이고, 최소 두 개의 NIC 카드가 필요하다. 먼저 1개는 매니지먼트용 NIC 카드이며, 여기서 할당되는 IP 주소를 통해 웹 콘솔 등을 이용해 IDS 운영 페이지나 관제용 대시보드에 접근할 수 있고, 다양한 운영적인 처리나 탐지된 트래픽을 분석할 수 있다. 그리고 나머지 1개 이상은 복사된 트래픽을 받을 NIC 카드며, 앞에서 언급한 대로 이를 가리켜 센서(Sensor)라고 한다. 즉, 앞의 설정 화면을 예로 들자면, 리눅스 한 대에 IDS를 설치했다고 했을 때 매니지먼트용 포트에는 일반 VLAN의 랜선을 꽂고, g6의 포트와 이 센서 닉을 연결한다. 다음 그림 3.4는 Xubuntu에 설치된 IDS에서 ifconfig를 실행한 화면이다. eth0부터 eth3까지 4개의 NIC 카드가 꽂혀 있다. eth0이 매니지먼트용 NIC 카드고(10.2.1.207이라는 IP 주소가 할당돼 있다) 나머지 eth1부터 eth3은 3개의 센서라고 볼 수 있다. 소규모 환경에서는 센서를 1개만 사용할 수도 있지만 기업 환경에서는 네트워크 디자인에 따라 센서를 여러 개 꽂기 마련이다(센서 디자인에 대한 내용은 조금 더 밑에서 계속될 예정이다). 특히 eth2번에 연결돼 있는 센서는 현재 RX bytes가 37.1GB로, 다른 센서에 비해 상당히 많은 트래픽이 오간다는 것을 알 수 있고, 어딘가 스위치에서 복사돼 오기 때문에 이렇게 양이 많은 것이며 이 포트가 스팬 포트라고 짐작할 수 있다.

```
window31@WD-IDS:~$ ifconfig
eth0      Link encap:Ethernet  HWaddr 00:0c:29:ef:12:82
          inet addr:10.2.1.207  Bcast:10.2.1.255  Mask:255.255.255.0
          inet6 addr: fe80::20c:29ff:feef:1282/64 Scope:Link
          UP BROADCAST RUNNING MULTICAST  MTU:1500  Metric:1
          RX packets:30631 errors:0 dropped:0 overruns:0 frame:0
          TX packets:16036 errors:0 dropped:0 overruns:0 carrier:0
          collisions:0 txqueuelen:1000
          RX bytes:3157408 (3.1 MB)  TX bytes:2651310 (2.6 MB)

eth1      Link encap:Ethernet  HWaddr 00:0c:29:ef:12:a0
          UP BROADCAST RUNNING NOARP PROMISC MULTICAST  MTU:1500  Metric:1
          RX packets:2 errors:0 dropped:0 overruns:0 frame:0
          TX packets:0 errors:0 dropped:0 overruns:0 carrier:0
          collisions:0 txqueuelen:1000
          RX bytes:120 (120.0 B)  TX bytes:0 (0.0 B)

eth2      Link encap:Ethernet  HWaddr 00:0c:29:ef:12:96
          UP BROADCAST RUNNING NOARP PROMISC MULTICAST  MTU:1500  Metric:1
          RX packets:40125716 errors:0 dropped:0 overruns:0 frame:0
          TX packets:1 errors:0 dropped:0 overruns:0 carrier:0
          collisions:0 txqueuelen:1000
          RX bytes:37166617779 (37.1 GB)  TX bytes:90 (90.0 B)

eth3      Link encap:Ethernet  HWaddr 00:0c:29:ef:12:8c
          UP BROADCAST RUNNING NOARP PROMISC MULTICAST  MTU:1500  Metric:1
          RX packets:1365120 errors:0 dropped:0 overruns:0 frame:0
          TX packets:2 errors:0 dropped:0 overruns:0 carrier:0
          collisions:0 txqueuelen:1000
          RX bytes:982896416 (982.8 MB)  TX bytes:168 (168.0 B)
```

그림 3.4 eth2가 SPAN 포트라는 것을 알 수 있다.

03 _ 패킷 유실을 막기 위한 네트워크 탭(TAP)

그런데 스팬 방식에는 단점이 있다. 왜냐하면 스위치가 커버할 수 있는 물리적인 한계가 있기 때문이다. 예를 들어, 스위치의 포트가 100Mbps를 사용하는데 10개가 넘는 서로 다른 포트에서 오는 거대한 트래픽을 단 하나의 포트로 미러링하면 수집 포트로만 100Mbps를 초과하는 트래픽이 몰려서 패킷 유실이 발생할 것이다. 여기서 한걸음 더 나아가, 그리고 일부 스위치에서는 일정 시간 동안 지나치게 많은 트래픽이 들어올 경우 이를 DoS 공격이나 브로드캐스트 스톰(Broadcast Storm) 상황으로 간주하고 포트를 비활성화하는 경우도 있다. 이것이 가장 심각한 경우로 연결되기도 한다. 경우에 따라서는 보안 모니터링용 트래픽 전송이 중단되며 단지 보안 기능을 상실하는 정도로 끝나기도 하지만 최악의 경우에는 스위치에 과부하가 걸려 전체 포트가 엄청난 랙을 동반하거나 스위치 자체가 다운되어 네트워크 전체가 끊어져 버리기도 한다. 만약 여기가 서비스 망이라면 회사의 웹서버가 모두 끊어져 버릴 수 있고, 사내망이라면 직원 PC의 인터넷이 모두 끊어져 버릴 것이다. 그때마다 NIC 카드를 더 꽂고 센서의 개수를 늘리는 방법도 있지만, 특정 스위치에서 트래픽이 몰린다면 그것도 의미 없는 대응법이 될 수 있다. 따라서 스팬 기능으로 트래픽 복사를 할 때는 철저한 트래픽 산정 과정을 통해 현재 장비에 과부하가 없을지 점검해야 한다. 참고로 트래픽을 검사하는 방법은 4장 'IDS 구축 방법' 편에서 좀 더 상세히 설명했다.

그림 3.5 eth2가 네트워크 탭(실무에서 사용하는 모델은 아니고 저가형 테스트용 모델이다)

따라서 기업 환경에서는 스팬 외에 전문 탭(TAP) 장비를 사용하기도 한다. 그림 3.5는 필자가 개인적으로 집에서 사용하는 작은 탭 장비를 보여준다. 탭은 L2 레벨에서 투명하게(TP Mode) 중간에 끼어들어 오가는 트래픽을 보고, 이를 다른 한쪽으로 덤프할 수 있다. 이처럼 전용 탭 장비를 이용하면 실제 트래픽은 그대로 유지하되, 그 내용을 동일하게 미러링해서 다른 쪽으로 보낼 수 있다. 탭을 사용하면 패킷 유실 문제도 사라지고 스팬 작업을 할 때 종종 발생하는 네트워크 과부하 현상이 일어날 가능성도 적다는 장점이 있다. 다만 탭 장비의 단점은 이처럼 트래픽 사이에서 랜선을 통해 새로운 장비를 물리적으로 연결해야 하므로 처음 장착할 때 네트워크 전체를 최소한 한 번은 셧다운해야 한다는 번거로움이 있다.

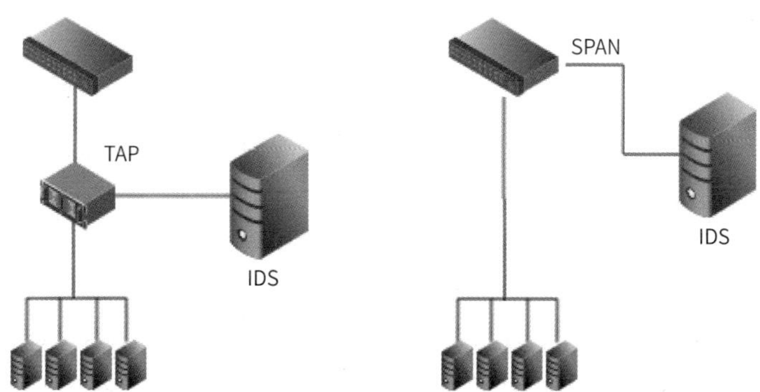

그림 3.6 탭 방식과 SPAN 방식의 차이. 왼쪽이 탭 방식, 오른쪽이 스팬 방식

04 _ 탐지된 IP 주소가 보이지 않는다. NAT에서 발생하는 문제

패킷 유실 관점에서 보면 스팬보다는 탭 방식을 사용하는 것이 당연해 보이지만 네트워크 환경에 따라 탭을 잘못된 위치에 꽂으면 IDS에 사용할 트래픽이 제대로 보이지 않는 문제가 발생한다. 대표적인 것이 NAT 기능으로 인해 네트워크의 시야를 가리게 되는 현상이다. 방화벽을 설명할 때 나온 예제이기도 하지만 다시 한번 가정용 공유기로 예를 들어보자[3]. 보통 공유기는 그림 3.7과 같이 1개의 WAN 포트에 4개의 LAN 포트로 구성돼 있다. WAN은 아웃사이드 인터페이스로서 KT 등의 인터넷 공급업체(ISP) 쪽의 스위치와 연결하게 돼 있으며, 이 IP 주소는 107.184.156.114 등의 유동 IP 주소(또는 공인 IP 주소)로 돼 있다. 이 IP 주소로 할당되는 회선을 공유기의 WAN 포트에 꽂으면 공유기 내부의 NAT 과정에서 이것이 192.168.1.0/24의 IP 주소를 할당받게 되며, LAN이라 적혀 있는 포트에 랜선을 꽂으면 이 사설 대역의 IP 주소를 할당받게 된다(이 내용은 방화벽을 다룰 때 이미 설명했으므로 NAT이 기억나지 않는 분들은 방화벽 부분을 다시 읽어보기 바란다).

그림 3.7 공유기. Internet 부분이 WAN이고 나머지 4개의 이더넷 포트가 LAN이다.

경우에 따라서 공유기도 스팬을 지원하는 제품이 있다. 따라서 이 공유기는 스팬이 가능하다고 가정해 두고 이제부터 한번 IDS에 사용할 트래픽을 뽑아보자(실제로는 스팬이 되지 않는 모델이다). 4개의 LAN 포트를 각각 왼쪽으로부터 1, 2, 3, 4번이라고 명명했을 때 1번에는 개인 PC를 연결하고, 2번에는 홈서버를 연결한다. 그리고 IDS에는 두 개의 포트가 필요하다고 했으므로 3번에는 IDS의 매니지먼트 IP 주소로 사용하고, 4번 포트는 복사한 트래픽의 센서로 쓴다. 표로 만들면 대략 다음과 같이 요약할 수 있다.

---

3 참고로 네트워크 보안에 대해 설명할 때 공유기를 예제로 자주 들곤 한다. 그 이유는 공유기야말로 라우팅 + 방화벽 + NAT(경우에 따라 IDS까지 되는 모델도 있음)까지 모두 한 대의 장비에서 동작하는 최고의 네트워크 종합 선물세트이기 때문이다.

표 3.2 포트별 역할

포트	역할	IP 주소
1번 포트	개인 PC 연결	192.168.1.2
2번 포트	홈 서버 연결	192.168.1.3
3번 포트	IDS의 매니지먼트 연결	192.168.1.4
4번 포트	IDS의 센서에 연결(SPAN)	할당된 IP 주소 없음

이 상태에서 스팬을 시작하면 1, 2, 3번 포트로 오가는 트래픽을 4번 포트로 모두 덤프하게 되므로 IDS에서는 결론적으로 이 공유기에 연결된 들어오고 나가는 모든 트래픽을 볼 수 있게 된다. 일단 여기까지 봤을 때 모든 네트워크의 시야가 확보된 것 같아 만족스럽다. 이제 IDS에 와이어샤크를 설치해서 봐도 192.168.1.2, 192.168.1.3, 192.168.1.4 등에서 오가는 트래픽이 다 보인다는 것을 알 수 있다.

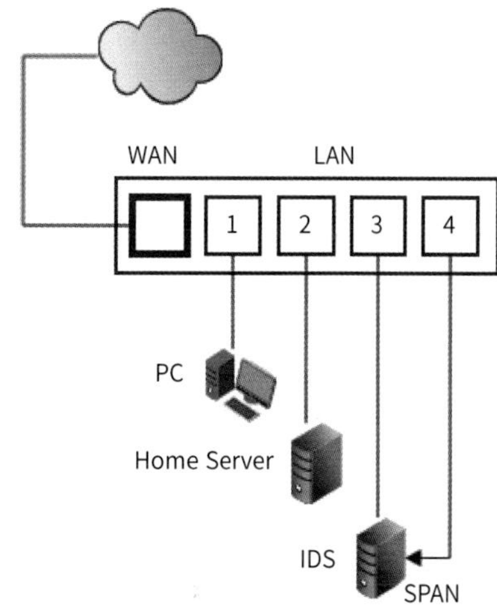

그림 3.8 포트별로 연결하는 머신들

하지만 무선랜으로 잡힌 휴대폰이나 노트북 등의 트래픽은 IDS에 잡히지 않는다. 실제 물리적 포트만 스팬 대상으로 둔 것이므로 무선랜 트래픽은 공유기 내부적으로 별도 NIC 카드를 쓰고 있을 테고 대상에서 빠진 것으로 보인다(실제로 공유기에서 제공하는 포트 미러링 기능의 경우 무선랜은 모니터링되지 않는 경우가 대부분이다). 거기다가 홈서버의 트래픽이 늘어나자 공유기에 과부하가 걸리기 시작한다. 스위치에 랙이 걸리거나 다운되는 현상이 잦아져서 더는 스팬 방식으로 버틸 수 없고 결국에는 네트워크 탭 장비를 설치하기로 결심한다. 쓰루풋과 밴드위스를 계산해서 현재 트래픽을 커버할 수 있는 탭 장비를 하나 준비한다. 그래서 그림 1.52처럼 디자인했고, 4번 스팬 포트에서는 IDS를 빼버렸다. 그리고 탭 장비에서 연결된 선을 IDS의 센서 닉에 연결했다. 이제 스위치 과부하 문제는 해결될 것 같다는 생각이 든다.

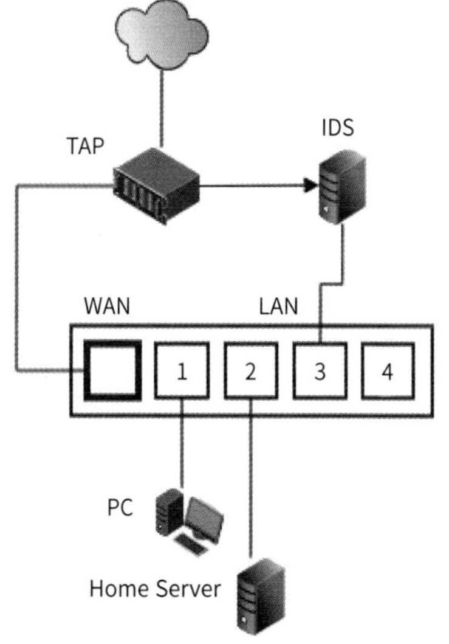

그림 3.9 TAP을 연결하고 IDS를 도입한 모습

하지만 탭은 투명하게 (TP Mode) 지나가는 장비라서 복사된 패킷을 보내줄 대상을 1개의 포트로밖에 연결할 수 없다. 만약 탭을 1번 포트에 연결하면 개인 PC밖에 모니터링할 수 없고, 탭을 2번 포트에 연결하면 홈서버의 트래픽밖에 볼 수 없다. 이런 식으로 어디 한군데에 연결해도 하나의 포트밖에 모니터링되지 않으니 LAN 포트 쪽에는 꽂을 수가 없고 결국 이 스위치로 오가는 모든 트래픽의 통로가 되는 WAN 포트에 꽂기로 결심한다. PC로 인터넷을 하는 1번 포트의 트래픽도 결국은 WAN 포트로 밖으로 나가게 되고, 외부에서 이 홈서버로 접근하는 포트도 결국 WAN 포트를 통해 들어오게 되는 데다 무선랜까지 결국에는 WAN을 통해 나가게 되니 앞에서 제기한 무선 문제까지 해결될 테고, 그 밖에도 일단 이론적으로는 맞는 것 같다.

그래서 이런 경우 결국 WAN 포트를 모니터링하게 되면 모든 트래픽은 아웃사이드 인터페이스로 나가는 NAT이 적용되기 전의 IP 주소로 통신하는 모습이 되며, PC에서 떠다니는 트래픽도 서버에서 떠다니는 트래픽도 모두 하나의 공인 IP 주소로만 보이게 된다. 다시 말해, NAT을 거친 사설 IP 주소는 모니터링할 수 없다는 이야기다. 따라서 IDS에서 어떤 악성코드의 감염을 탐지했다고 하더라도 이것은 NAT을 거친 후의 공인 IP 주소(유동 IP 주소) 형태로만 기록되며, 현재 이 트래픽이 NAT 뒤에 있는 LAN의 1번 포트에 연결된 서버에서 발견된 것인지, 2번 포트로 연결된 PC에서 나온 것인지 알 수가 없다는 문제가 생긴다. 악성코드에 감염된 머신이 연결된 딱 그 스위치까지만 찾을 수 있으며, 실제 사설 IP 주소로 갈라져 나온 호스트는 잡아낼 수가 없다. 다음 그림은 이 상황을 도식화한 것이다.

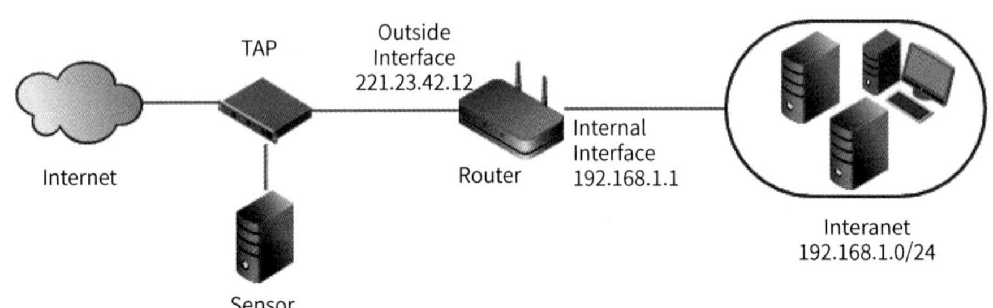

그림 3.10 공유기 바깥에 TAP을 설치한 모습

공유기(라우터) 안쪽에 있는 장비에는 192.168.1.0/24 대역의 IP 주소가 할당돼 있다. 라우터의 내부 LAN IP 주소는 192.168.1.1이며 아웃사이드 인터페이스라고 적힌 외부 WAN 인터페이스는 221.23.42.12라는 공인 IP 주소로 할당돼 있다. 이 상황에서는 앞서 설명한 것처럼 패킷 데이터가 모두 221.23.42.12로만 기록되기 때문에 실제 침해가 발생한 상황에도 192.168.1.0/24의 IP 주소 중에서 어느 PC에서 해킹이 발생했는지 알 수가 없다. NAT을 통해 네트워크 내에 있는 호스트의 IP 주소가 감춰지기 때문이다. 이런 상황에 IDS 알람을 받아 봤자 더는 조사 작업을 진행하지 못하므로 이것은 곧 잘못된 센서 설계라고 볼 수 있다. 따라서 다음과 같이 설계해야 한다.

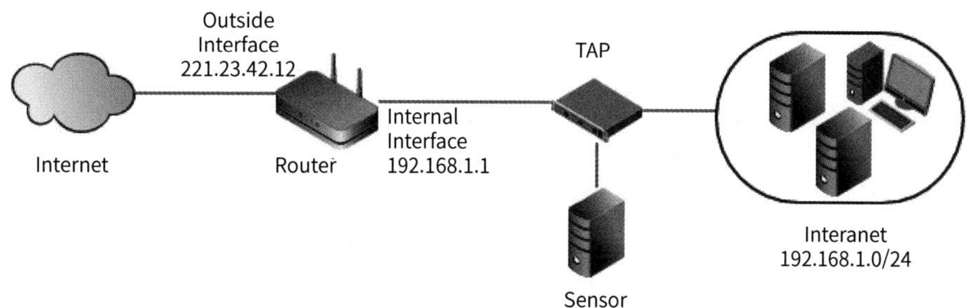

그림 3.11 라우터 안쪽으로 TAP을 설치한 모습

보다시피 탭 장비를 NAT의 안쪽으로 옮겼다. 하지만 공유기 케이스에서는 미러링해야 할 포트를 지정하기 때문에 이 상태로는 완벽하게 모니터링할 수 없다. 즉, 이렇게 하기 위해서는 공유기와 탭 장비 사이에 L2 스위치가 또 존재해야 한다.

05 _ IDS의 기본적인 네트워크 위치

이처럼 NAT 환경에서는 탭을 설치하려면 단순히 아웃사이드 인터페이스에 연결하는 것으로는 제대로 된 네트워크 보안 모니터링이 어렵다. 지금까지 다룬 사례를 보면 장비를 줄이기 위해 스팬만 사용하는 것도 답이 아니며, 스위치 과부하나 패킷 손실을 막기 위해 탭을 무작정 다는 것도 정답이 아니다. 그래서 센서를 적절히 분배해서 필요한 위치에서 트래픽을 복사하는 것이 중요하다. NAT이 적용된 곳에서 놓치는 트래픽이 없도록 VLAN의 각 구간에 센서를 달거나 스팬을 활성화해서 하나의 사설 IP 주소나 호스트도 놓치는 일이 없도록 디자인해야 한다. 다음은 네트워크 보안 시스템이 구간별로 구축된 기본적인 네트워크 구성도다.

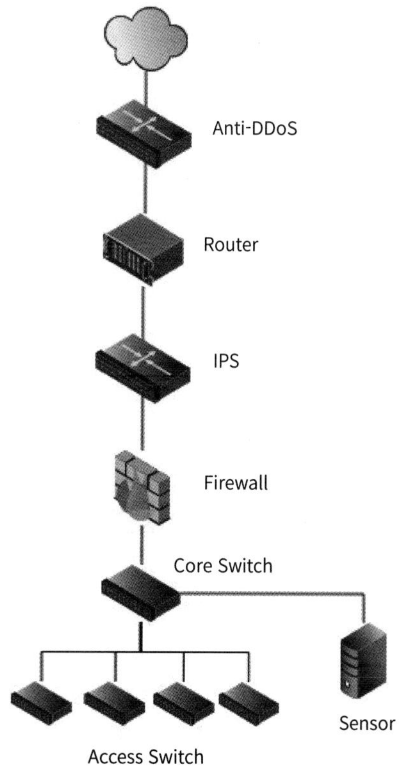

그림 3.12 네트워크 보안 시스템이 구간별로 도입된 기본적인 모습

네트워크 최상단에 디도스 방어 장비가 인라인으로 연결돼 있으며 아래에 바로 보더 라우터가 있다. 그 밑으로는 IPS와 방화벽이 연결돼 있고, 이러한 보안 장비가 연결된 맨 아래에 코어스위치(Core Switch)가 보인다. 코어스위치는 네트워크 설계를 할 때 중심이 되는 구심점 역할을 한다. 네트워크의 위아래 연결에 있어 모든 데이터가 이쪽을 거쳐서 나가며 어떤 트래픽이 될지 이곳에서 NAT을 적용하기도 하며 VLAN을 나누기도 한다. 이 같은 역할을 코어스위치 또는 백본 스위치(Backbone switch)라고 한다. 모든 트래픽이 이곳을 거쳐가므로 IDS를 설치하기에 적절한 위치는 이 코어스위치가 된다. 이곳에서 스팬을 따거나 탭을 설치해서 트래픽을 IDS로 밀어넣어 준다. IDS를 좀 더 위에 설치해도 되지 않겠느냐라고 생각할 수도 있지만 가급적이면 방화벽 밑에 설치하는 것이 좋다. 그렇지 않으면 방화벽 밑에서 이미 차단된 수많은 쓸모없는 트래픽이 IDS에 잡힐 것이며 IDS 튜닝을 위해 보안 엔지니어들은 불필요한 트래픽을 분석하는 데 많은 시간을 소비해야 할 수도 있기 때문이다.

06 _ 센서의 설치로 네트워크 시야를 넓히자

앞의 환경에서는 IDS를 한 대만 설치한다고 가정했는데, 이 경우 또 다른 문제가 발생한다. 그림 3.12에서 만약 Access Switch 중 직원들이 인터넷을 하는 사무실 환경이 있다고 생각해 보자. 그러면 보통 그곳은 당연히 별도의 VLAN으로 분리돼 있기 마련이며, 직원들이 수백 수천 명 있을 수 있는 상황이지만 각자 모두 개별 공인 IP 주소를 부여할 필요도 없는 데다 외부에서 직원 컴퓨터로 접속할 일도 없기 때문에 당연히 NAT을 적용한다. 그럼 직원에게는 10. 대역 또는 192. 대역의 사설 IP 주소가 할당될 것이며, 직원들이 인터넷을 할 때는 소수의 몇 가지 공인 IP 주소로만 외부로 트래픽이 나가게 된다. 따라서 이런 상황에서는 그림 3.13대로 코어스위치에서 스팬을 따서 트래픽을 보고 있어도 직원 PC가 있는 VLAN 대역에서는 IDS에 기록되는 패킷 데이터를 확인할 때 모든 패킷에 부여된 IP 주소가 공인 IP 주소로밖에 보이지 않게 된다. 이미 NAT이 적용된 후의 트래픽을 센서로 받고 있기 때문이다. 그림 3.14를 보며 좀 더 구체적으로 이야기해 보자.

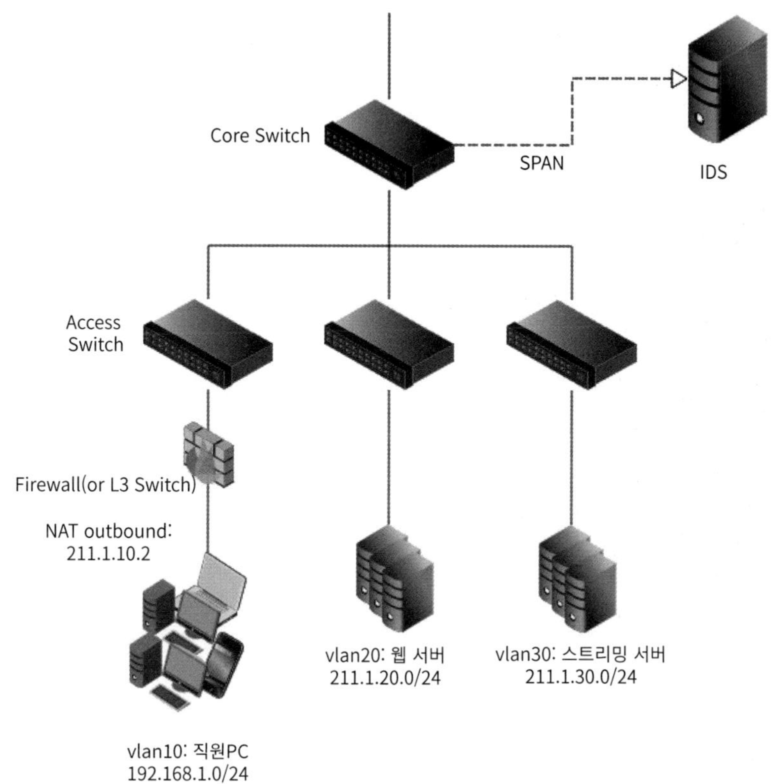

그림 3.13 액세스 스위치 밑에 방화벽이 존재해서 또 NAT이 발생하는 경우

먼저 코어스위치 아래로 3개의 액세스 스위치가 있고 각각의 VLAN이 있다.

1. **VLAN10**: 직원 PC가 접속하는 곳이며 192.168.1.0/24의 사설 IP 주소가 할당돼 있다. 이 VLAN에서 트래픽이 밖으로 나갈 때(직원들이 인터넷을 할 때)는 211.1.10.2라는 공인 IP 주소로 매핑돼 나간다.
2. **VLAN20**: 웹서버가 놓여있는 곳이며, 211.1.20.0/24의 공인 IP 주소가 할당돼 있다. 일반 사용자들이 접근해야 하는 프론트엔드 서버이므로 각 서버마다 개별 공인 IP 주소로 1:1 매핑돼 있다.
3. **VLAN30**: 스트리밍 서버가 놓여있는 곳이며, 역시 VLAN20과 같은 상황이다. IP 주소 대역은 211.1.30.0/24에 해당한다.

이 상황에서 코어스위치에서 스팬을 받아 IDS에서 모니터링하면 어떤 결과가 생길까? 먼저 VLAN20과 VLAN30의 트래픽 대역은 아무런 문제가 없다. 각 서버마다 NAT가 발생하지 않고 1:1매핑이므로 개별 서버마다 공인 IP 주소를 가지고 있고, 그 위에서 스팬을 따도 어느 웹서버에서 발생하는 트래픽인지 IDS로 들어오는 패킷 데이터를 통해 상세히 파악할 수 있다. 하지만 오피스 대역은 다르다.

각 직원들의 PC는 192.168.1.5, 192.168.1.6... 등의 사설 IP 주소를 사용하고 있지만 이는 오피스 대역인 VLAN10 위에 있는 방화벽 또는 L3 스위치에 의해 NAT이 적용되어 코어스위치에서 볼 때는 211.1.10.2의 공인 IP 주소로 보이기 때문이다. 따라서 그림 3.13 디자인의 IDS에서 볼 때는 모든 직원들의 트래픽의 소스 IP 주소가 211.1.10.2의 IP 주소로 보이게 된다.

따라서 이 같은 경우에는 그림 3.14와 같이 NAT이 설치된 위치에 센서를 하나 더 추가하고 그쪽에서 또 스팬을 받아야 한다. 두 개의 센서가 연결돼 있고, 이렇게 설치된 각 센서는 실제 IDS와 연결돼 트래픽을 볼 수 있게 된다. 그렇다면 이제 192.168.1.0/24 대역을 지닌 직원들의 IP 주소가 그대로 IDS에 기록되기 때문에 어떤 PC에서 침해가 발생했는지 구체적으로 파악할 수 있다. 그림 3.14에서는 NAT이 발생하는 구간이 직원 PC가 있는 서브넷만 있다고 가정했지만 실제 기업 환경에서는 내부 서버가 있거나 그 밖의 다양한 네트워크 디자인 상에서 여러 군데서 NAT을 수행할 수도 있다. 따라서 IDS를 설치하기 전에 반드시 현재 기업 환경의 네트워크 디자인을 철저히 이해해야 하며, 센서를 특정 구간에 설치한 후에도 원하는 위치에서 트래픽이 NAT 현상 때문에 IP 주소가 뭉뚱그려 보이지 않는지 테스트 룰을 넣어가며 꼼꼼히 확인해야 한다.

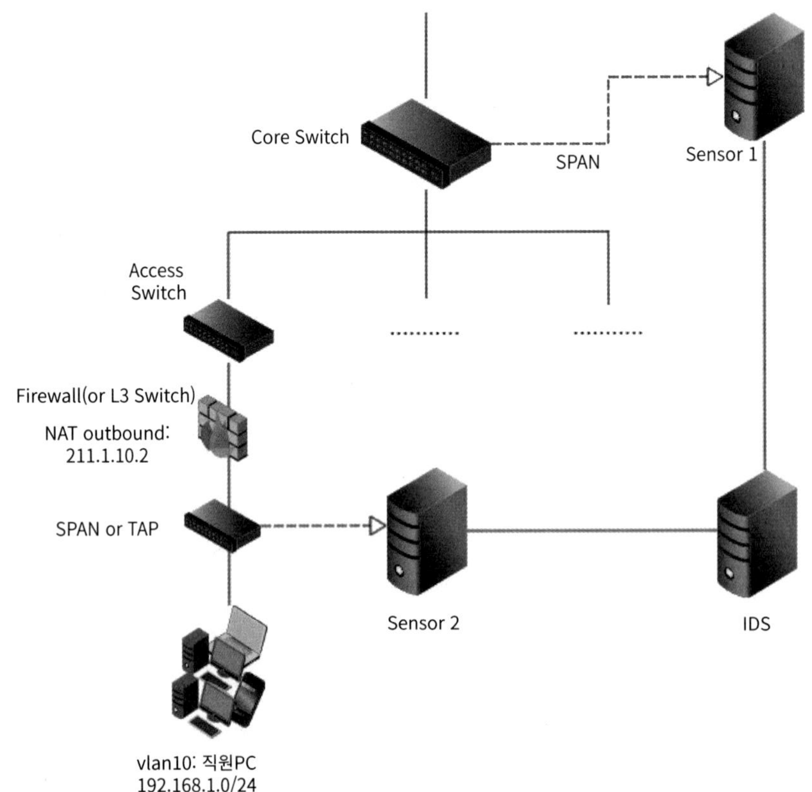

그림 3.14 NAT 구간에 센서를 하나 더 연결한 모습

07 _ 모니터링이 필요한 자산이 무엇인지 정확히 파악하자

이처럼 기업의 네트워크 환경을 상세히 분석하지 않는 한, '센서가 두개 필요합니다', '센서가 세 개 필요합니다'와 같은 식의 대화는 의미 없을 뿐이다. 아주 단순한 네트워크 환경이라면 두 개의 센서만으로 충분할 수도 있고 얼기설기 복잡하게 NAT이 얽혀있다면 센서가 10개라도 모자랄 수 있다(물론 그러한 경우에는 센서용 NIC 카드를 계속 구매하는 식의 돈 낭비를 하기보다 네트워크 디자인을 새로 하는 편이 나을 수도 있다).

이 같은 경우에는 다음과 같은 상황이 연출될 수도 있다. 지금부터 나올 사례는 답답한 보안팀과 더 답답한 네트워크팀과의 대화를 저자가 임의로 각색한 것이다.

- **보안팀**: 저희 IDS가 없는 것 같아서 이제부터 네트워크 모니터링을 시작해 보려고요. 스팬 좀 따주실 수 있나요?
- **네트워크팀**: 어떤 것을 해드리면 되죠? 들어오고 나가는 트래픽만 볼 수 있으면 되나요?
- **보안팀**: 네, 뭐 대충 그러면 될 것 같습니다.

이렇게 대화가 끝나버리면 네트워크팀 담당자가 아주 똑똑하거나 선구안이 있지 않는 한 보통은 코어스위치에서 미러링받은 트래픽만 적당히 설정해서 작업이 끝났다고 할 것이며, 이제부터 보안팀은 IDS를 설치해 봤자 NAT 안에서 감춰지는 사설 IP 주소의 활동은 볼 수가 없을 것이다. 최초의 대화에서 나왔던 요구사항대로 들어오고 나가는 트래픽이 보이는 것은 물론 사실이다. 하지만 정확한 호스트를 판별할 수가 없다. 앞에서 다룬 내용에서 공유기의 WAN 포트에 탭 장비를 꽂아서 모니터링하는 것과 비슷한 양상이다. 또한 경우에 따라서는 코어스위치가 액티브 스탠바이 2대로 이중화돼 있는데, 액티브 1대만 스팬을 따놓는 경우도 있다. 이때는 장비에 이상이 생겨 페일오버가 발생하면 스탠바이로 있던 스위치에는 IDS가 연결돼 있지 않기 때문에 아무 로그도 발생하지 않고 결국 IDS의 보안 모니터링으로는 아무것도 탐지하지 못하게 된다

따라서 라우팅이 일어나는 곳, L3를 사용하는 곳, NAT가 일어나는 곳 등등 모든 상황을 고려해서 구석구석 탐지 구간을 놓치는 일이 없어야 한다. 일반적으로 별도의 센서를 설치해야 하는 곳은 다음과 같다.

1. 사무실 네트워크가 분리되는 지점
2. 연구팀/개발팀 네트워크가 분리되는 지점
3. 외부 직원들의 접근 영역이 분리되는 지점
4. 무선 인터넷이 분리되는 지점

경우에 따라 모든 패킷을 IDS로 다 볼 필요가 없을 때도 있다. '우리 회사는 쇼핑몰이라서 고객정보가 있다. 그러므로 ㅁㅁ 구간을 보호해야 한다' 또는 '우리 회사는 서버가 없고 그냥 사무실만 있다. 그래서 ㅁㅁ 구간을 보호해야 한다. 또한 이 구간은 암호화된 트래픽만 오가는 곳이라 굳이 모니터링할 필요는 없다' 등등 보안 엔지니어와 정책을 만드는 담당자는 탐지 스콥(scope)을 확실히 정해야 한다. 그러면 모니터링할 구간이 드러나고, 스팬을 받고 센서를 설치해야 할 위치가 감이 오기 시작한다. 또한 그러기 위해서는 회사에서 진행하는 사업의 특성에 대해 정확히 이해해야 한다. 내가 보안팀에 속한다고 해서 보안 기술만 뛰어나면 된다고 생각하지 말고 회사의 비즈니스에 대해 잘 이해하고 있어야 그에 맞는 효과적인 보안 업무를 진행할 수 있다. IPS를 다룬 장에서도 이미 언급했던 내용이지만 한 번 더 강조하는 것은 보안 디자인을 하기 위해서는 보안 위협부터 정의하는 것이 무엇보다도 중요하기 때문이다.

08 _ 정리

이번에는 IDS 디자인에 대해 다뤘다. 실제 IDS를 운영하며 악성 트래픽을 어떻게 탐지하는지, IDS 룰 튜닝은 어떻게 하는지 등에 대한 네트워크 트래픽 분석 방법에 대해서는 3부 'IDS 구축과 운영' 편에서 실제 오픈소스 IDS를 설치해보며 실습할 수 있도록 구성해뒀다. IDS 트래픽을 분석하다가 누락된 구역이 있어서 트래픽이 확보되지 않았거나, NAT이 적용된 후의 IP 주소가 보이거나 하는 문제가 발생한다면 이번 장의 내용을 다시 살펴보기 바란다. IDS 시야 확보와 관련된 문제 해결에 큰 도움이 될 것이다.

4장 VPN의 실무적인 접근과 이해

VPN의 약어는 Virtual Private Network다. 말 그대로 '가상 사설 네트워크'인데 이론적인 설명은 인터넷에 아주 많이 퍼져 있으므로 이 책에서는 그러한 개괄적인 이야기보다 왜 VPN을 쓰는지, 그리고 어떤 문제가 있는지에 대해 좀 더 현실적인 내용을 설명해보려 한다.

01 _ 공유기를 통한 가상 사설망의 이해

이번에도 공유기로 비유해보겠다. VPN을 이해하기에는 인터넷 공유기도 하나의 훌륭한 사례가 되기 때문이다. 예를 들어, 집에 공유기가 설치돼 있고, 공유기에 연결된 시스템으로 영화나 드라마를 보는 NAS 서버와 스트리밍으로 음악 파일을 재생하는 미디어 서버가 있다고 가정하자. 이 서버가 있는 덕분에 퇴근하고 나면 노트북이든 스마트폰으로든 공유기에만 접속하면 영화나 음악을 간편하게 감상할 수 있다. 하지만 공유기에 연결되지 않은 스마트폰이나 노트북 등으로는 영화를 볼 수가 없다. 왜냐하면 우리집에 설치된 NAS 서버에는 192.168.0.101 같은 사설 IP가 할당돼 있는데, 공유기 밖에서는 이 IP 주소에 접근할 수 없기 때문이다. 여기까지는 누구나 아는 이야기다.

하지만 이 공유기에 VPN 기능이 있다면 이야기가 달라진다. VPN 기능이 있다는 말은 정확히는 VPN 서버나 클라이언트냐에 따라 역할과 의미가 많이 달라지긴 하지만 이런 상황에서 VPN 기능이 있다는 이야기는 VPN 서버가 작동 중이라는 의미로 보면 된다. VPN 서버는 밖으로 Listen하고 있는 포트가 있어서 외부에서도 이 VPN 포트에 인증을 거친 후 연결할 수 있다는 의미가 된다. 예를 들면, 스타벅스에 가서도 우리집 공유기에서 작동 중인 VPN 서버에 접속할 수 있고, 해당 VPN에 접속됨과 동시에 인증까지 마친다면 스타벅스 인터넷에 연결된 내 노트북은 우리집 공유기의 IP 주소 하나를 할당받게 되고, 그것은 곧 우리집 공유기에 연결한 것과 같은 상황이 된다는 의미다(그림 4.1 참고).

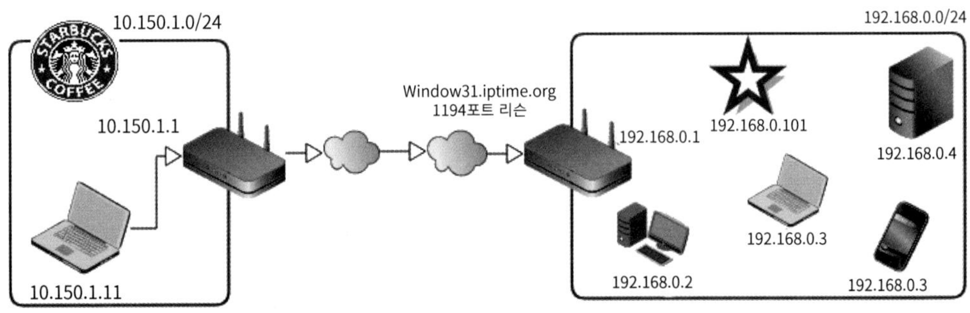

그림 4.1 스타벅스에서 VPN을 연결한 모습

즉, 스타벅스 안에서 사용 중인 노트북은 10.150.1.1이라는 IP 주소가 할당된 상태인데, 주소가 window31.iptime.org:1194인 우리집 VPN 서버에 연결하는 순간 내 노트북에는 192.168.0.0/24 대역의 IP 주소를 하나 할당받게 되고, 그림의 별표에 해당하는 192.168.0.101이라는 IP 주소를 갖게 된다. 즉, 이 상태에서 노트북에서 ipconfig(또는 ifconfig)를 실행해 본다면 10.150.1.11과 192.168.0.101이라는 두 개의 IP 주소를 할당받은 상태로 보이며, 닉이 두 개 잡힌 것으로 나온다. 이제 이 노트북에서는 10.150.0.0/24 대역으로 라우팅이 가동될 때는 10.150.1.11를 거쳐서 가게 되고 192.168.0.0/24 대역으로 접근할 때는 192.168.0.101의 IP 주소를 거쳐서 나가게 된다. 이제 이 노트북은 물리적으로는 스타벅스에 있지만 논리적으로는 우리집 안에 있는 것이나 마찬가지다. 그래서 192.168.0.4라는 IP 주소가 할당된 NAS 서버에도 접속할 수 있고 영화도 볼 수 있다. VPN에 연결돼 있기 때문이다.

조금 심화된 사례를 들어보자. A라는 회사가 있고, 이 회사 안에는 사무실에서만 접근할 수 있는 직원 전용 인트라넷이 있으며, 직원들만 접근할 수 있는 중요 데이터 서버가 있다. 이 서버는 외부에는 개방돼 있지 않으므로 오로지 사무실 안에 들어와서 랜선을 꽂은 PC에서만 접근이 가능한 상태이며, 밖에서는 절대 들어올 수가 없다. 하지만 외근이나 출장을 간 직원들이 갑자기 외부에서 사내 인트라넷에 접속하거나 서버에 들어와서 어떤 파일을 확인해야 할 경우에는 매우 난감한 상황이 발생한다. 이때 VPN을 사용하면 된다. 회사에 VPN 서버가 작동 중이고, 외부에 있는 PC에서 해당 VPN에 연결하면 이 PC는 사내망에 들어온 것과 같은 상황이 된다. 그래서 인트라넷에 접속할 수 있고 사내 파일서버에도 연결할 수 있게 된다. 이처럼 외근자나 출장자, 원격근무자, 재택근무자 등에게 VPN 계정을 제공해서 외부에서도 사내 네트워크에 들어올 수 있게 하는 방법이 거의 모든 회사의 일반적인 프로세스이며, VPN을 사용하는 가장 큰 목적이기도 하다. 바깥에 있는 PC에서도 회사의 망 안에 들어오게 하려는 것이 요점이다. 공유기 사례를 보여주는 그림과 일맥상통한다.

02 _ VPN을 통한 차단 사이트 우회

이번에는 VPN의 경로에 대해 생각해 보자. 다시 스타벅스에서 노트북을 사용하고 있다고 가정하자. 그리고 B라는 홈쇼핑 사이트를 서핑하고 있다. 이 B라는 사이트는 고객의 성향을 분석하기 위해 웹로그를 기록하고 있었다. 그렇다면 이 상황에서 쇼핑몰 접속 행위에 대한 웹로그는 어떤 IP 주소로 기록될까? 스타벅스에서 할당받은 IP 주소는 1.1.1.1이고, 그리고 우리집은 2.2.2.2라고 가정해 보자. VPN 서버에 연결해서 B 홈쇼핑에 접속했을 때 우리는 스타벅스에서 인터넷을 쓰고 있지만, 실제로 우리집 VPN

서버에 접속해서 트래픽이 나가고 있으므로 B 홈쇼핑에서 봤을 때 이 사용자는 스타벅스에서 자사의 사이트에 방문한 것이 아니고, 일반 가정집에서 방문한 것으로 보이게 된다. 따라서 당연히 이 회사의 웹 로그에는 소스 IP 주소가 우리집 IP 주소인 2.2.2.2로 기록된다.

노트북에서 할당받은 IP 주소

- **10.150.1.11(스타벅스에서 할당받은 IP 주소)** -〉 10.150.1.0/24의 IP 주소로 접속 요청이 일어날 때 연결
- **192.168.0.101(VPN 서버에서 할당받은 IP 주소)** -〉 10.150.1.0/24를 제외한 모든 IP 주소로 접속 요청이 일어날 때 연결

앞서 라우팅 경로를 잠시 언급했듯이 VPN을 사용하면 ipconfig(또는 ifconfig) 등을 사용했을 때 연결된 이더넷 카드가 2개 이상이 된다. 그래서 위 도식에서 보이는 것처럼 10.150.1.11이라는 IP 주소는 10.150.1.0/24 대역 내에서 접속이 이뤄질 때 해당 IP 주소 내에서 트래픽이 오가지만, 그 밖의 IP 주소 대역으로 트래픽이 가동될 때는 192.168.0.101의 인터페이스를 쓰게 된다. 그리고 밖으로 나가는 공인 IP 주소가 VPN에 연결돼 있지 않다면 10.150.1.11에 연결된 공인 IP 주소인 1.1.1.1이 되지만 VPN이 연결된 순간 밖으로 나가는 트래픽은 192.168.0.101의 라우팅을 타게 되며 2.2.2.2가 된다. 이 상황을 응용하면 현재 내가 사용 중인 네트워크에서 막힌 사이트도, 그것이 열린 곳의 VPN을 이용해 우회해서 접속할 수 있다. 차단된 사이트를 우회해서 접속할 목적으로 VPN을 사용한다는 말을 들어본 적이 있을 것이다. 다음 사례를 보자.

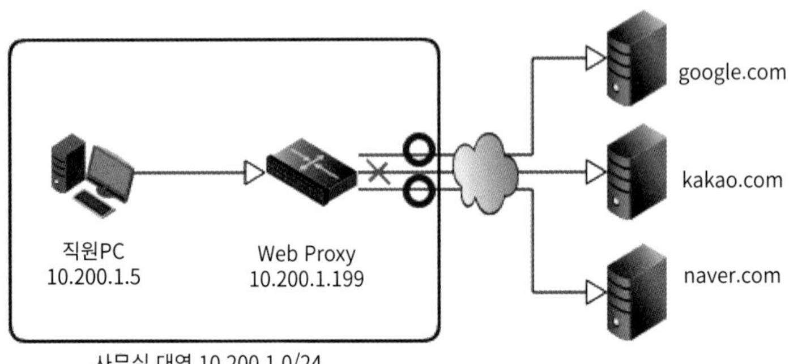

그림 4.2 웹 프락시에서 인터넷 접속을 제어하는 모습

위 사례에서 나는 C 회사에 근무하고 있고 우리 회사는 직원들이 업무시간에 잡담하는 것을 방지하기 위해 카카오톡의 PC 버전을 사내망에서 웹 프락시를 통해 차단하고 있다. 그래서 업무용 PC(10.200.1.5)에는 카카오톡을 설치해도 서버에 연결되지 않으며 사용할 수가 없다. 여기까지가 그림 4.2에 해당한다.

하지만 그림 4.3처럼 누군가가 집에 개인 VPN 서버를 설치해 두고, 회사 PC에서 개인 VPN으로 접속하도록 설정한다. 그러면 이제 회사 PC에서 밖으로 나가는 모든 트래픽은 해당 개인 VPN 서버를 통해 외부로 나가게 된다. 따라서 카카오톡에도 접속할 수 있게 된다. 왜냐하면 C 회사의 웹 프락시 보안 솔루션 입장에서 볼 때는 10.200.1.5의 IP 주소가 할당된 PC에서는 단지 어떤 가정집의 서버(privatevpn.blabla.net)로 접속하는 모습만 보일 뿐이지 카카오톡 서버로 접속하는 모습은 볼 수 없기 때문이다. 실제 카카오톡 트래픽은 privatevpn.blabla.net을 거친 후에야 보이게 된다.

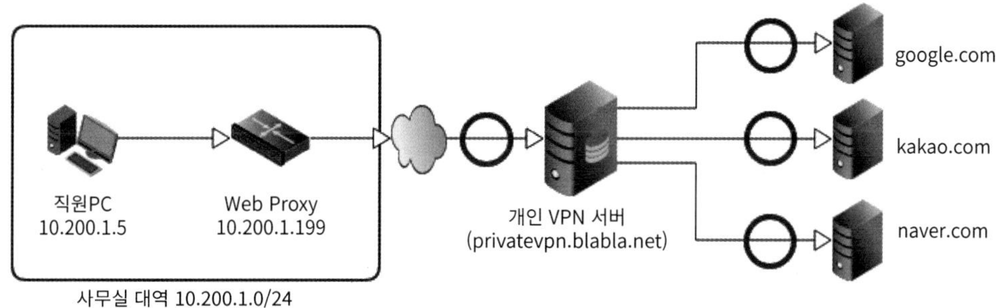

그림 4.3 VPN으로 웹 프락시를 우회하는 모습

그래서 VPN의 이 같은 원리 때문에 우회용 VPN이라는 말이 등장하는 것이다. 대한민국에서 D라는 국가의 모든 사이트를 막았을 때 D 국가로 접속하려면 어떻게 해야 할까? 미국은 D 국가와 이데올로기 문제가 없으므로 미국에서는 D 국가로 접속하는 데 아무런 문제가 없다. 그렇다면 미국의 아무 서버에서 작동 중인 VPN으로 접속한 뒤, 그 후에 D 국가의 사이트로 접속하면 문제 없이 접속할 수 있다. 또 다른 사례도 있다. 중국에 거주 중인 한국인이 한국 게임을 너무 하고 싶었지만 한국의 게임회사에서 중국 IP 주소를 차단한 탓에 중국에서는 이 게임에 접속할 수 없는 상태다. 이럴 때 한국에 VPN 서버를 하나 열어두면 해당 VPN에 연결한 뒤 한국 게임을 실행하면 이 게임회사에서 볼 때 이 커넥션은 한국에서 접속한 것으로 보이므로 접속을 차단하지 않게 되고, 중국에서도 무리 없이 게임을 할 수 있게 된다. 이것이 바로 VPN을 통한 우회 접속의 원리다.

03 _ VPN을 통한 보안 강화와 암호화

조금 전까지는 VPN을 통해 네트워크를 뚫는 입장에서 설명했지만 이번에는 해킹을 당하는 입장에서 생각해 보자. 다시 스타벅스로 돌아와서 인터넷을 하고 있는데 한 가지 보안 문제가 발생한다고 가정해 보자. 마침 같은 시간대에 어떤 스크립트 키드 한 명이 우리가 있는 스타벅스에 들어와서 스타벅스의 AP에 접속한 뒤, ARP Spoofing을 통해 스타벅스의 WIFI에 연결된 모든 트래픽을 훔쳐보기 시작한다. 이제 암호화되지 않은 평문으로 뿌려지는 트래픽들은 모두 스크립트 키드의 손아귀로 들어가게 된다.

하지만 VPN의 또 다른 강력한 기능 중 하나는 암호화다. VPN에 접속한 PC와 VPN 서버 사이로 오가는 트래픽을 일명 터널이라고도 하는데, VPN을 이용할 때 이 터널 간의 통신은 암호화하는 것이 필수적이다[4]. 따라서 스푸핑해 봤자 암호화된 트래픽만 보일 뿐이며, VPN 서버에서는 흔히 모든 통신을 VPN 서버로 보내는 VPN Path-through 기능을 사용하므로 내 PC에서 나가는 모든 트래픽이 VPN 터널링을 통해 지나가게 되고 암호화되지 않은 상태에서 바깥으로 나가는 트래픽은 하나도 없다고 보면 된다. 즉, 모든 암호화된 트래픽이 VPN 터널을 향해 지나가므로 같은 망에서 누군가 아무리 ARP Spoofing을 해도 건질 것이 없다는 이야기다.

그래서 조심성이 많은 사람들은 공용 와이파이에 접속할 때 반드시 개인 VPN으로 연결하며(나도 스타벅스 등에서 제공하는 공용 와이파이를 쓸 때는 집에 있는 VPN 서버에 반드시 연결한 후에 인터넷을 사용한다). 앞에서 설명한 대로 기업에서 VPN을 사용해 내부망으로 들어올 때도 이처럼 암호화된 트래픽으로 통신하기 때문에 더욱 안전하게 접속할 수 있게 된다.

그림 4.4 해외 법인에 VPN으로 연결한 모습

따라서 기업 간의 네트워크에도 VPN을 이용하는 경우가 많다. 가령 F라는 회사가 글로벌 기업이라서 미국과 중국에 지사가 있다고 가정해 보자. 한국 본사는 미국과 중국 지사와 지속적으로 주고받을 데이터가 엄청나게 많고 매일 정기적으로 엄청나게 많은 트래픽이 오간다. 미국 지사의 실시간 매출 정보가 한국 지사로 하루에도 몇 번씩 전송되며, 한국 지사의 중요한 지사사항이나 인사 정보 등이 해외 지사로 전달된다. 이렇게 중요한 데이터임에도 일반 회선으로 데이터를 보낸다면 트래픽이 흘러가는 동안 누군가가 중간에서 데이터를 훔쳐보거나 변조할 가능성이 있다. 그래서 정석적인 방법은 각 지사 간의 연결을 위해 전용선을 설치하는 것이다. 다른 트래픽이 간섭하지 못하도록 한국과 미국 사이에 전용 라인을 설치하는 것이다. 하지만 이 방법은 너무도 예산이 많이 들기 때문에 비용적인 문제가 발생한다.

---

4 사실 알 만한 사람들은 'VPN = 암호화'라고 생각하기 쉽지만 암호화하지 않고 VPN 터널링을 만드는 것도 가능하기 때문에 정확히는 VPN 자체가 암호화를 가리키는 말은 아니다. 따라서 이 말은 일반적으로 VPN을 쓰면 암호화하기 때문에 생긴 표현으로 보면 된다.

이 같은 문제를 해결하기 위해 일반적으로 VPN을 사용한다. 일단 VPN은 일반 인터넷 회선을 사용하므로 전용선을 설치할 필요가 없고, 누군가가 중간에서 끼어들어 트래픽을 엿보는 문제도 암호화로 해결할 수 있다. 따라서 비용 절감과 보안 문제를 해결하기 위해 기업 간 트래픽 전송에 VPN은 아주 효과적인 답이 될 수 있다. 그래서 전용 VPN 장비나 시스코나 주니퍼 등의 방화벽 중 회사 창고에서 잠자고 있는 재고 모델을 양쪽 지사에 설치하고(일반적으로 상용 방화벽은 VPN 기능을 내장하고 있다. 때로는 오픈소스 방화벽을 양쪽 지사에 설치하는 경우도 있다), 그 통로를 VPN으로 연결하면 훌륭한 전용선 역할을 할 수 있다. 이 같은 프로세스를 가리켜 사이트-투-사이트 VPN(Site-to-Site VPN)이라고 하며 많은 기업들이 이러한 방법을 활용한다.

04 _ VPN의 보안 취약점

외부에서 VPN에 접속하려면 어쩔 수 없이 DMZ에 VPN 연결 인터페이스를 오픈해야 하고, 방화벽의 최상단에서 포트를 개방해야 한다. 그리고 해당 포트를 통해 아무나 VPN 접속을 하지 못하게 해야 하므로 ID/PW를 통한 인증을 거치도록 시스템을 만들어 두는 것이 일반적이다. 여기서 보안상 문제가 되는 부분은 외부로 포트를 오픈해야 한다는 점이며, ID/PW 입력창을 만들어야 한다는 부분이다. 포트를 오픈한다는 것은 포트 뒤에서 리슨(Listen)하고 있는 애플리케이션에 취약점이 발생한다면 익스플로잇을 통해 내부까지 들어올 수 있는 문제를 잠정적으로 가지고 있다는 의미이며, ID/PW 입력창을 만든다는 것은 입력값 검증 문제에서 발생하는 보안 취약점이나 브루프 포싱 등의 대입 공격을 통한 인증 성공이 발생할 수 있는 문제점을 안고 있다는 이야기가 된다.

이는 심각한 보안 문제점이라 볼 수 있으며, 다음과 같이 구글에서 "vpn exploit"으로만 검색해도 이러한 취약점을 활용하는 수법이 나오는 것을 알 수 있다.

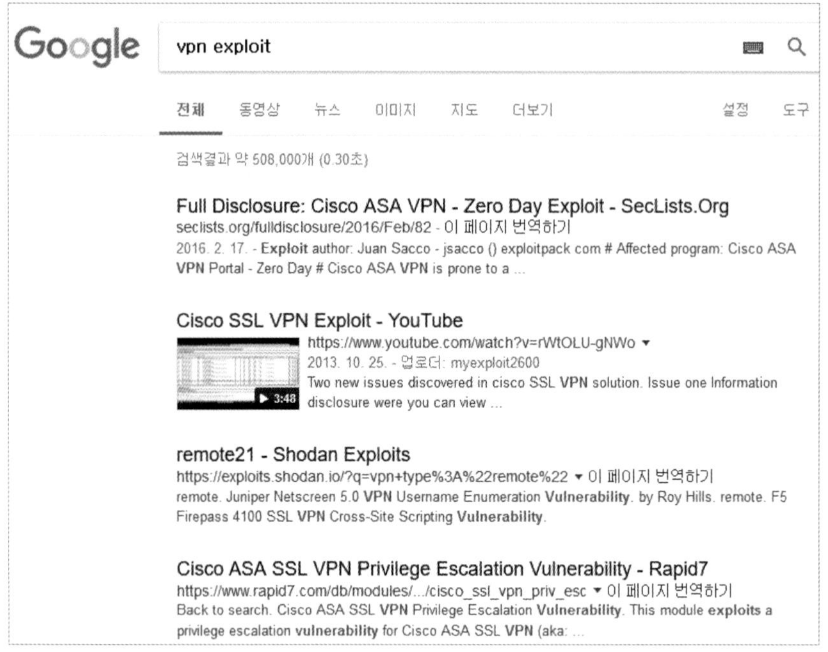

그림 4.5 "vpn exploit"으로 구글에서 검색한 모습

그뿐만 아니라 VPN을 타고 트래픽이 내부까지 들어가므로 방화벽이나 IPS 등에서 만들어둔 각종 공격 차단 룰이 무용지물이 된다. 회사의 웹서버가 밖에서 들어올 때는 80번 포트를 타고 들어와야 하는데, 80번 포트는 외부에 노출된 만큼 각종 웹 공격에 대해 IPS나 웹 방화벽에서 다양한 룰을 만들어 보호하고 있다. 하지만 VPN을 타고 들어오면 80번 포트가 아닌 VPN 포트를 타고 안쪽 내부망으로 트래픽이 들어오게 되며, 이미 내부망으로 들어온 상태에서는 IPS나 웹 방화벽을 모두 우회한 상태이기 때문에 보안 장비가 아무런 역할도 하지 못하게 된다. 이 상태에서는 아무런 장애물 없이 80번 포트의 웹서버에 접근할 수 있게 된다. 본래 내부 직원이 내부 웹서버를 해킹하려는 시도는 면밀하게 모니터링하지 않기 때문에 룰도 그만큼 만들어 놓지도 않는 데다 내부망과 내부망 사이의 트래픽을 인라인으로 커버하는 보안 장비를 설치하지도 않는 경우가 많아서 VPN 안쪽으로 해커가 침입하면 외부에 설치해둔 보안 장비가 모두 무용지물이 되는 문제가 발생한다.

마지막으로는 가장 덜 심각하긴 하지만 복호화 문제가 있다. VPN에 접속하면 암호화된 트래픽을 복호화하기 때문에 DMZ 영역에서 패킷 복호화가 일어나게 되며, 이때 암호화에 중요한 키가 노출된다. 그래서 외부에서 VPN 트래픽을 복호화할 수 있는 가능성도 있다. 이 문제는 사실 앞의 두 문제에 비하면 기술적인 관점에서 봤을 때 수학적으로 훨씬 난이도가 높지만 반면에 얻는 이득은 적기 때문에 위험 등급은 상대적으로 낮다고 볼 수 있다. 그럼에도 논문이나 VPN 이론, 암호학 이론 등에서 항상 지적되는 문제점이기도 하다.

이렇게 세 가지 보안 취약점을 알아봤다. 요약하면 VPN 서버는 이렇게 많은 문제점을 안고 있는 만큼 해커에게 늘 타깃이 되는 공격 포인트이며, 제로데이 익스플로잇이 자주 발생하는 단골 손님이기도 하다. 따라서 당연히 벤더에서는 정기적으로 취약점을 제거하기 위한 보안 패치나 펌웨어 패치를 내놓고 있다. 그러므로 기업 보안팀에서 일하고 있는 보안 엔지니어라면 이 같은 VPN 취약점에 대해 정기적으로 연구하고 회사에서 사용 중인 VPN에 대한 익스플로잇이나 제로데이가 있는지 늘 관심을 두고 모니터링해야 한다. VPN이 뚫리는 순간, 해커들은 내부망까지 침입할 수 있고, 이것은 곧 회사의 대문이 열리는 것이나 마찬가지다.

이로써 VPN에 대한 이론과 실제에 대해 다뤘다. 이 정도 내용만 완벽하게 숙지한다면 VPN에 대해 크게 이해하지 못할 내용은 없을 것이다. 마지막으로 VPN에서 흔히 사용하는 프로토콜에 대해 간단히 설명하면서 마무리하고, 실제 VPN을 구축하는 연습은 2부 'UTM 구축: 오픈소스 통합 보안 시스템 구축' 편에서 진행하겠다. VPN 구축 편을 읽고 나서 이 부분을 다시 한번 훑는 것도 큰 도움이 될 것이다.

05 _ VPN의 종류

PPTP

PPTP는 Point to Point Tunneling Protocol의 약자다. 오래된 프로토콜의 하나이며 PPP 기술을 확장해서 나온 프로토콜이다. 암호화는 마이크로소프트에서 만든 MS-CHAP, 그리고 암호업계에서 할아버지 격인 RC4의 합성 방법인데, 이젠 하도 오래된 방법이라 복호화할 수 있는 취약점이나 단점 등이 많이 공개되어 논문이나 암호학 관련 학계에서 가장 단골손님으로 까이는 프로토콜 중 하나다. VPN 서비스를 하거나 VPN 에이전트 등에서 거의 기본적으로 제공하던 프로토콜이었으나 (iptime 등의 공유기에서 몇 번의 클릭만으로 손쉽게 VPN을 설정하기 위해 선호되는 방법이었다) 계속해서 약점이 두각되다 보니 최근에는 애플에서 본격적으로 버림을 받기 시작해서 iOS 10이나 Mac OS X Sierra에서는 아예 퇴출돼버렸고 옵션으로 고를 수조차 없게 돼버렸다. 이젠 퇴물에 가깝지만 그래도 아직 쓰이는 곳이 있어서 가장 먼저 설명했다.

L2TP

L2TP는 Layer 2 Tunneling Protocol의 약자다. L2F(Layer 2 Forwarding)와 PPTP를 조합해서 만든 PPTP의 업그레이드 버전이라고 생각해도 된다. 정확히는 L2TP는 터널을 만드는 역할에 집중돼 있고 암호화 방식은 IPSec을 사용한다. IPSec에서는 IKE(Internet Key Exchange)와 ESP(Encapsulation Security Payload)가 사용되는데 어쨌든 L2TP에서도 같은 기술을 쓰기 때문에 만약 IPSec 기능을 쓸 수 없다면 L2TP VPN도 쓸 수가 없다. PPTP와 마찬가지로 대부분의 OS나 장비에서 기본적으로 지원하고 있다.

IPSec

전통적인 VPN 기술 중 하나로, 토큰에 의한 이중인증을 기반으로 한다. 빠른 속도와 강력한 보안이 장점이지만 공급업체에 따라 매번 달라지는 설정 방법 때문에 장비가 바뀔 때마다 번거로운 측면이 있어서 사용할 때마다 로그인/로그아웃을 반복해야 하는 일반 사용자를 대상으로 많이 활용되는 편은 아니며, 주로 장비와 장비끼리 연결하는(즉, 지사와 지사 사이를 항시 연결해 둬야 하는) 경우에 주로 활용된다.

OpenVPN

오픈소스 VPN으로 유명세를 떨치고 있는 것 중 하나다. 기본 골격은 L2TP와 유사하지만 대부분의 오픈소스의 활용 버전이 그렇듯 뿌리부터 조금 더 업그레이드된 기능을 제공한다. 특징 중 하나로는 프로파일로 쉽게 VPN 설정을 할 수 있다는 점으로, 윈도우나 리눅스 에이전트에 프로파일 정보만 임포트하면 쉽게 연결되고, iOS나 안드로이드 OS도 앱 지원이 잘 돼 있어서 연결하기가 쉽다. 상용 VPN 서비스를 하는 곳 중 OpenVPN을 제공하는 곳이 압도적으로 많은 편이다. 또한 개인 VPN으로도 활용도가 높기 때문에 개인 홈 서버에 VPN을 구축하고 있다면 대부분 OpenVPN일 거라고 봐도 무방하다. 따라서 기업용 보안 장비에서는 OpenVPN 자체를 막아두는 경우가 많다.

SSL-VPN

전자인증서를 기반으로 한 VPN으로, 모든 브라우저나 장비에는 인증서를 가지고 있다는 점에 착안해서 표준화된 웹 브라우저 기반으로 편의성 높은 암호화를 수행할 수 있다. 따라서 별도의 클라이언트 에이전트 없이 일반 VPN 사용자에게 인터페이스를 제공하기 쉬우며, IPSec의 단점을 보완한다. 사용자가 에이전트를 설치 및 관리하는 데 드는 비용이 없기 때문에 직원들이 사내망에 접속하는 용도로 VPN을 구축하는 데 주로 활용된다.

SSTP

SSTP는 Secure Socket Tunneling Protocol의 약자로 마이크로소프트에서 내놓은 프로토콜의 하나다. 따라서 리눅스 쪽에서는 사용은 가능하지만 아직 인기를 끌며 활용되는 편은 아니다.

2부 UTM 활용: 오픈소스 통합 보안 시스템 구축

05 _ 오픈소스 방화벽 pfSense 설치와 랩 네트워크 구성

06 _ VLAN 구성을 통한 망분리

07 _ 웹 필터, 유해차단 시스템 스퀴드 구축

08 _ 인라인 IPS 구축

09 _ VPN을 통한 외부에서의 접근 제어

5장 오픈소스 방화벽 pfSense 설치와 랩 네트워크 구성

1부에서 방화벽, IPS, IDS, 웹 방화벽, Anti-DDoS 장비 등의 다양한 보안 장비를 살펴봤다. 실제로 이런 장비를 인라인으로 연결하다 보면 관리 포인트도 많아서 다루기가 어려워지고, 비용 또한 무시 못 할 정도로 증가한다. 이런 상황에서는 보안 솔루션을 운영할 때, 해킹 차단을 위해 소비하는 시간보다는 장애 대응을 하느라 쏟는 시간이 더 많게 느껴질 정도로 관리 문제가 많아지기 때문에 보안 엔지니어들이 자신이 보안팀인지 IT팀인지 헷갈리면서 업무에 정체성 혼란을 겪기도 한다.

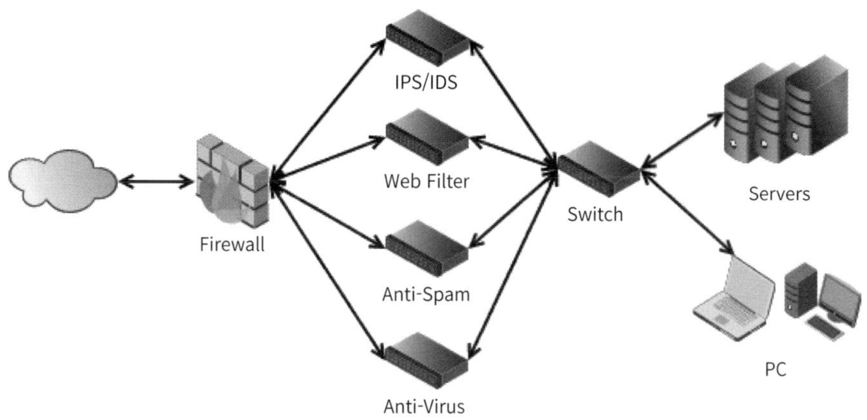

그림 5.1 각종 보안 장비가 설치돼 있는 일반적인 구성

따라서 이러한 문제점을 보완하기 위해 앞에서 열거한 모든 보안 장비(더불어 안티바이러스나 VPN 등까지도)를 하나의 장비에서 통합적으로 연결해서 제공하는 형태가 등장했고, 이를 가리켜 UTM(Unified Threat Management)이라고 한다. 2000년대 중반부터 UTM 시장이 엄청나게 활성화되며 여러 보안 회사에서 다양한 UTM 장비를 내놓기에 이르렀다.

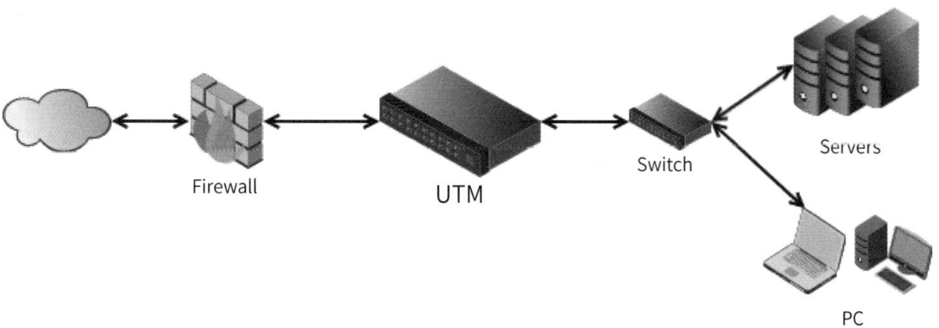

그림 5.2 UTM을 이용한 구성. 여러 장비가 하나로 통합돼 있음을 알 수 있다.

01 _ UTM 설치 경험에서 얻는 의의

일반적인 패턴이라면 여기서부터는 UTM의 장단점이 나오겠지만 이 책은 UTM을 소개하는 것이 목적이 아니므로 그런 이야기는 잠시 접기로 하자. 여기서 UTM을 언급한 이유는 일단 웬만큼 기본적인 보안 시스템이 UTM에 모두 들어있어서 네트워크 보안과 인프라 보안을 위한 실습 환경으로 최고라는 점 때문이다. 사실 보안팀의 본연의 업무는 해킹 방어지만 실제로는 해킹 방어를 구현하기 전에 복잡한 네트워크 설정을 하느라 모든 시간과 갖은 노력을 다 쏟으며 기진맥진하는 경우가 상당히 많다. 그러면서 그 과정에서 네트워크 엔지니어나 시스템 엔지니어가 아니면 이해할 수 없는 형태의 보안 취약점이 생기기도 하는데, 이처럼 가상 환경 위에 UTM을 직접 올려보면 보안 엔지니어가 아닌 IT 운영 실무자 입장에서 인프라가 왜 이렇게 구성됐고, 이 취약점은 왜 등장했으며, 어떤 식으로 해결할 수 있는지에 대해 좀 더 실무 차원에서 생각해볼 수 있다. 또한 UTM의 특성상 모든 보안 시스템을 사용해 보고 테스트해 볼 수 있으므로 최고의 실습 환경이라고 할 수 있다.

지금부터 pfSense라는 오픈소스 UTM 시스템을 이용해 가상 환경에 테스트 환경을 만들어 보겠다. 추가 장비를 구매하는 데 단 한푼도 들지 않는 것을 목표로 노트북이나 데스크톱에 랩 환경을 만들어서 테스트할 수 있는 방법부터 설명할 예정이니 만약 테스트 환경이 갖춰져 있지 않거나 스위치 등의 장비가 하나도 없는 분들은 장비를 구매하기 전에 반드시 지금부터 소개하는 내용을 참고해서 랩부터 구성해 보기 바란다. 이처럼 인프라 보안 환경을 구성해 보면 각 보안 장비가 어떤 역할에 집중하고, 어떤 효과가 있는지 생각해 볼 수 있고, 실제 환경에서 어떤 장비를 추가로 갖춰야 할지 가늠해 볼 수 있는 좋은 기회가 될 것이다.

참고로 UTM에서 지원되는 기능은 일반적으로 다음과 같다(경우에 따라 더 많은 기능을 제공하기도 한다).

- 방화벽(Firewall)
- 침입 탐지/방지(IDS/IPS)
- L2/L3 Routing
- 무선 랜 보안(Wireless LAN security)
- 가설사설망(VPN)
- 웹 필터링(Web Filtering)
- 안티 바이러스
- DLP(Data Loss Prevention)

02 _ UTM 랩 환경을 위한 준비물

하드웨어

먼저 하드웨어로는 컴퓨터 한 대만 있으면 된다. 2코어에 8GB 이상(가급적 16GB 권장)의 메모리, 200GB 정도의 하드디스크 여유 공간이 있는 데스크톱이나 노트북이 있다면 랩 환경을 만드는 데 충분하다. 또한 VMware Player를 올린 뒤 거기에 ESXi를 설치해서 랩을 만들 것이므로 쓰고 있던 컴퓨터를 포맷할 필요도 없다. 메모리가 커야 하는 이유는 VM을 여러 개 동시에 띄워야 하기 때문이다. 만약 여분의 PC가 있다면 VMware Player를 설치할 필요 없이 ESXi를 바로 설치하면 된다.

소프트웨어

다음과 같은 소프트웨어를 준비해 두자. 모두 무료로 사용할 수 있다.

- VMware Player
- ESXi
- pfSense
- Ubuntu Server
- Xubuntu Desktop

03 _ VMware Player에서 가동되는 ESXi

앞에서 언급한 5가지 소프트웨어는 모두 오픈소스 또는 프리웨어 소프트웨어이므로 공식 홈페이지에서 쉽게 내려받을 수 있다. 결론부터 이야기해서 이 프로젝트의 목표는 ESXi 하이퍼바이저를 집에서 사용하는 컴퓨터에 설치해서 그 위에 VM 서버를 얹는 형태를 만드는 것이라고 볼 수 있다. 네트워크 작업 역시 ESXi에서 제공하는 버추얼 스위치로 네트워크 환경을 제어하겠다는 콘셉트로 진행한다. 즉, VMware나 VirtualBox 등에 OS를 설치하는 형태로 랩을 만든다고 생각하면 쉬운데, 막상 우리에게 친숙한 VMware나 VirtualBox는 단지 OS를 가상으로 쓸 수 있게 해줄 뿐이지 네트워크 환경에 대한 세부적인 제어가 어려우므로 정밀한 네트워킹을 위해 VMWare Player 위에 ESXi를 설치한 뒤 거기에 다시 VM 서버를 올리는 형태를 취하도록 한다. 쉽게 얘기해서 VM을 올리고 그 위에 또 VM을 올리는, 일반 엔지니어들이 보기에 희귀한 형태라고 생각하면 될 것 같다.

사실 이렇게 연이어 VM을 올리는 작업이 싫은 분들은 남는 PC가 한 대 있으면 깔려있는 것을 포맷해버리고 거기에 바로 ESXi를 설치하면 되지만(그렇게 하면 VMware Player를 쓸 필요가 없다) 집에 이렇게 PC가 남아도는 분은 많지 않으실 테니 쓰던 PC를 포맷하지 않고 ESXi를 올리고 싶다면 현재 설치돼 있는 OS 위에 그대로 VMware Player를 설치한 뒤 그 위에 다시 ESXi를 올리는 기교를 부리면 된다. 그리고 거기에 다시 VM을 올리며 각 게스트 OS를 설치하는 과정이 최종 작업인데, 이 과정은 아래에 좀 더 자세히 설명해뒀다.

그리고 앞에서 언급한 5가지 소프트웨어 가운데 pfSense가 이 책에서 사용할 오픈소스 UTM이다. Ubuntu Server나 Xubuntu Desktop은 ESXi 안에서 띄울 VM 서버와 클라이언트다. 웹서버, DB 서버, 사용자 PC의 OS 등으로 생각하면 될 것 같다. 윈도우를 올리지 않는 이유는 라이선스 문제가 있어서 함부로 설치하기가 여의치 않은 측면도 있고, 무료로 배포되는 리눅스만으로도 테스트 목적으로는 충분하기 때문이다[1]. 어쨌든 pfSense, Ubuntu, Xubuntu 모두 ESXi 위에 올라가는 게스트 VM 서버라고 보면 된다. 그림 5.3을 이해할 때까지 자세히 봐야 이 구조가 와 닿을 것이다.

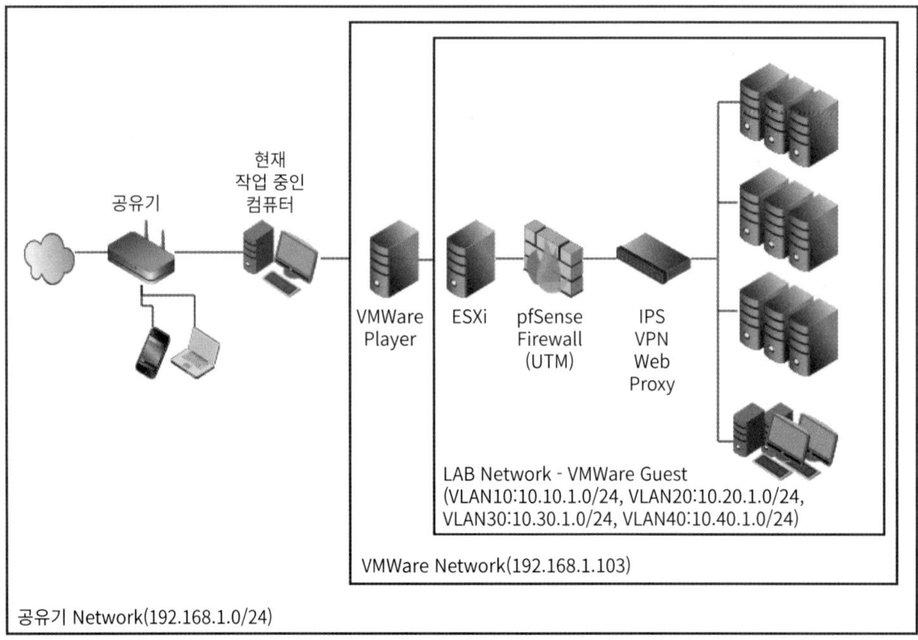

그림 5.3 랩 환경

1 보통은 이런 상황에 Ubuntu Desktop을 많이 사용하지만 유니티 이후의 Ubuntu Desktop이 무거워져서 별로 선호하지 않는 편이고 좀 더 가벼운 Xubuntu를 테스트용으로 이용하는 편이다.

04 _ 오픈소스 UTM – pfSense

이제부터 pfSense에 대해 알아보자. pfSense에는 정말 다양한 기능이 있다. 일반 방화벽이나 UTM 등과 비교했을 때 아무런 차이점을 구별할 수 없을 정도다. 실제로 아래 사진처럼 별도의 어플라이언스 장비로 구축해서 판매하기까지 하므로(이미지의 오른쪽 상단에 pfSense 로고가 보인다) pfSense도 엄연한 정식 제품이라고 볼 수 있으며, 실제로 비용을 지불하고 구매하는 일반 기업도 상당히 많은 것으로 알려져 있다. 하지만 이를 오픈소스로 뿌리며 누구나 사용할 수 있게 만들었다는 점에서 이 회사의 대인배 같은 면모에 감탄하지 않을 수 없다. 또한 오픈소스로 설치할 때 아래와 같은 장비가 실제로 필요한 것은 아니다. pfSense는 iso 파일로 제공되므로 일반 서버나 가상 환경에 충분히 설치할 수 있다. 그림 5.4의 장비에서는 우리가 pfSense의 iso 파일을 서버에 설치한 것과 유사한 환경이 돌아가고 있다고 생각하면 될 것 같다.

그림 5.4 pfSense의 어플라이언스 형태

pfSense의 기능을 요약하면 다음과 같다. 라우터로도 충분히 활용 가능하기 때문에 단순히 보안뿐만 아니라 네트워킹 쪽으로도 많은 기능이 들어가 있지만 일단 보안 분야에 초점을 맞춘 기능만 나열해 보겠다.

방화벽

- 라우터 모드, 브리지 모드 모두 사용 가능
- 스테이트풀 패킷 필터링(Stateful packet filtering)
- IP/Protocol 기반의 차단 기능
- OS/Network 핑거프린팅 필터링 기능
- 방화벽 로그 관리
- 이중화, 고가용성: 멀티플 인터페이스(WAN), 로드밸런싱, 페일오버, NAT
- 룰 그룹 관리(Aliases)

- DDoS 방어 기능(SynProxy 그리고 표준에 맞지 않는 패킷 차단 기능)
- 패킷 필터링 기능(Qos, Traffic Shaper)

VPN

- IPSEC/OpenVPN/PPTP
- SSH 터널링 연동

IPS

- Snort IPS 인라인 모드
- L7 레이어에서의 패킷 필터링 기능

Web Filtering, Web Proxy(유해차단시스템)

- SquidGuard를 이용한 웹 콘텐츠 필터링
- 블랙리스트 관리, 악성 사이트 관리, 패턴 자동 업데이트

AntiVirus

- ClamAV를 이용한 바이러스 스캔

모니터링

- RRD 그래프(CPU, 쓰루풋, 패킷 수 등)
- 실시간 그래프
- 포털 제공

보기만 해도 군침이 도는 기능들이 많다는 사실을 알 수 있다. 그럼 지금부터 랩 환경을 구성하면서 pfSense를 설치하고 앞에서 열거한 기능 중 1장에서 언급한 시스템 위주로 사용해 보겠다. 먼저 pfSense를 내려받자. 구글에서 'pfsense download'라고 검색하면 맨 위에 나오는 결과가 pfSense 사이트이기 때문에 바로 내려받을 수 있는 페이지로 이동할 수 있다(https://www.pfsense.org/download/). 이 글을 쓰는 당시에 릴리스되고 있던 2.2.4 버전을 선택해서 내려받는다.

참고로 이전 버전의 pfSense를 내려받는 법은 다음과 같다.

01 _ 구글에서 'pfsense old version iso'라고 검색한다.

02 _ 상위 검색 결과가 아래와 같을 것이며, 해당 링크를 클릭해 들어간다.

Index of /mirror/downloads/old - pfSense
files.nyi.**pfsense**.org/mirror/downloads/**old**/ ▾ 이 페이지 번역하기
사이트의 robots.txt 때문에 검색결과의 설명을 확인할 수 없습니다.
Learn more

03 _ Ctrl + F를 누른 다음 'iso'로 검색한 뒤 amd64 버전을 내려받는다.

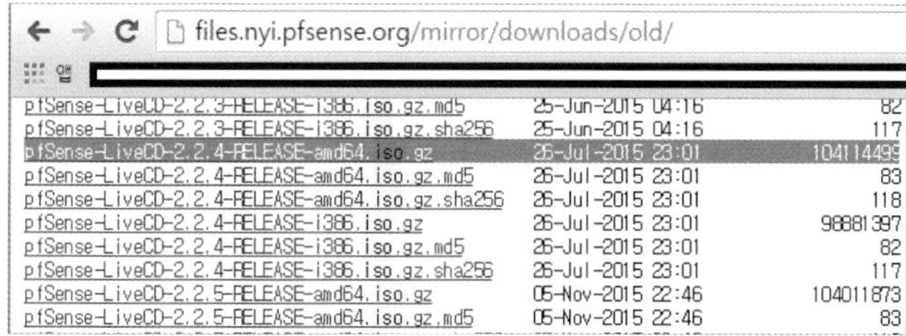

그림 5.5 pfSense의 다운로드 페이지

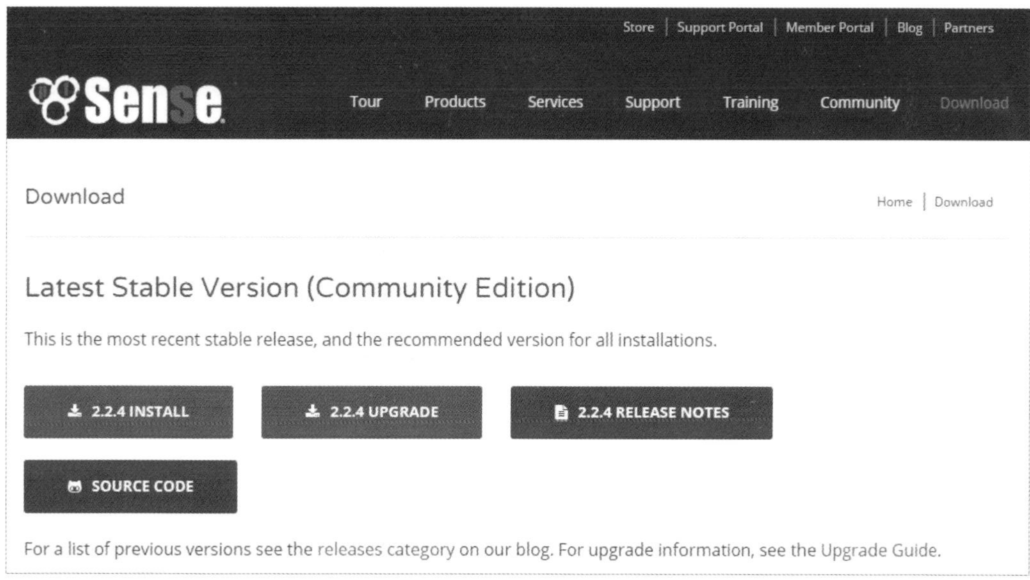

그림 5.6 pfSense의 다운로드 페이지

아키텍처로 64비트를 선택하고 'Live CD with Installer'를 선택한다. 용량은 겨우 100MB 남짓이라 다운로드하는 데 오래 걸리지 않는다. 다운로드가 완료되면 일단 이 iso 파일을 보관해 두고, 이 방화벽을 설치할 수 있는 가상 환경부터 만들어 보자. ESXi 설치로 넘어가자.

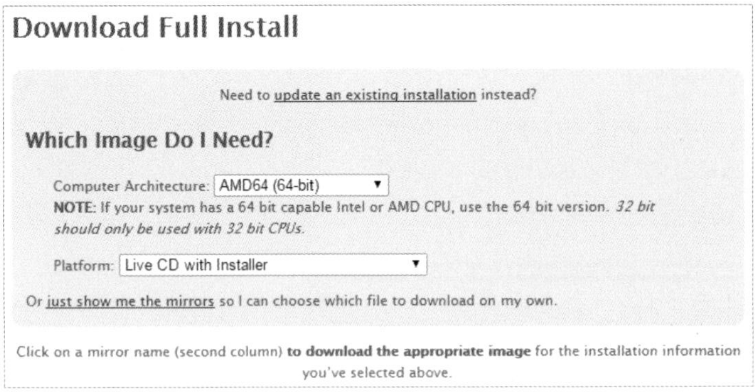

Download Full Install

Need to update an existing installation instead?

Which Image Do I Need?

Computer Architecture: AMD64 (64-bit)
NOTE: If your system has a 64 bit capable Intel or AMD CPU, use the 64 bit version. *32 bit should only be used with 32 bit CPUs.*

Platform: Live CD with Installer

Or just show me the mirrors so I can choose which file to download on my own.

Click on a mirror name (second column) **to download the appropriate image** for the installation information you've selected above.

그림 5.7 다운로드 파일 선택 페이지

05 _ 랩 환경의 뿌리, ESXi 설치

이 책은 가상 환경에 대한 책이 아니므로 ESXi에 대한 자세한 설명은 생략하겠다. ESXi의 기본 개념이나 내려받는 방법은 인터넷 자료를 참고하기 바란다. 일단 ESXi는 프리웨어이므로 쉽게 iso 파일을 내려받을 수 있을 것이다. 하지만 개념을 알아도 ESXi에 네트워크 보안 랩 환경을 만드는 방법은 인터넷에서 흔히 볼 수 있는 내용이 아니므로 ESXi를 VMware Player에 설치하는 과정은 설명하겠다(ESXi의 기반이 될 VMware Player는 설치돼 있다고 가정한다). ESXi를 내려받으면 파일의 이름과 형식이 VMware-VMvisor-Installer-6.0.0.update02-3620759.x86_64.iso와 같을 텐데, 이를 VMware Player에 넣어서 ESXi 설치를 시작할 수 있다. VMware Player 설치를 완료했다고 가정하고 그것을 실행한 화면에서부터 시작한다(참고로 ESXi를 내려받으려면 VMware 사이트에 회원으로 가입한 후 로그인해야 한다. 물론 회원 가입은 무료다).

VMware Player를 실행한 뒤, 메뉴에서 [New Virtual Machine Wizard]를 클릭하고, 앞에서 내려받은 ESXi의 iso 파일을 선택한다. 이 책은 설치 과정을 중점적으로 다루는 책이 아니므로 모든 설치 화면을 스크린샷으로 담지는 않았다. 이후부터 나오는 화면 중 자세히 다루지 않는 화면은 기본적으로 선택돼 있는 옵션을 그대로 유지한 채 [Next] 버튼을 누르면 된다고 생각하면 된다. 별도로 선택해야 할 사항이 있을 때만 스크린샷을 넣었다.

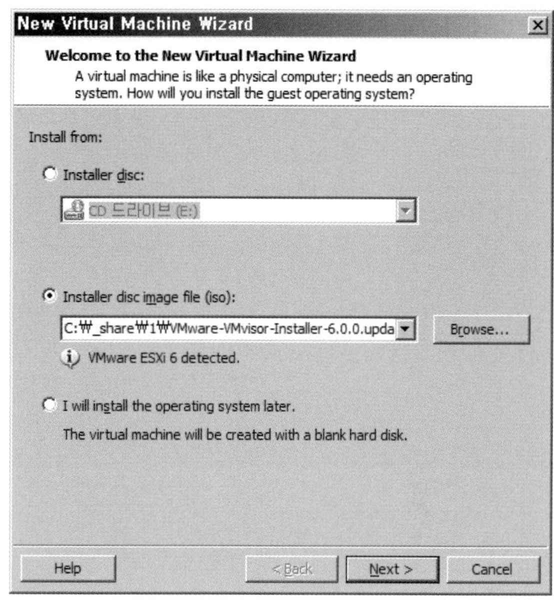

그림 5.8 VMWare에서 ESXi 설치

위 화면에서 알 수 있듯이 하드디스크는 200GB 정도는 할당하는 것이 좋다. VMware Player 입장에서 보면 하나의 VM을 설치하는 것인데 왜 200GB나 할당하느냐고 생각할 수 있지만, ESXi 설치가 끝나면 그 안에서 다시 VM 서버를 설치할 것이며, 이를 앞에서 할당한 200GB 내에서 해결해야 한다. 따라서 여러 VM을 올리고 싶으면 지금 미리 고용량을 할당해 두는 것이 좋다. 200GB는 최소 용량이고 하드디스크에 여유가 있다면 더 큰 크기를 할당하길 바란다. 지금까지 설명한 내용이 이해되지 않는 분은 앞에서 pfSense를 설명하기 직전에 그려놓은 그림을 다시 한 번 보고 오길 바란다.

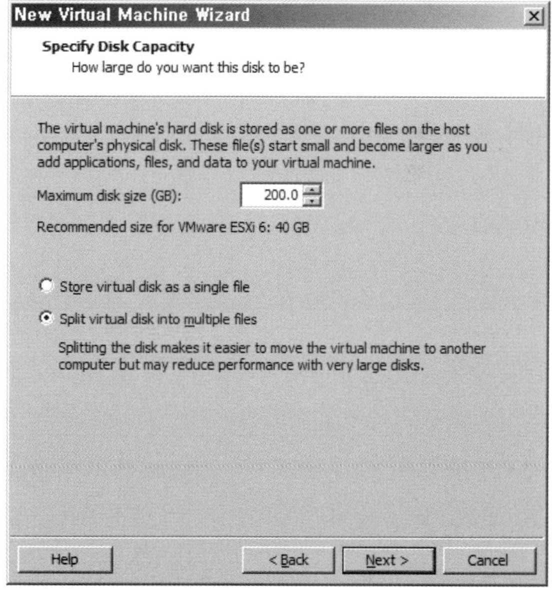

그림 5.9 하드디스크 용량 선택

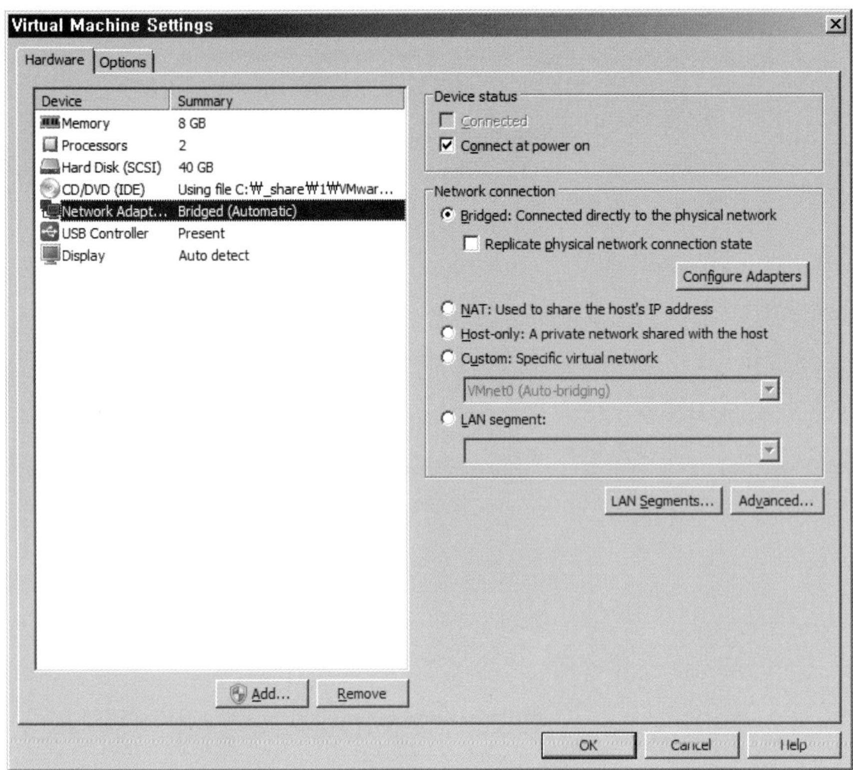

그림 5.10 랩 환경에서는 최초 설치 시 네트워크 환경을 Bridged로 변경해야 함

계속 [Next] 버튼을 누르다 보면 이제 이 VM의 하드웨어를 설정할 수 있는 [Custermize Hardware] 버튼이 나오는데 놓치지 않고 눌러야 한다. 그러면 위와 같은 화면이 나오며 특히 네트워크 설정을 위와 같이 [Bridged]로 바꿔준다. pfSense는 최소 2개 이상의 NIC 카드가 필요하지만 설치의 간편함을 위해 일단은 ESXi를 설치하는 지금 시점에서는 1개만 설치하고, 설치가 완료된 이후에 pfSense를 올리기 직전 다시 추가할 예정이다. 두 개의 NIC 카드라고 했을 때 떠오르는 의문은 닉을 두 개 설치해야 한다면 VMware Player를 실행하고 있는 현재의 호스트 PC(즉, 데스크톱)도 닉 카드가 두 개여야 하는 것인데, 어차피 가상으로 NIC 카드를 늘릴 수 있기 때문에 호스트 PC에는 NIC 카드가 한 개라도 관계가 없으며 추가로 돈을 들여 NIC 카드를 구매할 필요는 없다.

정리하면 PC 자체는 닉이 하나면 되고, pfSense를 올릴 때만 닉이 두 개가 필요한데, 그러려면 VMware Player에서 미리 NIC 카드를 아래처럼 두 개로 만들어 두면 된다. 하지만 일단 1개만 설정하고 설치할 것이다. 나중에 2개를 설치하게 될 상황이 왔다고 가정할때는 별도로 설명을 추가할 것이다. 일단 지금 상태에서 pfSense를 설치할 VM 게스트 OS에 필요한 Network Adapter는 외형상으로 다음과 같다.

- **1번 Network Adapter**: Bridge Mode로 설정(WAN 역할)
- **2번 Network Adapter**: Host Only로 설정(LAN 역할)

1번이 WAN 포트가 될 것이고 2번이 LAN 포트가 될 예정이다. WAN과 LAN에 대해 이해가 부족한 분들은 1장 '방화벽' 편을 복습하고 오시길 바란다. 먼저 1번 닉은 Bridge로 설정한다. 그 이유는 현재 아웃사이드 대역과 같은 IP 주소 대역으로 만들기 위해서다. 그리고 2번 닉에 설치하는 Host Only에 대한 설명을 좀 더 추가하자면 VMware Player에서 Host Only로 NIC 카드를 생성하면 가상 환경 안에서만 트래픽이 돌기 때문에 현재 호스트 환경(지금 작업하는 PC)과 관계없이 게스트 VM 개수를 원하는 대로 필요한 만큼 늘릴 수 있다. 즉, VM 내에서 사용 가능한 내부 트래픽용 NIC 카드라고 생각하면 된다. 즉, 이 NIC 카드의 용도는 그림 5.11에서 보이는 것처럼 4개 VM끼리만 트래픽이 돌아가는 것이라고 생각하면 된다.

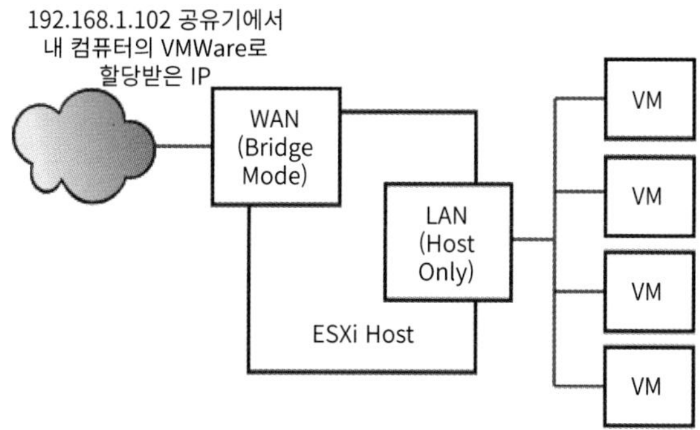

그림 5.11 Host Only를 사용하는 경우

06 _ 랩 전용 네트워크에서 NIC을 3개 설치하는 이유

일반적으로 ESXi 콘솔에 접속할 때나 vSphere[2]로 접속할 때는 LAN 안에 할당된 IP 주소에서 접근해야 한다. 하지만 여기는 랩 환경이며 호스트 서버는 우리가 일반적으로 사용하는 PC가 된다. 그래서 vSphere 안에서 접근하기 위해 LAN 안으로 다시 들어가 그 안에서 다시 OS를 띄워 vSphere를 띄우는 방법은 불편할 것이다. 따라서 실제 pfSense는 NIC 카드가 두 개만 있어도 되지만 VMware Player

2 vSphere는 VM을 관리하는 콘솔 매니지먼트 툴로 생각하면 된다.

를 사용하는 랩 환경에서는 Sphere 접속용 Bridge Mode NIC 카드를 하나 더 만든다. 즉, 총 3개의 닉을 만들 것이며 아래와 같이 구성할 예정이다.

- **1번 Network Adapter:** Bridge Mode로 설정(WAN0 역할. vSphere 접속용)
- **2번 Network Adapter:** Bridge Mode로 설정(WAN1 역할)
- **3번 Network Adapter:** Host Only로 설정(LAN 역할)

이렇게 1번 NIC 카드에 Bridge Mode를 하나 더 추가하고 이 인터페이스를 vSphere용으로 사용할 것이다. 이렇게 하면 1번 닉에서는 vSphere를 아웃사이드 영역에서도 매우 쉽게 넘나들 수 있으므로(즉, 우리의 PC에서 안쪽의 VM으로 쉽게 넘나들 수 있으므로) 테스트하기가 매우 용이한 구조를 만들 수 있다. 물론 이 구성이 실제 환경과는 약간 맞지 않고 현업에서 이렇게 구성한다면 밖에서 내부로 연결되는 통로가 있어서(쉽게 말해 백도어 포트) 보안상 매우 취약한 구조가 된다. 하지만 지금은 랩 환경을 만드는 상황임을 감안하면 1번 NIC 카드는 우리가 밖에서 vSphere를 실행할 때만 사용할 뿐이고 방화벽과 아무 관계없는 없는 연결통로라고 간주해야 한다.

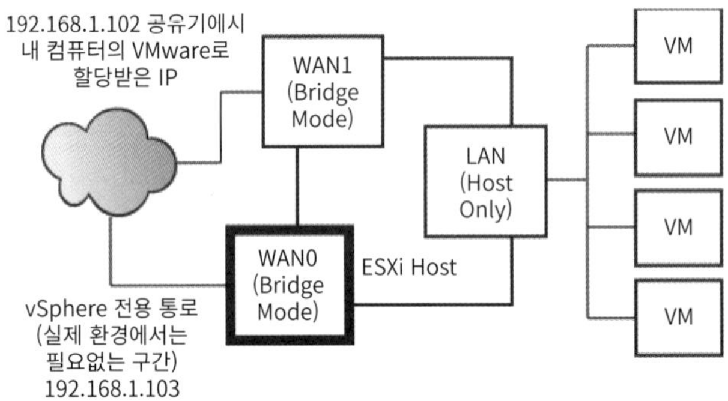

그림 5.12 Bridge Mode로 WAN0을 만드는 이유

앞에서 설명한 내용은 vSphere에 대한 지식이 있다면 쉽게 이해하겠지만 그렇지 않은 분들은 이 장의 마지막 부분에서 vSphere와 ESXi의 설정이 완전히 끝난 뒤 다시 한 번 읽어보길 권장한다. 사실 일반적인 네트워크 구성이 아니기 때문에 혼선이 있을 수 있기 때문이다.

NIC 카드 이야기를 하다 보니 주제에서 많이 벗어났는데 지금은 ESXi를 설치하는 화면에서 ESXi에 NIC 카드를 설치하는 중이고, 총 3개의 NIC 카드를 필요로 한다고 했지만 설치 도중에 꼬이는 현상이 발생할 수 있기 때문에 2번과 3번 NIC 카드는 실제 LAN 작업 때 하기로 하고 먼저 1번 NIC 카드만

Bridge Mode로 설치한다는 이야기로 돌아오자. 즉, 지금 당장은 그림 5.10처럼 딱 한 개의 NIC 카드만 Bridge Mode로 사용하도록 VMware Player에서 설정해 둔다. 이후에 추가할 NIC 카드는 때가 되면 차례차례 설명할 테니 안심하고 따라오길 바란다. 그리고 메모리는 반드시 최소 8GB에 CPU는 2개로 설정해야 한다. 왜냐하면 이 ESXi 안에 또 다시 VM 게스트 서버를 설치할 것이기 때문이다. 서버를 여러 대 올리려면 메모리가 충분해야 한다.

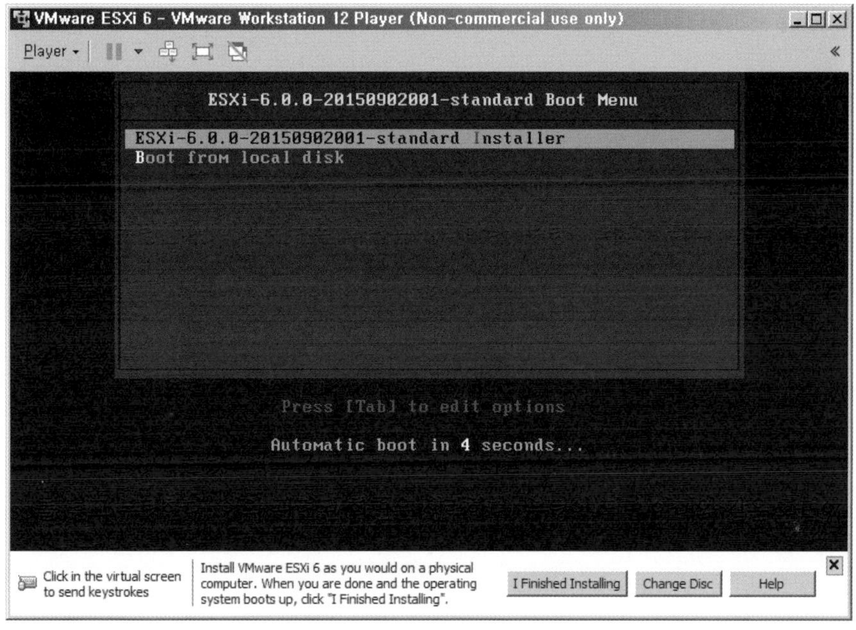

그림 5.13 ESXi 설치 장면

이제 기본 설정이 끝났으므로 지금부터 ESXi 설치를 시작해 보자. 서론이 길었는데 VMware Player에 iso를 넣고 부팅한다. 이와 관련된 화면은 생략한다. 부팅이 되면 아래와 같은 화면이 나오고 ESXi 설치가 시작될 것이다.

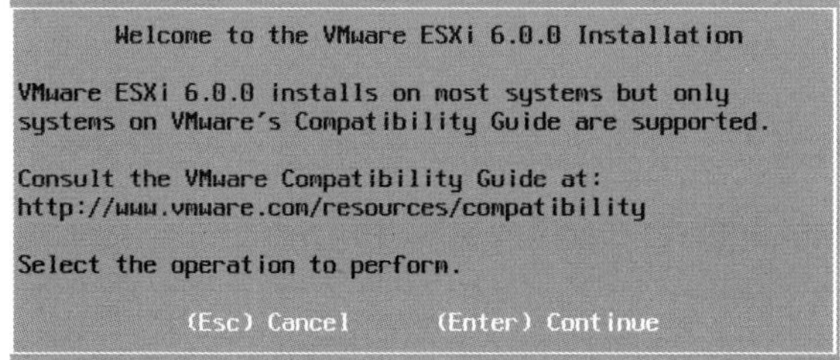

그림 5.14 ESXi 설치 시작

위 화면처럼 나오면 실제 설치가 시작되는 것이다. Enter 키를 눌러서 계속 진행하자.

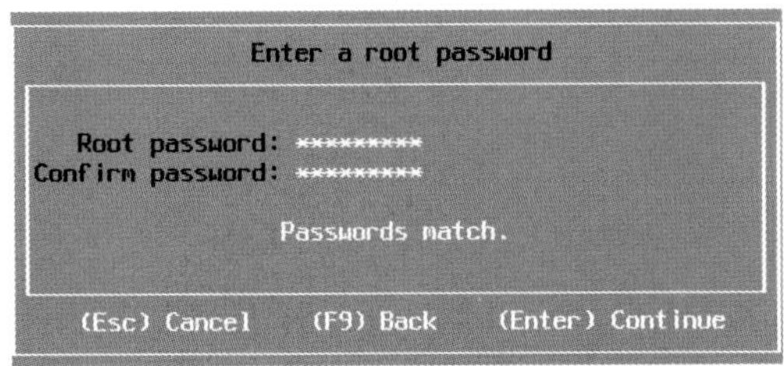

그림 5.15 root 패스워드 설정

위 화면처럼 ESXi는 보통 root로 접속하기 마련이고, 루트 비밀번호를 원하는 것으로 설정한다. 이 비밀번호는 나중에 vSphere에 접속할 때 필요하므로 절대 잊어버리지 않도록 잘 보관해야 한다.

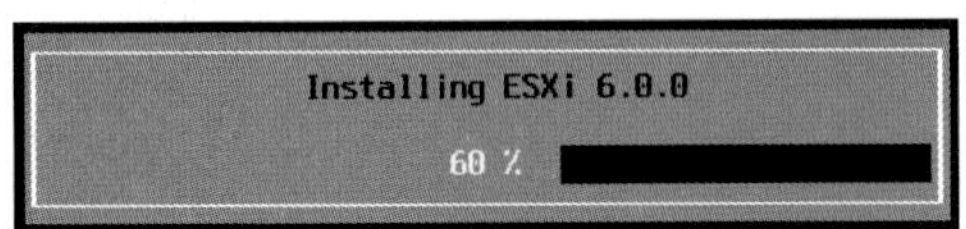

그림 5.16 ESXi 인스톨 진행

이제 설치가 진행된다. 그림 5.17과 같이 IP 주소가 나오면 설치와 부팅이 완료된 것이다. 현재 저자가 VMware Player를 돌리고 있는 이 PC의 테스트 환경은 192.168.1.0/24이므로 DHCP에 따라서 Bridge Mode로 설정한 NIC 카드 하나가 192.168.1.103이라는 IP 주소를 할당받았고, 여기가 랩 연결을 위한 접속망이라고 보면 된다. 이 사이트로 접속하면 vSphere에 접근할 수 있으며 콘솔 툴을 내려받을 수 있다. 이 작업은 잠시 후에 하기로 하고, 이제 WAN 역할을 할 2번 NIC 카드와 LAN 역할을 할 3번 NIC 카드를 설치하자(아직까지 1개의 닉만 설치해둔 상태다). 설치가 완료되어 192.168.1.103이 ESXi의 IP 주소로 할당됐으니 이제 다른 목적으로 사용할 닉을 추가하는 것이다. 이제 두 번째 닉을 설치해 보자.

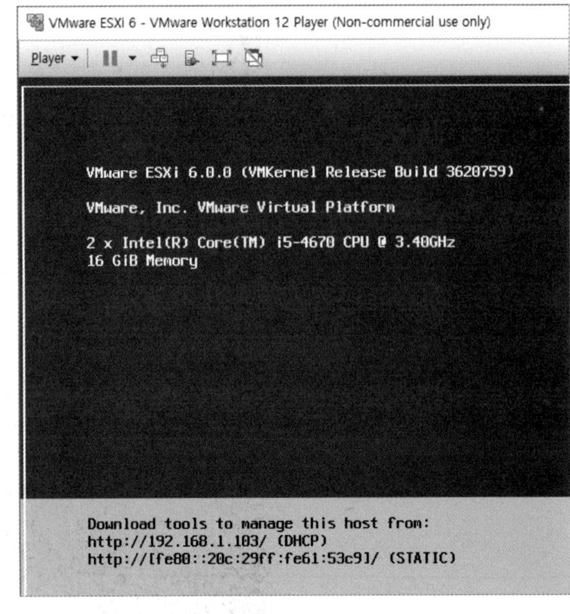

그림 5.17 ESXi 설치 완료 화면

닉을 추가하려면 서버부터 꺼야 하니 먼저 이 화면에서 F12 키를 눌러서 ESXi를 종료하자. 완전히 전원을 종료한 뒤에 2번 NIC 카드와 3번 NIC 카드를 추가할 것이다. 서버가 완전히 꺼지면 VMware Player의 Settings 화면으로 돌아간다.

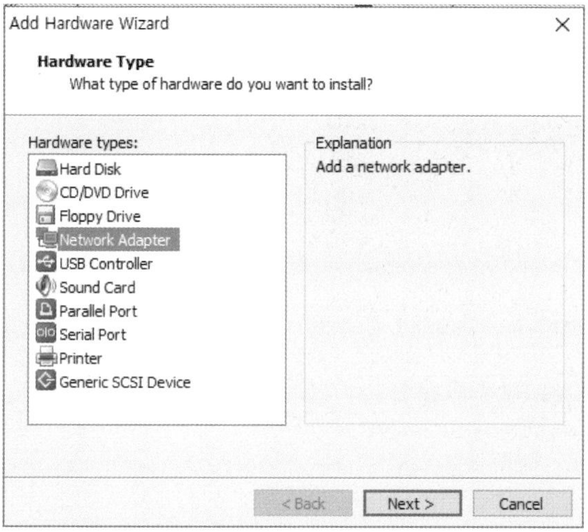

Add Hardware Wizard

Hardware Type

What type of hardware do you want to install?

Hardware types:

Hard Disk
CD/DVD Drive
Floppy Drive
Network Adapter
USB Controller
Sound Card
Parallel Port
Serial Port
Printer
Generic SCSI Device

Explanation

Add a network adapter.

< Back | Next > | Cancel

그림 5.18 새 Network Adapter 추가

그리고 아래와 같이 Bridged를 선택한다. 이것이 두 번째 NIC 카드가 되며, WAN2, 즉 공식 WAN 역할을 하게 될 것이다.

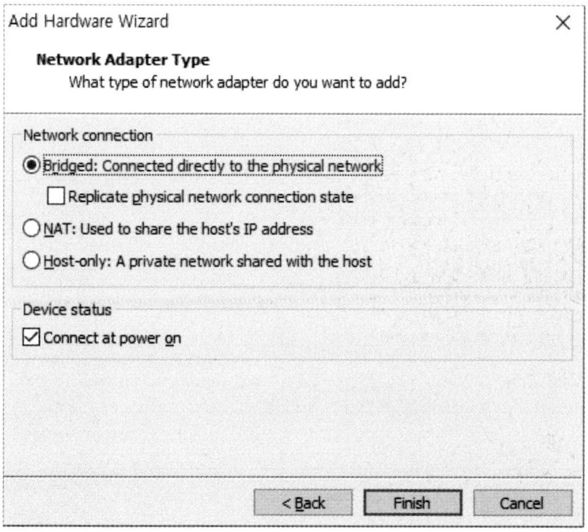

Add Hardware Wizard

Network Adapter Type

What type of network adapter do you want to add?

Network connection

- (●) Bridged: Connected directly to the physical network
  - [ ] Replicate physical network connection state
- ( ) NAT: Used to share the host's IP address
- ( ) Host-only: A private network shared with the host

Device status

- [x] Connect at power on

< Back | Finish | Cancel

그림 5.19 Bridge 선택

다음으로 한 번 더 [Add Hardware Wizard]를 실행해 3번째 NIC 카드를 설치하자. 이번에는 [Host-only]를 선택한다. 이 NIC 카드는 내부 트래픽이 돌기 위한 LAN 역할을 하게 된다.

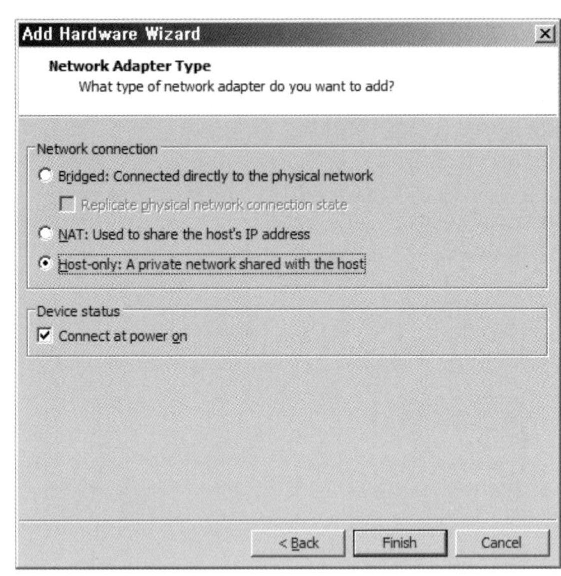

그림 5.20 Host-only 선택

[Finish] 버튼을 누른 후 Host-only의 네트워크 어댑터가 선택된 화면에서 오른쪽 하단의 [LAN Segments]를 눌러서 아래 화면과 같이 Global LAN Segments의 이름을 지정하자. [Add] 버튼을 눌러서 원하는 이름을 하나 추가한다. 이름 자체가 실제로 영향을 주는 작업이 아니지만 혼동을 방지하기 위해 라벨을 붙이는 것 정도로 생각하면 된다. 필자는 'LAN1'이라는 이름을 넣었다. 그런 다음 드롭다운리스트 버튼을 눌러서 그 아래에 보이는 그림처럼 LAN1을 선택한다.

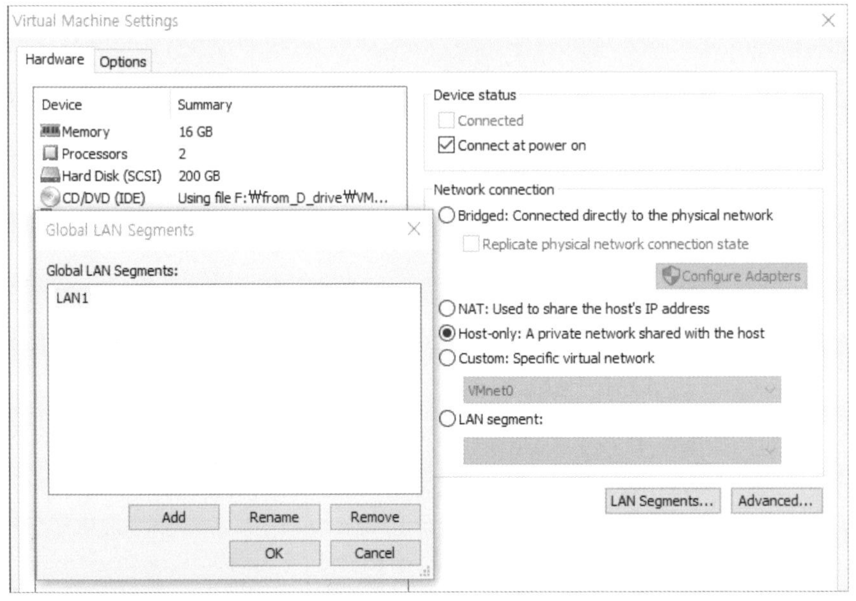

그림 5.21 Global LAN Segments를 LAN1로 설정

최종적으로 아래와 같이 3개의 닉이 설치된 상태가 되면 네트워크 환경이 완성된 것이다. 이제 호스트 서버에는 NIC 카드가 3개 있으므로 ESXi 안에서, 즉 vSphere로 pfSense를 설치할 때 이 중에서 두 개를 골라서 설정할 수 있다.

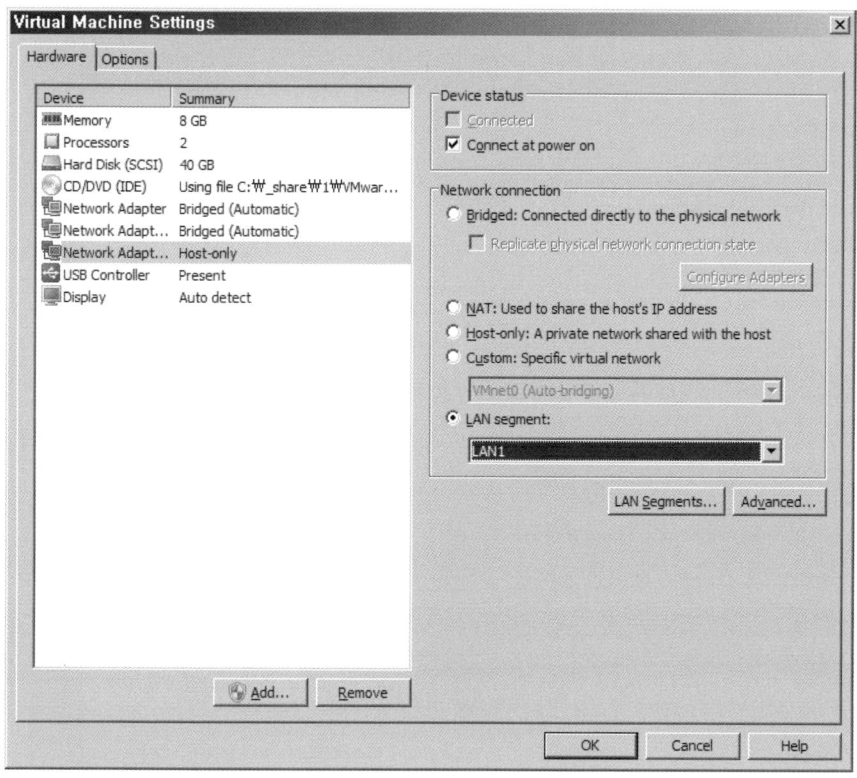

그림 5.22 LAN segment에서 LAN1 선택

이제 네트워크 설정이 끝났으므로 아까 종료했던 서버를 다시 켜보자. 다시 말해 VMware Player에서 ESXi를 실행하자. 부팅이 끝나면 이전처럼 192.168.1.103이라는 IP 주소가 보일 것이다. 방금 한 작업을 통해 닉을 두 개 추가해서 닉이 세 개가 됐지만 일단 이 상태에서 외형상의 차이는 없을 것이다. 추가된 두 개의 닉은 ESXi 안으로 들어간 뒤 설정을 시작할 것이다. ESXi를 제어하는 가장 쉬운 방법은 vSphere를 설치하는 일이기 때문에 이제부터는 vSphere를 설치하겠다. vSphere를 통해 실제 랩 환경을 제어할 것이며 vSphere를 설치하기 위해 브라우저로 현재 설치된 ESXi의 IP 주소로 https를 통해 들어가면(https://192.168.1.103) vSphere를 내려받을 수 있는 링크를 확인할 수 있다. 참고로 이 IP 주소는 DHCP로 할당된 것이기 때문에 독자의 PC 환경에 따라 다를 수 있으므로 필자와 무조건 같은 IP 주소로 접속하는 실수를 저지르지 않길 바란다.

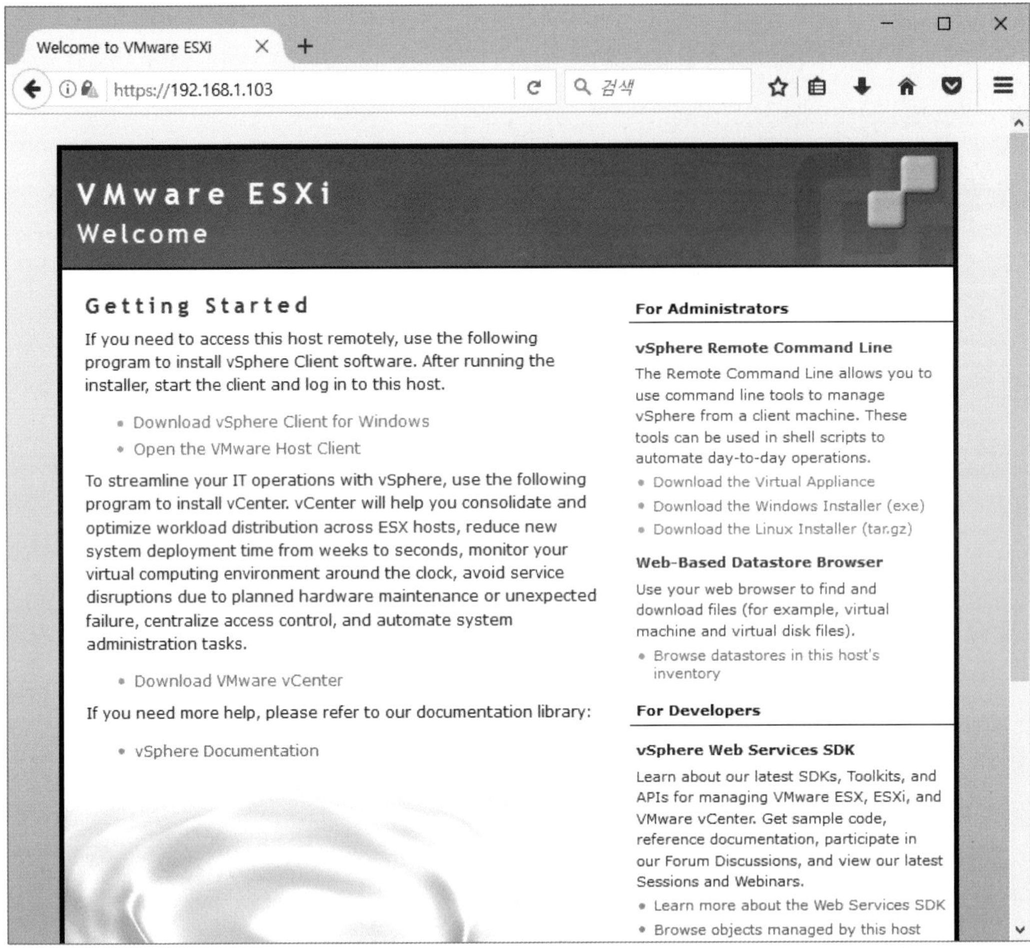

그림 5.23 ESXi의 호스트 페이지 접속

위와 같이 웹페이지가 열리면 [Download vSphere Client for Windows]를 클릭해서 vSphere를 내려받는다. 다운로드가 완료되면 설치를 시작하고, 설치가 완료되면 VMware vSphere Client라는 바로가기 아이콘이 바탕화면에 만들어져 있을 것이다. 이를 실행하면 다음과 같은 로그인 창이 나온다. IP 주소는 위와 동일한 것으로 넣고, 사용자 이름과 암호로는 앞에서 ESXi를 설치할 때 만든 root 계정을 넣어보자. 그럼 로그인되고 vSphere가 실행될 것이다.

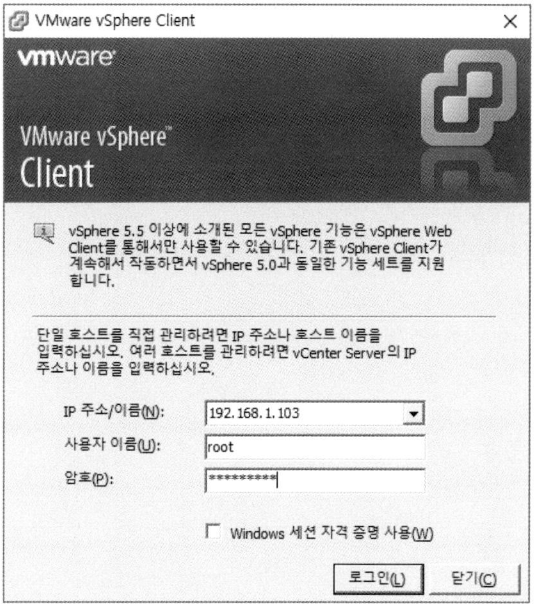

VMware vSphere Client

vmware

VMware vSphere™
Client

vSphere 5.5 이상에 소개된 모든 vSphere 기능은 vSphere Web Client를 통해서만 사용할 수 있습니다. 기존 vSphere Client가 계속해서 작동하면서 vSphere 5.0과 동일한 기능 세트를 지원합니다.

단일 호스트를 직접 관리하려면 IP 주소나 호스트 이름을 입력하십시오. 여러 호스트를 관리하려면 vCenter Server의 IP 주소나 이름을 입력하십시오.

IP 주소/이름(N): 192.168.1.103
사용자 이름(U): root
암호(P): *********

Windows 세션 자격 증명 사용(W)

로그인(L) 닫기(C)

그림 5.24 vSphere 로그인 화면

아래와 같은 화면이 나오면 vSphere 설치에 성공한 것이다. 이제 ESXi를 vSphere로 접근해서 GUI 상태에서 쉽게 서버를 만들고 네트워크 작업까지 할 수 있다. 이미 알고 있다시피 이 ESXi는 VMware Player 안에 설치돼 있는 형태다. 가상 서버 안에 가상 서버를 만든 꼴이지만 어쨌든 이로써 VMware Player의 역할은 끝났고, 더 이상 VMware Player를 손댈 일은 없다고 보면 된다. 이제부터 모든 작업은 ESXi, 즉 vSphere에서 진행할 것이다. 다시 말해, 이제부터 가상 VM 서버를 만들 때 VMware Player 안에서는 작업하지 않고 이 ESXi 안에서 작업하면 된다고 생각하자. 앞으로 모든 작업은 vSphere Client 툴을 이용해 진행할 것이다.

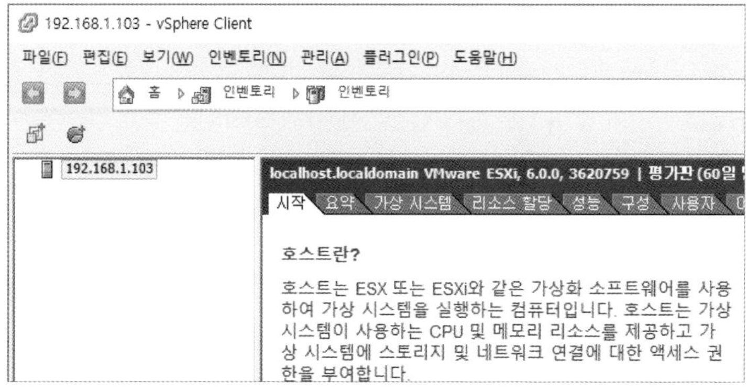

그림 5.25 vSphere 로그인 완료

아래처럼 라이선스 만료 메시지가 나타날 수 있는데, ESXi는 무료로도 사용할 수 있으므로 VMware 홈페이지에서 무료 라이선스를 받아서 등록하면 60일 만료 메시지가 사라진다. 라이선스를 받는 방법은 간단하므로 인터넷을 참고해서 직접 갱신하자.

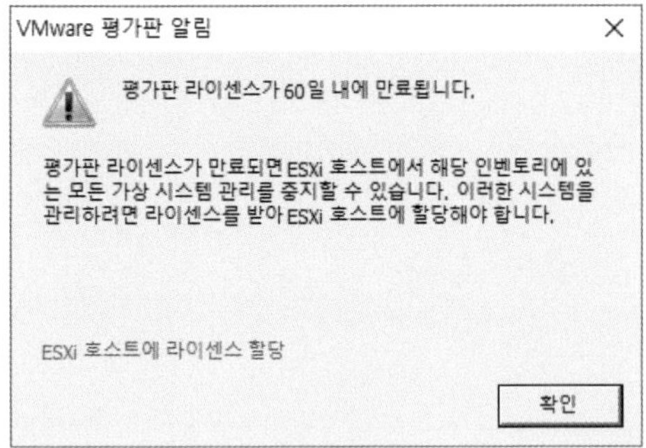

그림 5.26 VMWare 평가판 알림

07 _ 가상 스위치 구성

vSphere의 구성 메뉴에서 네트워킹을 선택하면 아래와 같이 설정돼 있을 것이다. 192.168.1.103으로 보이는 것이 랩용 백도어인 vSphere용 아웃사이드 인터페이스다. [네트워킹] 메뉴를 선택하면 VM Network라는 텍스트가 보이는데 일단 혼동을 방지하기 위해 정확히 이름을 지어주자. [속성] 버튼을 누른다.

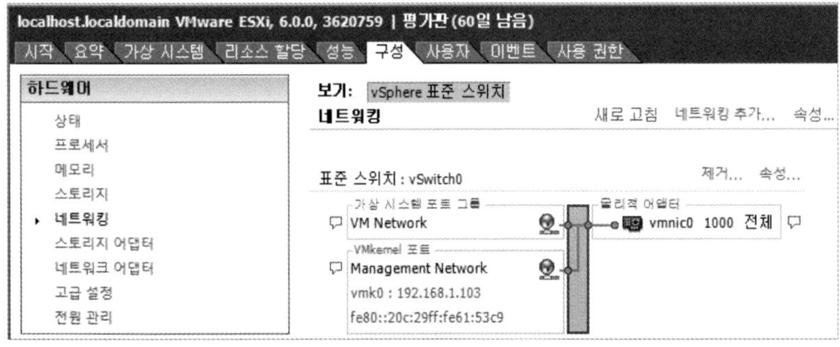

그림 5.27 vSwitch0의 속성 설정

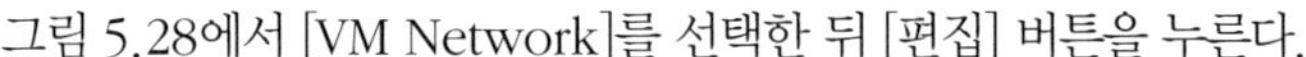

그림 5.28에서 [VM Network]를 선택한 뒤 [편집] 버튼을 누른다.

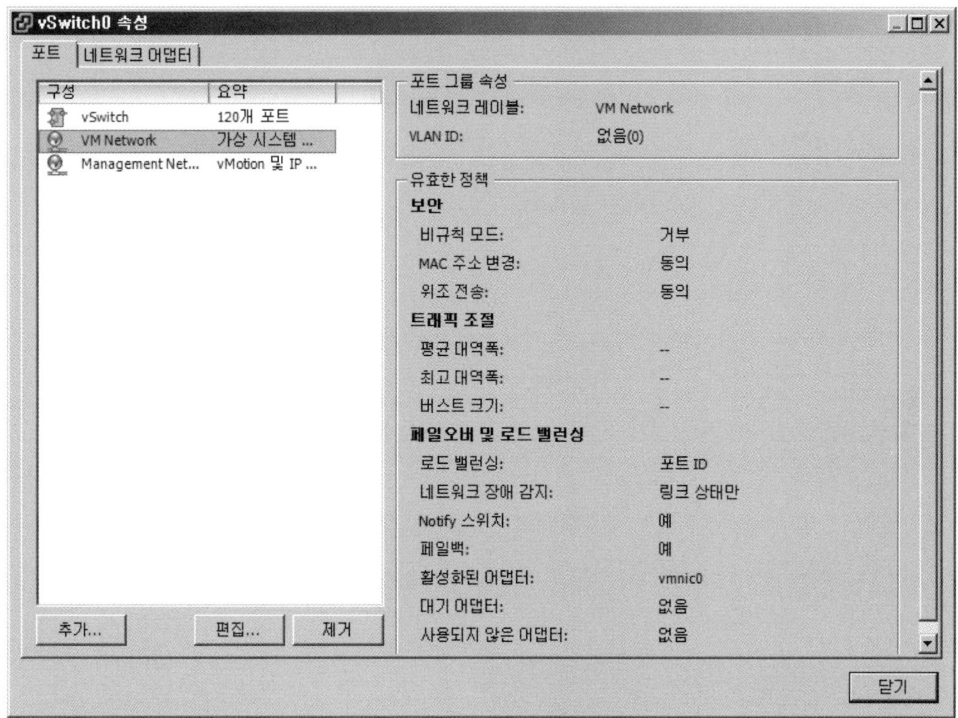

그림 5.28 VM Network 편집

vSphere interface로 이름을 바꾼다. 본인이 구분할 수 있는 이름이라면 다른 이름으로 해도 무관하다. 다시 한 번 설명하지만 앞에서 백도어라고 언급했듯이 현재 이 인터페이스는 실제 서버 환경에 필요한 인터페이스라기보다 테스트 랩에 접속해서 vSphere만을 쓰기 위한 인터페이스다. 실제 네트워크 환경에서는 절대 있어서도 안 되는 인터페이스이며, 연구를 위해 쉽게 접속하기 위한 목적 외에 다른 용도로는 쓰지도 않을 것이다. pfSense와 기타 서버에 쓸 인터페이스는 앞으로 추가할 WAN과 LAN이다. 현재 1개의 NIC 카드만 ESXi를 설치할 때 기본적으로 설정돼 있는 상태고, 나머지 2개의 NIC 카드는 VMware Player에 의해 추가돼 있긴 하지만 ESXi에서 활성화되지는 않은 상태다. 일단 지금 vSphere interface의 이름을 짓고 나서 나머지 2개의 NIC 카드도 활성화할 것이다.

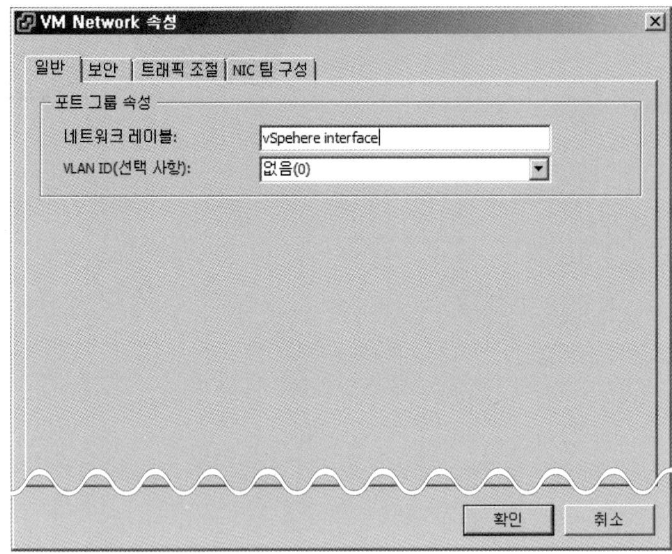

그림 5.29 VM Network 속성

이제 WAN과 LAN을 추가해야 하므로 닉을 두 개 설치한다. [네트워킹 추가] 버튼을 클릭한다.

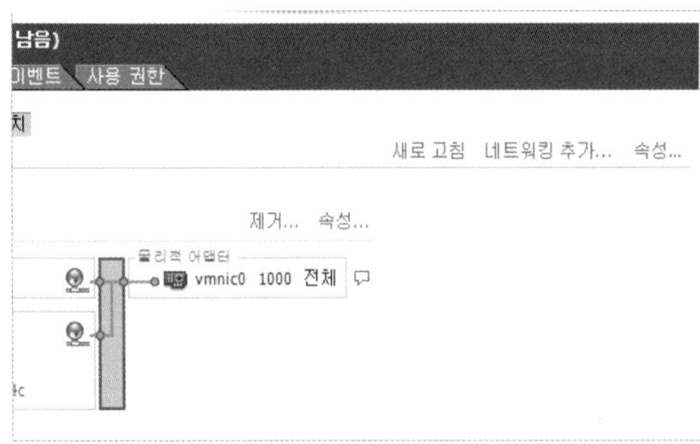

그림 5.30 네트워킹 추가

[가상 시스템]을 선택하고 다시 [다음] 버튼을 누르면 아래와 같은 화면이 나온다. 앞에서 닉을 3개 꽂았고 현재 2개의 닉을 활성화할 수 있는 상태이므로 다음과 같이 두 개를 추가로 넣을 수 있다. [vSphere 표준 스위치 만들기] 라디오 버튼이 선택돼 있는 상태에서 vmnic2에도 체크박스에 체크하고 [다음] 버튼을 누른다.

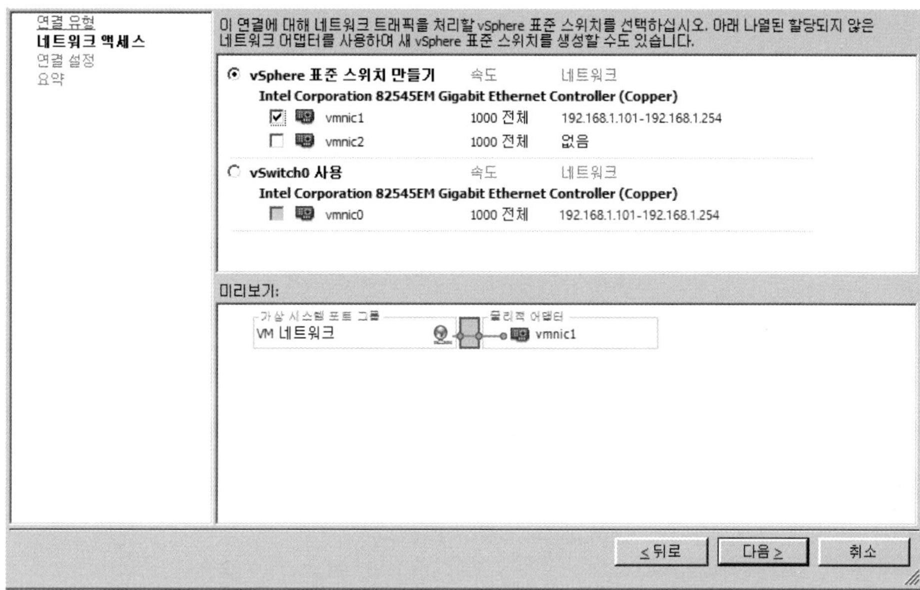

그림 5.31 새로운 NIC 카드 추가

이번에는 이름을 WAN으로 바꾼다. 이 닉은 아웃사이드 인터페이스가 될 것이다. 즉, 이 닉을 통해 외부와 ESXi 내부 간의 통신이 이뤄진다고 보면 된다.

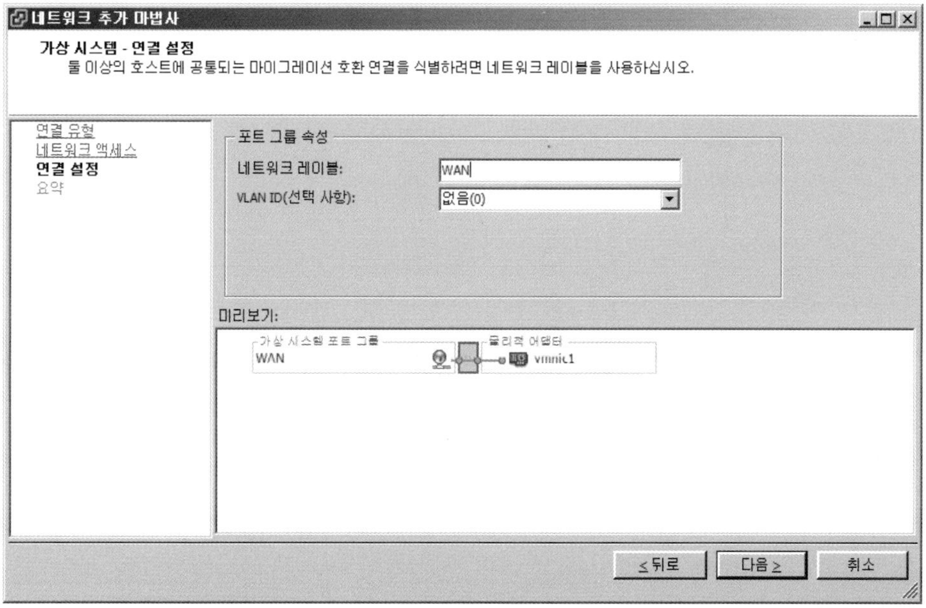

네트워크 추가 마법사
가상 시스템 - 연결 설정
둘 이상의 호스트에 공통되는 마이그레이션 호환 연결을 식별하려면 네트워크 레이블을 사용하십시오.
연결 유형
네트워크 액세스
연결 설정
요약
포트 그룹 속성
네트워크 레이블: WAN
VLAN ID(선택 사항): 없음(0)
미리보기:
가상 시스템 포트 그룹
WAN
물리적 어댑터
vmnic1
≤뒤로
다음≥
취소

그림 5.32 WAN 네트워크 생성

같은 방법으로 [네트워킹 추가]를 다시 한 번 눌러보자. 이제 두 개의 체크박스가 비어 있던 것이 하나로 줄어들었을 것이다. 그렇게 남은 vmnic2도 작업한다. vmnic2는 LAN용으로 사용될 것이다. 즉, pfSense로부터 보호된 네트워크 안에서 도는 통신이 될 것이다.

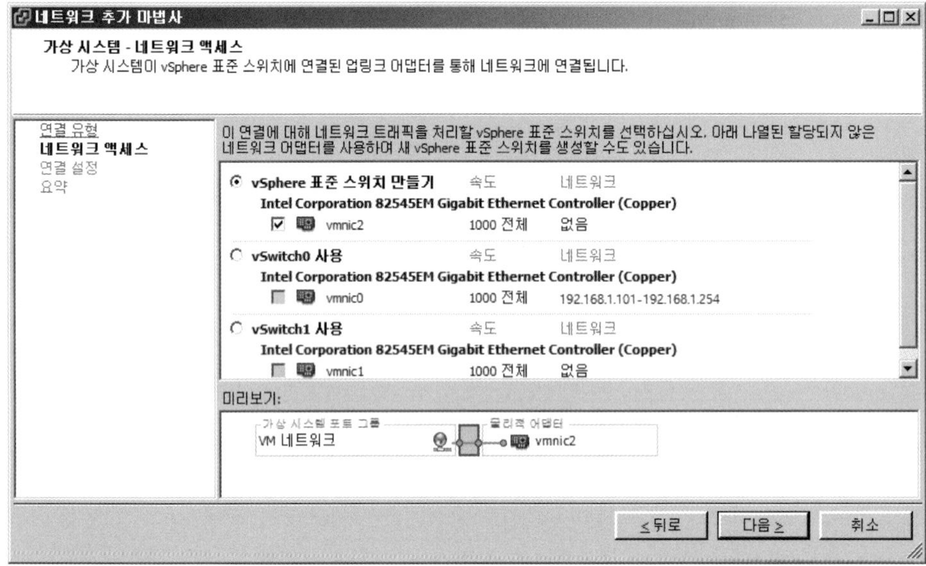

그림 5.33 vmnic2 작업

이번에는 이름을 LAN으로 지정한다. 이 닉이 내부 트래픽용 닉이 될 것이다.

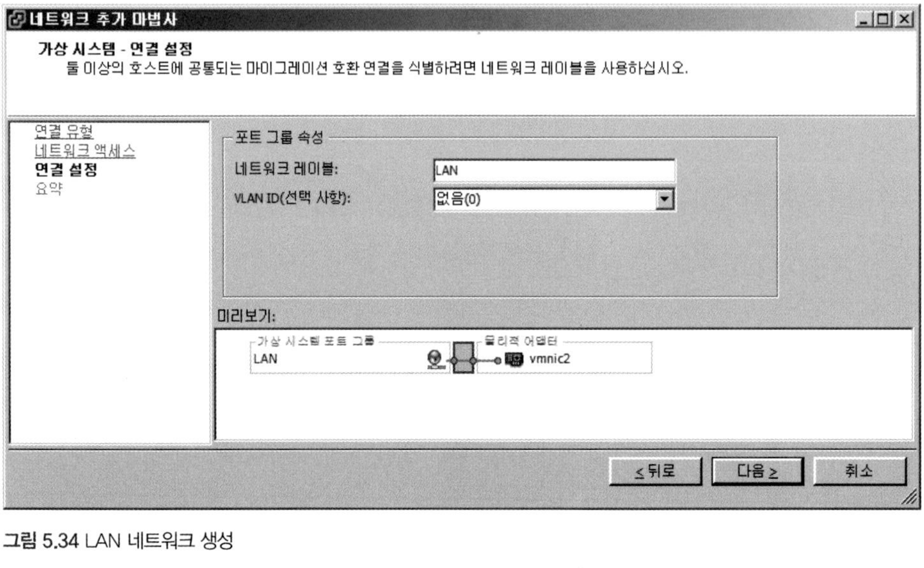

네트워크 추가 마법사

가상 시스템 - 연결 설정

둘 이상의 호스트에 공통되는 마이그레이션 호환 연결을 식별하려면 네트워크 레이블을 사용하십시오.

연결 유형
네트워크 액세스
연결 설정
요약

포트 그룹 속성
네트워크 레이블: LAN
VLAN ID(선택 사항): 없음(0)

미리보기:
가상 시스템 포트 그룹
LAN
물리적 어댑터
vmnic2

≤ 뒤로 | 다음 ≥ | 취소

그림 5.34 LAN 네트워크 생성

이제 아래와 같이 설정되면 정상이다. 혼동한 부분이 있을 수도 있는데 여러분이 설정한 내역과 잘 비교해 보고 틀린 곳이 없는지 잘 살펴보기 바란다. 참고로 앞에서도 언급했지만 IP 주소는 PC에 따라 달라질 수 있다. 하지만 지금까지 NIC 카드의 설정으로 봤을 때 vSwitch1이 WAN이고 vSwitch2가 LAN이어야 한다.

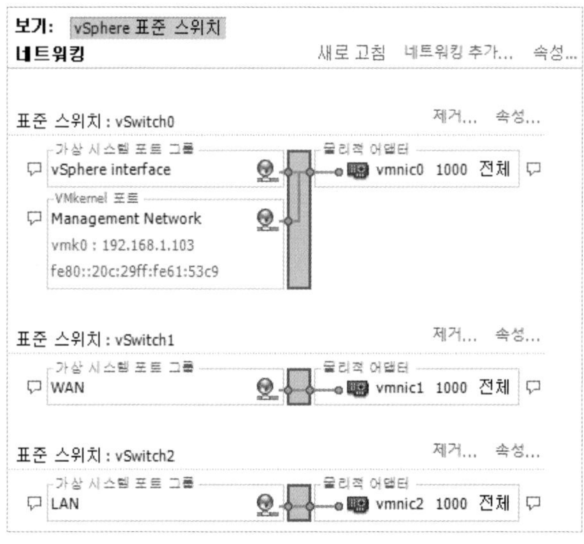

그림 5.35 네트워크 작업 완료

08 _ pfSense 설치

이제 UTM을 올릴 네트워크 환경을 모두 구성했다. 인터넷 공유기처럼 LAN과 WAN이 생겼고, 이제 이 스위치에 연결할 pfSense를 설치할 차례다. vSphere에서 마우스 오른쪽 버튼을 눌러서 [새 가상 시스템]을 선택한 뒤 이어서 나오는 화면에서 [표준 설치]를 선택한다.

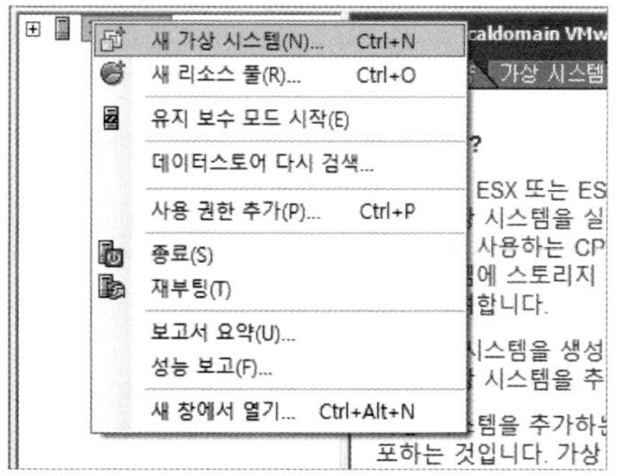

그림 5.36 새 가상 시스템 추가

이름을 'LAB_UTM_PFSENSE'로 지정한다(다른 원하는 이름으로 지정해도 좋다). 이어서 스토리지 선택 메뉴가 나오면 여유 공간이 있는 datastore를 선택한다. 아마 하드디스크를 하나로만 설정해 뒀을 테니 스토리지가 하나만 보일 것이다.

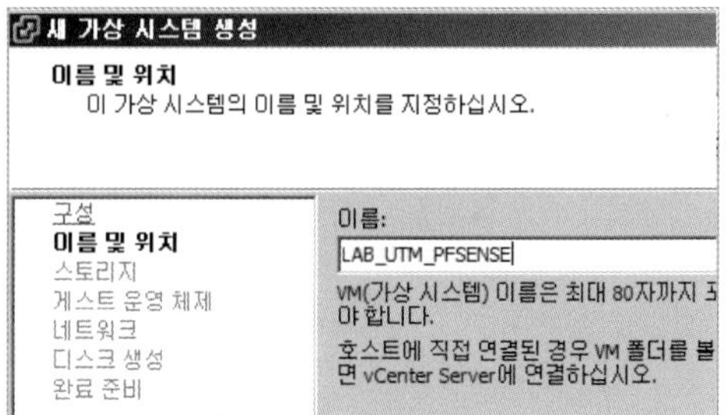

그림 5.37 pfSense 설치를 위한 명명

운영체제 선택 단계에서는 [기타 Linux(64비트)]를 선택한다. 참고로 pfSense는 FreeBSD 기반이다.

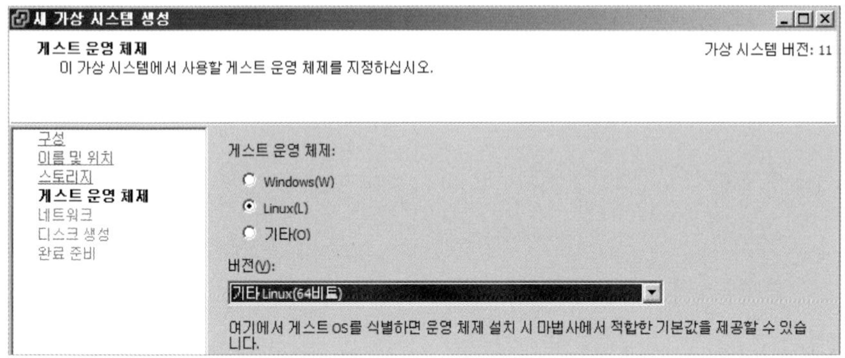

그림 5.38 기타 Linux(64비트) 선택

지금까지 계속 설명했다시피 방화벽은 최소 2개의 닉을 필요로 한다. 앞에서 버추얼 스위치 작업을 할 때 3개의 닉을 만들어 뒀다. 그리고 이름을 각각 vSphere interface, LAN, WAN으로 명명했는데, 이 중에서 LAN과 WAN을 pfSense에 할당할 것이다. 네트워크 메뉴에서 NIC 1, 2를 고를 수 있으므로 네트워크 선택 메뉴에서 NIC을 두 개로 설정하고 NIC 1에는 LAN을, NIC 2에는 WAN을 선택한다.

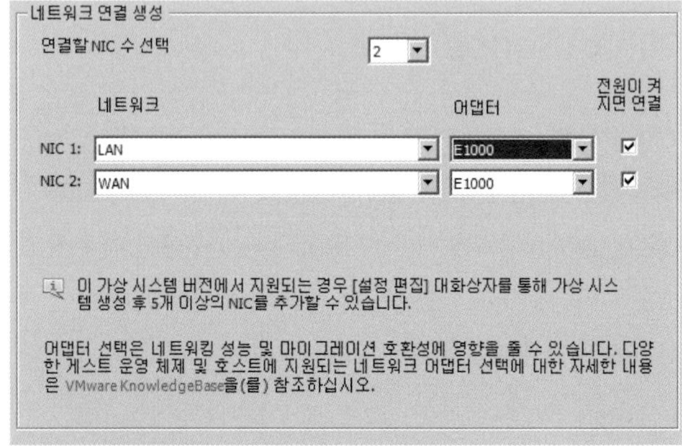

그림 5.39 네트워크 어댑터 선택

그리고 스토리지에는 16GB를 할당한다. pfSense에 설치할 각종 서브 시스템이 있기 때문에 이 정도 공간은 필요하다.

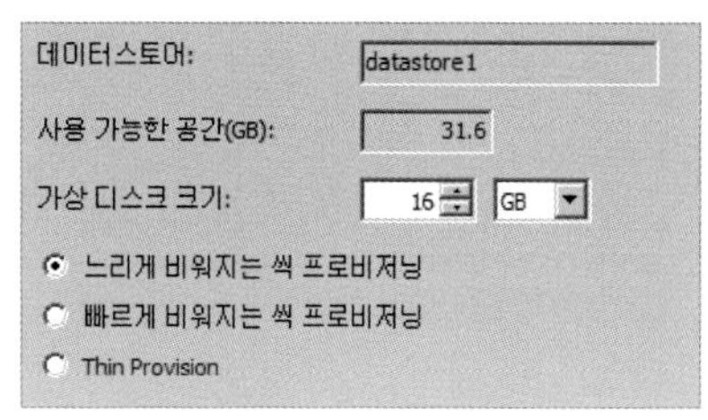

그림 5.40 스토리지 할당

이제 설정을 완료하면 LAB_UTM_PFSENSE라는 VM 머신이 하나 생겼을 것이다. 이것이 곧 UTM이자 방화벽이라고 보면 된다. 이 VM의 전원 버튼을 켜기 전에 LAB_UTM_PFSENSE에서 마우스 오른쪽 버튼을 클릭해 [설정 편집]을 선택하자.

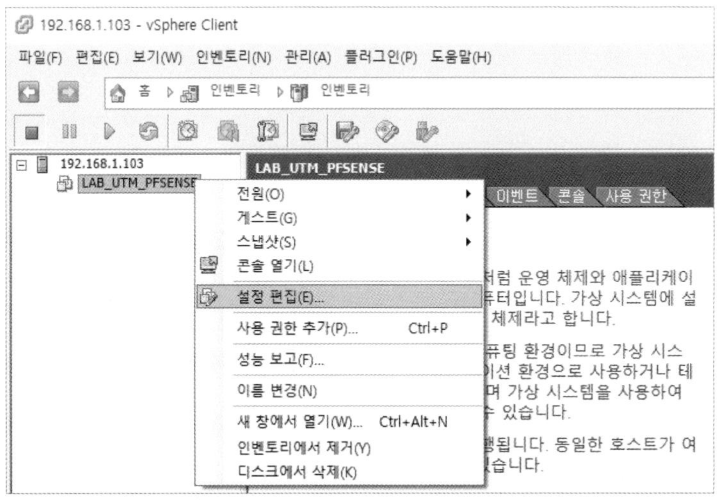

그림 5.41 설정 편집

아래와 같이 메모리는 1GB, CPU에서 [소켓당 코어 수]는 2개로 설정한다. 실제 라이브 환경에서 방화벽을 가동하려면 더 많은 리소스가 필요하지만 지금은 랩 환경이니 이 정도만으로도 충분하다.

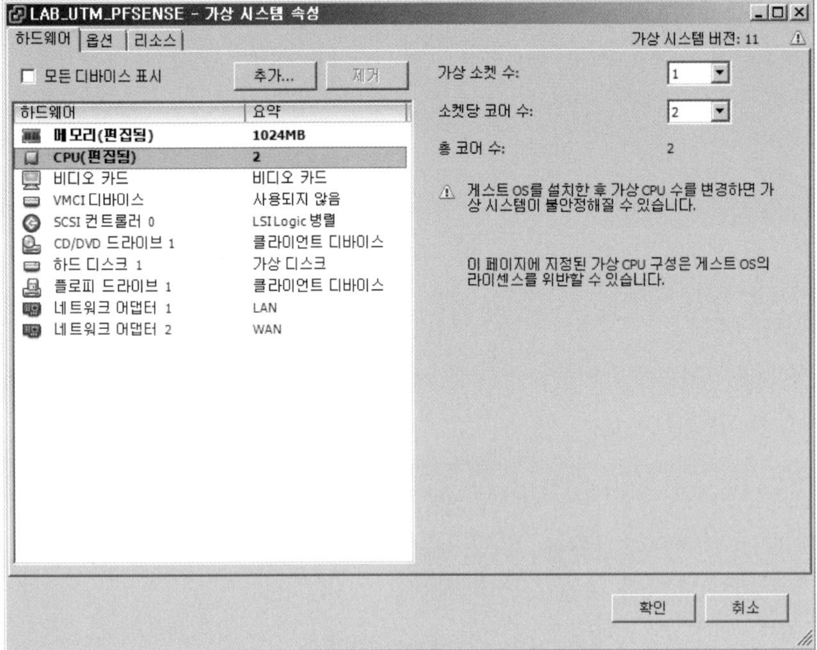

그림 5.42 설정 편집

이제 모든 준비가 끝났다. 다시 마우스 오른쪽 버튼을 눌러서 [전원 켜기]를 선택한다. 이제부터 VM 서버가 가동될 것이다. VM 서버가 가동되면 다시 마우스 오른쪽 버튼을 눌러서 [콘솔 열기]를 선택한다. 그러면 이 서버를 제어할 수 있게 된다.

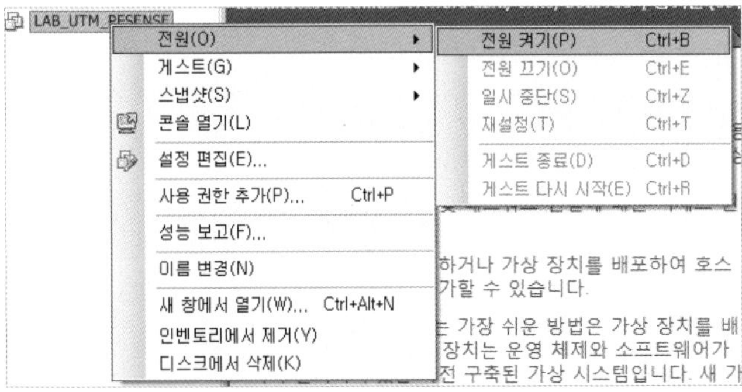

그림 5.43 전원 켜기

이제 VM을 띄웠으니 pfSense 설치를 시작해 보자. 상단의 CD 모양의 아이콘을 눌러서 아래와 같이 [로컬 디스크의 ISO 이미지에 연결]을 선택한다. 그러면 현재 vSphere를 제어하고 있는 내 PC의 ISO 파일을 설치 파일로 불러올 수 있다. 그리고 앞서 미리 내려받은 pfSense를 선택한다. pfSense를 내려받는 방법이 기억나지 않은 분들은 앞의 내용을 확인한 후 돌아오자.

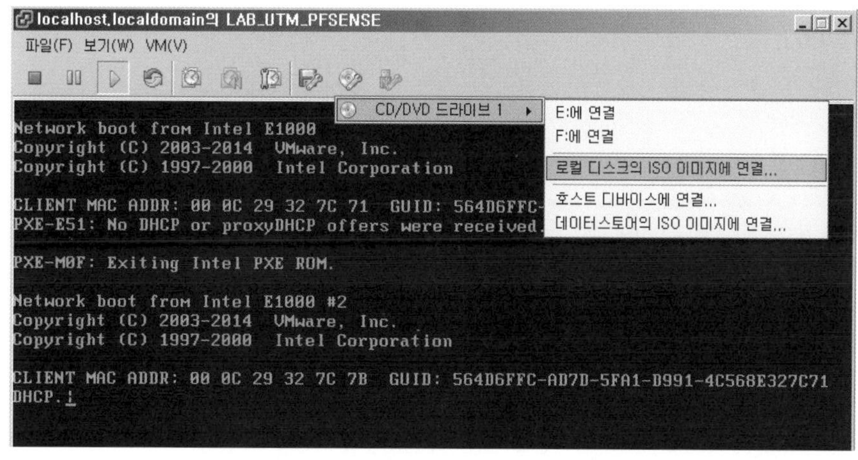

그림 5.44 ISO 파일 연결

드디어 pfSense의 설치 화면이 나타났다. 기본 설정으로 부팅되도록 아무것도 누르지 말고 그대로 둔다.

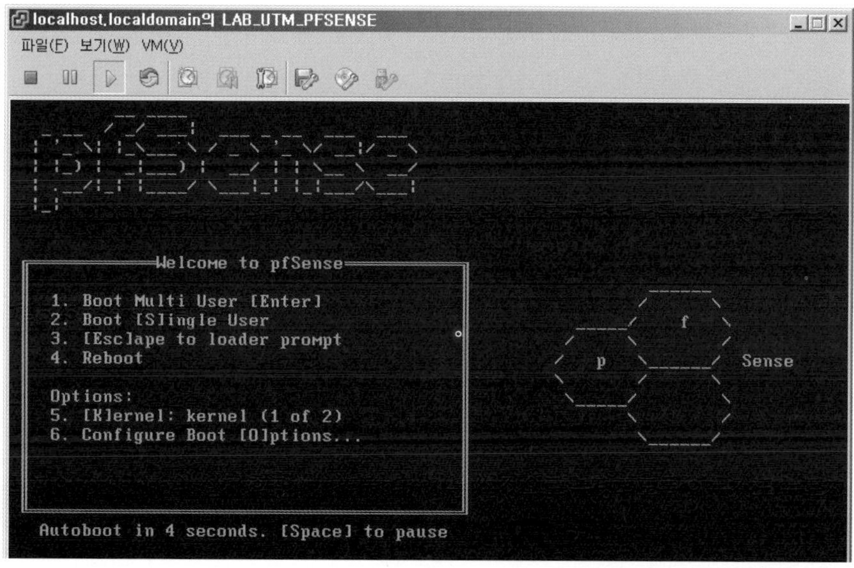

그림 5.45 pfSense 부팅 화면

혹시라도 뭔가를 선택해야 하는 화면이 나올 경우 잘 모르면 아무것도 건드리지 말고 그냥 두자. 그럼 결국 아래와 같은 화면이 나올 테고 I를 누르면 설치를 시작할 수 있다.

localhost.localdomain의 LAB_UTM_PFSENSE
파일(F) 보기(W) VM(V)
Sense
Welcome to pfSense 2.3.2-RELEASE on the 'cdrom' platform...
Mounting unionfs directories...done.
Creating symlinks......ELF ldconfig path: /lib /usr/lib /usr/lib/compat /usr/local/lib /usr/local/lib/ipsec /usr/local/lib/perl5/5.20/mach/CORE
32-bit compatibility ldconfig path: /usr/lib32
done.
Launching the init system....... done.
Initializing.................. done.
Starting device manager (devd)...done.
[Press R to enter recovery mode or]
[press I to launch the installer]
(R)ecovery mode can assist by rescuing config.xml
from a broken hard disk installation, etc.
(I)nstaller will be invoked
Timeout before auto boot continues (seconds): 1

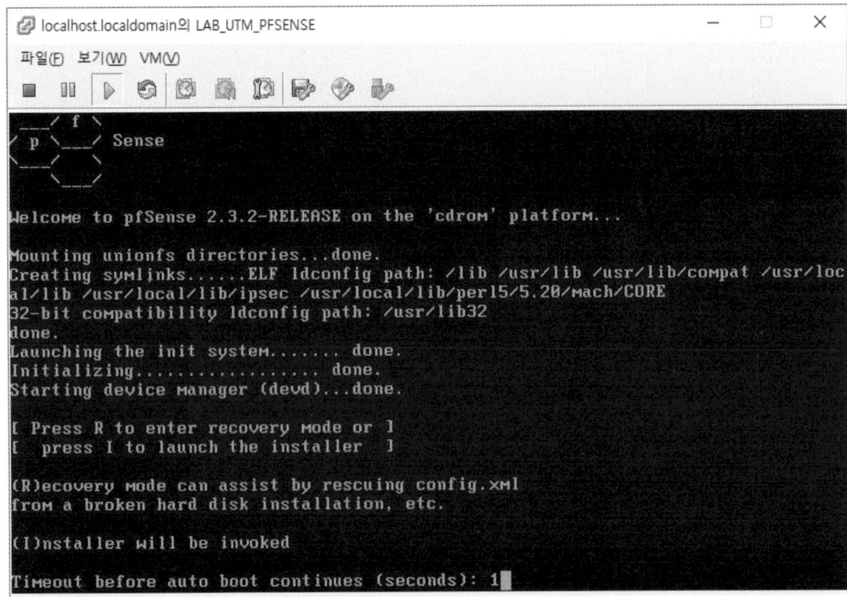

그림 5.46 pfSense 설치 도입부

이번에도 지면을 아끼기 위해 설치 과정에서 선택해야 할 항목이 있는 경우에만 스크린샷을 넣었다. 그 밖의 화면에 대해서는 고민하지 말고 [Next] 버튼을 누르면 된다. 일단 아래 화면에서 보다시피 설정된 메뉴를 고르면 된다. 굳이 설명이 필요없는 화면이며 화면에 선택된 내용을 그대로 둔 채로 진행하자.

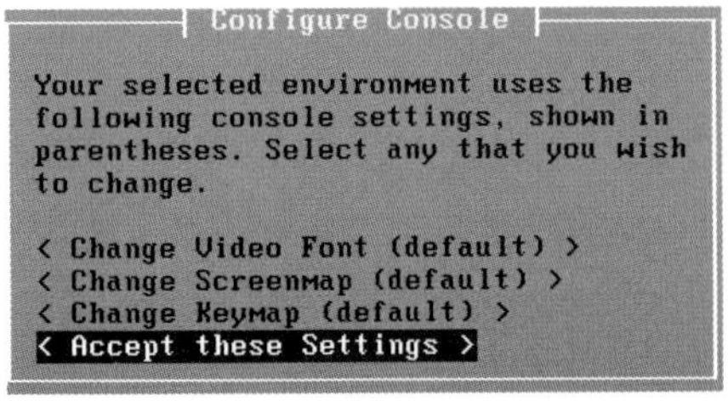

Configure Console
Your selected environment uses the following console settings, shown in parentheses. Select any that you wish to change.
< Change Video Font (default) >
< Change Screenmap (default) >
< Change Keymap (default) >
< Accept these Settings >

그림 5.47 이 설정 수락

Select Task
Choose one of the following tasks to perform.
< Quick/Easy Install >
< Custom Install >
< Rescue config.xml >
< Reboot >
< Exit >

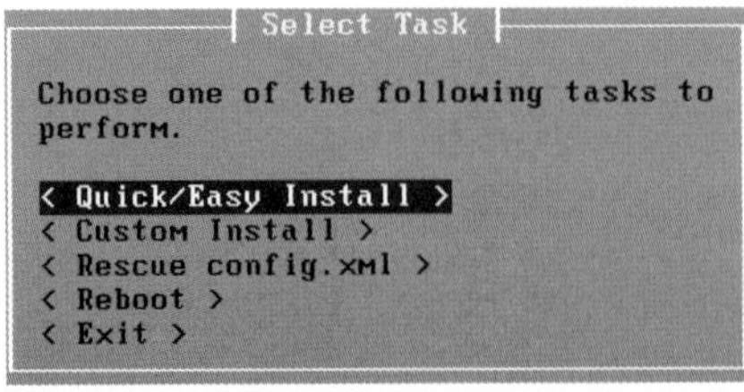

그림 5.48 퀵 인스톨 선택

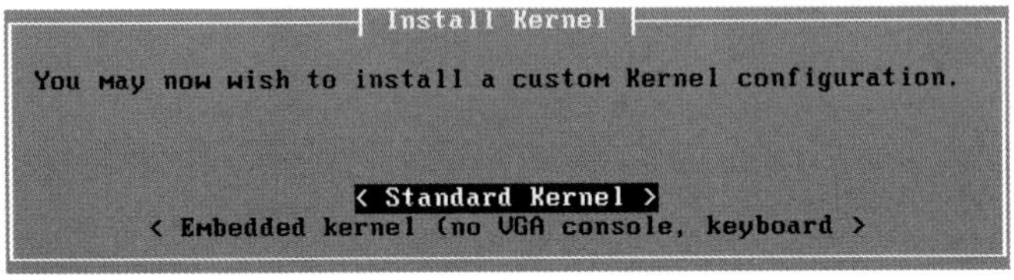

Install Kernel
You may now wish to install a custom Kernel configuration.
< Standard Kernel >
< Embedded kernel (no VGA console, keyboard >

그림 5.49 커널 옵션 선택

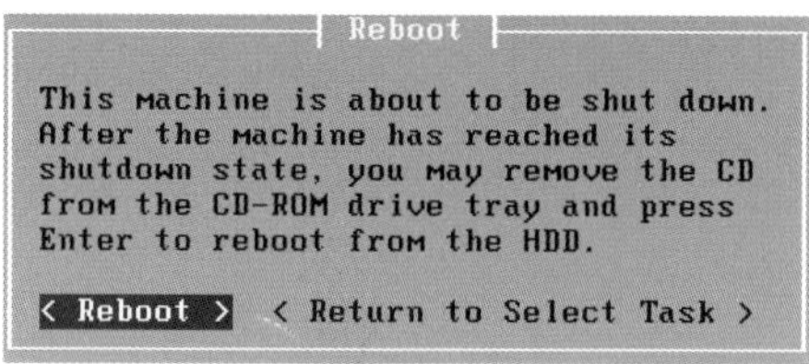

그림 5.50 마지막 메뉴

이제 설치가 완료되면 아래와 같은 화면이 나타난다. 하지만 보다시피 WAN (wan) -> em0 부분이 IP 주소가 할당되지 않고 공란으로 돼 있음을 알 수 있다. 경우에 따라서는 아래 화면과 같이 IP 주소가 제대로 할당돼 있지 않은 현상이 발생할 수 있다. 이것은 WAN과 LAN의 NIC 카드가 맞지 않기 때문인데, 그것부터 맞춰주는 작업을 진행해야 한다. 또한 현재 이 PC를 쓰는 호스트 환경이 192.168.1.0/24인데, 안타깝게도 pfSense의 LAN, 즉 내부 트래픽 영역도 같은 IP 주소라서 혼동이 있을 수 있다. 만약 저자처럼 두 IP 주소 영역이 겹치는 경우에는 pfSense의 LAN IP 주소 대역도 바꿔주는 작업을 잊지 말아야 한다(이 내용은 뒤에서 계속 설명한다. 만약 iptime 등의 공유기를 사용 중이라면 PC 환경이 192.168.0.0/24일 테니, LAN과 IP 주소가 겹치지 않으므로 이 작업은 필요하지 않다).

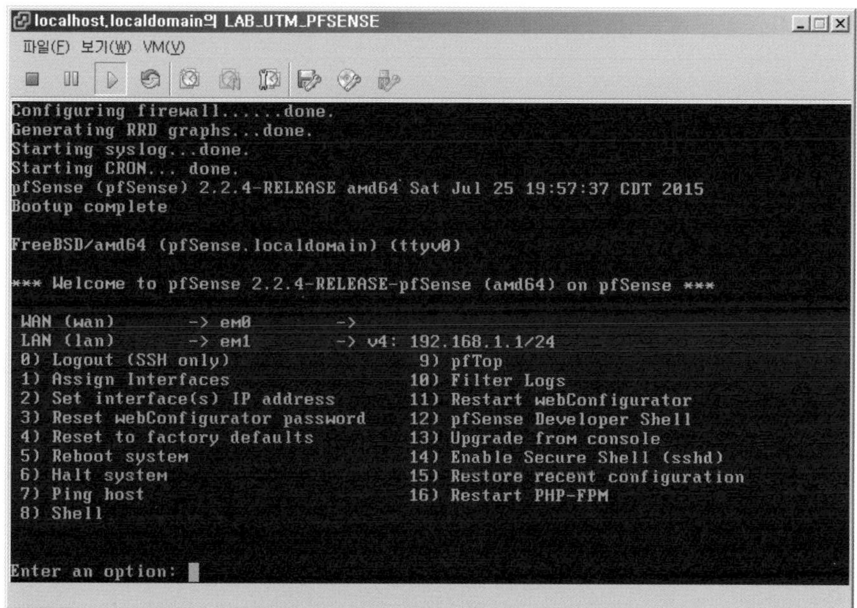

그림 5.51 IP 주소 확인

09 _ 방화벽의 외부 네트워크와 내부 네트워크 구성

먼저 LAN과 WAN을 각각의 NIC 카드에 맞춰주는 작업부터 시작한다. vSphere로 돌아가서 LAB_UTM_PFSENSE에 마우스 오른쪽 버튼을 누르고 [설정 편집]을 다시 선택하자. 여기서 LAN과 WAN의 맥어드레스를 확인해야 한다. 맥어드레스를 보고 어떤 인터페이스가 WAN이고 어떤 인터페이스가 LAN인지 판단한 후 그 NIC에 맞추면 된다. 다음 화면을 보자.

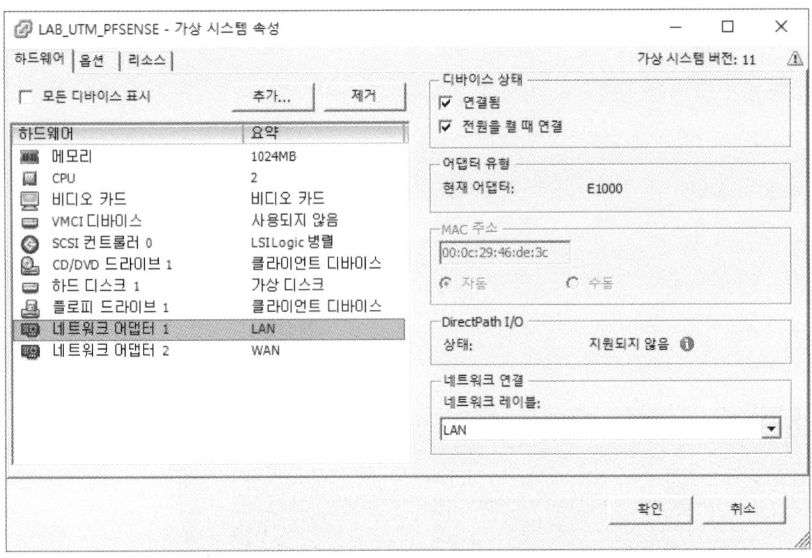

그림 5.52 맥어드레스 확인

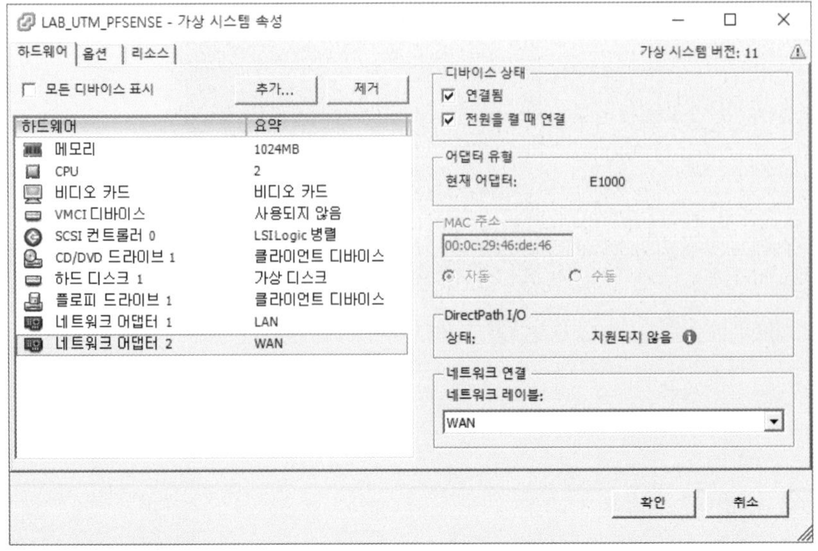

그림 5.53 맥어드레스 확인

보다시피 맥어드레스는 다음과 같다.

- LAN: 00:0c:29:46:de:3c
- WAN: 00:0c:29:46:de:46

맥어드레스는 사용자의 환경마다 다르게 나올 테니 각자의 환경에서 값을 비교해 보고 각 값에 맞게 pfSense도 닉 설정을 다시 해야 한다. 아래 화면에서는 현재 pfSense의 상태는 em0이 WAN, 그리고 em1이 LAN으로 돼 있지만 WAN은 공란으로 돼 있는 것으로 봐서 IP 주소를 할당받지 못한 상태라고 볼 수 있다. 보통 이런 증상이 발생하는 경우에는 WAN과 LAN이 바뀌어져 있을 가능성이 크다. 이를 되돌리기 전에 정확히 NIC 카드의 맥주소를 확인하기 위해서는 커맨드 창으로 나가봐야 한다. pfSense의 콘솔 화면으로 돌아가서 8번 Shell을 누르자. 그러면 커맨드라인으로 나갈 수 있다. 그리고 커맨드 창이 나오면 ifconfig |more를 입력하자.

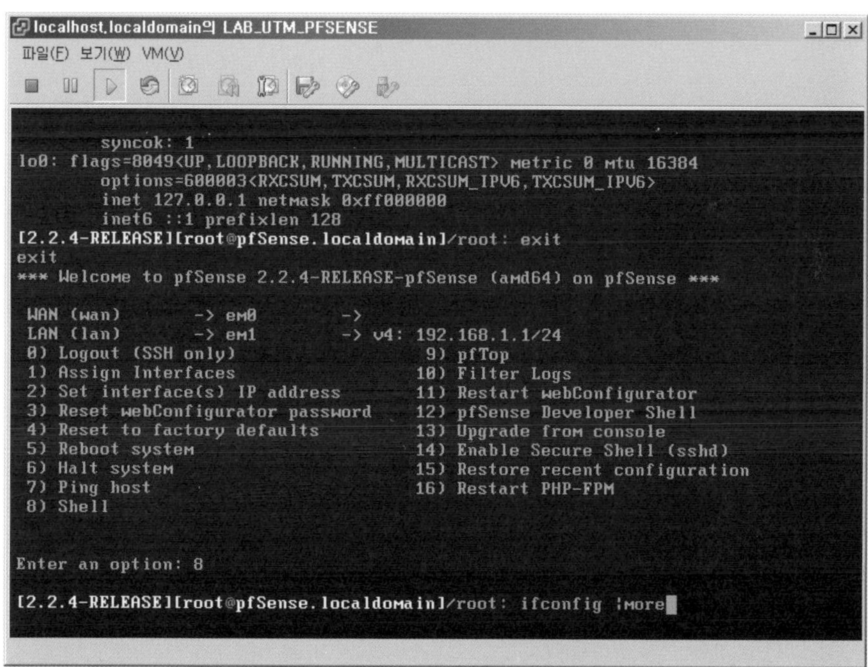

그림 5.54 IP 주소 확인

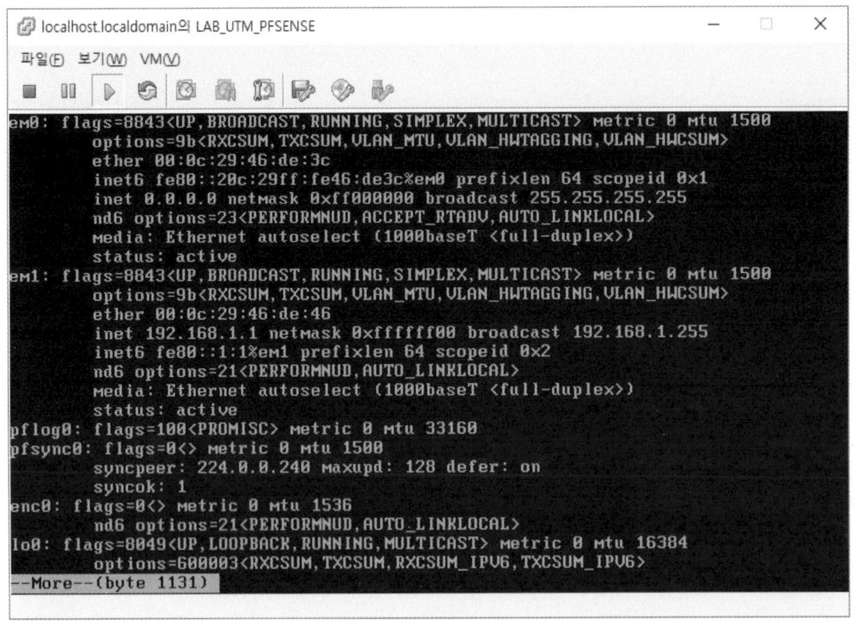

그림 5.55 맥어드레스 확인

보다시피 em0이 00:0c:29:46:de:3c로, em1이 00:0c:29:46:de:46로 돼 있음을 알 수 있다. 앞에서 VM 서버를 만들 때는 00:0c:29:46:de:3c를 LAN으로 설정하고 00:0c:29:46:de:46를 WAN으로 설정했지만 pfSense를 설치할 때는 서로 바뀌어져 있음을 알 수 있다. 이를 원래대로 돌려놓자. 정리하면 최종적으로 해야 할 설정은 다음과 같다.

- em0 → 00:0c:29:46:de:3c → LAN
- em1 → 00:0c:29:46:de:46 → WAN

이 맥어드레스를 메모장이나 포스트잇 같은 곳에 적어 두고 커맨드 창에서 exit 버튼을 누르면 다시 원래의 pfSsense 메인 메뉴로 돌아온다. 이제부터 맥어드레스를 바꿔보자.

아래 화면처럼 1번 메뉴인 [Assign Interface]를 선택해서 들어가면 닉을 다시 설정할 수 있게 된다. 아래 화면과 같이 vlan을 설정할 것이냐고 묻지만 vlan은 나중에 설정할 것이므로 일단 n을 입력한다. 그럼 이번에는 WAN의 인터페이스 이름을 넣으라는 내용이 나온다. 화면에 보이는 맥어드레스를 보면 em1이 WAN 인터페이스라는 것을 알 수 있다(각자 맥어드레스를 직접 확인해 보자). 따라서 이곳을 em1로 설정해야 하므로 'em1'이라고 입력한다.

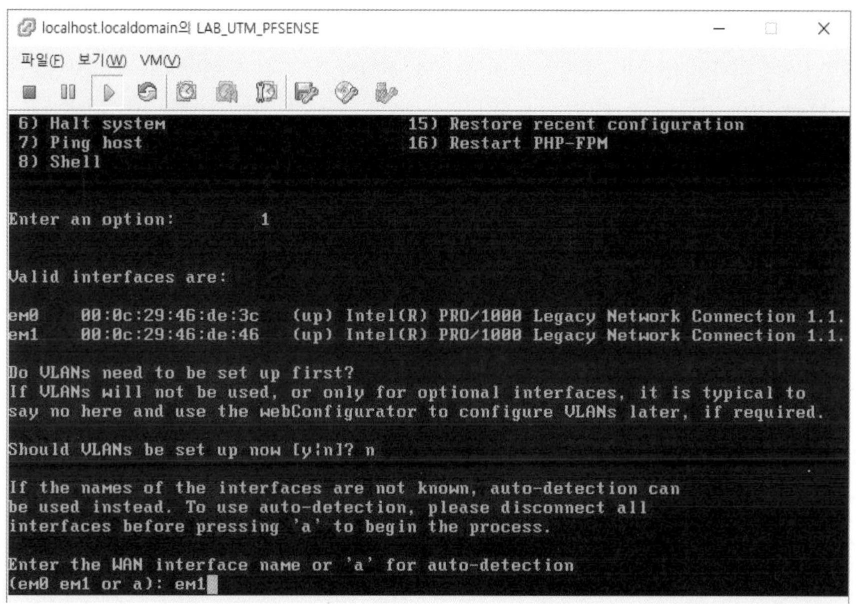

그림 5.56 WAN 인터페이스 설정

마찬가지로 다음에는 LAN 인터페이스를 물을 텐데, 이번에는 'em0'을 입력한다. 다음으로 'Optional 1'의 인터페이스를 넣으라고 하는데 이번에는 아무것도 입력하지 않고 엔터 키를 누른다. 그리고 설정이 완료되면 'y'를 눌러서 설정을 마친다.

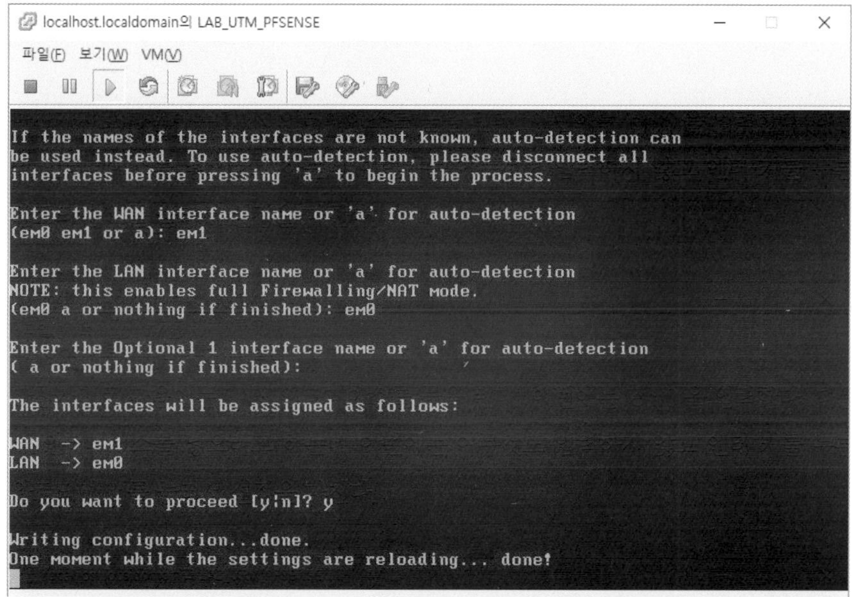

그림 5.57 네트워크 인터페이스 설정

만약 저자의 환경처럼 두 인터페이스가 모두 192.168.1.0/24인 환경이라면 앞서 설명한 대로 IP 주소가 겹쳐서 아래 화면처럼 LAN 대역의 IP 주소를 할당받지 못했을 것이다. 그러한 경우에 해당한다면 LAN 대역을 바꾸는 작업을 해야 한다. 메뉴에서 [2) Set interface(s) IP address]를 선택하자. (만약 LAN 대역이 잘 할당돼 있다면 굳이 이 작업은 하지 않아도 무방하다.)

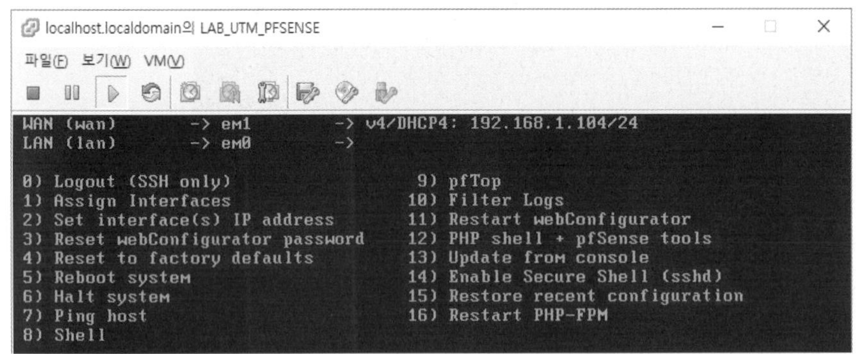

그림 5.58 WAN이 설정된 모습

그럼 인터페이스를 물어볼 텐데 이때 2번에 해당하는 'LAN'을 선택하고, 'Enter the new LAN IPv4 address'를 묻는 질문에는 '192.168.2.1'을 입력한다. 그리고 시브넷 마스크를 묻는 질문에는 '24'를 입력한다. 마지막으로 'For a LAN, press 〈ENTER〉 for none:'이라는 메시지가 나오면 그대로 엔터 키를 누르고 최종 질문에 대해 'y'를 입력한다.

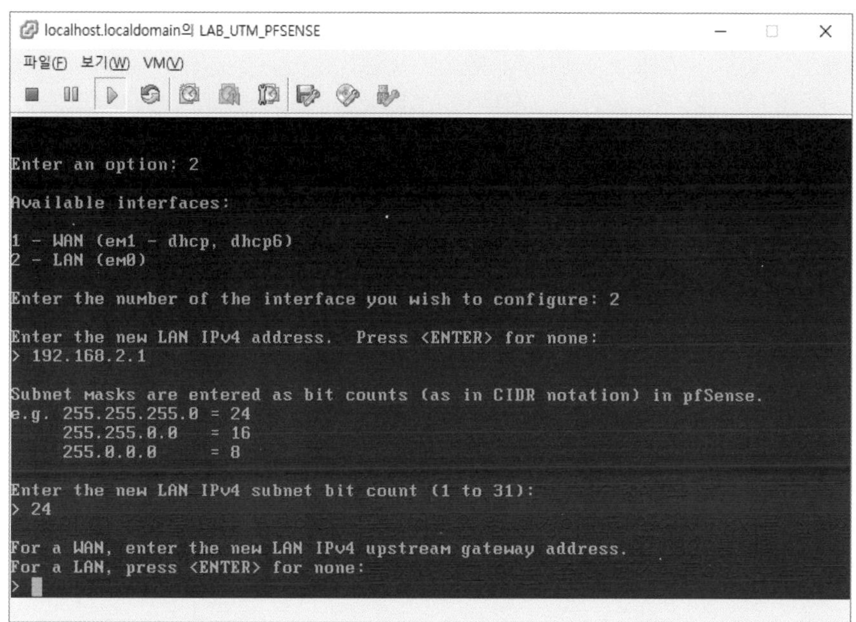
```
Enter an option: 2

Available interfaces:

1 - WAN (em1 - dhcp, dhcp6)
2 - LAN (em0)

Enter the number of the interface you wish to configure: 2

Enter the new LAN IPv4 address.  Press <ENTER> for none:
> 192.168.2.1

Subnet masks are entered as bit counts (as in CIDR notation) in pfSense.
e.g. 255.255.255.0 = 24
     255.255.0.0   = 16
     255.0.0.0     = 8

Enter the new LAN IPv4 subnet bit count (1 to 31):
> 24

For a WAN, enter the new LAN IPv4 upstream gateway address.
For a LAN, press <ENTER> for none:
>
```

그림 5.59 IP 주소 설정

그리고 마지막 질문 두 가지에 대해서는 다음과 같이 입력한다.

- 'Enter the start address of the IPV4 client address range'에는 '192.168.2.2'를 입력
- 'Enter the end address of the IPV4 client address range'에는 192.168.2.254'를 입력

앞에서는 IP 주소 부분에 아무것도 할당을 받지 못해서 공란이었는데, 이제 아래와 같이 DHCP가 잡힌 모습을 볼 수 있을 것이다. 192.168.1.104는 WAN, 즉 아웃사이드 인터페이스가 되며 실제 환경이라면 공인 IP 주소를 넣는 부분이다. 물론 지금은 랩 환경이므로 앞에서 ESXi를 설치할 때도 언급했듯이 이 IP 주소 대역은 현재 이 vSphere를 제어하고 있는, 즉 내 데스크톱이나 노트북 IP 주소의 대역이 될 것이다(iptime 등의 공유기를 사용하고 있다면 192.168.0.x 등의 IP 주소로 잡혔을 것이다). 어쨌든 IP 주소가 할당됐으니 이제는 ESXi의 VM 내에서 웹 콘솔로 들어갈 수 있을 것이다. 그리고 192.168.2.x 대역은 이제 pfSense 뒤에서 보호받고 있는 내부망 영역이 될 것이다. 이로써 방화벽 설치가 끝났다!(만약 아래처럼 IP 주소를 할당받지 못한다면 시스템을 한번 재부팅해 보자).

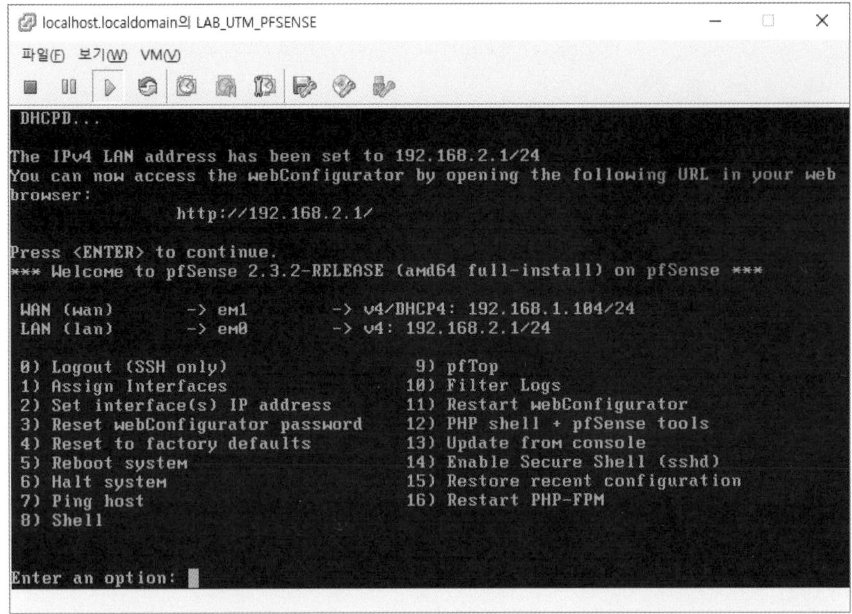

그림 5.60 최종 모습

10 _ pfSense의 초기 세팅 구성

다음으로 방화벽 웹 콘솔에 들어가서 UTM을 설정해야 한다. 하지만 지금은 설정 페이지에 접근할 수 없다는 문제가 있다. 지금 vSphere를 제어하는 이 영역(vSphere interface라고 명명한 인터페이스)이나 VMware Player를 가동시키는 네트워크는 pfSense 방화벽 밖에 있으므로 pfSense 방화벽 안쪽으로 접근할 수가 없다. 따라서 pfSense의 설정 페이지도 열리지 않는다. 그래서 다음으로 할 작업은 ESXi 안에 내부망 닉을 가진 VM 클라이언트를 하나 더 설치해서 방화벽 안쪽에서 돌아가는 OS를 올리고, 거기서 pfSense의 웹 콘솔에 접근해서 방화벽을 제어하는 작업이다. 그 OS는 데스크톱 버전으로 사용할 매니지먼트용 PC가 될 것이며, 모든 VLAN에 접근할 수 있는 PC가 될 것이다. 그림 5.61을 잘 보며 생각해 보자. WAN 1, 2 포트로는 pfSense 안쪽에 접근할 수 없으므로 pfSense 네트워크 안에 VM OS를 올리고 거기서 브라우저로 접근해야 한다.

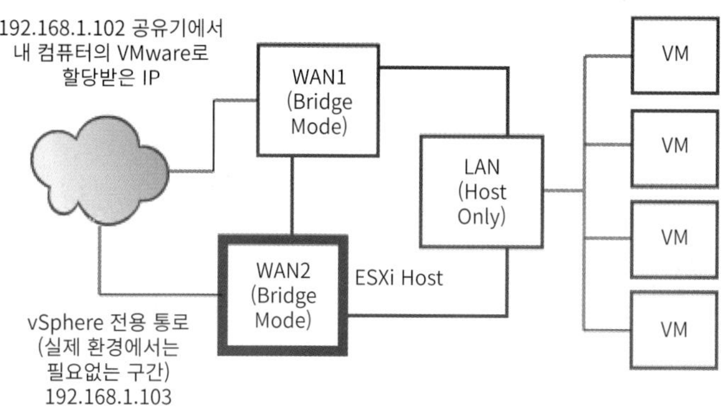

그림 5.61 네트워크 구조

그럼 이제 pfSense 웹 접속용 OS를 설치해 보자. 앞서 언급한 대로 pfSense 안에서 네트워크가 돌아야 하므로 ESXi 안에서 VM을 하나 더 만들면 된다. 이제 LAB_UTM_PFSENSE에 설치한 pfSense는 절대 끄지 말고 그대로 두자. 이 VM은 이제 이 전체 대역을 보호하는 방화벽이기 때문이다. 이걸 그대로 둔 상태에서 다시 vSphere로 돌아와서 [새 가상 시스템 생성]을 선택해서 리눅스 데스크톱 버전을 하나 설치하자(윈도우 7 또는 10을 설치해도 무방하지만 라이선스가 없다면 무료로 배포되는 리눅스 데스크톱 버전을 설치하는 것이 마음 편할 것이다). 설치 과정은 pfSense와 유사하므로 생략한다. 다만 네트워크 닉을 굳이 두 개 잡을 필요는 없고, 아래처럼 하나만 잡아주면 된다. 그리고 인터페이스로는 반드시 LAN으로 닉을 잡아줘야 지금부터 설치할 OS는 모두 방화벽 밑에서 트래픽이 돌게 되며, 외부로 나갈 때는 pfSense를 통과해서 방화벽의 검증을 거쳐 밖으로 나가게 된다.

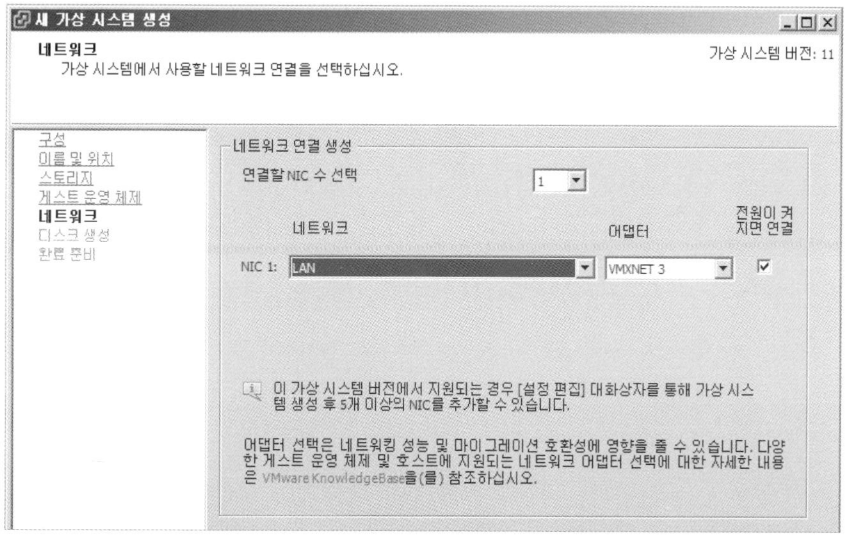

그림 5.62 네트워크 추가

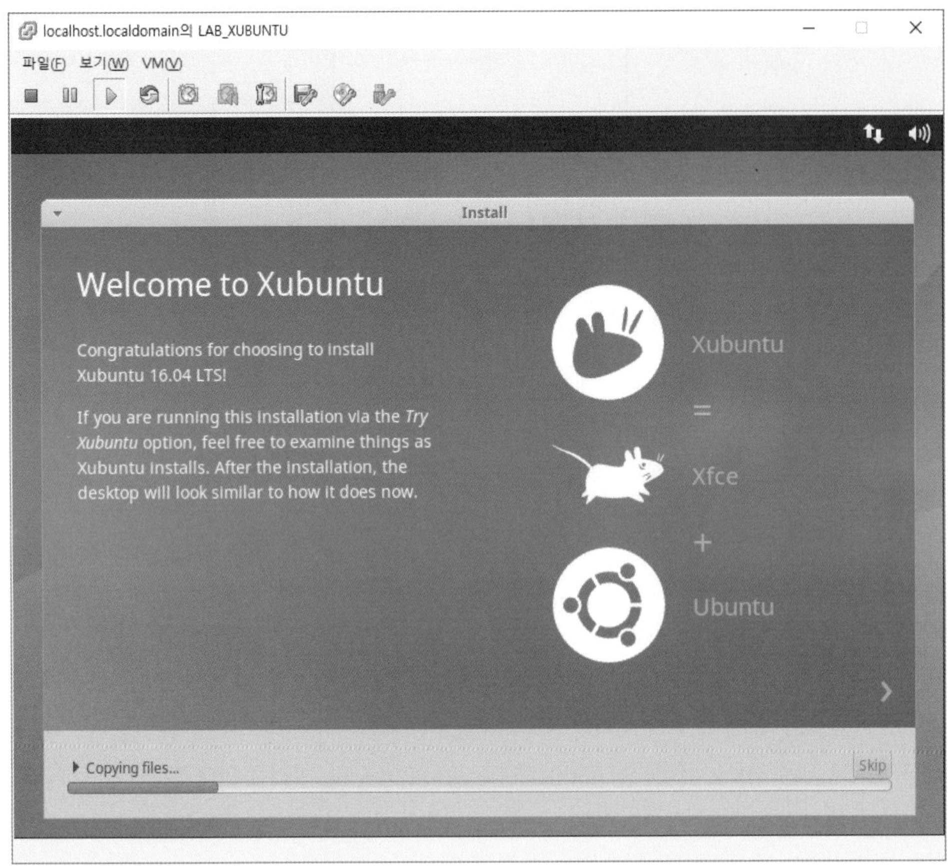

그림 5.63 주분투 설치

pfSense 안에서 보호할 데스크톱 OS로 필자는 위와 같이 주분투(Xubuntu)를 설치했다. 참고로 설치가 완료됐다고 하더라도 여전히 vSphere의 콘솔 보기 화면에서 데스크톱용 클라이언트를 제어해야 한다. 조금 불편할 수도 있지만 웹브라우저에서 간단한 작업만 체크하면 되므로 사용하는 데 크게 문제는 없다. 어쨌든 이 상태에서 설치가 완료된 후 아래 화면처럼 IP 주소를 보면 192.168.2.2로 할당된 것을 알 수 있다. 즉, 192.168.2.0/24 대역이므로 게이트웨이인 192.168.2.1이 방화벽인 pfSense의 주소가 된다. 그럼 이 Xubuntu 안에서 브라우저를 통해 http://192.168.2.1로 접속해 보자.

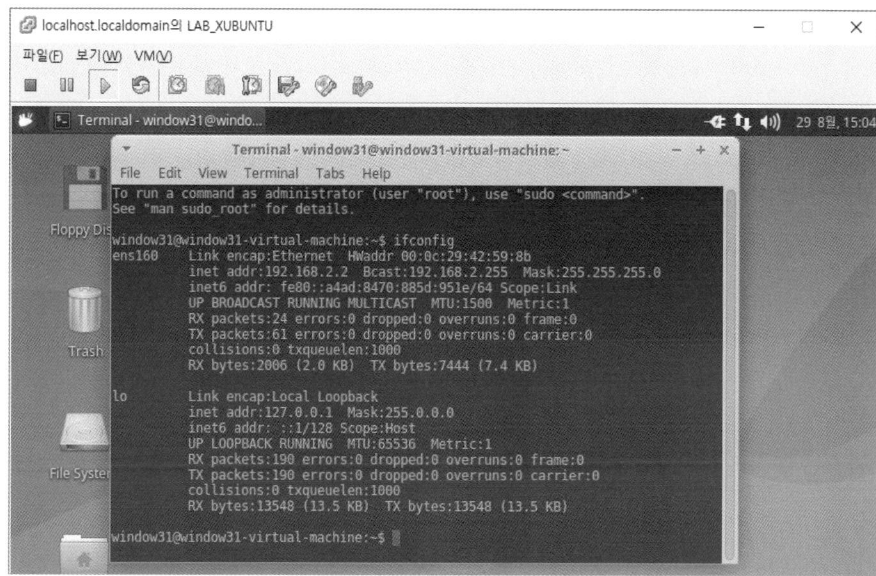

그림 5.64 주분투 IP 주소 확인

접속하면 아래와 같이 로그인 화면이 나타난다. 로그인 계정으로 admin/pfsense를 입력해 로그인해 보자. 참고로 여전히 ESXi 안에서, 즉 vSphere에서 VM 콘솔 보기로 Xubuntu 데스크톱을 실행하고 있는 상태라는 것을 염두에 둬야 한다. 즉, 지금 내 PC에서 다이렉트로 192.168.2.1로 접속한 것이 아니다. 이제 http://192.168.2.1에서 pfSense의 설정을 시작한다.

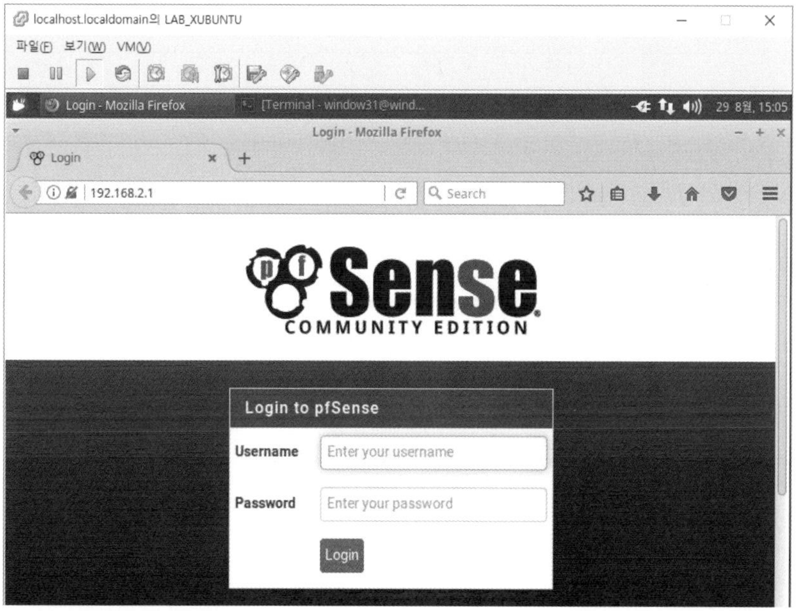

그림 5.65 pfSense 로그인 화면

그림 5.66과 같이 설치 마법사가 나오는데, 이 책에서 따로 언급하는 사항이 없는 한 계속해서 [Next]를 누르다 보면 아래와 같은 화면이 등장한다. [Primary DNS Server]는 '8.8.8.8'로 설정한다. 이후 나오는 화면에서 [Time server hostname]은 그대로 두고, [Timezone]은 'Asia/Seoul'로 변경한다.

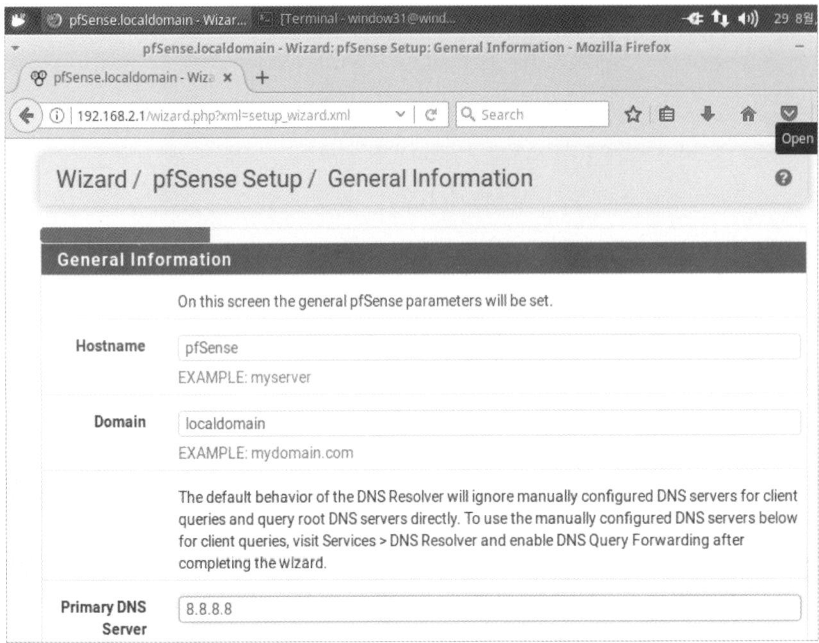

그림 5.66 DNS 설정

'Admin Password'를 변경하라는 메시지가 나올 때까지 기본 옵션을 그대로 유지한 채로 모두 [Next]를 누른다. 관리자 비밀번호는 원하는 것으로 변경한다. 아래와 같은 페이지가 나오면 이제 설정이 완료된 것이다. [Reload]를 눌러서 페이지를 새로고침하자.

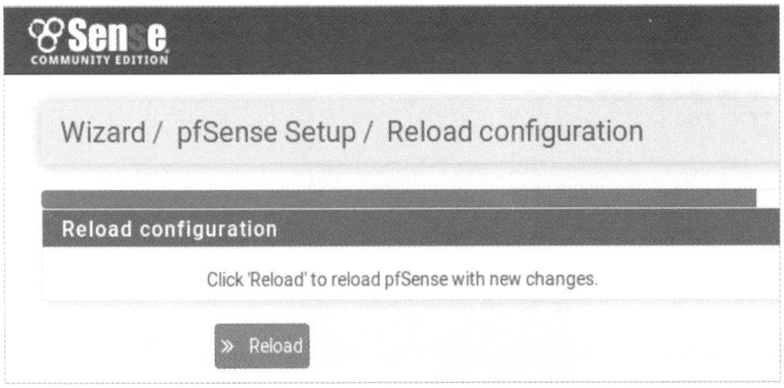

그림 5.67 재가동

이로써 다음과 같이 방화벽 설정을 완료했다. 그럴듯한 화면이 등장했는데 UTM의 뼈대를 설치한 셈이다. 현재는 L3 라우터/방화벽 기능이 전부지만 이제부터 여기에 살을 어떻게 붙이느냐에 따라서 IPS 기능이 될 수도 있고, VPN 기능이 될 수도 있으며, 안티바이러스의 기능까지도 추가할 수 있다. 이러한 기능은 방화벽 설정을 마무리하고 나서 하나씩 순차적으로 설치해볼 예정이다. 참고로 만약 패치가 있으면 아래처럼 'Version 2_3_3_1 is available'이라는 메시지가 나온다. 구름 모양 버튼을 눌러서 최신 버전을 설치할 수 있지만 일단은 이 상태로 두고 설정을 계속하자.

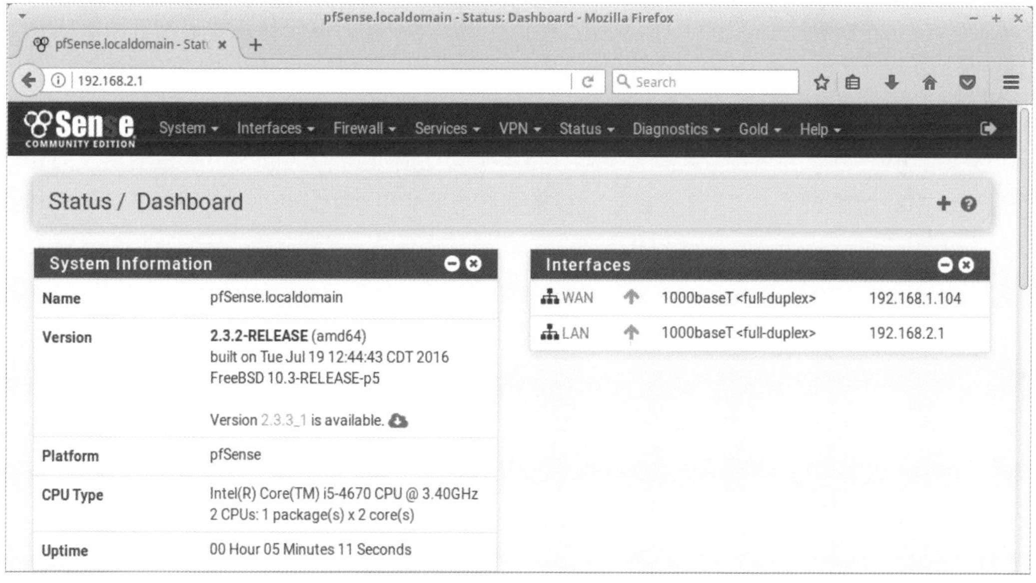

그림 5.68 버전 확인

그리고 실제 방화벽 운영이라면 필요없는 설정이지만 지금처럼 VMware Player 안에 설치하는 경우에는 VM 안에 VM을 설치한 형태이므로 아웃사이드 인터페이스가 가상 IP 주소인 형태고, 결론적으로 이 설정을 꼭 해야 한다. pfSense의 메뉴에서 [Interface] → [WAN]으로 이동한 후 아래처럼 [Block private networks and loopback addresses]와 [Block bogon networks]의 체크박스를 푼다. 이렇게 하지 않으면 사설 IP 주소 간의 접속에 문제가 생길 수 있다.

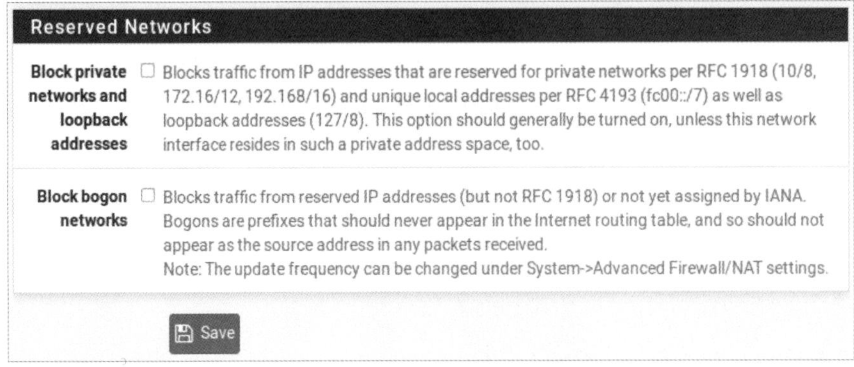

그림 5.69 사설 네트워크 접속 허용

그리고 pfSense에서는 작업이 끝난 후에 반드시 아래와 같이 [Apply Changes] 버튼을 눌러야 변경사항이 반영된다. 이제 설치 자체는 완료됐고, 이렇게 해서 전통적인 방화벽의 외양 및 인터넷 공유기와 흡사한 환경까지 구축됐다고 생각하면 된다.

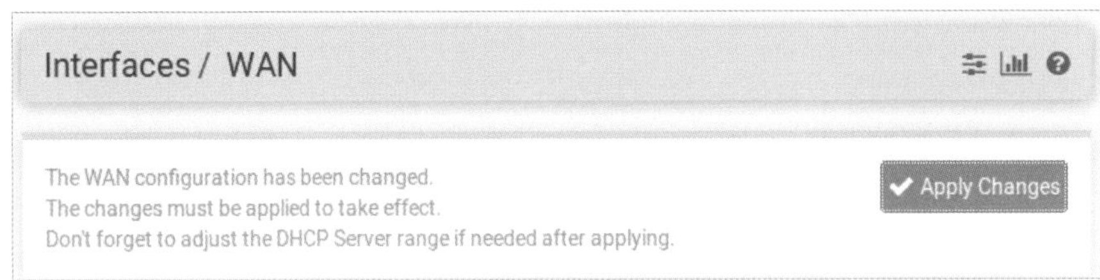

그림 5.70 변경 사항 적용

VMware Player에서 네트워크가 잘 잡히지 않을 때

VMware 안에서 ESXi가 가동될 때 아래와 같이 http://192.168.1.103 같은 IP 주소가 할당돼 있어야 한다. 그런데 종종 여기에 IP 주소가 등록되어 있지 않고 0.0.0.0처럼 네트워크가 제대로 설정되지 않을 때가 있다(그러면 당연히 vSphere 접속도 되지 않고 랩 환경 자체를 쓸 수가 없다). 이것은 VMware의 Bridge Mode의 자동 네트워크 탐지 옵션 때문인데, 현재 사용 중인 PC에 너무 많은 네트워크 드라이버가 설치돼 있을 경우 VMware에서 혼동해서 잘못된 NIC 카드를 잡아서 DHCP를 받으려 하기 때문에 IP 주소가 제대로 할당되지 않는 것이다.

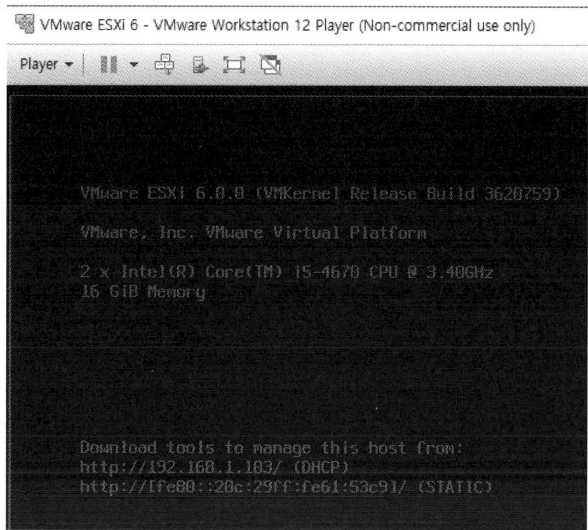

그림 5.71 ESXi가 제대로 설정된 모습

이 경우 현재 사용 중인 네트워크 드라이버를 정확히 지정하면 된다. 그림 5.72와 같이 VMware에서 [Virtual Machine Settings]로 들어간다. 그리고 Configure Adapters를 클릭한다.

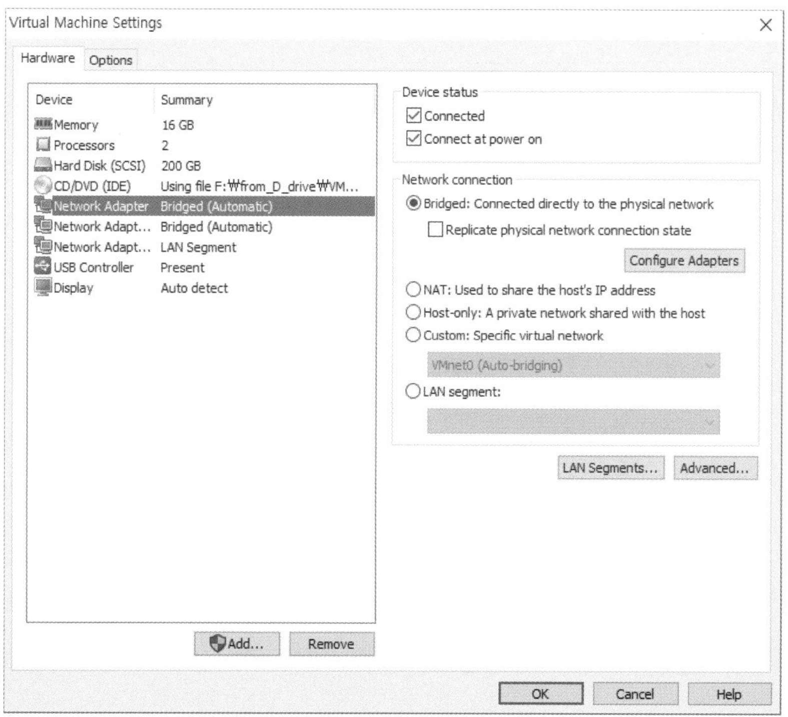

그림 5.72 브리지 모드 변경

그러면 NIC 카드를 고를 수 있는데 현재 저자의 데스크톱에서는 I217-V를 사용하고 있으므로 두 번째 닉을 골랐다. 첫 번째 TAP은 OpenVPN을 사용하면서 설치된 가상 닉이고, 세 번째 ASIX는 저자가 세컨드로 사용하고 있는 닉이다. 즉, ASIX는 현재는 랜선조차 꽂아두지 않은 닉이며, 네 번째는 VirtualBox를 설치하며 가상으로 설치된 닉이다. 만약 VMware에서 자동으로 NIC 카드를 잡을 때 자칫하다 두 번째가 아닌 세 번째 닉을 잡아버리면 실제로 DHCP 할당도 이뤄지지 않고 있으므로 IP 주소가 영원히 잡히지 않을 것이다.

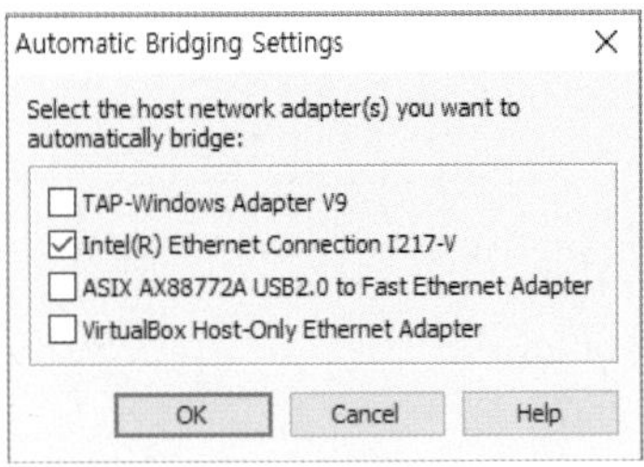

그림 5.73 NIC 카드 선택

이 방법을 쓰면 IP 주소가 종종 잡히지 않는 문제가 해결되니 꼭 참고하길 바란다. 어떤 사람은 계속 재부팅을 시도하다 보면 어쩌다가 잡힐 때가 있다고도 하는데, 재부팅 후 VMware를 재시작하면 당연히 제대로 된 닉이 잡히는 경우도 있을 테니 그 방법으로 해결될 수는 있지만 정확한 해결책은 아니므로 앞에서 설명한 원인을 꼭 염두에 두자.

6장 VLAN 구성을 통한 망분리

이제 방화벽 설치는 완료했으므로 사무실에서 직원들이 우리 서버로 어떻게 접근해야 할지, 그리고 외부 고객들이 우리 서버로 접근할 때는 어떤 식으로 들어와야 할지 등등 각 역할에 따른 접근 제어를 해보자. 1장에서 방화벽의 구간별 역할에 대해 설명한 바 있다. A 구간은 외부에서 우리 웹서버로 접근하는 룰, B 구간은 사무실 내부에서 우리 서버로 접근하는 룰 등이 기억날 것이다. 기억이 가물가물하신 분들은 1장을 다시 둘러보고 오길 바란다. 이처럼 네트워크 구간을 나눌 때는 VLAN을 이용하는데, 이 VLAN에 대해 보안 관점에서만 개략적인 내용을 알아보자.

01 _ VLAN

본래 하나의 스위치에 연결된 모든 네트워크 장비는 브로드캐스트 도메인 안에 있게 된다. 이 브로드캐스팅을 구분하고 서로 다른 브로드캐스팅끼리 통신하기 위해서는 양쪽 통신 구간 끝에 라우터가 존재해야 한다. 즉, 라우터만으로는 망을 여러 개 만들려면 장비가 그만큼 있어야 한다는 의미로도 볼 수 있는데, 여기서 VLAN을 사용하면 한 대의 스위치만으로 여러 대의 분리된 스위치로 사용할 수 있고, 많은 네트워크 정보를 하나의 포트로 전송할 수 있다. 따라서 VLAN을 나누면 그만큼 망을 구간별로 나눌 수 있으며, 여기서 서로 다른 VLAN끼리의 통신은 라우터까지 거슬러 올라갔다가 이뤄지기 때문에 결론적으로 망 간의 접근 제어가 가능하다. 이 같은 특성 때문에 역할별 또는 서비스별 VLAN을 나누는 것을 보안 업계에서는 흔히 망 분리라고 한다. 예를 들어 VLAN10에 있는 데스크톱에서 VLAN20의 서버로 접근하려고 하면 해당 VLAN을 구성한 라우터나 스위치까지 통신이 들렀다 가기 때문에 데스크톱에서 서버로 접근을 허가할지 말지, 어떤 포트로 접근을 허가할지 등을 라우터에서 제어할 수 있다. 물론 방화벽에서도 라우팅 역할을 하기 때문에 방화벽을 거쳐서 VLAN을 구성한다면 방화벽에서 이 같은 접근 제어를 할 수 있다.

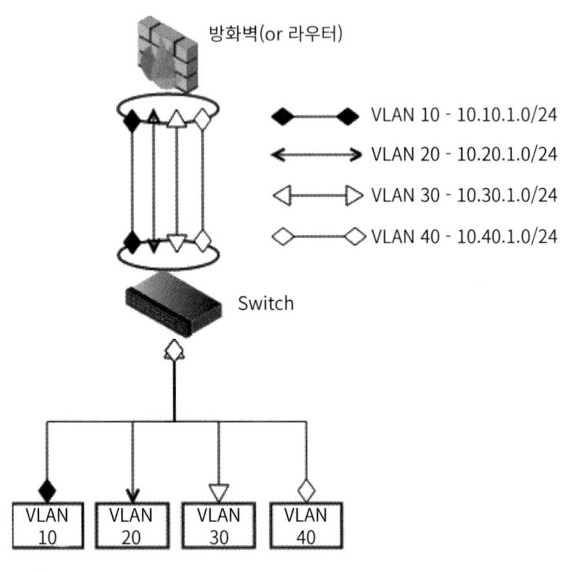

그림 6.1 VLAN

즉, VLAN을 만드는 것이 망 분리의 시작이라고 볼 수 있는데, 더 이상 딱딱한 이야기를 늘어놓는 것보다 이론적인 설명은 짧게 이 정도로 줄이고 바로 설정을 시작해 보자. 먼저 여기서는 4개의 VLAN을 만들 것이다. 쇼핑몰을 서비스하는 작은 중소규모의 네트워크를 단순하게 구성한 모습이라고 생각하면 좋을 것 같다. 각 VLAN에 대한 역할별 설명은 다음과 같다.

- VLAN 10: 퍼블릭 웹 영역. 외부에 열어놓는 웹 서버의 영역이 된다. 고객들이 웹서버에 접속하면 이 VLAN까지 연결된다.
- VLAN 20: 오피스 영역. 사무실에서 PC를 쓰는 직원들은 이 VLAN에서 활동한다.
- VLAN 30: 내부 웹 영역. 외부에 오픈할 필요는 없고 사내 직원들만 접속하는 웹서버가 놓일 영역이다. 밖에서 들어올 일이 없으므로 공인 IP 주소를 가질 필요가 없다.
- VLAN 40: 데이터베이스 영역. DB 서버를 놓을 영역이다. 역시 외부에 오픈되지 않으므로 역시 공인 IP 주소를 가질 필요가 없다.

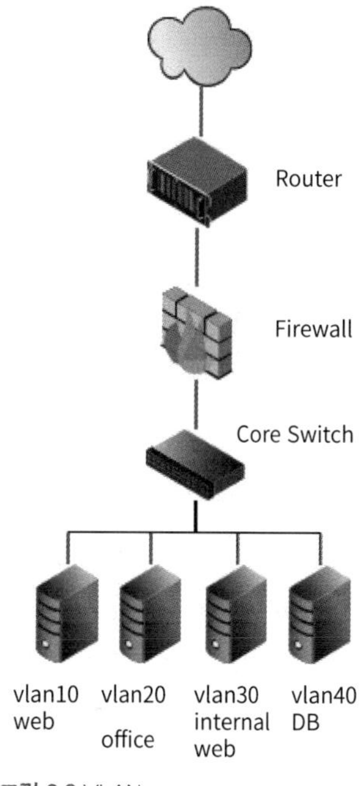

그림 6.2 VLAN

02 _ 웹 서버 대역의 VLAN 생성

먼저 VLAN 10에 해당하는 웹 서버 영역부터 만들어보자. 본래 방화벽이나 네트워크 장비 등에서는 ACL을 만드는 문법이 있고 콘솔에서 작업하는 편이지만, pfSense에서는 친절하게도 GUI에서 모든 것을 처리할 수 있으므로 별도의 문법을 몰라도 웹 운영 툴에서 클릭만으로 거의 모든 것을 설정할 수 있다. pfSense에서 로그인한 뒤 [Interfaces] → [Assignments] 메뉴로 이동한다. 그리고 [VLANs] 탭을 눌러서 오른쪽 하단의 [+ Add] 메뉴를 클릭해 VLAN을 추가한다.

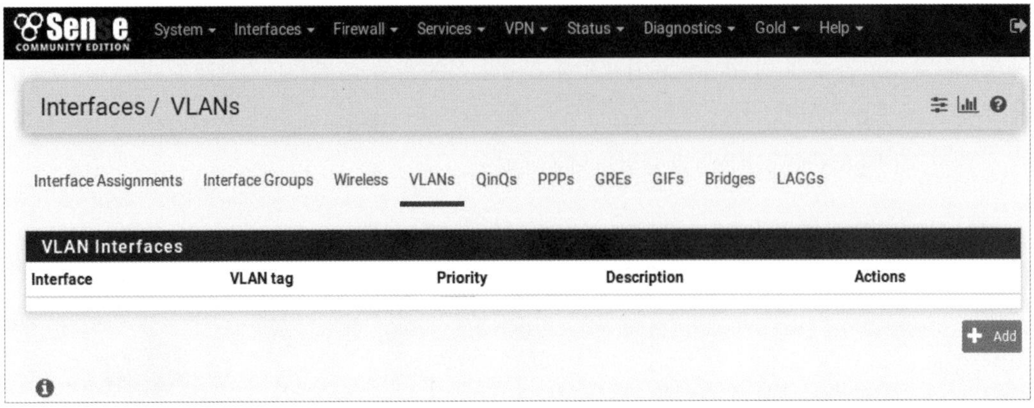

그림 6.3 VLAN 설정 시작

아래와 같이 LAN이 em0이므로 em0인 상태를 유지하고, VLAN tag에 10을 넣고 Description에 적당한 이름을 넣는다. 웹서버 대역이므로 여기서는 web_10이라는 이름을 넣었다.

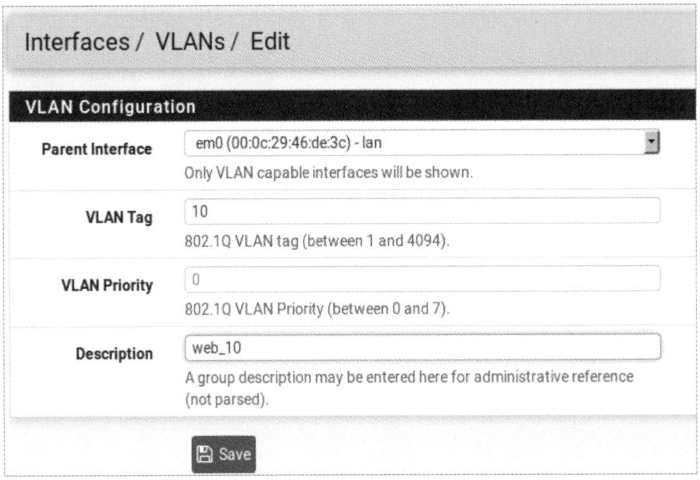

Interfaces / VLANs / Edit

VLAN Configuration

Parent Interface: em0 (00:0c:29:46:de:3c) - lan
Only VLAN capable interfaces will be shown.

VLAN Tag: 10
802.1Q VLAN tag (between 1 and 4094).

VLAN Priority: 0
802.1Q VLAN Priority (between 0 and 7).

Description: web_10
A group description may be entered here for administrative reference (not parsed).

Save

그림 6.4 VLAN 설정

[Save]를 클릭해 VLAN이 생성되면 이번에는 [Interface Assignments] 탭을 클릭해 인터페이스 메뉴로 이동한다. [Available network ports]에 VLAN 10이 추가돼 있음을 알 수 있다. 이 상태로 우측 하단의 [+Add]를 클릭한다.

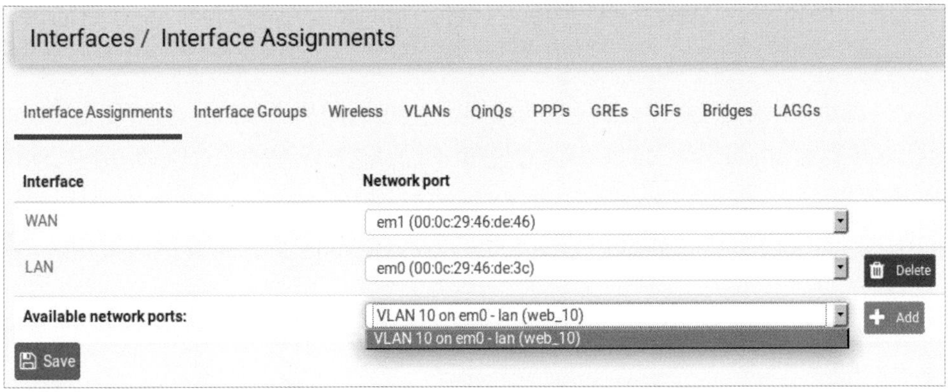

그림 6.5 VLAN 설정

아래와 같이 인터페이스가 추가됐다는 메시지가 나온다. 여기서 OPT1이라는 것이 생겼는데, OPT1은 pfSense에서 임의로 생성한 이름이고, 다음 화면에서는 이 이름을 변경할 것이다. 일단 OPT1이라고 돼 있는 글자를 클릭하자. 그럼 VLAN의 상세 설정으로 들어갈 수 있다.

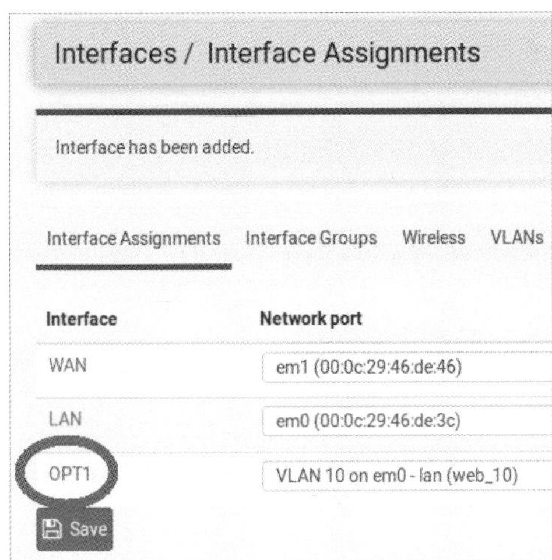

그림 6.6 OPT1 클릭

[Enable Interface]의 체크박스를 클릭하면 설정을 바꿀 수 있는 메뉴가 나오는데, 아래와 같이 변경한다. 그 밖의 항목은 기본값 그대로 둔다.

1. [Enable Interface] 체크
2. [Description]을 누르면 이름을 변경할 수 있는데, 'VLAN10_WEB'으로 변경한다.

3. [IPv4 Configuration Type]은 'Static IPv4'로 변경한다. [IPv6 Configuration Type]은 그대로 'None'으로 둔다. 책에서는 IPv6은 사용하지 않을 것이다.

4. [Static IPv4 Configuration]에서 [IPv4 Address]를 '10.10.1.1'로 변경하고 옆의 '/32'로 돼 있는 부분을 '/24'로 바꾼다. 나중에 DHCP 설정을 하게 될 테지만 VLAN 10에서 할당될 IP 주소 대역은 10.10.1.2부터 10.10.1.254까지가 될 것이다.

설정을 마친 뒤 [Save] 버튼을 눌러 화면이 새로고침되면 [Apply Changes]를 클릭해서 변경사항을 반영한다.

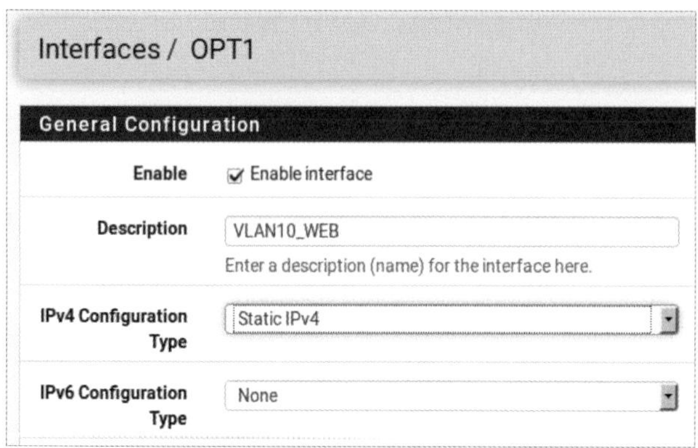

그림 6.7 기본 설정

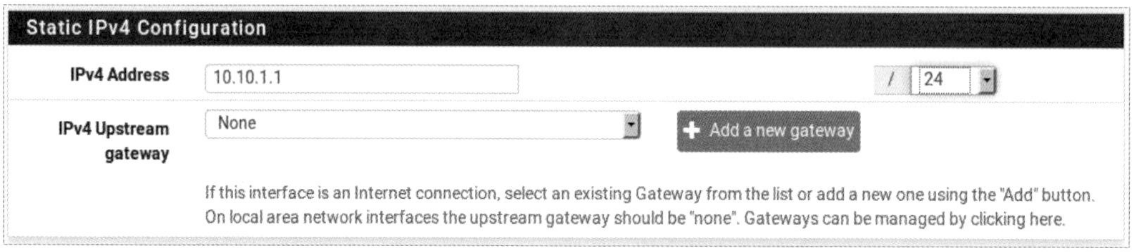

그림 6.8 IP 주소 대역 추가

이렇게 해서 하나의 VLAN이 만들어졌다. 다음부터는 이 VLAN이 어떤 통신을 해야 할지 방화벽에서 ACL 룰을 넣는 작업을 진행해야 이 VLAN에서 우리가 원하는 통신이 가능해진다. 먼저 [Firewall] → [Rules] 메뉴로 이동한다. 매우 기본적인 허용 룰부터 넣어야 방금 만든 10번 VLAN으로 통신이 시작되기 때문이다. 그림 6.9와 같이 VLAN10_WEB의 탭으로 이동한다. 현재는 아무 룰도 없으므로 맨 왼쪽의 [Add] 버튼을 클릭해 룰을 하나 만든다(궁금하신 분들을 위해 설명하자면 LAN 탭을 눌러보면 이곳은 우리가 이미 사용하는 네트워크고, 기본적인 ACL 룰이 들어가 있음을 알 수 있을 것이다).

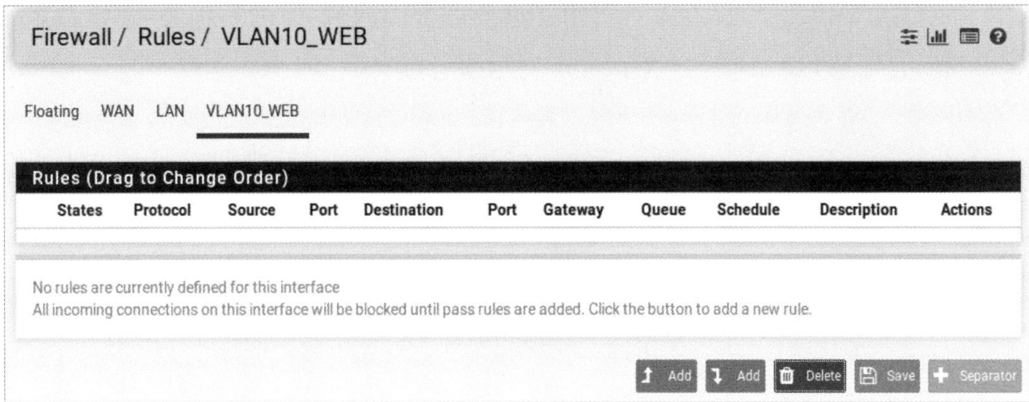

그림 6.9 VLAN10 추가 시작

여기서는 변경해야 할 항목만 설명하겠다. 그 밖의 항목은 그대로 두면 된다.

1. Protocol은 'any'로 변경한다
2. Source는 'VLAN10_WEB net'으로 선택한다.

그리고 나서 [Save] 버튼을 누른다. 이번에도 [Apply Changes] 버튼을 클릭해 설정을 반영한다.

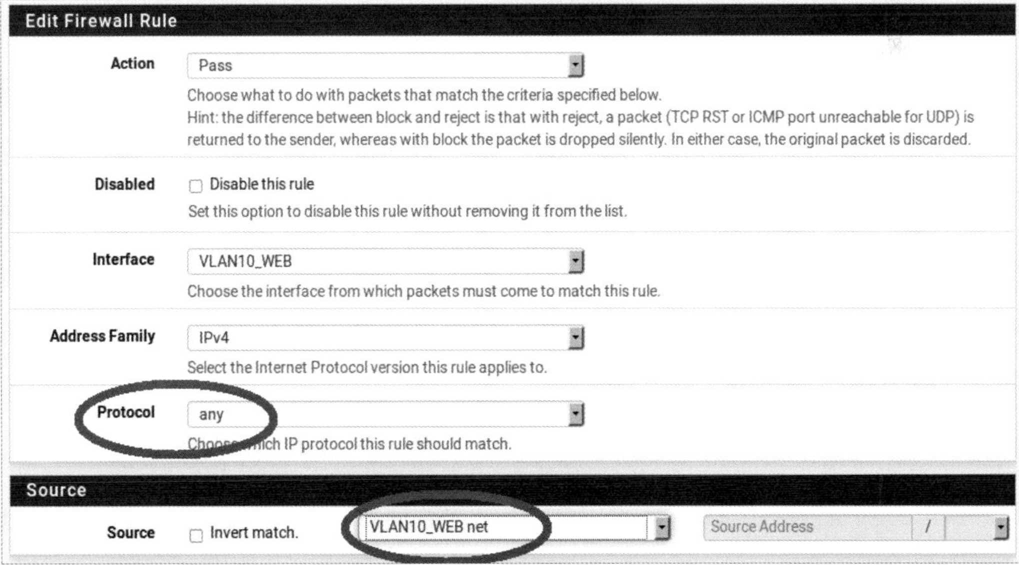

그림 6.10 VLAN 설정

이제 이 VLAN에서 통신까지 되도록 설정했다. 이번에는 이 대역에서 DHCP를 활성화할 차례다. DHCP를 설정해 둬야 IP 주소를 부여받을 수 있으며 실제로 테스트하기가 쉬운 상태가 된다. 그렇지 않으면 서버에 일일이 고정 IP 주소를 부여해야 하므로 매우 귀찮은 상황이 발생할 수 있다. 먼저 pfSense에서 [Services] → [DHCP Server]로 이동한다. 그러면 두 개의 탭이 보일 텐데 VLAN10_WEB의 탭을 클릭해서 아래처럼 설정을 변경한다.

1. 'Enable DHCP server on VLAN10_WEB interface'의 체크박스를 클릭한다.
2. Range를 '10.10.1.2 to 10.10.1.50'으로 설정한다. 이렇게 하면 50개 정도의 IP 주소까지만 DHCP에서 할당받는 IP 주소로 처리한다.

설정을 마치면 [Save] 버튼을 클릭한다. DHCP 서버는 [Apply Changes] 버튼을 클릭하지 않아도 즉시 반영되므로 설정이 완료됐다는 메시지만 나타날 것이다.

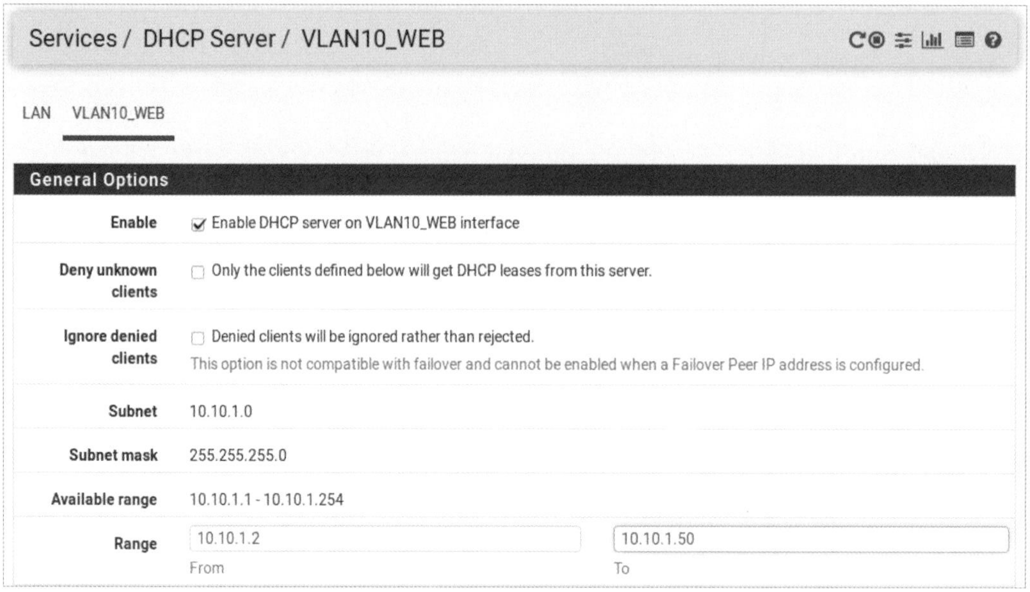

그림 6.11 VLAN 설정

다음으로 방화벽(pfSense)에서 만든 VLAN과 실제 서버의 랜선이 꽂혀 있는 스위치와 VLAN ID를 맞추는 작업을 해야 한다. 지금까지는 방화벽에서 VLAN도 생성했고 VLAN ID도 10으로 부여했지만 이를 스위치에서도 10으로 연결해야 방화벽과 스위치의 정보가 서로 전달되며 랜선이 꽂힌 포트가 어떤 VLAN을 사용할지를 지정할 수 있게 된다. 이 작업을 가리켜 VLAN 태깅이라 한다.

스위치에 VLAN 태깅을 하려면 본래 스위치의 콘솔로 들어가서 ID를 부여해야 하지만 여기서는 ESXi의 가상 스위치를 사용하고 있으므로 vSphere에서 스위치 설정을 할 수 있고, 그곳에서 태깅을 완료할 수 있다. 이를 위해 먼저 vSphere를 띄운다. 그리고 호스트 서버인 192.168.1.103을 클릭하고, [구성] 탭을 누른다. 그 후 [네트워킹] 메뉴로 이동하면 아래와 같은 화면이 등장할 것이다. 이곳에서는 vSwitch2가 현재 LAN으로 돼 있으므로 거기서 태깅해야 한다. [속성] 메뉴를 클릭한다. LAN으로 들어오는 트래픽을 각각의 VLAN으로 나눠주는 것이다. 지난 장에서 본 이 그림을 기억하자.

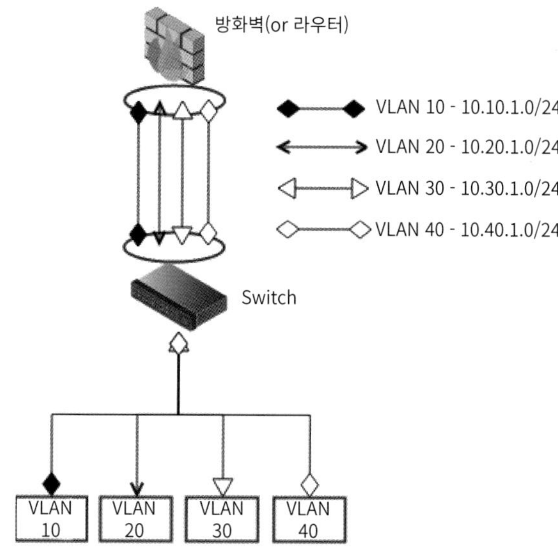

그림 6.12 VLAN

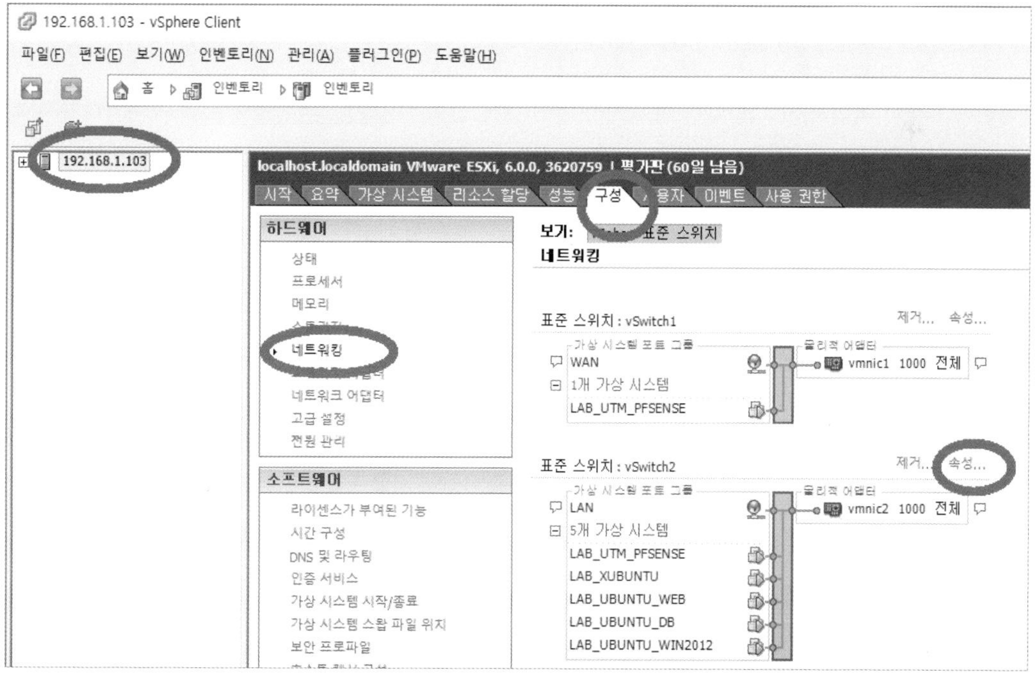

그림 6.13 속성 메뉴 클릭

[추가] 버튼을 클릭해 VLAN 태깅을 시작한다.

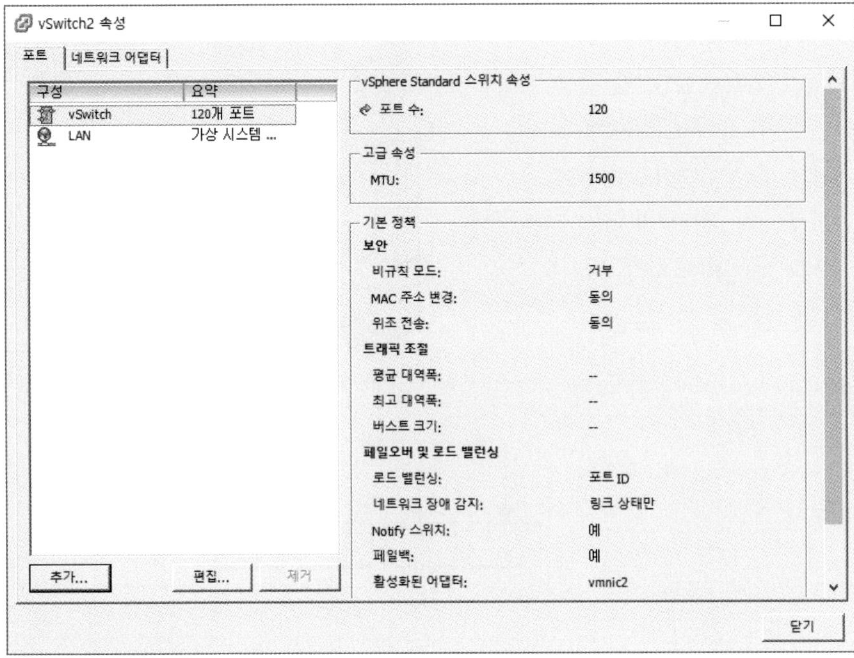

그림 6.14 추가 버튼 클릭

[네트워크 추가 마법사]가 나타나면 딱히 별도의 언급이 없는 한 [다음] 버튼을 누르며 지나가다가 아래 화면에서 [네트워크 레이블]을 'VLAN_10'으로 지정하고, [VLAN ID (선택 사항)] 항목에 10을 지정한다. 앞에서 pfSense에서 넣은 VLAN ID와 똑같은 숫자로 맞추는 작업이다.

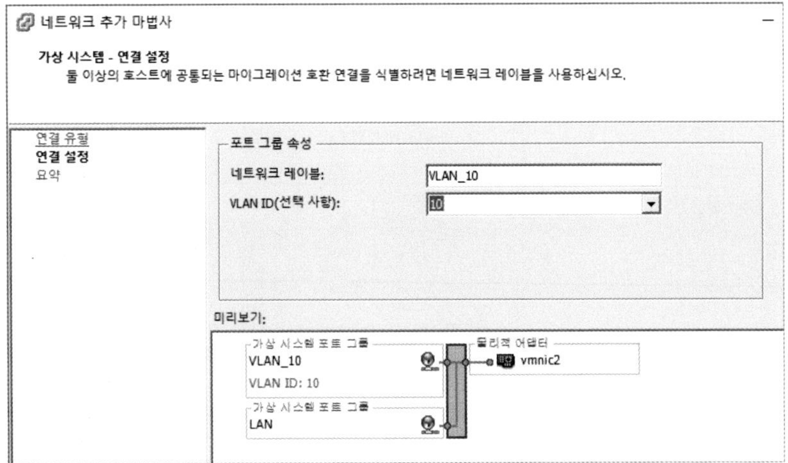

그림 6.15 네트워크 추가 마법사

이제 아래 화면으로 돌아오면 LAN을 선택한 후 [편집] 버튼을 클릭한다. LAN의 VLAN ID도 변경해야 한다.

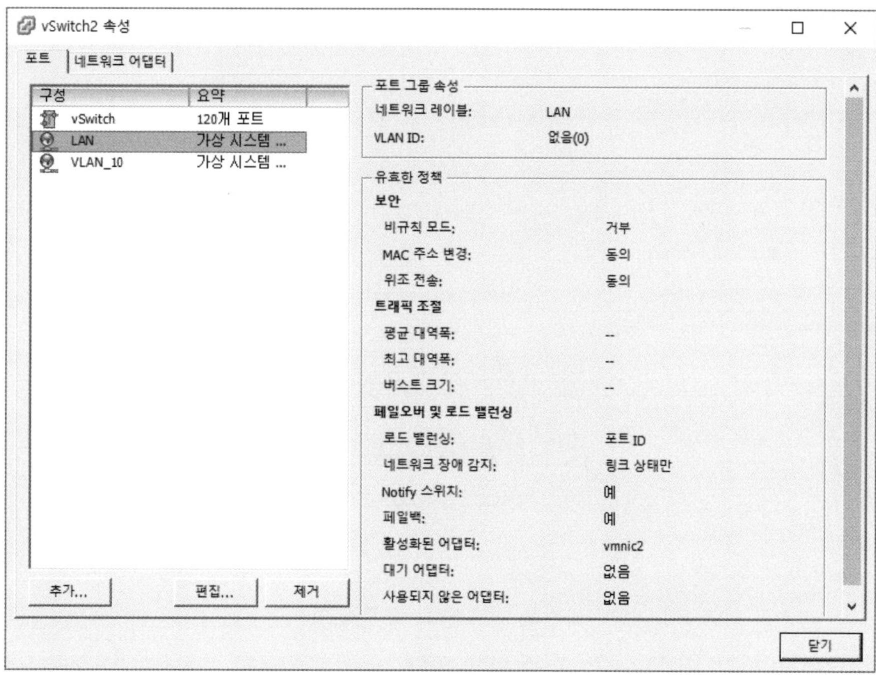

그림 6.16 vSwitch2 속성

LAN의 경우 [VLAN ID(선택사항)] 항목이 "없음(0)"으로 돼 있을 텐데 아래와 같이 '모두(4095)'를 선택한다.

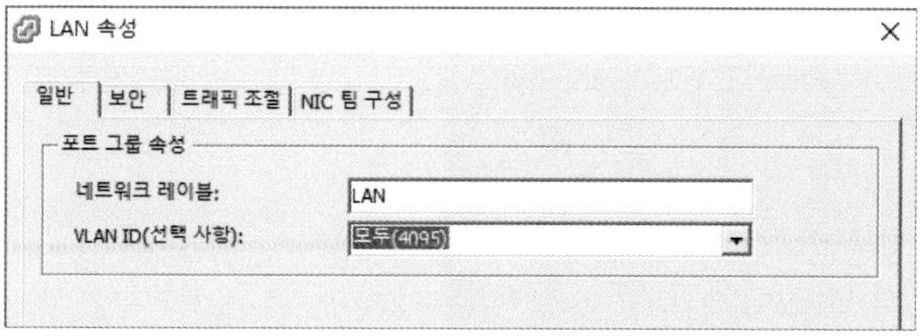

LAN 속성
일반 | 보안 | 트래픽 조절 | NIC 팀 구성
포트 그룹 속성
네트워크 레이블: LAN
VLAN ID(선택 사항): 모두(4095)

그림 6.17 LAN 속성

이제 ESXi에서 우분투 서버를 설치해보자. 그리고 서버를 생성하고 설정할 때는 네트워크 어댑터를 골라야 하는데 지금까지는 LAN이 골라지도록 그냥 내버려 뒀지만 이 서버는 VLAN10에 연결돼야 하고, 실제 스위치라면 VLAN10으로 태깅한 포트에 랜선을 꽂아야 하는 상황이다. 따라서 가상 환경에서는 앞에서 만들어둔 VLAN_10을 고르기만 하면 된다. 물리 환경으로 치면 스위치 포트별로 VLAN을 지정하는데 현재 여기는 가상 환경이므로 미리 지정해 뒀다고 가정할 수 있고, 해당 포트에 선을 꽂는 것과 동일한 것이라고 보면 된다.

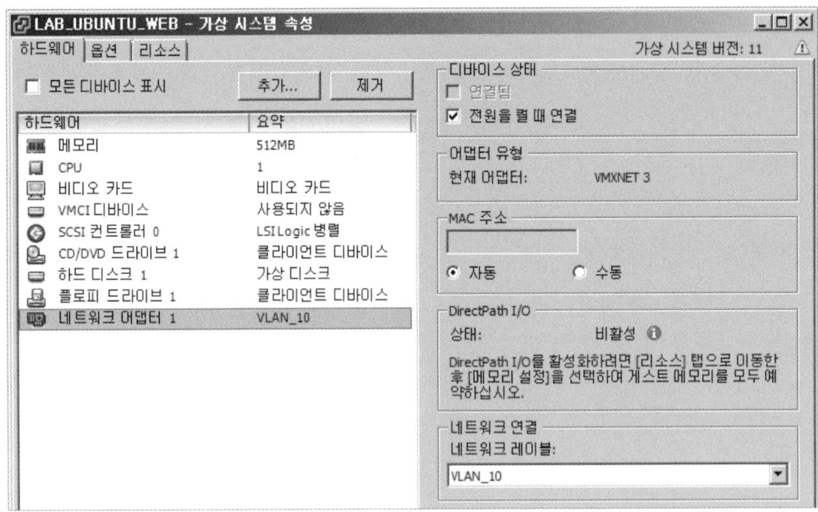

그림 6.18 가상 시스템 속성

서버를 설치한 뒤 IP 주소를 보면(서버 설치 과정은 생략했다) 앞에서 만든 10.10.1.0/24 대역의 IP 주소로 잘 할당받아 10번 VLAN이 된 것을 확인할 수 있다. 한마디로 말해서 어떤 서버나 PC를 설치하더라도 네트워크 레이블을 VLAN_10을 고르면 10번 VLAN에 할당되며, 10.10.1.0/24 대역의 IP 주소를 할당받게 된다는 것이다. 실제 네트워크 환경에서 VLAN 10에 태깅된 포트에 선을 꽂은 거나 마찬가지라고 보면 된다. 이제 웹서버 대역은 10.10.1.0/24의 IP 주소에 위치한다고 볼 수 있다. 그리고 LAN 대역과는 분리됐다. 이미 알고 있겠지만 LAN 대역은 192.168.2.0/24다.

```
window31@LABUBUNTU01:~$ ifconfig
eth0      Link encap:Ethernet  HWaddr 00:0c:29:62:55:1c
          inet addr:10.10.1.2  Bcast:10.10.1.255  Mask:255.255.255.0
          inet6 addr: fe80::20c:29ff:fe62:551c/64 Scope:Link
          UP BROADCAST RUNNING MULTICAST  MTU:1500  Metric:1
          RX packets:17 errors:0 dropped:0 overruns:0 frame:0
          TX packets:22 errors:0 dropped:0 overruns:0 carrier:0
          collisions:0 txqueuelen:1000
          RX bytes:2086 (2.0 KB)  TX bytes:2304 (2.3 KB)

lo        Link encap:Local Loopback
          inet addr:127.0.0.1  Mask:255.0.0.0
          inet6 addr: ::1/128 Scope:Host
          UP LOOPBACK RUNNING  MTU:65536  Metric:1
          RX packets:0 errors:0 dropped:0 overruns:0 frame:0
          TX packets:0 errors:0 dropped:0 overruns:0 carrier:0
          collisions:0 txqueuelen:0
          RX bytes:0 (0.0 B)  TX bytes:0 (0.0 B)
```

그림 6.19 ifconfig

03 _ 오피스 대역의 VLAN 생성

같은 방법으로 이번에는 사무실 대역의 VLAN을 만들어 보자. 앞에서 설명한 단계를 기억하면서 다음과 같은 내용을 진행한다. 같은 설정이 반복되므로 자세한 설정 화면은 생략하고, 별도로 작업해야 할 내용만 정리했다. 만약 혼동되는 부분이 있다면 앞의 웹서버 대역의 설치 화면을 함께 참고하면서 진행하자. 참고로 오피스 대역은 VLAN 20이다.

1. **[Interfaces] → [Assignments] → [VLANs] 메뉴를 차례로 선택한 후 다음과 같이 설정한다.**
   - [+]를 눌러서 새로운 vlan 생성
   - [parent interface]: 'em0'으로 선택
   - [VLAN tag]: '20'으로 입력
   - [Description]: 'office_20'으로 입력

2. **[Interfaces Assignments]의 [Available network ports]에서 [VLAN 20 on em0 (office_20)]을 선택한 후 [+ Add] 버튼을 클릭**
   - [OPT2]를 클릭
   - [Enable Interface]를 체크
   - [Description]은 'VLAN20_OFFICE'으로 변경
   - [IPv4 Configuration Type]은 Static IPv4로 변경
   - [Static IPv4 Configuration]에서 [IPv4 Address]를 '10.20.1.1'로 변경하고 '/24'로 변경
   - [Save] 버튼을 클릭한 후 [Apply Changes] 클릭

3. **[Firewall: Rules] 메뉴에서 'VLAN20_OFFICE' 선택**
   - 왼쪽 끝의 [Add] 버튼을 눌러서 새 룰을 생성
   - [Protocol]을 'any'로 변경
   - [Source]는 'VLAN20_OFFICE net'을 선택
   - [Save] 버튼을 클릭한 후 [Apply Changes]를 클릭해 설정을 반영

4. **[Services] → [DHCP Server]로 이동한 후 'VLAN20_OFFICE' 탭을 클릭**
   - [Enable DHCP server on VLAN10_WEB interface]의 체크박스를 클릭
   - [Range]를 '10.20.1.2 to 10.20.1.50'으로 설정

- [Save] 버튼을 클릭. DHCP 서버는 [Apply Changes] 버튼을 클릭하지 않아도 변경사항이 즉시 반영되므로 설정이 완료됐다는 메시지만 표시됨.

5. **vSphere의 vSwitch2에서 [속성] 버튼을 클릭한 후 [추가] 버튼을 클릭해 새 vlan 생성**
   - [네트워크 레이블]: 'VLAN_20'으로 입력
   - [VLAN ID]: '20'으로 입력
6. **현재 Xubuntu OS에서 이 작업을 하고 있을 것이므로 OS 전원을 일단 끄고, Xubuntu의 설정 편집 메뉴로 가서 '네트워크 어댑터 1'이 'LAN'으로 돼 있던 것을 'VLAN_20'으로 변경한다.**
7. **Xubuntu OS의 전원을 켜고, IP 주소 대역이 10.20.1.0/24 대역으로 변경된 것을 확인한다.**

04 _ 내부 서버 대역의 VLAN 생성

이번에는 내부 서버 대역의 VLAN을 만들 차례다. 방법은 앞에서 설명한 것과 같다. VLAN ID는 30이다.

1. **[Interfaces] → [(Assign)] → [VLANs] 메뉴에서 아래와 같이 설정한다.**
   - [+]를 눌러서 새로운 vlan 생성
   - [parent interface]: 'em0'으로 선택
   - [VLAN tag]: '30'으로 입력
   - [Description]: 'intranet_30'으로 입력
2. **[Interfaces Assignments]의 [Available network ports]에서 'VLAN 30 on em0 (intranet_30)'을 선택한 후 [+ Add] 버튼을 클릭**
   - [OPT3]를 클릭
   - [Enable Interface]를 체크
   - [Description]은 'VLAN30_INTRANET'으로 변경
   - [IPv4 Configuration Type]은 'Static IPv4'로 변경
   - [Static IPv4 configuration]에서 [IPv4 Address]를 '10.30.1.1'로 변경하고 '/24'로 변경
   - [Save] 버튼을 클릭한 후 [Apply Changes]를 클릭.

3. **[Firewall: Rules] 메뉴에서 'VLAN30_INTRANET' 선택**
   - 왼쪽 끝의 [Add] 버튼을 클릭해 새 룰을 생성
   - [Protocol]은 'any'로 변경
   - [Source]는 'VLAN30_INTRANET net'을 선택
   - [Save] 버튼을 클릭한 후 [Apply Changes]를 클릭해 설정을 반영

4. **[Service – DHCP Server]로 이동한 후 'VLAN30_INTRANET' 탭을 클릭**
   - [Enable DHCP server on VLAN30_INTRANET interface]의 체크박스를 클릭
   - [Range]를 '10.30.1.2 to 10.30.1.50'으로 설정
   - [Save] 버튼을 클릭. DHCP 서버는 [Apply Changes] 버튼을 클릭하지 않아도 변경사항이 즉시 반영되므로 설정이 완료됐다는 메시지만 표시된다.

5. **vSphere의 vSwitch2에서 [속성] 버튼을 클릭. 이후 [추가] 버튼을 클릭해 새 vlan을 생성**
   - [네트워크 레이블]: 'VLAN_30'으로 입력
   - [VLAN ID]: '30'으로 입력

6. **우분투 서버를 설치하기 시작해서 VM을 만들 때 가상 시스템의 네트워크 어댑터는 'VLAN_30'을 선택**

05 _ DB 서버 대역의 VLAN 생성

마지막으로 만들 VLAN은 DB 대역이다. VLAN ID는 40이다.

1. **[Interfaces] → [(Assign)] → [VLANs] 메뉴에서 아래와 같이 작업한다.**
   - [+ Add]를 클릭해 새 vlan 생성
   - [parent interface]: 'em0'으로 선택
   - [VLAN tag]: '40'으로 입력
   - [Description]: 'DB_40'으로 입력

2. **[Interfaces Assignments]의 [Available network ports]에서 'VLAN 40 on em0 (DB_40)'을 선택한 후 [+ Add] 버튼을 클릭**

- [OPT4] 선택
- [Enable Interface]를 체크
- [Description]은 'VLAN40_DB'로 변경
- [IPv4 Configuration Type]은 'Static IPv4'로 변경
- [Static IPv4 configuration]에서 [IPv4 Address]를 '10.40.1.1'로 변경하고 '/24'로 변경
- [Save] 버튼을 클릭한 후 [Apply Changes]를 클릭

3. **[Firewall: Rules] 메뉴에서 'VLAN40_DB' 선택**
   - 맨 왼쪽 [Add] 버튼을 눌러서 새 룰을 생성
   - [Protocol]은 'any'로 변경
   - [Source]는 'VLAN40_DB net'을 선택
   - [Save] 버튼을 클릭한 후 [Apply Changes]를 클릭해 설정을 반영

4. **[Service] → [DHCP Server]로 이동한 후 'VLAN40_DB' 탭을 클릭**
   - [Enable DHCP server on VLAN40_DB interface]의 체크박스를 클릭
   - [Range]를 '10.40.1.2 to 10.40.1.50'으로 설정
   - [Save] 버튼을 클릭. DHCP 서버는 [Apply Changes] 버튼을 클릭하지 않아도 변경사항이 즉시 반영되므로 설정이 완료됐다는 메시지만 표시된다.

5. **vSphere의 vSwitch2에서 [속성] 버튼을 클릭. 이후 [추가] 버튼을 클릭해 새 vlan을 생성**
   - [네트워크 레이블]: 'VLAN_40'으로 입력
   - [VLAN ID]: '40'으로 입력

6. **우분투 서버를 아무거나 설치하기 시작해서 VM을 만들 때 가상 시스템의 네트워크 어댑터를 'VLAN_40'으로 선택**

이제 여기까지 완료되면 메인 화면으로 이동했을 때 그림 6.20과 같이 바뀌었을 것이다. 기존에는 WAN과 LAN밖에 없었던 인터페이스에 여러 가지 VLAN이 추가된 것을 알 수 있다. 변경된 VLAN은 네이밍에 따라 어떤 IP 주소 대역을 가지고 있는지도 한눈에 보인다. 그 덕분에 pfSense의 메인 화면도 좀 더 그럴듯하게 변했다. 이렇게 해서 4개의 분리된 망이 갖춰졌다.

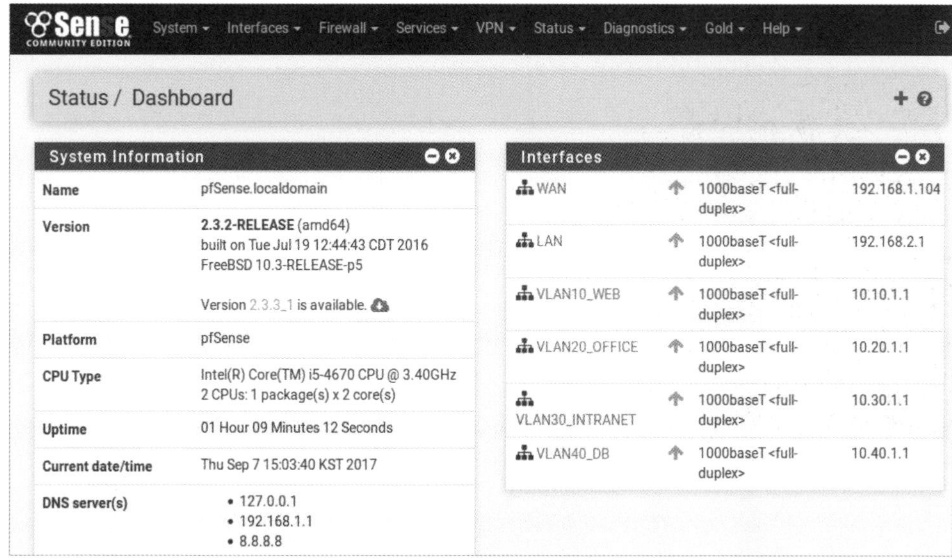

그림 6.20 메인 화면

또한 설치가 제대로 됐다면 ESXi도 다음과 같이 돼 있을 것이다.

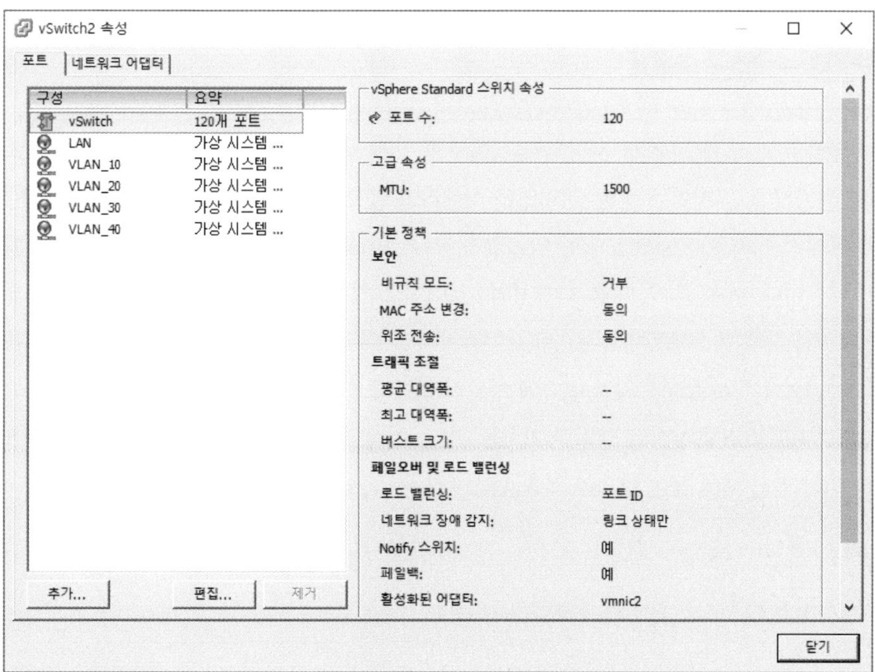

그림 6.21 vSwitch2 속성

vSwitch2 설정도 이렇게 돼 있을 것이다. 호스트 이름은 필자 임의대로 명명했기 때문에 각자 만든 OS의 이름과 부합하지 않을 수 있다.

그림 6.22 표준 스위치 : vSwitch2

06 _ ACL 반영 – 접근 제어

이제 VLAN을 다 만들었고 각 IP 주소도 해당 VLAN에서 할당된 대역으로 받고 있다. 하지만 지금은 VLAN을 만들었다 뿐이지 접근 제어는 전혀 되지 않은 상태라고 볼 수 있다. 왜냐하면 각 VLAN에서 밖으로 나가는 모든 트래픽을 허용하는 ACL 룰만 만들었지, 다른 VLAN으로 접근하는 것을 차단하는 룰은 만들지 않았기 때문이다. 예를 들어, 다음 화면처럼 PuTTY로 접속해 보자. 10.20.1.3이라는 IP 주소가 할당된 오피스 VLAN의 데스크톱에서 10.30.1.2 서버의 IP 주소로 문제 없이 SSH 접속이 이뤄지는 것을 볼 수 있다. VLAN은 서로 다르지만 접속에 아무런 문제가 없는 상태다. 현재는 접근 제어를 하는 아무런 룰이 없고 모든 VLAN이 서로 열려 있기 때문이다. 이제 회사의 보안 정책에 맞춰 접근 제어를 시작해 보자. 이러한 접근 제어 룰을 만드는 것을 ACL(Access Control List)이라고 한다.

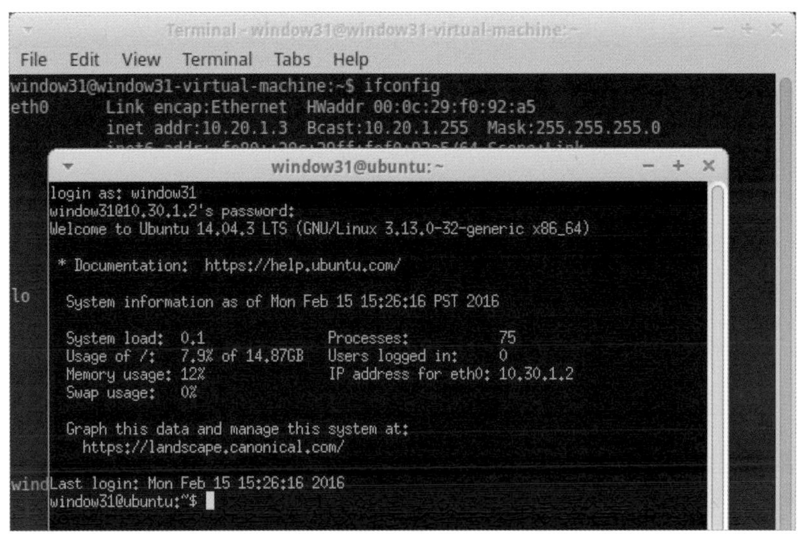

그림 6.23 우분투 로그인

일반적으로 ACL은 두 군데서 할 수 있다. 스위치 내에서 하거나 방화벽(이 책에서 구축한 환경에서는 pfSense)에서 하거나 둘 중 하나다. 어떤 경우에는 VLAN은 방화벽에서 만들고 ACL은 스위치 장비에서 하는 경우도 있다. 아마 이 책의 랩 환경이 실제 환경만큼 거대하다면 ACL과 VLAN 작업을 서로 다른 장비에서 하게끔 나눌 수도 있겠지만 관리의 편의상 pfSense에서 VLAN과 ACL을 모두 넣는 것으로 진행하겠다. VLAN은 앞에서 이미 만들었으므로 ACL 작업도 계속해 보자.

07 _ 기본 ACL 반영

먼저 각 VLAN끼리는 접근이 되면 안 될 것이므로 모든 통신을 차단해야 한다. ACL은 먼저 기본적으로 모든 것을 차단하고(deny all) 필요한 것부터 하나씩 여는 식으로 작업하는 것이 일반적이다. 기억하고 있겠지만 현재까지 한 작업으로는 각 ACL의 소스 네트워크에서 데스티네이션이 어디인지에 상관없이 모두 접속할 수 있게만 룰이 만들어져 있다. 물론 경우에 따라서는 VLAN 구간끼리 접속이 필요한 IP 주소가 있고 오픈돼 있어야 할 포트도 당연히 있을 것이다. 예를 들어, 오피스 망에서는 웹서버 망으로 80번 포트로 접근할 수 있어야 사내에 있는 웹서버에 접속할 수 있을 것이다. 그 방법은 잠시 후에 알아보기로 하고, 먼저 여기서 각 VLAN끼리는 접속을 차단하는 룰부터 넣어 보자. 그리고 참고로 이 방법은 단지 방법론만 설명하기 위한 것일 뿐이지 실제로는 효율적인 방법은 아니기 때문에 일단 단계별로 따라오는 것은 잠시만 보류하길 바란다. 일단은 필자가 별도로 언급할 때까지 그냥 눈으로 읽으며 따라오는 것으로 충분하며, 실제로 랩에서 직접 작업하는 내용에 대해서는 나중에 다시 안내할 것이다.

그럼 일단 예를 하나 들어보자. 현재는 오피스 대역에서 DB 대역으로 접근할 수 있다. 즉, VLAN 20(오피스대역)에서 VLAN 40(DB 대역)으로 가는 ACL은 permit 룰밖에 없기 때문인데, 오피스 대역에서는 DB 서버로 22번 포트를 통해 SSH 접근도 가능하고, 3306번의 MySQL 포트로도 접근이 가능하다. 이를 제어하는 룰을 만들어 보자.

ACL을 만들 때는 항상 소스 IP 주소와 데스티네이션 IP 주소에 주목해야 한다. 트래픽이 어디서 어디로 가는지가 룰을 만드는 데 가장 큰 주안점이 되기 때문이다. 현재는 오피스 대역인 VLAN 20에서 DB 대역인 VLAN 40으로 트래픽이 이동하는 것이므로 VLAN 20에 먼저 룰을 만들어야 한다. pfSense 웹 어드민 페이지에서 [Firewall] → [Rules] 페이지로 차례로 이동하고 'VLAN20_OFFICE' 탭을 클릭한다. 현재 룰이 하나밖에 없을 텐데 소스는 'VLAN20_OFFICE net'이고 데스티네이션은 *인 것으로 봐서 VLAN 20에서 나가는 트래픽은 어떤 곳이든 접속할 수 있게 돼 있다. 여기에 룰을 추가하자. 화살표가 위로 있는 [Add] 버튼을 클릭한다.

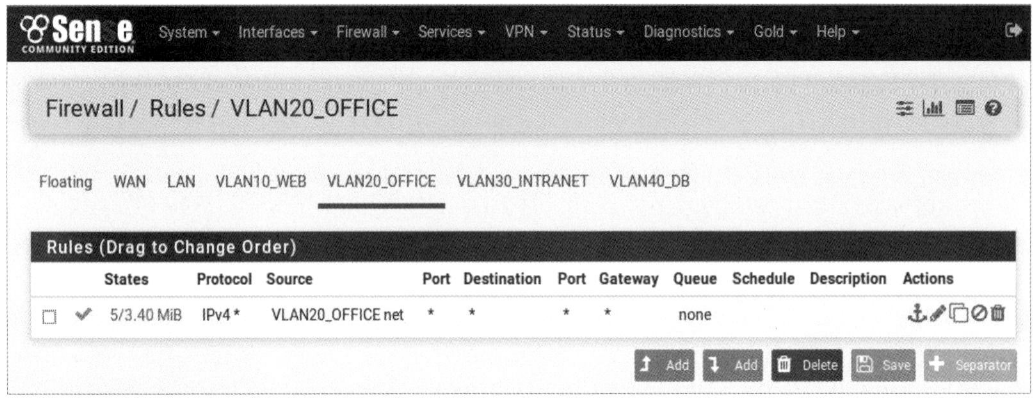

그림 6.24 VLAN20_OFFICE

[Action]을 'Block'으로 변경하고, [Source]를 'VLAN20_OFFICE net', [Destination]을 'VLAN40_DB net'으로 변경한다. 그리고 그림에는 포함돼 있지 않지만 [Extra Options]의 [Log]에 있는 [Log packets that are handled by this rule]에 체크박스를 체크한다. 이렇게 하면 이 VLAN에서 접속되는 트래픽의 로그를 기록해서 확인해볼 수 있다.

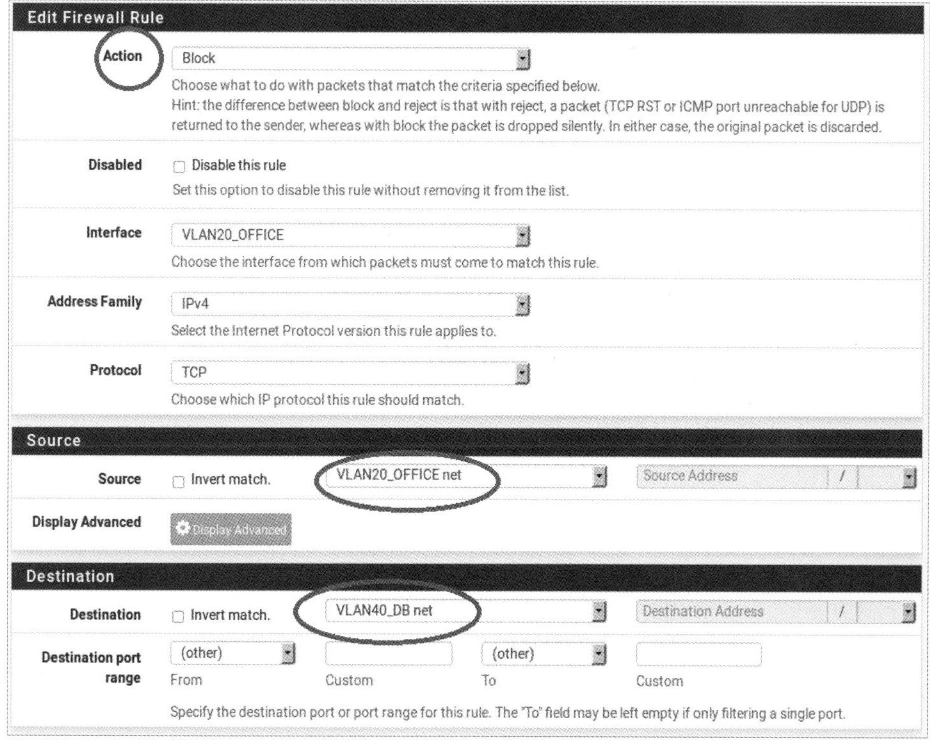

그림 6.25 방화벽 룰 수정

수정을 완료하면 [Save]를 클릭하고 [Apply Changes]를 클릭해 작업을 완료한다. 이제 아래와 같이 룰이 만들어졌을 것이다. 왼쪽 끝에 'X' 표시가 돼 있으며 소스와 데스티네이션이 지정한 대로 설정돼 있다. 여기서 'X'는 블록하는 룰을 가리킨다.

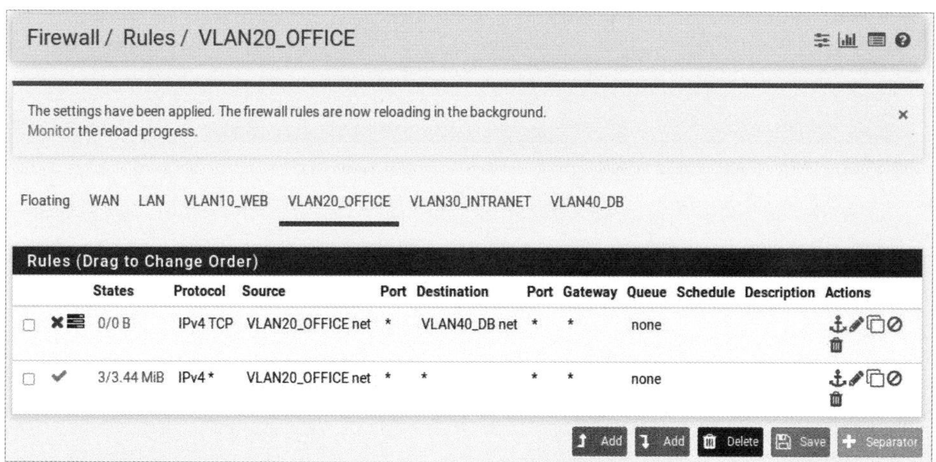

그림 6.26 방화벽 룰

DB 서버에 대한 접속이 잘 차단됐는지 이제 PuTTY를 통해 확인해 보자. 오피스 대역을 사용하는 Xubuntu OS에서 DB 서버인 10.40.1.2로 텔넷을 날려보자. 대상 포트는 MySQL 포트인 3306번 포트와 SSH 포트인 22번 포트다. 보다시피 접속이 되지 않는 것을 확인할 수 있다.

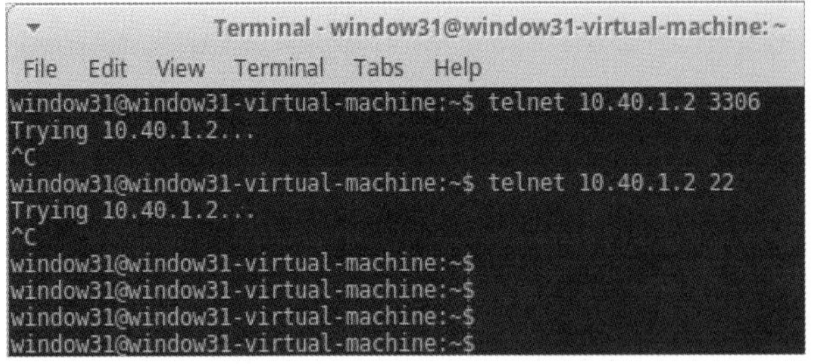

그림 6.27 텔넷

그리고 잘 차단되고 있는지 앞에서 로그를 기록하도록 설정해 뒀으므로 pfSense에서 확인해 보자. [Status] → [System Logs]로 이동한 후 [Firewall] 탭을 클릭하면 차단된 트래픽을 볼 수 있다.

✖	Sep 8 01:15:11	VLAN20_OFFICE	i ⊟ 10.20.1.2:41030	i ⊞ 10.40.1.2:3306	TCP:S
✖	Sep 8 01:15:12	VLAN20_OFFICE	i ⊟ 10.20.1.2:41030	i ⊞ 10.40.1.2:3306	TCP:S
✖	Sep 8 01:15:14	VLAN20_OFFICE	i ⊟ 10.20.1.2:41030	i ⊞ 10.40.1.2:3306	TCP:S
✖	Sep 8 01:15:18	VLAN20_OFFICE	i ⊟ 10.20.1.2:41030	i ⊞ 10.40.1.2:3306	TCP:S
✖	Sep 8 01:15:26	VLAN20_OFFICE	i ⊟ 10.20.1.2:41030	i ⊞ 10.40.1.2:3306	TCP:S
✖	Sep 8 01:15:42	VLAN20_OFFICE	i ⊟ 10.20.1.2:41030	i ⊞ 10.40.1.2:3306	TCP:S
✖	Sep 8 01:16:08	VLAN20_OFFICE	i ⊟ 10.20.1.2:41294	i ⊞ 10.40.1.2:22	TCP:S
✖	Sep 8 01:16:09	VLAN20_OFFICE	i ⊟ 10.20.1.2:41294	i ⊞ 10.40.1.2:22	TCP:S

그림 6.28 방화벽 로그

랩용으로 설치한 서버 IP 주소가 무엇인지 모를 때는 pfSense에서 [Status] → [DHCP Leases] 메뉴를 차례로 선택한다. 그러면 DHCP 서버에 의해 할당받은 IP 주소가 나오고, 앞에서 테스트 목적으로 설치한 서버는 별도의 static IP 주소로 처리를 해주지 않았으므로 DHCP에 의해 할당된 IP 주소 정보가 로그로 기록돼 있게 된다. 아래 화면을 보면 알 수 있듯이 현재 사용 중인 IP 주소를 쉽게 확인할 수 있고, 여기서 DB 서버는 10.40.1.2라는 것을 알 수 있다. 지금은 랩 환경이라서 발생하는 부수적인 문제라고 생각하고 넘어가자.

Status / DHCP Leases

Leases

	IP address	MAC address	Hostname	Description	Start	End	Online	Lease Type	Actions
⊘	10.20.1.2	00:0c:29:42:59:8b	window31-virtual-machine		2017/09/07 15:13:34	2017/09/07 17:13:34	online	active	
⊘	10.10.1.2	00:0c:29:29:ee:37	WD-UBUNTU-WEB		2017/09/07 15:11:42	2017/09/07 17:11:42	online	active	
⊘	10.30.1.3	00:0c:29:40:61:b4	LAB-UBUNTU-INTRA		2017/09/07 14:55:32	2017/09/07 16:55:32	online	active	
⊘	10.30.1.2	00:0c:29:f3:c6:9b	WIN-BISGOI8F8VH		2017/09/07 14:23:22	2017/09/07 16:23:22	online	active	
⊘	10.40.1.2	00:0c:29:4f:fb:32	WD-UBUNTU-DB		2017/09/07 14:22:52	2017/09/07 16:22:52	online	active	

그림 6.29 DHCP Leases

이 상태에서 이번에는 SSH만 허용하는 작업을 해 보자. pfSense에서 [Firewall] → [Rules]을 차례로 선택한 후 'VLAN20_OFFICE' 탭을 클릭한다. 앞에서 만들어 둔 두 개의 룰이 보일 텐데, 다시 [Add] 버튼을 클릭해(화살표가 위로 향하는) 룰을 하나 더 추가하자. 그런 다음, 아래와 같이 설정한다.

- [Source]: 'VLAN20_OFFICE net'을 선택
- [Destination]: 'VLAN40_DB net'을 선택하고 [Destination port range]를 'From SSH(22)'와 'To SSH(22)'로 선택

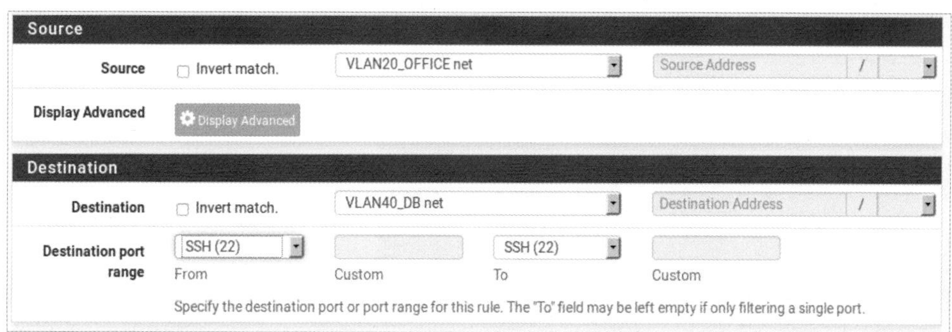

그림 6.30 Source/Destination

그런 다음 [Save] 버튼을 클릭한 후 [Apply Changes]를 클릭해 변경사항을 반영한다. 이제 다음과 같이 룰이 하나 더 생겼을 것이다.

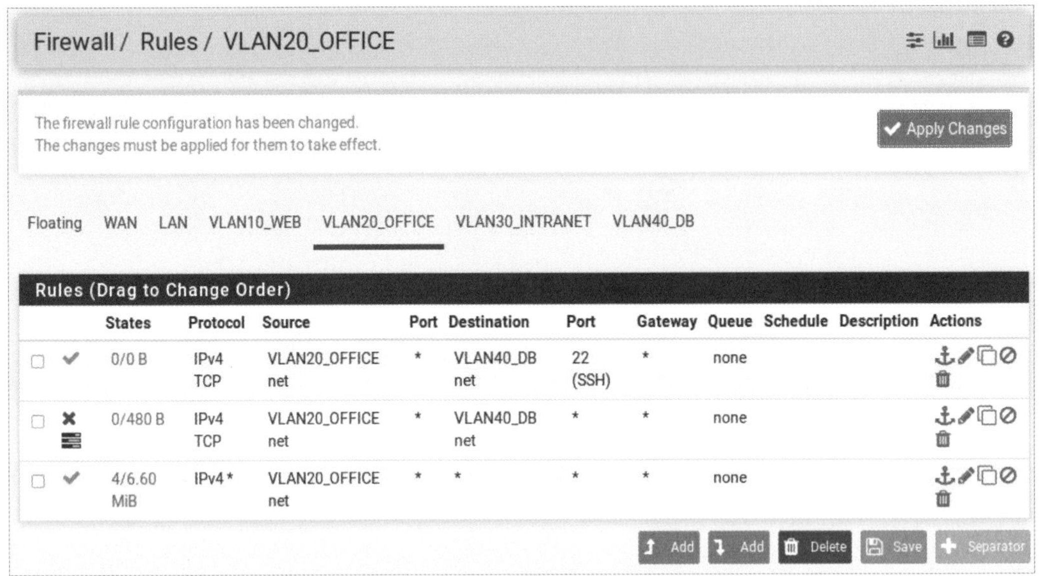

그림 6.31 방화벽 룰

이제 다시 SSH로 접속해 보자. 잘 접속되는 것을 확인할 수 있다. 물론 MySQL 포트인 3306번은 여전히 차단되고 있다.

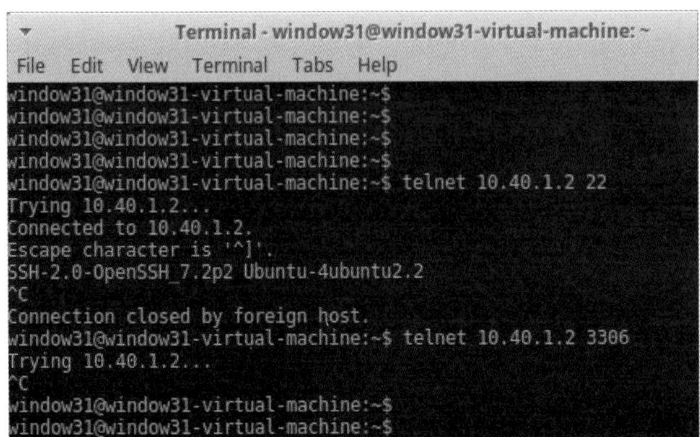

그림 6.32 텔넷

이런 식으로 대역을 모두 차단한 뒤 원하는 포트나 IP 주소만 여는 작업이 가능하다. 이는 ACL 룰의 순서 때문인데, 지금까지 화살표가 위로 향하는 [Add] 버튼만 사용했지만 화살표가 아래로 향하는 [Add] 버튼도 있다. 만약 이 버튼을 이용해 룰을 만들면 현재 'VLAN20_OFFICE' 대역에서 *로 가는 룰 밑에 새로운 룰이 생길 것이다. 단순히 편의상 이렇게 배치된 것으로 오해할 수도 있지만 실제로 ACL 룰의 위치는 실제로 매우 중요하다. 참고로 pfSense의 방화벽 룰은 밑에서부터 시작해서 프로그래밍할 때 if 문을 읽듯이 하나씩 집어넣기 때문에 맨 밑에서부터 모든 룰이 열려있되 그다음에 VLAN 10에서 VLAN 20으로 가는 것은 차단하는 식으로 진행되기 때문에 항상 맨 밑의 룰이 permit all이어야 한다. 즉, 오피스 망에서 DB 대역을 전부 차단하는 룰 위에 22번 SSH를 여는 룰이 있지 않고 만약 밑에 있다면 22번을 연 뒤 다시 모든 DB 대역을 차단하는 식으로 네트워크가 구성되기 때문에 결론적으로 모든 대역을 차단하는 ACL이 돼 버리고 만다. 따라서 룰 위치는 순서가 잘못되지 않도록 늘 신경 써야 한다. 참고로 위치를 바꾸고 싶을 때는 그대로 드래그하면 GUI 상에서 위치를 쉽게 변경할 수 있다.

서브넷 계산법과 CIDR

IP 주소를 표기할 때 /8이나 /24, /32와 같은 것을 계속 보게 되는데, 생각 외로 이 계산법을 정확히 알지 못하는 분들이 많다. 이 내용을 한 번 알기 쉽게 설명해 보겠다. 먼저 기본적으로 딱 보자마자 나와야 하는, 쉽게 말해 자연스럽게 암기하고 있어야 할 내용은 다음과 같다. 외우는 것이 귀찮으신 분들도 이 정도는 외워두는 것이 좋다.

```
/8은 A 클래스 = 1.1.1.1이면 1로 시작하는 IP 모두
/16은 B 클래스 = 1.1.*.*면 1.1로 시작하는 IP 모두
/24는 C 클래스 = 1.1.1.*이면 1.1.1로 시작하는 IP 모두
/32는 단일 호스트 = 1개, 즉 자기 자신. 1.1.1.1이면 그냥 1.1.1.1
```

이를 이론적으로 설명하면 다음과 같다.

```
A 클래스 = 255.0.0.0
B 클래스 = 255.255.0.0
C 클래스 = 255.255.255.0
```

/24 등이 표현하는 값은 바로 비트 값이다. 따라서 위 클래스를 비트 값으로 다시 계산해 보면 다음과 같이 계산할 수 있다.

```
A 클래스 = 1111 1111 . 0000 0000 . 0000 0000 . 0000 0000
B 클래스 =  1111 1111 . 1111 1111 . 0000 0000 . 0000 0000
C 클래스 =  1111 1111 . 1111 1111 . 1111 1111 . 0000 0000
```

한마디로 이 비트에서 1의 개수가 /24, /16 등의 값과 일치한다는 사실을 알 수 있다. 그래서 보통은 IP 주소와 서브넷 마스크를 한 번에 표현하는데, 192.168.1.2/255.255.255.0은 192.168.1.1부터 192.168.1.254 사이의 IP 주소 가운데 192.168.1.2를 표현한다는 의미이며, 이를 다시 줄여서 192.168.1.2/24라고도 한다. 그리고 IP 주소 전체를 이야기할 때는 192.168.1.0/24로 표현한다. 이러한 원리라면 /16과 /24, /32 등도 어떤 것을 말하는지 이해할 수 있을 것이다.

---

08 _ Aliases 등록을 활용한 효율적인 룰 작성

하지만 실제로는 이런 식으로 작업하다가는 ACL 룰에 모든 VLAN을 다 넣어야 한다. 새 VLAN이 생길 때마다 기존의 VLAN 관련 룰에 새 VLAN 관련 차단 룰을 추가해야 하므로 매우 비효율적이다. 그래서 앞에서 설명한 방법은 참고를 위해서만 알아두고, 실제로는 이렇게 룰을 넣지는 않는다. 가장 좋은 방법은 RFC1918에 의거한 사설 주소를 모두 차단하는 기본적인 룰을 만들어 두고, 그 상태에서 필요한 부분만 여는 방법이다. 이번에는 이 방식에 따라 ACL을 만들어보자. 앞에서 지금까지 단계별로 따라오며 작업했던 분들은 잠시 따라하는 작업을 멈춰 달라고 했었는데, 지금부터는 다시 따라오면서 룰을 넣으면 된다(혹시라도 앞의 내용마저 단계별로 따라해 보신 분들은 룰을 모두 삭제해 주시길 바란다).

그럼 pfSense의 웹 콘솔로 가서 다음과 같은 방법으로 진행한다. [Firewall] → [Aliases] 메뉴를 차례로 선택한 후 [+ Add] 버튼을 클릭한다. 그리고 아래와 같이 입력한다.

1. [Name]을 'RFC1918'로 입력한다.
2. [Type]을 'Network(s)'로 변경한다.
3. [Network or FQDN]을 다음과 같은 방법으로 설정한다.

   첫 번째 줄에 '10.0.0.0'을 넣고 [CIDR]에서 '8'을 선택한다.

   [Add Network] 버튼을 이용해 두 번째 줄에는 '192.168.0.0'을 넣고 [CIDR]에서 '16'을 선택한다.

   [Add Network] 버튼을 이용해 세 번째 줄에는 '172.16.0.0'을 넣고 [CIDR]에서 '12'를 선택한다.
4. [Save] 버튼을 클릭한 뒤 [Apply Changes]를 클릭한다.

Firewall / Aliases / Edit

Properties

Name: RFC1918

The name of the alias may only consist of the characters "a-z, A-Z, 0-9 and _".

Description:

A description may be entered here for administrative reference (not parsed).

Type: Network(s)

Network(s)

Hint: Networks are specified in CIDR format. Select the CIDR mask that pertains to each entry. /32 specifies a single IPv4 host, /128 specifies a single IPv6 host, /24 specifies 255.255.255.0, /64 specifies a normal IPv6 network, etc. Hostnames (FQDNs) may also be specified, using a /32 mask for IPv4 or /128 for IPv6. An IP range such as 192.168.1.1-192.168.1.254 may also be entered and a list of CIDR networks will be derived to fill the range.

Network or FQDN: 10.0.0.0 / 8 Description Delete

192.168.0.0 / 16 Description Delete

172.16.0.0 / 12 Description Delete

Save Add Network

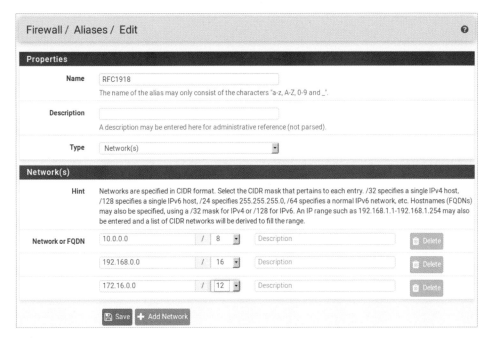

그림 6.33 RFC1918

RFC1918이란?

국제 인터넷 표준화 기구(IETF)에서 공포한 표준으로, 지정된 IP 주소를 사설망으로 규정하고 해당 IP 주소들은 공인망으로 사용하지 않고 각 기업 내에서 사설망으로만 사용하는 것을 지키기로 한 원칙을 말한다. 아래 주소까지가 RFC1918에서 규정한 사설 IP 주소의 범주다.

- 10.0.0.0/8 – 10.0.0.0에서 10.255.255.255까지
- 172.16.0.0/12 – 172.16.0.0에서 172.31.255.255까지
- 192.168.0.0/16 – 192.168.0.0에서 192.168.255.255까지

그럼 RFC1918이라는 Aliases가 만들어지며, 이것은 모든 사설 내역을 포함하는 IP 주소 범주가 된다. 이제 이를 이용해 모든 VLAN끼리의 트래픽을 차단하는 룰을 만들겠다. pfSense 메뉴에서 [Firewall] → [Rules] 메뉴를 차례로 선택한 후 'VLAN10_WEB' 탭을 클릭한다. 화살표가 위로 향하는 [Add] 버튼을 클릭하고 새 룰을 아래와 같이 등록한다.

- [Action]: 'Block'으로 선택
- [Protocol]: 'Any'로 선택
- [Source]: 'VLAN10_WEB net'을 선택
- [Destination]: 'Single host or alias'를 선택한 뒤 RFC1918을 입력
- [Extra Options]에서 'Log'를 체크
- [Description]에는 'deny vlan10(web) to internal'을 입력

그리고 [Save] 버튼을 클릭한 뒤 [Apply Changes]를 클릭한다. 그런 다음 다시 룰을 하나 더 생성한다. 이전과 마찬가지로 화살표가 위로 향하는 [Add] 버튼을 클릭한 후 아래와 같이 룰을 설정한다.

- [Action]: 'Pass'를 선택
- [Protocol]: 'Any'를 선택
- [Source]: 'VLAN10_WEB net'을 선택
- [Destination]: 'VLAN10_WEB net'을 선택
- [Description]에는 'permit vlan10(web) to vlan10(web)'을 입력

설정을 완료한 후 [Save] 버튼을 클릭하고 [Apply Changes]를 클릭하면 최종적으로 다음과 같은 화면이 될 것이다. 앞서 설명했다시피 맨 밑에서부터 시작해서 룰 번호를 첫 번째, 두 번째, 세 번째로 생각해 보자(맨 위가 첫 번째 룰이 아니다!). 세 번째 룰을 넣은 이유는 첫 번째 룰에서 이미 기본적으로 VLAN10에서 밖으로 나가는 모든 트래픽을 허용해 놓았기 때문이다. 하지만 두 번째 룰을 이용해 그 중에서 RFC1918에 해당하는 트래픽, 즉 VLAN끼리의 내부 트래픽을 차단했으며, 이대로 두다가는 VLAN10끼리의 트래픽도 동작하지 않기 때문에 세 번째 룰을 이용해 VLAN10끼리의 트래픽은 다시 허용하는 작업을 진행했다. 즉, 이 같은 패턴을 이용하면 새로운 VLAN을 만들 때도 기존 룰은 건드리지 않아도 된다. 기본적으로 자신의 VLAN 외에는 모두 차단하는 룰이 되기 때문이다.

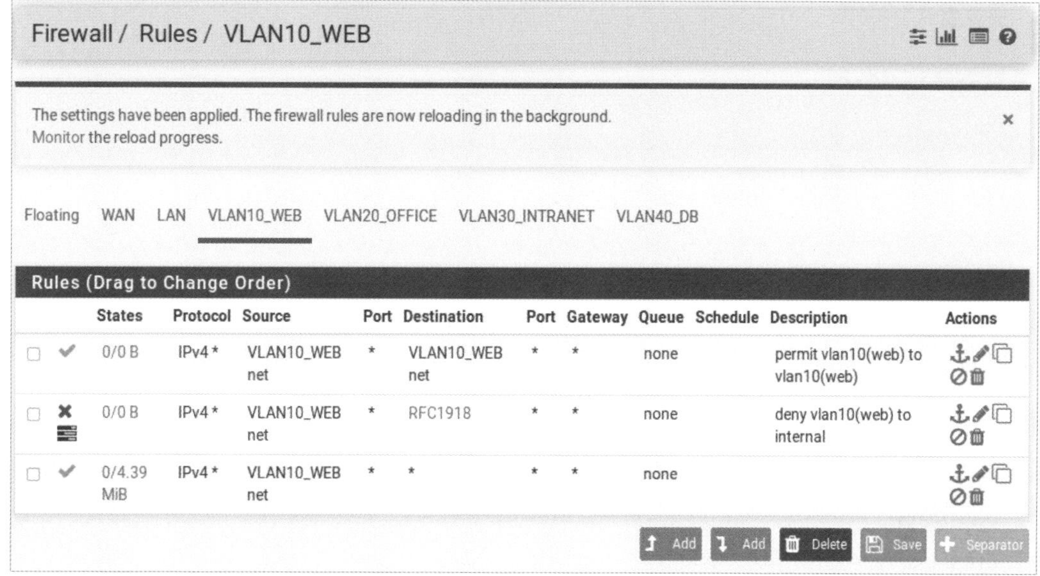

그림 6.34 VLAN10_WEB

이런 식으로 VLAN20, VLAN30, VLAN40까지 작업을 진행해 보자. 스크린샷은 생략하고 요약 작업만 아래에 정리했다.

09 _ VLAN20에서 다른 VLAN으로의 접속 차단

차단 룰

- [Action]: 'Block'을 선택
- [Protocol]: 'Any'를 선택
- [Source]: 'VLAN20_OFFICE net'을 선택
- [Destination]: 'Single host or alias'를 선택한 뒤 'RFC1918'을 입력
- [Extra Options]에서 'Log'를 체크
- [Description]에는 'deny vlan20(office) to internal'을 입력

허용 룰

- [Action]: 'Pass'를 선택
- [Protocol]: 'Any'를 선택
- [Source]: 'VLAN20_OFFICE net'을 선택
- [Destination]: 'VLAN20_OFFICE net'을 선택
- [Description]에는 'permit vlan20(office) to vlan20(office)'을 입력

참고로 현재 오피스 대역인 Xubuntu에서 웹 브라우저를 띄워놓고 이 작업을 하고 있을 테니 여기서 이 룰을 넣는 순간 192.168.2.1로 접속하고 있었다면 pfSense 웹 콘솔이 끊어진다. 이것은 VLAN 20 대역끼리만 통신이 가능하므로 당연한 결과이며, VLAN 20의 게이트웨이니 http://10.20.1.1로 접속하면 다시 pfSense 웹 콘솔로 들어갈 수 있다.

10 _ VLAN30에서 다른 VLAN으로의 접속 차단

차단 룰

- [Action]: 'Block'을 선택
- [Protocol]: 'Any'를 선택
- [Source]: 'VLAN30_INTRANET net'을 선택
- [Destination]: 'Single host or alias'를 선택한 뒤 'RFC1918'을 입력
- [Extra Options]에서 'Log'를 체크
- [Description]에는 'deny vlan30(intra) to internal'을 입력

허용 룰

- [Action]: 'Pass'를 선택
- [Protocol]: 'Any'를 선택
- [Source]: 'VLAN30_INTRANET net'을 선택

- [Destination]: 'VLAN30_INTRANET net'을 선택
- [Description]에는 'permit vlan30(intra) to vlan30(intra)'을 입력

11 _ VLAN40에서 다른 VLAN으로의 접속 차단

차단 룰

- [Action]: 'Block'을 선택
- [Protocol]: 'Any'를 선택
- [Source]: 'VLAN40_DB net'을 선택
- [Destination]: 'Single host or alias'를 선택한 뒤 'RFC1918'을 입력
- [Extra Options]에서 'Log'를 체크
- [Description]에는 'deny vlan40(db) to internal'을 입력

허용 룰

- [Action]: 'Pass'를 선택
- [Protocol]: 'Any'를 선택
- [Source]: 'VLAN40_INTRANET net'을 선택
- [Destination]: 'VLAN40_INTRANET net'을 선택
- [Description]에는 'permit vlan40(db) to vlan40(db)'을 입력

12 _ 서비스나 관리에 필요한 포트/IP 허용

이제 4개의 VLAN은 완전히 분리됐다. 이제 한 서버가 해킹당해도 다른 서버로 넘어가지는 못한다. 또는 오피스에서 직원 PC가 해킹당해도 다른 서버로 전이될 수는 없다. 이 상태에서는 서로 접근하는 것이 불가능하기 때문이다. 한번 테스트해 보자. 먼저 사무실 vlan의 데스크톱이 설치된 VM에 들어가서 PuTTY를 실행해 10.30.1.2로 SSH를 통해 접속해 보자. 다음과 같이 타임아웃 오류가 발생할 것이다.

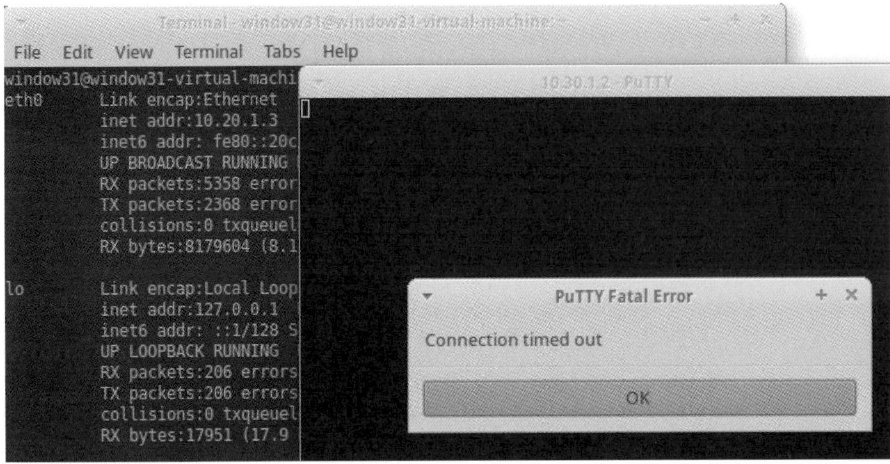

그림 6.35 차단된 모습

하지만 여기서 또 다른 문제점이 발생한다. 망 분리가 제대로 된 것은 좋지만 실제 서비스나 유지보수 작업에 필요한 포트까지 모두 차단됐을 테니 서버 접속이 아예 불가능해서 아무것도 할 수 없다는 것이다. 따라서 지금부터는 이 상태에서 필요한 포트나 IP 주소를 허용하는 작업에 대해 알아보자. 1장에서 그림 6.36을 통해 방화벽 앞뒤 구간의 위치별 역할에 대해 설명하였다. 기억이 나지 않는 분들은 앞 장을 다시 거슬러올라가 보고 오길 바란다. 지금은 간단히 구간별 요약만 정리해 보겠다.

- A 코스: 외부에서 서버로 접속
- B 코스: 내부망에서 서버로 접속
- C 코스: 서버에서 외부망으로 접속
- D 코스: 내부망에서 외부망으로 접속

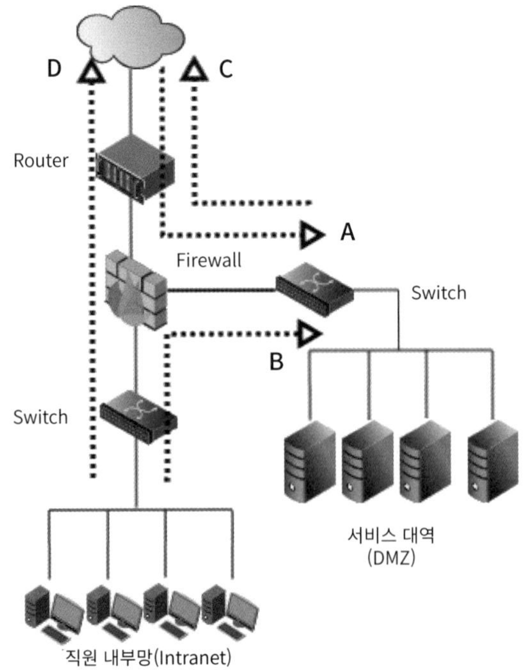

그림 6.36 VLAN별 코스

조금 전에 VLAN끼리의 접근을 모두 차단했다. 하지만 위 코스에 의하면 그래도 관리나 서비스를 위한 접근이 필요하다는 사실을 알 수 있다. 지금부터 이 코스별로 하나씩 ACL 룰을 만들어 보며 어떤 식으로 접근 제어를 하는지 알아보자.

13 _ 사무실에서 접근해야 하는 영역

A, B, C, D 순서대로 다룰 수도 있겠지만 사실 사무실에서 직원들이 어떤 식으로 접근하는지 생각해 보면 더욱 쉽게 전개할 수 있으므로 오피스 대역인 VLAN 20부터 생각해 보자. 따라서 현재 VLAN 20에서 "출발하는 트래픽"을 생각해 보고 먼저 어떤 접근 리스트가 필요할지 정리해 보자[3]. 기본적인 시나리오를 몇 가지 작성해 봤다.

1. 서비스 서버는 외부에서 일반인도 들어올 수 있으므로 당연히 사무실에서도 접근이 가능해야 한다. 일반 사용자들은 밖에서 서비스용 웹 서버로 접근할 수 있는데 사무실에서는 접근이 안 된다면 그것도 웃긴 상황이므로 사무실에서도 기본적으로 라이브 서버 대역의 서비스 포트(http/https)의 접근을 허용해야 한다.
2. 직원들만 접속할 수 있는 사내망에 접근해야 하므로 역시 서비스 포트(http/https) 접근이 가능해야 한다. 단, 이 서버들은 외부에서는 접근이 불가능해야 한다.
3. 사무실에서는 서비스 서버 관리를 해야 하므로 서비스 대역에 있는 라이브 서버의 SSH 접속이 가능해야 한다. 단 외부에서는 SSH 접근이 불가능해야 한다.
4. 사무실에서는 내부 서버 관리를 해야 하므로 인트라넷 대역에 있는 내부 서버들의 SSH 접속이 가능해야 한다. 단, 외부에서는 SSH 접근이 불가능해야 한다.

그럼 첫 번째 상황부터 룰로 만들어 보자. pfSense에서 [Firewall] → [Rules] → [VLAN20_OFFICE]로 이동하자. 화살표가 위로 향하는 [Add] 버튼을 클릭해 아래와 같이 룰을 추가한다.

- [Action]: 'Pass'로 둔다.
- [Protocol]: 'TCP'로 둔다.
- [Source]: 'VLAN20_OFFICE net'을 선택한다.
- [Destination]: 'VLAN10_WEB net'을 선택하고 [Destination port range]는 'HTTP'부터 'HTTP'를 선택한다.

그런 다음 [Apply] 버튼을 클릭하면 이제 서비스망 웹서버로 가는 80번 포트가 접근 허용됐다고 봐도 좋다. 여기서 https인 443번 포트도 허용해야 하는데, 유사한 룰을 하나 더 만들어야 하니 굳이 같은 작업을 한 번 더 할 필요 없이, pfSense에서 제공하는 룰 복사 기능을 사용해 보자. 최상단에 있는 룰이 방금 만든 80번 포트를 허용하는 룰이며, 해당 룰에 대해 아래 보이는 것처럼 네모가 두 개 겹친 아이콘을 클릭하자. [copy]라고 마우스 드롭오버 메뉴가 나타날 것이다.

3 사실 위 모델에서는 사무실 대역과 내부 서버 대역을 직원 내부망(intranet)이라는 대역으로 뭉뚱그렸지만 실제 VLAN을 나눌 때 오피스 VLAN과 내부망 VLAN을 좀 더 세분화해서 별도로 분리했으므로 위 모델과는 약간 구체화돼 있음을 염두에 두기 바란다.

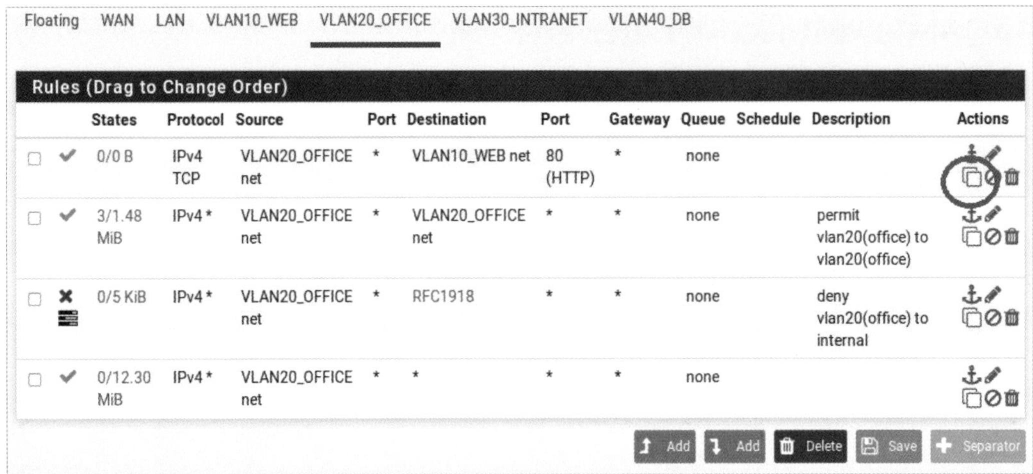

Floating WAN LAN VLAN10_WEB VLAN20_OFFICE VLAN30_INTRANET VLAN40_DB

Rules (Drag to Change Order)

	States	Protocol	Source	Port	Destination	Port	Gateway	Queue	Schedule	Description	Actions
✔	0/0 B	IPv4 TCP	VLAN20_OFFICE net	*	VLAN10_WEB net	80 (HTTP)	*	none			
✔	3/1.48 MiB	IPv4 *	VLAN20_OFFICE net	*	VLAN20_OFFICE net	*	*	none		permit vlan20(office) to vlan20(office)	
✖	0/5 KiB	IPv4 *	VLAN20_OFFICE net	*	RFC1918	*	*	none		deny vlan20(office) to internal	
✔	0/12.30 MiB	IPv4 *	VLAN20_OFFICE net	*	*	*	*	none			

Add Add Delete Save Separator

그림 6.37 VLAN20

다른 부분은 그대로 두고 [Destination port range]만 'HTTPS'부터 'HTTPS'로 바꾼다. 그런 다음 [Save] 버튼을 클릭한다. 그러면 아래와 같이 룰이 만들어질 것이다. 굳이 또 룰을 만들 필요 없이 복사만으로 간편하게 작업이 끝났다.

Floating WAN LAN VLAN10_WEB VLAN20_OFFICE VLAN30_INTRANET VLAN40_DB

Rules (Drag to Change Order)

	States	Protocol	Source	Port	Destination	Port	Gateway	Queue	Schedule	Description	Actions
✔	0/0 B	IPv4 TCP	VLAN20_OFFICE net	*	VLAN10_WEB net	80 (HTTP)	*	none			
✔	0/0 B	IPv4 TCP	VLAN20_OFFICE net	*	VLAN10_WEB net	443 (HTTPS)	*	none			
✔	2/1.51 MiB	IPv4 *	VLAN20_OFFICE net	*	VLAN20_OFFICE net	*	*	none		permit vlan20(office) to vlan20(office)	
✖	0/5 KiB	IPv4 *	VLAN20_OFFICE net	*	RFC1918	*	*	none		deny vlan20(office) to internal	
✔	3/12.30 MiB	IPv4 *	VLAN20_OFFICE net	*	*	*	*	none			

Add Add Delete Save Separator

그림 6.38 VLAN20

이제 VLAN10 대역에 nginx 같은 웹서버를 하나 띄워 놓고, VLAN20 대역에서 브라우저를 열어 한번 접속해 보자. 포트가 허용됐기 때문에 웹서버에 잘 접속되는 것을 확인할 수 있다.

그림 6.39 nginx

같은 방식으로 사내 서버망에 있는 http/https 룰을 추가하는 옵션을 또 만들어 보자. 그리고 VLAN10, VLAN30에 대해 22번 SSH 포트를 허용하는 룰도 만들어 보자. 방식은 위와 동일하므로 설명은 생략한다. 룰이 모두 만들어진 모습은 다음과 같다.

Floating WAN LAN VLAN10_WEB VLAN20_OFFICE VLAN30_INTRANET VLAN40_DB

Rules (Drag to Change Order)

		States	Protocol	Source	Port	Destination	Port	Gateway	Queue	Schedule	Description	Actions
☐	✔	0/0 B	IPv4 TCP	VLAN20_OFFICE net	*	VLAN30_INTRANET net	22 (SSH)	*	none			
☐	✔	0/0 B	IPv4 TCP	VLAN20_OFFICE net	*	VLAN30_INTRANET net	80 (HTTP)	*	none			
☐	✔	0/0 B	IPv4 TCP	VLAN20_OFFICE net	*	VLAN30_INTRANET net	443 (HTTPS)	*	none			
☐	✔	0/0 B	IPv4 TCP	VLAN20_OFFICE net	*	VLAN10_WEB net	22 (SSH)	*	none			
☐	✔	0/3 KiB	IPv4 TCP	VLAN20_OFFICE net	*	VLAN10_WEB net	80 (HTTP)	*	none			
☐	✔	0/0 B	IPv4 TCP	VLAN20_OFFICE net	*	VLAN10_WEB net	443 (HTTPS)	*	none			
☐	✔	0/1.60 MiB	IPv4 *	VLAN20_OFFICE net	*	VLAN20_OFFICE net	*	*	none		permit vlan20(office) to vlan20(office)	
☐	✖	0/5 KiB	IPv4 *	VLAN20_OFFICE net	*	RFC1918	*	*	none		deny vlan20(office) to	

그림 6.40 VLAN20

이런 식으로 룰을 만들면 각 VLAN마다 해당하는 여러 가지 룰을 정리할 수 있다. DB 서버는 웹서버 VLAN10에서만 3306번 포트가 허용돼 있어야 한다거나 하는 룰을 얼마든지 만들어 낼 수 있다. 그리고 지금까지 살펴본 예제는 주로 VLAN30_WEB net 등의 네트워크 대역 전체를 사용했지만 특정 IP 주소 하나만 넣는 것도 가능하고, Aliases 작업을 통해 원하는 서버의 이름을 지정한 후 해당 이름을 넣어 주는 것도 가능하다. 예를 들어보자. 웹서버 대역에 허니팟 서버가 하나 있다고 가정하고 이 서버는 악성코드의 정보를 모으는 역할을 한다고 보자. 그럼 이 서버는 외부에서는 접근할 수 있어야 하겠지만, 내부에서는 직원들이 함부로 접근하지 않는 것이 좋다. 그래서 이 서버에 대해서만 접근 정책을 세울 수 있으며, 아래와 같이 직접 IP 주소를 넣는 룰을 넣을 수 있다. 10.30.1.11을 데스티네이션 IP 주소에 넣었다.

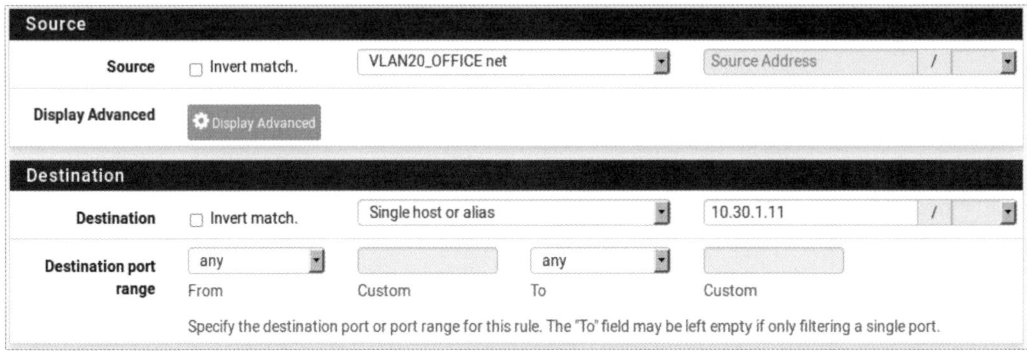

그림 6.41 ACL

방화벽 룰 목록은 다음과 같을 것이다. 이제 VLAN 20인 사무실 대역에서는 10.30.1.11 서버에는 접근하지 못한다. 물론 사무실 직원 중 누군가는 유지보수를 위해 이 서버에 접속해야 할 테니 관리자의 IP 주소는 허용하는 작업도 필요하다.

Firewall / Rules / VLAN20_OFFICE

The settings have been applied. The firewall rules are now reloading in the background.
Monitor the reload progress.

Floating WAN LAN VLAN10_WEB VLAN20_OFFICE VLAN30_INTRANET VLAN40_DB

Rules (Drag to Change Order)

	States	Protocol	Source	Port	Destination	Port	Gateway	Queue	Schedule	Description	Actions
✖	0/0 B	IPv4 TCP	VLAN20_OFFICE net	*	10.30.1.11	*	*	none		deny vlan20(office) to honeypot	
✔	0/0 B	IPv4 TCP	VLAN20_OFFICE net	*	VLAN30_INTRANET net	22 (SSH)	*	none			

그림 6.42 VLAN20

참고로 IP 주소가 종종 변경되고 룰이 엄청나게 많다면 IP 주소가 바뀔 때마다 룰을 모두 변경해야 할 것이다. 이 경우 앞에서 언급한 것처럼 Aliases를 사용할 수 있다. 다음과 같이 HoneyPot이라는 이름을 만들고 10.30.1.11을 부여하자.

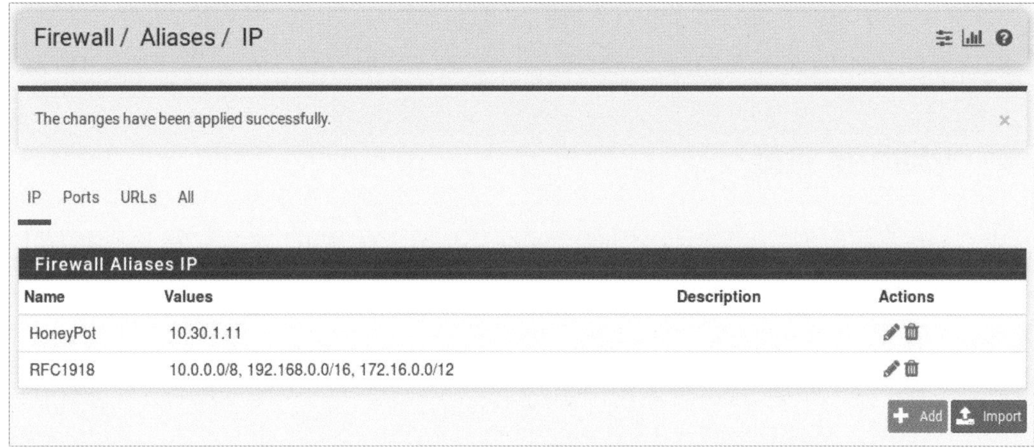

그림 6.43 Aliases

그럼 RFC1918을 다룰 때 설명했던 것처럼 Destination에 이름을 쉽게 넣을 수 있고, 룰 관리가 더욱더 직관적이고 용이해진다. 룰 관리를 위해서는 이처럼 Aliases를 최대한 활용하는 것이 좋다.

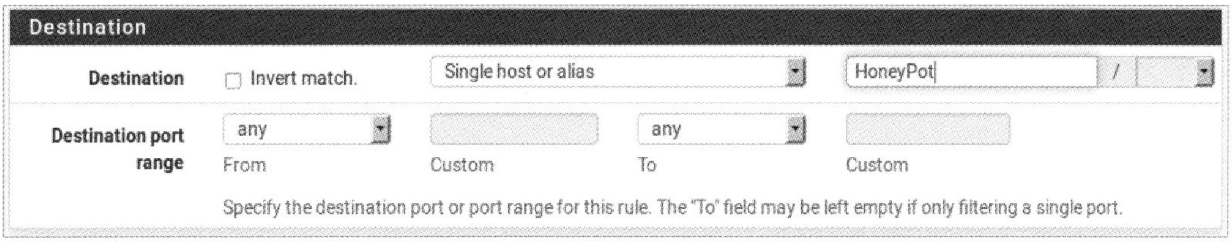

그림 6.44 Destination

그 밖에도 VLAN 사이의 서버끼리 접근을 제어하기 위해 SMB 프로토콜(139/445)을 사용할 것인지 FTP(21)를 사용할 것인지 등, 각 환경의 보안 정책에 따라 룰을 만들 수 있다. 또는 사내망을 하나 더 만들어 그 환경에서는 외부로 나가는 인터넷 접속을 차단하고 서버 접속용 망으로 변경할 수도 있다. 이 같은 작업을 개발망 또는 보호망 분리 작업이라고도 하며, 하나의 망분리 사례에 해당한다. 이에 따라 보안이 강화된 일부 기업에서는 사내망을 2개 이상 만들어 두고 있다. 게다가 인터넷 PC라고 불리는 일반 PC와 IDC나 서버에 접속하는 용도의 PC를 별도로 구비해 둔다. 이처럼 망이 분리된 곳에서 엔지니어들은 PC를 두 대 이상씩 자리에 놓고 사용하기도 한다.

참고로 망 분리 방법과 연관된 법적인 개인정보와 관련된 법적 조항은 다음과 같다. 회사에 개인정보 취급자가 존재하는 경우 이 법을 적용받아 두 대 이상의 PC를 사용하는 경우가 많다.

- 정보통신망법 제15조2항3호 준수: 개인정보처리시스템에 접속하는 개인정보취급자 컴퓨터 등에 대한 외부 인터넷망 차단

14 _ 방화벽 룰 관리

사실 Alias 등으로 효과적으로 룰 관리를 하는 것처럼 느껴질지 모르겠지만 현업에서는 상상을 초월할 정도로 ACL 룰을 계속 넣어야 하며, 그 개수가 10만 개를 넘어가는 경우도 있다. 그래서 이런 식으로 룰을 넣다 보면 한도 끝도 없어지고, 내가 이 룰을 왜 넣었는지 가물가물해지는 경우를 자주 접하게 된다. 따라서 훌륭한 엔지니어라면 룰 관리를 깔끔하게 하는 방법에 대해서도 고민해야 한다. 보통 룰을 관리할 때 넣는 항목은 다음과 같다. 이런 항목을 어떻게 관리해야 할지 생각해야 한다.

1. 룰 번호

   룰에 대해 각각 번호를 부여하는 것이 좋다.

2. 룰을 넣은 날짜

   2017.09.22. 같은 형식으로 넣는다.

3. 룰 이름

   이 룰을 왜 넣었는지 직관적으로 알 수 있는 단순한 이름을 넣는다.

   Permit VPN User Allowing Web

4. Source Zone

   소스 IP 주소가 어느 구간에 해당하는지 이름을 넣는다. Alias 등에 들어가는 이름으로 생각해도 좋다.

   VPN User

5. Source IP/Port

   Source Zone에 해당하는 IP 주소와 포트 번호를 넣는다.

   10.50.1.2–10.50.1.254

6. Destination Zone

7. Destination IP/Port

위와 같으므로 설명을 생략한다.

8. Action

Allow 또는 Permit 등을 넣는다.

9. Approved

이 룰을 누가 요청했고, 누가 승인했는지 등에 대해 티켓 시스템으로 승인받는 프로세스가 있을 것이다. 나중에 참고해야 할 때가 올 수 있으므로 해당 티켓의 번호나 티켓의 링크를 넣어둔다.

FW-REQUEST-3844

10. Note

기타 필요한 내용 등을 적는다.

"개발팀의 긴급 요청으로 인해 8344번 포트를 오픈함" 등의 내용을 추가한다.

위와 같은 내용을 표로 만들어서 정리해 두는 것이 좋다. 위키나 전용 웹사이트를 활용해도 좋고, 특별한 시스템이 없다면 단순히 엑셀 파일을 만들어서 관리하는 것도 좋다. 운영을 하다 보면 방화벽 룰을 펼쳐놓고 이건 왜 열었니 닫았니 하는 논의가 오갈 때가 있는데 위와 같은 항목을 정리해 두면 그런 논쟁이 있을 때 훨씬 효율적으로 대응할 수 있다.

15 _ NAT 설정

간단히 쉬어가는 코너로 NAT 설정을 하는 법을 알아보자. 간단히 VLAN20 대역에 있는 웹서버 하나를 NAT을 통해 밖에서 접근할 수 있게 개방한다고 가정하고, 밖에서 접근할 웹서버의 IP 주소는 10.10.1.2이고 http 프로토콜이므로 80번 포트를 매핑하는 것이 이 작업의 구체적인 목표다. pfSense의 메뉴에서 [Firewall] → [NAT]로 이동한다. [Port Forward] 탭이 선택된 상태에서 화살표가 위로 향하는 [Add] 버튼을 클릭한다. 다른 메뉴는 그대로 두고 아래 항목만 수정한다.

- [Destination port range]: 'from 80 to 80'
- [Redirect target IP]: '10.10.1.2'
- [Redirect target port]: 'HTTP'
- [Description]: 'VLAN20 web server (DMZ)'

[Save]를 클릭한 후 [Apply Changes]를 클릭한다. 다음과 같이 반영돼 있어야 정상이다.

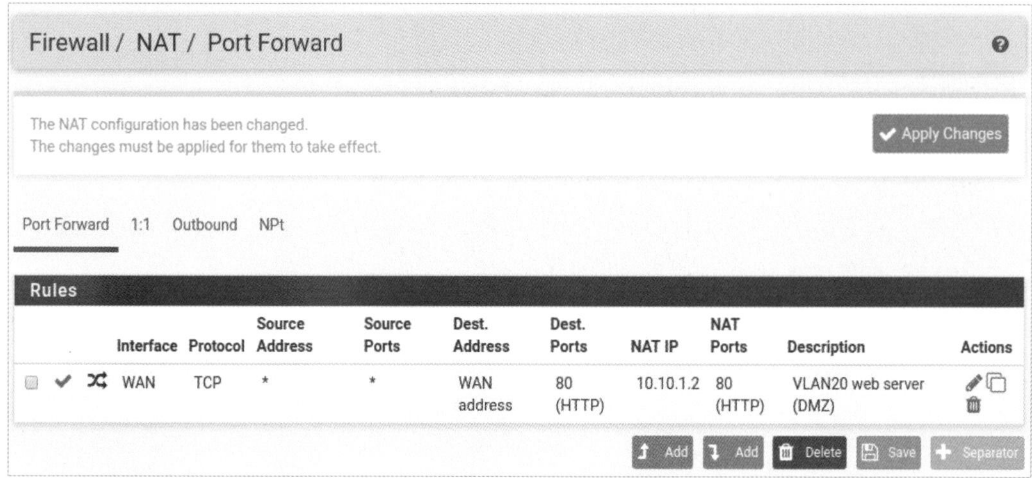

그림 6.45 NAT

그런 다음 내 컴퓨터에서 브라우저를 열어 http://192.168.1.104를 입력하면 페이지가 나오는 것을 알 수 있다. 내부적으로 NAT을 통해 10.10.1.2의 웹서버로 연결되는 것이다.

그림 6.46 80포트 접속이 이뤄진 화면

만약 pfSense가 물고 있는 WAN IP 주소가 생각나지 않으면 pfSense에 SSH를 통해 접속해 보면 확인할 수 있다. 그림 6.47에 따르면 192.168.1.104가 WAN IP 주소에 해당한다.

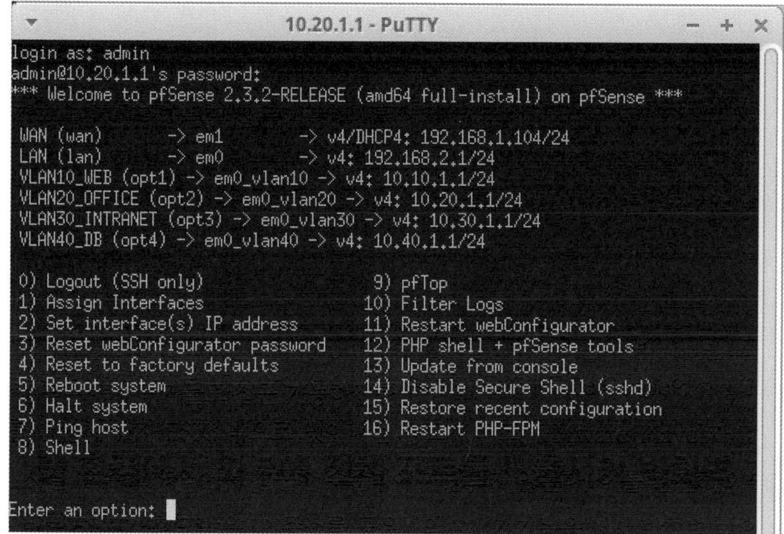

그림 6.47 WAN IP 주소

16 _ 랩 환경에서 외부에 전체 포트를 노출시켜 방화벽 기능을 제대로 사용하는 방법

한 가지 팁을 알려주자면 앞에서 VMware Player 안에서 ESXi를 설치하고 그 뒤에 pfSense를 설치했으므로 앞서 설명한대로 VM 안에서 VM을 설치한 모양새고, pfSense에서 1:1 NAT를 통해 바깥으로 포트를 개방해 봤자 ESXi 밖으로 벗어나는 정도가 되고, VMware Player가 IP 주소를 할당받은 작업 PC의 사설 IP 주소 영역에서 접근한 수준밖에 개방되지 않는다. 이를 완전히 외부로 오픈하는 방법이 있는데, 바로 ESXi가 할당받은 IP 주소를 공유기의 DMZ 기능을 써서 방화벽 밖으로 꺼내버리면 된다. 그러면 ESXi 자체가 바깥에 노출된 모양새가 되고, pfSense에서 80번 포트건 1194번 포트건 NAT으로 개방하면 완전한 공인 IP 주소 외부 영역에서 접근할 수 있게 된다. 즉, 80번 포트나 22번 포트 등을 여는 순간 외부에서 해커들도 접근 가능해진다.

어떻게 이렇게 하는지 알아보자. 만약 현재 랩 환경에서 보급형 공유기인 iptime을 사용 중이라고 가정하자. 그럼 특별히 DHCP를 건드리지 않는 한 VMware Player나 ESXi가 할당받은 IP 주소는 192.168.0.0/24가 될 테고, 아래와 같이 pfSense는 192.168.0.2를 할당받았다고 볼 수 있다. 이를 DMZ 밖으로 꺼내면 된다.

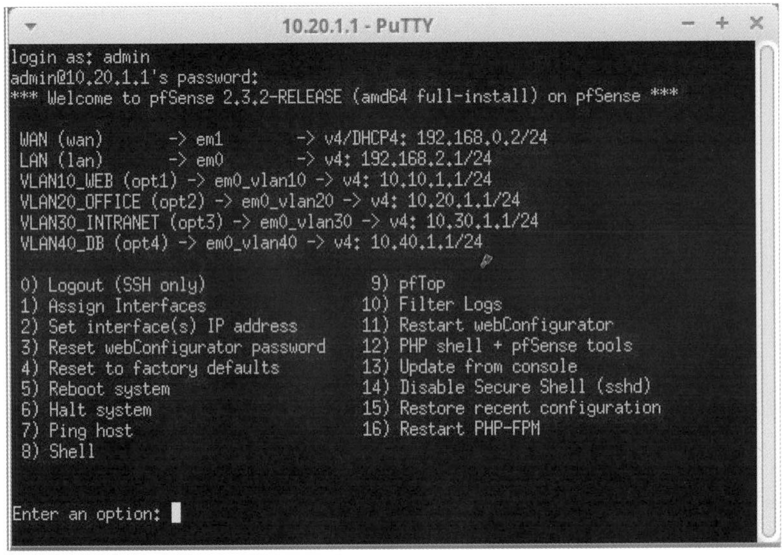

그림 6.48 192.168.0.2

먼저 작업 PC에서 공유기의 관리자 페이지인 http://192.168.0.1로 들어가면 DMZ를 설정하는 메뉴가 나온다. 여기서 위 IP 주소를 적고 나서 [적용] 버튼을 클릭하면 이제 이 IP 주소는 공유기 바깥에 있는 IP 주소가 되며, pfSense에서 NAT을 하면 외부에 완전히 노출된다. ESXi가 켜진 동안은 pfSense가 외부를 커버하고 있는 진짜 방화벽으로 테스트할 수 있는 것이다. 이 팁을 활용하면 실제로 여러 가지 외부 테스트를 하기가 아주 수월할 것이다.

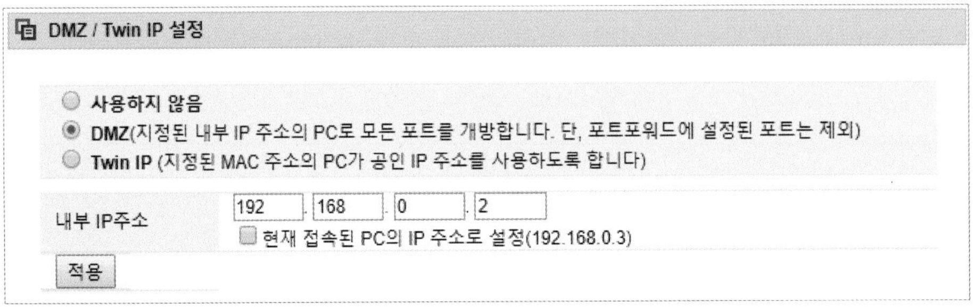

DMZ / Twin IP 설정

사용하지 않음
DMZ(지정된 내부 IP 주소의 PC로 모든 포트를 개방합니다. 단, 포트포워드에 설정된 포트는 제외)
Twin IP (지정된 MAC 주소의 PC가 공인 IP 주소를 사용하도록 합니다)

내부 IP주소 192 . 168 . 0 . 2
현재 접속된 PC의 IP 주소로 설정(192.168.0.3)

적용

그림 6.49 공유기 설정

참고로 공유기의 DMZ로 꺼낼 때 아래 IP 주소와 혼동하면 안 된다. 아래 IP 주소는 우리가 접근을 쉽게 하려고 만든 백도어 IP 주소다. vSphere에만 접근하기 위해 만든 것이므로 이 IP 주소를 넣으면 pfSense가 노출되는 것이 아니고 vSphere의 웹 인터페이스가 노출된다. 따라서 밖에서 접근하면 vSphere에만 접속할 수 있게 될 뿐이다.

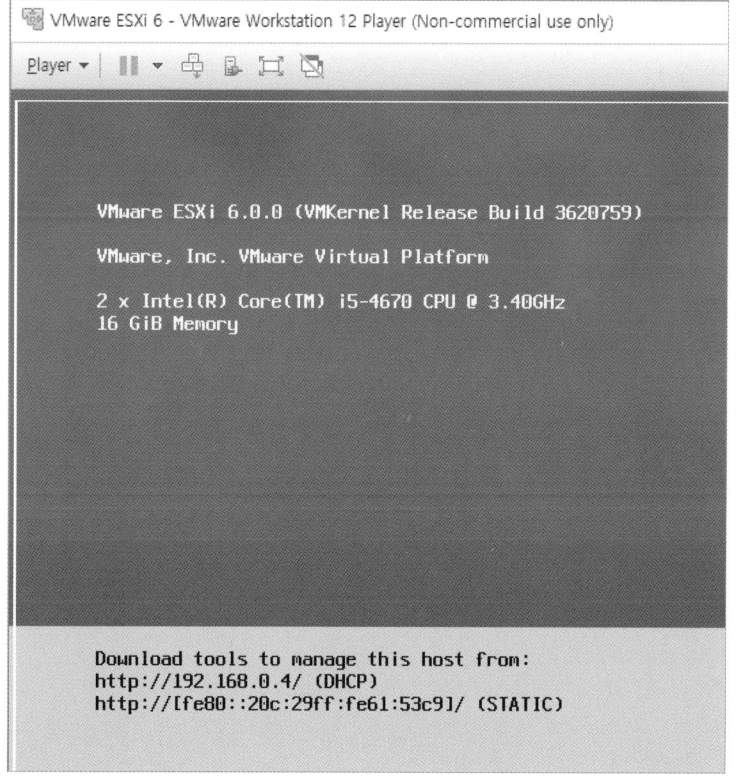

그림 6.50 ESXi IP 주소

7장 웹 필터, 유해차단 시스템 스퀴드 구축

지난 장을 통해 방화벽과 망 분리에 대해 어느 정도 개념을 정리했으리라 생각한다. 이번에는 UTM의 새로운 보안 시스템을 살펴보자. 이전 장에서 방화벽의 SNAT와 DNAT에서 보안 취약점이 어떤 상황에서 발생하는지 설명한 바 있다. 이때 나오는 개념이 아웃바운드 차단 정책을 위한 프락시 서버로서, 지금부터 프락시 서버를 보안 측면에서 어떤 식으로 이해해야 하는지 먼저 살펴보고, pfSense 또는 스퀴드(Squid) 프락시 서버를 설치해서 어떻게 프락시 서버를 설정하는지 알아보자. 프락시 서버에 대해 이미 충분히 이해하고 있는 분들은 이 부분을 건너뛰어도 무방하다.

01 _ 보안적인 관점에서 프락시 서버를 쓰는 목적

먼저 프락시 서버의 주된 용도는 웹 캐싱이다. 반복된 요청을 캐싱함으로써 웹의 속도를 향상시키고 대역폭을 줄이는 데 있다. 하지만 웹 접속 자체가 프락시 서버를 거치게 되므로 결국 프락시 서버 입장에서는 보안 관점에서 모든 접속 요청 URL을 알 수 있고, 그 덕택에 보안 정책상 허용되지 않는 URL에 접속하지 못 하게 하거나 해킹 위험이 있는 URL을 필터링하는 목적으로 쓸 수도 있다. 이 책은 인프라 보안이 주제이므로 지금부터는 이 같은 보안 측면에서만 프락시 서버를 설명하겠다.

먼저 아래와 같이 PC에서 네이버에 접속한다고 가정해 보자. 일반적인 상황에서는 다음 그림과 같이 PC에서는 아웃바운드로 80번 포트와 naver.com에 대한 DNS를 IP 주소로 변환받을 53번 포트가 열려 있어야 한다. 그리고 네이버 서버 입장에서는 PC가 접속을 시도하고 있으므로 PC의 공인 IP 주소를 알아야 한다. 이때 PC의 공인 IP 주소가 11.22.33.44라고 가정하자.

그림 7.1 네이버 접속 화면

하지만 일반 PC가 위와 같이 1:1 매칭돼 있지는 않고 보통은 다음 그림과 같이 방화벽이나 공유기가 그 사이에 자리 잡고 있다. 방화벽이든 공유기든 모두 L3 장비의 일종이고, 여기서 NAT이 발생한다. 따라서 SNAT 변환으로 인해 실제로는 RFC1918에 의거한 10.x 또는 192.x 등의 사설 IP 주소를 부여받게 되고, 트래픽이 밖으로 나갈 때는 L3 장비인 공유기나 방화벽을 거쳐 사전에 정의된 공인 IP 주소로 매핑되고 네이버에 접속하게 된다. 여기까지는 별로 어렵지 않게 이해할 수 있을 것이다.

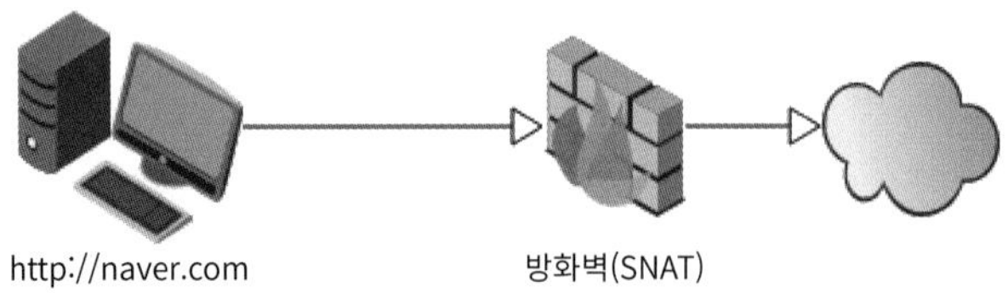

그림 7.2 방화벽이 중간에 추가된 모습

이제 다음 그림을 보자. 이 PC를 쓰는 사람들은 네이버 외에 sdflkjkdf.com 같은 해킹된 사이트에 본인도 모르게 들어갈 가능성이 있다. 따라서 방화벽 뒤에 아래와 같이 프락시 서버를 둔다. 그러면 모든 URL 접속에 대해 실제 URL 접속이 이뤄지기 전에 프락시 서버를 거쳐가게 되며, 이때 프락시 서버에 악성 URL에 대한 패턴 목록이 있다면 이 PC의 사용자가 해당 패턴의 URL로 접속할 경우 접속을 차단하는 효과를 줄 수 있다. 사용자가 sdflkjkdf.com이라는 사이트에 들어가려고 하면 다음 화면처럼 경고 메시지가 나타나며 사이트 접속이 차단된다(아래는 스퀴드가드가 차단한 예제 화면이다). 이것이 웹 프락시의 강력한 기능 중 하나이며, 한국에서는 유해 사이트 차단 시스템이라고도 하는 블루코트나 웹센스 등의 제품이 이와 유사한 원리로 직원의 악성코드 접근을 차단한다.

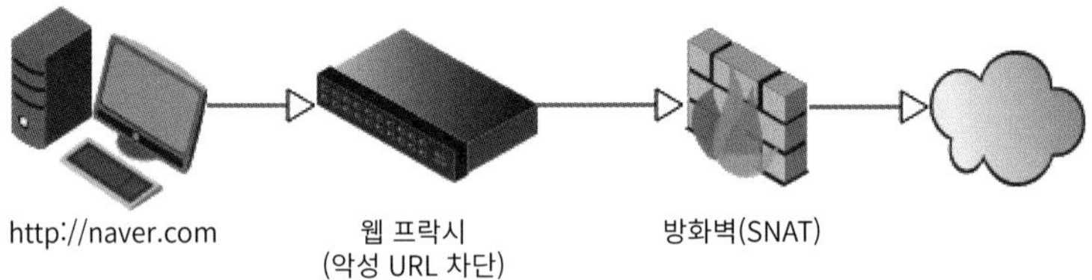

그림 7.3 웹 프락시 추가

그림 7.4 차단된 모습

여기까지도 그다지 어려운 내용은 없다. 이번에는 또 다른 사례를 들어보자. 서버에서는 사실 네이버에 들어갈 일이 없으며 들어갈 일이 있다 하더라도 절대 들어가서는 안 된다. 인터넷 서핑이 악성코드에 감염될 수 있는 가장 위험한 행동이기 때문이다. 따라서 서버에 설치할 프로그램이 있다면 미리 어딘가에서 내려받은 다음, 악성코드에 감염되지 않았다는 것이 확인된 파일만 내부의 인가된 통신 채널을 통해 업로드하고 설치해야 한다. 윈도우 보안 업데이트를 할 때도 굳이 마이크로소프트 사이트에서 받을 필요 없이 WSUS 등의 PMS(Patch Management System) 솔루션을 이용하면 인터넷을 개방하지 않고도 충분히 처리할 수 있다. 그래서 방화벽에서는 서버의 아웃바운드를 기본적으로 모두 차단해 두는 것이 일반적인 보안 정책이다.

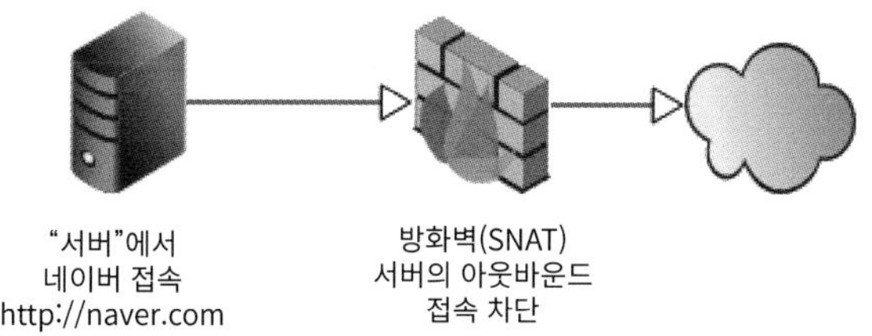

그림 7.5 아웃바운드 차단

하지만 리눅스 서버의 경우 apt-get update 등을 실행할 때 리포지토리에 등록된 URL을 통해 리눅스에서 관리되고 있는 패치를 받아오기 때문에 인터넷 접속이 필수적이다. 따라서 어쩔 수 없이 밖으로 나가는 아웃바운드를 열어야만 한다. 하지만 그로 인해 어떤 문제가 발생하는지는 이전 장의 방화벽 세션에서 SNAT과 DNAT을 통해 상세히 설명한 바 있다(기억이 나지 않는 분들은 다시 읽고 오길 바란다). 요약하면 서버도 로드밸런싱 등을 하고 있으므로 하나의 공인 IP 주소 뒤에는 수십 대의 서버가 있을 수 있으며, 그러한 서버에 대해 아웃바운드로 나가는 IP 주소를 모두 똑같이 하나의 공인 IP 주소로 해 놓으면 침해 대응이나 보안 모니터링을 수행할 때 시야 확보가 제대로 되지 않는 문제가 발생한다.

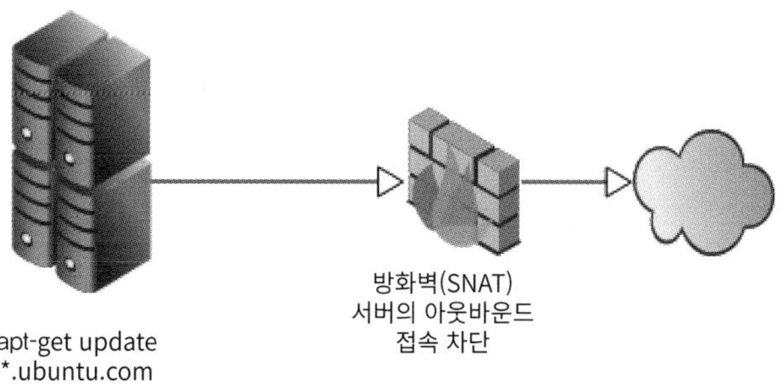

그림 7.6 여러 대의 서버가 하나의 공인 IP 주소로 트래픽이 나가는 모습

두 번째 문제는 내부 서버와 관련된 문제다. 굳이 외부에 개방할 필요가 없는 서버, 즉 내부 직원만 사용하는 서버에는 공인 IP 주소를 부여할 필요도 없지만, 인터넷 접속이 필요하기 때문에 어거지로 공인 IP 주소를 추가하는 경우가 있다. 이런 상황 역시 프락시 서버로 해결할 수 있다. 인터넷 연결 필요성에 대해서는 해당 서버에서 apt-get udpate를 통해 패치를 받을 수 있도록 리눅스 리포지토리 등에만 접근 가능한 프락시 서버를 만든다면 굳이 개별 서버에 대해 외부 접속도 필요하지 않고 NAT를 수행하지 않아도 되기 때문에 가장 깔끔한 해결책이 된다. 하지만 이처럼 프락시 서버를 제대로 활용하지 않는다면 겨우 리포지토리 접속 정도를 위해 굳이 SNAT를 연결해서 해결하는 엔지니어들을 종종 만나게 된다. 그렇게 되면 아웃바운드로 나갈 IP 주소를 무언가 매핑해야 하기 때문에 결국 공인 IP 주소가 필요없는 서버에 강제로 공인 IP 주소를 할당하고, 그 탓에 보안 취약점을 일부러 만들기도 하는 사태가 발생한다. 사실 이러한 문제는 보안 측면 외에 인프라 관리 측면에서도 공인 IP 주소의 낭비라는 문제로 이어진다.

02 _ pfSense에 포함된 스퀴드 프락시 설치

바로 이러한 경우에 대비해서 프락시 서버를 사용한다. 프락시 서버의 필요성을 보안 측면에서만 요약하면 아래와 같다.

1. 악성 사이트에 접근할 때 사전에 차단하는 유해 사이트 차단
2. 서버가 인터넷에 함부로 접근할 수 없도록 차단해 주는 감염 예방과 보안 정책 유지
3. 침해 대응 시 시야 확보에 대한 문제점 해소

이러한 프락시 서버는 UTM에도 기본적으로 포함돼 있는 기능이기도 하며, pfSense에도 당연히 패키지로 들어 있다. 지금부터 이러한 프락시 서버 구축을 시작하겠다. 보통 오픈소스로 유명한 스퀴드 프락시(Squid Proxy)와 URL 관리 역할을 하는 스퀴드 가드(Squid Guard)라는 것을 활용한다. 이 제품은 오픈소스로 별도 리눅스 서버에 설치해도 되지만 pfSense에 있는 패키지를 그대로 이용하는 편이 더 쉽기도 하고, 또 UTM 구축 장에서 다루기에도 적절하므로 pfSense 내부의 프락시 서버로 구축할 예정이다.

먼저 pfSense 웹콘솔에 들어가서 [System] 메뉴의 [Pacakge Manager]로 들어간다. 그런 다음 [Available Packages] 탭을 클릭한다. 그럼 설치 가능한 패키지가 표시되는데, 이때 시간이 조금 걸릴 수 있으므로 잠깐 인내심을 가지고 기다린다. 설치 가능한 패키지 목록이 나오면 [Search term]에서 'squid'로 검색해 본다. 'squid'와 'squidGuard'로 두 개가 나오는데 [Install] 버튼을 눌러서 둘 모두 설치한다. 이때 설치 순서상 가급적이면 스퀴드 프락시를 먼저 설치하고 그 후에 스퀴드 가드를 설치한다.

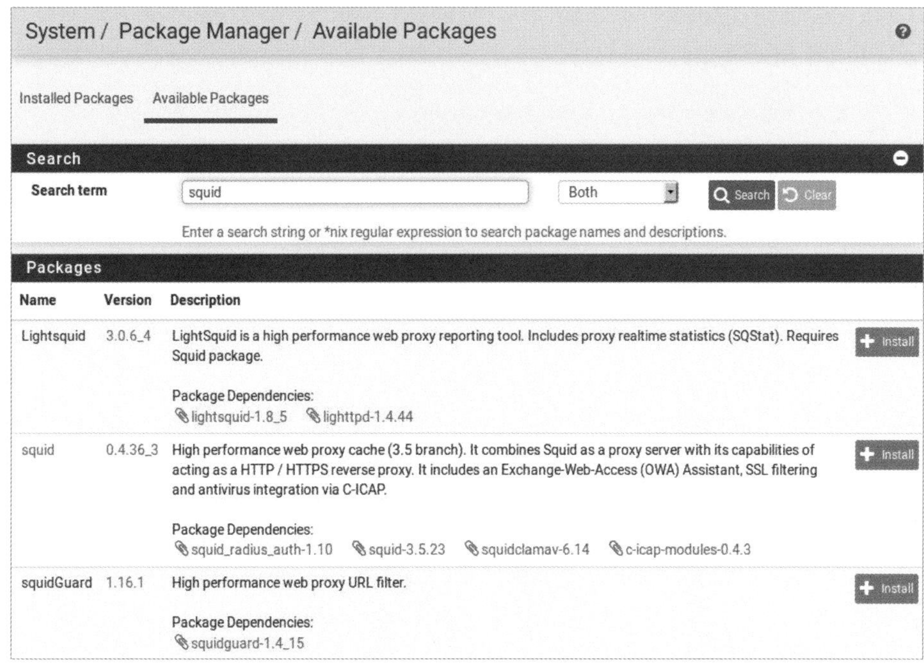

그림 7.7 스퀴드 설치

스퀴드 프락시 설치가 실패할 경우

어떤 이유로 pfSense의 패키지에서는 가끔 squid의 설치가 실패할 때가 있다. 그때는 pfSense의 콘솔 메뉴로 들어가서 별도의 작업을 하고, 다시 설치를 시도하면 된다. pfSense의 메뉴에서 [System] → [Advanced]로 들어가면, [Secure Shell]이라는 메뉴가 있다. 이곳에서 [Enable Secure Shell] 체크박스에 체크한 후 PuTTY 등을 통해 '10.20.1.1'로 접속하면, pfSense의 셸로 접속할 수 있다. 이곳에서 8번 메뉴로 나오면 root 권한을 받을 수 있다.

```
10.20.1.1 - PuTTY
admin@10.20.1.1's password:
*** Welcome to pfSense 2.3.2-RELEASE (amd64 full-install) on pfSense ***

 WAN (wan)       -> em1        -> v4/DHCP4: 192.168.1.104/24
 LAN (lan)       -> em0        -> v4: 192.168.2.1/24
 VLAN10_WEB (opt1) -> em0_vlan10 -> v4: 10.10.1.1/24
 VLAN20_OFFICE (opt2) -> em0_vlan20 -> v4: 10.20.1.1/24
 VLAN30_INTRANET (opt3) -> em0_vlan30 -> v4: 10.30.1.1/24
 VLAN40_DB (opt4) -> em0_vlan40 -> v4: 10.40.1.1/24

 0) Logout (SSH only)                  9) pfTop
 1) Assign Interfaces                 10) Filter Logs
 2) Set interface(s) IP address       11) Restart webConfigurator
 3) Reset webConfigurator password    12) PHP shell + pfSense tools
 4) Reset to factory defaults         13) Update from console
 5) Reboot system                     14) Disable Secure Shell (sshd)
 6) Halt system                       15) Restore recent configuration
 7) Ping host                         16) Restart PHP-FPM
 8) Shell


Enter an option: 8

[2.3.2-RELEASE][admin@pfSense.localdomain]/root:
```

그림 7.8 8번 메뉴 선택

그런 다음 다음과 같은 화면처럼 명령어를 입력하면 설치 찌꺼기가 정리된다. 이후에 다시 패키지 메뉴에 들어가서 설치를 시도하면 잘 설치되는 것을 확인할 수 있을 것이다.

```
tar xv -C / -f /usr/local/share/pfSense/base.txz ./usr/bin/install
```

```
10.20.1.1 - PuTTY
[2.3.2-RELEASE][admin@pfSense.localdomain]/root: tar xv -C / -f /usr/local/share
/pfSense/base.txz ./usr/bin/install
x ./usr/bin/install
[2.3.2-RELEASE][admin@pfSense.localdomain]/root:
[2.3.2-RELEASE][admin@pfSense.localdomain]/root:
```

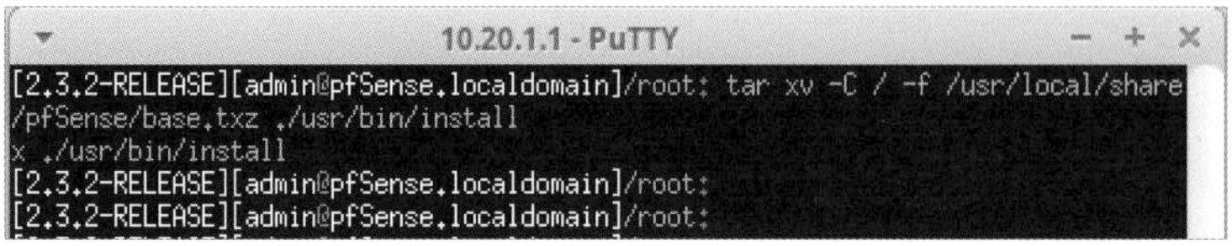

그림 7.9 설치 찌꺼기 제거

이제 설치가 완료되면 pfSense의 [Services] 메뉴에 스퀴드와 관련된 새로운 메뉴가 생성돼 있을 것이다. [Squid Proxy Server] 메뉴로 들어가 보자. 먼저 [Local Cache] 탭부터 시작한다. 밑으로 내려 보면 [Hard Disk Cache Size]가 있는데 이를 '2000'으로 설정한다. 그러고 나서 [Save] 버튼을 클릭해 저장한다.

Squid Hard Disk Cache Settings

Hard Disk Cache Size: 2000

Amount of disk space (in megabytes) to use for cached objects.

그림 7.10 캐시 사이즈 지정

다음으로 [ACLs] 탭으로 넘어간다. 맨 밑으로 내려오면 [Squid Allowed Ports]가 있는데, ACL SafePorts는 http 트래픽이면서 80번 포트가 아닌 것을 사용하는 경우를 의미한다. 그러한 포트를 여기서 [Allowed Ports]에 지정하지 않으면 해당 포트로는 아예 http 통신을 할 수 없게 된다. 일반적으로 이 같은 케이스에 쓰이는 포트로 8000/8080 등이 있다. 현재 사용 중인 8000번이나 8080번 등의 포트 번호를 입력한다. 그 밖에도 직원들이 사용하는 http 프로토콜이면서 80번이 아닌 포트가 또 나온다면 이곳에 추가해야 한다. 밑의 [ACL SSL Ports]도 마찬가지다. https이면서 443번이 아닌 포트를 사용하는 경우에는 이곳에 추가해야 한다. 그렇지 않으면 해당 케이스는 모두 웹 접속이 되지 않을 것이다. 설정이 완료되면 [Save] 버튼을 클릭한다.

Squid Allowed Ports

ACL SafePorts 8080 8000

This is a space-separated list of "safe ports" **in addition** to the predefined default list.
Default list: 21 70 80 210 280 443 488 563 591 631 777 901 1025-65535

ACL SSLPorts 44343 4443

This is a space-separated list of ports to allow SSL "CONNECT" to **in addition** to the predefined default list.
Default list: 443 563

그림 7.11 허용할 포트 지정

다음으로 [General] 탭으로 넘어간다. 별도의 언급이 없는 부분은 그대로 두면 된다.

- [Enable Squid Proxy]를 체크한다.
- [Proxy Interface(s)]에서 탭을 눌러 'LAN'부터 'VLAN40_DB'까지 모두 선택한다. 프락시를 태울 VLAN을 고르는 내용이다(단, WAN은 선택하지 않는다).

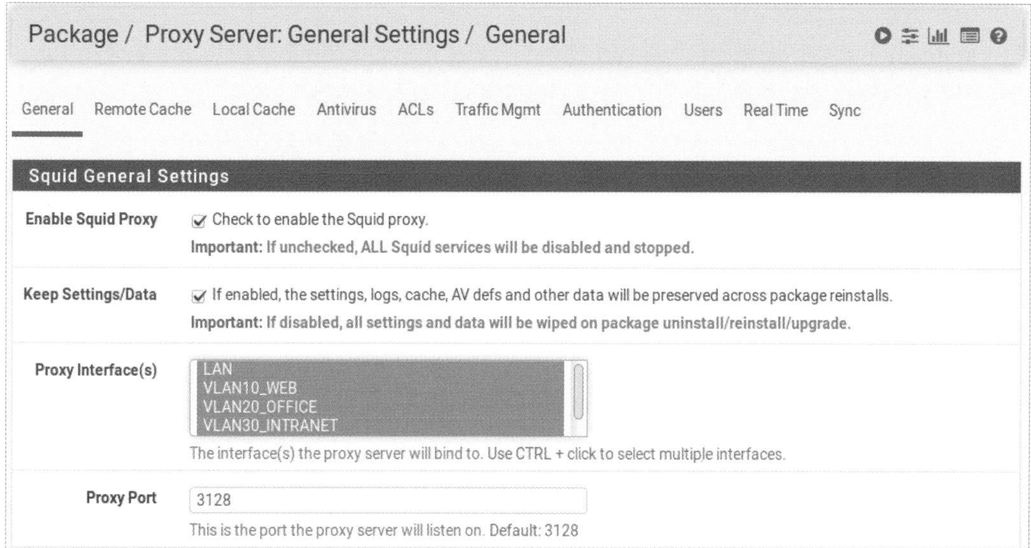
Package / Proxy Server: General Settings / General
General
Remote Cache
Local Cache
Antivirus
ACLs
Traffic Mgmt
Authentication
Users
Real Time
Sync
Squid General Settings
Enable Squid Proxy
Check to enable the Squid proxy.
Important: If unchecked, ALL Squid services will be disabled and stopped.
Keep Settings/Data
If enabled, the settings, logs, cache, AV defs and other data will be preserved across package reinstalls.
Important: If disabled, all settings and data will be wiped on package uninstall/reinstall/upgrade.
Proxy Interface(s)
LAN
VLAN10_WEB
VLAN20_OFFICE
VLAN30_INTRANET
The interface(s) the proxy server will bind to. Use CTRL + click to select multiple interfaces.
Proxy Port
3128
This is the port the proxy server will listen on. Default: 3128

그림 7.12 스쿼드 기본 설정

스크롤을 아래로 내려보면 설정 화면이 더 있다. 계속해서 알아보자.

- [Transparent HTTP Proxy]를 체크한다.
- [Transparent Proxy Interface(s)]에서도 4개의 VLAN을 모두 선택한다.

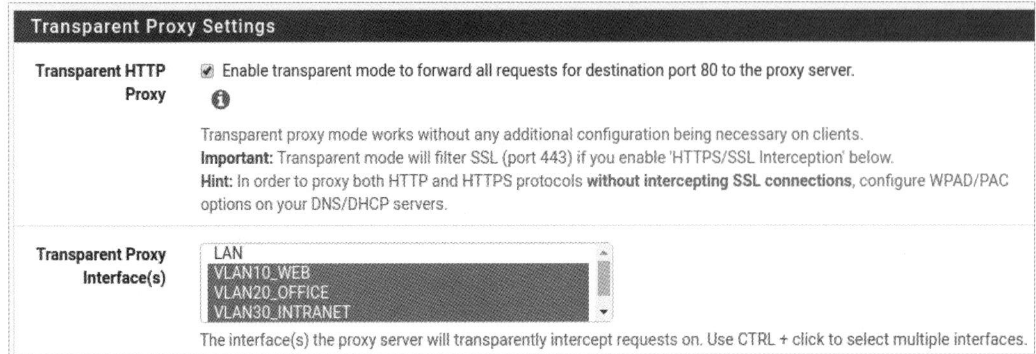

그림 7.13 Trapsparent Proxy Settings

03 _ 스퀴드 프락시에서의 Transparent Mode

방화벽 부분에서 Transparent Mode(TP Mode)에서 설명한 바 있는데, 프락시 쪽에서도 유사한 개념이 있다. TP Mode를 설치해 두지 않으면 해당 네트워크에서는 일반적인 HTTP 접속에 대해서는 프락시 서버를 거치지 않고 그냥 바로 바깥으로 나가게 된다. 그래서 프락시 서버를 설치해 놓고도 그쪽으로 연결하지 못하는 사태가 발생한다. 따라서 TP Mode를 설정해 두지 않고 프락시 서버에 트래픽을 태우려면 각 OS마다 별도로 설정해야 한다. 예를 들어, 윈도우에서는 다음 그림의 옵션에서 프락시 서버 주소를 명시해야 한다. pfSense에서 스퀴드 프락시를 사용했다면 해당 대역의 게이트웨이 주소가 될 것이므로 VLAN 10인 경우 10.10.1.1을 지정했다.

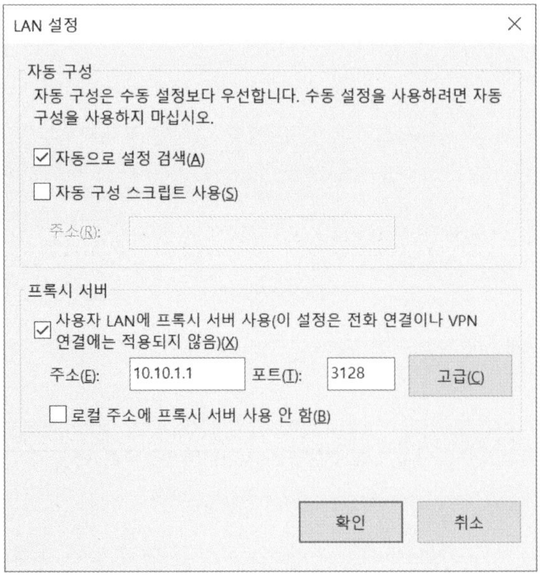

LAN 설정

자동 구성

자동 구성은 수동 설정보다 우선합니다. 수동 설정을 사용하려면 자동 구성을 사용하지 마십시오.

☑ 자동으로 설정 검색(A)

☐ 자동 구성 스크립트 사용(S)

주소(R):

프록시 서버

☑ 사용자 LAN에 프록시 서버 사용(이 설정은 전화 연결이나 VPN 연결에는 적용되지 않음)(X)

주소(E): 10.10.1.1 포트(T): 3128 고급(C)

☐ 로컬 주소에 프록시 서버 사용 안 함(B)

확인 취소

그림 7.14 프락시 설정

리눅스에서는 다음과 같은 방법으로 옵션을 추가해야 한다. /etc/environment에 가서 다음과 같이 http_proxy="" 주소를 넣으면 된다.

```
# nano /etc/environment
http_proxy=http://10.10.1.1:3128
```

이것도 나름 대중적인 방법이긴 하지만 모든 OS마다 설정해야 하는 불편함이 있다. 따라서 만약 이 방법을 쓰지 않고 해당 대역의 VLAN에서는 모두 프락시를 태우고 싶다면 위 pfSense 옵션에서 나온 대로 [Transparent Proxy Interface(s)]의 인터페이스를 선택한다. 그러면 해당 대역에 있는 IP 주소는 각 OS마다 별도의 프락시 접속 설정을 하지 않아도 TP Mode로 인해 투명하게 자동으로 프락시 서버를 타게 된다.

그리고 좀 더 밑으로 내려가면 [Logging Settings]가 있다. 이를 체크한다.

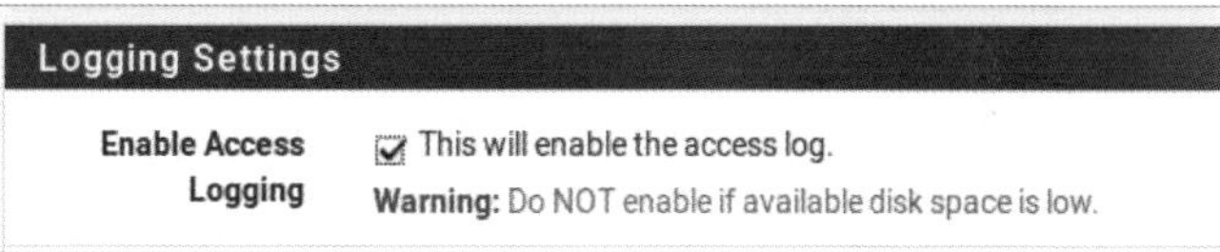

그림 7.15 로깅 설정

이제 프락시를 타며 접속이 잘 되는지 확인해 보자. VLAN 20을 사용 중인 Xubuntu를 띄워서 네이버에 접속해 보자. 그리고 pfSense의 [Squid Proxy Server] 메뉴에서 [Real Time] 탭을 보자. 로그가 잘 기록되는 모습을 볼 수 있을 것이다. 이제 VLAN 20인 오피스망은 스퀴드 프락시를 타며 인터넷 접속이 이뤄진다(만약 아무 로그도 보이지 않으면 아래 화면에 보이는 것처럼 우측 상단의 재시작 모양의 아이콘을 클릭하자).

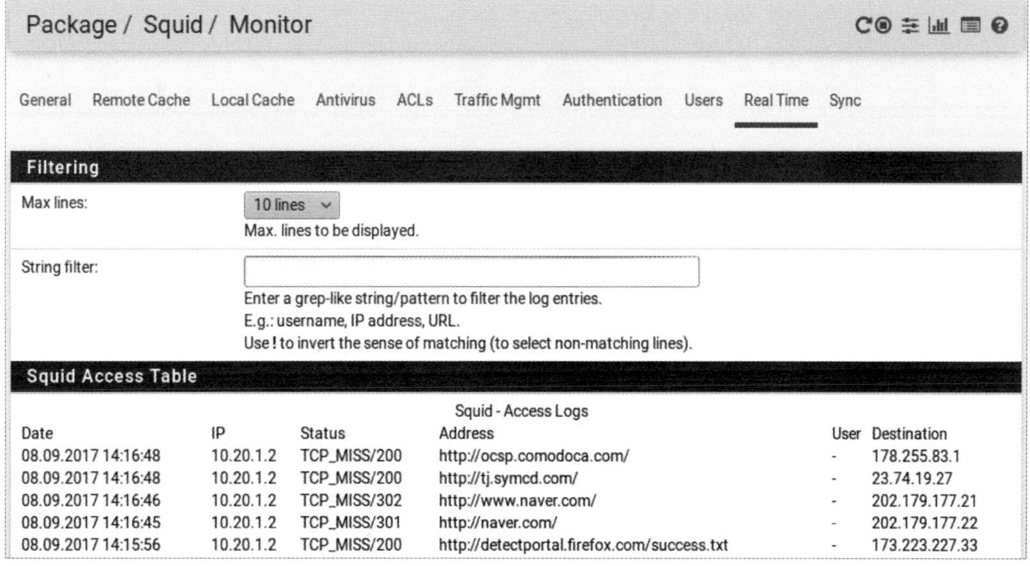

Date	IP	Status	Address	User	Destination
08.09.2017 14:16:48	10.20.1.2	TCP_MISS/200	http://ocsp.comodoca.com/	-	178.255.83.1
08.09.2017 14:16:48	10.20.1.2	TCP_MISS/200	http://tj.symcd.com/	-	23.74.19.27
08.09.2017 14:16:46	10.20.1.2	TCP_MISS/302	http://www.naver.com/	-	202.179.177.21
08.09.2017 14:16:45	10.20.1.2	TCP_MISS/301	http://naver.com/	-	202.179.177.22
08.09.2017 14:15:56	10.20.1.2	TCP_MISS/200	http://detectportal.firefox.com/success.txt	-	173.223.227.33

그림 7.16 로그 확인

블랙리스트 사이트에 들어가면 차단이 잘 되는지 한 번 확인해 보자. [ACLs] 탭의 [Blacklist]란에 'window31.com'을 한번 넣어보고, 브라우저에서 http://window31.com으로 접속해 보자.

Blacklist
window31.com
Destination domains that will be blocked for the users that are allowed to use the proxy.
Put each entry on a separate line. You can also use regular expressions.

그림 7.17 블랙리스트 추가

사이트에 접속해 보니 window31.com 사이트가 스퀴드 프락시 정책으로 인해 차단됐다는 메시지를 볼 수 있다.

그림 7.18 차단된 모습

04 _ 유해차단시스템인 스퀴드 가드의 적용

앞에서 스퀴드 프락시 서버를 사용하는 내용을 살펴봤는데, 여기에 스퀴드 가드를 붙이게 되면 리눅스 리포지토리 정책 관리는 물론 악성코드 사이트 차단, 웹하드 사이트 차단, 도박, 성인 사이트 차단 등 좀 더 고급스럽고 다이내믹하게 차단 정책을 사용할 수 있다. 스퀴드 가드는 앞에서 pfSense 패키지를 설명하는 부분에서 설치했을 테니 지금부터 자세한 설정 방법을 알아보자.

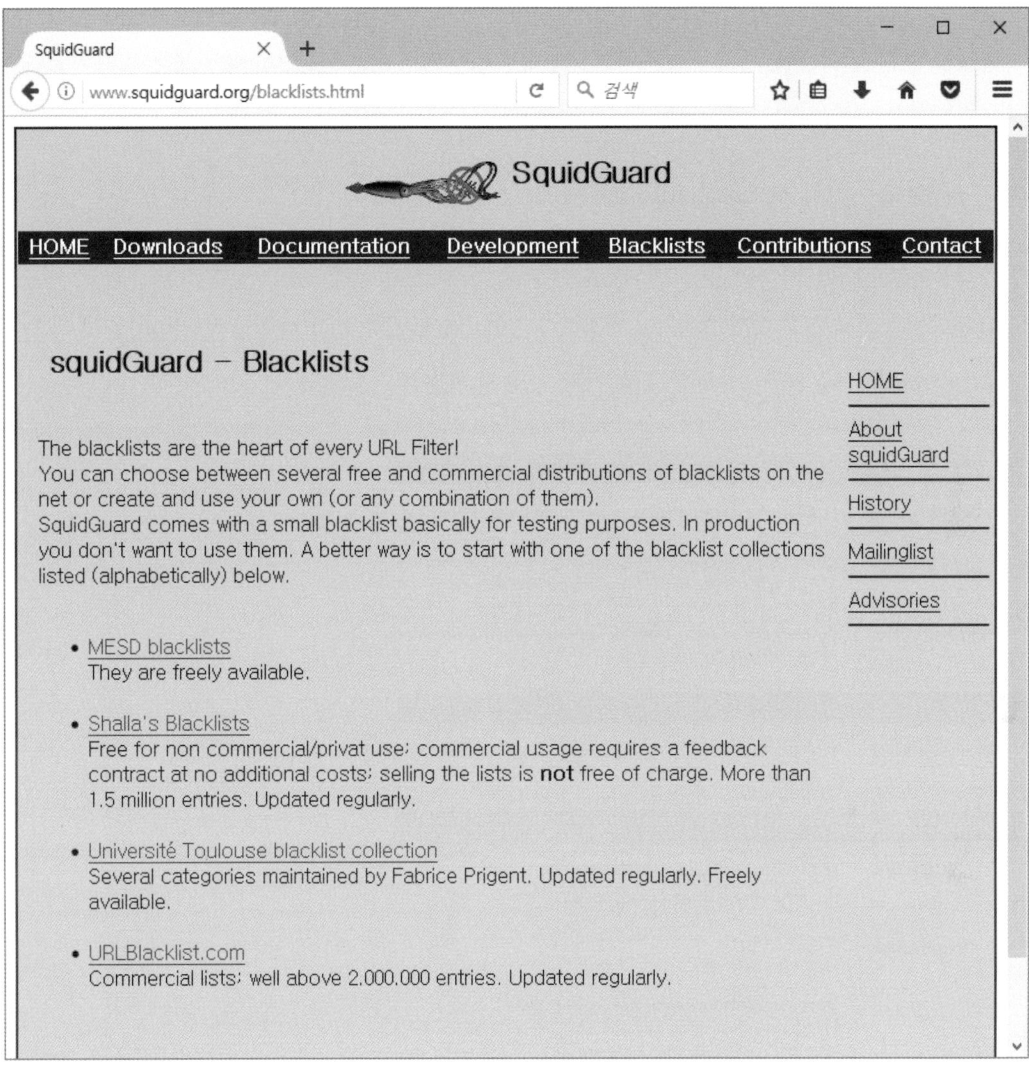

그림 7.19 스퀴드가드 사이트

맨 먼저 준비할 것은 URL에 대한 DB 파일이다. 악성 URL이나 웹하드 URL, 성인사이트 URL 등은 주기적으로 업데이트해야 한다. 없어지거나 새로 만들어지는 사이트가 많기 때문이다. 다행히도 오픈소스의 세계에는 이 좋은 것들을 대인배처럼 무료로 제공하는 분들이 있다. 스퀴드가드 블랙리스트 페이지(http://www.squidguard.org/blacklists.html)에 가면 스퀴드 가드에서 사용할 수 있는 블랙리스트 DB를 정기적으로 내려받을 수 있다. 여기에는 여러 가지 DB가 있는데 직접 내려받아서 파일을 열어 보면 URL 정보를 텍스트 파일로 볼 수 있으므로 각자 입맛에 맞는 것을 골라 사용하기만 하면 된다. 이 책에서는 두 번째 DB인 'Shalla's Blacklists'를 고르겠다. 'Shalla's Blacklists'를 클릭해서 해당 사이트로 이동하자. 우측 메뉴에 [Download]가 보이는데 마우스 오른쪽 버튼으로 클릭한 후 링크 주소를 복사하자. 그럼 아래와 같은 주소가 클립보드에 복사된다.

- http://www.shallalist.de/Downloads/shallalist.tar.gz

그런 다음 pfSense에서 [Services] → [Squid Guard Proxy Filter]를 차례로 선택한다. 먼저 [General Settings] 탭을 클릭한 후 아래 설정처럼 변경한다. [Enable log]와 [Enable log rotation]을 체크한다. 그리고 [Blacklist]를 체크한 후 앞에서 복사해둔 URL을 붙여넣는다.

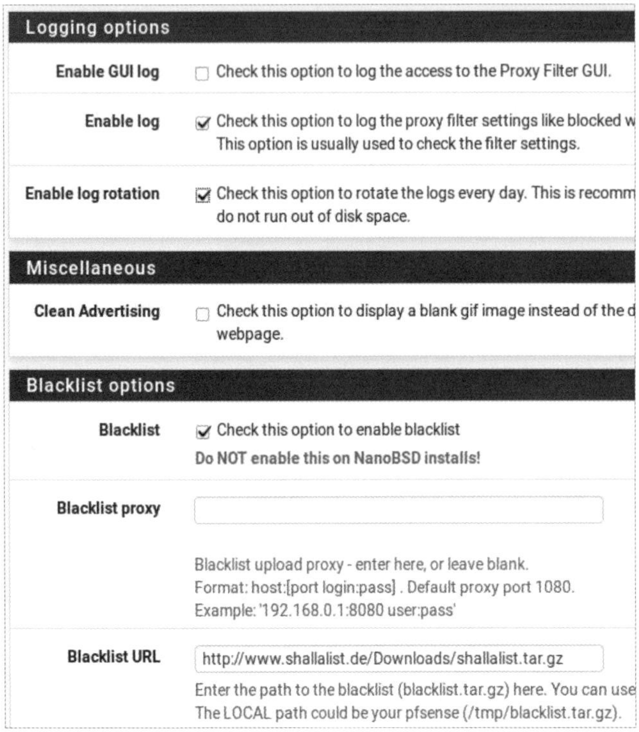

그림 7.20 URL 추가

이제 [Blacklist] 탭을 보면 앞에서 입력한 URL이 들어 있을 것이다. [Download] 버튼을 클릭해 다운로드를 시작한다. 다만 여기서 pfSense의 버그가 있는데 이 [Download] 버튼이 파이어폭스에서는 잘 동작하지 않는다. 그래서 아직 Xubuntu를 쓰고 있다면 이 작업은 반드시 크롬 등의 별도 브라우저를 설치해서 pfSense 웹콘솔로 들어간 뒤 [Download] 버튼을 눌러야 한다.

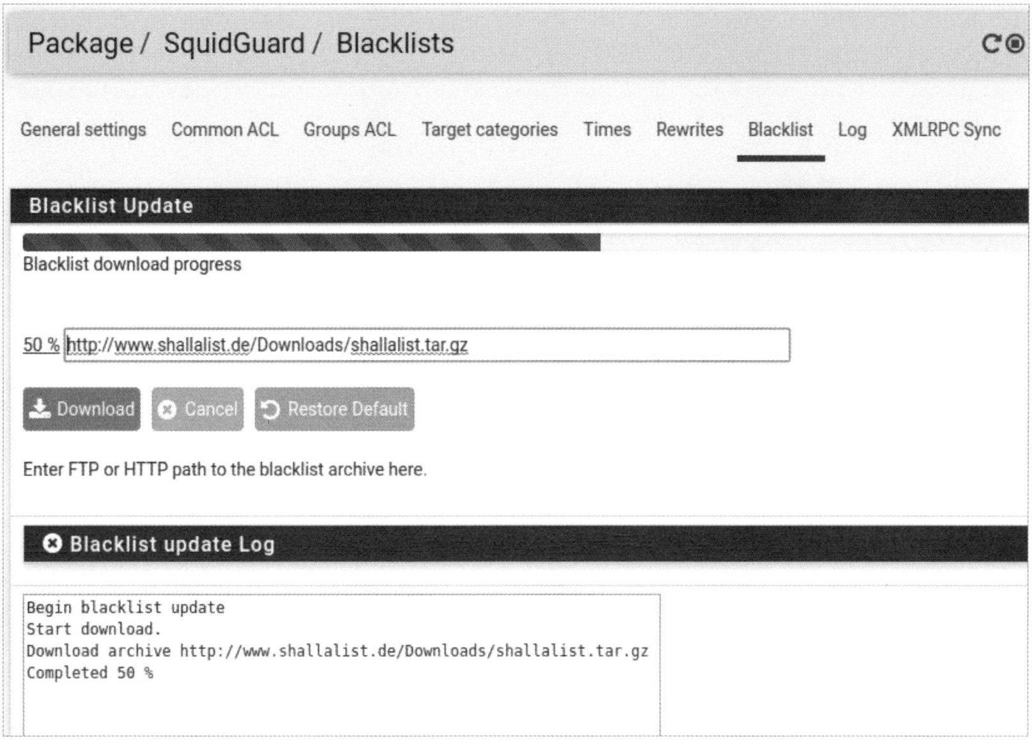

그림 7.21 블랙리스트 업데이트

다운로드가 완료된 후 [Groups ACL] 탭을 눌러서 이동하자. 여기서는 직원용 ACL 룰과 서버용 ACL 룰로 두 가지 룰을 만들 것이다. 먼저 직원용 ACL 룰부터 만들어 보자. [+ Add] 버튼을 클릭한 후 다음과 같이 설정한다.

- [Name]에는 'desktop_access'라고 입력하자.
- [Client (source)]에는 '10.20.1.0/24'라고 입력하자(VLAN 20의 것을 추가)

그리고 [Target Rule List]를 보면 엄청나게 많은 타깃 카테고리가 추가돼 있을 것이다(보이지 않는다면 [Target Rule List]에서 [+] 버튼을 눌러보자). 여기서 우측에 [access] 메뉴가 보이는데 이를 차단할지 말지 체크하면 된다. 여기서는 도박 사이트, 성인 사이트, 원격제어 사이트, 성교육 사이트, 스파이웨어 관련 사이트를 차단하기로 하고 아래 항목을 deny로 체크했다. 그리고 그 밖의 사이트는 모두 허용해야 하므로 맨 마지막에 [Default access [all]]에는 [allow]로 바꾸는 것을 잊지 말자. 또한 그 아래에 [Do not allow IP-addresses in URL]도 체크해야 한다. 도메인이 막혔다고 IP 주소로 접속하는 꼼수도 차단하기 위해서다.

- blk_BL_gamble
- blk_BL_porn
- blk_BL_remotecontrol
- blk_BL_sex_education
- blk_BL_spyware

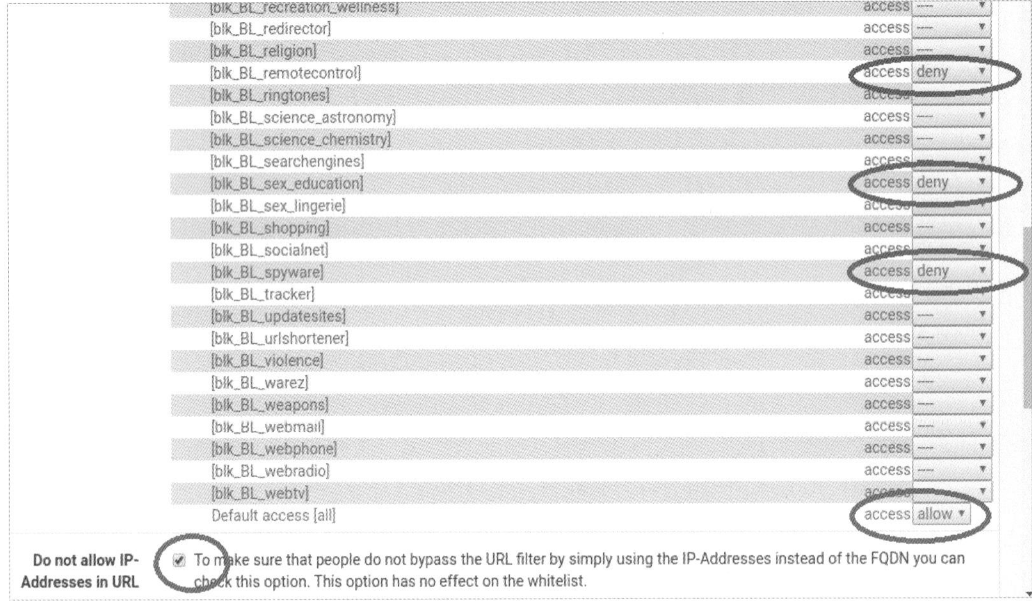

그림 7.22 사이트 분류

이제 [Save] 버튼은 클릭해 저장한 뒤 [General Options]에서 [Enable]을 체크한다. [Apply]를 클릭해 실제 가동을 시작해 보겠다!

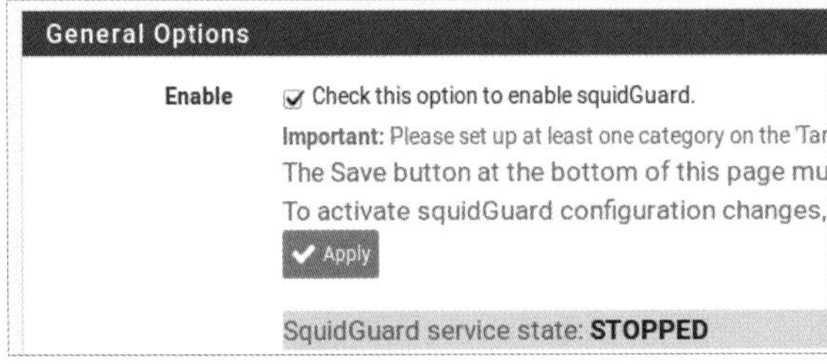

그림 7.23 변경 사항 반영

테스트를 위해 도박 사이트에 접속해 보자. 앞에서 내려받은 shallalist.tar.gz 파일을 내 컴퓨터로 받아 압축을 풀어보면 각 카테고리별로 폴더가 구성돼 있다. 앞에서 차단 정책을 추가한 카테고리 중 하나인 gamble 폴더를 열어 보면 domains와 urls라는 파일이 있는데 domains를 열어서 맨 위 도메인 하나만 아무거나 복사하자. 여기서는 128v2.com을 가져와 브라우저에 붙여넣고 접속해 봤다.

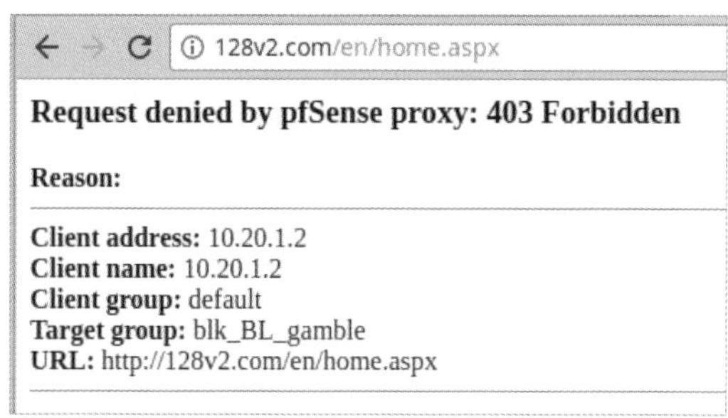
128v2.com/en/home.aspx

Request denied by pfSense proxy: 403 Forbidden

Reason:

Client address: 10.20.1.2
Client name: 10.20.1.2
Client group: default
Target group: blk_BL_gamble
URL: http://128v2.com/en/home.aspx

그림 7.24 차단된 모습

위와 같이 접속이 차단됐음을 확인할 수 있다. 스퀴드 가드 메뉴에서 [Enable]을 잠시 꺼두고 접속해 보면 실제로는 아래와 같은 도박 사이트임을 확인할 수 있다. 보다시피 유해 사이트 제어가 잘 되고 있다.

그림 7.25 차단되지 않았을 경우

05 _ 필요하지 않은 URL 접속 차단

다음으로 서버용 ACL을 만들어 보자. 앞에서 작업했던 PC용 ACL은 대부분의 사이트를 열어두고 성인 사이트 등의 리스트를 블랙리스트로 차단하는 식으로 작업했지만, 서버의 경우에는 반대가 된다. 서버는 리눅스 리포지토리 같은 사이트 외에는 인터넷 접속이 필요 없으므로 대부분의 접속을 모두 차단하고 필요한 사이트만 여는 화이트리스트 형태로 설정해야 한다. 먼저 앞에서 내려받은 룰 목록에는 리눅스 리포지토리 리스트가 카테고리에 포함돼 있지 않으므로 커스텀 카테고리를 따로 만들어야 한다. pfSense 메뉴에서 [Target categories]로 이동하고 [+ Add] 버튼을 클릭한다. 그런 다음 아래 내용대로 입력한다.

- [Name]: 'LinuxRepository'
- [Domain List]: 'ubuntu.com'

일단 간단하게 우분투 기본 리포지토리만 추가할 것이므로 'ubuntu.com'만 넣었다. 추가로 접속을 허용할 사이트가 있다면 여기에 추가하면 된다. [Save] 버튼을 클릭해 저장한 후 화면이 다음과 같이 구성됐는지도 확인하자. 그리고 이제 스퀴드 가드를 재시작해야 하므로 [General Settings]로 가서 [Enable]을 잠시 체크 해제해서 [Apply] 버튼을 클릭한 뒤, 다시 체크해 주며 재시작해 보자.

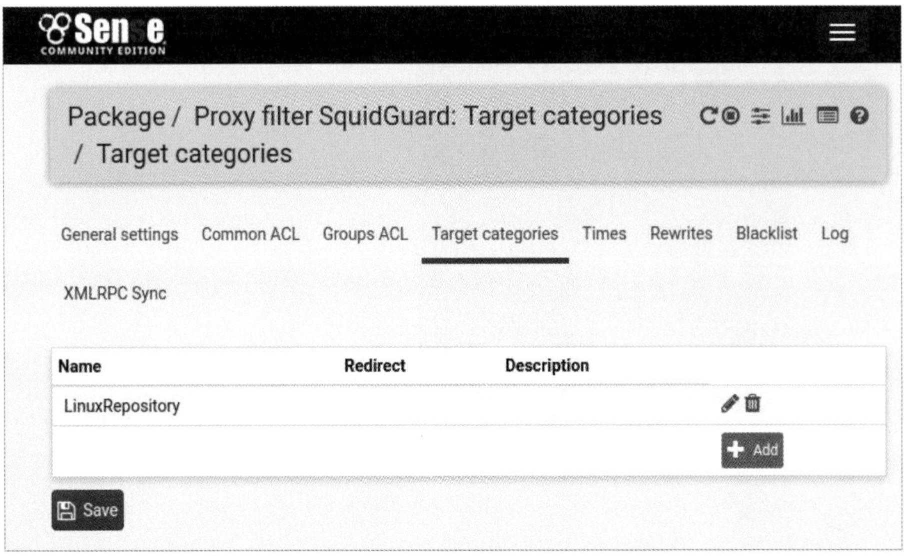

그림 7.26 카테고리 추가

다시 [Groups ACL]로 이동해서 이번에는 서버용 ACL을 만든다. [+ Add] 버튼을 클릭한 후 아래와 같이 입력한다. 서버에는 현재 3개의 VLAN이 있으므로 VLAN10, VLAN30, VLAN40의 IP 주소를 입력한다. IP 주소 사이에는 공백을 넣으면 된다.

- [Name]: 'server_access'
- [Client (source)]: '10.10.1.0/24 10.30.1.0/24 10.40.1.0/24'

[Target Rules]에서는 조금 전에 만든 LinuxRepository를 'allow'로 바꾸고, 다른 것은 그대로 둔 채 맨 아래에 있는 [Default access [all]]을 'deny'로 바꾼다. 이렇게 하면 리눅스 리포지토리 외의 사이트는 모두 차단된다. 또한 [Do not allow IP=Addresses in URL]의 체크박스도 체크하는 것을 잊지 말자.

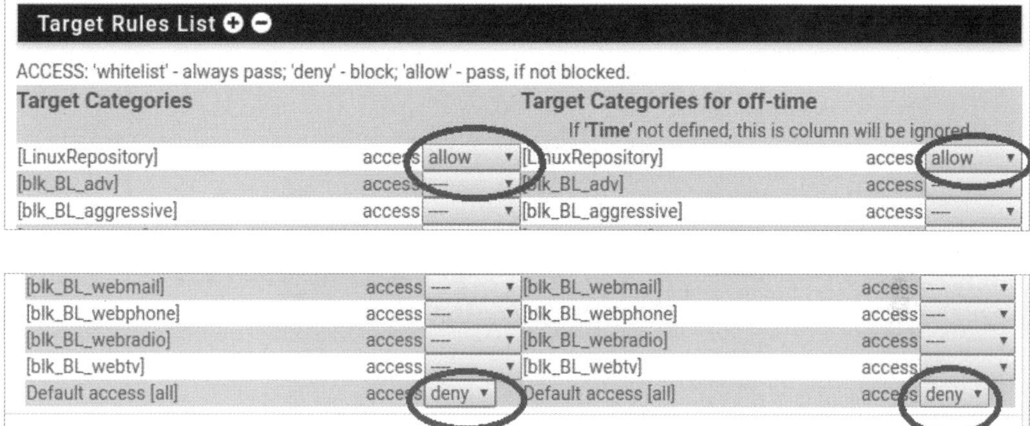

그림 7.27 타깃 설정 변경

이제 테스트해 보자. VLAN10, VLAN30, VLAN40에 있는 서버 중 아무 서버나 선택해서 wget naver.com을 실행해 본다. 보다시피 접속이 차단되는 것을 알 수 있다.

```
window31@WD-UBUNTU-WEB: ~
window31@WD-UBUNTU-WEB:~$
window31@WD-UBUNTU-WEB:~$
window31@WD-UBUNTU-WEB:~$
window31@WD-UBUNTU-WEB:~$
window31@WD-UBUNTU-WEB:~$
window31@WD-UBUNTU-WEB:~$
window31@WD-UBUNTU-WEB:~$
window31@WD-UBUNTU-WEB:~$
window31@WD-UBUNTU-WEB:~$ wget naver.com
--2017-09-11 11:18:42--  http://naver.com/
Resolving naver.com (naver.com)... 202.179.177.22, 125.209.222.141, 202.179.177.
21, ...
Connecting to naver.com (naver.com)|202.179.177.22|:80... connected.
HTTP request sent, awaiting response... 403 Forbidden
2017-09-11 11:18:42 ERROR 403: Forbidden.

window31@WD-UBUNTU-WEB:~$
```

그림 7.28 차단 확인

이번에는 apt-get update를 실행해 보자. 우분투 리포지토리(ubuntu.com, security.ubuntu.com, kr.archive.ubuntu.com) 등은 잘 접속되는 것을 알 수 있다. 추가로 접속이 필요한 URL이 있다면 같은 방법으로 추가하면 된다.

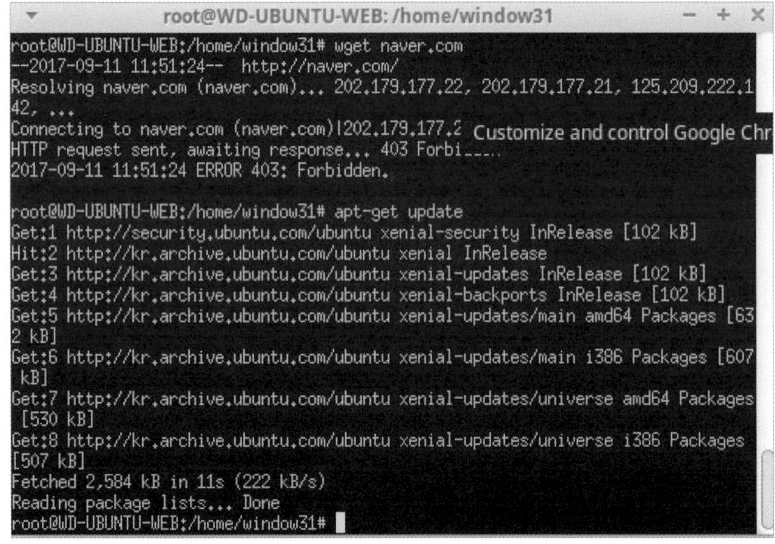

그림 7.29 잘 가동되는 접속들

이처럼 [Target categories]를 이용해 여러 커스텀 카테고리를 만들고, 내려받은 카테고리가 아닌 보안 엔지니어가 직접 찾아낸 악성 URL 등도 추가할 수 있다. 예를 들어, 다시 직원 PC를 대상으로 하는 스퀴드 가드의 주제로 돌아와서 다음 그림처럼 'InfectedSites'라는 카테고리를 만들어 보자. 그리고 직접 찾아낸 악성사이트를 [Domain List]에 추가하면 악성 URL 패턴이 업데이트될 때까지 기다릴 필요 없이 사내 침해대응이나 보안 정보 사이트에서 구한 악성 URL을 실시간으로 추가해서 직원들의 악성코드 감염을 막을 수 있다.

Proxy filter SquidGuard: Target categories / Edit / Target categories

General settings Common ACL Groups ACL Target categories Times Rewrites Blacklist Log

General Options

Name InfectedSites
Enter a unique name of this rule here.
The name must consist between 2 and 15 symbols [a-Z_0-9]. The first one must be a l

Order -----
Select the new position for this target category. Target categories are listed in this ord
top down in sequence.

Domain List asddfafa.com bgjk4rsdfkj.com dfkj3423423.com

그림 7.30 차단 리스트

06 _ 정리

지금까지 스퀴드 프락시와 스퀴드 가드를 이용해 직원들의 PC에서 악성 사이트 접근을 방지하는 방법을 알아보고, 서버 대역에서는 불필요한 인터넷 사용을 방지하도록 정책 룰을 만들어 봤다. 사실 이 기능은 복잡하게 활용하기보다는 URL을 넣고 빼고 하는 작업이 대부분이라서 다른 보안 시스템에 비해 다소 단순한 편이며 심도 있는 설명 없이도 대부분 쉽게 이해할 수 있었을 것이다. 앞서 언급했지만 URL 필터링의 상용 버전인 블루코트나 웹센스 등의 제품도 이 스퀴드 가드의 원리와 유사하다고 생각해도 무방하다. 중소 기업에서는 이러한 유해콘텐츠 필터링 시스템을 구매할 예산이 부족해서 이처럼 스퀴드 가드로 콘텐츠 필터링을 구현하기도 한다. 하지만 사용자 PC가 아닌 서버에서는 굳이 상용 제품의 프락시 없이도 몇 가지 URL만 제어하면 되기 때문에 꽤 큰 회사에서도 여전히 스퀴드 프락시를 많이 쓰는 편이다. pfSense를 반드시 갖추고 있지 않아도 스퀴드 프락시는 일반 리눅스 장비에 설치해서 사용할 수 있기 때문에 별도 시스템으로 구축하는 케이스도 많다. 이 책을 읽는 독자도 각자의 환경에서 어떤 프락시를 어떻게 사용하면 효과적일지도 생각해 보자.

8장 인라인 IPS 구축

이번 장에서는 pfSense UTM 중에서 IPS를 구축해 보겠다. 이번에 활용할 제품은 스노트(Snort)라는 시스템인데, 이는 시그니처 기반 IDS로서 가장 기본이자 핵심적인 툴이다. 1998년에 마틴 로쉬(Martin Roesch)가 오픈소스 침입 탐지 시스템으로 개발을 시작하면서 세상에 등장했고, 지금은 거의 IDS 업계의 표준이 된 시스템이다. 웬만한 상용 IDS도 기본 엔진은 스노트를 사용할 정도인 데다 IDS 입문자에게도 반드시 필수로 익혀야 하는 시스템이다. 패킷 스니핑 기반하에 탐지 모드를 설정하면 기본적으로는 IDS로 사용하게 되지만 만약 이를 인라인으로 연결하면 훌륭한 IPS로 활용할 수도 있다. pfSense에서는 이처럼 스노트를 인라인 IPS 모드로 사용할 수 있는 기능을 제공하고 있으므로 여기서는 그 기능을 이용해 IPS로 활용해 볼 예정이다.

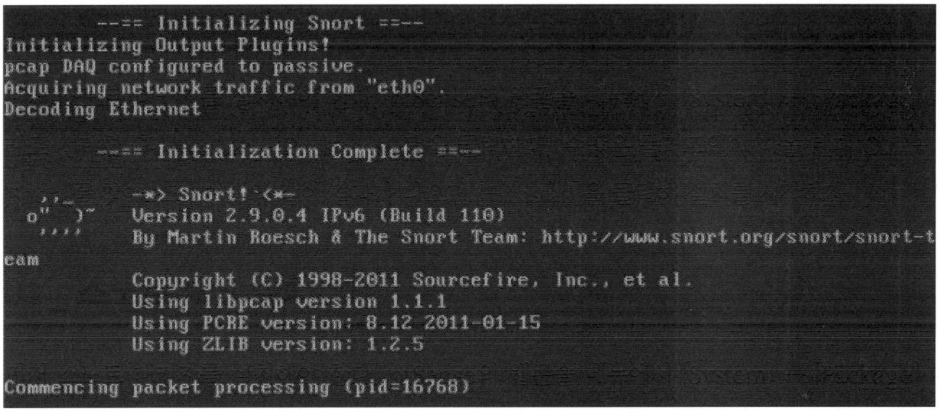

```
        --== Initializing Snort ==--
Initializing Output Plugins!
pcap DAQ configured to passive.
Acquiring network traffic from "eth0".
Decoding Ethernet

        --== Initialization Complete ==--

   ,,_     -*> Snort! <*-
  o"  )~   Version 2.9.0.4 IPv6 (Build 110)
   ''''    By Martin Roesch & The Snort Team: http://www.snort.org/snort/snort-t
eam
           Copyright (C) 1998-2011 Sourcefire, Inc., et al.
           Using libpcap version 1.1.1
           Using PCRE version: 8.12 2011-01-15
           Using ZLIB version: 1.2.5

Commencing packet processing (pid=16768)
```

그림 8.1 스노트

01 _ 스노트 IPS 설치

먼저 스노트 패키지를 설치해야 한다. pfSense의 웹콘솔 메뉴에서 [System] → [Package] 메뉴를 차례로 선택한 후 [Available Packages] 탭을 클릭한다. 수많은 플러그인이 나올 텐데 Ctrl + F를 눌러 'Snort'를 찾아보고, 아래와 같이 결과가 나오면 [+ Install]을 클릭해 설치를 시작하자.

System / Package Manager / Available Packages

Installed Packages Available Packages

Search

Search term: snort | Both | Search | Clear

Enter a search string or *nix regular expression to search package names and descriptions.

Packages

Name	Version	Description	
snort	3.2.9.2_16	Snort is an open source network intrusion prevention and detection system (IDS/IPS). Combining the benefits of signature, protocol, and anomaly-based inspection. Package Dependencies: barnyard2-1.13_1 snort-2.9.8.3	Install

그림 8.2 스노트 설치

02 _ 보호할 IPS 인터페이스 선택

설치가 완료되면 pfSense의 [Service] 메뉴에 새로운 [Snort]라는 메뉴가 추가돼 있을 것이다. [Service] → [Snort]를 차례로 선택한 후 먼저 전체 스노트에 영향을 주는 설정인 [Global Settings] 탭으로 가 보자. 여기서 맨 먼저 해야 할 일은 스노트가 어떤 VLAN 인터페이스를 커버할지 정의하는 작업이다. 인터페이스를 고르기에 앞서 지난 장에서 배운 IPS가 커버하는 영역의 네트워크 그림을 생각해 보자. 우리 환경이 어느 케이스에 해당하는지부터 고민해 봐야 하기 때문이다. IPS 위치 디자인 편에서 다음과 같은 그림을 본 적이 있을 것이다.

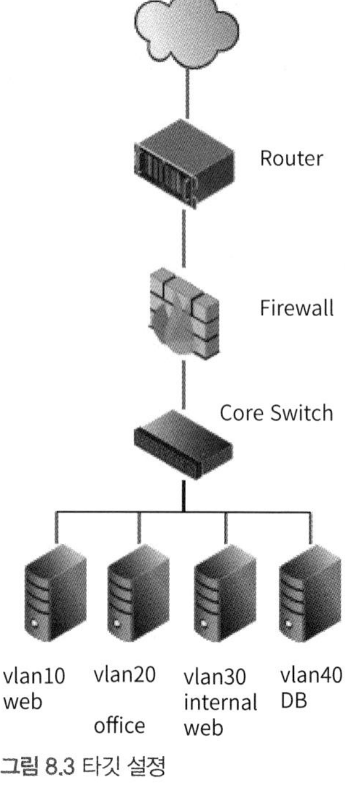

그림 8.3 타깃 설정

이 랩 환경에서는 위와 유사한 디자인으로 방화벽과 같은 라인의 최상단에 IPS가 위치해 있고, 그 아래에 있는 VLAN들을 모두 커버할 수 있는 형태로 진행할 것이다. 따라서 기본적으로 이 구조라고 생각하되, 단지 이 랩 환경에 위 디자인과 다른 점은 Firewall인 pfSense가 IPS보다 위에 있고(pfSense의 구조상 방화벽에서 IP 차단이 먼저 이뤄지면 IPS까지는 패킷이 도달하지 않는다) 바이패스 스위치 같은 것은 없다는 것 정도다. 따라서 [Router] → [pfSense] → [Snort IPS] → [VLAN 10~ 40]과 같은 순서로 네트워크가 연결돼 있다고 생각하고, 우리는 전체 VLAN을 커버할 수 있는 랩 환경이라고 생각하자.

잠시 이론적인 이야기를 했는데, 다시 pfSense의 메뉴로 돌아와 설치를 계속하자. [+ Add]를 눌러서 WAN, LAN, VLAN10, VLAN20, VLAN30, VLAN40을 모두 추가할 것이다. 지난 장에서 다룬 내용을 잘 숙지했다면 알겠지만 실제 환경에서 IPS를 놓을 구간을 선정하는 데는 다양한 변수가 작용한다. 하지만 여기는 랩 환경이라서 일단 구간 설정보다는 탐지 튜닝 위주의 작업을 진행할 것이며, 앞에서 언급한 것처럼 하나의 IPS에서 모든 VLAN을 커버하도록 설정할 예정이다. [Interface] 부분만 모든 VLAN과 LAN을 선택하고, 나머지 옵션은 기본값으로 둔 채 아래 화면처럼 구성해 본다.

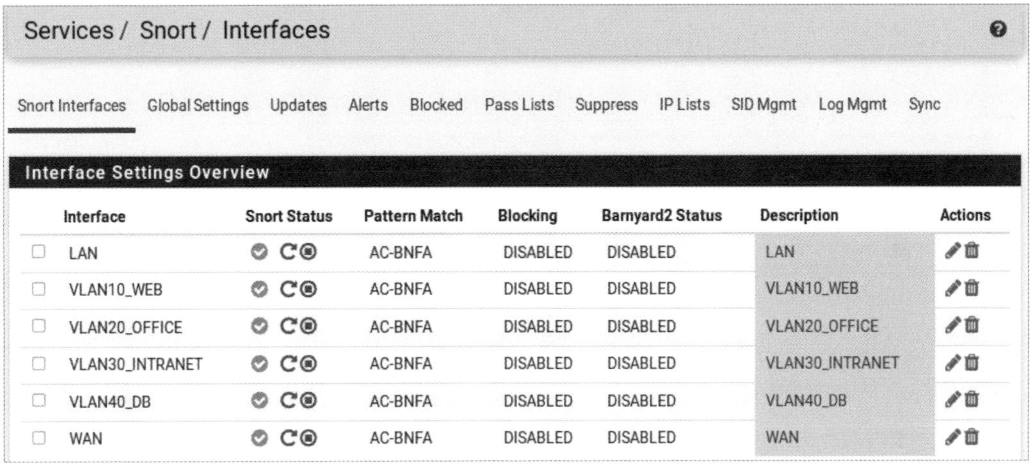

Services / Snort / Interfaces

Snort Interfaces | Global Settings | Updates | Alerts | Blocked | Pass Lists | Suppress | IP Lists | SID Mgmt | Log Mgmt | Sync

Interface Settings Overview

	Interface	Snort Status	Pattern Match	Blocking	Barnyard2 Status	Description	Actions
☐	LAN		AC-BNFA	DISABLED	DISABLED	LAN	
☐	VLAN10_WEB		AC-BNFA	DISABLED	DISABLED	VLAN10_WEB	
☐	VLAN20_OFFICE		AC-BNFA	DISABLED	DISABLED	VLAN20_OFFICE	
☐	VLAN30_INTRANET		AC-BNFA	DISABLED	DISABLED	VLAN30_INTRANET	
☐	VLAN40_DB		AC-BNFA	DISABLED	DISABLED	VLAN40_DB	
☐	WAN		AC-BNFA	DISABLED	DISABLED	WAN	

그림 8.4 스노트 인터페이스

03 _ IPS 룰 다운로드

다음으로 [Global Settings]으로 이동한다. 여기서 IPS에서 사용할 시그니처를 설정해야 하는데, 이것은 스노트 홈페이지에서 무료로 내려받을 수 있다(물론 유료 버전을 사용하면 훨씬 더 고급 룰을 받을 수 있지만 무료 버전으로도 랩 환경에는 충분하다). [Enable Snort VRT]라고 돼 있는 부분에서 [Sign Up a for free Registered User Rule Account]를 클릭한다. 그리고 스노트 홈페이지로 이동해서 무료 회원가입을 한다. 회원가입을 끝내고 나면 본인 정보를 확인할 수 있는 메뉴에서 [Oinkcode]라는 메뉴가 보이고 이곳에서 자신의 키를 볼 수 있다. 이 값을 복사한다.

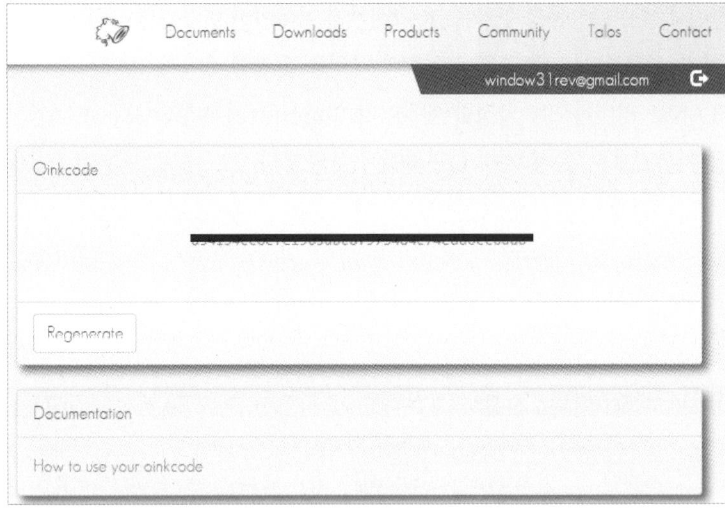

그림 8.5 Oinkcode

앞에서 얻은 Oinkcode를 다음과 같이 [Snort Oinkmaster Code]란에 기입한다. 어떤 룰을 사용할지 선택하는 체크박스가 연이어 나오는데 아래 화면처럼 세 가지 항목을 체크한다('Enable ET Pro'에는 체크하지 않는다. 이 경우 유료 계정이 필요하다). 이제 이렇게 해 두면 스노트 사이트를 이용해 pfSense에서 스노트 관련 무료 룰을 내려받아 사용할 수 있게 된다.

- Enable Snort VRT
- Snort GPLv2 Community Rules
- Emerging Threats (ET) Rules

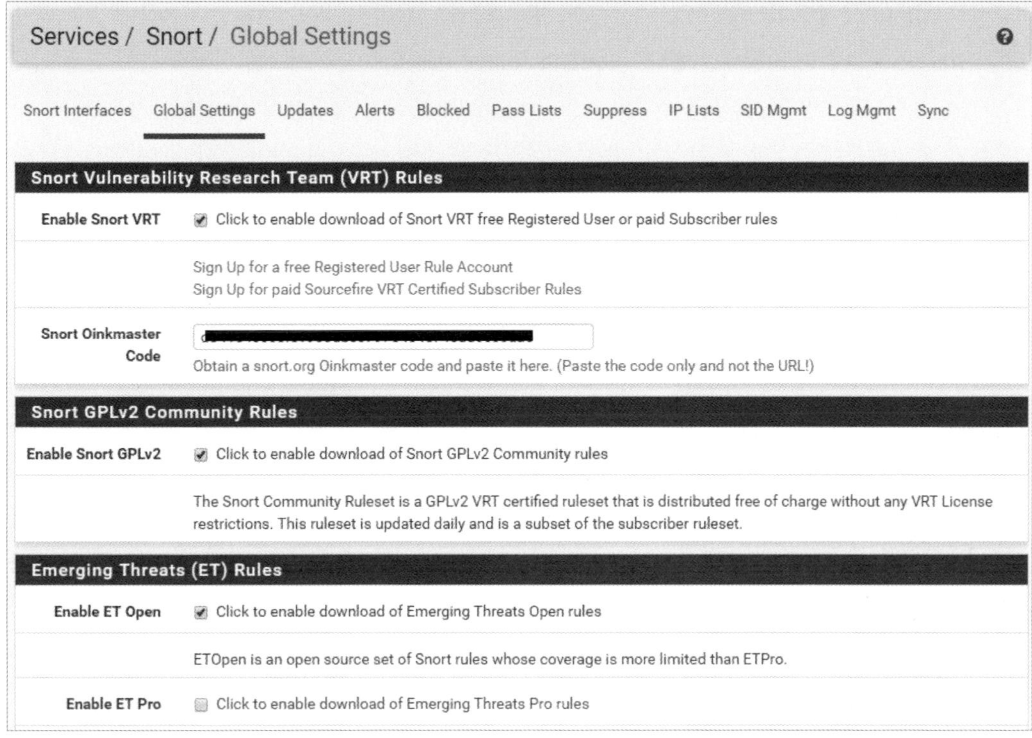

그림 8.6 스노트 룰 설정

다음으로 [Rules Update Settings]에서는 [Update Interval]을 '1 DAY'로, [Update Start Time]을 '0300'으로 수정한다. 룰은 정기적으로 새로운 것이 나오기 마련인데, 그때마다 매번 설치하는 것은 여간 번거로운 작업이 아니다. 다행히 대부분의 IPS 장비가 그렇듯이 배치 잡으로 정기적으로 새롭게 다운로드할 룰이 있는지 매일 체크하는 기능을 제공한다. pfSense의 IPS에서도 이와 같이 새로 다운로드할 항목이 있으면 새벽 3시에 가동하게 하는 설정을 할 수 있다. 그 밖의 나머지는 그대로 두고 [Save]를 누르자.

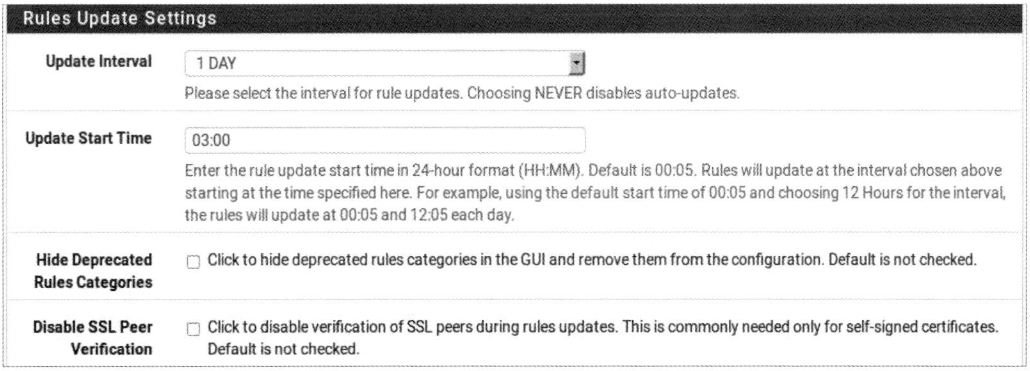

Rules Update Settings

Update Interval
1 DAY
Please select the interval for rule updates. Choosing NEVER disables auto-updates.

Update Start Time
03:00
Enter the rule update start time in 24-hour format (HH:MM). Default is 00:05. Rules will update at the interval chosen above starting at the time specified here. For example, using the default start time of 00:05 and choosing 12 Hours for the interval, the rules will update at 00:05 and 12:05 each day.

Hide Deprecated Rules Categories
Click to hide deprecated rules categories in the GUI and remove them from the configuration. Default is not checked.

Disable SSL Peer Verification
Click to disable verification of SSL peers during rules updates. This is commonly needed only for self-signed certificates. Default is not checked.

그림 8.7 룰 업데이트 주기

다음으로 [Update] 탭으로 이동한다. 지금은 한 번도 IPS를 사용하지 않은 상태이기 때문에 현재 모든 룰이 [Not Downloaded] 상태일 텐데, [Update Rules] 버튼으로 업데이트를 실행해 룰이 있는 상태로 만들어야 실제로 IPS를 가동시킬 수 있다. 지금 다운로드해 두지 않으면 내일 새벽 3시나 돼서야 다운로드가 되기 때문에 설정할 때 최초 한 번은 꼭 이 작업을 통해 룰을 내려받아야 한다. 이때 시간이 약간 소요되니 커피라도 한잔 하고 오자. 혹시라도 결과가 'Failed'로 나오면 [Force Update]를 클릭해 다시 한 번 실행하자.

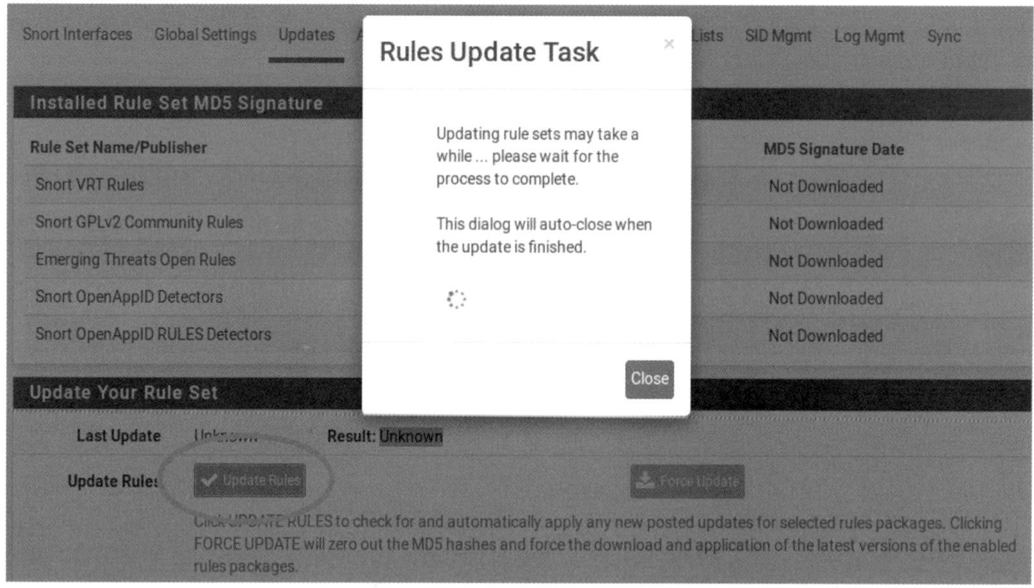

그림 8.8 룰 업데이트

다운로드가 완료되면 다음과 같이 표시된다. 이로써 룰이 갖춰졌다. 이 룰은 스노트에서 공통적으로 사용하는 룰이므로 인라인 IPS가 아닌 IDS로 사용할 때도 당연히 함께 사용된다. 따라서 룰에 대해서는 다음 장인 IDS 구축 편에서 좀 더 상세히 설명해 뒀다. 기본적으로 룰은 다음과 같은 것들을 탐지한다는 정도로만 알고 넘어가자.

- 특정 서비스에 대한 익스플로잇(HTTP(Apache/IIS 등), FTP, IMAP, SNMP 등)
- 사용자 트래픽(웹브라우저에 대한 내용)
- 악성코드(바이러스, 웜, PUAs)

- 각종 공격 시도(DDoS, exploit-kits, bad-traffic)
- 블랙 IP 주소(알려진 감염된 호스트나 블랙리스트에 등록된 IP 주소)

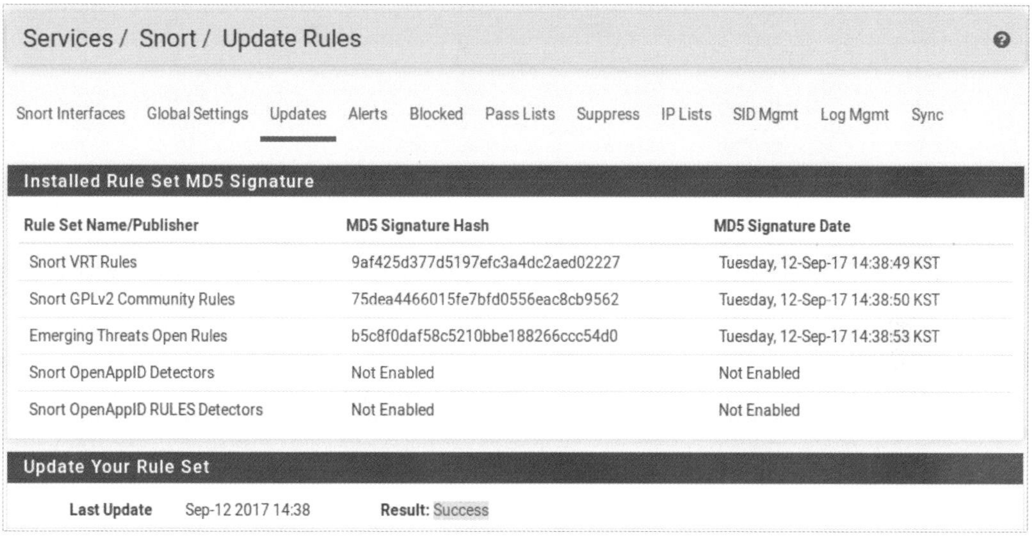

Services / Snort / Update Rules

Snort Interfaces | Global Settings | Updates | Alerts | Blocked | Pass Lists | Suppress | IP Lists | SID Mgmt | Log Mgmt | Sync

Installed Rule Set MD5 Signature

Rule Set Name/Publisher	MD5 Signature Hash	MD5 Signature Date
Snort VRT Rules	9af425d377d5197efc3a4dc2aed02227	Tuesday, 12-Sep-17 14:38:49 KST
Snort GPLv2 Community Rules	75dea4466015fe7bfd0556eac8cb9562	Tuesday, 12-Sep-17 14:38:50 KST
Emerging Threats Open Rules	b5c8f0daf58c5210bbe188266ccc54d0	Tuesday, 12-Sep-17 14:38:53 KST
Snort OpenAppID Detectors	Not Enabled	Not Enabled
Snort OpenAppID RULES Detectors	Not Enabled	Not Enabled

Update Your Rule Set

Last Update Sep-12 2017 14:38 **Result:** Success

그림 8.9 룰 업데이트 완료

04 _ 개별 인터페이스 설정

이제 룰 다운로드를 마쳤으니 본격적으로 VLAN별로 튜닝을 시작해 보자. 지금까지는 글로벌 설정으로서 하나만 수정하면 전체 IPS 인터페이스에 영향을 주는 설정이었다. 이제부터는 각 VLAN에만 영향을 주는 설정이다. 이처럼 각각 독립적으로 설정이 가능한 덕에 목적에 맞는 보안 정책을 개별적으로 구현할 수 있다. 예를 들어, 토렌트 사용 탐지 같은 것은 직원 PC 쪽의 VLAN에만 룰을 가동시키고, SQL Injection 공격 등은 웹서버 쪽 VLAN에만 룰을 가동시키는 등의 설정이 가능해진다.

따라서 현재는 아래와 같이 한 줄 메뉴만 보이게 되지만 오른쪽 하단에 보이는 것처럼 개별 인터페이스의 [Actions] 메뉴에 있는 연필 모양을 클릭하면

Services / Snort / Interfaces

Snort Interfaces Global Settings Updates Alerts Blocked Pass Lists Suppress IP Lists SID Mgmt Log Mgmt Sync

Interface Settings Overview

Interface	Snort Status	Pattern Match	Blocking	Barnyard2 Status	Description	Actions
LAN		AC-BNFA	DISABLED	DISABLED	LAN	
VLAN10_WEB		AC-BNFA	DISABLED	DISABLED	VLAN10_WEB	
VLAN20_OFFICE		AC-BNFA	DISABLED	DISABLED	VLAN20_OFFICE	
VLAN30_INTRANET		AC-BNFA	DISABLED	DISABLED	VLAN30_INTRANET	
VLAN40_DB		AC-BNFA	DISABLED	DISABLED	VLAN40_DB	
WAN		AC-BNFA	DISABLED	DISABLED	WAN	

그림 8.10 WAN 변경

다음과 같이 새로운 메뉴가 나타난다. 이 메뉴를 통해 각 인터페이스에 대한 개별 설정을 할 수 있다.

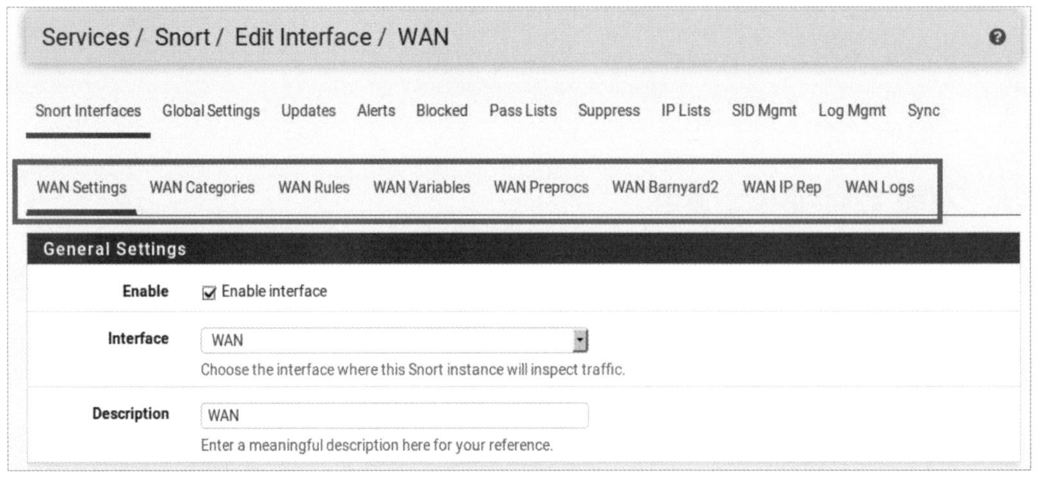

그림 8.11 스노트 설정

앞에서는 인터페이스 이름만 만들고 끝났지만 지금부터는 본격적인 튜닝을 시작할 것이다. [WAN Settings] 탭부터 살펴본다. WAN 인터페이스는 외부에 노출된 인터페이스이며, 가장 먼저 외부 공격 시도를 받게 되는 영역이다. 따라서 흔히 사용하는 설정으로, 이곳에는 감염된 Black IP 등 IP 주소를 차단해야 할 내용부터 룰로 추가할 수 있다. 그렇다면 일단 막아야 할 룰은 여기서 막아놓고 그 후 VLAN

10, 20이든 안쪽으로 들어오는 트래픽은 해당 VLAN에 가서 다시 룰 튜닝을 하며 처리하면 된다. 메뉴에서 [WAN Categories]를 클릭하고 밑으로 내려서 룰을 선택한다. 각자 환경에 맞춰 룰을 얼마든지 선택할 수 있지만 필자가 선택할 룰은 다음과 같다.

ET Open Rules

- emerging-botcc.rules
- emerging-compromised.rules
- emerging-dshield.rules
- emerging-exploit.rules
- emerging-malware.rules
- emerging-trojan.rules
- emerging-worm.rules

Snort Text Rules

- snort_backdoor.rules.
- snort_blacklist.rules
- snort_botnet-cnc.rules

Snort SO Rules

- snort_malware-cnc.so.rules

Enabled	Ruleset: ET Open Rules	Enabled	Ruleset: Snort Text Rules	Enabled	Ruleset: Snort SO Rules	are not enabled.
☐	emerging-activex.rules	☐	snort_app-detect.rules	☐	snort_browser-ie.so.rules	
☐	emerging-attack_response.rules	☐	snort_attack-responses.rules	☐	snort_browser-other.so.rules	
☐	emerging-botcc.portgrouped.rules	☐	snort_backdoor.rules	☐	snort_exploit-kit.so.rules	
☑	emerging-botcc.rules	☐	snort_bad-traffic.rules	☐	snort_file-executable.so.rules	
☐	emerging-chat.rules	☐	snort_blacklist.rules	☐	snort_file-flash.so.rules	
☐	emerging-ciarmy.rules	☐	snort_botnet-cnc.rules	☐	snort_file-image.so.rules	
☑	emerging-compromised.rules	☐	snort_browser-chrome.rules	☐	snort_file-java.so.rules	
☐	emerging-current_events.rules	☐	snort_browser-firefox.rules	☐	snort_file-multimedia.so.rules	
☐	emerging-deleted.rules	☐	snort_browser-ie.rules	☐	snort_file-office.so.rules	
☐	emerging-dns.rules	☐	snort_browser-other.rules	☐	snort_file-other.so.rules	
☐	emerging-dos.rules	☐	snort_browser-plugins.rules	☐	snort_file-pdf.so.rules	
☐	emerging-drop.rules	☐	snort_browser-webkit.rules	☐	snort_indicator-shellcode.so.rules	
☑	emerging-dshield.rules	☐	snort_chat.rules	☐	snort_malware-cnc.so.rules	

그림 8.12 룰 선택

룰이 상당히 많지만 앞서 언급했다시피 WAN 인터페이스이니 일단은 블랙 IP 주소에 가까운 룰부터 먼저 선택했다. 더 다양한 룰을 선택하고 싶은 분은 몇 개씩 더 추가해서 테스트해 봐도 무방하다. 룰을 다 넣은 후에는 IPS를 재시작해야 한다.

그리고 현재 룰 목록 상태에서 조금 위로 올라가면 [Use IPS Policy]라는 것이 있는데 이것을 체크하고 [Connectivity]를 선택한다. 스노트 VRT IPS 정책은 첫 번째로 'Connectivity(연결성)', 두 번째로 '균형(Balanced)', 세 번째로 '보안성(Security)'을 고를 수 있는데, 첫 번째가 가장 스무스하게 서비스 안정성을 우선으로 IPS를 이용할 수 있는 방법이며, 세 번째가 가장 하드하게 이용하며 안정성은 떨어질 수 있지만 보안성은 높은 방법이다. IPS 숙련도가 높을수록 뒤로 이동할 수 있지만 일단 여기서는 가장 초보적인 단계인 'Connectivity'를 선택하겠다. 그리고 이 룰은 VRT 규칙이 활성화된 경우에만 사용할 수 있으므로 그 아래의 [Snort GPLv2 Community Rules (VRT certified)] 옵션도 체크한다.

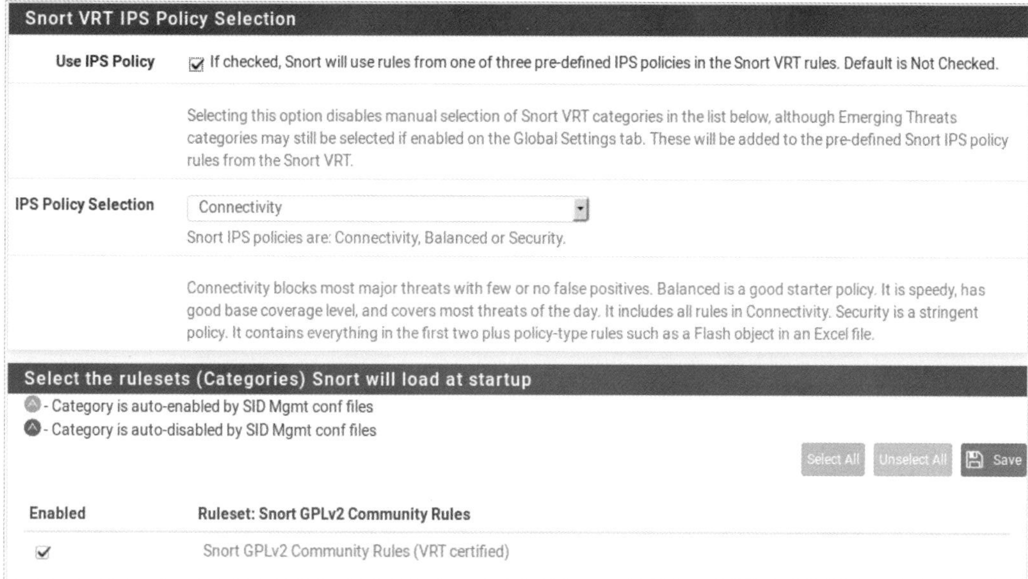

그림 8.13 Use IPS Policy

WAN Settings에서 [Detection Performance Settings]로 가서 두 가지 항목을 체크한다.

- Search Optimize
- Checksum Check Disable

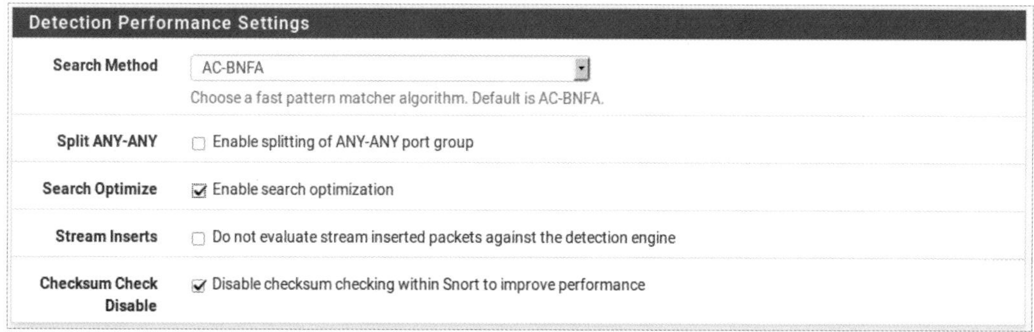

그림 8.14 퍼포먼스 설정

설정을 완료하고 나면 [Snort Interfaces]에서 WAN 부분에 있는 재시작 버튼을 클릭해 IPS를 재부팅한다.

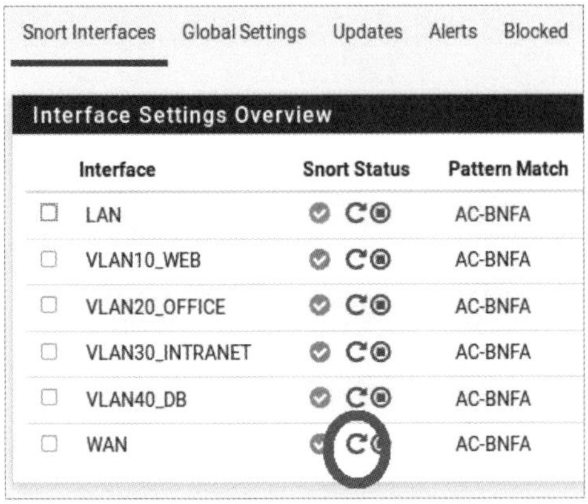

Snort Interfaces | Global Settings | Updates | Alerts | Blocked

Interface Settings Overview

	Interface	Snort Status	Pattern Match
☐	LAN		AC-BNFA
☐	VLAN10_WEB		AC-BNFA
☐	VLAN20_OFFICE		AC-BNFA
☐	VLAN30_INTRANET		AC-BNFA
☐	VLAN40_DB		AC-BNFA
☐	WAN		AC-BNFA

그림 8.15 IPS 재시작

05 _ IPS 탐지 테스트

이제 룰이 잘 반영됐는지 한 번 테스트해 보자. 앞에서 활성화한 emerging-botcc.rules 안에 있는 아래와 같은 룰이 있다. 룰 내용을 간략히 요약하면 악성 CnC 서버의 블랙 IP 주소가 기록돼 있고 그쪽으로 접근하면 탐지된다는 내용이다. 룰에 대한 설명은 나음 장의 IDS 편에서 자세히 설명해 뒀으므로 여기서는 자세한 설명을 생략하겠다. 지금은 아래 보이는 IP 주소 중 하나로만 접근이 이뤄지면 탐지된다는 정도로만 이해하자.

```
alert tcp $HOME_NET any -> [103.207.29.161,103.207.29.171,103.225.168.222,103.234.36.190,104.131.93.109,1
04.140.137.152,104.143.5.144,104.144.167.131,104.144.167.251,104.194.206.108,104.199.121.36,104.207.154.26]
any (msg:"ET CNC Shadowserver Reported CnC Server TCP group 1"; flags:S; reference:url,doc.emerging-
threats.net/bin/view/Main/BotCC; reference:url,www.shadowserver.org; threshold: type limit, track
by_src, seconds 3600, count 1; classtype:trojan-activity; flowbits:set,ET.Evil; flowbits:set,ET.
BotccIP; sid:2404000; rev:4743;)
```

다음은 이 중에서 하나를 골라 한번 텔넷으로 접속해 본 모습이다. 보다시피 접속되는 것을 확인할 수 있다. 이처럼 외부에 SSH 서버가 열려 있다는 것으로 봐서 이 SSH 계정은 이미 해커에 의해 탈취당했고, 이미 해커가 들락날락하고 있는 실제 CnC 서버일 가능성이 높다. 아직 블록으로 정책을 변경하지는 않았기에 접속 자체는 잘 되는 모습을 확인할 수 있다. 여기서 이 IP 주소에 대해서는 더는 접근하는 것을 자제하고 텔넷을 종료하자(감염된 IP 주소에 함부로 접근하는 것은 우리가 감염되는 것 외에 다른 법적인 문제가 발생할 가능성도 있다).

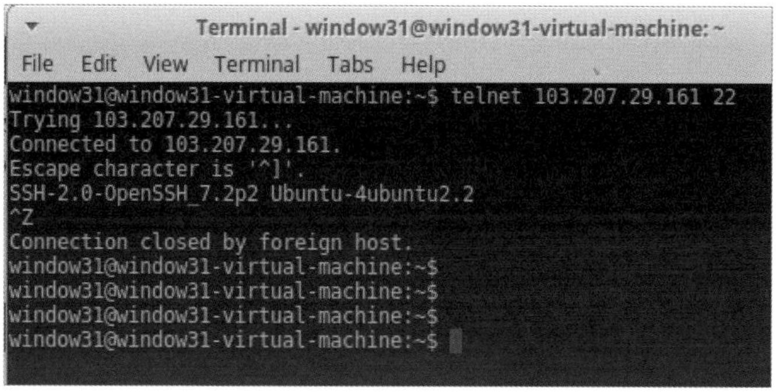

```
Terminal - window31@window31-virtual-machine: ~
File Edit View Terminal Tabs Help
window31@window31-virtual-machine:~$ telnet 103.207.29.161 22
Trying 103.207.29.161...
Connected to 103.207.29.161.
Escape character is '^]'.
SSH-2.0-OpenSSH_7.2p2 Ubuntu-4ubuntu2.2
^Z
Connection closed by foreign host.
window31@window31-virtual-machine:~$
window31@window31-virtual-machine:~$
window31@window31-virtual-machine:~$
window31@window31-virtual-machine:~$
```

그림 8.16 텔넷 접근

이제 로그를 보고 IPS가 이 접근을 잘 탐지했는지 살펴보자. pfSense의 [Snort] → [Alerts] 메뉴를 보면 탐지된 로그를 볼 수 있다. 두 번째 줄에 앞에서 테스트로 사용했던 룰인 'ET CNC Shadowserver Reported CnC Server TCP Group' 로그가 보인다. 해당 액션이 잘 탐지된다는 사실을 알 수 있다.

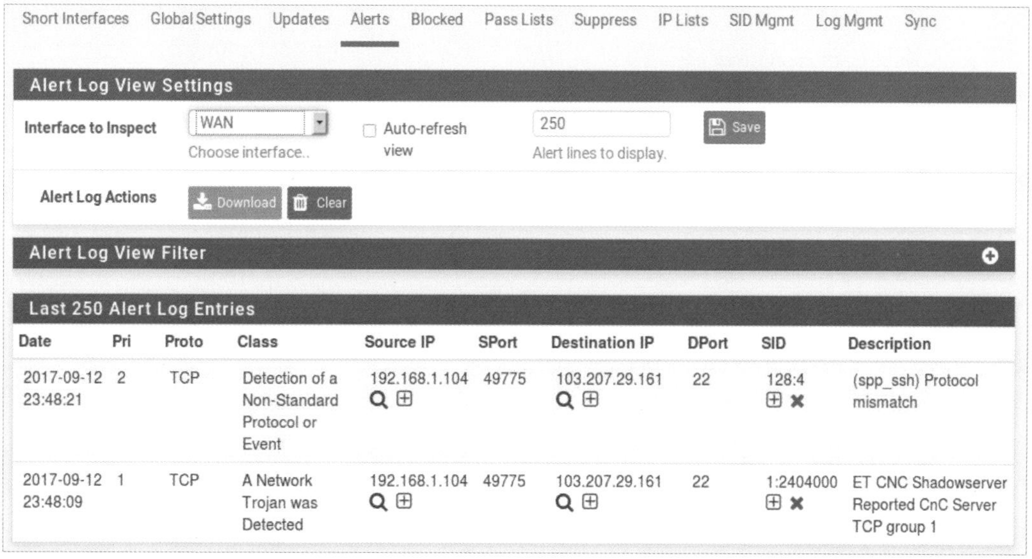

Snort Interfaces | Global Settings | Updates | Alerts | Blocked | Pass Lists | Suppress | IP Lists | SID Mgmt | Log Mgmt | Sync

Alert Log View Settings

Interface to Inspect: WAN (Choose interface..) ☐ Auto-refresh view | 250 (Alert lines to display.) | Save

Alert Log Actions: Download | Clear

Alert Log View Filter

Last 250 Alert Log Entries

Date	Pri	Proto	Class	Source IP	SPort	Destination IP	DPort	SID	Description
2017-09-12 23:48:21	2	TCP	Detection of a Non-Standard Protocol or Event	192.168.1.104	49775	103.207.29.161	22	128:4	(spp_ssh) Protocol mismatch
2017-09-12 23:48:09	1	TCP	A Network Trojan was Detected	192.168.1.104	49775	103.207.29.161	22	1:2404000	ET CNC Shadowserver Reported CnC Server TCP group 1

그림 8.17 로그 확인

다음으로 웹서버인 VLAN10의 것을 만든다. 순서는 위와 같으며 활성화해야 할 룰 리스트는 다음과 같다. 일단 WAN에서 이미 블록 중인 룰은 체크할 필요가 없고, 또한 웹서버 영역이므로 웹서버와 관계없는 룰 역시 체크하지 않아도 된다. 여기서는 다음 룰을 추가했다.

ET Open Rules

- emerging-web_server.rules
- emerging-web_specific_apps.rules

Snort Text Rules

- snort_exploit-kit.rules
- snort_exploit.rules
- snort_scan.rules
- snort_server-webapp.rules
- snort_web-attacks.rules
- snort_web-cgi.rules
- snort_web-coldfusion.rules
- snort_exploit.rules
- snort_web-frontpage.rules
- snort_web-misc.rules

Snort SO Rules

- snort_server-webapp.so.rules

그럼 테스트해 보자. 다음은 간단한 SQL Injection 테스트 구문이다. IP 주소를 웹서버에 맞게 고친 후 아래와 같이 문장을 만들어 브라우저에 입력해 보자. 물론 실제로 이러한 user.php 파일이 없으니 오류가 발생하겠지만 웹서버에 패킷 자체는 들어가게 되니 IPS가 바로 감지할 것이다.

```
http://192.168.1.104/user.php?userid=5 AND 1=2 UNION SELECT password,username FROM users WHERE usertype='admin'
```

로그를 살펴보니 잘 탐지되는 것을 확인할 수 있다. 다양한 웹 공격 정황이 발견됐다.

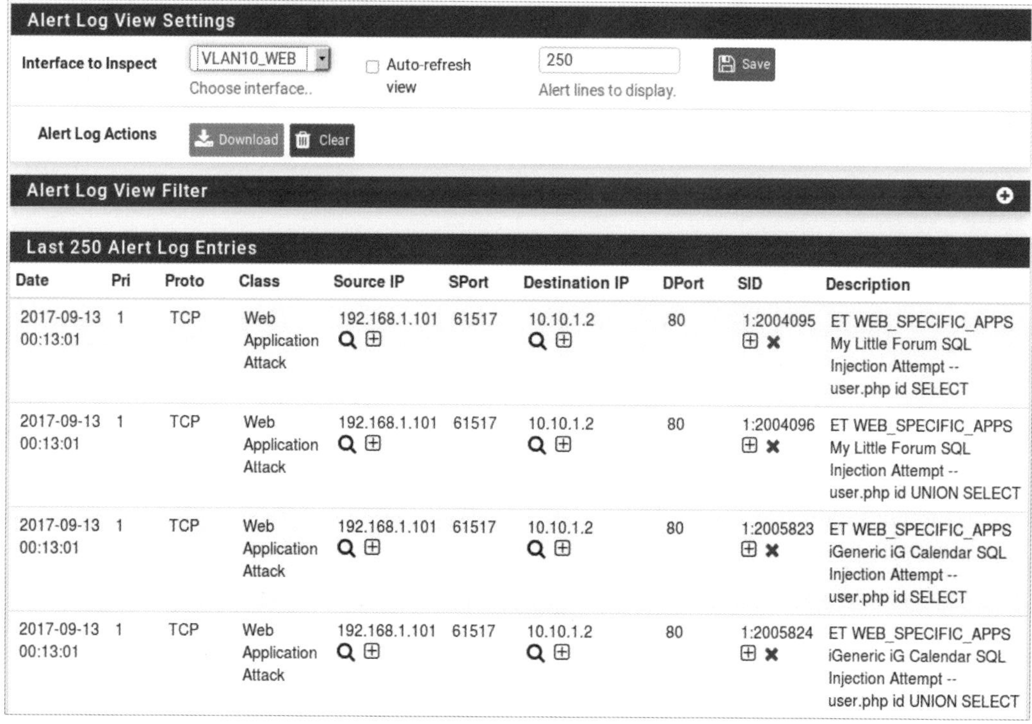

그림 8.18 로그 확인

이런 식으로 사내망도 유사한 방식으로 원하는 룰을 넣으면 된다. 만약 드롭박스 관련 룰을 인라인으로 넣는다면 드롭박스를 쓰는 사용자들이 모두 탐지될 것이며, 토렌트를 사내에서 돌리고 있는 사용자들도 발견할 수 있다. 그리고 다음에 이어지는 내용인 차단 정책으로 변경하면 토렌트나 드롭박스는 사내망에서 차단되어 사용할 수 없게 된다. 더는 자세히 설명하지 않아도 방법을 이해하리라 생각하며 이번 테스트는 생략한다.

06 _ 유연한 룰 정책과 차단/탐지에서의 예외 처리

이번에 다룰 내용은 간단하므로 단계별로 수행하는 방법은 생략하고 설명만 하겠다. 글로벌 메뉴 중에서 [Pass Lists]와 [Suppress]라는 메뉴가 있다. [Pass Lists]는 굳이 검사할 필요가 없는 IP 주소를 화이트리스트 방식으로 처리하는 것이다. 만약 특정 업체와 우리 회사가 정기적으로 데이터를 주고받는 IP 주소가 있다면 해당 IP 주소는 IPS에 걸리지 않도록 화이트리스트 방식으로 처리해 둘 수도 있다. 그리고 [Suppress]는 탐지가 과도하게 발생할 경우 알럿 폭탄을 맞지 않도록 탐지가 몇 번 이상 발생하는 경우에만 발동시키는 기능인데, 이 내용은 다음 장에 나오는 IDS의 룰과 중복되기도 하고 다음 장에서 상세히 설명하고 있으므로 개념이 궁금하신 분들은 다음 장의 해당 부분을 먼저 참고하면 될 것 같다.

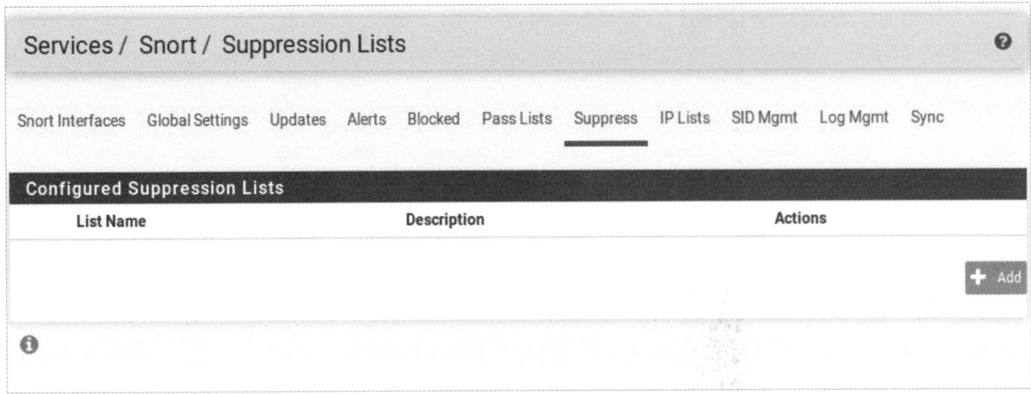

그림 8.19 Suppression Lists

[Pass Lists]에 추가하는 방법은 다음과 같다. 먼저 Aliases를 추가해야 한다. 해외 법인의 IP 주소를 모두 예외 처리한다고 가정하자. 'overseas_branch'라는 Aliases를 만들고 '12.34.45.56'이라는 미국 법인의 IP 주소를 넣었다.

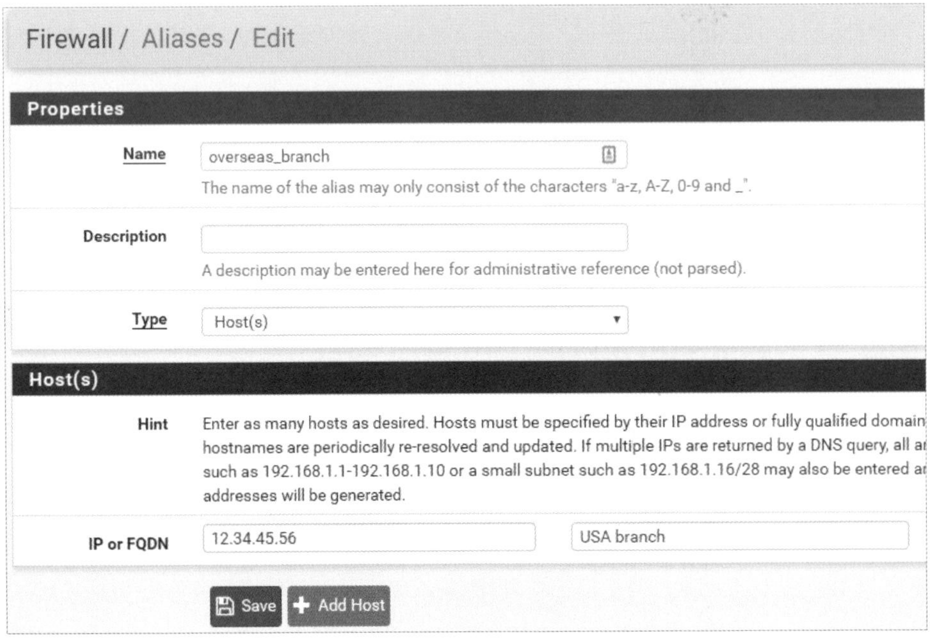

Firewall / Aliases / Edit

Properties

Name: overseas_branch
The name of the alias may only consist of the characters "a-z, A-Z, 0-9 and _".

Description:
A description may be entered here for administrative reference (not parsed).

Type: Host(s)

Host(s)

Hint: Enter as many hosts as desired. Hosts must be specified by their IP address or fully qualified domain hostnames are periodically re-resolved and updated. If multiple IPs are returned by a DNS query, all a such as 192.168.1.1-192.168.1.10 or a small subnet such as 192.168.1.16/28 may also be entered a addresses will be generated.

IP or FQDN: 12.34.45.56 USA branch

Save Add Host

그림 8.20 Aliases

그리고 Snort의 메뉴로 가서 [Pass Lists]에서 [+ Add] 버튼을 클릭한 후 다음과 같이 설정한다. [Name]과 [Description]은 적절한 것으로 입력하고 체크박스를 모두 체크한다. 그리고 [Assigned Alias]에 앞에서 만든 이름을 입력하면 된다. 그러고 나면 해당 Alias에 등록된 IP 주소는 스노트 IPS에 걸리지 않고 스킵된다. 가끔 협력업체나 관계사 법인 등이 차단될 때가 있으므로 이런 옵션도 있다는 것을 염두에 두자.

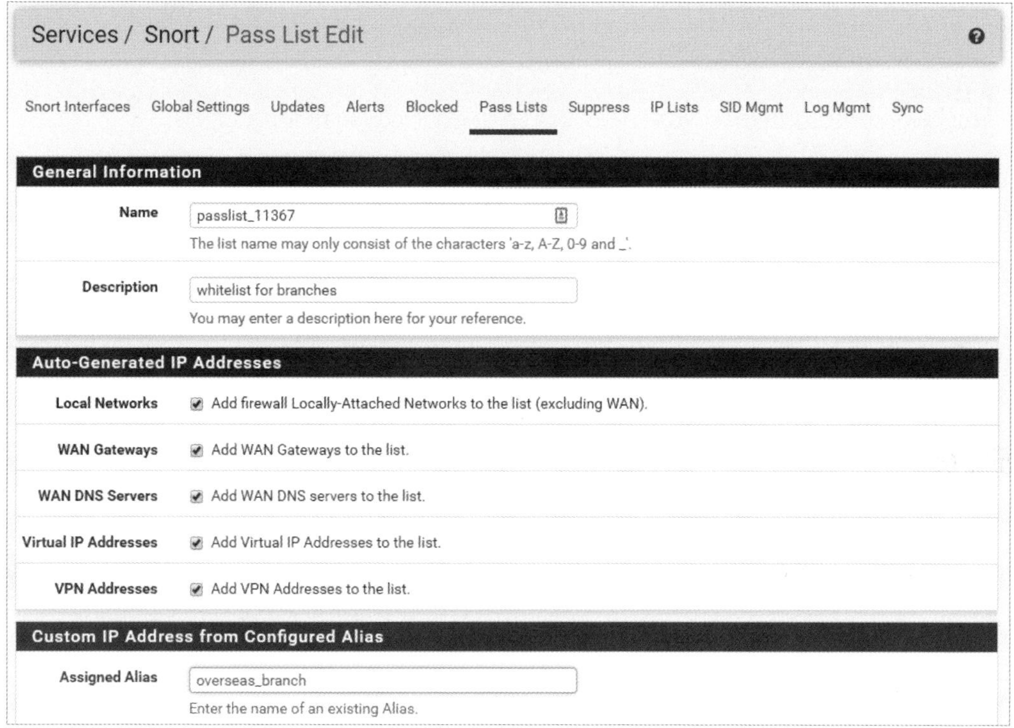

그림 8.21 Pass Lists

또는 Alert나 Blocked 메뉴에서 탐지된 로그의 [+] 버튼을 누르면 [Suppress List]에 추가할 수 있게 돼 있으니 이 기능도 활용하면 좋다.

Last 250 Alert Log Entries

Date	Pri	Proto	Class	Source IP	SPort	Destination IP	DPort	SID	Description
2017-09-22 13:11:22	2	UDP	Misc Attack	80.82.77.33	13864	220.82.14.209	30718	1:2402001	ET DROP Dshield Block Listed Source group 1
2017-09-22 13:11:22	2	UDP	Misc Attack	80.82.77.33	13864	220.82.14.209	30718	[illegible]	Add this alert to the Suppress List …at Intelligence Poor Reputation IP UDP group 47
2017-09-22 13:10:46	2	UDP	Misc Attack	158.85.81.119	25533	220.82.14.209	5632	1:2402001	ET DROP Dshield Block Listed Source group 1
2017-09-22 13:08:28	2	TCP	Potentially Bad Traffic	60.166.39.58	50896	220.82.14.209	1433	1:2010935	ET POLICY Suspicious inbound to MSSQL port 1433

그림 8.22 로그 확인

스노트 IPS에 기본적으로 활성화돼 있는 기능 중 'HTTP Inspect'라는 기능이 있다. 스노트 IPS를 가동시킨 후 로그를 보다 보면 이 기능과 관련된 로그가 꽤 많은 오진으로 발생한다는 사실을 알 수 있다. 그래서 아예 이 기능을 꺼버리는 사람들도 있는데, 그렇게 하면 다른 정상적인 HTTP 트래픽도 탐지되지 않는 문제가 발생한다. 따라서 pfSense의 커뮤니티에서는 이 기능을 비활성화하기보다는 [Suppress] 메뉴에서 적당히 필터링하는 방법을 추천하는 편이다. 여기서도 다음과 같이 작성해 보자.

- [Name]: 'Whitelist_http_inspect'
- [Suppression Rules]에는 아래와 같이 등록

#(http_inspect) NO CONTENT-LENGTH OR TRANSFER-ENCODING IN HTTP RESPONSE
suppress gen_id 120, sig_id 3

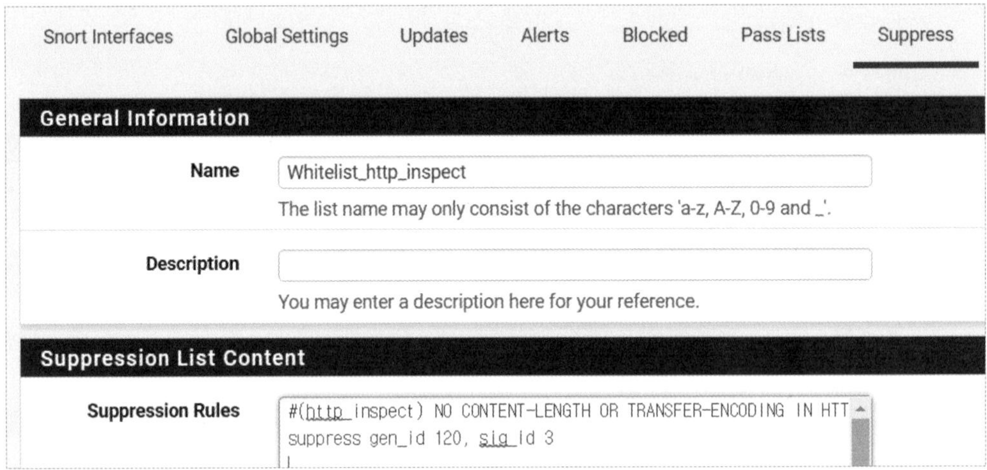

그림 8.23 옵션 추가

그리고 개별 인터페이스의 [VLAN* Settings]에 가면 [Choose a Suppression or Filtering List]가 메뉴가 있는데, 조금 전에 만든 'Whitelist_http_inspect'를 선택한다. 오피스 네트워크의 VLAN 20에도 동일하게 설정한다.

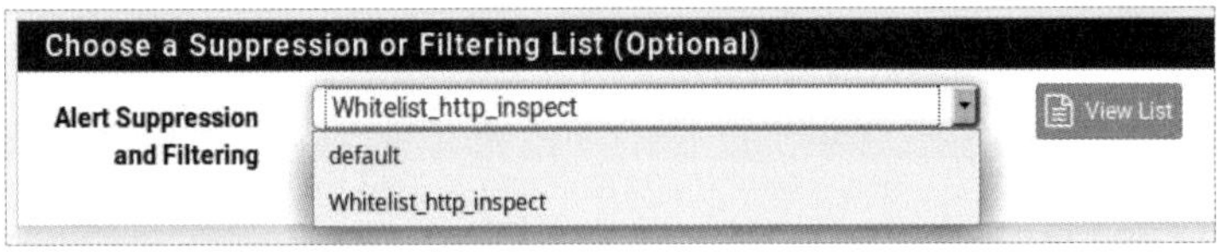

Choose a Suppression or Filtering List (Optional)
Alert Suppression and Filtering
Whitelist_http_inspect
default
Whitelist_http_inspect
View List

그림 8.24 옵션 선택

07 _ 모니터링 후 차단으로 정책 변환

지금까지 작업한 내용은 사실 탐지만 하는 수준이었지만(즉, 인라인으로 연결돼 있긴 하지만 실제 블록 작업은 수행되지 않고 있었다) 모니터링하고 있다가 더는 오진이 없다 싶으면 차단하는 기능을 활성화시켜 블록으로 정책을 변경하는 식으로 보안 업무를 수행하는 것이 일반적이다. 이번에는 차단으로 옵션을 변경하는 작업을 알아보자. 메뉴에서 [Services] → [Snort]를 차례로 선택한 후 개별 인터페이스를 설정하는 메뉴로 들어간 뒤 [WAN Settings]로 들어가자. 그리고 아래 세 가지 항목을 체크한다.

- Block Offenders
- Kill States
- Which IP to Block은 'BOTH'로 변경

Snort Interfaces | Global Settings | Updates | Alerts | Blocked | Pass Lists | Suppress | IP Lists | Sl

WAN Settings | WAN Categories | WAN Rules | WAN Variables | WAN Preprocs | WAN Barnyard2

General Settings

Enable	☑ Enable interface
Interface	WAN Choose the interface where this Snort instance will inspect traffic.
Description	WAN Enter a meaningful description here for your reference.

Alert Settings

Send Alerts to System Logs	☑ Snort will send Alerts to the firewall's system logs
System Log Facility	LOG_AUTH Select system log Facility to use for reporting. Default is LOG_AUTH.
System Log Priority	LOG_ALERT Select system log Priority (Level) to use for reporting. Default is LOG_ALERT.
Block Offenders	☑ Checking this option will automatically block hosts that generate a Snort alert
Kill States	☑ Checking this option will kill firewall states for the blocked IP. Default is checked.
Which IP to Block	BOTH

그림 8.25 차단 정책으로 변경

그리고 다시 테스트로 알럿을 발생시켜 본 뒤 [Blocked] 메뉴를 클릭해 보자. 이 메뉴에서는 차단된 목록을 볼 수 있다. 이번에는 다음과 같이 로그에 X가 표시돼 나올 것이다. 이제 스노트 IPS에 걸리면 바로 차단돼 버리며, 해당 IP 주소까지도 함께 차단되는 모습을 볼 수 있다. 테스트 결과, 해당 IP 주소로는 더는 텔넷 접속조차 되지 않는다.

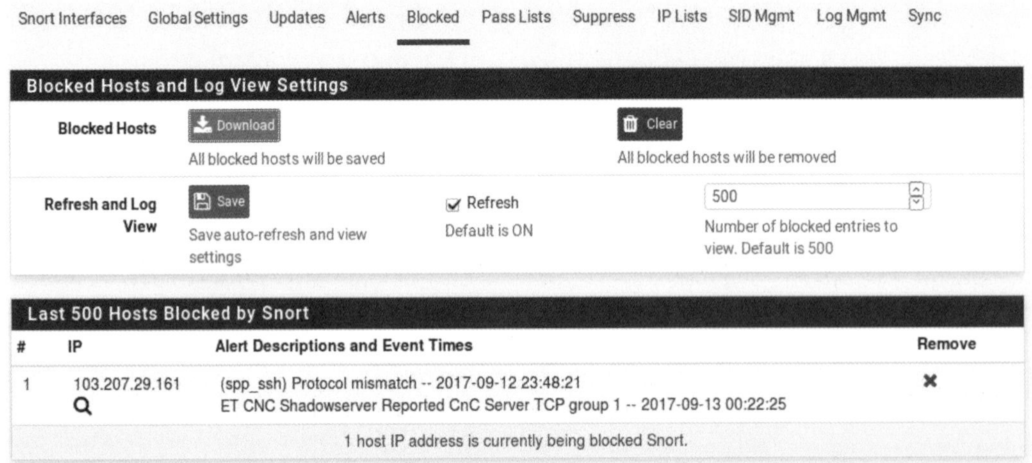

그림 8.26 차단된 로그

그림 8.27 차단 확인

08 _ 커스텀 패턴 추가

보안 업무를 하다 보면 벤더에서 정기적으로 내려주는 룰 외에 보안 엔지니어가 직접 넣어서 긴급하게 차단해야 하는 커스텀 룰을 제작해야 할 때가 있다. 이와 관련된 자세한 배경은 3부 IDS 편의 3장에서 상세히 설명했으므로 궁금하신 분들은 해당 장을 읽고 오길 바란다(이처럼 IDS와 IPS는 겹치는 개념이 좀 있다). 이때 룰을 넣는 방법은 다음과 같다. 개별 인터페이스 메뉴에서 [WAN Rules] 메뉴로 들어가면 [Category Selection]이라고 룰을 고르는 메뉴가 있다. 여기서 'custom.rules'를 선택하면 된다. 현재는 커스텀으로 넣은 룰이 하나도 없기 때문에 공란일 테지만 긴급 대응을 많이 한 보안 조직일수록 여기에 넣은 룰이 점점 많아질 것이다. 어쨌든 여기서도 테스트로 룰 하나를 넣어보자. window31.com 사이트에 접근하면 차단하는 룰이다.

```
alert tcp any any -> any 80 (msg:"test window31"; content:"window31.com"; flow:established; sid:3000099)
```

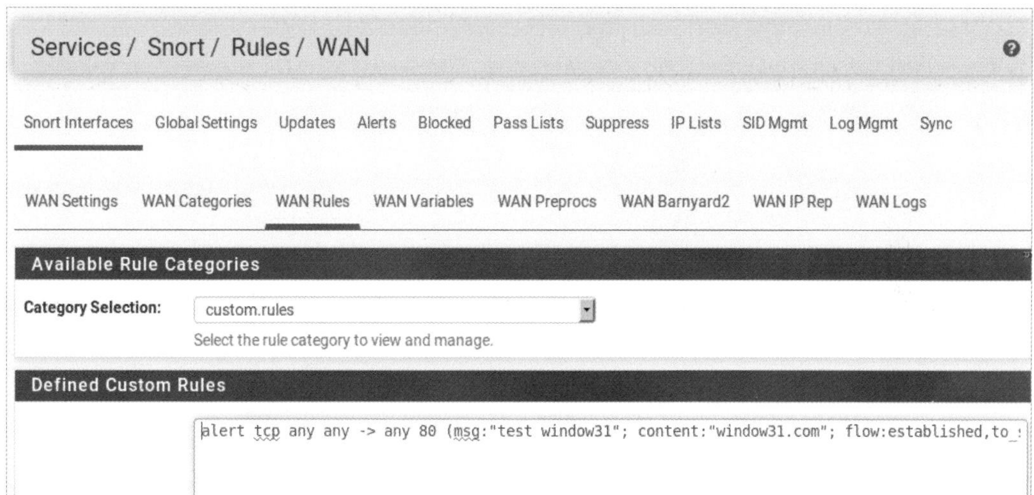

그림 8.28 커스텀 룰 추가

혹시라도 룰이 아직 반영된 것 같지 않으면 아래 인터페이스 메뉴에서 재시작 버튼을 클릭한다.

Services / Snort / Interfaces

Snort Interfaces Global Settings Updates Alerts Blocked Pass Lists Suppress IP Lists SID Mgmt Log Mgmt Sync

Interface Settings Overview

Interface	Snort Status	Pattern Match	Blocking	Barnyard2 Status	Description	Actions
LAN		AC-BNFA	DISABLED	DISABLED	LAN	
VLAN10_WEB		AC-BNFA	DISABLED	DISABLED	VLAN10_WEB	
VLAN20_OFFICE		AC-BNFA	DISABLED	DISABLED	VLAN20_OFFICE	
VLAN30_INTRANET		AC-BNFA	DISABLED	DISABLED	VLAN30_INTRANET	
VLAN40_DB		AC-BNFA	DISABLED	DISABLED	VLAN40_DB	
WAN		AC-BNFA	ENABLED	DISABLED	WAN	

그림 8.29 재시작

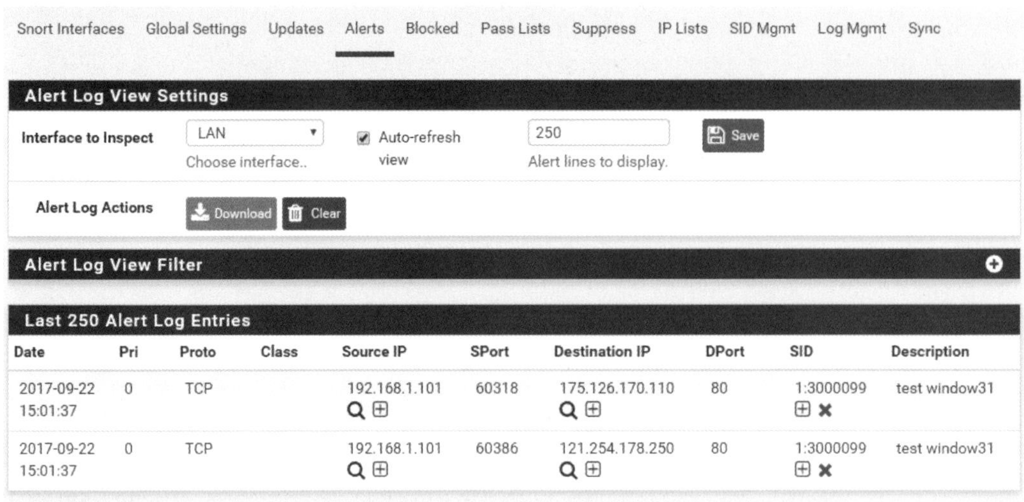

그림 8.30 로그 확인

랩 환경에서는 메모리나 CPU가 부족하면 여기서 패턴에 걸리는 순간 개별 인터페이스가 죽으며 크래시될 때가 있다. 아마 랩 환경에서는 다소 적은 리소스로 테스트하다 보니 그런 일이 발생할 가능성이 클 것이다. 이 기능을 좀 더 활용해 보고 싶으면 리소스가 넉넉한 실제 물리 머신에 pfSense와 스노트 IPS를 올린 후 사용해 보는 것을 권장한다.

이로써 스노트 IPS의 기본적인 기능을 알아봤다. 실제로 룰을 켜서 여러 트래픽을 날리며 살펴보는 것이 룰 튜닝과 환경 학습에 가장 좋은 방법일 것이다. 앞서 여러 차례 언급한 대로 IDS와 IPS는 유사점이 많으므로 룰을 세부적으로 다루거나 제로데이 익스플로잇이 나왔을 때 추가하는 방법 등에 대해서는 3부 IDS 편의 12장에서 훨씬 더 상세하게 설명해 뒀으니 그쪽을 참고하자. IPS와 IDS는 직접 차단을 수행한다는 점 외에는 구조적인 면에서나 보안 대응 프로세스 면에서도 유사한 점이 많으니 중복을 피하기 위해 대응이나 분석 측면에서 더욱 자세한 내용은 IDS 편에 상세히 기술해 놓았다.

9장 VPN을 통한 외부에서의 접근 제어

지금까지 방화벽에 이어 IPS, 웹 프락시까지 설치했는데 이제 UTM의 마지막 코너로 VPN을 설치할 차례다. VPN에 대한 개요는 앞 장에서 자세히 설명했으므로 여기서는 넘어가고, 여기서는 오픈소스 VPN 분야에서 단독 선두를 달리고 있는 OpenVPN을 pfSense에 있는 패키지를 이용해 설치하는 방법을 설명하겠다.

01 _ OpenVPN의 기본 설정

pfSense에는 기본적으로 OpenVPN이 설치돼 있으므로 별도로 패키지 설치 페이지에서 추가로 설치할 것은 없다. pfSense의 VPN 메뉴로 이동해서 바로 OpenVPN을 클릭한다.

VPN
Status
Diagnostics
Gold
IPsec
L2TP
OpenVPN

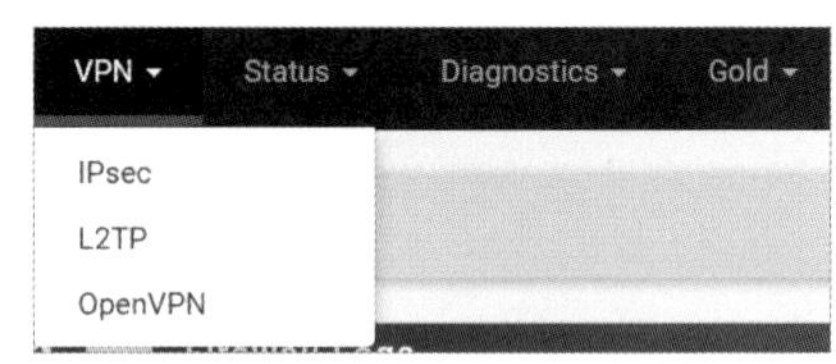

그림 9.1 OpenVPN

OpenVPN을 직접 독립형 버전으로 구축해 보신 분들은 아시겠지만 초반 설정에 은근히 손이 많이 가는 편이다. 하지만 pfSense에서는 OpenVPN에 대해 설치 마법사를 제공하고 있으므로 비교적 간단하게 설정할 할 수 있다. pfSense의 [VPN] → [OpenVPN] 메뉴로 들어가서 [Wizard] 탭을 선택한다. 먼저 계정 인증에 대해서는 [Local User Access]를 선택한다. 기업 환경에서는 LDAP 등을 선택할 수도 있지만 일단 랩 환경에서만 구축을 진행할 예정이니 로컬 계정으로 만들겠다.

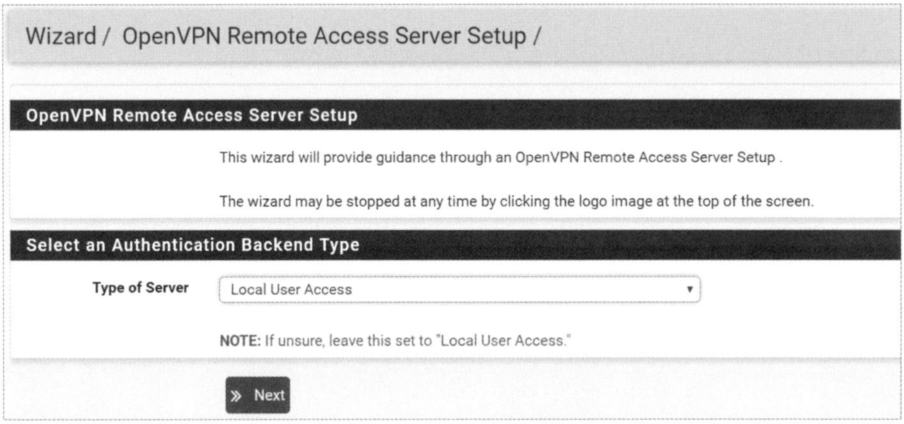

Wizard / OpenVPN Remote Access Server Setup /
OpenVPN Remote Access Server Setup
This wizard will provide guidance through an OpenVPN Remote Access Server Setup .
The wizard may be stopped at any time by clicking the logo image at the top of the screen.
Select an Authentication Backend Type
Type of Server
Local User Access
NOTE: If unsure, leave this set to "Local User Access."
Next

그림 9.2 계정 유형

VPN을 구축할 때 가장 먼저 해야 할 작업은 암호화와 관련된 인증서를 설정하는 것이다. [Descriptive name]에는 독자들이 원하는 이름을 적절히 넣고 [Key length]를 '2048 bit'로 선택한 후 나머지 설정은 그대로 두고 [Add new CA]를 클릭한다.

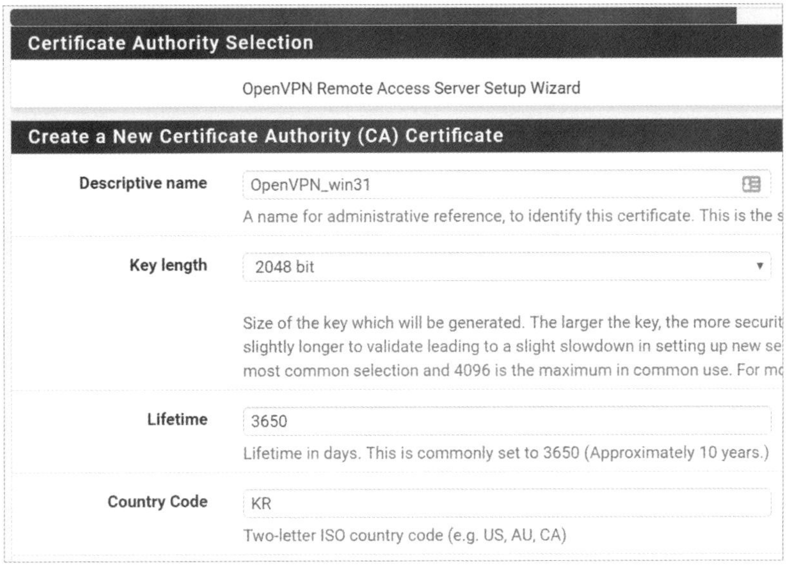

Certificate Authority Selection

OpenVPN Remote Access Server Setup Wizard

Create a New Certificate Authority (CA) Certificate

Descriptive name: OpenVPN_win31

A name for administrative reference, to identify this certificate. This is the s

Key length: 2048 bit

Size of the key which will be generated. The larger the key, the more securit slightly longer to validate leading to a slight slowdown in setting up new se most common selection and 4096 is the maximum in common use. For mc

Lifetime: 3650

Lifetime in days. This is commonly set to 3650 (Approximately 10 years.)

Country Code: KR

Two-letter ISO country code (e.g. US, AU, CA)

그림 9.3 인증서 설정

이번에는 [Server]에서 사용할 인증서를 설정해야 한다. 위 화면과 거의 비슷하므로 [Descriptive name]만 앞에서 넣은 이름과 구별되도록 입력한다. 나머지 설정은 위와 동일하게 맞춘다.

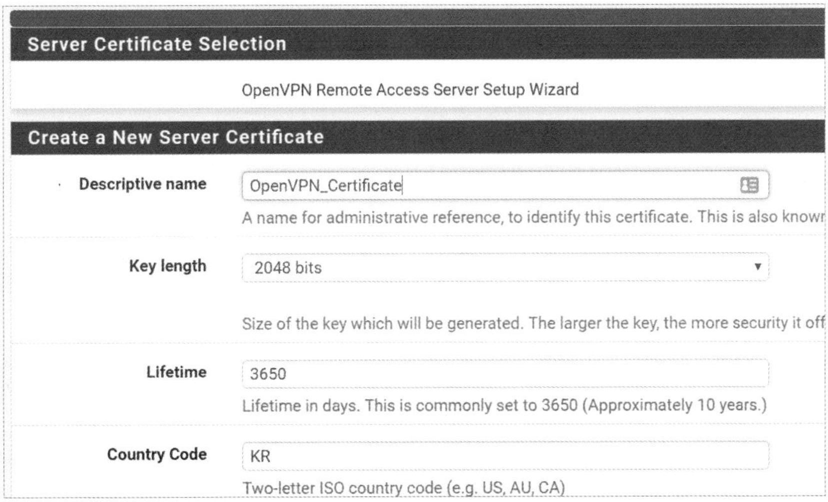

Server Certificate Selection

OpenVPN Remote Access Server Setup Wizard

Create a New Server Certificate

Descriptive name: OpenVPN_Certificate

A name for administrative reference, to identify this certificate. This is also knowr

Key length: 2048 bits

Size of the key which will be generated. The larger the key, the more security it off

Lifetime: 3650

Lifetime in days. This is commonly set to 3650 (Approximately 10 years.)

Country Code: KR

Two-letter ISO country code (e.g. US, AU, CA)

그림 9.4 인증서 설정

이제 본격적으로 서버를 설정하는 부분이다. 아래와 같이 설정한다.

- Interface: WAN
- Protocol: UDP
- Local Port: 1194

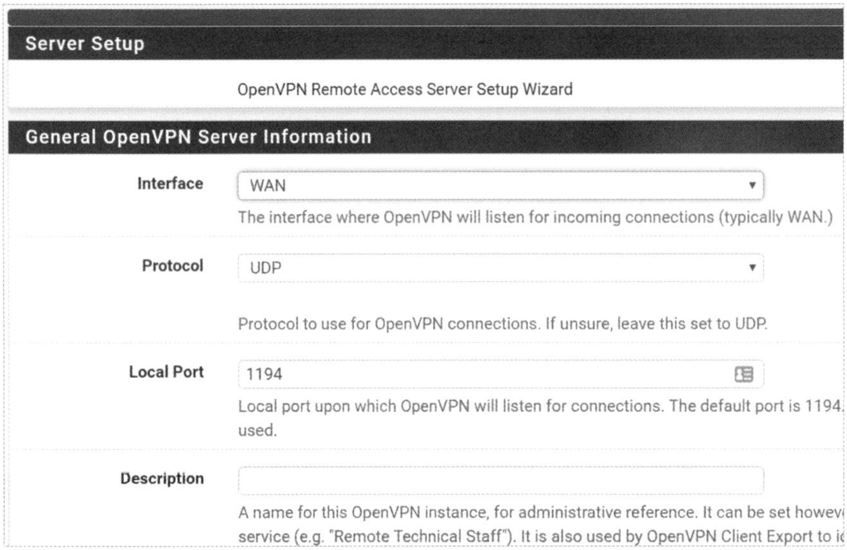

Server Setup

OpenVPN Remote Access Server Setup Wizard

General OpenVPN Server Information

Interface: WAN
The interface where OpenVPN will listen for incoming connections (typically WAN.)

Protocol: UDP
Protocol to use for OpenVPN connections. If unsure, leave this set to UDP.

Local Port: 1194
Local port upon which OpenVPN will listen for connections. The default port is 1194.
used.

Description:
A name for this OpenVPN instance, for administrative reference. It can be set howev
service (e.g. "Remote Technical Staff"). It is also used by OpenVPN Client Export to i

그림 9.5 VPN 서버 설정

그리고 밑으로 좀 내리다 보면 [Tunnel Network]에 IP 주소를 입력하는 화면이 나온다. 여기서는 10.50.x.x 대역을 VPN으로 사용하려고 하므로 아래와 같이 10.50.1.0/24를 입력한다. 앞으로 VPN에 연결되면 외부에서 우리 PC에서 연결한 VPN은 아래 대역을 할당받게 된다. 그리고 [Redirect Gateway]가 있는데 이것도 체크한다. VPN 연결 후에는 모든 트래픽이 VPN을 타고 나가도록 라우팅 한다는 의미다.

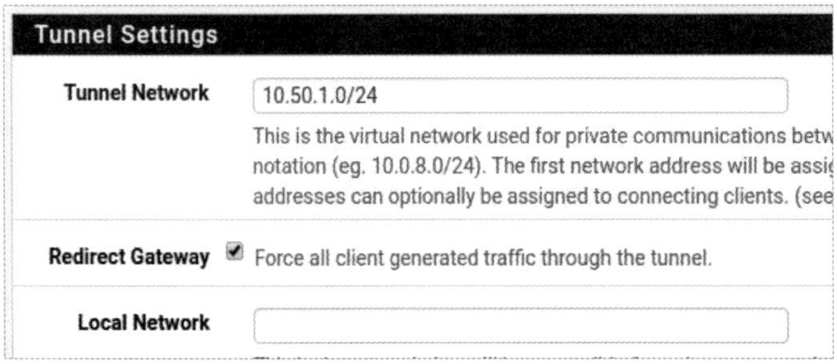

Tunnel Settings

Tunnel Network: 10.50.1.0/24
This is the virtual network used for private communications betw
notation (eg. 10.0.8.0/24). The first network address will be assig
addresses can optionally be assigned to connecting clients. (see

Redirect Gateway: ☑ Force all client generated traffic through the tunnel.

Local Network:

그림 9.6 VPN IP 주소대역 설정

마지막으로 아래 두 항목을 체크한다. 앞에서 봤다시피 10.50.x.x라는 새로운 대역을 만든 셈이고 어찌 보면 이것은 새로운 VLAN이 생겼다고 볼 수도 있다. 그럼 이 VLAN에 대해서는 지난 장에서 ACL 연습을 할 때 방화벽 허용 룰부터 넣었듯이, 이 대역에 대해서도 방화벽 룰을 추가할 필요가 있다. 여기서 체크박스를 선택하면 pfSense가 해당 룰을 자동으로 넣는다. 끝으로 다음 화면에서 [Finish]를 누른다.

- Firewall Rule
- OpenVPN Rule

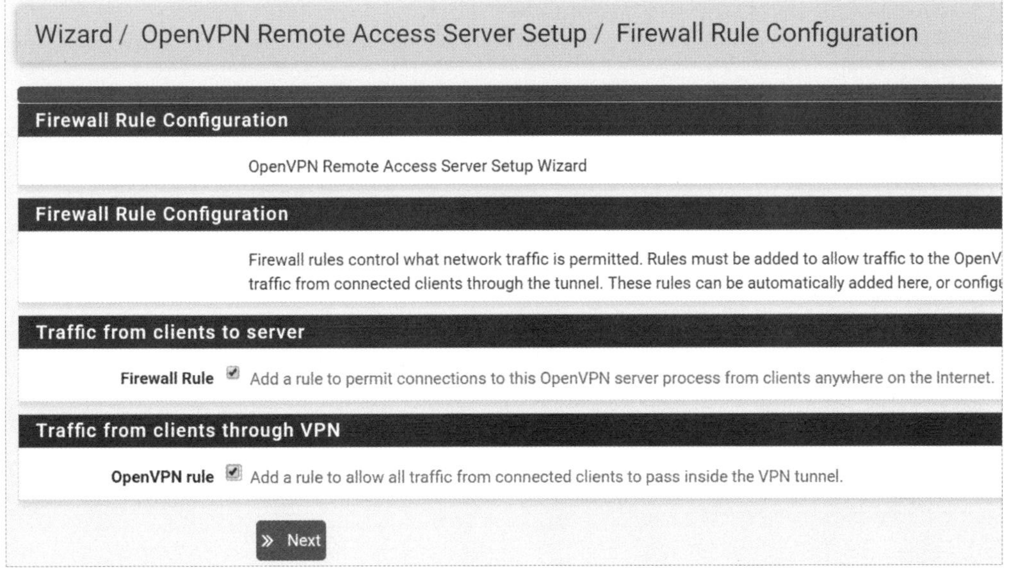

그림 9.7 방화벽 룰 추가

02 _ VPN 에이전트 배포와 설정

이번에는 VPN 클라이언트(에이전트)를 설정하겠다. 이때 기본적인 메뉴에 의지하기보다는 새로운 패키지를 설치해서 해당 패키지의 도움을 받는 방법이 간편하다. pfSense의 [System] 메뉴에서 [Package Manager]로 이동한다. [Available Packages]를 클릭한 후 설치 가능한 패키지가 검색되는 동안 잠시 기다렸다가 [Search term]에 'openvpn'을 입력한다. 그럼 'openvpn-client-export'가 나올 것이다. 우측의 [Install] 버튼을 클릭해 설치하자.

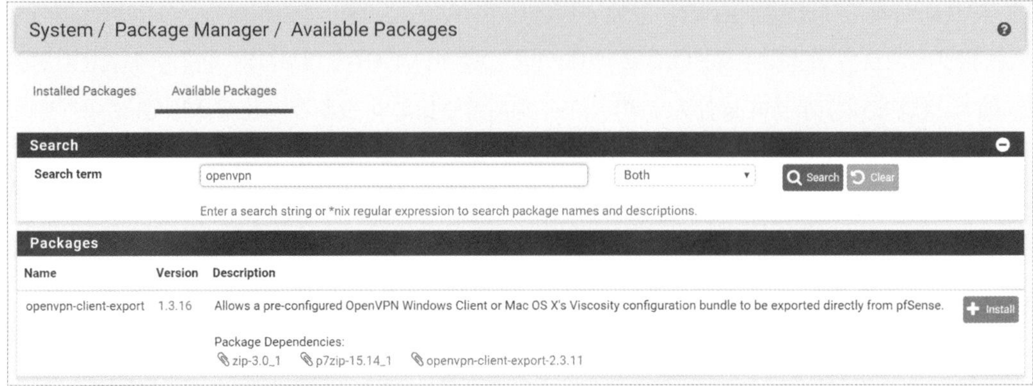

그림 9.8 익스포트 툴 설치

설치 화면에 'Success'라고 나오면 설치가 완료된 것이다. 패키지를 설치한 후 맨 먼저 해야 할 일은 VPN을 사용할 계정을 만드는 것이다. [System] → [User Manager]로 이동한다. 그런 다음 [Add] 버튼을 클릭해 새 사용자를 추가하자. 일단 사용자명과 비밀번호를 만들고, 다른 내용은 기본값 그대로 둔다. 앞으로 VPN 접속을 할 때는 이 계정을 사용해야 한다.

User Properties

Defined by	USER
Disabled	This user cannot login
Username	window31vpn
Password	....
Full name	User's full name, for administrative information only
Expiration date	Leave blank if the account shouldn't expire, otherwise enter the expiration d
Custom Settings	Use individual customized GUI options and dashboard layout for this use
Group membership	admins

그림 9.9 계정 설정

그런 다음 [Certificate]의 [Click to create a user certificate] 체크박스를 체크한다. 그럼 [Create Certificate for User]가 나오는데, 앞에서 만든 'OpenVPN_win31'이 선택돼 있을 것이다. [Descrptitive name]에 'openvpn_certificate' 같은 이름을 입력한다. 그런 다음 [Save] 버튼을 클릭한다.

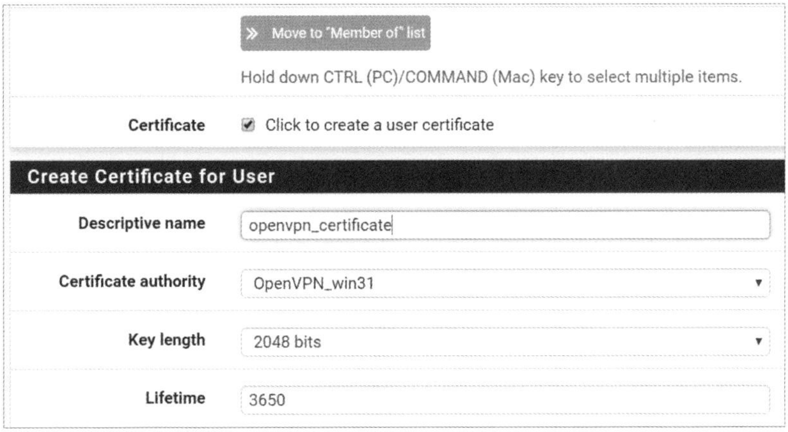

그림 9.10 계정 설정

이제 메인 메뉴에서 [VPN] → [OpenVPN]으로 다시 이동하자. 아래처럼 [Client Export]라는 새로운 메뉴가 추가됐을 것이다. 이를 클릭하고 화면의 하단에 있는 [Save as default]를 클릭하자.

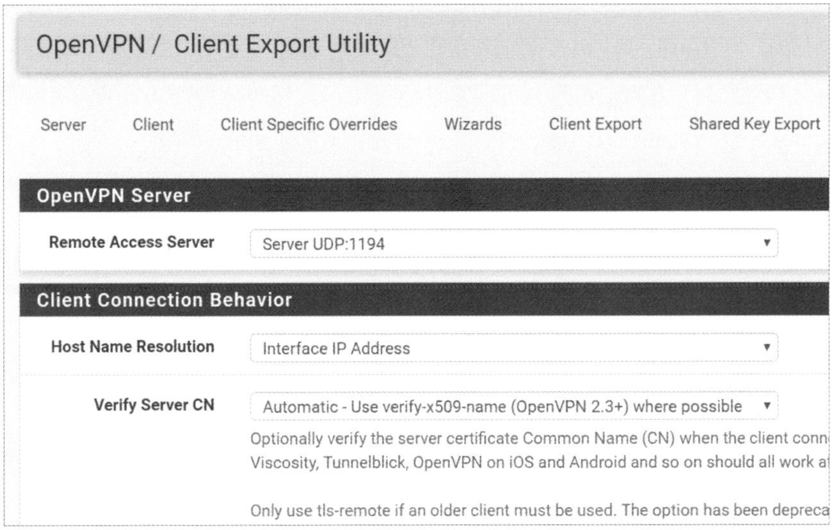

그림 9.11 인증서 선택

그러면 다시 같은 화면이 새로고침될 텐데 화면의 맨 아래에 보면 [OpenVPN Client]가 나온다. 이를 클릭하면 원하는 플랫폼의 클라이언트를 내려받을 수 있다. 윈도우 리눅스, Mac OS X까지 모두 지원하고, 안드로이드와 iOS 플랫폼용까지 있는 것으로 봐서 스마트폰으로도 OpenVPN에 연결할 수 있다는 사실을 알 수 있다.

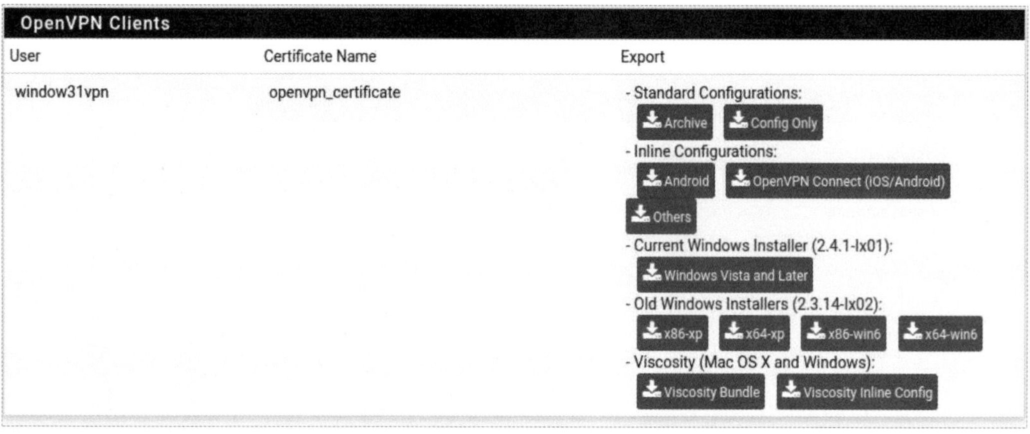

그림 9.12 에이전트 익스포트

현재 작업 중인 PC(즉, VMware Player를 설치한 PC)의 운영체제가 윈도우이라면 'Windows Vista and Later' 인스톨러를 내려받은 뒤, 내 PC로 가져온다(ESXi 안에 있는 VM에서 설치하는 것이 아니다). 이 과정이 좀 번거로울 수 있는데 사실 VPN 에이전트를 전달하는 과정 자체가 그것을 외부의 사용자에게 전달하기 위한 것이므로 파일을 복잡하게 빼가는 과정이 필요하다. 따라서 약간 비약이긴 하지만 이 작업은 VPN 발급을 받은 뒤 다른 PC에서 VPN 접속을 할 때 에이전트와 키를 전달받는 과정의 하나라고 생각하며 조금 번거롭게 파일을 전달해 보자.

아무튼 파일을 보내서 내 PC에서 설치하면 [OpenVPN GUI]라는 프로그램이 생기는데, 이를 실행한다. 그리고 마우스 오른쪽 버튼을 클릭해 팝업 메뉴가 나타나면 [Connect]를 선택한다. 그럼 VPN에 연결할 수 있는 로그인 창이 나타난다.

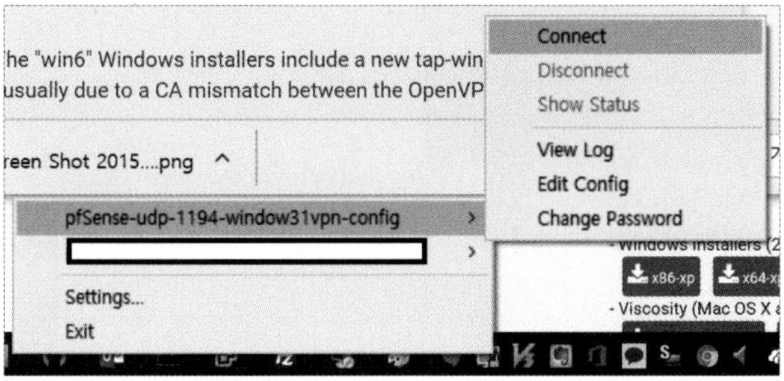

그림 9.13 에이전트 실행

앞에서 만든 VPN 계정을 입력하면 이제 VPN 인증이 완료됨과 동시에 이 PC는 pfSense의 방화벽 안쪽에 놓이게 된다. 사용자명과 비밀번호를 넣고 [OK] 버튼을 클릭한다.

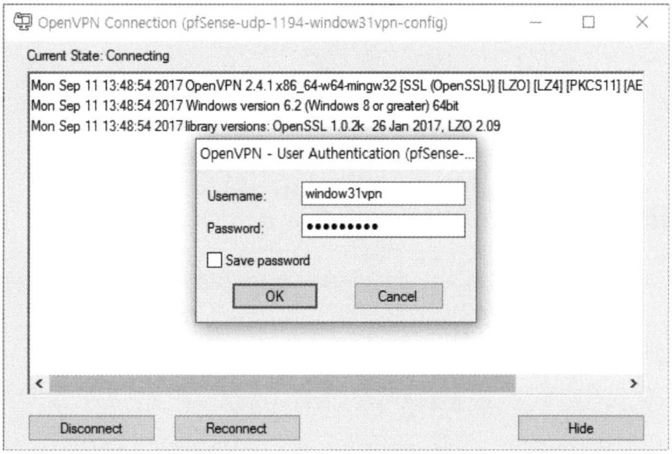

그림 9.14 로그인

참고로 혹시라도 방화벽 대화상자가 나타나면 [액세스 허용]을 선택한다.

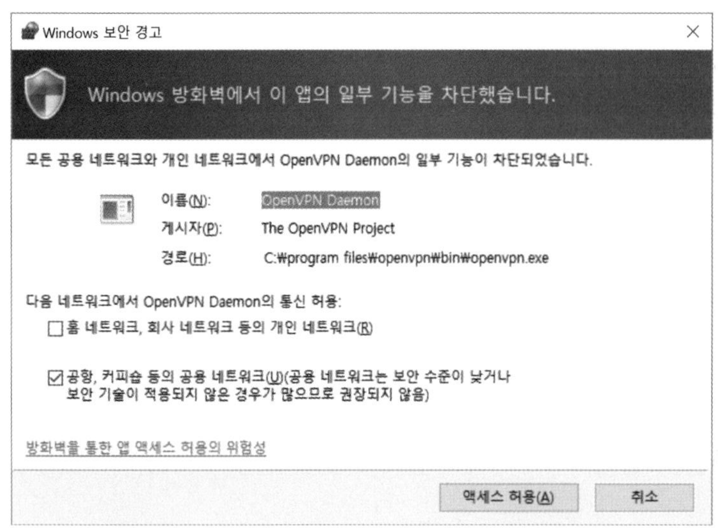

그림 9.15 방화벽 허용

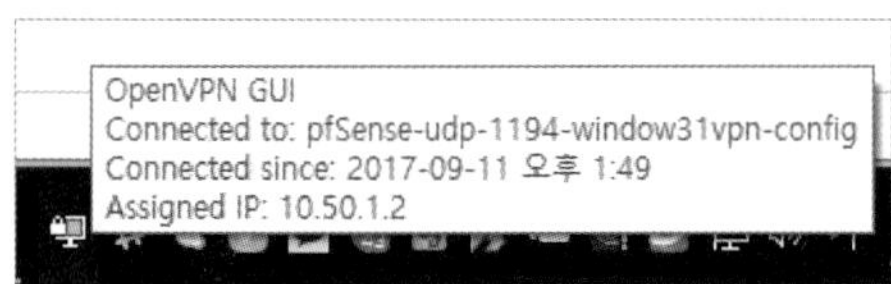

그림 9.16 VPN 연결

이제 트레이 아이콘이 회색에서 초록색으로 바뀐다. 드디어 VPN에 연결된 것이다. 이제 이 PC는 ESXi 안에 들어왔다. VM을 설치해서 ESXi를 설치한 뒤 그 안에 또 VM을 설치한 뒤 거기로 직접 연결한 모양새라 다소 혼동될 수도 있는데, 그림 9.17을 잘 보며 이해해 보자(처음 랩을 설계할 때의 그림이다). 이제 VPN에 연결한 후에 이 PC는 맨 오른쪽의 9대의 서버가 놓여있는 곳과 같은 곳에 위치한 것과 마찬가지가 된다.

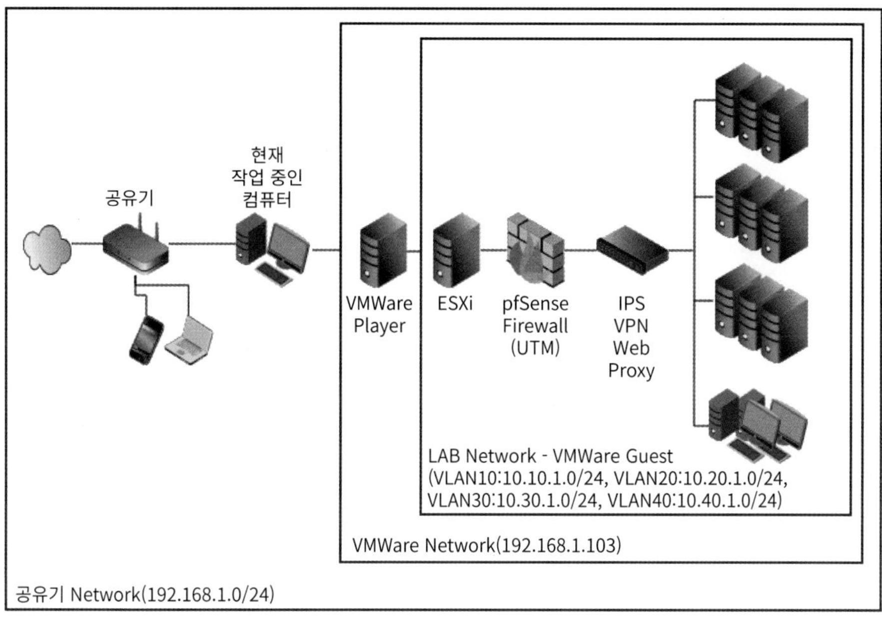

그림 9.17 네트워크 구조

외부로 나가는 IP 주소는 https://whatismyipaddress.com/을 통해 확인해 보자. 본래 VPN을 연결하기 전에는 이 PC의 IP 주소가 아래와 같이 117.로 시작하는 주소였다.

그림 9.18 IP 주소 확인

하지만 VPN에 연결한 후 페이지를 새로고침해 보면 220.으로 바뀌었음을 알 수 있다. 나가는 IP 주소가 VPN을 통해서 지나가기 때문에 VPN의 나가는 IP 주소로 변경된 것이다.

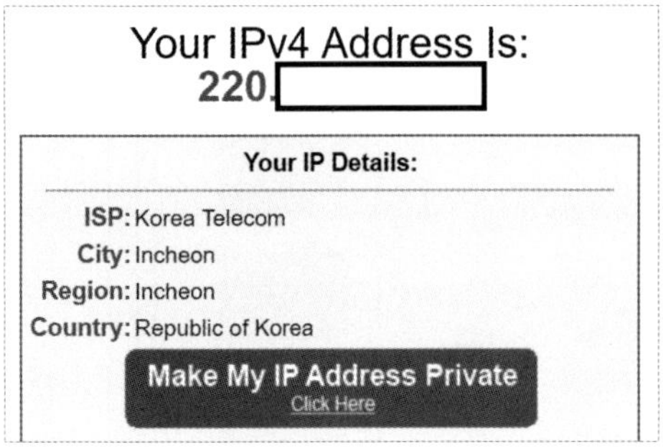

Your IPv4 Address Is:
220.

Your IP Details:

ISP: Korea Telecom
City: Incheon
Region: Incheon
Country: Republic of Korea

Make My IP Address Private
Click Here

그림 9.19 IP 주소 확인

그리고 이제 작업용 PC에서 직접 PuTTY로 접속해도 SSH 접속이 잘 된다는 사실을 알 수 있다. 그리고 중요한 점은 랩용으로 만든 백도어 포트를 없애도 VPN에 연결만 되면 vSphere에 직접 접속이 가능해진다는 점이다. 이미 이 PC는 VPN 덕분에 pfSense 안쪽에 놓여있는 것과 마찬가지가 되므로 랩 망의 어디에든 접속할 수 있다.

03 _ ACL 반영 – VPN의 문제점

이미 눈치를 챈 분들도 있겠지만 보안 마인드가 조금만 있다면 현재 VPN에 만들어진 ACL 룰은 모든 IP 주소와 포트에 접근할 수 있는 상태다. 즉, VPN에만 접속한다면 어디든 들어갈 수 있는 환경이라는 이야기다. 오피스 내에서는 못 들어가는 네트워크가 있는데 밖에서 VPN에 연결하면 오히려 어디든 들어갈 수 있게 되다니 아이러니한 상황이다. 이 같은 문제는 당연히 개선이 필요하며 지금부터 이를 개선하는 작업을 진행해 보겠다. 일단 아래 룰을 보자. OpenVPN을 설정할 때 자동으로 생성된 룰이다.

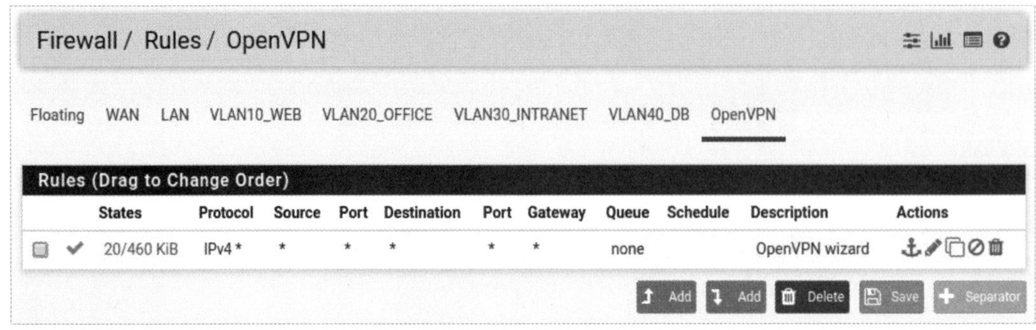

그림 9.20 ACL 설정

먼저 앞에서 window31vpn 계정을 설정할 때 10.50.1.0/24로 IP 주소가 할당되도록 만들었다. VPN은 서버를 외부에서 제어하는 엔지니어들이 발급받는다고 간주하고 이 대역을 VPN이지만 엔지니어 대역이라고 생각하자. 일단 방화벽 장에서 배운대로 Aliases부터 만들자. pfSense에서 [Firewall] → [Aliases]로 차례로 이동한 후 [+ Add] 버튼을 클릭한다. 다음과 같이 'VPN_ENG'를 만들어 10.50.1.0/24 대역 Aliase를 추가한다.

- [Name]: 'VPN_ENG'
- [Type]: 'Network(s)'
- [Network or FQDN]: '10.50.1.0/24'

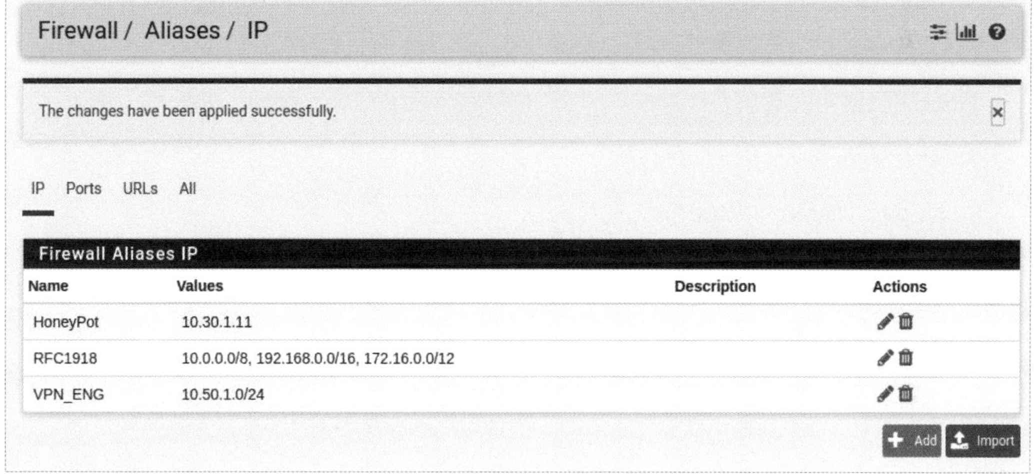

그림 9.21 Aliases

다음으로 [Firewall] → [Rules]로 이동한다. [OpenVPN]을 클릭한 뒤 화살표가 위로 향하는 [Add] 버튼을 클릭해 다음 룰을 추가한다. 하나 넣고 바로 [Apply Changes] 버튼을 클릭하지 말고 모든 룰을 다 넣은 후에 반영하길 바란다.

- [Action]: 'Block'
- [Protocol]: 'any'
- [Source]: 'any'
- [Destination]: 'Single host or alias / RFC1918'
- [Log packets that are handled by this rule]에 체크

- [Action]: 'Pass'
- [Protocol]: 'any'
- [Source]: 'Single host or alias / VPN_ENG'
- [Destination]: 'Single host or alias / VPN_ENG'

- [Action]: 'Pass'
- [Protocol]: 'any'
- [Source]: 'Single host or alias / VPN_ENG'
- [Destination]: 'VLAN10_WEB net'

- [Action]: 'Pass'
- [Protocol]: 'any'
- [Source]: 'Single host or alias / VPN_ENG'
- [Destination]: 'VLAN30_INTRANET net'

최종 화면은 아래와 같다.

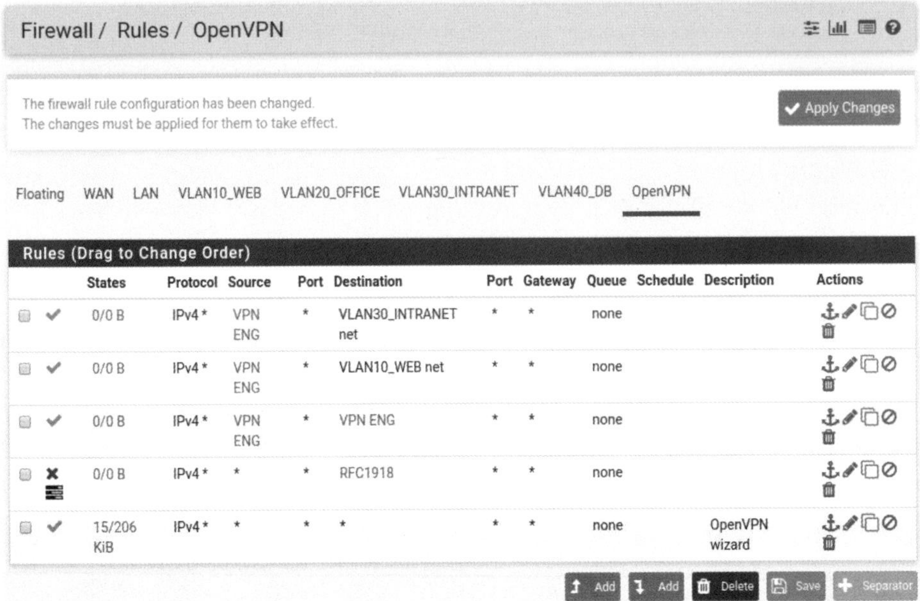

그림 9.22 최종 ACL

이렇게 설정하고 나면 VPN에 접근했을 때는 VLAN30 인트라넷 영역과 VLAN10인 웹서버 영역만 VPN으로 접근 가능한 상태가 된다. 사무실 영역과 DB 영역은 VPN으로도 접근할 수 없는 상태가 됐다. 이렇게 접근 제어를 했으므로 엔지니어들은 외부에서 VPN을 통해 웹서버 대역이나 인트라넷 대역은 들어올 수 있지만, 오피스 대역이나 DB 대역에는 접근이 불가능해졌다는 사실을 알 수 있다.

04 _ 정리

VPN 룰을 추가로 생성하는 방법을 간단히 다뤘는데, 실제로는 엔지니어들이 아닌 일반 직원들도 VPN에 임시로 들어와서 파일 서버나 위키 등에 접근할 일이 있을 테고, 협력업체 같은 외부인도 VPN을 발급받아 내부 사이트에 임시로 접근해야 할 때가 있다. 따라서 일반적으로 VPN을 발급할 때는 언제부터 언제까지 쓸 것인지에 대해 기간을 정해주는 편이고, VPN을 신청하는 목적도 전달받아야 한다. 그래야 사용자가 접근 가능한 영역에 대해서만 ACL 룰을 넣을 수 있고, 외부에서 내부로 접근하는 불필요한 통로를 최소화할 수 있다. 또한 퇴사자의 VPN 계정을 즉시 삭제하는 것도 중요하다. AD(Active Directory) 등으로 계정이 일괄적으로 잘 관리되고 있다면 퇴사자의 계정에 대해 걱정할 일이 없겠지만 관리 정책이 느슨한 별도 AD를 사용한다거나 로컬 계정을 사용한다거나 한다면 VPN 계정은 만들어지기만 하고 삭제되는 일이 없는 엉망진창의 상태가 될 수도 있다. 최악의 VPN 운영 실태를 본 적도 있는데, 저자가 보안 점검을 거쳐 삭제한 VPN 계정이 1000개가 넘을 정도였다. 이런 일이 발생하지 않도록 VPN 계정을 사용할 때는 언제나 기간을 최소화해야 하고 최소한의 권한만 갖도록 잘 관리해야 한다.

3부 | IDS 구축과 운영: 오픈소스 IDS 보안양파

10 _ 시큐리티 어니언(Security Onion) 설치

11 _ IDS의 튜닝과 주요 명령어

12 _ 룰 관리와 제로데이 익스플로잇 대응

13 _ 브로와 Xplico를 이용한 네트워크 포렌식

10장 시큐리티 어니언 설치

IDS가 무슨 시스템인지는 1부를 보며 대략 이해했을 것이다. 이번 장에서는 IDS를 실제로 설치하고 해킹 시도를 탐지하는 방법을 알아보겠다. 오픈소스 IDS 중 최고봉이라 하면 이 업계에 종사하는 사람이라면 누구나 두말할 것 없이 스노트(Snort)를 떠올린다. 하지만 IDS 하나만 갖춘다고 해서 끝나는 것이 아니고 분석과 여러 가지 판단에 필요한 툴, 이를 테면 패킷 캡처, 리포트 시스템 등의 수많은 서브 시스템이 필요하다. 일반적인 상식으로라면 그러한 툴을 모두 일일이 모아서 설치해야겠지만 도구를 모으는 것도 쉽지 않은 작업인 것이 사실이다. 하지만 그것들을 모두 한군데에 모아둔 패키지의 끝판왕이 있는데, 그것이 바로 시큐리티 어니언(Security Onion)이다. 이 시스템은 IDS 탐지와 분석에 필요한 모든 툴을 Xubuntu OS에 패키지로 묶어 놓은 리눅스 배포판이다. 여러 시스템을 하나씩 설치하는 수고를 들이지 않고도 시큐리티 어니언만 설치하면 모든 시스템이 자동으로 따라오게 되므로 서브 시스템까지 갖추기에 최적의 패키지라고 보면 된다. 국내에서는 아직까지 상용 IDS가 차지하는 비중이 큰 것이 사실이지만 해외에서는 시큐리티 어니언을 실무 환경에서 쓰는 경우도 상당히 많다(저자도 미국에서 근무할 때 서비스망과 사내망에 모두 시큐리티 어니언을 사용했다). 그리고 이제부터 시큐리티 어니언은 보안양파라고 칭할 예정이다. 과한 한국어 해석이라는 논란이 있을 수도 있겠지만 이 정도는 애교로 봐주면 좋겠다.

01 _ 패킷 모니터링을 위한 네트워크 설정

보안양파를 설치하기에 앞서 먼저 vSphere에서 시작한다. [구성] 메뉴에서 [네트워킹]부터 살펴보자. 1부의 내용이 기억나는 분들은 알겠지만 IDS에는 닉카드가 두 개 필요하다. 하나는 매니지먼트용 닉으로 일반 VLAN 포트가 이에 해당하고, 다른 하나 포트는 모니터링용 닉, 그러니까 모든 네트워크 트래픽이 복사되어 하나로 집결되는 닉이다. 그리고 IDS는 그곳의 패킷을 들여다보며 룰에 걸리는 악성 트래픽을 로그에 기록하게 된다. 먼저 모니터링용 닉부터 만들어 보자. 네트워크 트래픽을 복사하기 위해서는 SPAN 또는 탭을 이용한다고 지난 장에서 설명했는데 지금은 ESXi 안의 랩 환경이므로 그런 별도의 장비가 필요 없고, 가상 스위치 안에서 무차별 모드(Promiscuous Mode)를 사용하면 해당 스위치에 연결된 모든 트래픽을 수신할 수 있다. 본래 네트워크 카드는 들어온 패킷의 데스티네이션이 자신이 아니라면 그 패킷은 알아서 드롭하게 돼 있다. 하지만 무차별 모드를 사용하면 자신이 데스티네이션이 아니더라도 해당 패킷을 받아들이게 되므로 보통은 이렇게 소프트웨어적으로 네트워크 스니핑을 구현할 때 종종 쓰이곤 한다. 먼저 무차별 모드로 설정할 닉부터 만들어 보자. 앞에서 만들어 둔 수많은 VLAN은 vSwitch2에 있으며 우리는 이곳을 모니터링해야 하니, 이 vSwitch2에 무차별 모드 닉을 만들어 보자. 여기서 [속성]을 누른다.

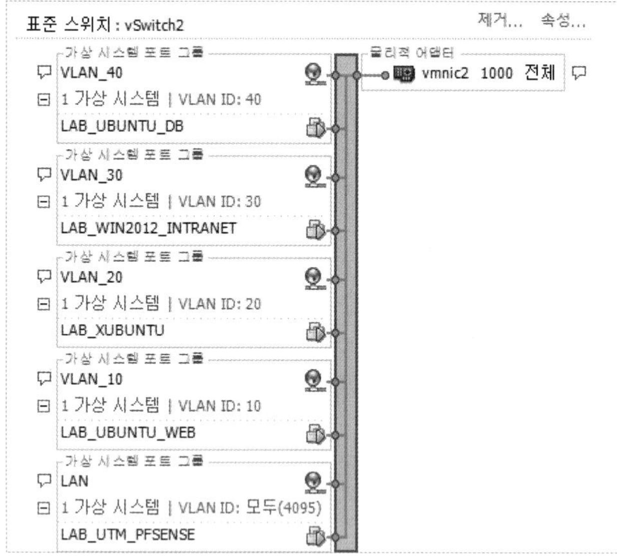

그림 10.1 표준 스위치

[추가]를 클릭한 후 [가상 시스템]을 선택하고 네트워크 레이블을 입력한다. 여기서는 알아보기 쉽도록 'SPAN'이라고 입력했다. 그런 다음 VLAN ID는 '모두(4095)'로 설정해야 한다. 그래야 모든 VLAN의 트래픽을 무차별 모드로 수신할 수 있기 때문이다. 이 작업을 놓치면 트래픽이 아예 복사되지 않으므로 주의한다.

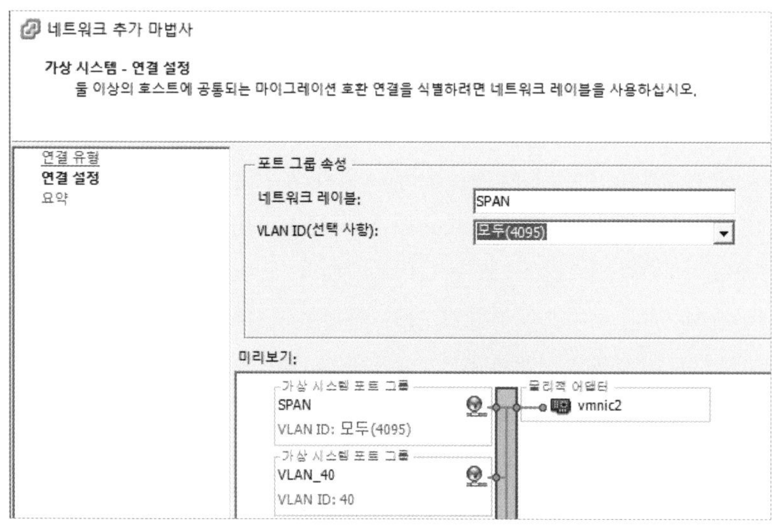

그림 10.2 네트워크 추가 마법사

설정을 완료하면 다음과 같이 구성될 것이다. 즉, 'SPAN'이라는 이름의 포트를 만든 셈이 된다. 다만 아직까지는 모든 VLAN에 접근 가능한 포트가 하나 생겼을 뿐 트래픽을 복사할 수는 없다. 이제 이를 무차별 모드로 전환해야 하므로 'SPAN'을 선택한 후 [편집] 버튼을 클릭한다.

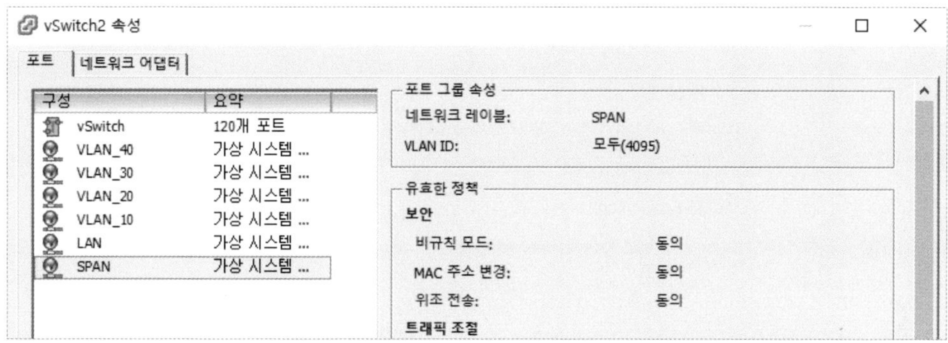

그림 10.3 보안 정책 변경

[보안] 탭을 클릭한 후 다음과 같이 모든 체크박스에 체크한다. 이곳이 바로 무차별 모드를 적용하는 곳이다. 모두 '동의'로 변경한다. 그럼 이제 'SPAN'이라는 이름의 포트로 vSwitch2를 거쳐가는 모든 패킷이 들어올 것이다.

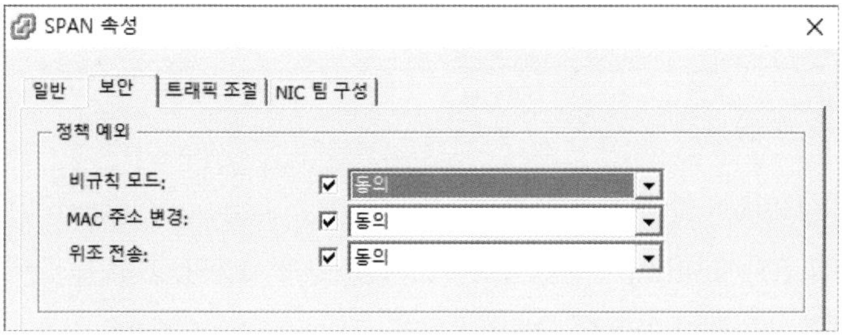

그림 10.4 정책 예외

반드시 랩 환경에서 해야 할까?

2장을 통해 UTM의 설치가 끝났다. 그리고 알다시피 이번 장에서는 IDS에 대해 이야기하고 있는데, 사실 보안양파는 pfSense UTM에 종속적인 패키지가 아니므로 굳이 ESXi 안에 들어가서 부족한 리소스를 빡빡하게 써가며 설치하지 않아도 무방하다. IDS를 학습하는 과정에 한해 좀 더 단순한 랩 환경이 필요하다면 버추얼 박스 하나를 만들어 리소스를 여유롭게 할당하고 닉카드를 두 개 설정하면 작업 PC에서 오가는 패킷을 모두 들여다 볼 수 있다. 이때 버추얼 박스에서 두 개로 잡을 닉카드도 당연히 하나는 무차별 모드로 설정해야 하며, 그 방법은 다음과 같다. 아래 그림 10.5에서 [Promiscuous Mode]를 'Allow All'로 바꾸면 된다. 여기서 설명하는 내용은 단지 버추얼 박스를 사용해도 된다는 이야기이며, 이 책에서는 계속해서 ESXi를 기반으로 설명을 이어나가겠다.

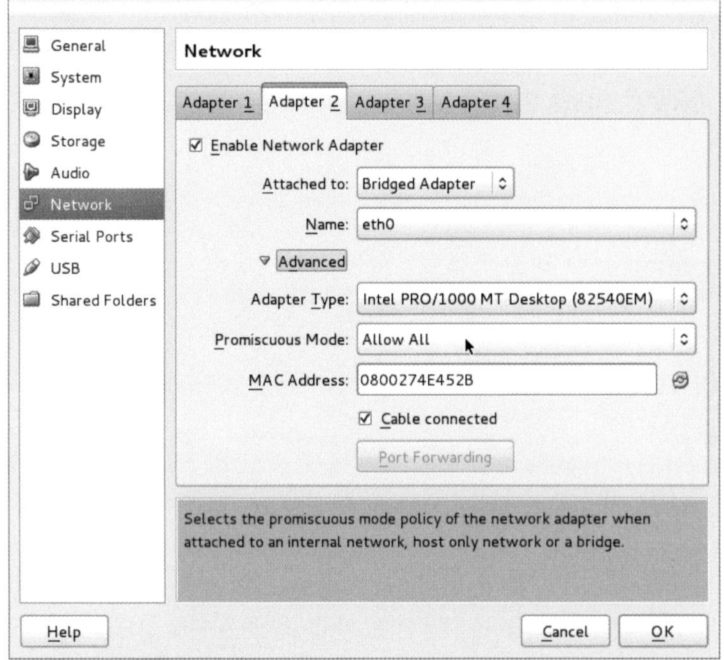

그림 10.5 버추얼 박스에서의 설정

02 _ 보안양파 설치

네트워크 설정을 마쳤으니 본격적으로 보안양파를 설치해 보자. 구글에서 그냥 'Security Onion'으로 검색하면 아래와 같이 보안양파의 공식 홈페이지(https://securityonion.net)가 나온다. URL을 클릭한 후 다운로드 페이지로 이동한다. 그런 다음 ISO 이미지를 받으면 된다.

그림 10.6 구글 검색

다운로드가 완료되면 이제 ESXi에 보안양파 iso 파일을 설치해 보자. vSphere로 들어와서 호스트에서 [새 가상 시스템]을 고른다. 그런 다음 [표준 설치]를 선택한다. 이름은 'LAB_IDS'라고 명명하고 운영체제는 '64비트 Ubuntu'를 선택한다.

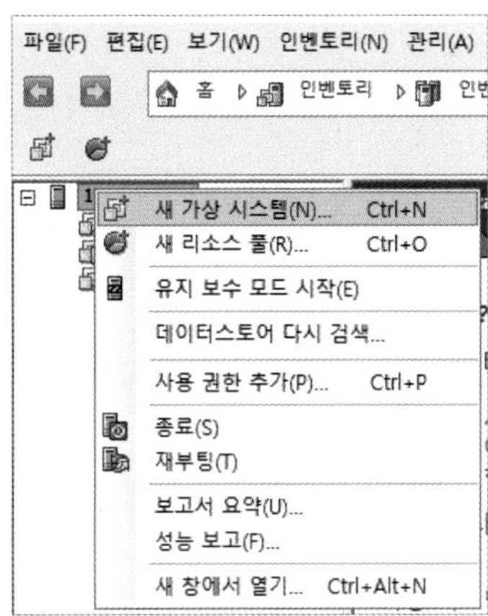

그림 10.7 새 가상 시스템

닉카드를 고르는 화면에서는 다음과 같이 NIC을 2개로 늘리고, 첫 번째 NIC을 LAN, 두 번째 NIC을 'SPAN'으로 고른다. 그 밖의 설정은 모두 기본값 또는 독자들이 원하는 대로 지정한다.

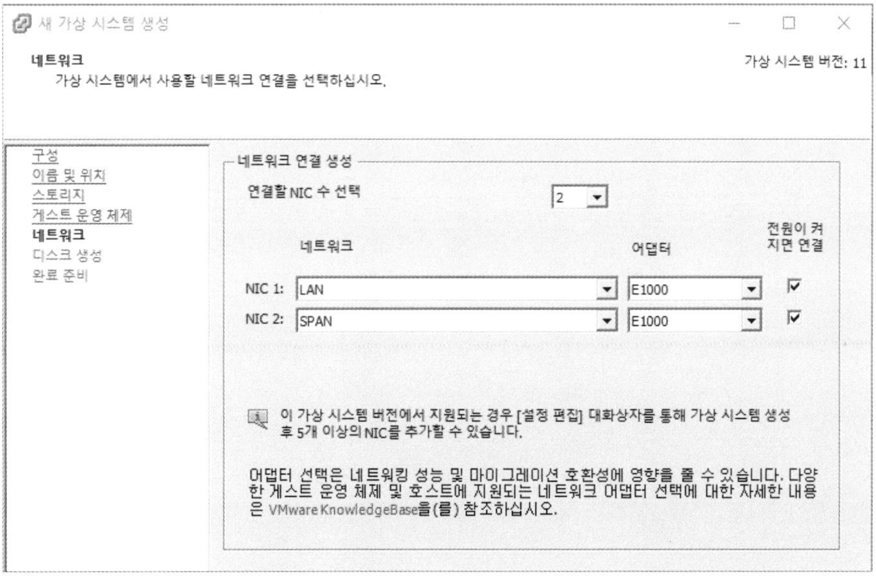

새 가상 시스템 생성
네트워크
가상 시스템에서 사용할 네트워크 연결을 선택하십시오.
가상 시스템 버전: 11
구성
이름 및 위치
스토리지
게스트 운영 체제
네트워크
디스크 생성
완료 준비
네트워크 연결 생성
연결할 NIC 수 선택 2
네트워크 어댑터 전원이 켜지면 연결
NIC 1: LAN E1000
NIC 2: SPAN E1000
이 가상 시스템 버전에서 지원되는 경우 [설정 편집] 대화상자를 통해 가상 시스템 생성 후 5개 이상의 NIC를 추가할 수 있습니다.
어댑터 선택은 네트워킹 성능 및 마이그레이션 호환성에 영향을 줄 수 있습니다. 다양한 게스트 운영 체제 및 호스트에 지원되는 네트워크 어댑터 선택에 대한 자세한 내용은 VMware KnowledgeBase을(를) 참조하십시오.

그림 10.8 네트워크 설정

[완료 전 가상 시스템 설정 편집]을 클릭해 하드웨어 편집 화면으로 이동한다. 가상 디스크 크기는 적당히 40GB, CPU는 소켓당 코어 수 2개 정도로 지정한다. 사실 랩 환경에서는 40GB도 모자랄 수 있지만 패킷 캡처와 Bro 로그를 며칠씩 보관하지 않는다면 그럭저럭 당일 트래픽 분석에는 부족하지 않다. 하지만 실제 IDS에서는 테라급 스토리지를 사용한다. 그만큼 실제 환경에서 다루는 데이터는 어마어마하다. 이와 관련해서 IDS 트래픽을 산정하는 방법은 다음 장에서 좀 더 자세히 설명해 뒀으니 지금은 간단하게 넘어가겠다.

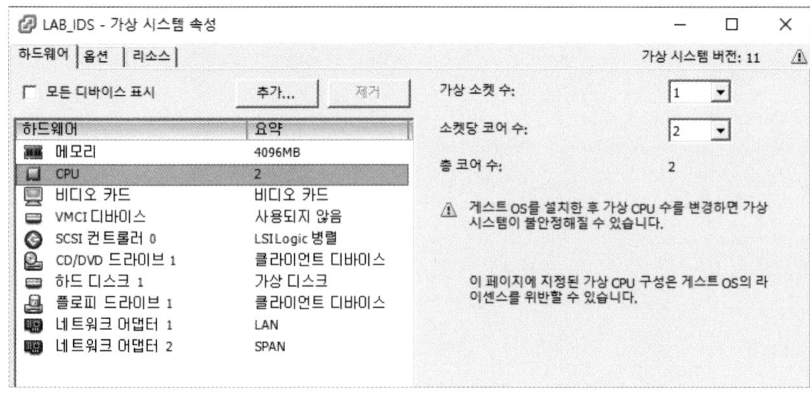

그림 10.9 코어 수 변경

이제 VM의 전원을 켜서 서버를 구동한다. 그리고 앞에서 내려받은 ISO 파일로 부팅한다. 그럼 아래와 같이 보안양파의 부팅이 시작될 것이다. 여기서 [install – install Security Onion]을 선택한다.

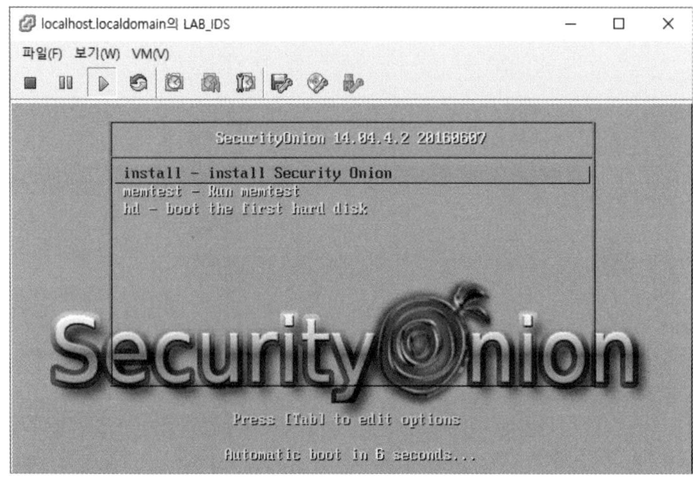

그림 10.10 부팅 시작

언어 설정을 선택하고 계속 [Continue]를 누르다가 [Install Now]를 클릭한다. 이때 기본 설정을 그대로 유지한다(불필요한 화면 캡처는 생략). 설치가 끝나면 재부팅한 후 아래와 같은 화면이 나온다. 지금은 단지 보안양파의 기반이 되는 Xubuntu OS를 설치만 한 것이며 아직 IDS 설정은 전혀 된 상태가 아니라고 볼 수 있다. 이제 설정을 시작하기 위해 바탕화면의 [Setup]을 클릭한다.

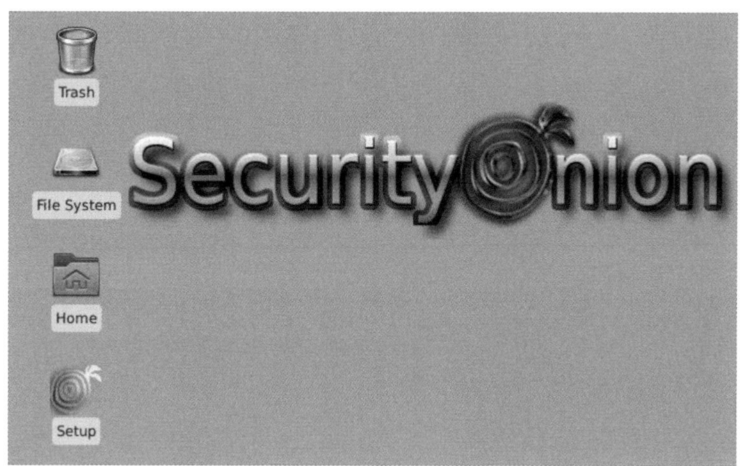

그림 10.11 Setup 아이콘

먼저 네트워크 설정부터 해야 한다. 다음과 같은 대화상자가 나타나면 [Yes, configure /etc/network/interfaces!]를 선택한다.

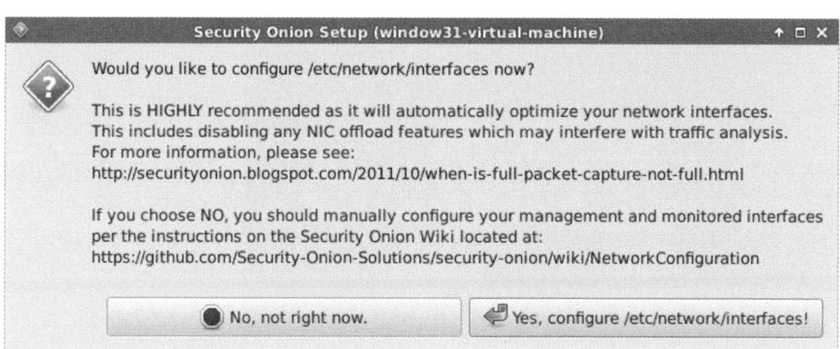

그림 10.12 네트워크 설정

첫 번째 질문으로 매니지먼트 인터페이스로 어떤 닉을 사용할지 고르라는 대화상자가 나타난다. 한 가지 확실하지 않은 것은 ESXi에서 보안양파용 서버를 생성했을 때 eth0이 매니지먼트인지 eth1이 매니지먼트인지 이 상태로는 알 수가 없다는 점이다. 이 문제는 다른 방법으로 해결해야 한다. 아래에 계속해서 설명하겠다.

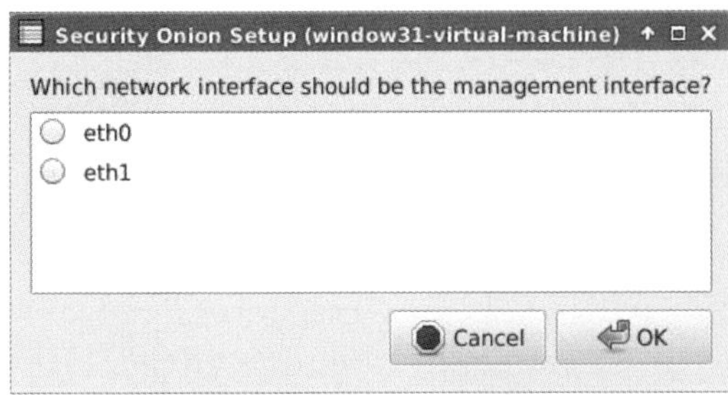

그림 10.13 매니지먼트용 인터페이스 선택

현재 보안양파가 설치된 Xubuntu OS 자체에서 터미널 창으로 들어가 ifconfig를 실행해 보자. 이 명령을 실행하는 이유는 eth0과 eth1의 맥어드레스를 확인하기 위해서다. 각각 다음과 같다.

- eth0: 00:0c:29:64:65:50
- eth1: 00:0c:29:64:65:5a

```
Terminal - window31@window31-virtual-machine: ~
File  Edit  View  Terminal  Tabs  Help
window31@window31-virtual-machine:~$ ifconfig
eth0      Link encap:Ethernet  HWaddr 00:0c:29:64:65:50
          inet addr:192.168.2.14  Bcast:192.168.2.255  Mask:255.255.255.0
          inet6 addr: fe80::20c:29ff:fe64:6550/64 Scope:Link
          UP BROADCAST RUNNING MULTICAST  MTU:1500  Metric:1
          RX packets:203 errors:0 dropped:0 overruns:0 frame:0
          TX packets:214 errors:0 dropped:0 overruns:0 carrier:0
          collisions:0 txqueuelen:1000
          RX bytes:22899 (22.8 KB)  TX bytes:23825 (23.8 KB)

eth1      Link encap:Ethernet  HWaddr 00:0c:29:64:65:5a
          inet addr:192.168.2.15  Bcast:192.168.2.255  Mask:255.255.255.0
          inet6 addr: fe80::20c:29ff:fe64:655a/64 Scope:Link
          UP BROADCAST RUNNING MULTICAST  MTU:1500  Metric:1
          RX packets:85 errors:0 dropped:0 overruns:0 frame:0
          TX packets:88 errors:0 dropped:0 overruns:0 carrier:0
          collisions:0 txqueuelen:1000
          RX bytes:14054 (14.0 KB)  TX bytes:11719 (11.7 KB)
```

그림 10.14 맥어드레스 확인

다음으로 이 맥어드레스를 ESXi의 vSwitch2에서 어떤 닉이 갖고 있는지 찾아보자. vSphere로 잠시 돌아가서 LAB_IDS의 시스템 속성을 보면 어느 닉의 맥어드레스가 일치하는지 알 수 있다. 참고로 앞에서 'LAN'과 'SPAN'이라는 두 개의 닉을 만들었다.

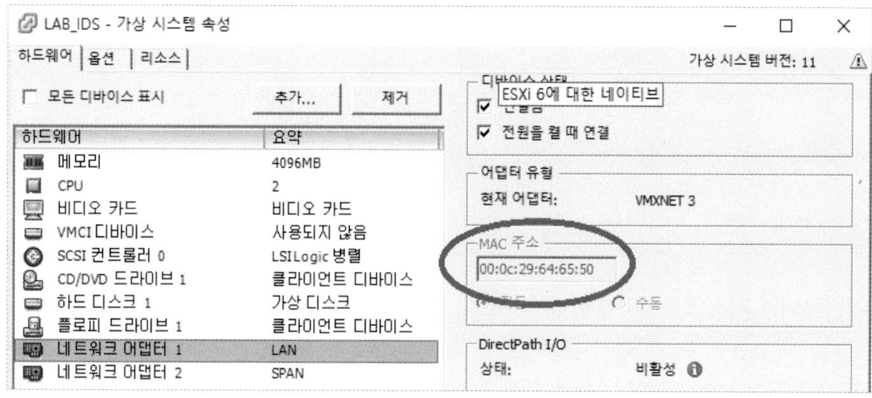

그림 10.15 맥어드레스 확인

- **네트워크 어댑터1 'LAN'**: eth0(00:0c:29:64:65:50)
- **네트워크 어댑터2 'SPAN'**: eth1(00:0c:29:64:65:5a)

최종적으로 위와 같은 구성을 확인할 수 있다. 그럼 다시 설치 화면으로 되돌아가 매니지먼트 네트워크를 원하므로 LAN을 선택해야 하고 거기에 할당된 닉은 'eth0'임을 확인했으니 첫 번째 질문에는 'eth0'을 선택하자.

다음은 이어서 나오는 대화상자인데 eth0의 IP 주소를 DHCP로 선택하자. 지금은 랩 환경이기 때문에 static 환경은 사용하지 않을 것이다.

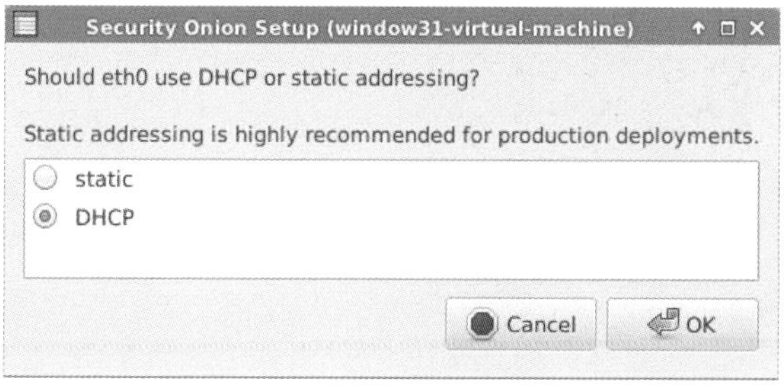

Security Onion Setup (window31-virtual-machine)

Should eth0 use DHCP or static addressing?

Static addressing is highly recommended for production deployments.

static
DHCP

Cancel OK

그림 10.16 DHCP 선택

이제 다음 화면은 모니터링용 인터페이스를 설정하겠냐는 질문이고 당연히 [Yes, configure monitor interfaces.]를 선택한다. 그다음 화면에서는 남은 포트인 eth1이 체크돼 있을 테니 그것으로 모니터링용 닉을 지정하자. 당연히 eth1이 'SPAN' 포트가 된다(캡처 화면은 생략했다).

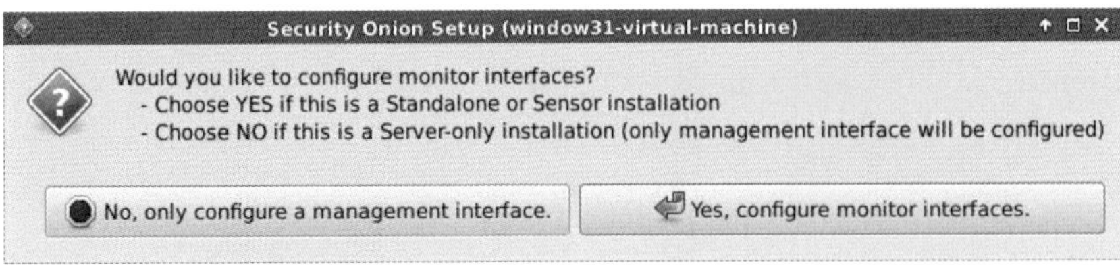

그림 10.17 모니터링용 인터페이스 설정

이제 모든 설정이 완료되면 시스템을 재부팅한다.

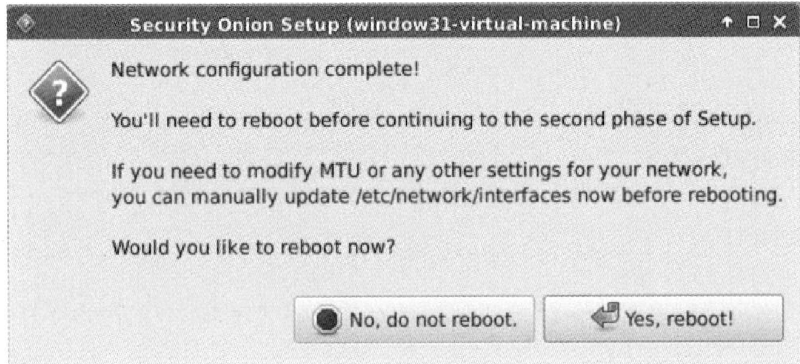

그림 10.18 재부팅

재부팅한 후에도 똑같은 화면이 나와서 조금 의아할 수도 있는데, 앞에서는 단지 네트워크 설정만 한 뒤 재부팅한 것이라는 것을 잊지 말고 다시 한번 [Setup]을 누르자. 보안양파의 본격적인 설정은 지금부터다.

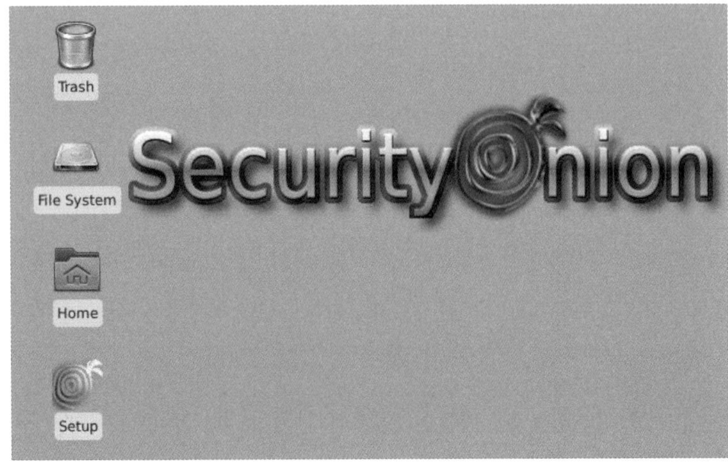

그림 10.19 Setup 아이콘 실행

그리고 네트워크와 관련해서 아까와는 약간 다른 질문이 나왔다. 이미 네트워크 설정을 끝냈으므로 더 이상 작업할 것이 없다. [Yes, skip network configuration!]을 선택한다.

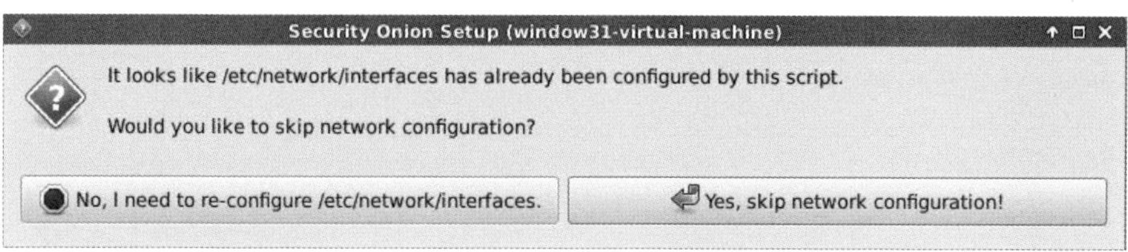

그림 10.20 네트워크 설정 생략

다음으로 평가판 모드로 설정하겠느냐는 질문이 나오는데, 이전 보안양파 버전에서는 이 같은 메뉴가 없이 랩 환경에서도 모두 다 일일이 설정해야만 했다. 하지만 지금은 랩 환경이므로 굳이 번거로운 설정을 할 필요 없이 그냥 평가판을 선택하고 넘어가자. 평가판이라고 해서 30일만 사용할 수 있는 것은 아니다. 센서를 분리하지 않고 지금 가동되는 하나의 서버에 센서와 서버를 동시에 설치하는 작업을 한방에 빠르게 처리해줄 뿐이다. 지난 장에서 배운 IDS의 센서 배치를 직접 고려하며 실제 환경에 보안양파를 설치할 때는 당연히 [Production Mode]를 선택해야 한다. 일단 여기서는 [Evaluation Mode]를 선택하자.

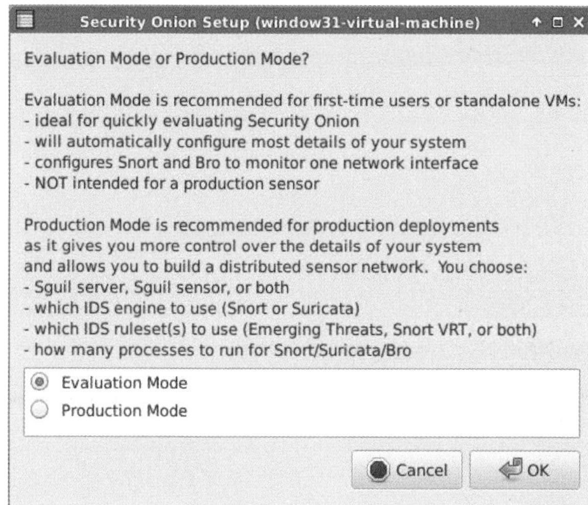

그림 10.21 평가판 모드로 실행

다음 질문에서는 아래와 같이 모니터는 이미 eth1이 확인된 상태이고 기본값으로 선택돼 있다. 그대로 [OK] 버튼을 클릭한다.

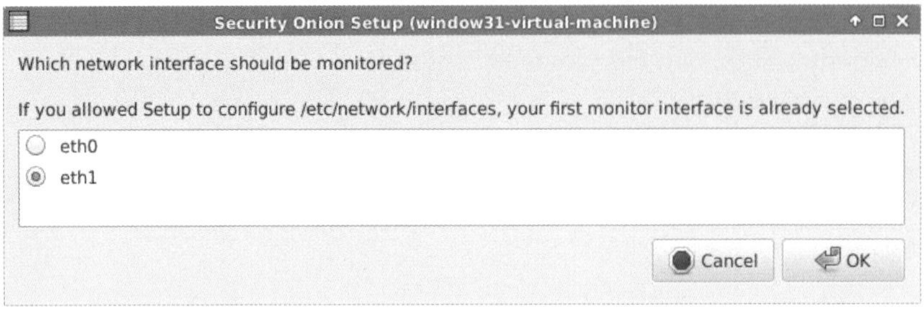

그림 10.22 인터페이스 선택

보안양파의 패키지 중에는 웹 운영 툴과 비슷한 것이 있다. 웹에서 각종 로그를 보거나 탐지 알럿을 관리하는 시스템인데, 예를 들면 스구일(Sguil)과 스쿼트(Squert), 엘사(ELSA) 같은 것이 대표적이다. 아래 내용은 이러한 툴의 로그인 계정을 만들라는 내용이다. 원하는 ID를 지정하고 [OK] 버튼을 클릭한다.

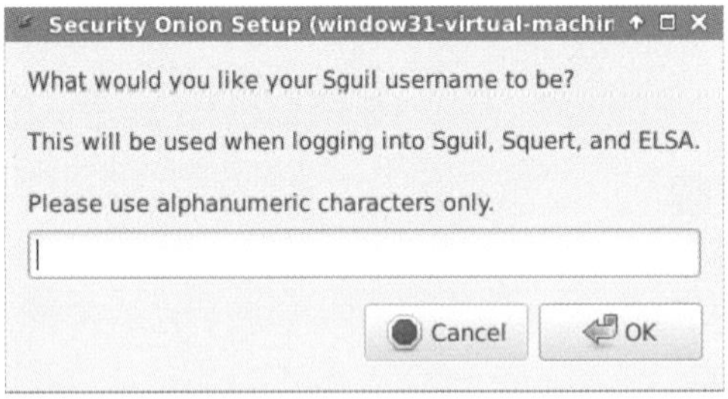

그림 10.23 계정 생성

마찬가지로 패스워드도 입력한다. 알다시피 패스워드는 두 번 입력해야 한다.

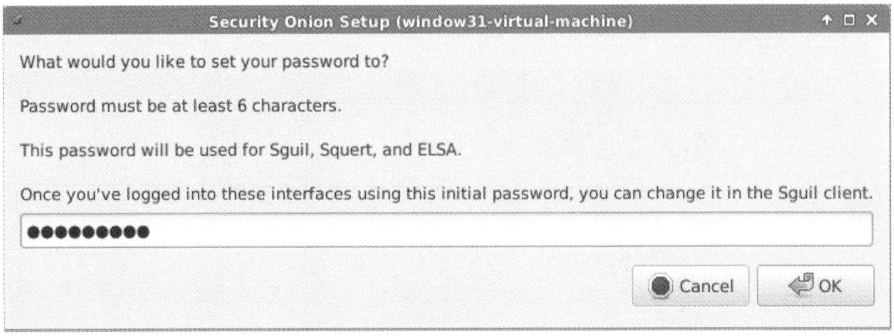

그림 10.24 패스워드 생성

이어서 나오는 화면에서 [Proceed]를 클릭하면 잠시 설정하는 시간이 흐른 후 마침내 설정이 완료된다. 설치가 다 되면 다음과 같이 아이콘이 많아진 것을 확인할 수 있다.

그림 10.25 설치 완료

03 _ 보안양파의 주요 포트 개방

최초 설정을 끝내고 나면 보안양파에서 실제로 사용하는 매니지먼트 포트가 다 닫혀있고 22번 SSH 포트만 열려 있기 때문에 데스크톱 콘솔에 들어오기 전까지는 아무것도 할 수가 없다. 따라서 포트를 열어주는 것이 좋다. 물론 실제 환경에서는 인가된 보안 엔지니어만 접근할 수 있도록 ACL을 잘 걸어주어야 하겠지만(이미 방화벽 실습을 끝냈다면 충분히 수긍할 수 있을 것이다) 지금은 랩 환경이니 기본적으로 'All open'으로 시작하겠다. 다음 명령어를 터미널에서 입력한다.

```
# sudo so-allow
```

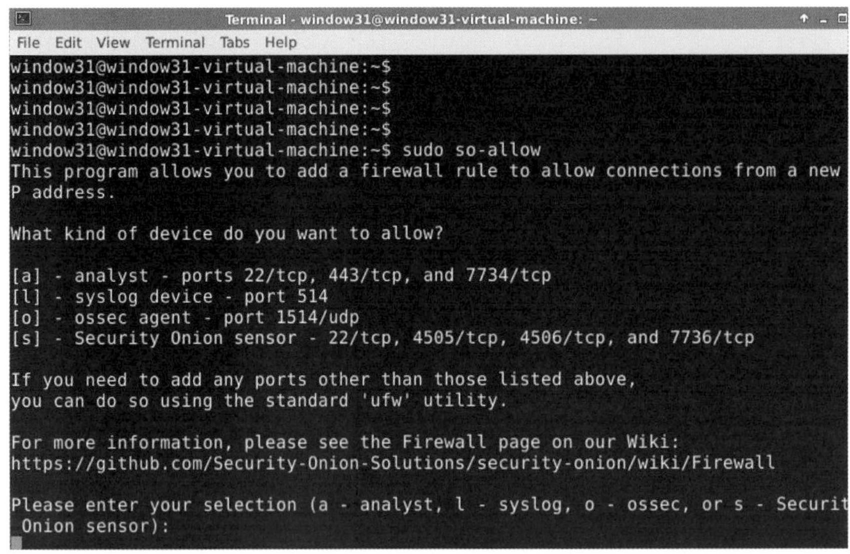

그림 10.26 초기 설정

as를 입력해서 분석과 센서 모니터링에 대한 포트는 다 열어주는 것이 좋다.

그리고 보안양파가 설치된 머신의 IP 주소를 보니 192.168.2.14다. 여기서는 별도의 VLAN이 아니고 LAN 망에 설치했으므로 192.168.2.0/24 대역에 설치돼 있다. 지난 장부터 매니지먼트 OS로 쓰고 있는 Xubuntu에서 접속하기 위해 이를 방화벽에서 열어주자. 현재 Xubuntu는 VLAN 20 오피스 대역이라서 10.20.1.0/24 대역에 존재하므로 192 대역을 쓰는 LAN에는 접속이 불가능한 상태다.

```
Terminal - window31@window31-virtual-machine: ~
File Edit View Terminal Tabs Help
window31@window31-virtual-machine:~$ ifconfig
eth0      Link encap:Ethernet  HWaddr 00:0c:29:64:65:50
          inet addr:192.168.2.14  Bcast:192.168.2.255  Mask:255.255.255.0
          inet6 addr: fe80::20c:29ff:fe64:6550/64 Scope:Link
          UP BROADCAST RUNNING MULTICAST  MTU:1500  Metric:1
          RX packets:30496 errors:0 dropped:0 overruns:0 frame:0
          TX packets:4005 errors:0 dropped:0 overruns:0 carrier:0
          collisions:0 txqueuelen:1000
          RX bytes:44794424 (44.7 MB)  TX bytes:268739 (268.7 KB)

eth1      Link encap:Ethernet  HWaddr 00:0c:29:64:65:5a
          UP BROADCAST RUNNING NOARP PROMISC MULTICAST  MTU:1500  Metric:1
          RX packets:35240 errors:0 dropped:0 overruns:0 frame:0
          TX packets:1 errors:0 dropped:0 overruns:0 carrier:0
          collisions:0 txqueuelen:1000
          RX bytes:45206007 (45.2 MB)  TX bytes:78 (78.0 B)

lo        Link encap:Local Loopback
          inet addr:127.0.0.1  Mask:255.0.0.0
          inet6 addr: ::1/128 Scope:Host
          UP LOOPBACK RUNNING  MTU:65536  Metric:1
          RX packets:1118 errors:0 dropped:0 overruns:0 frame:0
          TX packets:1118 errors:0 dropped:0 overruns:0 carrier:0
          collisions:0 txqueuelen:1
```

그림 10.27 IP 주소 확인

pfSense에서 [Firewall] → [Rules] 메뉴를 차례로 선택한 후 'VLAN20_OFFICE'를 클릭한다. 그리고 화살표가 위로 향하는 [Add] 버튼을 클릭한 후 다음과 같이 설정한다.

- [Action]: 'Pass'
- [Protocol]: 'TCP'
- [Source]: 'Single host or alias – 10.20.1.3'(현재 Xubuntu의 IP 주소)
- [Destination]: 'Single host or alias – 192.168.2.14'
- [Destination Port]: 'any ~ any'

그리고 [Apply]를 클릭하면 이제 Xubuntu에서 보안양파로 접속할 수 있게 된다. 이제 Xubuntu에서 자유롭게 보안양파의 웹 운영툴 스쿼트, 엘사 등이나 SSH에 접근할 수 있게 됐다.

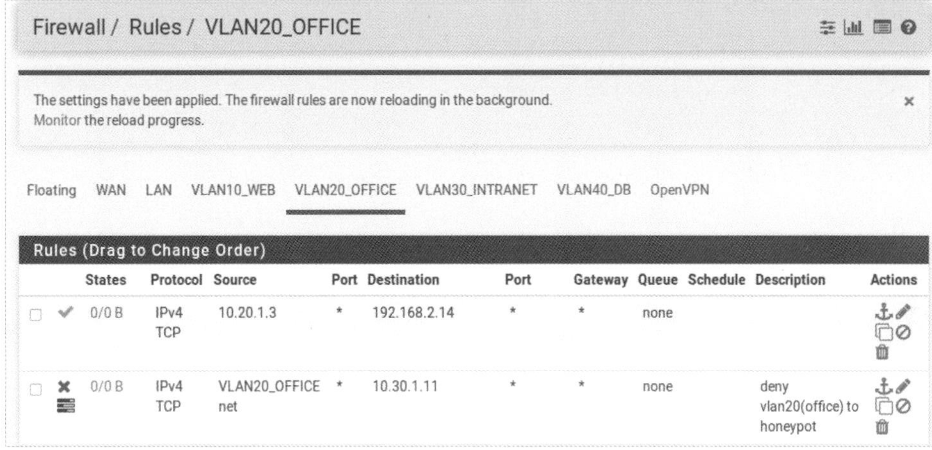

그림 10.28 접근 허용

혹시 스쿼드 프락시 때문에 접속되지 않는다면 pfSense에서 [Services] → [Squid Proxy Server] → [ACLs]를 차례로 선택한 후 Whitelist 메뉴에 다음 IP 주소를 입력한다.

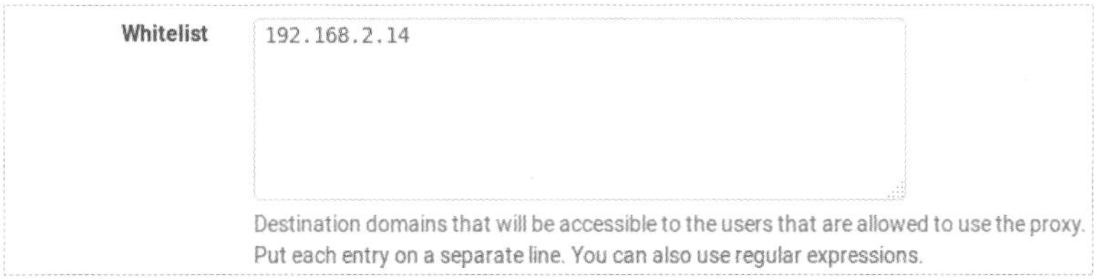

Whitelist
192.168.2.14
Destination domains that will be accessible to the users that are allowed to use the proxy.
Put each entry on a separate line. You can also use regular expressions.

그림 10.29 화이트리스트 추가

그런 다음 웹 브라우저에서 https://192.168.2.14로 접속해보고 아래와 같은 화면이 나오면 이제 보안양파 구축이 완료된 것이다. 하단의 [Squert] 링크를 눌러보자.

그림 10.30 보안양파의 메인 화면

로그인 화면이 나오면 앞에서 입력했던 계정 정보를 입력한다. 그러면 아래처럼 IDS 운영 화면이 나온다. 이미 OSSEC 등 몇 가지 경보 알럿이 기록돼 있음을 알 수 있다.

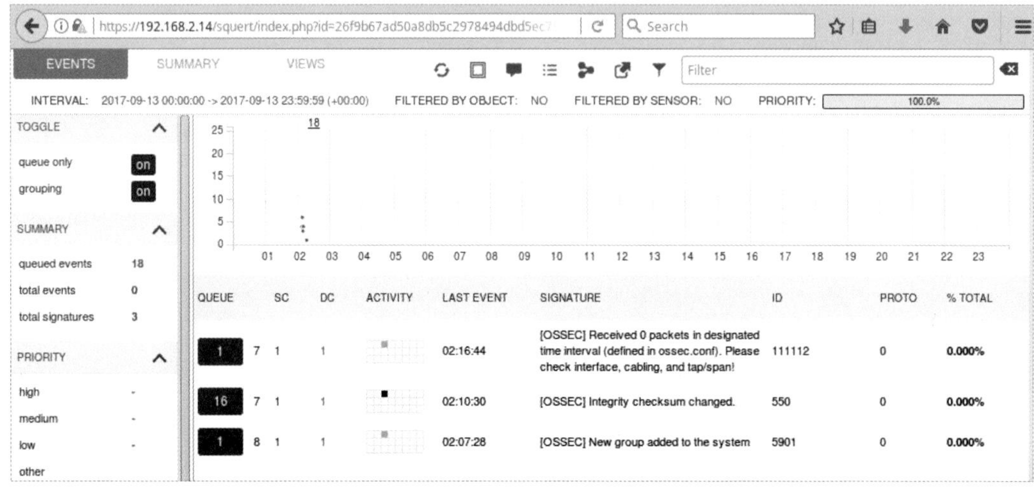

그림 10.31 스쿼트

실제로 잘 탐지가 되는지 한번 테스트해 보자. 보통은 ICMP 룰이나 간단한 웹 접속 룰로 테스트하길 권유하지만 사실 더 간단한 테스트 방법이 있다. 다른 VLAN에 있는 우분투 서버 하나를 골라서 apt-get update를 실행해 보자. 그럼 아래와 같이 리눅스 APT 명령어를 이용해 패키지 사이트에 접속했다는 정책성 탐지 알럿이 기록된다는 것을 알 수 있다. 아래처럼 경보가 기록되면 정상적으로 가동되고 있다는 얘기다.

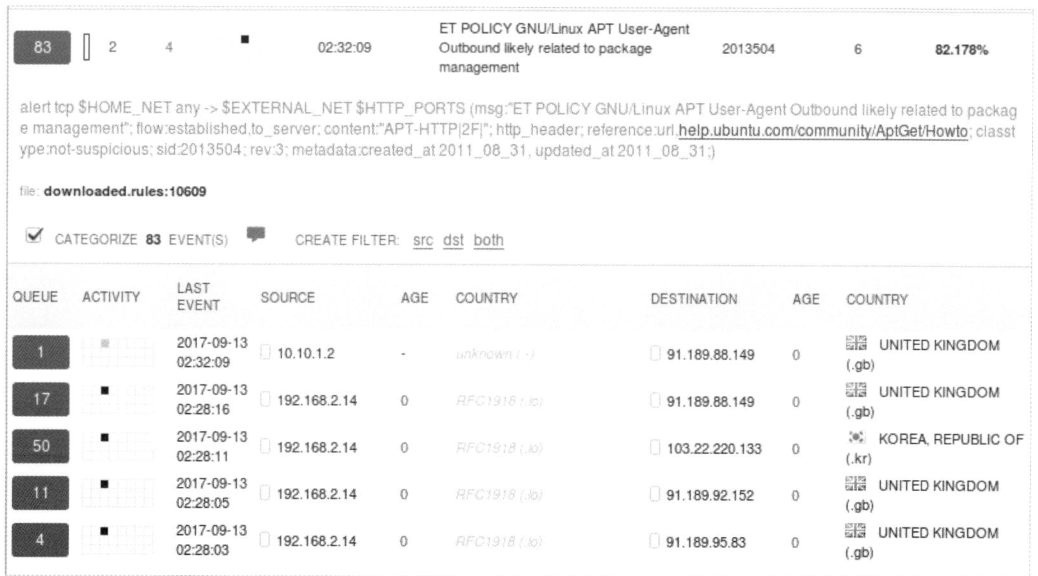

그림 10.32 탐지된 로그들

그리고 트래픽의 양을 점검하기 위해 Xubuntu OS에서 보안양파 ISO 같은 큰 파일을 하나 다운로드하도록 만들어두고 그 상황에서 ifconfig를 실행해 보자. 무차별 모드로 돼 있는 SPAN 포트인 eth1의 트래픽이 516.6MB로 엄청나게 올라가고 있다는 사실을 알 수 있다. 이는 트래픽이 복사되어 들어오는 모습이며, 이러한 상태를 며칠 동안 유지하면 몇백 기가바이트나 몇 테라바이트 이상으로 불어난다.

그림 10.33 트래픽 용량 확인

이로써 보안양파의 설치가 끝났다. 저자의 사설이 좀 길긴 했는데 설치 자체는 매우 간단하다는 점을 느낄 수 있을 것이다. 다음 장부터는 보안양파의 기본적인 튜닝을 거친 후 IDS 룰을 익히고 패키지를 하나씩 살펴보면서 네트워크 포렌식을 수행하는 방법을 알아보겠다.

11장 IDS의 튜닝과 주요 명령어

보안양파는 설치된 그대로 바로 사용할 수도 있지만 네트워크 환경에 맞춰 튜닝을 조금 한다면 훨씬 스마트하며 쾌적하게 사용할 수 있다. 이번 장에서는 기본적으로 조정해야 할 설정 정보에 대해 다룰 예정이며, 그 밖의 보안팀이나 네트워크팀의 입맛에 맞게, 그리고 거대한 트래픽을 처리하는 IDS의 특성상 하드웨어의 성능에 맞춰서 어떻게 튜닝하면 좋은지에 대해 설명하겠다. 어찌 보면 보안 엔지니어 입장에서는 이 작업이 해킹 탐지와 관련되는 일이라기보다는 네트워크 튜닝에 가깝기 때문에 네트워크 담당자의 일이 아닌가라는 생각이 들 수도 있겠지만 이 정도 튜닝을 하는 것은 보안 엔지니어의 필수적인 역량에 해당하므로 반드시 숙지하고 넘어가자. 그렇지 않으면 언젠가 IDS가 뻗어버리는 모습을 봤을 때 손도 대지 못할 것이다.

01 _ 보안양파의 최초 튜닝

보안양파를 평가용으로 설치하게 되면 기본적으로 IDS 엔진은 스노트를 사용하게 된다. 따라서 지금부터의 설정 내용은 스노트를 설정하는 것과 동일하다고 생각해도 무방하다. 먼저 주요 설정 파일의 위치를 알아보자. 다음 경로에 있는 파일들은 자주 들여다볼 일이 많으므로 반드시 경로를 숙지하거나 어딘가에 정리해둘 것을 권장한다.

1) 기본적인 보안양파의 위치

- /etc/nsm/: 이곳은 보안양파 패키지의 설정 파일이 보관되는 곳이다. 여기에 있는 파일들로 튜닝하게 된다.
- /var/log/nsm/: 이곳은 보안양파 패키지의 오류 로그나 시스템 로그 등이 보관되는 곳이다. IDS에 문제가 생겼을 때 이곳의 로그를 본다.
- /nsm/: 이곳은 보안양파 패키지에서 생성한 탐지 로그 파일이 보관되는 곳이다. 탐지 분석을 시작할 때 이 로그를 기반으로 한다.

2) 스노트 설정 파일의 위치

- /etc/nsm/name_of_sensor/snort.conf

name_of_sensor는 센서의 이름이다. 여기서는 eth0이 매니지먼트 포트고 eth1이 센서였으므로 ls를 해보니 window31-virtual-machine-eth1이 센서라는 것을 알 수 있다. 따라서 경로는 /etc/nsm/window31-virtual-machine-eth1/snort.conf가 된다.

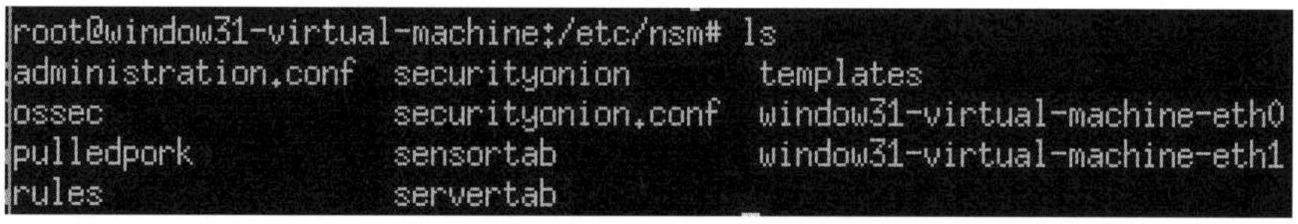

```
root@window31-virtual-machine:/etc/nsm# ls
administration.conf  securityonion       templates
ossec                securityonion.conf  window31-virtual-machine-eth0
pulledpork           sensortab           window31-virtual-machine-eth1
rules                servertab
```

그림 11.1 설정 파일들

이 snort.conf 파일은 스노트를 설정하는 데 사용된다. snort.conf 파일에서 설정을 커스터마이징하는 단계는 아래와 같다. 그런데 대부분 기본값으로 유지해도 크게 문제가 되지 않기 때문에 이 책에서는 1단계인 '네트워크 변수 설정' 부분만 살펴보겠다.

1. 네트워크 변수 설정
2. 디코더 설정
3. 기본 탐지 엔진 설정
4. 동적으로 로드되는 라이브러리 설정
5. 전처리 장치 설정
6. 출력 플러그인 설정
7. 룰셋 커스터마이징
8. 전처리 단계와 디코더 룰셋 커스터마이징
9. 공유된 객체 룰셋 커스터마이징

먼저 스노트 설정 파일에서 네트워크의 범위를 조정하는 작업이 필요하다. 이 작업을 하지 않으면 외부망과 내부망의 구분이 모호해지기 때문에 나중에 IDS 탐지 룰을 만들 때 "내부망에서 외부망으로의 패킷" 또는 "외부망에서 내부망으로의 패킷" 등의 룰이 꼬이게 된다. 따라서 IDS를 처음 설치할 때 반드시 설정해 둬야 한다. nano나 vi를 통해 snort.conf 파일을 연다.

```
# nano /etc/nsm/window31-virtual-machine-eth1/snort.conf

# Setup the network addresses you are protecting
ipvar HOME_NET [192.168.0.0/16,10.0.0.0/8,172.16.0.0/12]

# Set up the external network addresses. Leave as "any" in most situations
ipvar EXTERNAL_NET any
```

위 두 항목부터 수정해야 한다. 이름으로 알 수 있듯이 HOME_NET은 내부망의 IP 주소, 그리고 EXTERNAL_NET은 외부망의 IP 주소다. 이를 좀 더 정교하게 수정해 보자. 그런데 사실 IDS 구조에 따라서 여기에 반드시 정답이 있는 것이 아니다. IDS가 연결돼 있는 위치를 생각해야 한다. 1장의 IDS 위치 선정과 센서 디자인에서 논의했던 내용 중 하나인 NAT 때문에 가려지는 시야를 다시 한번 고민해 보자. 그때 살펴본 그림을 다시 가져와 보겠다.

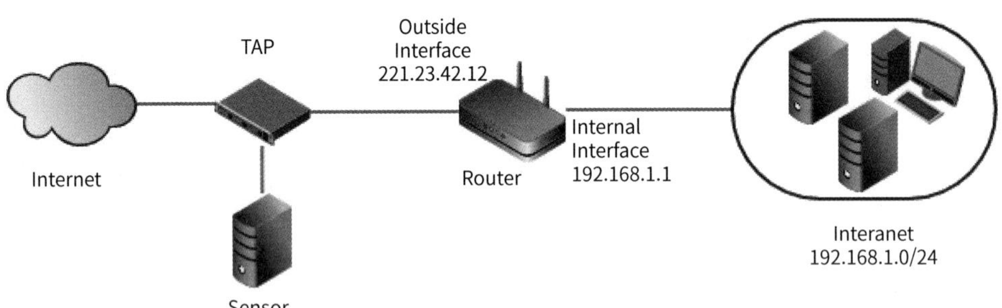

그림 11.2 공유기를 사용할 경우 TAP의 위치

위 케이스는 센서를 라우터의 상단에(즉, 백본의 상단에) 배치한 경우다. 이 케이스는 IDS에 사설 IP 주소가 보이지 않게 되며 아웃사이드 인터페이스라고 적혀 있는, 즉 밖으로 나가는 IP 주소(공인 IP 주소)만 IDS에 탐지된다. IDS에 사설 IP 주소는 보이지 않게 된다. 이 케이스를 먼저 머릿속에 갈무리해 두자.

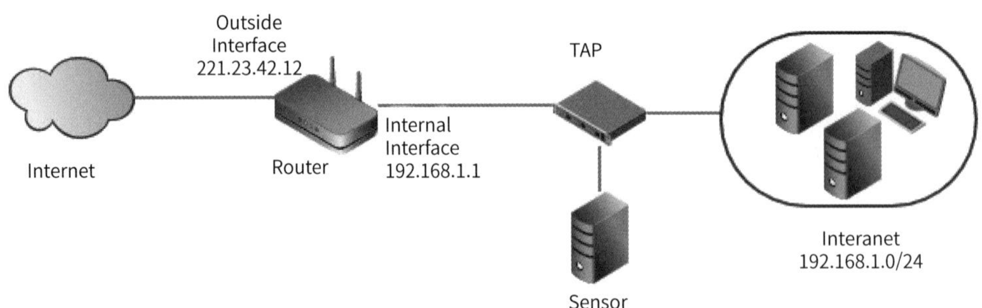

그림 11.3 적절한 TAP의 위치

두 번째 케이스는 센서를 NAT이 가동되는 안쪽에 배치한 경우다. 이 경우에는 IDS에 탐지되는 IP 주소로 사설 IP 주소만 잡히게 된다. 이 경우를 두 번째 케이스로 염두에 두자.

앞 장에서도 설명했지만 첫 번째 케이스는 모든 서버가 1:1 매핑으로 공인 IP 주소를 가지는 라이브 서버나, 서비스 서버 대역을 탐지할 때 필요한 디자인이며, 두 번째 케이스는 NAT 안쪽에서 사설 IP 주소만 가지는 서버나 개인 PC 등을 모니터링할 때 필요한 디자인이다. 일반적으로 큰 그림하에서는 첫 번째 케이스로 라이브 서버 등이 배치돼 있는 서비스망을 탐지하고, 두 번째 케이스로 내부망이나 직원 PC가 있는 오피스망을 탐지하는 등의 이중 정책을 사용한다. 따라서 IDS에 센서가 여러 개 들어올 수 있으며 snort.conf는 아래와 같이 설정하게 된다(이 회사에서 사용하는 전체 IP 주소 대역은 2.2.2.0/24, 2.2.3.0/24이며, 그중 오피스망에서 나가는 IP 주소, 즉 NAT 밖으로 빠지는 IP 주소는 2.2.2.3이라고 가정하자). 먼저 첫 번째 케이스 센서에 해당하는 설정이다.

```
# Setup the network addresses you are protecting
ipvar HOME_NET [2.2.2.0/24,2.2.3.0/24]
ipvar OFFICE_NET [2.2.2.3]

# Set up the external network addresses. Leave as "any" in most situations
ipvar EXTERNAL_NET ![!HOME_NET]
```

이런 식으로 'OFFICE_NET'이라는 변수를 새로 추가해서 변수를 만들 수 있고, 'EXTERNAL_NET'은 'HOME_NET'을 제외한 내용으로 선언하면 된다. 이렇게 하면 IDS에서 만드는 룰이 좀 더 정교해질 수 있다. 다음으로 두 번째 NAT 뒤에 놓이는 경우를 설정하는 방법이다.

```
# Setup the network addresses you are protecting
ipvar HOME_NET [10.10.1.0/24,10.20.1.0/24,10.30.1.0/24,10.40.1.0/24,2.2.2.0/24,2.2.3.0/24]

# Set up the external network addresses. Leave as "any" in most situations
ipvar EXTERNAL_NET ![!HOME_NET]
```

위와 같이 사설 IP 주소를 입력한다. 물론 같은 사무실에서 내부 서버로 갈 때도 공인 IP 주소로 연결하게 되는 잘못된 라우팅 설정을 해놓지는 않겠지만 기본적으로 설정은 위와 같다.

```
# List of ports you want to look for SSH connections on:
portvar SSH_PORTS 22

# List of ports you run ftp servers on
portvar FTP_PORTS [21,2100,3535]
```

그리고 밑으로 좀 더 내려오면 포트를 설정하는 곳도 있는데, 만약 웰노운 포트(Well-Known Port)가 아니고 커스텀 포트라면 이곳에 넣어야 탐지 룰에서 벗어나지 않는다. 예를 들면, SSH를 쓰며 2222번을 쓴다면 위 SSH_PORTS에 추가해야 하고 FTP인데 3333번을 쓴다면 역시 위 FTP_PORTS에 추가해야 한다.

설정을 마치면 반드시 스노트를 재시작해야 한다. 기본적인 명령어는 다음과 같다. 스노트 설정만 바뀌었을 때는 첫 번째 명령어를 쓰고 센서에 대해 전반적으로 변경된 사항이 많다면 두 번째 명령어를 사용한다.

```
# nsm_sensor_ps-restart --only-snort-alert
# sudo service nsm restart
```

재시작 후 패키지 상태를 보고 싶으면 아래 명령어를 실행한다.

```
# sudo sostat | less
```

```
================================================================================
Service Status
================================================================================
Status: securityonion
  * sguil server[  OK  ]
Status: HIDS
  * ossec_agent (sguil)[  OK  ]
Status: Bro
waiting for lock (owned by PID 1647) ...
Name         Type       Host          Status    Pid    Started
bro          standalone localhost     running   25541  28 Sep 06:02:52
Status: wd-ids-eth1
  * netsniff-ng (full packet data)[  OK  ]
  * pcap_agent (sguil)[  OK  ]
  * snort_agent-1 (sguil)[  OK  ]
  * snort-1 (alert data)[  OK  ]
  * barnyard2-1 (spooler, unified2 format)[  OK  ]

================================================================================
Interface Status
================================================================================
eth0      Link encap:Ethernet  HWaddr b8:ae:ed:ea:f4:9e
          inet addr:10.2.1.207  Bcast:10.2.1.255  Mask:255.255.255.0
          inet6 addr: fe80::baae:edff:feea:f49e/64 Scope:Link
          UP BROADCAST RUNNING MULTICAST  MTU:1500  Metric:1
          RX packets:306566 errors:0 dropped:0 overruns:0 frame:0
          TX packets:236177 errors:0 dropped:0 overruns:0 carrier:0
          collisions:0 txqueuelen:1000
          RX bytes:135297115 (135.2 MB)  TX bytes:214262023 (214.2 MB)
          Interrupt:16 Memory:df100000-df120000
```

그림 11.4 서비스 상태 확인

참고로 재시작 중 오류가 발견되면 아래와 같이 'FAIL'로 표기되니 잘 살펴보자.

```
Restarting: wd-ids-eth1
  * restarting with overlap: netsniff-ng (full packet data)
  * starting: netsniff-ng (full packet data)                          [  OK  ]
    - stopping old process: netsniff-ng (full packet data)            [  OK  ]
  * stopping: pcap_agent (sguil)                                      [  OK  ]
  * starting: pcap_agent (sguil)                                      [  OK  ]
  * stopping: snort_agent-1 (sguil)                                   [  OK  ]
  * starting: snort_agent-1 (sguil)                                   [  OK  ]
  * stopping: snort-1 (alert data)                                    [  OK  ]
  * starting: snort-1 (alert data)                                    [ FAIL ]
    - check /var/log/nsm/wd-ids-eth1/snortu-1.log for error messages
  * stopping: barnyard2-1 (spooler, unified2 format)                  [  OK  ]
  * starting: barnyard2-1 (spooler, unified2 format)                  [  OK  ]
root@WD-IDS:/nsm/bro/logs/current# nano /etc/nsm/wd-ids-eth1/snort.conf
```

그림 11.5 실패한 서비스가 있는 모습

지금 당장 필요한 작업은 아니지만 만약 보안양파의 전체 패키지를 재시작하고 싶다면 앞에서 언급한 두 번째 명령어인 아래 명령어를 사용한다. 오류 내역이 바로바로 나오므로 이 명령이 좋을 때도 많다.

```
# sudo service nsm restart
```

```
root@WD-IDS:/home/window31# service nsm restart
Restarting: securityonion
  * stopping: sguil server                                              [  OK  ]
  * starting: sguil server                                              [  OK  ]
Restarting: HIDS
  * stopping: ossec_agent (sguil)                                       [  OK  ]
  * starting: ossec_agent (sguil)                                       [  OK  ]
Restarting: Bro
stopping bro ...
removing old policies in /nsm/bro/spool/installed-scripts-do-not-touch/site ...
removing old policies in /nsm/bro/spool/installed-scripts-do-not-touch/auto ...
creating policy directories ...
installing site policies ...
generating standalone-layout.bro ...
generating local-networks.bro ...
generating broctl-config.bro ...
generating broctl-config.sh ...
starting bro ...
Restarting: wd-ids-eth1
  * restarting with overlap: netsniff-ng (full packet data)
  * starting: netsniff-ng (full packet data)                            [  OK  ]
    - stopping old process: netsniff-ng (full packet data)              [  OK  ]
  * stopping: pcap_agent (sguil)                                        [  OK  ]
  * starting: pcap_agent (sguil)                                        [  OK  ]
  * stopping: snort_agent-1 (sguil)                                     [  OK  ]
  * starting: snort_agent-1 (sguil)                                     [  OK  ]
  * stopping: snort-1 (alert data)                                      [  OK  ]
  * starting: snort-1 (alert data)                                      [  OK  ]
  * stopping: barnyard2-1 (spooler, unified2 format)                    [  OK  ]
  * starting: barnyard2-1 (spooler, unified2 format)                    [  OK  ]
root@WD-IDS:/home/window31#
```

그림 11.6 서비스 재시작

02 _ 로그 보관 주기와 용량 튜닝

IDS에는 탐지된 로그가 계속 쌓이다 보니 운영하다 보면 아무래도 용량의 압박을 받게 된다. 그래서 패킷 캡처나 탐지로그 등을 얼마만큼의 기간 동안 저장해 둘지, 하드디스크 용량은 어느 정도로 구비해야 할지를 반드시 산정해야 한다. 어떤 열악한 환경에서 IDS를 처음 도입했을 때 상용 IDS가 아닌 이러한 오픈소스 IDS라면 회사에 남는 리눅스 머신 하나를 인프라팀에 굽신굽신해서 얻어온 뒤 간신히 스노트 등을 설치하고 운영을 시작하는 경우가 꽤 많다. 하지만 IDS에 룰을 추가할 때마다 CPU 부하가 심해지고 운영 날짜가 길어짐에 따라 하드디스크 공간이 모자라는 사태가 발생하기 때문에 정작 침입 탐지가 필요한 시점에 IDS 유지보수를 하느라 탐지 활동을 할 수가 없는 심각한 상황이 생기기도 한다(그래서 결국에는 인프라팀에 또 아쉬운 소리를 해가며 하드웨어를 업그레이드하기도 한다). 따라서 로그 보관 주기를 튜닝하는 것은 매우 중요하다.

이를 위해 맨 먼저 해야 할 일은 IDS를 1주일 정도 돌리면서 24시간마다 체크하는 것이다. 그래서 평일, 금요일, 주말, 공휴일 등 하루에 쌓이는 로그의 양을 산정해서 그에 맞는 스토리지나 하드디스크를 구비해야 한다. 예를 들어보자. 24시간 동안 동작하는 센서에서 평일에는 100GB, 주말에는 30GB 정도의 패킷 캡처 데이터가 생성된다고 가정하자(주말에는 직원들이 출근을 덜 하게 되므로 상대적으로 트래픽이 낮다). 그럼 수식은 아래와 같다.

```
100GB x 5일(평일) = 500GB
30GB x 2일(주말) = 60GB
일주일 합계 = 560GB
560GB / 7(일주일) = 하루 80GB
80GB / 24(시간) = 시간당 3.3GB
```

보다시피 시간당 평균 3.3GB의 트래픽과 한달 평균 2400GB의 트래픽이 저장된다. 이때 하드디스크가 2TB 미만이라면 로그를 한달도 채 보관하지 못할 것이다. 보안 운영을 하다 보면 컴플라이언스 이슈로 인해 로그 보관 주기를 3개월이나 6개월까지 가져가는 경우가 있다. 따라서 이때 로그를 별도 스토리지로 옮겨서 보관할지 아니면 IDS의 하드디스크를 늘려서 보관해야 할지를 결정해야 한다.

다음으로 로그 보관 주기 튜닝은 어떻게 할지 알아보자. 아래 경로에 로그 보관과 관련된 설정 파일이 있다.

```
# nano /etc/nsm/securityonion.conf
```

```
DAYSTOKEEP=30
```

이는 패킷 캡처 등 스구일 DB에 쌓이는 로그를 며칠까지 보관하겠다는 옵션이다. 위 계산식을 이용해 본인 환경에 맞는 수치를 지정하면 된다(랩에서만 계속 테스트할 것이라면 5 정도로 낮춰주자).

```
WARN_DISK_USAGE=80
CRIT_DISK_USAGE=90
```

WARN_DISK_USAGE는 디스크 사용률이 몇 퍼센트에 이르면 경고를 주겠다는 옵션이고 CRIT_DISK_USAGE는 사용률이 몇 퍼센트가 되면 오래된 데이터를 지우겠다는 설정이다. 실제 이 퍼센티지에 도달하는 것과 경고와 삭제 행위가 시작되는 것은 약간의 갭이 있으므로 잦은 IDS 장애를 겪고 싶지 않다면 각각 60과 70 정도로 낮추는 것이 좋다.

설정을 변경하고 나면 강제로 스구일 DB 정리 명령을 한번 실행하자. 스구일을 재시작하고 퍼징 작업을 한다.

```
# sudo sguil-db-purge
```

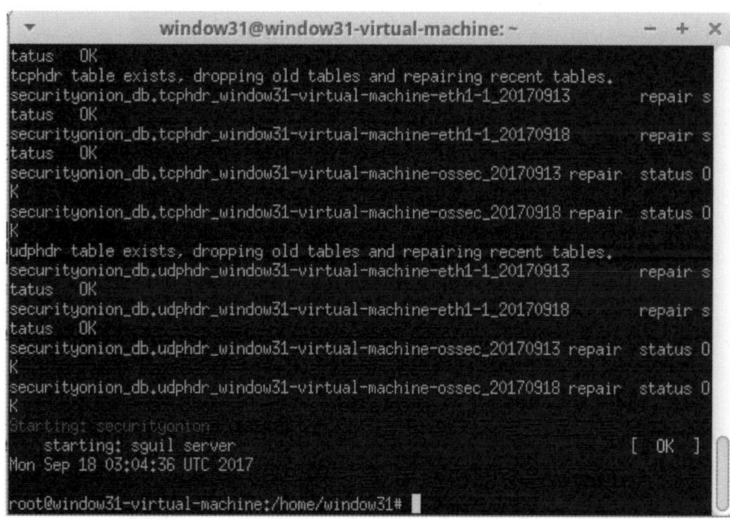

그림 11.7 스구일 재시작

혹시라도 퍼지 오류가 나면 MySQL을 재시작한다.

```
# sudo service mysql restart
```

```
root@WD-IDS:/home/window31# service mysql restart
mysql stop/waiting
mysql start/running, process 14526
root@WD-IDS:/home/window31#
```

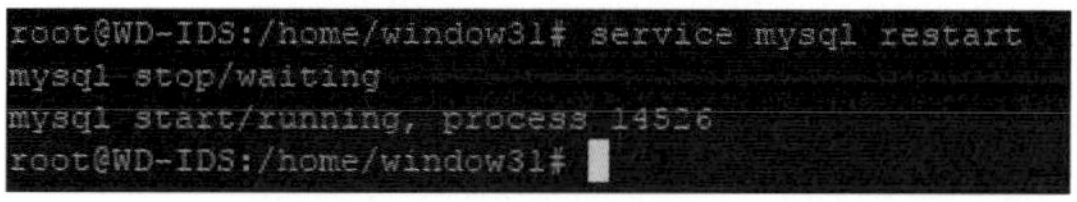

그림 11.8 MySQL 재시작

그리고 아래 명령어를 이용해 각 센서별 및 패키지별로 로그를 얼마나 차지하는지 살펴볼 수 있다. 첫 번째 명령은 패킷 캡처 데이터의 용량을, 두 번째 명령은 MySQL의 내용을, 세 번째 명령은 ELSA의 로그 내용을 보는 명령이다.

```
# sudo du - max-depth=1 -h /nsm/sensor_data/*
# sudo du - max-depth=1 -h /var/lib/mysql/
# sudo du - max-depth=1 -h /nsm/elsa/data/
```

```
root@WD-IDS:~#
root@WD-IDS:~#
root@WD-IDS:~#
root@WD-IDS:~# sudo du -max-depth=1 -h /nsm/sensor_data/*
du: cannot access '\342\200\223max-depth=1': No such file or directory
4.0K    /nsm/sensor_data/wd-ids-eth0/sancp
4.0K    /nsm/sensor_data/wd-ids-eth0/dailylogs
4.0K    /nsm/sensor_data/wd-ids-eth0/portscans
16K     /nsm/sensor_data/wd-ids-eth0
4.0K    /nsm/sensor_data/wd-ids-eth1/sancp
664K    /nsm/sensor_data/wd-ids-eth1/snort-1
4.0K    /nsm/sensor_data/wd-ids-eth1/argus
2.8G    /nsm/sensor_data/wd-ids-eth1/dailylogs/2017-09-15
6.8G    /nsm/sensor_data/wd-ids-eth1/dailylogs/2017-09-17
2.5G    /nsm/sensor_data/wd-ids-eth1/dailylogs/2017-09-13
925M    /nsm/sensor_data/wd-ids-eth1/dailylogs/2017-09-16
11G     /nsm/sensor_data/wd-ids-eth1/dailylogs/2017-09-14
624M    /nsm/sensor_data/wd-ids-eth1/dailylogs/2017-09-18
25G     /nsm/sensor_data/wd-ids-eth1/dailylogs
4.0K    /nsm/sensor_data/wd-ids-eth1/portscans
25G     /nsm/sensor_data/wd-ids-eth1
4.0K    /nsm/sensor_data/wd-ids-wlan0/sancp
4.0K    /nsm/sensor_data/wd-ids-wlan0/dailylogs
4.0K    /nsm/sensor_data/wd-ids-wlan0/portscans
16K     /nsm/sensor_data/wd-ids-wlan0
root@WD-IDS:~# sudo du -max-depth=1 -h /var/lib/mysql/
du: cannot access '\342\200\223max-depth=1': No such file or directory
80K     /var/lib/mysql/syslog_data
1.1M    /var/lib/mysql/mysql
2.2M    /var/lib/mysql/elsa_web
65M     /var/lib/mysql/securityonion_db
13M     /var/lib/mysql/syslog
212K    /var/lib/mysql/performance_schema
117M    /var/lib/mysql/
root@WD-IDS:~# sudo du -max-depth=1 -h /nsm/elsa/data/
du: cannot access '\342\200\223max-depth=1': No such file or directory
4.0K    /nsm/elsa/data/sphinx/log
30G     /nsm/elsa/data/sphinx
8.1G    /nsm/elsa/data/elsa/mysql
51M     /nsm/elsa/data/elsa/log
1004K   /nsm/elsa/data/elsa/tmp/buffers
1008K   /nsm/elsa/data/elsa/tmp
[illegible] /nsm/elsa/data/elsa
38G     /nsm/elsa/data/
root@WD-IDS:~#
```

그림 11.9 트래픽 용량 확인

출력 결과를 살펴보면 첫 번째 명령어를 통해 /nsm/sensor_data/wd-ids-eth1/dailylogs의 경로에 있는 패킷 캡처 파일과 /nsm/elsa/data/ 경로에 있는 ELSA의 로그 파일이 용량을 가장 많이 차지한다는 사실을 알 수 있다. ELSA는 4장에서 실제 IDS로 침해 분석 사례를 통해 설명하기로 하고 먼저 패킷 캡처 용량을 튜닝해보자.

03 _ 전체 패킷 수집

보안양파는 실시간으로 계속 전체 패킷 캡처(FPC, Full Packet Capture)를 수행하며, 앞에서 언급했다시피 다음 경로에 패킷 캡처 파일이 저장된다. 패킷 캡처 파일은 snort.log.random_number와 같은 이름으로 저장되는데, 이 파일의 확장자를 .pcap으로 변경하면 와이어샤크에서 쉽게 읽어들일 수 있다.

```
/nsm/sensor_data/센서이름/dailylogs/날짜별
```

```
root@WD-IDS:/nsm/sensor_data/wd-ids-eth1/dailylogs# ls -l
total 24
drwxrwxr-x 2 sguil sguil 4096 Sep 13 22:45 2017-09-13
drwxrwxr-x 2 sguil sguil 4096 Sep 14 23:49 2017-09-14
drwxrwxr-x 2 sguil sguil 4096 Sep 15 22:40 2017-09-15
drwxrwxr-x 2 sguil sguil 4096 Sep 16 20:32 2017-09-16
drwxrwxr-x 2 sguil sguil 4096 Sep 17 22:36 2017-09-17
drwxrwxr-x 2 sguil sguil 4096 Sep 18 03:14 2017-09-18
root@WD-IDS:/nsm/sensor_data/wd-ids-eth1/dailylogs# cd 2017-09-14
root@WD-IDS:/nsm/sensor_data/wd-ids-eth1/dailylogs/2017-09-14# ls
snort.log.1505347204  snort.log.1505410192  snort.log.1505410967  snort.log.1505411841
snort.log.1505364530  snort.log.1505410235  snort.log.1505411016  snort.log.1505411892
snort.log.1505365739  snort.log.1505410277  snort.log.1505411060  snort.log.1505411941
snort.log.1505366324  snort.log.1505410320  snort.log.1505411117  snort.log.1505411988
snort.log.1505374121  snort.log.1505410362  snort.log.1505411164  snort.log.1505412035
snort.log.1505382827  snort.log.1505410403  snort.log.1505411212  snort.log.1505412080
snort.log.1505395957  snort.log.1505410445  snort.log.1505411258  snort.log.1505412127
snort.log.1505398700  snort.log.1505410487  snort.log.1505411306  snort.log.1505412173
snort.log.1505400035  snort.log.1505410530  snort.log.1505411353  snort.log.1505412221
snort.log.1505409796  snort.log.1505410571  snort.log.1505411408  snort.log.1505412269
snort.log.1505409838  snort.log.1505410613  snort.log.1505411470  snort.log.1505421560
snort.log.1505409879  snort.log.1505410655  snort.log.1505411516  snort.log.1505425572
snort.log.1505409921  snort.log.1505410697  snort.log.1505411560  snort.log.1505427468
snort.log.1505409967  snort.log.1505410739  snort.log.1505411604  snort.log.1505429344
snort.log.1505410023  snort.log.1505410780  snort.log.1505411652  snort.log.1505431599
snort.log.1505410065  snort.log.1505410826  snort.log.1505411698  snort.log.1505432230
snort.log.1505410106  snort.log.1505410873  snort.log.1505411744  snort.log.1505432566
snort.log.1505410149  snort.log.1505410920  snort.log.1505411791  snort.log.1505432969
root@WD-IDS:/nsm/sensor_data/wd-ids-eth1/dailylogs/2017-09-14#
```

그림 11.10 전체 패킷 확인

실제로 데이터가 잘 들어오는지 확인해 보자. 로그를 찾기 쉽도록 아무거나 유니크한 도메인에 접속을 한번 시도해보고 최신 패킷 캡처 파일을 받아서 확인해 보겠다. 웹 브라우저를 열고 http://whizdk.noip.me라는 사이트에 접속했다. 이 문자열은 IDS에 어떤 시그니처도 없으므로 탐지될 일이 없는 URL이다. 단순히 이 사이트에 접속한 것만으로 해당 내용이 패킷 캡처를 통해 잘 기록되는지 살펴보는 작업을 해 보겠다. 새롭게 브라우저를 띄워서 IDS 웹페이지에 들어간 다음 ELSA를 띄운다. ELSA에 대한 설명은 다음 장에서 좀 더 자세히 할 예정이니 일단은 실행만 해보자.

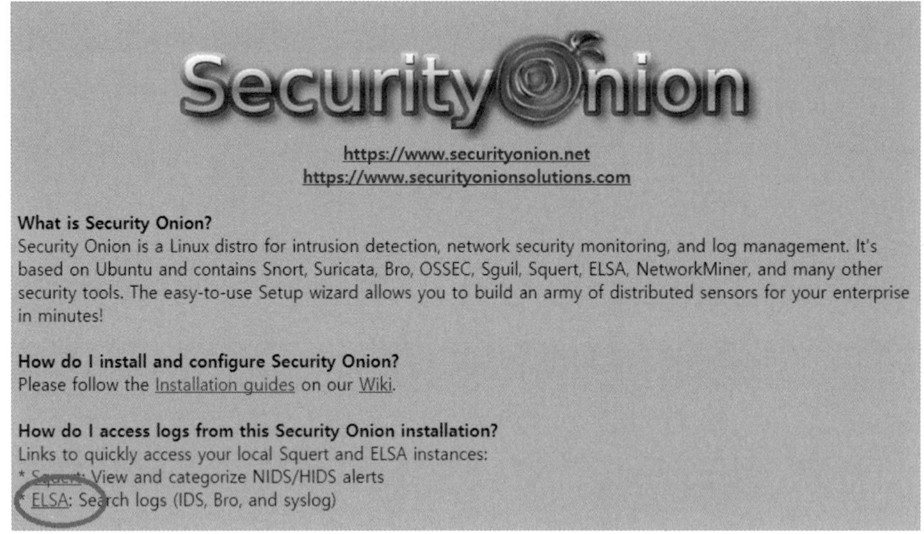

그림 11.11 ELSA 접속

그리고 검색 쿼리에 'whizdk.noip.me'를 입력한다. 그럼 다음과 같이 이 쿼리에 대한 검색 결과가 나올 것이다. 일단 ELSA에 대한 설명은 뒤에서 할 테니 현재 진행 중인 작업 자체에만 집중하자 (그리고 만약 결과가 나오지 않는다면 아직 이 행위에 대한 패킷이 수집되기 직전인 것이므로 몇 초 더 기다렸다가 검색 쿼리를 실행해 보자).

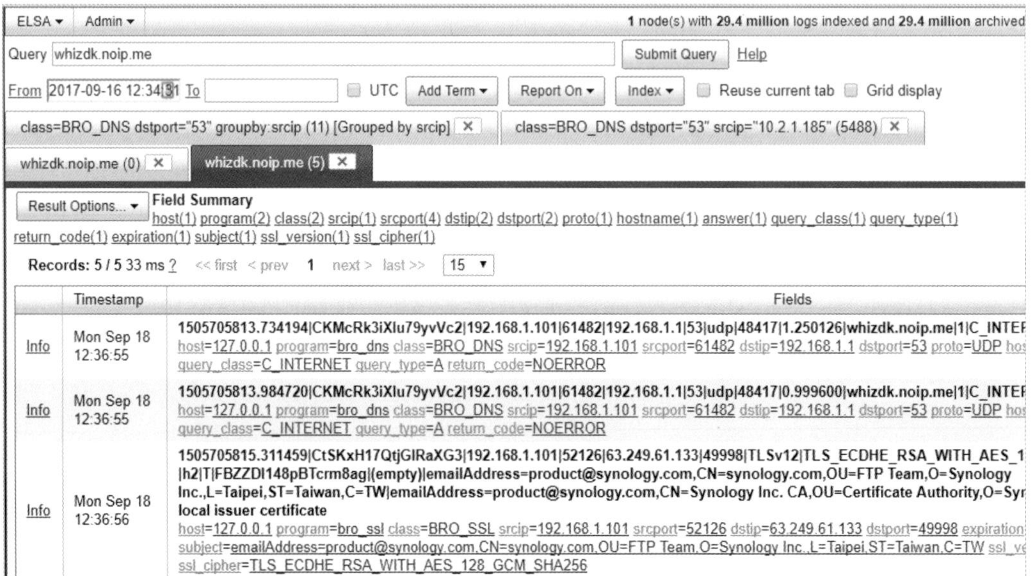

그림 11.12 탐지 로그 확인

결과가 나오면 왼쪽의 [Info]를 클릭하고 [Plugin]을 누르면 [getPcap]이라는 메뉴가 있다. 이 항목을 선택하면 패킷 내용을 볼 수 있다.

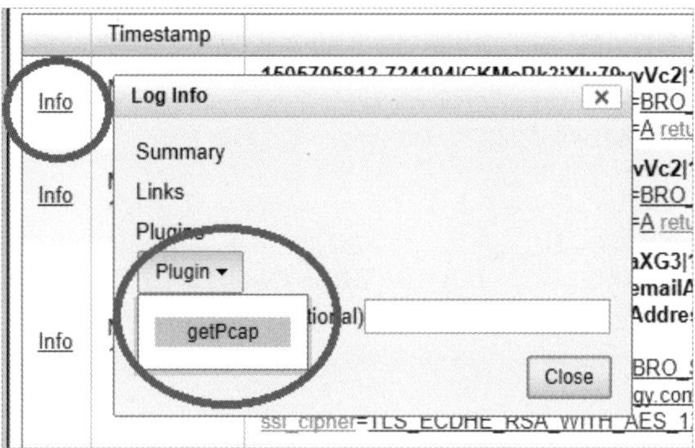

그림 11.13 getPcap 실행

다음은 패킷의 내용인데 맨 마지막 줄을 보면 pcap 파일을 내려받을 수 있는 링크가 보일 것이다. 이를 클릭해서 다운로드해 보자.

```
192.168.1.101:61482_192.168.1.1:53-17-554167020.pcap

Sensor Name: wd-ids-eth1
Timestamp: 2017-09-18 03:36:53
Connection ID: CLI
Src IP: 192.168.1.101 (Unknown)
Dst IP: 192.168.1.1 (pfSense.win31.net)
Src Port: 61482
Dst Port: 53

SRC: Bro UDP output from SRC:
SRC: \xbd!\x01\x00\x00\x01\x00\x00\x00\x00\x00\x00\x06whizdk\x04noip\x02me\x00\x00\x01\x00\x01
SRC:
SRC: Bro UDP output from SRC:
SRC: \xbd!\x01\x00\x00\x01\x00\x00\x00\x00\x00\x00\x06whizdk\x04noip\x02me\x00\x00\x01\x00\x01
SRC:
DST: Bro UDP output from DST:
DST: \xbd!\x81\x80\x00\x01\x00\x01\x00\x00\x00\x00\x06whizdk\x04noip\x02me\x00\x00\x01\x00\x01\xc0\x0c\
x00\x01\x00\x01\x00\x00\x00<\x00\x04?\xf9=\x85
DST:
```

```
SRC: Bro DNS analyzer output:
SRC:
SRC: [ts=1505705813.734192, uid=C0oQzc41D4m7nz1wi, id=[orig_h=192.168.1.101, orig_p=61482/udp,
resp_h=192.168.1.1, resp_p=53/udp], proto=udp, trans_id=48417, rtt=1.0 sec 250.0 msecs 128.0
usecs, query=whizdk.noip.me, qclass=1, qclass_name=C_INTERNET, qtype=1, qtype_name=A, rcode=0,
rcode_name=NOERROR, AA=F, TC=F, RD=T, RA=T, Z=0, answers=[63.249.61.133], TTLs=[1.0 min], rejected=F,
total_answers=1, total_replies=1, saw_query=T, saw_reply=T]
SRC:
DST: Bro UDP output from DST:
DST: \xbd!\x81\x80\x00\x01\x00\x01\x00\x00\x00\x00\x06whizdk\x04noip\x02me\x00\x00\x01\x00\x01\xc0\x0c\
x00\x01\x00\x01\x00\x00\x00<\x00\x04?\xf9=\x85
DST:
SRC: Bro DNS analyzer output:
SRC:
SRC: [ts=1505705813.98472, uid=C0oQzc41D4m7nz1wi, id=[orig_h=192.168.1.101, orig_p=61482/udp,
resp_h=192.168.1.1, resp_p=53/udp], proto=udp, trans_id=48417, rtt=999.0 msecs 599.0 usecs,
query=whizdk.noip.me, qclass=1, qclass_name=C_INTERNET, qtype=1, qtype_name=A, rcode=0,
rcode_name=NOERROR, AA=F, TC=F, RD=T, RA=T, Z=0, answers=[63.249.61.133], TTLs=[1.0 min], rejected=F,
total_answers=1, total_replies=1, saw_query=T, saw_reply=T]
SRC:

DEBUG: Using archived data: /nsm/server_data/securityonion/archive/2017-09-18/wd-ids-
eth1/192.168.1.101:61482_192.168.1.1:53-17.raw
QUERY: SELECT sid FROM sensor WHERE hostname='wd-ids-eth1' AND agent_type='pcap' LIMIT 1
CAPME: Processed transcript in 0.93 seconds: 0.13 0.44 0.00 0.35 0.00

192.168.1.101:61482_192.168.1.1:53-17-554167020.pcap
```

내려받은 pcap 파일을 와이어샤크에서 불러오면 다음과 같이 패킷이 잘 보이는 것을 알 수 있다.

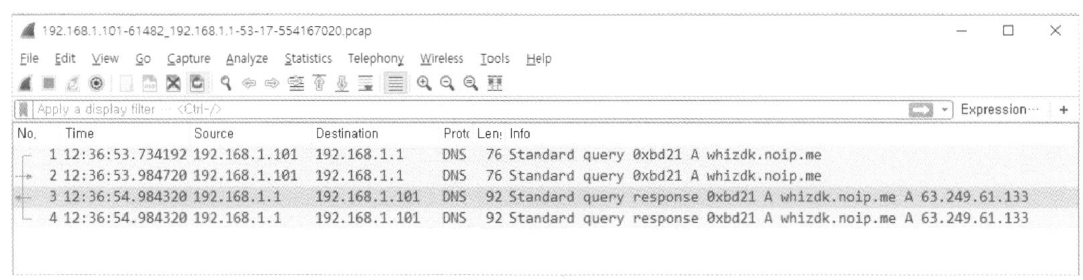

그림 11.14 패킷 내용 확인

참고로 패킷 캡처 파일은 capME라는 패키지에서 제공한다. 웹 브라우저에서 http://192.168.2.14/capme를 열면 해당 사이트로 바로 들어갈 수 있으며, 원하는 소스 IP 주소와 데스티네이션 IP 주소를 넣고 시간대를 지정하면 원하는 pcap 파일을 내려받을 수 있다.

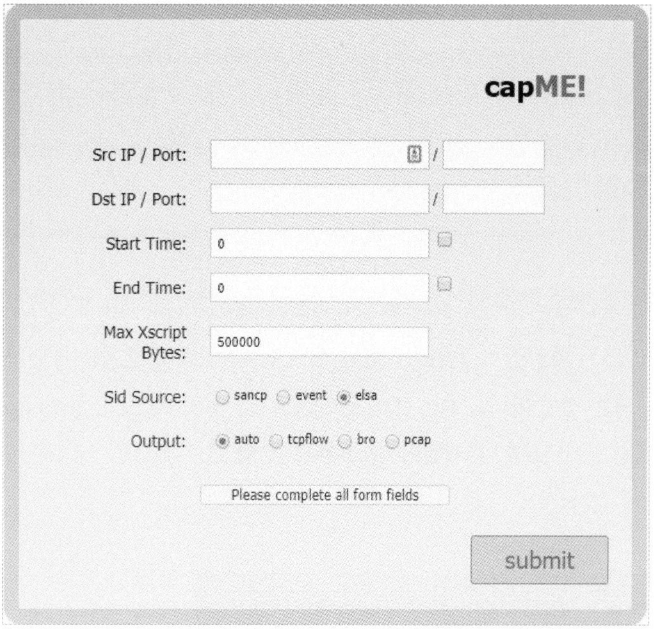

capME!

Src IP / Port: /

Dst IP / Port: /

Start Time: 0

End Time: 0

Max Xscript Bytes: 500000

Sid Source: sancp event elsa

Output: auto tcpflow bro pcap

Please complete all form fields

submit

그림 11.15 capME

04 _ 불필요한 트래픽 걸러내기

이 패킷 캡처 파일은 네트워크의 두 종단점 사이에 전송된 모든 패킷 데이터를 보관하기 때문에 탐지 알럿이 발생했을 때 앞뒤로 어떤 일들이 일어났는지 파악하는 데 큰 도움을 준다. 하지만 앞서 말했듯이 모든 패킷을 보관하기 때문에 용량 문제가 발생하고, 엔드포인트 단이 아닌 네트워크 레벨에서 수집하는 패킷이므로 암호화된 패킷 등은 복호화 키가 없어서 pcap 파일을 봐도 아무 내용도 파악할 수 없는 문제도 있다. 따라서 용량 튜닝 이슈에서 가장 먼저 해야 할 작업은 암호화된 패킷 등 무의미한 패킷을 제거하는 것이다. 보안양파에서는 BPF(Berkeley Packet Filter)라는 패킷 필터 기능을 제공한다. 이 필터를 이용하면 전체 패킷을 쌓을 때 불필요한 패킷을 제외하고 수집할 수 있다.

BPF는 일종의 문법이라서 사실 와이어샤크 등에서도 쓰인다. 하지만 이 책에서는 BPF 이론을 설명하는 것이 아니고 단지 패킷을 캡처할 때 용량 튜닝을 하는 것이 목표이기 때문에 작업 방법만 간단히 살펴보겠다. 먼저 BPF는 중앙에서 관리되는 파일이 하나 있으며, 경로는 아래와 같다.

```
/etc/nsm/rules/bpf.conf
```

여기서 설정을 조정하면 모든 센서의 스노트/수리카타/NetSniff-ng/PRADS에 자동으로 반영된다. 그리고 개별 파일은 아래 경로에 위치한다.

```
/etc/nsm/센서이름/bpf*.conf
```

다음과 같이 ls 명령어로 확인해 보면 이 파일들은 앞에서 언급한 /etc/nsm/rules/bpf.conf에 링크돼 있음을 알 수 있다. 따라서 중앙에서 관리되는 파일인 /etc/nsm/rules/bpf.conf에 패킷 캡처를 제외하는 설정을 넣으면 전체 패킷 캡처만 중단되는 것이 아니고 Bro IDS, 스노트/수리카타, PRADS 등 pcap을 사용하는 모든 시스템에서 해당 패킷을 필터링하는 문제점이 발생한다(즉, SMB 트래픽을 제외해 버리면 스노트에서도 SMB를 탐지하지 않게 된다).

```
root@WD-IDS:/etc/nsm/wd-ids-eth1#
root@WD-IDS:/etc/nsm/wd-ids-eth1# ls bpf*.* -l
lrwxrwxrwx 1 root root  8 Sep 13 06:43 bpf-bro.conf -> bpf.conf
lrwxrwxrwx 1 root root  8 Sep 13 06:43 bpf-ids.conf -> bpf.conf
lrwxrwxrwx 1 root root  8 Sep 13 06:43 bpf-pcap.conf -> bpf.conf
lrwxrwxrwx 1 root root  8 Sep 13 06:43 bpf-prads.conf -> bpf.conf
lrwxrwxrwx 1 root root 23 Sep 13 06:43 bpf.conf -> /etc/nsm/rules/bpf.conf
root@WD-IDS:/etc/nsm/wd-ids-eth1#
```

그림 11.16 bpf.conf

따라서 센서별 폴더로 들어가서(/etc/nsm/센서이름) bpf-pcap을 언링크(Unlink)해서 링크를 끊은 다음 해당 파일에만 작업해야 한다. 파일의 링크가 끊기면 nano 같은 텍스트 편집기로 새로 파일을 만들어서 불러들이면 된다.

```
# unlink /etc/nsm/센서이름/bpf-pcap.conf
# nano /etc/nsm/센서이름/bpf-pcap.conf
```

```
root@WD-IDS:/etc/nsm/wd-ids-eth1#
root@WD-IDS:/etc/nsm/wd-ids-eth1# unlink bpf-pcap.conf
root@WD-IDS:/etc/nsm/wd-ids-eth1# nano bpf-pcap.conf
```

그림 11.17 bpf-pcap.conf

bpf-pcap.conf 파일을 열었으면 간단한 내용을 추가해서 원하는 프로토콜의 패킷 캡처를 중단시킬 수 있다. 다음은 소스는 10.0.0.0/8 대역에서 출발하고 데스티네이션 포트가 445번 포트인 경우 패킷 캡처에서 제외하라는 내용이다. 마찬가지로 139번 포트나 443번 포트 등에도 똑같이 적용할 수 있다.

```
# Remove SMB traffic
!(src host 10.0.0.0/8 && dst port 445) &&
!(src host 192.168.0.0/16 && dst port 445) &&
!(src host 10.0.0.0/8 && dst port 139) &&
!(src host 192.168.0.0/16 && dst port 139) &&
!(src host 10.0.0.0/8 && dst port 443) &&
!(src host 192.168.0.0/16 && dst port 443) &&
```

이렇게 설정하고 저장한 뒤 보안양파를 재시작한다. 이제 암호화된 트래픽이 빠지면서 로그 용량이 줄어들 것이다. 앞에서 설명한 대로 이런 작업을 거치고 다시 24시간 및 1시간 기준으로 패킷량을 산정해 보자. 예를 들어, http 프로토콜은 없애기 좋은 케이스다. http 로우 데이터는 Bro IDS에서 어차피 문자열로 다 기록되기 때문에 사내망에서 직원들이 인터넷을 사용하는 80번 트래픽에 대한 풀 패킷 캡처 파일을 또 남길 필요는 없다. 그래서 80번 포트에 대한 트래픽을 줄이는 것도 한 가지 방법이다. 이 내용은 Bro IDS 편에서 계속 설명하겠다.

```
# sudo service nsm restart
```

패킷 수집을 완전히 중단시키는 방법

참고로 다음은 패킷 캡처 자체를 완전히 중단시키는 방법이다. 리눅스 명령어를 조금만 알면 왜 중단되는지 알 수 있을 것이다. 구글에서 검색하면 종종 나오는 방법이긴 한데, 별로 권장하는 방법은 아니니 정석대로인 BPF를 이용해 패킷 캡처를 줄이는 쪽으로 진행하자.

패킷 캡처 중단

```
# Terminate the running netsniff-ng
# sudo nsm_sensor_ps-stop --only-pcap

# Disable netsniff-ng permanently
# sudo chmod 0 /usr/sbin/netsniff-ng
```

05 _ IDS 상태 체크

이제 기본적인 설정을 마쳤고 몇 가지 중요한 명령어를 안내하겠다. IDS를 운영하다 보면 실제로 해킹 탐지에 쏟는 시간보다 IDS가 문제없이 잘 돌고 있는지, 빽이 난 룰은 없는지, 하드디스크 공간은 부족하지 않은지, CPU에는 부하가 없는지, 말썽이 생기는 패키지는 없는지 등, 기본적인 인프라 유지보수에 시간을 더 많이 쏟는 경우가 많다. 사실 그러한 작업들을 보안 업무라고 하기에는 논쟁이 있을 수 있지만 하나라도 어긋나면 해킹 모니터링 자체가 중단될 수도 있으니 소홀히 해서는 안 된다.

서비스 OK 상태 검사

```
# sudo sostat ¦ less
```

```
================================================================
Service Status
================================================================
Status: securityonion
  * sguil server[  OK  ]
Status: HIDS
  * ossec_agent (sguil)[  OK  ]
Status: Bro
Name         Type       Host          Status    Pid    Started
bro          standalone localhost     running   5064   13 Sep 07:07:47
Status: wd-ids-eth1
  * netsniff-ng (full packet data)[  OK  ]
  * pcap_agent (sguil)[  OK  ]
  * snort_agent-1 (sguil)[  OK  ]
  * snort-1 (alert data)[  OK  ]
  * barnyard2-1 (spooler, unified2 format)[  OK  ]

================================================================
Interface Status
================================================================
eth0      Link encap:Ethernet  HWaddr b8:ae:ed:ea:f4:9e
          inet addr:10.2.1.207  Bcast:10.2.1.255  Mask:255.255.255.0
          inet6 addr: fe80::baae:edff:feea:f49e/64 Scope:Link
          UP BROADCAST RUNNING MULTICAST  MTU:1500  Metric:1
          RX packets:71988 errors:0 dropped:0 overruns:0 frame:0
          TX packets:100017 errors:0 dropped:0 overruns:0 carrier:0
          collisions:0 txqueuelen:1000
          RX bytes:48729479 (48.7 MB)  TX bytes:120601384 (120.6 MB)
          Interrupt:16 Memory:df100000-df120000

eth1      Link encap:Ethernet  HWaddr 20:16:06:02:03:5d
          UP BROADCAST RUNNING NOARP PROMISC MULTICAST  MTU:1500  Metric:1
          RX packets:52344182 errors:11815 dropped:0 overruns:0 frame:11815
          TX packets:0 errors:0 dropped:0 overruns:0 carrier:0
          collisions:0 txqueuelen:1000
          RX bytes:24401577619 (24.4 GB)  TX bytes:0 (0.0 B)

lo        Link encap:Local Loopback
          inet addr:127.0.0.1  Mask:255.0.0.0
          inet6 addr: ::1/128 Scope:Host
          UP LOOPBACK RUNNING  MTU:65536  Metric:1
          RX packets:217869 errors:0 dropped:0 overruns:0 frame:0
          TX packets:217869 errors:0 dropped:0 overruns:0 carrier:0
          collisions:0 txqueuelen:1
:
```

그림 11.18 여러 가지 패키지 상태에 문제가 없는지 한눈에 보여주는 역할을 함

패킷 유실 여부를 검사하고 싶다면 다음 두 명령어 중 편한 것을 사용한다.

```
# cat /proc/net/pf_ring/*eth*
# sudo sostat-redacted
```

IDS에 룰이 많아지거나 패킷의 양이 많아져서 부하가 생기면 유실되는 패킷이 늘어나고 유실된 패킷은 모니터링 대상에서 빠지게 된다. 따라서 패킷 유실이 있는지 수시로 점검해야 한다.

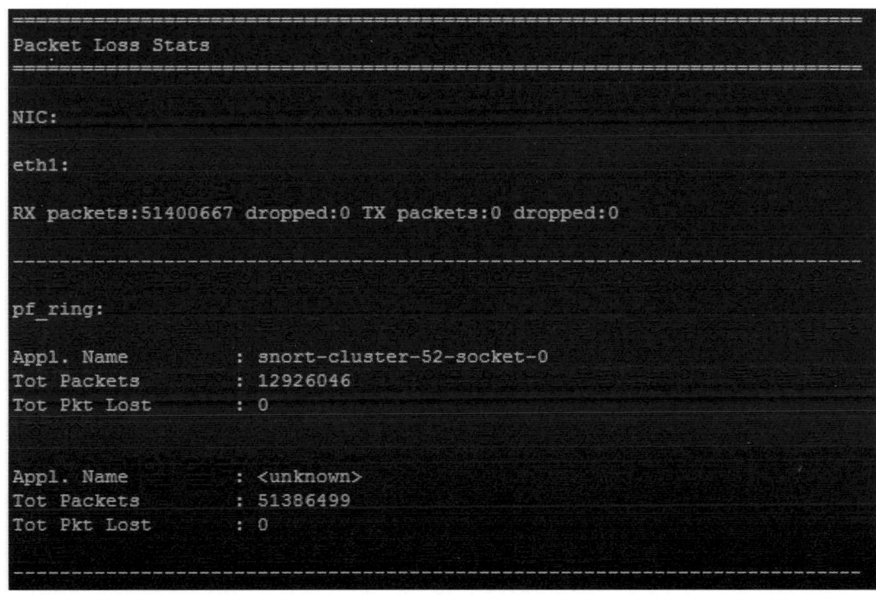

```
=========================================================================
Packet Loss Stats
=========================================================================

NIC:

eth1:

RX packets:51400667 dropped:0 TX packets:0 dropped:0

-------------------------------------------------------------------------

pf_ring:

Appl. Name          : snort-cluster-52-socket-0
Tot Packets         : 12926046
Tot Pkt Lost        : 0


Appl. Name          : <unknown>
Tot Packets         : 51386499
Tot Pkt Lost        : 0

-------------------------------------------------------------------------
```

그림 11.19 패킷 유실 체크

06 _ 이메일 알럿 받기

스노트에서 새로운 알럿이 발생했을 때 이를 이메일로 받고 싶으면 squild.email을 아래 경로에서 설정한다. 단, 이 방법을 IDS 튜닝 전에 사용하면 IDS가 탐지될 때마다 엄청난 이메일 공해에 시달릴 수 있다. 따라서 일단 궁금해서 메일로 한 번 받아보고 싶으신 분들 또는 이미 튜닝을 끝낸 분들만 이 옵션을 사용하자.

```
# nano /etc/nsm/securityonion/sguild.email
```

```
set EMAIL_EVENTS #1로 수정
set SMTP_SERVER localhost #이메일 서버가 있다면 해당 서버에 맞게 수정한다.
set EMAIL_RCPT_TO "root@localhost" #받는 사람의 이메일 주소를 넣는다.
set EMAIL_SUBJECT "RT Event From %sn" #이메일 제목을 넣는다.

# Enable the emailing of events. Don't worry about the other email options if this
# is NOT enabled.
set EMAIL_EVENTS 0

# A smtp server to send through
set SMTP_SERVER localhost

# Comma deliminated list of recipients.
set EMAIL_RCPT_TO "root@localhost"

# The From/Reply to:
set EMAIL_FROM "root@localhost"

# Subject. This is optional.
# The subject can now use the msg subs too.
set EMAIL_SUBJECT "RT Event From %sn"
```

설정을 변경하고 나면 다음 명령으로 보안양파를 재시작한다. 단, 이 기능은 호기심에만 써보길 바란다. 이메일 폭탄에 시달려도 책임지지 못한다.

```
# sudo nsm_server_ps-restart
```

12장 룰 관리와 제로데이 익스플로잇 대응

이제 IDS도 설치했고 대략적인 튜닝도 마쳤다. 본격적으로 탐지 룰을 넣어가며 해킹 시도 흔적을 IDS 알럿에 걸리게 만드는 법을 알아보며 직접적인 침해대응 조사를 해 볼 차례다. 맨 먼저 알아야 할 것은 룰 작성을 위한 문법과 규칙을 정의하는 방법인데, 보안양파에 룰을 넣고 빼는 작업을 해보기에 앞서 룰이 어떤 식으로 만들어지는지부터 살펴보려고 한다. 따라서 이미 IDS 룰에 익숙한 분들은 이 내용을 과감히 건너뛰어도 무방하다.

```
root@WD-IDS:/etc/nsm/rules# ls -l
total 17352
-rw-r--r-- 1 sguil sguil     1858 Jul 27 07:02 app-layer-events.rules
drwxr-xr-x 2 sguil sguil     4096 Sep 18 04:44 backup
-rw-r--r-- 1 sguil sguil        0 Sep  3  2016 black_list.rules
-rw-r--r-- 1 sguil sguil        0 Sep 13 06:43 bpf.conf
-rw-r--r-- 1 sguil sguil     2855 Sep 13 06:43 classification.config
-rw-r--r-- 1 sguil sguil    19598 Jul 27 07:02 decoder-events.rules
-rw-r--r-- 1 sguil sguil     1221 Jul 27 07:02 dnp3-events.rules
-rw-r--r-- 1 sguil sguil     1777 Jul 27 07:02 dns-events.rules
-rw-r--r-- 1 sguil sguil 13972116 Sep 18 04:44 downloaded.rules
-rw-r--r-- 1 sguil sguil     3004 Dec  8  2015 files.rules
-rw-r--r-- 1 sguil sguil    31971 Sep 13 06:43 gen-msg.map
-rw-r--r-- 1 sguil sguil     8637 Dec  8  2015 http-events.rules
-rw-r--r-- 1 sguil sguil        0 Sep  3  2016 local.rules
-rw-r--r-- 1 sguil sguil     2078 Jul 27 07:02 modbus-events.rules
-rw-r--r-- 1 sguil sguil      558 Jul 27 07:02 nfs-events.rules
-rw-r--r-- 1 sguil sguil      558 Jul 27 07:02 ntp-events.rules
-rw-r--r-- 1 sguil sguil     1455 Sep 13 06:43 reference.config
-rw-r--r-- 1 sguil sguil  3652065 Sep 18 04:44 sid-msg.map
-rw-r--r-- 1 sguil sguil     4939 Apr  4  2016 smtp-events.rules
-rw-r--r-- 1 sguil sguil        0 Sep  3  2016 so_rules.rules
-rw-r--r-- 1 sguil sguil    11879 Dec  8  2015 stream-events.rules
-rw-r--r-- 1 sguil sguil     2335 Sep 13 06:43 threshold.conf
-rw-r--r-- 1 sguil sguil     5217 Jul 27 07:02 tls-events.rules
-rw-r--r-- 1 sguil sguil        0 Sep  3  2016 white_list.rules
```

그림 12.1 룰 파일들

위 경로를 보면 /etc/nsm/rules 경로에 많은 룰 파일이 있다는 사실을 알 수 있다. 여기서 주목해야 할 파일은 가장 큰 용량을 자랑하는 downloaded.rules라는 파일이다. 이것이 탐지 패턴에 대한 핵심 룰이 들어있는 파일이다. 이 파일을 한번 열어보자.

```
  GNU nano 2.2.6                File: downloaded.rules


# ----- Begin ET-emerging-activex Rules Category ----- #

# -- Begin GID:1 Based Rules -- #

#alert tcp $EXTERNAL_NET $HTTP_PORTS -> $HOME_NET any (msg:"ET ACTIVEX Internet Explorer Plugin.ocx Heap O$
alert tcp $EXTERNAL_NET $HTTP_PORTS -> $HOME_NET any (msg:"ET ACTIVEX winhlp32 ActiveX control attack - ph$
alert tcp $EXTERNAL_NET $HTTP_PORTS -> $HOME_NET any (msg:"ET ACTIVEX winhlp32 ActiveX control attack - ph$
alert tcp $EXTERNAL_NET $HTTP_PORTS -> $HOME_NET any (msg:"ET ACTIVEX winhlp32 ActiveX control attack - ph$
#alert tcp $EXTERNAL_NET $HTTP_PORTS -> $HOME_NET any (msg:"ET ACTIVEX MciWndx ActiveX Control"; flow:from$
#alert tcp $EXTERNAL_NET $HTTP_PORTS -> $HOME_NET any (msg:"ET ACTIVEX COM Object Instantiation Memory Cor$
#alert tcp $EXTERNAL_NET $HTTP_PORTS -> $HOME_NET any (msg:"ET ACTIVEX Danim.dll and Dxtmsft.dll COM Objec$
#alert tcp $EXTERNAL_NET $HTTP_PORTS -> $HOME_NET any (msg:"ET ACTIVEX JuniperSetup Control Buffer Overflo$
#alert tcp $EXTERNAL_NET $HTTP_PORTS -> $HOME_NET any (msg:"ET ACTIVEX Wmm2fxa.dll COM Object Instantiatio$
#alert tcp $EXTERNAL_NET $HTTP_PORTS -> $HOME_NET any (msg:"ET ACTIVEX Microsoft Multimedia Controls - Act$
```

그림 12.2 룰 내용들

셀 수도 없을 정도로 엄청나게 많은 룰이 있다. 여기에 걸린 룰 덕택에 IDS에서 뭔가를 탐지할 수 있는 것이며 해킹 대응을 시작할 수 있다. 이 룰에 대해 자세히 설명하기에 앞서 문법이 어떻게 구성돼 있는지부터 살펴보자.

01 _ 스노트 룰과 수리카타 룰의 기본 문법

우선 스노트와 수리카타에서 룰을 정의하는 문법은 거의 유사하다고 보면 된다. 물론 옵션이 약간 다른 경우도 있지만 크게 보면 같다고 이해하는 편이 쉽다. 문법은 '헤더 + 옵션'이라는 두 가지 조합으로 만들어지며, 구구절절 설명하기보다는 다음과 같은 샘플 룰을 하나 보는 편이 더 이해하기가 쉬울 테니 바로 예제부터 살펴보기로 하자.

```
alert tcp any any -> any 80 (msg:"Test Web traffic"; content:"GET";)
```

소스와 데스티네이션이라는 개념만 있다면 IDS 룰을 한 번도 보지 못한 사람이라도 이 룰을 보자마자 80% 정도는 예상할 수 있으리라 생각한다. 간단히 분석해 보자.

- **alert**
  스노트의 Action을 지시한 것인데 alert는 경고를 발생시키는 것이고, log는 로깅만 하는 것이고, drop reject 등은 차단하는 옵션이다. IDS를 탐지 모드로 사용하는 경우, 그리고 스노트 사이트에서 룰을 내려받는 경우 중 거의 99% 이상이 alert로 돼 있으므로, 일반적으로 IDS 룰을 만드는 경우에는 그냥 alert라고 쓰면 된다. 이전 장의 UTM 부분에서는 스노트를 인라인으로 연결해서 IPS로 사용했는데 그때는 drop 또는 reject 옵션을 사용했다.

- **tcp**
  프로토콜을 지칭한다. 'tcp', 'udp', 'icmp' 등을 쓸 수 있다. 'any'도 사용할 수 있다.

- **any any -> any 80**
  화살표 앞의 'any any'는 소스 IP 주소와 소스 포트를 가리킨다. 'any any'면 당연히 모든 소스에 대해서라는 의미다. 그리고 화살표 뒤에 오는 것은 데스티네이션 IP 주소와 포트다. 80번 포트만을 향하고 있으므로 웹 접속에 대해서만 탐지하겠다는 의미로 보면 된다.

여기까지가 룰 헤더이고, 뒤의 괄호 안부터는 옵션으로 보면 된다. 계속해서 살펴보자.

- **msg:"Test Web traffic";**
  이 룰이 탐지되면 룰 이름으로 로그에 뿌릴 내용이다. 사용자가 원하는 것으로 작성하면 된다.

- `content:"GET";`

  트래픽 중 'GET'이라는 문자열이 들어올 때 탐지하라는 의미다. 만약 이 필터링이 없다면 이 룰에서는 80번 포트로 통신하는 모든 트래픽이 탐지될 것이다. 룰을 만들 때 반드시 들어가야 하는 옵션이다.

이로써 간단하게 훑어봤는데 모든 옵션을 자세히 설명하는 것도 좋겠지만 그렇게 안내하면 십중팔구는 옵션 내용이 기억나지 않거나 도무지 어떻게 활용해야 할지 감이 오지 않는 경우가 많을 것이다. 따라서 대략 이 정도로 설명해 두고 이제부터는 실제 룰을 더욱 깊이 살펴보면서 옵션의 세부적인 내용을 살펴보겠다. 다음은 Squert에 로그인해서 탐지된 룰을 몇 개 가져온 것이다.

QUEUE	SC	DC	ACTIVITY	LAST EVENT	SIGNATURE	ID	PROTO	% TOTAL
2	1	1		01:10:56	ET POLICY DynDNS CheckIp External IP Address Server Response	2014932	6	**8.696%**
2	1	1		01:10:56	ET POLICY External IP Lookup - checkip.dyndns.org	2021378	6	**8.696%**
2	1	1		01:10:55	ET INFO DYNAMIC_DNS Query to *.dyndns. Domain	2012758	17	**8.696%**
2	1	1		01:08:01	ET POLICY Dropbox DNS Lookup - Possible Offsite File Backup in Use	2020565	17	**8.696%**
6	1	2		01:06:40	GPL NETBIOS SMB-DS IPC$ unicode share access	2102466	6	**26.087%**
2	1	1		01:06:01	ET INFO Session Traversal Utilities for NAT (STUN Binding Request obsolete rfc 3489 CHANGE-REQUEST attribute change IP flag false change port flag true)	2018905	17	**8.696%**

그림 12.3 탐지 로그

02 _ case1) "ET POLICY DynDNS CheckIp External IP Address Server Response"

ET POLICY DynDNS CheckIp External IP Address Server Response라는 이름으로 탐지된 알럿이다. 룰 내용은 이렇다.

```
alert tcp $EXTERNAL_NET $HTTP_PORTS -> $HOME_NET any (msg:"ET POLICY DynDNS CheckIp
External IP Address Server Response"; flow:established,to_client; content:"Server|3A
20|DynDNS-CheckIP/"; http_header; classtype:bad-unknown; sid:2014932; rev:1;
metadata:created_at 2012_06_21, updated_at 2012_06_21;)
```

Squert에서 탐지된 알럿의 세부사항을 보고 싶다면 왼쪽의 QUEUE 밑에 있는 네모칸 안의 숫자를 클릭하자. 그러면 탐지된 로그가 나올 것이다. 이 알럿은 IP 주소가 216.146.38.70인 곳에서 192.168.1.101로 패킷을 보낸 것을 탐지한 것이다. 그럼 이번에는 룰을 분석해 보자.

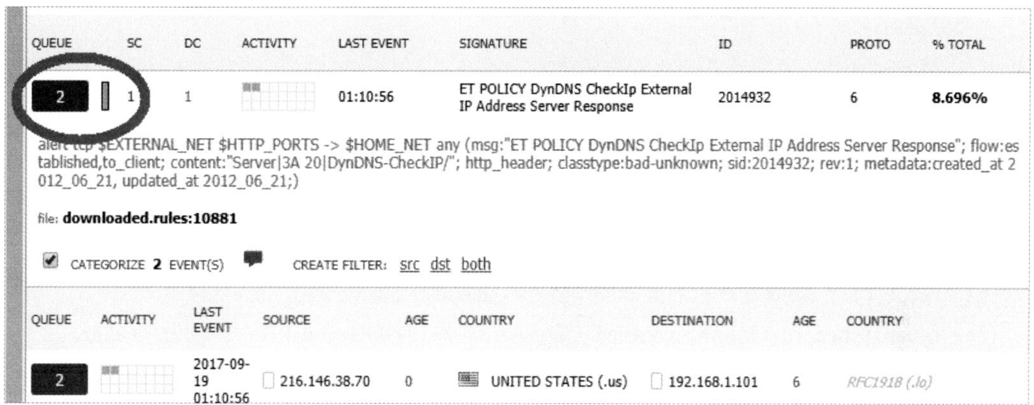

그림 12.4 탐지된 로그

alert tcp $EXTERNAL_NET $HTTP_PORTS -> $HOME_NET any

$EXTERNAL_NET, $HTTP_PORTS, $HOME_NET 등은 어디서 봤는지 기억이 가물하실지도 모르겠지만 이전 장에서 IDS 튜닝을 통해 살펴본 snort.conf 파일에서 정의된 변수다. 이 파일을 보면 다음과 같은 내용을 찾아볼 수 있다.

```
# Setup the network addresses you are protecting
ipvar HOME_NET [10.10.1.0/24,10.20.1.0/24,10.30.1.0/24,10.40.1.0/24,2.2.2.0/24,2.2.3.0/24]

# Set up the external network addresses. Leave as "any" in most situations
ipvar EXTERNAL_NET ![!HOME_NET]

# List of ports you run web servers on
portvar HTTP_PORTS [80,81,311,383,591,593,901,1220,1414,1741,1830,2301,2381,2809,3037,3128,3702,4343,4848,
5250,6988,7000,7001,7144,7145,7510,7777,7779,8000,8008,8014,8028,8080,8085,8088,8090,8118,8123,8180,8181,824
3,8280,8300,8800,8888,8899,9000,9060,9080,9090,9091,9443,9999,11371,34443,34444,41080,50002,55555]
```

감이 오지 않는가? 이렇게 snort.conf에서 선언한 값을 룰에서 직접 변수명으로 사용할 수 있고, 또 내부망과 외부망의 룰을 작성할 때 구분해 두면 밖에서 들어온 트래픽인지 안에서 나간 트래픽인지 분류할 수 있다. 또한 HTTP_PORTS처럼 웹 프로토콜에 사용되는 포트를 이처럼 정의해 두면 매번 룰마다 하드코딩할 필요도 없으니 훨씬 깔끔한 룰을 작성할 수 있다. 이 룰의 헤더 내용은 이렇다.

> "tcp 프로토콜로 외부 네트워크에서 HTTP 포트를 소스 포트로 갖는 트래픽이 내부 네트워크의 any 포트로 접속하는 경우"

소스 포트를 HTTP 포트로 지정했다는 말은 조금 아리송할 수도 있겠는데, 소스 포트를 강제로 지정하는 경우는 없으니 이 경우는 내부 네트워크에서 외부로 HTTP 접속을 한 뒤에 뒤돌아나가는 리스펀스 패킷이라고 해석할 수 있다. 그럼 헤더는 이렇게 해석됐으니 다음으로 옵션을 보자.

```
(msg:"ET POLICY DynDNS CheckIp External IP Address Server Response";
flow:established,to_client; content:"Server|3A 20|DynDNS-CheckIP/"; http_header;
classtype:bad-unknown; sid:2014932; rev:1; metadata:created_at 2012_06_21, updated_at
2012_06_21;)
```

msg:"ET POLICY DynDNS CheckIp External IP Address Server Response"

앞에서 배운 msg: 옵션이다. 탐지가 됐을 때 로그로 발생시키는 이름이다.

flow:established,to_client;

새로운 옵션이 등장했다. 'flow'라는 단어에서 추측할 수 있듯이 이것은 통신 흐름에 대한 옵션이다. TCP 3-Way 핸드셰이킹에 대해 알고 있을 것이다. 스노트는 네트워크 레벨에서 패킷을 보며 SYN 패킷 하나까지도 탐지 범위에 포함시킬 수 있다. 알다시피 3-Way 핸드셰이킹을 거쳐 실제 연결이 수행되기까지의 수많은 패킷이 오가는 터라 스노트의 이 같은 넓은 탐지 범주 때문에 단 하나의 연결에 대해서도 수많은 알럿이 발생할 수 있다. 따라서 flow 옵션에 established를 지정하면 실제 세션이 연결된 경우만 탐지를 시작한다. 이 옵션 덕에 스노트는 연결이 완료된 TCP 세션만 검사하기 때문에 스노트의 성능도 개선되고 탐지 로그의 정확도도 높아진다. 뒤의 옵션인 to_client는 트래픽의 방향인데, 이 경우 앞의 헤더 설명에서 언급했다시피 웹 서버로 요청한 접속에 대해 클라이언트로 되돌아나가는 패킷이기 때문에 to_client라는 옵션을 추가한 것이다. 당연히 그 밖의 옵션으로 'to_server', 'from_server', 'to_client', 'from_client' 등이 있다. 모두 직관적인 이름이므로 부차적인 설명은 생략한다.

```
content:"Server|3A 20|DynDNS-CheckIP/";
```

앞서 배운 content 옵션이 등장했다. 'Server'나 'DynDNS-CheckIP' 같은 문자열은 이해하겠지만 파이프로 감싼 16진수 값이 새로 등장했다. 이것은 문자열 단위가 아니고 바이너리 단위로 검사하라는 의미다. 이처럼 검사하고 싶은 내용에 파이프를 앞뒤에 넣으면 된다. 참고로 3A는 특수문자로 콜론(:)에 해당하고 20은 스페이스바, 즉 공백에 해당한다. 따라서 이 내용은 "Server: DynDNS-CheckIP/"라는 문자열을 탐지하라는 의미다.

```
http_header;
```

content 옵션에서 찾을 패턴 검사 범위를 웹 요청 또는 리스펀스 메시지의 헤더 영역으로만 제한하라는 의미다. 헤더만 봐도 충분한 경우 굳이 Body까지 뒤지는 수고를 하지 말라는 의미로, 불필요한 리소스를 소비하지 말라는 뜻의 탐지 범주 최소화, 성능 개선을 목적으로 하는 옵션이다. 같은 위치에 사용할 수 있는 주요 수정자로는 아래와 같은 것이 있다.

- nocase: 대소문자를 구별하지 말 것
- offset: 패킷의 검사 시작 위치를 지정. 예를 들어, offset:1로 지정하면 패킷의 시작 지점을 기준으로 1바이트 뒤부터 검사한다.
- depth: 패킷의 검사 종료 위치를 지정. 예를 들어, depth:10으로 지정하면 시작 지점을 기준으로 10바이트까지만 검사한다.
- http_client_body: 패킷 검사 범위를 범위를 웹 요청(POST) Body 부분으로 제한한다.
- http_uri: 패킷 검사 범위를 URI로 제한

그 밖에도 옵션이 무수하게 많지만 직관적으로 단어만 보고 바로 쓸 수 있는 내용도 있을 테고, 필요한 경우 찾아서 사용할 수도 있을 것이다.

```
classtype:bad-unknown;
```

탐지된 이 룰이 어느 분류에 속하는지를 의미한다. 이 분류는 스노트의 설정 파일에 미리 정의돼 있다. 다음 경로에 위치한 파일을 열어보자.

/etc/nsm/센서이름/classification.config

```
config classification: attempted-admin,Attempted Administrator Privilege Gain,1
config classification: attempted-dos,Attempted Denial of Service,2
config classification: attempted-recon,Attempted Information Leak,2
config classification: attempted-user,Attempted User Privilege Gain,1
config classification: bad-unknown,Potentially Bad Traffic, 2
config classification: client-side-exploit,Known client side exploit attempt,1
config classification: default-login-attempt,Attempt to login by a default username and password,2
config classification: denial-of-service,Detection of a Denial of Service Attack,2
config classification: file-format,Known malicious file or file based exploit,1
config classification: icmp-event,Generic ICMP event,3
config classification: inappropriate-content,Inappropriate Content was Detected,1
config classification: kickass-porn,SCORE! Get the lotion!,1
config classification: malware-cnc,Known malware command and control traffic,1
config classification: misc-activity,Misc activity,3
config classification: misc-attack,Misc Attack,2
config classification: network-scan,Detection of a Network Scan,3
config classification: non-standard-protocol,Detection of a non-standard protocol or event,2
config classification: not-suspicious,Not Suspicious Traffic,3
config classification: policy-violation,Potential Corporate Privacy Violation,1
config classification: protocol-command-decode,Generic Protocol Command Decode,3
config classification: rpc-portmap-decode,Decode of an RPC Query,2
...(중략)
```

정의는 다음과 같다.

```
config classification: (분류이름), (설명), (우선순위)
```

분류명이 위 IDS 룰의 classtype:bad-unknown;에 해당하며, 이 이름에는 공백도 없어야 하고 중복돼서도 안 된다. 또한 보안양파에 이미 기본적으로 많은 분류명이 들어가 있다. 설명은 주석 같은 거라서 자유롭게 작성 가능하며, 우선순위는 1~10 범위의 숫자로 지정하는데, 나중에 Squert 같은 통계 툴에서 우선순위별로 통계가 나오게 하는 목적이나 분석가가 스스로 알럿의 위험도를 판단하는 데 쓰는 참고성 값이다.

저자의 경우 classification에 커스텀 패턴용 분류를 따로 하나 만들어서 추가해 두고, 개인적으로 만든 룰은 해당 분류로 탐지되도록 정의하는 식으로 사용하고 있다. 예를 들어, 아래 내용을 '/etc/nsm/센서 이름/classification.config' 안의 맨 밑에 추가해 두면 그다음부터는 custom-pattern이라는 이름을 가진 classification 옵션명을 사용할 수 있다.

```
config classification: custom-pattern,Custom Signature,1
```

```
config classification: trojan-activity,A Network Trojan was detected, 1
config classification: unknown,Unknown Traffic,3
config classification: unsuccessful-user,Unsuccessful User Privilege Gain,1
config classification: unusual-client-port-connection,A client was using an unusual port,2
config classification: web-application-activity,access to a potentially vulnerable web application,2
config classification: web-application-attack,Web Application Attack,1
config classification: custom-pattern,Custom Signature,1
```

그림 12.5 룰 분류

sid:2014932;

이것은 시그니처 ID라고 한다. 대한민국의 모든 사람이 고유한 주민등록번호를 부여받듯이 모든 룰 역시 고유한 번호를 가지고 있어야 한다. 다만 한 가지 주의해야 할 점은 이미 1~2만 개 이상의 룰이 보안양파에 등록돼 있고, 그중에서 아래 범위의 숫자는 이미 예약된 sid 값이니 사용해서는 안 된다는 것이다.

- **0 ~ 1000000**: Sourcefire VRT에서 받아오는 시그니처에 할당된 sid 값
- **2000001 ~ 2999999**: Emerging Threats에서 받아오는 시그니처에 할당된 sid 값
- **3000000 ~**: 원하는 대로 사용 가능한 영역

따라서 커스텀 패턴을 넣을 때는 3000000 이상의 sid 값을 만들어서 사용해야 한다. 그리고 별도의 엑셀 파일이나 웹 관리 시스템 같은 것을 이용해 회사 환경에서 sid 값을 어떤 식으로 나눠서 쓰는지 등을 잘 관리해야 한다. 그렇지 않으면 sid 값이 중복되거나 꼬여서 복잡한 상황이 발생할 수도 있다.

rev:1;

IDS 룰도 악성코드의 행동에 따라, 그리고 애플리케이션의 상황에 따라 변경되기 때문에 그때마다 새로운 룰을 만들며 sid를 새로 추가하는 것은 비효율적인 방법이다. 그래서 이 경우에는 새 룰을 만들더라도 같은 sid 값으로 유지하되 rev의 리비전 값을 하나씩 올린다. 따라서 rev 숫자가 높은 경우는 많이 바뀌

거나 많이 업그레이드된 룰이라고 생각하면 된다. 참고로 예전 룰을 지우지 않고 새 룰을 추가해서 sid가 같은 룰이 두 개 이상 존재할 경우 스노트나 수리카타는 자동으로 rev가 높은 룰을 선택한다.

metadata:created_at 2012_06_21, updated_at 2012_06_21;

주석 성격이 강한 옵션으로, 룰을 만든 날짜와 수정한 날짜에 해당한다.

이렇게 해서 첫 번째 룰의 설명을 마쳤다. 이제 이 룰을 통해 탐지된 로우 데이터를 보자. 지금까지 설명한 내용을 머릿속에 갈무리한 채 아래 문자열을 보면 이 룰이 왜 탐지됐는지 쉽게 이해될 것이다.

```
HTTP/1.1 200 OK..Content-Type: text/html..Server: DynDNS-CheckIP/1.0..Connection: close..Cache-Control: no-cache..Pragma: no-cache..Content-Length: 105....<html><head><title>Current IP Check</title></head><body>Current IP Address: 220.82.14.209</body></html>..
```

```
48 54 54 50 2F 31 2E 31 20 32 30 30 20 4F 4B
0D0A 43 6F 6E 74 65 6E 74 2D 54 79 70 65 3A
20 7465 78 74 2F 68 74 6D 6C 0D 0A 53 65 72
76 65 723A 20 44 79 6E 44 4E 53 2D 43 68 65
63 6B 49 502F 31 2E 30 0D 0A 43 6F 6E 6E 65
63 74 69 6F 6E3A 20 63 6C 6F 73 65 0D 0A 43
61 63 68 65 2D 436F 6E 74 72 6F 6C 3A 20 6E
6F 2D 63 61 63 68 650D 0A 50 72 61 67 6D 61
3A 20 6E 6F 2D 63 61 6368 65 0D 0A 43 6F 6E
74 65 6E 74 2D 4C 65 6E 6774 68 3A 20 31 30
35 0D 0A 0D 0A 3C 68 74 6D 6C3E 3C 68 65 61
64 3E 3C 74 69 74 6C 65 3E 43 7572 72 65 6E
74 20 49 50 20 43 68 65 63 6B 3C 2F74 69 74
6C 65 3E 3C 2F 68 65 61 64 3E 3C 62 6F64 79
3E 43 75 72 72 65 6E 74 20 49 50 20 41 6464
72 65 73 73 3A 20 32 32 30 2E 38 32 2E 31
342E 32 30 39 3C 2F 62 6F 64 79 3E 3C 2F 68
74 6D6C 3E 0D 0A
```

```
HTTP/1.1 200 OK..Content-Type: text/html..Server:
DynDNS-CheckIP/1.0..Connection: close..Cache-
Control: no-cache..Pragma: no-cache..Content-
Length: 105....<html><head><title>Current IP
Check</title></head><body>Current IP Address:
220.82.14.209</body></html>..
```

case2) "ET POLICY Dropbox DNS Lookup – Possible Offsite File Backup in Use"

사례를 하나만 보면 아쉬우니 하나를 더 가져와 보면서 룰에 익숙해지자. 이번에는 드롭박스 이용이 감지됐다는 알럿이다. 먼저 시그니처를 보자.

```
alert udp $HOME_NET any -> any 53 (msg:"ET POLICY Dropbox DNS Lookup - Possible
Offsite File Backup in Use"; content:"|01 00 00 01 00 00 00 00 00 00|"; depth:10;
offset:2; content:"|09|client-lb|07|dropbox|03|com|00|"; nocase; distance:0;
fast_pattern; reference:url,dropbox.com; classtype:policy-violation; sid:2020565;
rev:1; metadata:created_at 2015_02_24, updated_at 2015_02_24;)
```

alert udp $HOME_NET any -> any 53

가장 쉬운 헤더부터 해부해 보자. 내부 네트워크에서 내외부 가리지 않고 53번 포트로 가는 udp 트래픽을 찾으라는 이야기다. 53번 udp 포트를 보자마자 DNS를 찾는다는 느낌이 강하게 오는데, 데스티네이션 IP 주소를 외부 등에 특정짓지 않고 'any'로 지정한 이유는 8.8.8.8 같은 구글 DNS를 사용하는 경우도 있고, 10.2.1.15 같은 사내망의 DNS를 사용하는 경우도 있기 때문이다.

msg:"ET POLICY Dropbox DNS Lookup - Possible Offsite File Backup in Use";

탐지명이므로 더 자세한 설명은 생략한다.

content:"|01 00 00 01 00 00 00 00 00 00|"; depth:10; offset:2

content는 앞에서 언급했으니 기억이 날 테고 depth와 offset이라는 새로운 옵션이 등장했다. 각각 패킷의 시작 위치와 끝 위치를 알려주는 옵션이다. 검사할 패킷 중 01 00 00 01 00 00 00 00 00 00 바이너리를 찾되, 패킷의 두 번째 바이트부터 시작해서(offset: 2), 10바이트(depth:10)를 찾으라는 의미다. 전체 패킷을 검사하지 않고 특정 영역만 검사함으로써 이런 식으로 시그니처를 만드는 것은 IDS 성능 향상에 큰 도움이 된다.

content:"|09|client-lb|07|dropbox|03|com|00|"; nocase; distance:0

content가 두 개 나오고 distance라는 옵션이 더불어 등장했다. content가 두 개 나오는 것은 두 조건을 and 문으로 연산해서 두 조건에 모두 부합할 경우 탐지 알럿을 발생시키라는 의미이며, distance는 두 content 간의 몇 바이트 차이가 있는지 나타내는 것이다. distance: 0으로 옵션을 지정했으므로 앞 content의 시그니처인 01 00 00 01 00 00 00 00 00 00부터 0바이트 뒤, 즉 바로 연이어

서 |09|client-lb|07|dropbox|03|com|00|을 찾으라는 의미다. distance 옵션을 사용함으로써 패킷 중 불필요한 구간에서 이 패턴을 찾을 필요가 없게 됐고, 이로써 IDS의 성능 향상과 CPU 절약에 큰 도움이 되는 좋은 케이스라고 볼 수 있다. nocase는 대소문자를 구별할 필요가 없다는 의미다.

fast_pattern;

이 옵션 역시 성능과 관련이 있는데, content가 이번 경우처럼 두 개 등장했을 때 content의 길이가 짧은 것부터 찾으라는 이야기다. 이게 무슨 의미냐면 10바이트의 패턴과 100바이트의 패턴 두개가 content로 지정됐을 때 100바이트짜리를 먼저 찾고 10바이트를 찾는 것보다 10바이트짜리를 먼저 찾은 후 100바이트에 해당하는 내용을 찾는 것이 알고리즘상 훨씬 빠르기 때문에 두 가지 content가 지정됐을 때 성능 향상을 꾀하기 위해 지정하는 옵션이라고 보면 된다.

reference:url,dropbox.com;

중요한 옵션은 아니다. 참고용으로 작성한 것으로서 이 룰이 어떤 정보를 기반으로 만들어졌느냐를 나타내는 일종의 주석 같은 표식이다. 위 옵션의 경우 드롭박스의 URL을 기반으로 만들어졌다고 표시돼 있다. 넣어도 그만 안 넣어도 그만인 옵션이라고 보면 된다.

classtype:policy-violation; sid:2020565; rev:1; metadata:created_at 2015_02_24, updated_at 2015_02_24;

앞에서 이미 설명한 옵션이며 충분히 잘 알고 있으리라 생각한다. 더 이상의 자세한 설명은 생략한다.

그리고 이 룰에 대해 어떤 탐지 로그가 기록됐는지 살펴보자. 패킷 길이가 짧으므로 이번에는 페이로드를 통째로 보자. Squert에서 캡처한 장면이다. 아래 DATA 부분을 보며 어떤 원리로 IDS 시그니처에 탐지됐는지 다시 한 번 잘 숙지하자.

IP	VER	IHL	TOS	LENGTH	ID	FLAGS	OFFSET	TTL	CHECKSUM	PROTO
	4	5	0	67	30002	0	0	128	16833	17

UDP	LENGTH	CHECKSUM
	47	54861

DATA	HEX	ASCII
	2F 95 01 00 00 01 00 00 00 00 00 00 09 63 6C 69 65 6E 74 2D 6C 62 07 64 72 6F 70 62 6F 78 03 63 6F 6D 00 00 01 00 01	/...........cli ent-lb.dropbox.c om.....
ASCII	/...........client-lb.dropbox.com.....	

그림 12.6 탐지 페이로드

03 _ 커스텀 패턴 추가하기

보안양파에서는 PulledPork라는 패키지를 이용해 룰을 정기적으로 자동으로 내려받는 기능을 제공한다. 그 덕분에 다양한 시그니처를 사용할 수 있으며, 수많은 알럿을 보며 분석 활동을 할 수 있다. 하지만 보안 업무를 하다 보면 보안양파에서 자동으로 내려받는 룰 외에도 내가 원하는 룰도 추가하고 싶을 때가 있다. 대표적인 케이스가 제로데이 익스플로잇 같은 경우다. 외부에 아직 공개되지 않은 제로데이 공격에 대해 어떤 루트를 통해 패킷 샘플을 얻어올 수 있었고, 보안양파에서 공식적으로 내려받기 전까지 기다리는 시간 동안 내가 직접 룰을 만들어서 IDS에 포함시킨 후 제로데이에 감염된 사람들이 있는지 체크해야 하는 경우가 있다.

또한 지난 장에서도 잠시 언급했지만 침해사고 대응을 하며 우리 회사에 특화된 악성코드가 심어져 있는 것을 발견했을 때, 그리고 해당 악성코드가 백신이나 IDS에도 탐지되지 않고 있다면 즉석에서 악성코드 분석을 통해 패킷을 추출하고 탐지 시그니처를 만들어서 IDS에 반영할 수 있다. 그렇게 하면 아직 보안팀으로 접수되지 않은 다른 곳에서의 감염도 탐지할 수 있으며, 더욱 확산되기 전에 추가적인 대응을 할 수 있게 된다. 이런 상황에 만드는 시그니처를 사용자 패턴 또는 커스텀 패턴이라고 한다. 보안양파에도 커스텀 패턴을 넣을 수 있는 인터페이스를 제공하므로 지금부터 그 방법을 알아보자.

```
# nano /etc/nsm/rules/local.rules
```

일단 커스텀 시그니처를 넣을 위치는 위 경로의 파일에 해당한다. 현재는 아무 내용도 없는 상태다. 먼저 테스트로 룰 하나를 만들어 보자. 룰을 만드는 제일 쉬운 방법은 icmp 트래픽을 캐치하는 것이다. 아래처럼 룰을 작성하자.

```
alert icmp any any -> any any (msg:"Test ICMP"; sid:3000001;)
```

그리고 다음 명령어를 넣어서 룰을 업데이트하자. 업데이트가 끝나면 이제 Test ICMP라는 트래픽이 Squert 등에 기록되기 시작할 것이다.

```
# sudo rule-update
```

룰이 정상적으로 업데이트되면 다음과 같이 OK 응답이 떨어지게 된다.

```
Processing /etc/nsm/pulledpork/disablesid.conf....
        Modified 55 rules
        Skipped 55 rules (already disabled)
        Done
Setting Flowbit State....
        Enabled 111 flowbits
        Enabled 1 flowbits
        Enabled 1 flowbits
        Enabled 1 flowbits
        Enabled 1 flowbits
        Done
Writing /etc/nsm/rules/downloaded.rules....
        Done
Generating sid-msg.map....
        Done
Writing v1 /etc/nsm/rules/sid-msg.map....
        Done
Writing /var/log/nsm/sid_changes.log....
        Done
Rule Stats...
        New:-------0
        Deleted:---4
        Enabled Rules:----20078
        Dropped Rules:----0
        Disabled Rules:---5555
        Total Rules:------25633
No IP Blacklist Changes
Done
Please review /var/log/nsm/sid_changes.log for additional details
Fly Piggy Fly!
Restarting Barnyard2.
Restarting: wd-ids-eth1
  * stopping: barnyard2-1 (spooler, unified2 format)                                      [  OK  ]
  * starting: barnyard2-1 (spooler, unified2 format)                                      [  OK  ]
Restarting IDS Engine.
Restarting: wd-ids-eth1
```

그림 12.7 룰 업데이트

룰에 오타가 있거나 오류가 있다면 다음과 같이 오류 메시지가 표시될 것이다.

```
job-working-directory: error retrieving current directory: getcwd: cannot access parent directories: No suc
h file or directory
job-working-directory: error retrieving current directory: getcwd: cannot access parent directories: No suc
h file or directory
job-working-directory: error retrieving current directory: getcwd: cannot access parent directories: No suc
h file or directory
job-working-directory: error retrieving current directory: getcwd: cannot access parent directories: No suc
h file or directory
job-working-directory: error retrieving current directory: getcwd: cannot access parent directories: No suc
h file or directory
job-working-directory: error retrieving current directory: getcwd: cannot access parent directories: No suc
h file or directory
job-working-directory: error retrieving current directory: getcwd: cannot access parent directories: No suc
h file or directory
job-working-directory: error retrieving current directory: getcwd: cannot access parent directories: No suc
h file or directory
  * stopping: barnyard2-1 (spooler, unified2 format)job-working-directory: error retrieving current directo
ry: getcwd: cannot access parent directories: No such file or directory
job-working-directory: error retrieving current directory: getcwd: cannot access parent directories: No suc
h file or directory
job-working-directory: error retrieving current directory: getcwd: cannot access parent directories: No suc
h file or directory
job-working-directory: error retrieving current directory: getcwd: cannot access parent directories: No suc
h file or directory
```

그림 12.8 룰이 잘못되어 오류가 나는 경우

만약 아무 탐지 알럿이 발생하지 않는다면 룰이 정상적으로 들어가지 않았거나 오타가 있을 수 있으니 아래 명령어로 확인해서 'OK'가 나오지 않는 패키지가 무엇이 있는지 살펴보자.

```
sudo sostat | less
```

```
================================================================================
Service Status
================================================================================
Status: securityonion
  * sguil server[  OK  ]
Status: HIDS
  * ossec_agent (sguil)[  OK  ]
Status: Bro
Name         Type       Host          Status    Pid    Started
bro          standalone localhost     running   5064   13 Sep 07:07:47
Status: wd-ids-eth1
  * netsniff-ng (full packet data)[  OK  ]
  * pcap_agent (sguil)[  OK  ]
  * snort_agent-1 (sguil)[  OK  ]
  * snort-1 (alert data)[  OK  ]
  * barnyard2-1 (spooler, unified2 format)[  OK  ]
```

그림 12.9 서비스 상태

또는 강제로 ping google.com을 실행해 icmp를 발생시켜 보자.

스레시홀드 작업을 통한 알럿 최소화

QUEUE	SC	DC	ACTIVITY	LAST EVENT	SIGNATURE	ID	PROTO	% TOTAL
9	0 3	3		04:42:16	Test ICMP	3000001	1	18.919%
5	1	1		04:41:46	ET POLICY Dropbox Client Broadcasting	2012648	17	13.514%
6	2	6		04:41:38	ET P2P BitTorrent DHT ping request	2008581	17	16.216%

그림 12.10 탐지된 로그

보다시피 Squert에 로그가 들어오고 있다. 문제는 알럿 로그가 상상을 초월할 정도로 많이 발생할 것이며, 불필요하게 많이 발생하는 알럿 때문에 Squert가 지저분해지고 있다는 점이다. 사실 지금은 테스트로 넣은 단순무지한 룰이라서 테스트가 끝난 직후 바로 비활성화하면 그만이지만 경우에 따라서는 특정 룰 때문에 계속해서 알럿이 울리는 상황이 발생하기도 한다. 이럴 때는 어떻게 해야 할까? 숙련되지 않은 IDS 초보는 땜질식 대응으로 일단 해당 룰을 바로 비활성화해버린다. '나중에 조사해봐서 다시 켜야지'라는 생각으로 비활성화했겠지만 이런 식으로 비활성화되는 룰은 아마 다시 켜지는 일이 발생하지 않을 것이다. 하지만 문제는 그 룰이 중요한 것을 탐지하는 것일 수도 있다는 점이다. 회사의 특정 환경 때문에 이 같은 오진성 알럿이 계속 발생하고 있는데, 이 룰을 완전히 끄고 싶지는 않고, 그렇다고 오진 알럿도 계속해서 나지 않게 만들고 싶으면 방법은 간단하다. threshold.conf 파일을 사용해 임계치를 적절히 조절하면 된다. threshold.conf 파일은 다음 경로에 위치한다.

```
# nano /etc/nsm/센서이름/threshold.conf
```

그리고 아래와 같이 두 줄을 입력한다. 이어 계속 설명하겠다.

```
suppress gen_id 1, sig_id 3000001, track by_dst, ip 216.58.221.14
suppress gen_id 1, sig_id 3000001, track by_src, ip 10.10.1.0/24
event_filter gen_id 1, sig_id 3000001, type limit, track by_src, count 1, seconds 60
```

suppress는 특정 한두 대의 IP 주소 때문에 과다하게 발생하는 알럿을 줄일 때 사용한다. 앞에서 넣은 첫 번째 줄은 SID가 3000001인 시그니처에 대해 데스티네이션 IP 주소가 216.58.221.14일 때는 알럿을 발생시키지 말라는 의미다. 즉, 특정 IP 주소에서 발생하는 알럿은 아예 로그를 만들지 말라는 의미다. 216.58.221.14는 가끔 테스트로 넣는 구글의 IP 주소이며(물론 이 주소는 경우에 따라 바뀐다. 예제를 위해 넣은 IP 주소라고 생각하자), 3000001은 앞에서 만든 ICMP용 테스트 알럿이다. 두 번째 줄도 마찬가지인데, /24처럼 대역으로 넣을 수 있다는 것을 보여주기 위해 입력한 것이다. 그리고 데스티네이션 IP 주소가 기준이 아니고 by_src에서 볼 수 있듯이 소스 IP 주소가 기준이다.

세 번째 줄은 event_filter 옵션을 사용한 것으로, 특정 임계치에 도달했을 때만 알럿을 받겠다는 의미다. 알럿을 아예 받지 않는다는 suppress 옵션과는 다르게 특정 조건을 수락하는 경우만 알럿이 발생하게 하는 옵션으로, 주로 seconds 같은 시간 옵션을 사용한다. 위 줄을 분석해 보면 역시 SID가 3000001인 경우에 대해(sig_id 3000001), 알럿 제한을 적용하고(type limit), 소스 IP 주소를 기준으로(track by_src), 1분 동안 들어오는 알럿은 한 번만 발생시킨다(count 1, seconds 60)라는 의미다. 이 옵션을 넣어두면 SID가 3000001인 경우에 대해서는 1분에 1건만 발생할 것이다. 이처럼 threshold.conf 파일의 이 두 가지 옵션을 잘 관리하면 기존 룰을 건드리지 않고도 더욱 정밀한 IDS 알럿을 만들 수 있다.

```
# suppress gen_id 1, sig_id 1852, track by_src, ip 10.1.1.54
#
# Suppress this event to this CIDR block:
#
# suppress gen_id 1, sig_id 1852, track by_dst, ip 10.1.1.0/24
#
suppress gen_id 1, sig_id 3000001, track by_dst, ip 216.58.221.14
suppress gen_id 1, sig_id 3000001, track by_src, ip 10.10.1.0/24
event_filter gen_id 1, sig_id 3000001, type limit, track by_src, count 1, seconds 60
```

그림 12.11 suppress

그리고 처음에 만들었던 Test ICMP 3000001 시그니처에 대해 아래와 같이 classification을 추가할 수 있다. 이런 식으로 새로운 분류를 추가하는 것도 가능하다.

```
alert icmp any any -> any any (msg:"Test ICMP"; sid:3000001; classtype:custom-pattern; )
```

변경사항을 저장한 후 룰을 업데이트한다.

```
# sudo rule-update
```

04 _ 불필요한 룰 제거

지금까지 룰에 대해 알럿을 최소화하는 방법을 설명했지만 IDS를 운영하다 보면 사실 우리 환경에서는 아예 필요하지 않은 룰이 있기 마련이다. 그때도 역시 룰 파일에서 해당 룰을 찾아내서 지워버리거나 주석으로 처리해버리는 것은 그다지 권장할 만한 방법은 아니다. 자동으로 내려받는 룰 파일인 downloaded.rules에도 관리 이슈가 있기 때문에 보안 엔지니어가 임의로 건드렸다가 꺼놓거나 삭제한 룰이 다시 원복되는 경우도 있고 그 밖에 알 수 없는 상황을 만나 복잡하게 꼬여버릴 수도 있기 때문이다. 따라서 이런 상황에 대비해 보안양파에서는 PulledPork의 disablesid.conf 파일에서 룰을 비활성화하는 기능을 제공한다. 정말로 완전히 사용하지 않을 룰을 이곳에 추가해 두면 downloaded.rules 파일은 그대로 두면서 보안양파가 알아서 방금 설정이 추가된 해당 룰만 비활성화한다. 예를 들어, 네트워크 환경에서 드롭박스를 쓰든 말든 앞으로 관여하지 않기로 보안 정책이 결정됐다고 가정해 보자. 그래서 사무실 환경에서는 불필요한 알럿을 줄이기 위해 IDS에서 드롭박스 관련 알럿을 제거하기로 결정했다. 즉, 아래와 같이 계속 들어오는 드롭박스 알럿을 더는 받지 않겠다는 것이 목적이다.

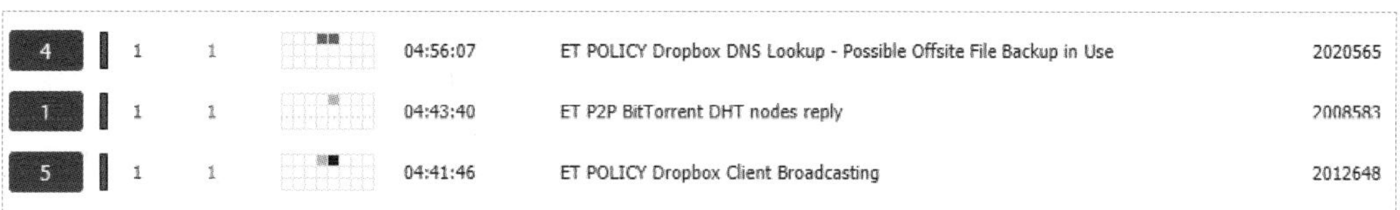

그림 12.12 탐지 로그

이제 이 알럿들을 삭제하기 위해서는 다음 경로의 disablesid.conf 파일을 열어서 다음과 같이 'pcre:Dropbox'라는 문자열을 추가해 보자.

```
# nano /etc/nsm/pulledpork/disablesid.conf
pcre:Dropbox
```

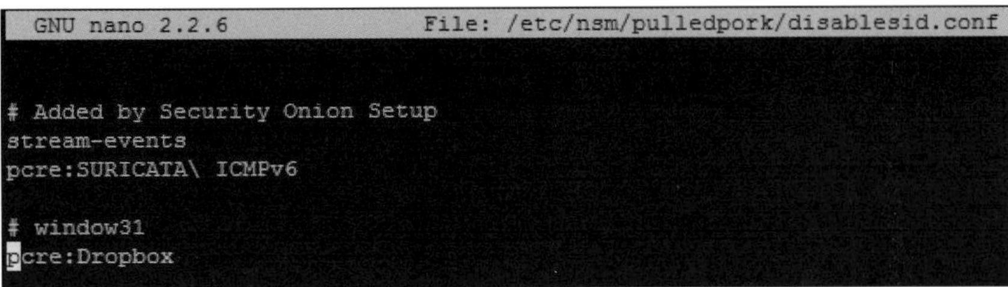

그림 12.13 disablesid

그리고 저장한 후 룰을 업데이트하자. pcre는 뒤에 나오는 문자열인 'Dropbox'라는 글자가 보이면 룰을 제외해 버리라는 뜻이다. 이제 드롭박스라는 글자만 들어가면 관련 알럿은 보이지 않게 될 것이다.

```
# sudo rule-update
```

참고로 'Dropbox'라는 글자 외에도 공백이 포함된 좀 더 긴 문자열도 지정할 수 있다. 예를 들면, 아래와 같이 추가하는 것도 가능하다.

```
pcre:'ET POLICY GNU/Linux APT User-Agent Outbound likely'
```

그렇다면 이렇게 문자열로 필터링하지 않고 특정 범주를 전체적으로 비활성화하는 방법은 없는지 알아보자. 먼저 보안양파의 메인 룰 파일인 /etc/nsm/rules/downloaded.rules를 자세히 보면 다음과 같이 돼 있음을 알 수 있다. 참고로 이 파일의 크기는 약 13MB 정도다.

```
# ----- Begin ET-emerging-activex Rules Category ----- #

# -- Begin GID:1 Based Rules -- #

#alert tcp $EXTERNAL_NET $HTTP_PORTS -> $HOME_NET any (msg:"ET ACTIVEX Internet Explorer Plugin.ocx
Heap Overflow"; flow: from_server,established; file_data; content:"06DD38D0-D187-11CF-A80D-
00C04FD74AD8"; nocase; distance:0; content:".load("; nocase; distance:0; reference:url,www.hnc3k.com/
ievulnerabil.htm; reference:url,doc.emergingthreats.net/bin/view/Main/2001181; classtype:misc-
attack; sid:2001181; rev:13; metadata:created_at 2010_07_30, updated_at 2010_07_30;)
alert tcp $EXTERNAL_NET $HTTP_PORTS -> $HOME_NET any (msg:"ET ACTIVEX winhlp32 ActiveX control attack
- phase 1"; flowbits:noalert; flow: to_client,established; file_data; content:"|3C|OBJECT"; nocase;
distance:0; content:"application/x-oleobject"; nocase; within: 64; content:"codebase="; nocase;
```

```
distance:0; content:"hhctrl.ocx"; nocase; within:15; flowbits:set,winhlp32; metadata: former_category
ACTIVEX; reference:url,doc.emergingthreats.net/bin/view/Main/2001622; classtype:web-application-
attack; sid:2001622; rev:15; metadata:affected_product Windows_XP_Vista_7_8_10_Server_32_64_Bit,
attack_target Client_Endpoint, deployment Perimeter, tag ActiveX, signature_severity Major,
created_at 2010_07_30, updated_at 2017_05_08;)

(...중략...)

# ----- Begin ET-emerging-attack_response Rules Category ----- #

# — Begin GID:1 Based Rules — #

alert tcp $EXTERNAL_NET any -> $HOME_NET 21 (msg:"ET ATTACK_RESPONSE FTP inaccessible directory
access COM1"; flow: established; content:"/COM1/"; fast_pattern:only; nocase; reference:url
,doc.emergingthreats.net/bin/view/Main/2000499; classtype:string-detect; sid:2000499; rev:9;
metadata:created_at 2010_07_30, updated_at 2010_07_30;)
alert tcp $EXTERNAL_NET any -> $HOME_NET 21 (msg:"ET ATTACK_RESPONSE FTP inaccessible directory
access COM2"; flow: established; content:"/COM2/"; fast_pattern:only; nocase;

(...중략...)

# ----- Begin ET-emerging-botcc Rules Category ----- #

# — Begin GID:1 Based Rules — #

alert tcp $HOME_NET any -> [103.207.29.161,103.207.29.171,103.225.168.222,103.234.36.190,104.131.93.109,
104.140.137.152,104.143.5.144,104.144.167.131,104.144.167.251,104.194.206.108,104.199.121.36,104.207.154.2
6,104.223.87.207] any (msg:"ET CNC Shadowserver Reported CnC Server TCP group 1"; flags:S; referenc
e:url,doc.emergingthreats.net/bin/view/Main/BotCC; reference:url,www.shadowserver.org; threshold:
type limit, track by_src, seconds 3600, count 1; classtype:trojan-activity; flowbits:set,ET.Evil;
flowbits:set,ET.BotccIP; sid:2404000; rev:4751;)
alert udp $HOME_NET any -> [103.207.29.161,103.207.29.171,103.225.168.222,103.234.36.190,104.131.93.10
9,104.140.137.152,104.143.5.144,104.144.167.131,104.144.167.251,104.194.206.108,104.199.121.36,104.207.
154.26,104.223.87.207] any (msg:"ET CNC Shadowserver Reported CnC Server UDP group 1"; reference:
url,doc.emergingthreats.net/bin/view/Main/BotCC; reference:url,www.shadowserver.org; threshold:
type limit, track by_src, seconds 3600, count 1; classtype:trojan-activity; flowbits:set,ET.Evil;
flowbits:set,ET.BotccIP; sid:2404001; rev:4751;)

(...중략...)
```

보다시피 "# ----- Begin ET-xxxx Rules Category"라는 주석이 있고, 그 밑에 룰이 나열돼 있다. 이 카테고리는 보안양파가 emergingthreats.net 사이트에서 룰을 내려받을 때의 분류다. 그럼 그 사이트에는 어떤 룰이 있는지 그곳부터 살펴보자. 웹 브라우저로 아래 URL로 들어가 보면 수많은 룰 파일들을 볼 수 있다.

- https://rules.emergingthreats.net/open/snort-2.9.0/rules/

Index of /open/snort-2.9.0/rule ×

https://rules.emergingthreats.net/open/snort-2.9.0/rules/

Index of /open/snort-2.9.0/rules

Name	Last modified	Size
Parent Directory		-
BSD-License.txt	2017-09-19 16:50	1.6K
LICENSE	2017-09-19 16:50	2.2K
classification.config	2017-09-19 16:50	2.6K
compromised-ips.txt	2017-09-19 16:50	17K
emerging-activex.rules	2017-09-19 16:50	370K
emerging-attack_response.rules	2017-09-19 16:50	76K
emerging-botcc.portgrouped.rules	2017-09-19 16:50	51K
emerging-botcc.rules	2017-09-19 16:50	247K

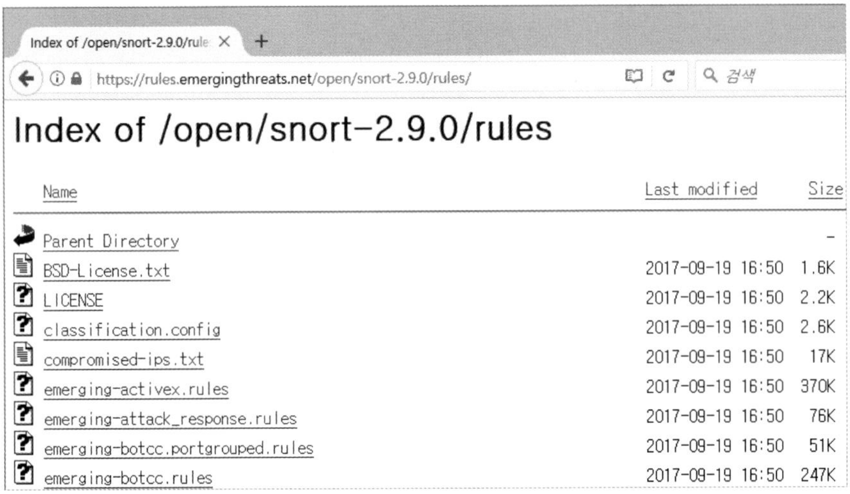

그림 12.14 룰 파일들

자세히 보면 "# ----- Begin ET-xxxx Rules Category"라는 분류는 위 페이지에 있는 개별 *.rules 파일이라는 사실을 알 수 있고, 보안양파는 이 파일들을 내려받아 /etc/nsm/rules/downloaded.rules에 모두 합쳐놓은 것이라고 할 수 있다. 따라서 이 같은 분류를 이용해 룰을 카테고리별로 비활성화할 수 있다. 즉, 위 페이지에 있는 *.rules의 확장자를 제외한 파일명을 그대로 넣기만 하면 된다(또는 "# ----- Begin ET-emerging-ciarmy Rules Category ----- #" 중에서 "ET-"를 제외한 문자열을 넣는 식으로 찾아도 된다. 두 문자열은 동일하기 때문이다).

```
# nano /etc/nsm/pulledpork/disablesid.conf
pcre:Drobbox
emerging-activex
emerging-chat
emerging-games
emerging-pop3
emerging-voip
```

위 내용을 간략히 설명하면 우리 환경에서는 activex가 없으므로 관련 룰을 제거했고, 채팅 프로그램은 사내에서 허용하고 있으므로 역시 탐지 룰에서 제외했다. 게임 실행도 허용하고 있으므로 IDS에서 굳이 탐지할 필요가 없다고 판단했고, pop3나 voip 등의 서비스는 아예 돌아가고 있지 않으므로 역시 탐지에서 제외했다. 이런 식으로 원하지 않는 범주의 룰을 추가하면 알아서 해당 분류에 속한 룰이 비활성화된다. 물론 각 카테고리마다 어떤 룰이 들어 있는지는 /etc/nsm/rules/downloaded.rules 파일에 들어 있는 실제 룰 내용으로 확인해 봐야 한다. 참고로 전체 목록은 아래와 같다.

- emerging-activex
- emerging-attack_response
- emerging-botcc
- emerging-botcc.portgrouped
- emerging-chat
- emerging-ciarmy
- emerging-compromised
- emerging-current_events
- emerging-deleted
- emerging-dns
- emerging-dos
- emerging-dshield
- emerging-drop
- emerging-exploit
- emerging-ftp
- emerging-games
- emerging-icmp
- emerging-icmp_info
- emerging-imap
- emerging-inappropriate
- emerging-info

- emerging-malware
- emerging-misc
- emerging-mobile_malware
- emerging-netbios
- emerging-p2p
- emerging-policy
- emerging-pop3
- emerging-rbn-malvertisers
- emerging-rbn
- emerging-rpc
- emerging-scad
- emerging-scan
- emerging-shellcode
- emerging-smtp
- emerging-snmp
- emerging-sql
- emerging-telnet
- emerging-tftp
- emerging-tor
- emerging-trojan
- emerging-user_agents
- emerging-voip
- emerging-web_client
- emerging-web_server
- emerging-web_specific_apps
- emerging-worm

또한 이처럼 disablesid.conf 파일을 수정한 다음에는 반드시 rule-update를 실행해 IDS를 재시작해야 한다.

참고로 불필요한 룰을 줄이는 것은 IDS의 성능 향상에 큰 도움을 줄 수 있다. 특히 IDS의 CPU 사용률을 점검하는 것은 중요한데, 저자의 경우 예전에 어떤 환경에서 튜닝을 하면서 5천 개 이상의 룰을 줄이니 다음과 같이 CPU 부하가 급감한다는 사실을 알 수 있었다.

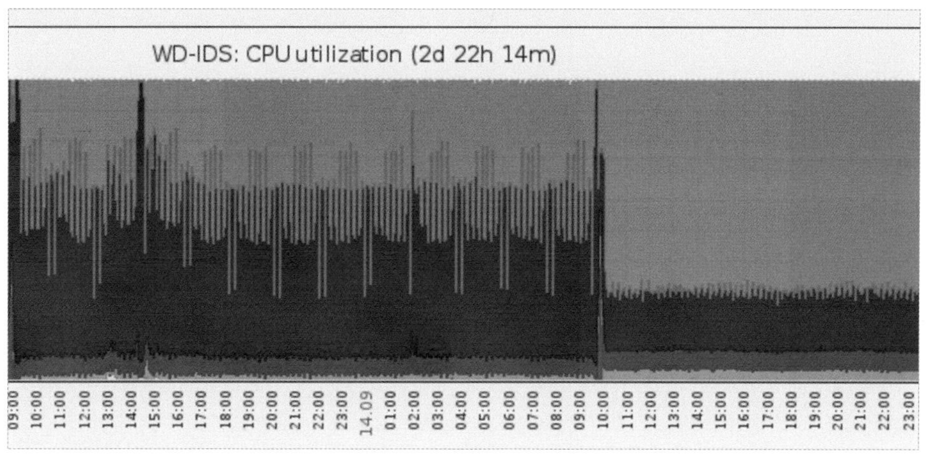

그림 12.15 CPU 부하

05 _ 제로데이 익스플로잇 대응

이번에는 IDS로 새로운 룰을 만들어 보면서 제로데이 익스플로잇에 대응하는 방법을 설명하겠다. 제로데이란 새로운 보안 패치가 나오기 전까지의 위험한 상태를 뜻하며, 패치가 되지 않았기 때문에 해당 공격을 받아도 속수무책으로 당하게 되는 업계의 가장 두려운 공격 중 하나다. 따라서 공격이 들어오는지 아닌지 정도라도 IDS에서 감지한다면 어떤 IP 주소에서 회사의 어떤 IP 주소를 공격하고 있는지 감지할 수 있게 되고 패치가 나오기 전이라도 IDS에 나온 내용을 토대로 긴급 대응을 할 수 있게 된다.

이번에 예로 들 취약점은 CVE-2015-4852[1]로서 2015년 11월경에 발생했던 제로데이 취약점이다. 아파치 서버의 commons-collections 라이브러리에서 발생하는 취약점으로, 해당 포트로 공격자가 조

1 https://cve.mitre.org/cgi-bin/cvename.cgi?name=CVE-2015-4852

작한 특정 패킷을 보내면 해당 라이브러리 안에 있는 InvokerTransformer()라는 함수 안에서 원격 코드를 실행할 수 있게 된다. 특히 문제가 됐던 것이 오라클의 WebSphere 등의 제품이었는데 이 취약점이 발표된 직후에도 보안 패치가 당장 나오지 못하고 있던 상황이었다. 지금부터 이 제로데이 공격에 대해 어떤 보안 정보 제공처로부터 패킷을 입수했다고 가정하고 IDS 룰을 만들어보는 연습을 해 보자.

먼저 PoC를 통해 공개된 페이로드를 보면 아래와 같은 패킷으로 공격할 수 있다고 공개됐다. 보다시피 HTTP의 POST로 보내는 패킷이다.

```
POST / HTTP/1.0
Host: 127.0.0.1:8880
Content-Type: text/xml; charset=utf-8
Content-Length: 2646
SOAPAction: "urn:AdminService"

<?xml version='1.0' encoding='UTF-8'?><SOAP-ENV:Envelope xmlns:SOAP-ENV="http://schemas.xmlsoap.org/
soap/envelope/" xmlns:xsi="http://www.w3.org/2001/XMLSchema-instance" xmlns:xsd="http://
www.w3.org/2001/XMLSchema"><SOAP-ENV:Header xmlns:ns0="admin" ns0:WASRemoteRuntimeVersion="8.5.5.1"
ns0:JMXMessageVersion="1.2.0" ns0:SecurityEnabled="true" ns0:JMXVersion="1.2.0"><LoginMethod>Basic
Auth</LoginMethod></SOAP-ENV:Header><SOAP-ENV:Body><ns1:getAttribute xmlns:ns1="urn:AdminService"
SOAP-ENV:encodingStyle="http://schemas.xmlsoap.org/soap/encoding/"><objectname
xsi:type="ns1:javax.management.ObjectName">rO0ABXNyADJzdW4uc ….. (중략)
```

회사에서 WebSphere 서비스를 사용하고 있다면 제로데이 공격을 당할 때는 반드시 위와 유사한 패킷이 들어올 테니, 이제부터 이러한 패킷이 들어오면 IDS로 잡아내야 하고, 어떤 변형된 패킷이 들어오더라도 이를 탐지할 수 있는 시그니처 및 IDS에 부하를 주지 않는 스마트한 시그니처를 만드는 것이 이번 실습의 최종 과제다. 헤더의 패킷을 통해서 룰을 생성하는 경우도 많으므로 먼저 헤더를 보자.

```
POST / HTTP/1.0
Host: 127.0.0.1:8880
Content-Type: text/xml; charset=utf-8
Content-Length: 2646
SOAPAction: "urn:AdminService"
```

쓸만한 값으로 뭐가 있는지 찾아보자. 먼저 WebSphere 서비스는 주로 8880번 포트로 가동된다. 회사에서도 8880번 포트임을 확인한 후 룰에 추가할 데스티네이션 포트를 확정지어 주자. 그리고 HTTP이니 tcp 프로토콜이고 POST 값으로 전송된다는 사실을 알 수 있다. 그리고 SOAPAction이라는 문자열이 있는 것으로 봐서 이 서비스는 SOAP 기반으로 가동되며, urn:AdminService라는 액션명이 인자로 들어간다는 것도 활용해 보자. 그리고 마지막으로 탐지명은 "Apache commons collection library WebSphere Attack"으로 짓자. 뼈대는 기본적으로는 이렇다.

```
alert tcp any any -> any 8880 (msg:"Apache commons collection library WebSphere Attack";
content:"POST "; content:"SOAPAction|3A| |22|urn|3A|AdminService|22|"; sid:3000002; rev:0;)
```

'3A'는 콜론(:)이고 '22'는 큰따옴표(")라는 것은 짐작할 수 있을 것이다. 일단 이 상태로도 감지는 되겠지만 그렇게 되면 8880번 포트로 들어오는 POST 중 'AdminService'를 인자로 두는 것들은 모두 탐지돼 버릴 것이다. 조금 더 부가적인 정보를 추가해 보자.

```
<objectname xsi:type="ns1:javax.management.ObjectName">rO0ABXNyADJzdW4ucmVmb......(중략)
```

Objectname으로 값이 전달될 때 'rO0AB'로 시작하는 것으로 봐서 이것은 Base64 형식으로 인코딩된 값이라는 것을 알 수 있다. 어쨌든 여기에 Base64로 돼 있는 임의의 값이 넘어간다는 측면에 착안해서 다음과 같은 옵션도 추가할 수 있다. 큰따옴표의 아스키 값은 '22'라고 앞에서 설명했다.

```
alert tcp any any -> any 8880 (msg:"Apache commons collection library WebSphere
Attack"; content:"POST "; content:"SOAPAction|3A| |22|urn|3A|AdminService|22|";
content:".ObjectName|22|>rO0AB"; sid:3000002; rev:0;)
```

이 상태면 일단 위와 같이 익스플로잇을 위한 함수를 호출하는 경우는 탐지할 수 있다. 하지만 IDS의 성능까지 고려하면서 좀 더 스마트하게 만들 수 있는 룰 작성을 앞에서 공부했다. 따라서 성능과 관련된 옵션까지 넣어서 IDS가 힘들어하지 않도록 조금이라도 더 보필해 보자. 먼저 첫 번째 POST는 패킷의 첫 바이트부터 다섯 번째 바이트까지 나오는 글자이므로 해당 범위를 지정해 주자. 그렇다면 첫 번째 content의 경우 앞의 다섯 번째 바이트까지만 검사하게 되니 CPU를 절약할 수 있을 것이다.

```
alert tcp any any -> any 8880 (msg:"Apache commons collection library WebSphere Attack";
content:"POST "; offset:0; depth:5; content:"SOAPAction|3A| |22|urn|3A|AdminService|22|";
content:".ObjectName|22|>rO0AB"; sid:3000002; rev:0;)
```

다음으로 두 번째 content인 SOAP...로 시작하는 내용은 첫 패킷부터 110바이트 정도까지 자리를 차지한다. 딱 맞춰 110으로 하면 좋겠지만 조금 넉넉하게 140 정도로 조정하자.

```
alert tcp any any -> any 8880 (msg:"Apache commons collection library WebSphere Attack";
content:"POST "; offset:0; depth:5; content:"SOAPAction|3A| |22|urn|3A|AdminService|22|"; distance:0;
within:140; content:".ObjectName|22|>rO0AB"; sid:3000002; rev:0;)
```

마지막으로 커스텀 패턴임을 알리는 classtype을 추가한다. 이로써 제로데이 탐지를 위한 IDS 시그니처 제작을 완료했다!

```
alert tcp any any -> any 8880 (msg:"Apache commons collection library WebSphere Attack";
content:"POST "; offset:0; depth:5; content:"SOAPAction|3A| |22|urn|3A|AdminService|22|"; distance:0;
within:140; content:".ObjectName|22|>rO0AB"; classtype:custom-pattern; sid:3000002; rev:0;)
```

06 _ 룰 테스트를 위한 패킷 임의 생성

TCPReplay

이제 시그니처를 만들었으니 한번 검증해 볼 차례다. 보안양파에는 TCPReplay라는 패킷 캡처 파일을 그대로 재전송하는 훌륭한 패키지가 포함돼 있다. 이 툴을 이용해 패킷을 날리면 IDS에서 수행하고 있는 트래픽 모니터링에 걸릴 것이고, 보안양파의 알럿에 기록될 수 있다. 부록 파일에 포함돼 있는 Apache_attack.pcap을 찾아서 아래와 같이 명령어를 날려주자. -i는 인터페이스 옵션이며, 패킷을 보낼 인터페이스를 고르면 된다(인터페이스 이름이 생각나지 않으면 ifconfig를 입력해서 확인해 보자).

```
# tcpreplay -i eth0 Apache_attack.pcap
```

```
root@WD-IDS:/home/window31# tcpreplay -i eth0 Apache_attack.pcap
sending out eth0
processing file: Apache_attack.pcap

Actual: 2 packets (1207 bytes) sent in 44.15 seconds.          Rated: 27.3 bps, 0.00 Mbps, 0.05 pps
Statistics for network device: eth0
        Attempted packets:         2
        Successful packets:        2
        Failed packets:            0
        Retried packets (ENOBUFS): 0
        Retried packets (EAGAIN):  0
root@WD-IDS:/home/window31#
```

그림 12.16 Atache_attack.pcap

위와 같이 패킷이 전송됐다는 성공 메시지가 나타날 것이다. 그러면 Squert에 접속해서 실제로 탐지된 알럿이 있는지 살펴보자. 아래와 같이 로그를 확인할 수 있을 것이다. 커스텀으로 추가한 IDS 룰도 잘 동작한다는 사실을 알 수 있다.

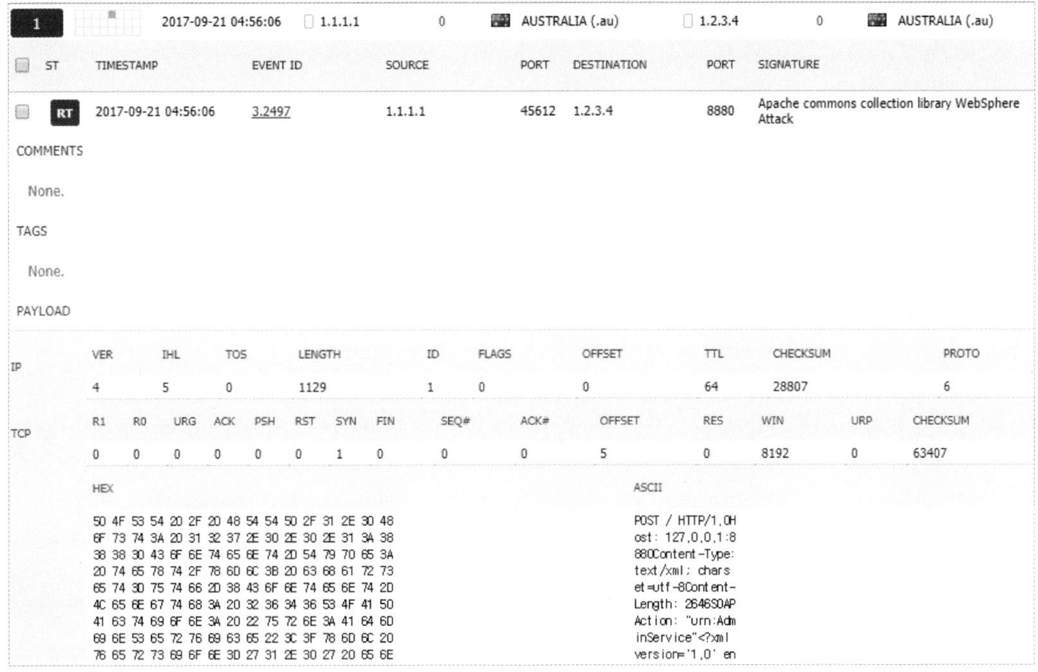

그림 12.17 탐지 로그

scapy

추가로 소개할 툴은 역시 보안양파 패키지에 포함돼 있는 Scapy다. 이 툴은 패킷 핸들링 쪽에서 여러 방면으로 유용한 기능을 제공하는데 여기서는 IDS 룰 테스트용으로 사용할 것이기 때문에 패킷 생성 목적으로만 사용해 보겠다. 아래와 같이 간단한 파이썬 스크립트를 만들면 Scapy가 해당 패킷을 생성해 전송하게 된다.

```
#!/usr/local/bin/python

import sys
from scapy.all import *
```

```
ip = IP()
ip.src = "1.1.1.1"
ip.dst = "1.2.3.4"
tcp = TCP()
tcp.sport = 45612
tcp.dport = 8880
payload = "POST / HTTP/1.0\
Host: 127.0.0.1:8880\
Content-Type: text/xml; charset=utf-8\
Content-Length: 2646\
SOAPAction: \"urn:AdminService\"\
<?xml version='1.0' encoding='UTF-8'?><SOAP-ENV:Envelope xmlns:SOAP-ENV=\"http://schemas.xmlsoap.
org/soap/envelope/\" xmlns:xsi=\"http://www.w3.org/2001/XMLSchema-instance\" xmlns:xsd=\"http://
www.w3.org/2001/XMLSchema\"><SOAP-ENV:Header xmlns:ns0=\"admin\" ns0:WASRemoteRuntimeVersi
on=\"8.5.5.1\" ns0:JMXMessageVersion=\"1.2.0\" ns0:SecurityEnabled=\"true\" ns0:JMXVersion=\"1
.2.0\"><LoginMethod>BasicAuth</LoginMethod></SOAP-ENV:Header><SOAP-ENV:Body><ns1:getAttribute
xmlns:ns1=\"urn:AdminService\" SOAP-ENV:encodingStyle=\"http://schemas.xmlsoap.org/soap/
encoding/\"><objectname xsi:type=\"ns1:javax.management.ObjectName\">rO0ABXNyADJzdW4ucmVmbGVjdC5h
bm5vdGF0aW9uLkFubm90YXRpb25JbnZvY2F0aW9uSGFuZGxlclXK9Q8Vy361AgACTAAMbWVtYmVyVmFsdWVzdAAPTGphdmEvd
XRpbC9NYXA7TAAEdHlwZXQAEUxqYXZhL2xhbmcvQ2xhc3M7eHBzfQAAAAEADWphdmEudXRpbC5NYXB4cgAXamF2YS5sYW5nLn
JlZmxlY3QuUHJveHnhJ9ogzBBDywIAAUwAAWh0ACVMamF2YS9sYW5nL3JlZmxlY3QvSW52b2NhdGlvbkhhbmRsZXI7eHBzcQB
+AABzcgAqb3JnLmFwYWNoZS5jb21tb25zLmNvbGxlY\
"
send(ip/tcp/payload)
```

페이로드는 실제 익스플로잇에 사용되는 코드를 넣었으며, 소스 IP 주소와 데스티네이션 IP 주소는 원하는 것으로 바꿔도 무방하다. 스크립트 작성을 마치면 다음과 같이 실행한다.

```
# python test_signature.py
```

```
root@WD-IDS:/home/window31#
root@WD-IDS:/home/window31# python test_signature.py
WARNING: No route found for IPv6 destination :: (no default route?)
.
Sent 1 packets.
root@WD-IDS:/home/window31#
```

그림 12.18 scapy 실행

'Sent 1 packets'라는 메시지가 나타나며, 패킷을 생성함과 동시에 역시 Squert를 띄워 보면 탐지 개수가 늘어난 것을 알 수 있다. 이처럼 페이로드만 있으면 Scapy로도 패킷을 생성해서 전송할 수 있다. 제로데이 룰을 추가할 때, 정보를 제공하는 측으로부터 pcap 파일을 받았다면 TCPReplay를 이용해 룰 테스트를 해 보고, 단지 페이로드만 받았다면 Scapy로 테스트하는 것이 좋다. IDS 룰을 작성하고 나서 테스트할 때는 반드시 둘 중 한 가지 방법을 사용해 보기 바란다.

보안양파의 타임존

보안양파에서 사용하는 시간은 UTC이므로 대한민국이 9시간 빠르다. 따라서 탐지된 시간에 9시간을 더하면 된다. 이 시간을 한국 시간으로 바꾸고 싶겠지만 보안양파는 다양한 패키지를 조합한 배포판이기 때문에 하나를 고쳐도 다른 하나가 어긋나는 등 시간을 건드리는 작업이 쉬운 일이 아니다. 배포처에서조차 시간을 변경하는 작업을 권장하지 않고 있으니 그냥 UTC 그대로 두고 9시간을 더해서 계산하는 편이 낫다.

07 _ 룰 튜닝과 성능 향상의 전제조건

마지막으로 룰 생성/관리/운영에 대해 하고 싶은 말은 "스마트한 룰을 만들자"다. 아무 생각 없이 만든 룰이 IDS의 성능을 크게 떨어뜨리는 경우가 많다. 따라서 IDS를 운영할 때는 룰을 정교하게 만드는 것이 무엇보다 중요하다. 단지 해킹 기술이 뛰어나다고만 해서 훌륭한 보안 엔지니어가 아니며 보안 시스템을 효율적으로 운영하는 역량도 보안 엔지니어가 필수적으로 갖춰야 할 기본 덕목이다. 이런 의미에서 IDS 룰을 만들 때 지켜야 할 7가지 항목을 준비했다. 어떤 룰을 만들든 지금 이야기하는 이 내용들을 잊지 않길 바란다.

1. 'any'를 최소화하자. 룰을 어떻게 작성해야 할지 잘 모르거나 어떤 포트나 프로토콜을 지정해야 할지 확실하지 않을 때 'any'를 남발하는 경우가 있는데, 'any'라고 하면 포트 번호로 쳤을 때 1 ~ 65535번 포트까지 뒤져보라는 의미다. 따라서 'any'를 최소화하고 프로토콜이나 포트, 외부 네트워크인지 내부 네트워크인지 스노트의 변수 등을 이용해 탐시 범위를 최소화해야 한다.

2. 플로우 옵션을 즐겨 사용하자. 앞에서 예제를 들었지만 to_client 같은 것을 쓰면 리스펀스 패킷만 찾기 때문에 IDS의 성능을 훨씬 높일 수 있다. 이런 식으로 패킷의 방향이 확실하다면 해당 흐름에서만 패턴을 고르도록 플로우 옵션을 반드시 명시하자.

3. 프로토콜 헤더 탐지 옵션을 사용하는 편이 좋다. 그리고 헤더만으로도 충분히 탐지할 수 있는 성격의 룰은 헤더 내에서 검사를 그치도록 룰을 작성하자. IDS는 당연히 버퍼의 헤더부터 검사하게 되며 타깃 패킷의 길이는 짧으면 짧을수록 성능이 좋아진다. 헤더만 뒤져서 결과가 나오는 룰을 만들었다면 CPU를 많이 아낄 수 있다.

4. content의 정확한 위치를 지정해야 한다. 이것은 앞의 예를 통해 계속해서 강조했던 부분이다. 굳이 패킷 전체를 다 뒤질 필요가 없다. offset depth 등의 옵션을 적절히 사용해서 체크해야 할 버퍼의 구간을 명확히 지정하자.

5. 패킷의 크기도 지정하는 것이 좋다. dsize라는 옵션이 있는데 지면상 설명은 하지 못했지만 페이로드의 특정 문자열의 위치는 몰라도 탐지하고픈 내용이 항상 같은 크기의 패킷이라면 offset/depth의 옵션을 대신해서 쓸 수 있다. 이 옵션을 사용하는 것도 놓치지 말자.

6. fastpattern 옵션을 쓰자. 여러 개의 content 옵션을 쓰면서 두 개 이상의 조건을 찾으려 할 때 한 가지 조건을 먼저 빠르게 찾을 수 있게 fastpattern 옵션을 사용하는 버릇을 들이자. IDS가 패킷을 뒤질 때 작업 리소스를 최소화할 수 있다.

7. pcre을 사용하자. pcre는 펄 호환 정규표현식(Perl Compatible Regular Expression)을 의미하며, 쉽게 생각해서 IDS 룰에 대해 정규 표현식을 사용하는 방법이다. 정규 표현식에 대해서는 책 한권을 쓸 정도로 내용이 방대하므로 여기서 굳이 자세히 설명하지는 않겠지만 pcre 옵션을 이용해 룰을 만들면 훨씬 더 다이내믹하고 스마트한 룰을 만들 수 있다.

13장 브로와 Xplico를 이용한 네트워크 포렌식

지금까지 살펴본 내용에 따르면 스노트나 수리카타는 바이트 기반의 데이터에 근거해서 시그니처라고 하는 패턴 매칭 방식을 이용해 이상징후를 탐지한다. 하지만 실제로 침입탐지 업무를 해 보면 바이트 단위의 데이터로 탐지하는 방법만으로는 한계가 있다. 그래서 IDS 업계에서 사용되는 또 하나의 훌륭한 시스템으로 브로(Bro)라는 것이 있다.

브로는 네트워크 상에 오가는 트래픽을 자체 엔진으로 해독해서 새롭게 조합된 데이터를 제공한다. 좀 더 구체적으로 이야기하자면 기본적으로 알려져 있는 프로토콜에 대해서는 브로가 자체적으로 해석해서 해당 트랜잭션의 상세 내용을 로그로 뽑아준다. 예를 들어, HTTP 프로토콜의 경우 해당 사용자가 HTTP를 이용해 어떤 사이트에 접근했고 어떤 순서로 페이지를 열었는지에 대해 말끔하게 해석해 준다. DNS 프로토콜의 경우 사용자가 인터넷 상으로 어떤 DNS를 호출해서 도메인 정보를 가져오는지 보여준다. FTP 프로토콜의 경우 FTP 서버에 접근해서 어떤 파일을 업로드하고 다운로드했는지 등에 대한 기본적인 트랜잭션과 상세 정보를 알려준다. 이를 통해 패턴 매칭의 한계에만 머물러 있던 IDS의 탐지 작업이 매우 수준 높아지며, 작업자의 트래픽 분석에 가속도가 붙게 된다.

이러한 브로와 유사한 측면을 가진 Xplico는 초보 패킷 분석가가 네트워크 포렌식을 매우 쉽게 할 수 있게 해준다. 브로만큼 고급스러운 스크립트 연동 기능을 제공하지는 않지만 패킷 분석을 위한 직관적이고 다양한 정보를 쉽게 볼 수 있게 해준다는 점에서 Xplico도 네트워크 포렌식에 매우 유용한 도구임에 틀림없다. 보안양파에서는 이 두 가지 시스템을 패키지에 포함하고 있으며, 이번 장에서는 이와 연관된 네트워크 포렌식에 대해 알아보겠다.

01 _ 엘사를 이용한 브로 데이터 검색

사실 브로는 개념상 프로그래밍 언어에 가깝지만 침입 탐지 분야에서는 IDS로 더욱 활용도가 높은 편이다. 그래서 일반적으로 브로 IDS라고 불리기도 하지만 사실 브로가 IDS냐 아니냐는 지금도 숱하게 논의되는 내용 중 하나다. 어쨌든 이 책에서는 브로 플랫폼에 초점을 두지 않고 침입 탐지에만 충실할 것이므로 기본적으로 브로를 IDS의 일종이라고 보고 설명을 계속하겠다.

보안양파에서 브로를 사용하는 법은 아래와 같다. 먼저 보안양파의 메인 페이지로 들어간다. 지금까지는 주로 스쿼트로 로그를 분석했지만 이번에는 스쿼트 밑에 있는 엘사(ELSA)라는 것을 클릭한다.

그림 13.1 ELSA

엘사로 브로를 살펴보는 이유는 편의성 때문이다. 브로에서 만들어내는 결과는 일정한 포맷을 갖추고 있긴 하지만 단지 텍스트 형태의 로그 파일에 불과하기 때문에 이를 해독하려면 상당히 불편할 수 있다. 하지만 엘사를 이용하면 복잡한 브로 로그를 쉽게 파싱하거나 검색할 수 있다. 엘사는 일종의 로그 검색 및 아카이빙 시스템으로서 엘라스틱서치나 다음 장인 'ESM' 편에서 다룰 스플렁크 같은 시스템의 무료 버전이라고 생각하면 된다. 기본적으로 엘사가 제공하는 기본적인 기능은 아래와 같다.

- 로그 저장, 인덱싱, 오픈소스이므로 트래픽 제한 없음
- 검색 가능한 웹 인터페이스 제공
- 그래프를 통한 통계 정보 제공
- LDAP/AD 기반의 사용자 권한 관리 제공

지금부터 엘사를 통해 브로 로그를 확인해 보자. 먼저 엘사에 로그인하면(계정은 스쿼트와 동일하다) 아래와 같은 화면이 나타나는데 기본적으로 쿼리 기반이라고 생각하면 된다. 쿼리에 검색하고자 하는 키워드를 넣으면 관련 로그를 찾아서 결과로 뿌려준다. 또한 왼쪽 메뉴에 보이는 항목은 브로가 지원하는 프로토콜이다. 브로가 이 프로토콜에 대한 로그를 별도로 구분해서 로그로 뽑아주므로 DHCP 로그나 DNS 로그, HTTP 로그 등을 종류별/세션별로 모아서 볼 수 있다.

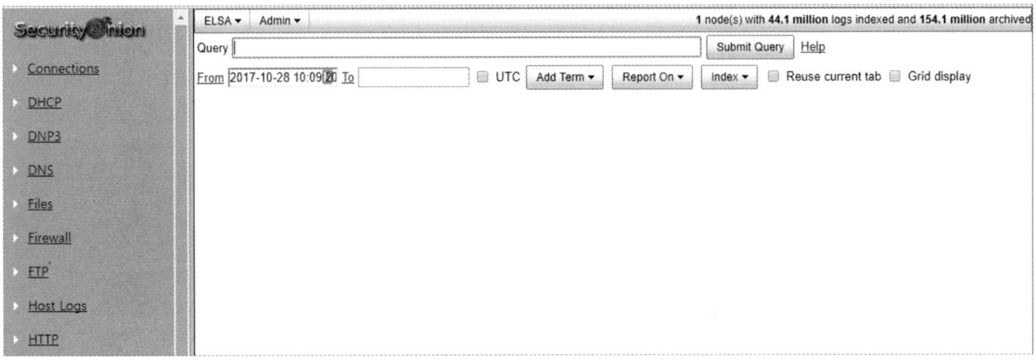

그림 13.2 쿼리

02 _ 브로를 이용한 DNS 쿼리 추적

먼저 DNS를 예로 들어보자. 현재 보안양파에서 모니터링하고 있는 트래픽에서 DNS 쿼리만 추출할 수 있다. 왼쪽 메뉴의 [DNS]를 클릭하고 [Servers]의 [Top] 메뉴를 클릭한다. 다음과 같이 직접 쿼리를 입력해도 된다.

```
Query : class=BRO_DNS dstport="53" groupby:dstip
```

그림 13.3 ELSA 결과

보다시피 현재 라이브 트래픽에서 발견된 DNS 서버의 리스트가 표시된다. 목록에 보이는 주소는 모두 사설 대역으로, 이 네트워크에서 사용하는 정상 DNS 서버로 보인다. 하지만 알 수 없는 공인 IP 주소를 가진 DNS 서버가 나왔다면 이는 DNS 서버 위조 등을 이용해 가짜 사이트로 접근시키는 해킹 시도의 가능성으로 생각하고 조사해도 좋다. 기업에서는 이처럼 이상한 곳으로 DNS가 바뀌어져 있는지 정기적으로 점검하곤 하는데, 이때 브로의 DNS 분류가 아주 큰 힘을 발휘한다.

03 _ 네트워크 상에 떠다니는 파일 추출

다음으로 왼쪽 메뉴에서 [Files]를 누르고 [MIME Types]를 클릭해 보자. 그러고 나면 브로에서 캐치한 네트워크 상에서 발견된 여러 종류의 파일을 패킷과 로그를 조합해서 보여준다. 보다시피 이미지 파일도 있고 json 파일도 있고 ini 파일 압축 파일, 동영상 파일 등 아주 다양한 종류의 파일이 브로에 의해 캐치된 것을 알 수 있다.

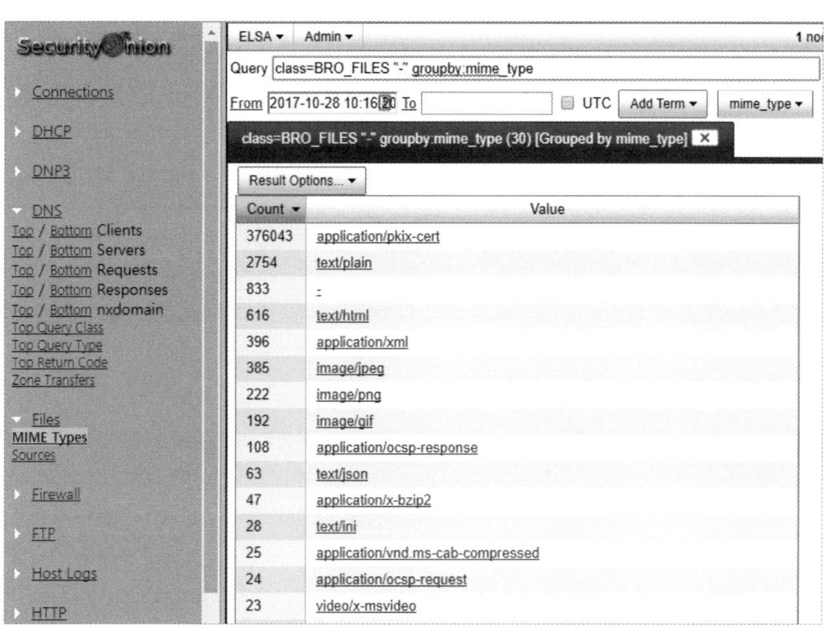

Count	Value
376043	application/pkix-cert
2754	text/plain
833	-
616	text/html
396	application/xml
385	image/jpeg
222	image/png
192	image/gif
108	application/ocsp-response
63	text/json
47	application/x-bzip2
28	text/ini
25	application/vnd.ms-cab-compressed
24	application/ocsp-request
23	video/x-msvideo

그림 13.4 ELSA 결과

이 중에서 [application/x-dosexec]라는 항목을 클릭해 보자. 이는 실행 파일에 대해서만 다시 한 번 뽑아내라는 의미다. 쿼리를 아래처럼 직접 입력해도 무방하다.

```
Querty : class=BRO_FILES "-" mime_type="application/x-dosexec"
```

결과를 보면 이런 식으로 로그가 나오는데 침해 대응에 중요한 부분만 살펴보자.

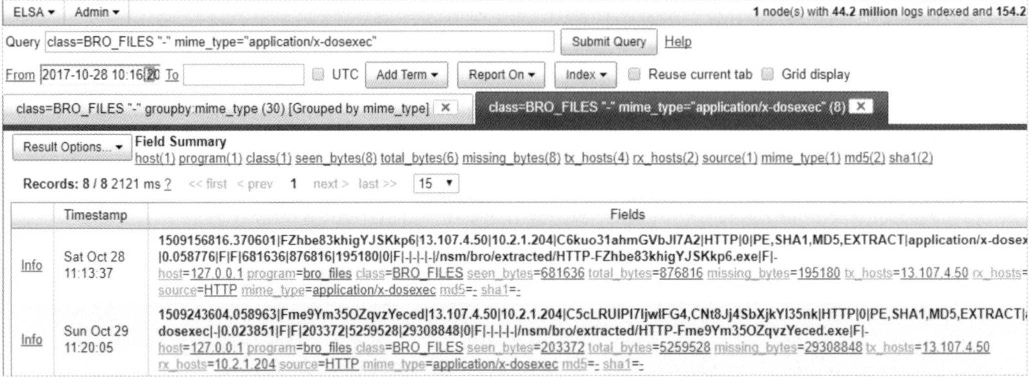

그림 13.5 ELSA 로그

```
1509281317.995350¦FwWQRL1tppMwQzNIp4¦117.18.232.232¦192.168.1.101¦CDRGWj4SQc5AfYFC3g¦HTTP¦0¦PE,SHA1,MD5,
EXTRACT¦application/x-dosexec¦-¦0.000305¦F¦F¦21579¦14089104¦0¦0¦F¦-¦112a9b3319e5e156e7597816f9ee3582¦ead
2e0ea9ae702b92cf953c91aba8474918c1fc1¦-¦/nsm/bro/extracted/HTTP-FwWQRL1tppMwQzNIp4.exe¦F¦-

host=127.0.0.1 program=bro_files class=BRO_FILES seen_bytes=21579 total_bytes=14089104 missing_bytes=0
tx_hosts=117.18.232.232 rx_hosts=192.168.1.101 source=HTTP mime_type=application/x-dosexec
md5=112a9b3319e5e156e7597816f9ee3582 sha1=ead2e0ea9ae702b92cf953c91aba8474918c1fc1
```

- 117.18.232.232|192.168.1.101: 소스 IP 주소와 데스티네이션 IP 주소를 뜻한다.
- application/x-dosexec: 현재 실행 가능한 exe 파일 형태라는 것을 의미한다.
- /nsm/bro/extracted/HTTP-FwWQRL1tppMwQzNIp4.exe: 가장 중요한 내용으로, 브로는 이 트랜잭션에서 발생했던 exe 파일을 별도로 추출하며, 그곳이 저장된 위치를 알려준다.
- md5=112a9b3319e5e156e7597816f9ee3582: 해당 파일에 대한 해시 값이다.

sha1=ead2e0ea9ae702b92cf953c91aba8474918c1fc1

그럼 실제로 /nsm/bro/extracted/ 경로로 가서 한 번 파일을 살펴보자. 수많은 HTTP 파일이 들어와 있음을 알 수 있다. 위에서 찾아본 FwWQRL1tppMwQzNIp4.exe도 이곳에서 획득할 수 있다.

```
root@WD-IDS:/nsm/bro/extracted# ls -l
total 109964
-rw-rw-r-- 1 sguil sguil  3077947 Oct 29 13:15 HTTP-F5BY17MMTWD23uWUi.exe
-rw-rw-r-- 1 sguil sguil  3077947 Oct 29 13:14 HTTP-F5umHu1jKOjFXzT5f6.exe
-rw-rw-r-- 1 sguil sguil 11442144 Oct 13 11:59 HTTP-F70uPY1PfpTIHNTxFc.exe
-rw-rw-r-- 1 sguil sguil 14089104 Oct 29 12:48 HTTP-F8P5S52P59FruXSL3f.exe
-rw-rw-r-- 1 sguil sguil    22916 Oct 25 04:53 HTTP-F9yVYi2zJSiriXbCbb.exe
-rw-rw-r-- 1 sguil sguil   619064 Oct 25 01:34 HTTP-FAVY2Ue3MUpjno1Fd.exe
-rw-rw-r-- 1 sguil sguil 11442160 Oct 17 11:51 HTTP-FF13oU2bO78cjUeaTa.exe
-rw-rw-r-- 1 sguil sguil   750697 Oct 13 11:59 HTTP-FGiUniOZv1OfTQyGl.exe
-rw-rw-r-- 1 sguil sguil   750936 Oct 25 14:11 HTTP-FH4KzP28d72i92zmMa.exe
-rw-rw-r-- 1 sguil sguil     1120 Oct 12 01:06 HTTP-FLfyqU9BJSoIMFwHf.exe
-rw-rw-r-- 1 sguil sguil    20101 Oct 18 15:27 HTTP-FMVZaFfuuipjS1GJi.exe
-rw-rw-r-- 1 sguil sguil 11642120 Oct 29 12:11 HTTP-FMeVUj4RjtyUeyWbA1.exe
-rw-rw-r-- 1 sguil sguil   302824 Oct 26 02:21 HTTP-FQiEgd3YqIewLsuiSb.exe
-rw-rw-r-- 1 sguil sguil   262032 Oct 12 01:07 HTTP-FU5CGE1dasfGyMTica.exe
-rw-rw-r-- 1 sguil sguil 11442160 Oct 17 14:06 HTTP-FWGdxu3r09IvOUGVv1.exe
-rw-rw-r-- 1 sguil sguil     6548 Oct 26 03:04 HTTP-FWYbdS2DB8arAulZF9.exe
-rw-rw-r-- 1 sguil sguil   876816 Oct 28 02:13 HTTP-FZhbe83khigYJSKkp6.exe
-rw-rw-r-- 1 sguil sguil   275728 Oct 25 01:34 HTTP-FdYtzRaAHw4KAOhXa.exe
-rw-rw-r-- 1 sguil sguil 24307504 Oct 29 15:27 HTTP-Fg45Mt3YbTm8waJBF4.exe
-rw-rw-r-- 1 sguil sguil  4459368 Oct 19 00:05 HTTP-FgBWYB3S2u7IySLzcg.exe
-rw-rw-r-- 1 sguil sguil   750928 Oct 24 14:10 HTTP-FhIY7j4luiVuKQLOba.exe
-rw-rw-r-- 1 sguil sguil 11491056 Oct 22 12:58 HTTP-F1FPsfwIyT1LM7IMk.exe
-rw-rw-r-- 1 sguil sguil   919266 Oct 29 02:20 HTTP-Fme9Ym35OZqvzYeced.exe
-rw-rw-r-- 1 sguil sguil   496400 Oct 25 06:29 HTTP-FtYVMF1WodqxidzJb9.exe
-rw-rw-r-- 1 sguil sguil    21579 Oct 29 12:48 HTTP-FwWQRL1tppMwQzNIp4.exe
root@WD-IDS:/nsm/bro/extracted# ls *FwWQRL1tppMwQzNIp4*.*
HTTP-FwWQRL1tppMwQzNIp4.exe
```

그림 13.6 추출된 exe 파일

04 _ 브로를 이용한 FTP 사용 추적

FTP의 경우도 간단하다. 스크린샷은 생략했지만 엘사의 메인 화면에서 왼쪽 메뉴의 [FTP]를 클릭하고 이번에는 소스 IP 주소를 선택한다. 그럼 아래와 같이 하나의 IP 주소가 등장한다. 현재 라이브 트래픽에서는 FTP 접속을 일으키고 있는 것은 10.2.1.207이라는 호스트밖에 없다는 의미다.

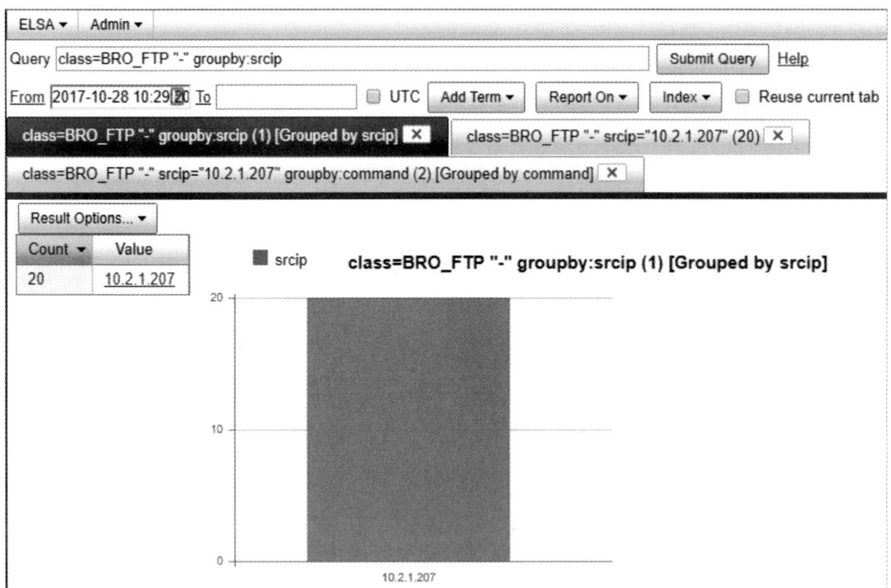

그림 13.7 Bro 로그

그리고 위의 10.2.1.207을 클릭하면 아래와 같이 로그가 본격적으로 나오는데, Field Summary에서도 분류를 세분화할 수 있다. 'command(2)'라고 돼 있는 것을 클릭하면 FTP에 사용된 커맨드를 볼 수 있다. 숫자 2는 탐지된 로그가 2건이 발생했다는 의미다.

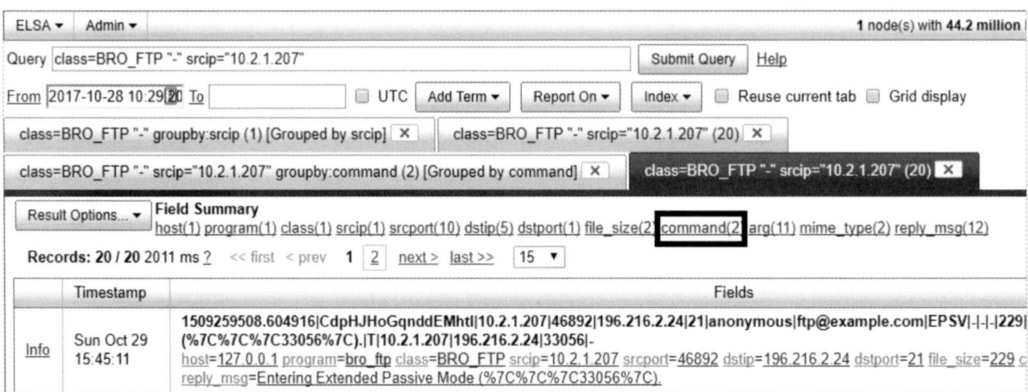

그림 13.8 Bro 로그

[command(2)]를 클릭해 보니 아래와 같이 커맨드 종류가 나온다. EPSV(Extended Passive Mode)는 확장 수동 모드이며 RETR(Retrieve)은 파일을 전송할 때 사용되는 명령어다. FTP 명령어는 수십 가지 이상 되므로 여기서 모든 커맨드를 다 설명하기는 어렵고 처음 보는 커맨드가 나오면 구글에서 검색해 보면서 알아보자.

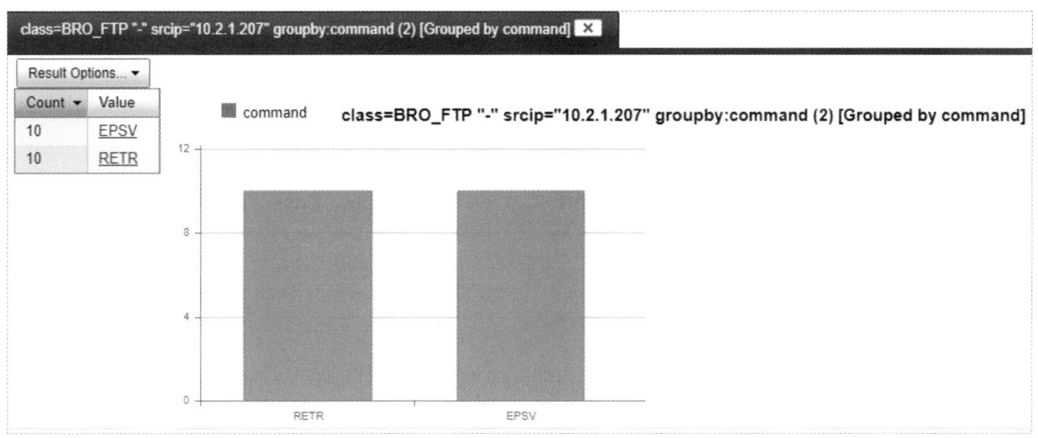

그림 13.9 Bro 로그

그리고 위 결과에서 이번에는 RETR을 클릭하면 아래와 같이 로그가 나온다. 10.2.1.207에서 196.216.2.24로 anonymous로 접근해서 ftp://196.216.2.24/pub/stats/afrinic/delegated-afrinic-extended-latest.md5 파일을 받아오고 전송이 완료됐다는 메시지다. 이처럼 FTP의 내역을 상세히 추적할 수 있다.

```
Sun Oct 29 15:45:13
1509259511.244964¦CdpHJHoGqnddEMhtl¦10.2.1.207¦46892¦196.216.2.24¦21¦anonymous¦ftp@example.com¦RE
TR¦ftp://196.216.2.24/pub/stats/afrinic/delegated-afrinic-extended-latest.md5¦-¦74¦226¦Transfer
complete.¦-¦-¦-¦-¦FSSPPw3R2THYebyNr8
host=127.0.0.1 program=bro_ftp class=BRO_FTP srcip=10.2.1.207 srcport=46892 dstip=196.216.2.24
dstport=21 file_size=226 command=RETR arg=ftp://196.216.2.24/pub/stats/afrinic/delegated-afrinic-
extended-latest.md5 mime_type=- reply_msg=Transfer complete.
```

만약 네트워크 침입탐지 분석 중에 해커가 FTP를 이용해서 뭔가를 빼내갔다면 이처럼 브로로 캐치해낼 수 있다.

05 _ Bro를 이용한 MySQL 사용 추적

브로는 MySQL의 사용 내역도 추적할 수 있다. 다음 사례에서는 10.60.1.9에서 어디로 MySQL 트래픽이 발생했는지, 어떤 쿼리가 전달됐는지 찾아본다. 먼저 엘사에서 10.60.1.9라는 IP 주소로 조회해 본다. 아래와 같이 여러 가지 카테고리가 보이는데, 그중에서 먼저 [service] 탭을 클릭한다.

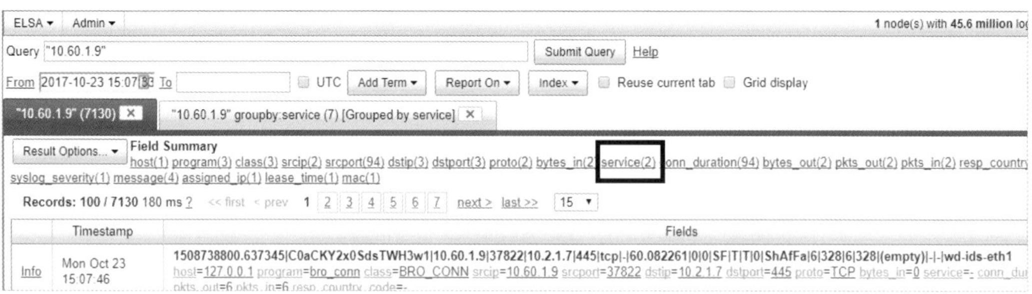

그림 13.10 Bro 로그

포트를 기반으로 한 서비스 중 어떤 서비스 쪽에 트래픽이 발생했는지 브로에서 알려준다. 아래와 같이 dhccp, dns... 등의 로그가 보이는데 이 중에서 [mysql]을 클릭하면 관련 로그만 모아서 보여준다.

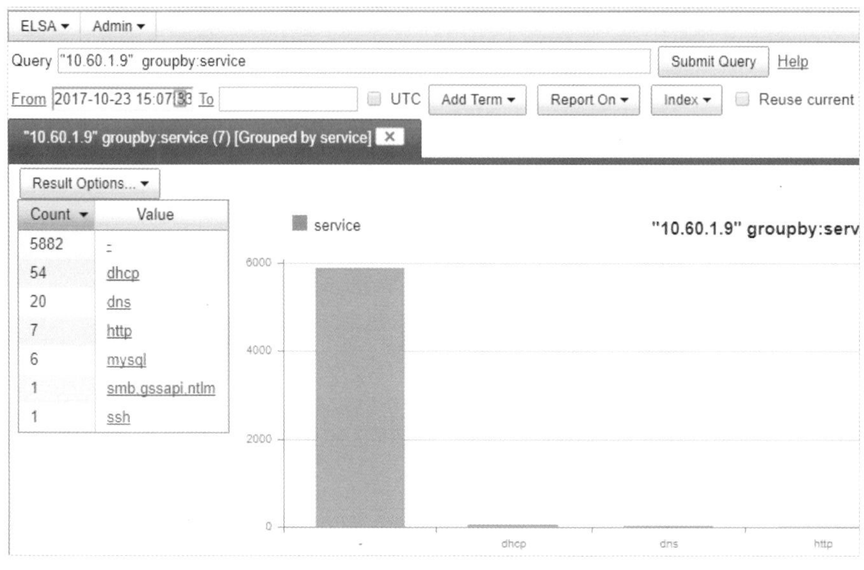

그림 13.11 서비스로 분류

10/25 14:55:55와 10/25 14:59:10의 MySQL 관련 로그가 두 개 보인다. 10.60.1.9 → 10.2.1.185로 MySQL을 통해 접근했다는 사실을 알 수 있다.

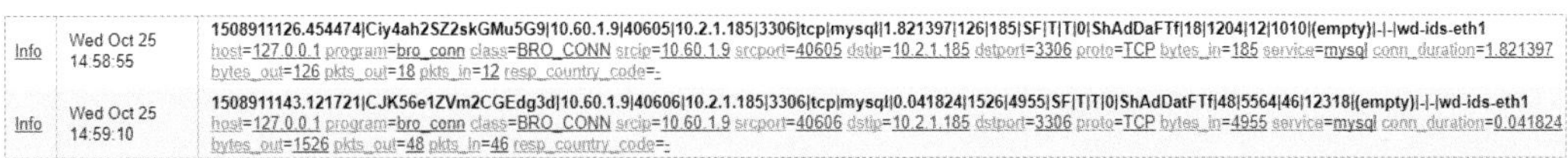

Info	Wed Oct 25 14:58:55	1508911126.454474|Ciy4ah2SZ2skGMu5G9|10.60.1.9|40605|10.2.1.185|3306|tcp|mysql|1.821397|126|185|SF|T|T|0|ShAdDaFTf|18|1204|12|1010|(empty)|-|-|wd-ids-eth1 host=127.0.0.1 program=bro_conn class=BRO_CONN srcip=10.60.1.9 srcport=40605 dstip=10.2.1.185 dstport=3306 proto=TCP bytes_in=185 service=mysql conn_duration=1.821397 bytes_out=126 pkts_out=18 pkts_in=12 resp_country_code=-
Info	Wed Oct 25 14:59:10	1508911143.121721|CJK56e1ZVm2CGEdg3d|10.60.1.9|40606|10.2.1.185|3306|tcp|mysql|0.041824|1526|4955|SF|T|T|0|ShAdDatFTf|48|5564|46|12318|(empty)|-|-|wd-ids-eth1 host=127.0.0.1 program=bro_conn class=BRO_CONN srcip=10.60.1.9 srcport=40606 dstip=10.2.1.185 dstport=3306 proto=TCP bytes_in=4955 service=mysql conn_duration=0.041824 bytes_out=1526 pkts_out=48 pkts_in=46 resp_country_code=-

그림 13.12 MySQL 로그

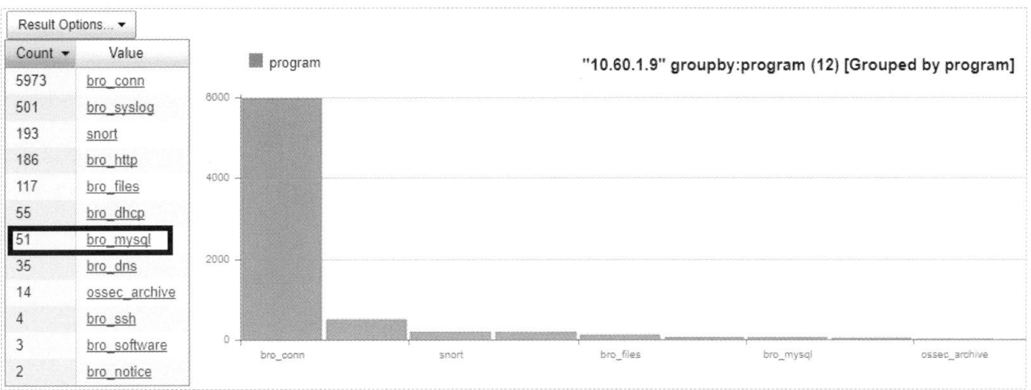

Count	Value
5973	bro_conn
501	bro_syslog
193	snort
186	bro_http
117	bro_files
55	bro_dhcp
51	bro_mysql
35	bro_dns
14	ossec_archive
4	bro_ssh
3	bro_software
2	bro_notice

그림 13.13 프로그램별 분류

보다시피 10.60.1.9에서 발생한 MySQL 트래픽은 10.2.1.185로 접근한 하나의 IP 주소밖에 없다. Count가 51개인 것으로 봐서 51개의 패킷이 발생했다.

```
"10.60.1.9" program="bro_mysql" groupby:dstip
```

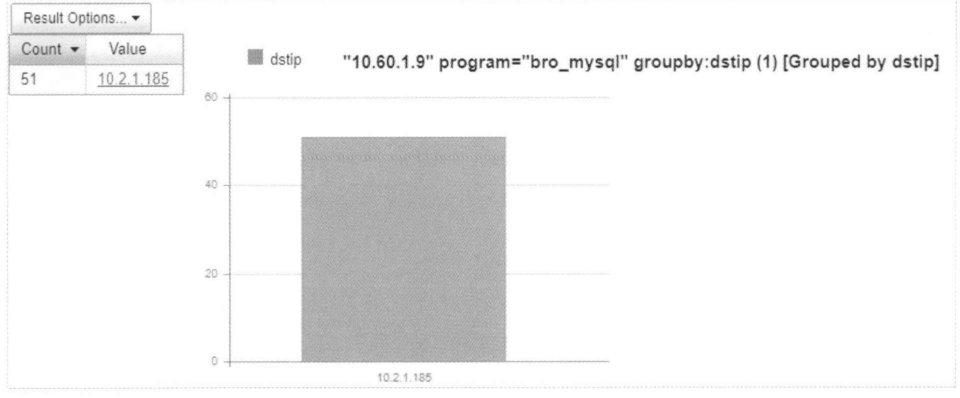

Count	Value
51	10.2.1.185

그림 13.14 데스티네이션 IP 주소로 분류

이번에는 bro_mysql에서 검색한 결과를 cmd로 정렬했다. MySQL에서 어떤 커맨드가 주로 발생했는지를 구분해 주는 명령어다.

```
"10.60.1.9" program="bro_mysql" groupby:cmd
```

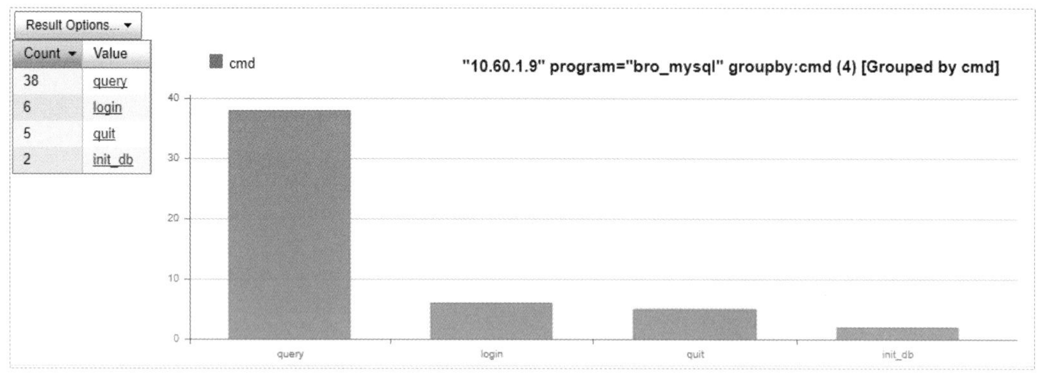

그림 13.15 쿼리 명령어들

38개의 쿼리 내용을 찾아볼 수 있으며, 다음과 같이 브로가 백업 DB의 'account_real'이라는 테이블에 접근한 쿼리까지도 상세히 로깅한다. 이를 통해 실제 업무를 수행할 때 발생하는 트랜잭션이라면 정상적으로 처리할 테고, 해커의 접근이라면 해커가 어떤 명령을 내렸는지 좀 더 상세히 추적해볼 수 있다.

```
1508911143.129669|CJK56e1ZVm2CGEdg3d|10.60.1.9|40606|10.2.1.185|3306|query|SELECT LOGFILE_GROUP_NAME,
FILE_NAME, TOTAL_EXTENTS, INITIAL_SIZE, ENGINE, EXTRA FROM INFORMATION_SCHEMA.FILES WHERE
FILE_TYPE = 'UNDO LOG' AND FILE_NAME IS NOT NULL AND LOGFILE_GROUP_NAME IN (SELECT DISTINCT
LOGFILE_GROUP_NAME FROM INFORMATION_SCHEMA.FILES WHERE FILE_TYPE = 'DATAFILE' AND
TABLESPACE_NAME IN (SELECT DISTINCT TABLESPACE_NAME FROM INFORMATION_SCHEMA.PARTITIONS
WHERE TABLE_SCHEMA='backupdb' AND TABLE_NAME IN ('account_real'))) GROUP BY LOGFILE_GROUP_NAME,
FILE_NAME, ENGINE ORDER BY LOGFILE_GROUP_NAME|T|2|-
host=127.0.0.1 program=bro_mysql class=BRO_MYSQL srcip=10.60.1.9 srcport=40606 dstip=10.2.1.185 dstport=3306 rows=2
cmd=query arg=SELECT LOGFILE_GROUP_NAME, FILE_NAME, TOTAL_EXTENTS, INITIAL_SIZE, ENGINE, EXTRA
FROM INFORMATION_SCHEMA.FILES WHERE FILE_TYPE = 'UNDO LOG' AND FILE_NAME IS NOT NULL AND
LOGFILE_GROUP_NAME IN (SELECT DISTINCT LOGFILE_GROUP_NAME FROM INFORMATION_SCHEMA.FIL
success=T response=-
```

그림 13.16 DB 쿼리를 추적해본 내용

다음과 같이 쿼리의 종류별로 분류할 수도 있다. 브로의 쿼리 명령어는 아래와 같다.

```
"10.60.1.9" program="bro_mysql" cmd="query" groupby:arg
```

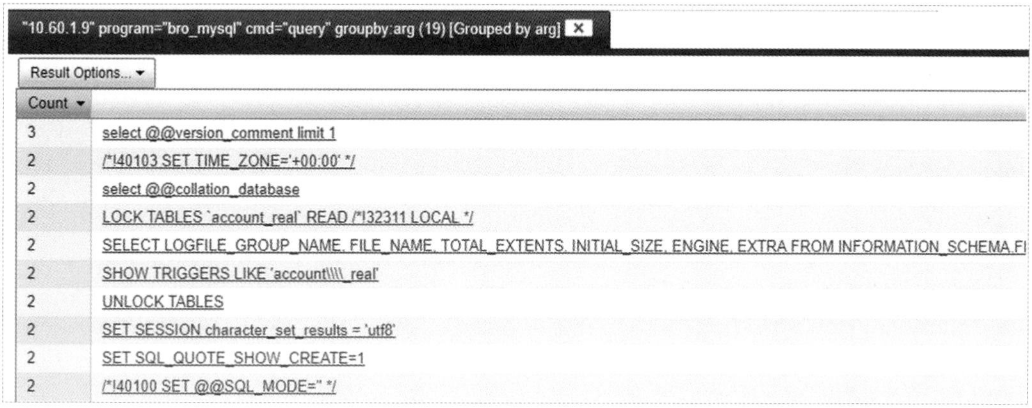

"10.60.1.9" program="bro_mysql" cmd="query" groupby:arg (19) [Grouped by arg]

Result Options...

Count	
3	select @@version_comment limit 1
2	/*!40103 SET TIME_ZONE='+00:00' */
2	select @@collation_database
2	LOCK TABLES `account_real` READ /*!32311 LOCAL */
2	SELECT LOGFILE_GROUP_NAME, FILE_NAME, TOTAL_EXTENTS, INITIAL_SIZE, ENGINE, EXTRA FROM INFORMATION_SCHEMA.FI
2	SHOW TRIGGERS LIKE 'account_real'
2	UNLOCK TABLES
2	SET SESSION character_set_results = 'utf8'
2	SET SQL_QUOTE_SHOW_CREATE=1
2	/*!40100 SET @@SQL_MODE='' */

그림 13.17 탐지된 로그

이를 통해 해커가 개인정보 DB 등에 접근해서 덤프하거나 DB 조작 등을 하는 경우 브로에서 탐지해낼 수 있다.

06 _ 브로 로그의 위치

지금까지 브로의 내용을 엘사로만 살펴봤다. 하지만 브로는 텍스트 로그를 생성하는 시스템이며, 이렇게 생성된 로그는 보안양파에서 아래 경로에 저장된다. 엘사는 이곳에 있는 로그 파일을 불러와 자신의 시스템에 넣어주기 때문에 우리가 웹에서 편하게 검색할 수 있는 것이다.

```
/nsm/bro/logs/
```

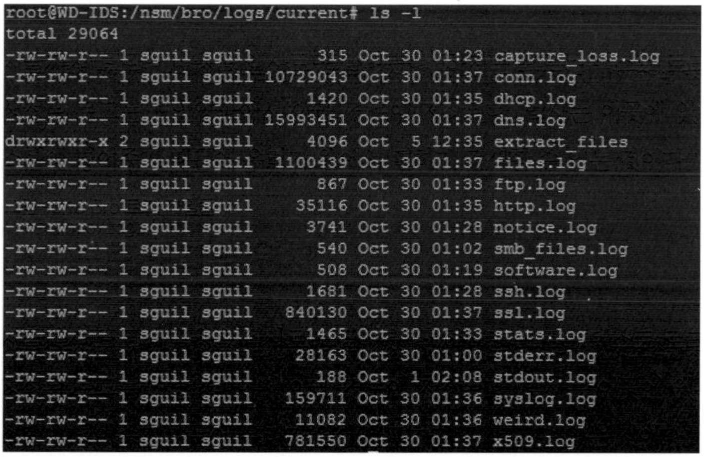

```
root@WD-IDS:/nsm/bro/logs/current# ls -l
total 29064
-rw-rw-r-- 1 sguil sguil      315 Oct 30 01:23 capture_loss.log
-rw-rw-r-- 1 sguil sguil 10729043 Oct 30 01:37 conn.log
-rw-rw-r-- 1 sguil sguil     1420 Oct 30 01:35 dhcp.log
-rw-rw-r-- 1 sguil sguil 15993451 Oct 30 01:37 dns.log
drwxrwxr-x 2 sguil sguil     4096 Oct  5 12:35 extract_files
-rw-rw-r-- 1 sguil sguil  1100439 Oct 30 01:37 files.log
-rw-rw-r-- 1 sguil sguil      867 Oct 30 01:33 ftp.log
-rw-rw-r-- 1 sguil sguil    35116 Oct 30 01:35 http.log
-rw-rw-r-- 1 sguil sguil     3741 Oct 30 01:28 notice.log
-rw-rw-r-- 1 sguil sguil      540 Oct 30 01:02 smb_files.log
-rw-rw-r-- 1 sguil sguil      508 Oct 30 01:19 software.log
-rw-rw-r-- 1 sguil sguil     1681 Oct 30 01:28 ssh.log
-rw-rw-r-- 1 sguil sguil   840130 Oct 30 01:37 ssl.log
-rw-rw-r-- 1 sguil sguil     1465 Oct 30 01:33 stats.log
-rw-rw-r-- 1 sguil sguil    28163 Oct 30 01:00 stderr.log
-rw-rw-r-- 1 sguil sguil      188 Oct  1 02:08 stdout.log
-rw-rw-r-- 1 sguil sguil   159711 Oct 30 01:36 syslog.log
-rw-rw-r-- 1 sguil sguil    11082 Oct 30 01:36 weird.log
-rw-rw-r-- 1 sguil sguil   781550 Oct 30 01:37 x509.log
```

그림 13.18 Bro 로그 파일들

http.log 파일을 하나 열어보면 아래와 같은 형식임을 알 수 있다.

```
1509325291.063377    CF9FxR2fRkz1X7XL1    192.168.1.101    54964    35.186.213.138    80    1    POST
www.evernote.com    /shard/s193/communicationengine    -    1.1    Evernote/Windows    232    28
200    OK    -    -    (empty)    -    -    -    F14IBABFWqWFJvGk5    -    -    FnG6MI2Odr7uB8MjYa    -
-

1509325341.837471    C57BVV1dQXbDCWoqM6    192.168.1.101    55028    91.108.56.144    80    1    POST
91.108.56.144    /api    -    1.1    Mozilla/5.0    40    84    200    OK    -    -    (empty)    -    -
-    FSkdzG1qCIc9s4FgS2    -    -    FZz2oaCqAnlibWsF7    -    -

1509325355.907030    CEhEGk118BhOmdFb5f    192.168.1.101    55030    117.52.156.65    80    1    GET
v3contents.ahnlab.com    /clientJs/V3LiteAD.ini    -    1.1    Mozilla/4.0 (compatible; MSIE 7.0;
Windows NT 10.0; Win64; x64; Trident/7.0; .NET4.0C; .NET4.0E; .NET CLR 2.0.50727; .NET CLR 3.0.30729;
.NET CLR 3.5.30729; InfoPath.3)    0    36    200    OK    -    -    (empty)    -    -    -    -    -    -
F6UnY04b5iL2EBZRQb    -    text/ini
```

07 _ 브로를 이용해 다양한 파일 추출하기

앞에서 추출된 파일 목록을 보며 느꼈겠지만 보안양파의 브로에서는 기본 설정으로 exe 파일만 추출하게끔 돼 있다. 이를 파일 형식에 따라 얼마든지 더 늘릴 수 있다. 지금부터 그 방법을 알아보자. 먼저 브로가 가동되는 스크립트의 위치는 다음과 같다.

```
# nano /opt/bro/share/bro/site/local.bro

(....)

# File Extraction
@load file-extraction
```

보다시피 @load file-extraction이라는 코드가 보인다. 브로의 기본 경로 뒤에 있는 file-extraction이라는 폴더에 존재하는 파일을 모두 불러와서 실행하라는 의미로 해석하면 된다. 브로의 기본 경로와 file-extraction과 연관된 스크립트의 위치는 다음과 같다.

```
브로의 기본 경로
# ls /opt/bro/share/bro/
```

파일을 추출하는 스크립트

```
# nano /opt/bro/share/bro/file-extraction/extract.bro
```

```
root@WD-IDS:/opt/bro/share/bro# ls -l
total 44
drwxr-xr-x 2 root root 4096 Sep 13 06:53 apt1
drwxr-xr-x 8 root root 4096 Sep 13 06:53 base
drwxr-xr-x 2 root root 4096 Sep 13 06:53 broctl
drwxr-xr-x 2 root root 4096 Sep 13 06:53 broxygen
drwxr-xr-x 2 root root 4096 Sep 13 06:53 file-extraction
drwxr-xr-x 2 root root 4096 Dec 18  2015 intel
drwxr-xr-x 7 root root 4096 Jun  6  2016 policy
drwxr-xr-x 2 root root 4096 Sep 13 06:53 securityonion
drwxr-xr-x 2 root root 4096 Jun  6  2016 sguild_bro
drwxr-xr-x 2 root root 4096 Sep 13 06:53 shellshock
drwxr-xr-x 2 root root 4096 Sep 13 06:53 site
root@WD-IDS:/opt/bro/share/bro#
```

그림 13.19 ls -l

```
root@WD-IDS:/opt/bro/share/bro/file-extraction# ls -l
total 8
-rw-r--r-- 1 root root  16 Jun 28 20:07 __load__.bro
-rw-r--r-- 1 root root 605 Jun 28 20:07 extract.bro
root@WD-IDS:/opt/bro/share/bro/file-extraction#
root@WD-IDS:/opt/bro/share/bro/file-extraction#
root@WD-IDS:/opt/bro/share/bro/file-extraction#
root@WD-IDS:/opt/bro/share/bro/file-extraction#
root@WD-IDS:/opt/bro/share/bro/file-extraction#
root@WD-IDS:/opt/bro/share/bro/file-extraction#
root@WD-IDS:/opt/bro/share/bro/file-extraction# nano extract.bro
```

그림 13.20 파일 추출 스크립트

코드를 열어 보면 기본적으로 작성돼 있는 스크립트는 아래와 같다. mime_type이 application/x-dosexec인 경우는 /nsm/bro/extracted/%s-%s.%s의 형태로 저장하라는 코드다. 그래서 EXE 파일만 추출되고 있었던 것이다.

```
global ext_map: table[string] of string = {
    ["application/x-dosexec"] = "exe",
    ["text/plain"] = "txt",
    ["image/jpeg"] = "jpg",
    ["image/png"] = "png",
    ["text/html"] = "html",
} &default ="";

event file_sniff(f: fa_file, meta: fa_metadata)
    {
    if ( ! meta?$mime_type || meta$mime_type != "application/x-dosexec" )
        return;

    local ext = "";

    if ( meta?$mime_type )
        ext = ext_map[meta$mime_type];

    local fname = fmt("/nsm/bro/extracted/%s-%s.%s", f$source, f$id, ext);
    Files::add_analyzer(f, Files::ANALYZER_EXTRACT, [$extract_filename=fname]);
    }
```

그림 13.21 스크립트 내용

이 내용을 다음과 같이 수정한다. 그러면 exp_map에서 선언한 txt, jpg, png, html 형식의 파일이 모두 저장될 것이다. 즉, 다음 코드를

```
if ( ! meta?$mime_type || meta$mime_type != "application/x-dosexec" )
```

주석으로 처리하고 아래 코드로 변경한다.

```
if ( ! meta?$mime_type || meta$mime_type !in ext_map )
```

```
global ext_map: table[string] of string = {
    ["application/x-dosexec"] = "exe",
    ["text/plain"] = "txt",
    ["image/jpeg"] = "jpg",
    ["image/png"] = "png",
    ["text/html"] = "html",
} &default ="";

event file_sniff(f: fa_file, meta: fa_metadata)
    {
    #if ( ! meta?$mime_type || meta$mime_type != "application/x-dosexec" )
    if ( ! meta?$mime_type || meta$mime_type !in ext_map )
        return;

    local ext = "";

    if ( meta?$mime_type )
        ext = ext_map[meta$mime_type];

    local fname = fmt("/nsm/bro/extracted/%s-%s.%s", f$source, f$id, ext);
    Files::add_analyzer(f, Files::ANALYZER_EXTRACT, [$extract_filename=fname]);
    }
```

그림 13.22 스크립트 내용

변경사항을 저장하고 브로를 재시작한다.

```
# sudo nsm_sensor_ps-restart --only-bro
```

이제 /nsm/bro/extracted 폴더를 보면 txt와 html 파일도 추출되고 있음을 알 수 있다.

```
root@WD-IDS:/home/window31# ls /nsm/bro/extracted -l
total 110124
-rw-rw-r-- 1 sguil sguil     1080 Oct 30 03:54 HTTP-F2Fk5u4kATWXLCx0P.txt
-rw-rw-r-- 1 sguil sguil      954 Oct 30 03:58 HTTP-F3d8UK1Go310W0sRjd.txt
-rw-rw-r-- 1 sguil sguil  3077947 Oct 29 13:15 HTTP-F5BYl7MMTWD23uWUi.exe
-rw-rw-r-- 1 sguil sguil  3077947 Oct 29 13:14 HTTP-F5umHu1jKOjFXzT5f6.exe
-rw-rw-r-- 1 sguil sguil 11442144 Oct 13 11:59 HTTP-F70uPY1PfpTIHNTxFc.exe
-rw-rw-r-- 1 sguil sguil 14089104 Oct 29 12:48 HTTP-F8P5S52P59FruXSL3f.exe
-rw-rw-r-- 1 sguil sguil    22916 Oct 25 04:53 HTTP-F9yVYi2zJSiriXbCbb.exe
-rw-rw-r-- 1 sguil sguil   619064 Oct 25 01:34 HTTP-FAVY2Ue3MUpjno1Fd.exe
-rw-rw-r-- 1 sguil sguil    16810 Oct 30 03:50 HTTP-FDL1Wr4vglJT7MUdu.html
-rw-rw-r-- 1 sguil sguil    16810 Oct 30 03:48 HTTP-FERRmR2wcIXGm82mwd.html
```

그림 13.23 추출된 파일

만약 더 추가하고 싶은 확장자가 있다면 ext_map에 더 많은 타입을 추가하면 된다. 참고로 타입은 수십 가지 이상이 있으며, 종류는 아래와 같다. MIME-TYPE은 너무 많으므로 이 책에 모두 열거하는 것은 지면상 낭비가 될 수 있고 구글에서 'known MIME types' 같은 키워드로 검색해 보길 바란다. 여기서는 일부만 수록했다.

```
application/dicom
application/epub+zip
application/f4m
application/font-woff
application/java-archive
application/javascript
application/mac-binhex40
application/marc
application/msword
application/ocsp-request
application/ocsp-response
application/ogg
application/pdf
application/pgp
application/pgp-keys
application/pgp-signature
application/pkcs7-signature
application/postscript
application/skp
application/sla
application/soap+xml
application/vnd.cups-raster
application/vnd.fdf
application/vnd.fdo.journal
application/vnd.font-fontforge-sfd
application/vnd.google-earth.kml+xml
application/vnd.google-earth.kmz
application/vnd.lotus-wordpro
application/vnd.ms-cab-compressed
application/vnd.ms-fontobject
application/vnd.ms-opentype
application/vnd.ms-tnef

(.......)
```

```
video/x-mng
video/x-ms-asf
video/x-msvideo
video/x-sgi-movie
x-epoc/x-sisx-app
```

08 _ 브로에서 SMB 트래픽 추적 연동하기

브로에서는 삼바 트래픽도 분석할 수 있는데, 보안양파에서는 이 설정이 기본적으로 비활성화돼 있다. 이를 활성화해서 삼바 트래픽도 추적해 보자. 아래 경로에서 local.bro 파일을 연다.

```
# nano  /opt/bro/share/bro/site/local.bro
```

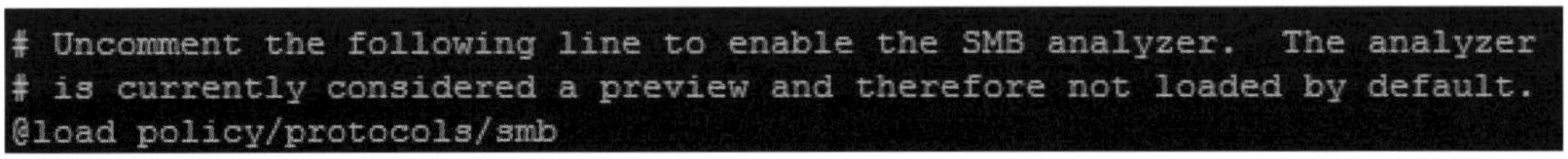

```
# Uncomment the following line to enable the SMB analyzer.  The analyzer
# is currently considered a preview and therefore not loaded by default.
@load policy/protocols/smb
```

그림 13.24 SMB

위와 같이 @load policy/protocol/smb라고 돼 있는 코드가 주석으로 처리돼 있을 텐데, 주석을 해제한다. 그리고 다음 명령어를 입력한다.

```
# broctl check
# broctl install
# broctl restart
```

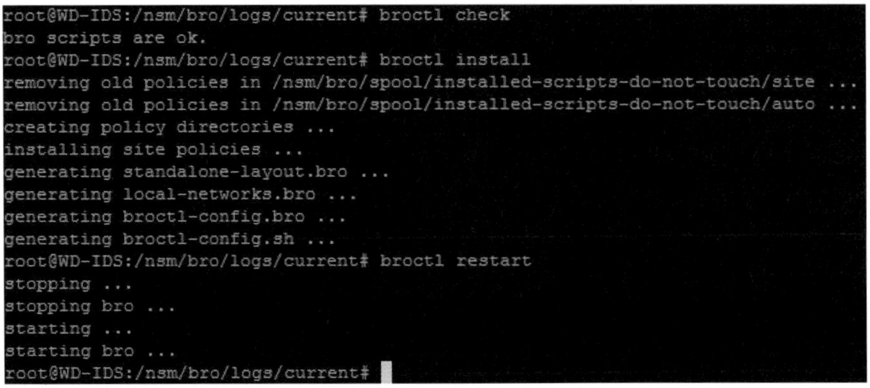

```
root@WD-IDS:/nsm/bro/logs/current# broctl check
bro scripts are ok.
root@WD-IDS:/nsm/bro/logs/current# broctl install
removing old policies in /nsm/bro/spool/installed-scripts-do-not-touch/site ...
removing old policies in /nsm/bro/spool/installed-scripts-do-not-touch/auto ...
creating policy directories ...
installing site policies ...
generating standalone-layout.bro ...
generating local-networks.bro ...
generating broctl-config.bro ...
generating broctl-config.sh ...
root@WD-IDS:/nsm/bro/logs/current# broctl restart
stopping ...
stopping bro ...
starting ...
starting bro ...
root@WD-IDS:/nsm/bro/logs/current#
```

그림 13.25 브로 재시작

혹시 재시작하는 데 문제가 생기면 보안양파 전체를 재시작한다.

```
# sudo service nsm restart
```

그럼 이제 'smb_'라는 접두어로 시작하는 로그 파일이 /nsm/bro/logs/current 폴더에 생성될 것이다. 아래 내용을 보면 알겠지만 smb_mapping.01_00_00-02_00_00.log에는 어떤 IP 주소가 어떤 IP 주소로 SMB를 통해 연결됐는지 확인할 수 있고, smb_files.01_00_00-02_00_00.log에는 어떤 파일이 SMB를 통해 오가는지 볼 수 있다. 이처럼 브로를 통해 SMB 트래픽도 분석할 수 있다.

```
# smb_mapping.01_00_00-02_00_00.log
1508894787.202066 CIzo379pmWKpWoFm3  10.2.1.204          49747      192.168.3.211        445
\\\\NAS.WIN31.NET\\IPC$    IPC        -          PIPE
1508894787.496610 CIzo379pmWKpWoFm3  10.2.1.204          49747      192.168.3.211        445
\\\\NAS.WIN31.NET\\WEB     A:         NTFS       DISK

# smb_files.01_00_00-02_00_00.log
1508894917.284518 CHZJ1g4beWo78QMpn6 10.2.1.204          49807      10.2.1.214           445        -
SMB::FILE_OPEN     -          \\WD-NUC\\WindowsImageBackup\\WD-NUC\\Backup 2017-10-25 012741\\Esp.vhdx
4194304 -          1507223572.143753  1508894916.593986  1507223571.737256  1507223572.143753
1508895038.475418 CHZJ1g4beWo78QMpn6 10.2.1.204          49807      10.2.1.214           445        -
SMB::FILE_OPEN     -          \\WD-NUC\\WindowsImageBackup\\WD-NUC\\Catalog 0             -
1508894916.361993 1508894916.216997  1507223571.523262  1508894916.361993
```

09 _ 악성코드처럼 보이는 HTTP 트래픽 추적

이제 브로와 엘사의 사용법을 대략 파악했으니 보안양파의 패키지 활용도가 넓어졌다고 볼 수 있다. 이번에는 다시 알람 조사를 시작하며 복습해 보자. 이번에는 IDS에서 ET MALWARE User-Agent (HTTP)라는 알람이 발생했을 때의 상황을 하나 조사해 보자. 먼저 스퀼트를 보니 아래와 같은 알람이 보인다는 것을 알 수 있고, QUEUE에 보이는 37이라는 숫자는 현재 이 알럿을 통해 37건의 경보가 발생했다는 것을 의미한다. 상세한 내용을 보기 위해 37이라고 적힌 아이콘을 클릭하자. 그럼 어떤 룰로 이 알람이 생겼는지 룰 내용부터 나온다.

```
alert http $HOME_NET any -> $EXTERNAL_NET any (msg:"ET MALWARE User-Agent (HTTP)";
flow:to_server,established; content:"User-Agent|3a| HTTP|0d 0a|"; http_header; reference:url,
doc.emergingthreats.net/bin/view/Main/2007943; classtype:trojan-activity; sid:2007943; rev:8;
metadata:created_at 2010_07_30, updated_at 2010_07_30;)
```

룰의 핵심 내용부터 간단히 분석해 보면 다음과 같다.

- alert http $HOME_NET any -> $EXTERNAL_NET any: 내부에서 외부로 접근했을 때
- flow:to_server,established: 서버로의 접속이 established됐을 때
- content:"User-Agent|3a| HTTP|0d 0a|": 지정한 문자열이 포함됐을 때
- http_header: 헤더만 검사할 것

요약하면 http 다운로드가 이뤄질 때 유저 에이전트에 정보가 제대로 기입돼 있지 않은 경우는 악성코드의 행위 중 하나로 의심해 보라는 내용이다. 그럼 이 같은 상황을 기억해 두고, 아래의 '19'라고 적힌 아이콘을 보자. 이곳을 보면 소스 IP 주소와 데스티네이션 IP 주소를 확인할 수 있다. 192.168.1.101은 NAT을 거친 IP 주소이고 211.241.67.100이라는 곳으로 향하는 패킷이 만들어졌다고 생각할 수 있다.

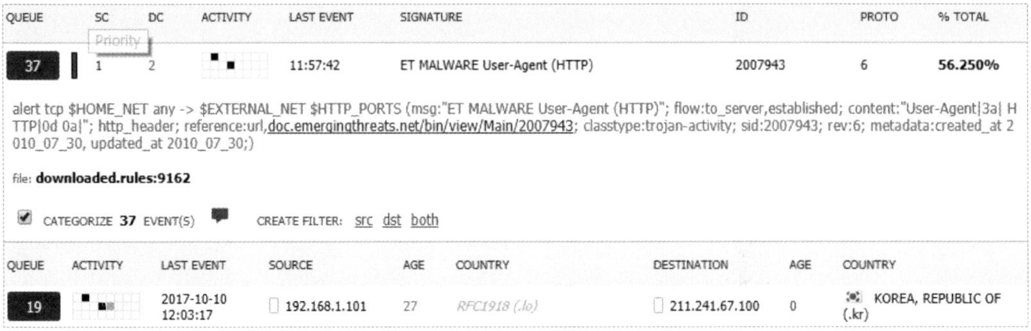

QUEUE	SC	DC	ACTIVITY	LAST EVENT	SIGNATURE	ID	PROTO	% TOTAL
37	1	2		11:57:42	ET MALWARE User-Agent (HTTP)	2007943	6	**56.250%**

alert tcp $HOME_NET any -> $EXTERNAL_NET $HTTP_PORTS (msg:"ET MALWARE User-Agent (HTTP)"; flow:to_server,established; content:"User-Agent|3a| HTTP|0d 0a|"; http_header; reference:url,doc.emergingthreats.net/bin/view/Main/2007943; classtype:trojan-activity; sid:2007943; rev:6; metadata:created_at 2010_07_30, updated_at 2010_07_30;)

file: **downloaded.rules:9162**

CATEGORIZE **37** EVENT(S) CREATE FILTER: src dst both

QUEUE	ACTIVITY	LAST EVENT	SOURCE	AGE	COUNTRY	DESTINATION	AGE	COUNTRY
19		2017-10-10 12:03:17	192.168.1.101	27	RFC1918 (.lo)	211.241.67.100	0	KOREA, REPUBLIC OF (.kr)

그림 13.26 탐지된 로그

그리고 '19'라고 적힌 아이콘을 다시 클릭하면 더욱 상세한 정보가 나온다. 데스티네이션 포트로 사용된 것은 80으로, HTTP 접속이라는 것을 재차 확인할 수 있다. 연이어 나오는 [RT] 버튼을 클릭하면 이 트래픽의 구체적인 페이로드를 살펴볼 수 있을 것이다.

	ST	TIMESTAMP	EVENT ID	SOURCE	PORT	DESTINATION	PORT	SIGNATURE
☐	RT	2017-10-10 12:03:17	3.21721	192.168.1.101	61441	211.241.67.100	80	ET MALWARE User-Agent (HTTP)

그림 13.27 탐지된 로그

아래 화면에 페이로드가 나왔는데 GET 다음에 나오는 URL과 Host:에 나오는 내용을 보자마자 이것이 오진 알람이라는 것을 알 수 있다. Host는 'efamily.scourt.go.kr'이고 받은 파일은 이니텍의 'INIS60.vcs' 파일이라는 것을 확인할 수 있는데, 이 사이트는 주민등록등본을 인터넷으로 발급받는 전자가족관계등록시스템의 URL이다.

```
HEX                                                  ASCII

47 45 54 20 2F 69 6E 69 74 65 63 68 2F 70 6C 75     GET /initech/plu
67 69 6E 2F 64 6C 6C 2F 49 4E 49 53 36 30 2E 76     gin/dll/INIS60.v
63 73 20 48 54 54 50 2F 31 2E 31 0D 0A 55 73 65     cs HTTP/1.1..Use
72 2D 41 67 65 6E 74 3A 20 48 54 54 50 0D 0A 48     r-Agent: HTTP..H
6F 73 74 3A 20 65 66 61 6D 69 6C 79 2E 73 63 6F     ost: efamily.sco
75 72 74 2E 67 6F 2E 6B 72 0D 0A 43 61 63 68 65     urt.go.kr..Cache
2D 43 6F 6E 74 72 6F 6C 3A 20 6E 6F 2D 63 61 63     -Control: no-cac
68 65 0D 0A 43 6F 6F 6B 69 65 3A 20 57 4D 4F 4E     he..Cookie: WMON
49 44 3D 44 2D 48 7A 6F 34 79 54 63 55 4E 3B 20     ID=D-Hzo4yTcUN;
50 74 54 65 73 74 50 72 69 6E 74 3D 32 30 31 37     PtTestPrint=2017
31 30 31 31 31 30 32 36 31 30 3B 20 46 35 3D 33     1011102610; F5=3
34 37 33 35 38 37 33 30 2E 32 30 34 38 30 2E 30     47358730.20480.0
30 30 30 3B 20 45 46 52 4F 53 53 45 53 53 49 4F     000; EFROSSESSIO
4E 49 44 3D 4D 6B 63 43 5A 63 31 4C 6D 78 57 6C     NID=MkcCZc1LmxWl
6E 59 4B 76 6C 46 66 52 31 48 36 54 31 5A 56 4A     nYKvlFfR1H6T1ZVJ
58 54 32 54 30 57 50 35 76 70 39 51 4D 79 68 4C     XT2T0WP5vp9QMyhL
6E 79 77 58 6C 79 33 6C 21 2D 36 34 30 36 39 39     nywXly3l!-640699
37 32 30 21 2D 31 32 30 38 31 32 32 31 34 35 3B     720!-1208122145;
20 4E 65 74 46 75 6E 6E 65 6C 5F 49 44 3D 3B 20      NetFunnel_ID=;
76 6F 69 63 65 6D 6F 6E 6A 73 5F 6F 70 74 69 6F     voicemonjs_optio
6E 5F 63 68 61 6E 67 65 5F 66 6C 61 67 3D 66 61     n_change_flag=fa
6C 73 65 3B 20 76 6F 69 63 65 6D 6F 6E 6A 73 5F     lse; voicemonjs_
74 74 73 6D 6F 64 65 3D 66 61 6C 73 65 3B 20 76     ttsmode=false; v
6F 69 63 65 6D 6F 6E 6A 73 5F 63 70 61 6E 65 6C     oicemonjs_cpanel
5F 73 68 6F 77 6D 6F 64 65 3D 30 3B 20 76 6F 69     _showmode=0; voi
63 65 6D 6F 6E 6A 73 5F 76 6F 69 63 65 73 70 65     cemonjs_voicespe
65 64 3D 4D 3B 20 76 6F 69 63 65 6D 6F 6E 6A 73     ed=M; voicemonjs
5F 76 6F 69 63 65 76 6F 6C 75 6D 65 3D 4D 3B 20     _voicevolume=M;
76 6F 69 63 65 6D 6F 6E 6A 73 5F 76 6F 69 63 65     voicemonjs_voice
70 69 74 63 68 3D 4D 3B 20 76 6F 69 63 65 6D 6F     pitch=M; voicemo
6E 6A 73 5F 68 69 67 68 6C 69 67 68 74 6D 6F 64     njs_highlightmod
65 3D 30 3B 20 76 6F 69 63 65 6D 6F 6E 6A 73 5F     e=0; voicemonjs_
68 69 67 68 5F 63 6F 6E 74 72 61 73 74 3D 30 3B     high_contrast=0;
20 76 6F 69 63 65 6D 6F 6E 6A 73 5F 7A 6F 6F 6D      voicemonjs_zoom
5F 76 61 6C 75 65 3D 31 30 30 0D 0A 0D 0A           _value=100....

GET /initech/plugin/dll/INIS60.vcs HTTP/1.1..User-Agent: HTTP..Host: efamily.scourt.go.kr..Cache-Control: no-cach
e..Cookie: WMONID=D-Hzo4yTcUN; PtTestPrint=20171011102610; F5=347358730.20480.0000; EFROSSESSIONID=MkcCZc1LmxWlnY
KvlFfR1H6T1ZVJXT2T0WP5vp9QMyhLnywXly3l!-640699720!-1208122145; NetFunnel_ID=; voicemonjs_option_change_flag=fals
e; voicemonjs_ttsmode=false; voicemonjs_cpanel_showmode=0; voicemonjs_voicespeed=M; voicemonjs_voicevolume=M; voi
cemonjs_voicepitch=M; voicemonjs_highlightmode=0; voicemonjs_high_contrast=0; voicemonjs_zoom_value=100....
```

그림 13.28 페이로드 내용

아마도 이번 알람은 192.168.1.101의 사용자가 전자가족관계등록시스템에서 등본 등을 발급받기 위해 접속한 것이고, 그 과정에서 액티브엑스 설치가 발생하며, 이니텍의 모듈 하나를 내려받은 것으로 보인다. 이때 다운로드 과정에서 유저 에이전트 정보가 완전하게 기록돼 있지 않아서 ET MALWARE User-Agent (HTTP)이라는 알람에 걸린 것으로 생각할 수 있다.

그림 13.29 전자가족관계등록시스템

이제 이 알람은 오진으로 처리하고 넘어가면 된다. 여기서 좀 더 살펴볼 내용은 지금이야 URL이 너무나도 확실해서 쉽게 필터링이 가능했지만 만약 여기서 불확실한 URL이나 모듈 이름에 애매한 문자열이 발견될 경우에는 실제 해당 파일을 받아서 확인해 보는 것이 좋다. 페이로드에 기록된 HOST와 GET 리퀘스트의 문자열을 조합하면 아래와 같이 전체 경로가 나온다. 이를 내려받아 확인할 수 있다.

- http://efamily.scourt.go.kr/initech/plugin/dll/INIS60.vcs

하지만 만약 이렇게 내려받은 파일이 악성코드였거나 해커가 작업을 마치고 이 파일을 서버에서 지워버린 경우 탐지 조사가 조금만 늦었다면 이 파일을 원래 서버로부터 획득할 수 없게 된다. 그때는 보안양파에서 미리 만들어둔 패킷 캡처를 통해 뽑아낼 수 있다. 그렇게 하는 방법을 지금부터 알아보자.

	ST	TIMESTAMP	EVENT ID	SOURCE	PORT	DESTINATION	PORT	SIGNATURE
	RT	2017-10-10 12:03:17	3.21721	192.168.1.101	61441	211.241.67.100	80	ET MALWARE User-Agent (HTTP)

그림 13.30 탐지 로그

아까 위와 같은 화면이 나왔을 때 EVENT ID인 '3.21721'을 클릭하면 보안양파의 패킷 캡처 패키지 중 하나인 CapMe가 등장한다. 로그인하고 나면 다음과 같이 현재 시간과 IDS 알람과 연관된 pcap 파일을 내려받을 수 있는 URL이 등장한다. 이 pcap 파일을 내려받는다.

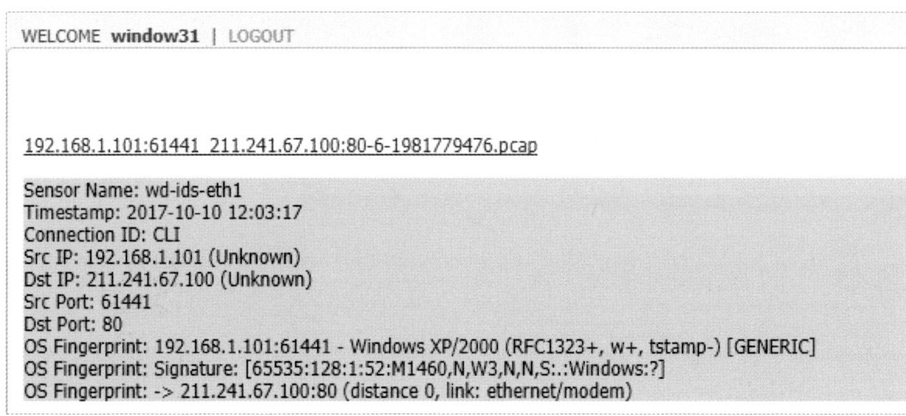

그림 13.31 탐지 로그

그런 다음 보안양파에서 네트워크 마이너(Network Miner)를 실행한다. 검색 화면에서 'network'라고 입력하면 쉽게 찾을 수 있을 것이다.

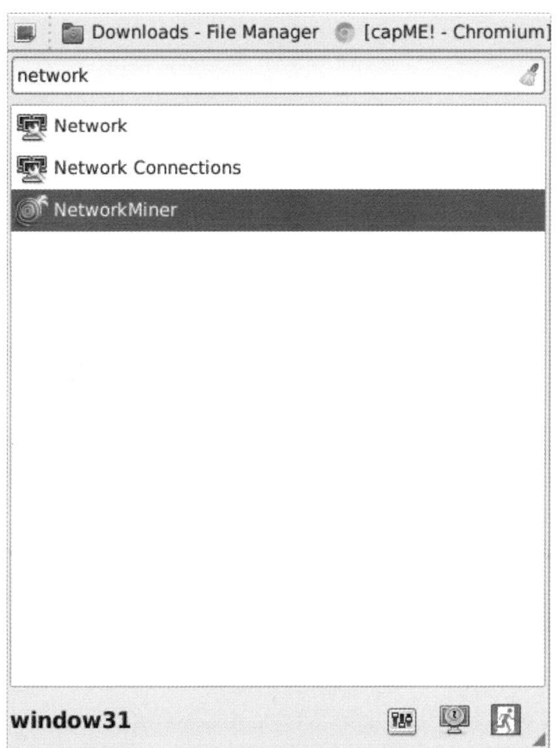

그림 13.32 네트워크 마이너

그리고 앞에서 내려받은 pcap 파일을 네트워크 마이너로 드래그한 뒤 [Files] 탭을 클릭한다. 그러면 INIS60.vcs 파일이 보일 것이다. 이 파일에 마우스 오른쪽 버튼을 클릭한 후 [Open folder]를 선택하면 아래와 같이 이 파일이 위치한 폴더가 나온다.

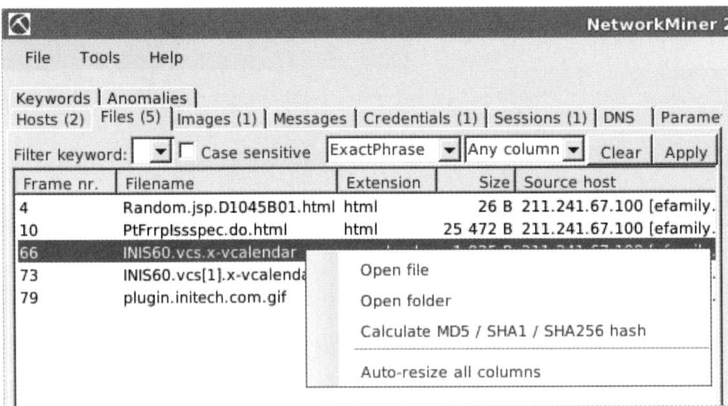

그림 13.33 네트워크 마이너

여기서 파일만 복사해 오면 된다. 미리 보관된 패킷 캡처 파일로 이처럼 파일을 획득할 수 있다.

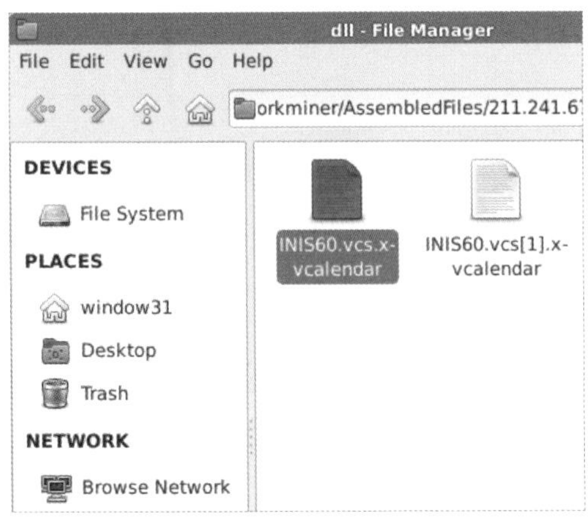

그림 13.34 네트워크 마이너

다음으로 해야 할 작업은 이제 이 알람이 오진임을 확인했으니 같은 상황에서 다시 이 알람이 발생하지 않도록 처리하는 것이다. 먼저 앞에서 설명한 IDS 룰을 다시 보고 오자. 간단하게 요약하면 외부로 나가는 HTTP 트래픽 중 "User-Agent|3a| HTTP|0d 0a|"이 있으면 걸리는 룰이라고 생각하면 쉽다. 앞에서 보여준 전자가족관계등록시스템의 페이로드를 다시 보자. 굵게 표시한 부분이 문제가 되는 부분이다.

```
GET /initech/plugin/dll/INIS60.vcs HTTP/1.1..User-Agent: HTTP..Host: efamily.scourt.go.kr..Cache-
Control: no-cache..Cookie: WMONID=D-Hzo4yTcUN; PtTestPrint=20171011102610; F5=347358730.20480.0000;
EFROSSESSIONID=MkcCZc1LmxWlnYKvlFfR1H6T1ZVJXT2T0WP5vp9QMyhLnywXly3l!-640699720!-1208122145;
NetFunnel_ID=; voicemonjs_option_change_flag=false; voicemonjs_ttsmode=false;
voicemonjs_cpanel_showmode=0; voicemonjs_voicespeed=M; voicemonjs_voicevolume=M;
voicemonjs_voicepitch=M; voicemonjs_highlightmode=0; voicemonjs_high_contrast=0;
voicemonjs_zoom_value=100....
```

만약 이 전자가족관계등록시스템 사이트가 우리 회사와 연관 있는 어떤 개발팀이 만든 사이트라면 유저 에이전트 값이 제대로 기입될 수 있도록 수정 요청을 해서 이 룰을 그대로 유지해도 되겠지만 우리와 관계없는 외부 조직에서 발생시킨 트래픽 때문이므로 그냥 이 IP를 예외 처리하는 것이 좋다. 이를 위해 지난 장에서 배운 threshold.conf를 사용한다.

```
# nano /etc/nsm/센서이름/threshold.conf
```

```
suppress gen_id 1, sig_id 2007943 , track by_dst, ip 211.241.67.100
suppress gen_id 1, sig_id 2007943 , track by_dst, ip 58.184.118.100
```

데스티네이션 IP 주소가 211.241.67.100이므로 위와 같이 예외 처리를 하면 이제 전자가족관계등록시스템에서 이니텍의 모듈을 내려받을 때 같은 알람은 발생하지 않을 것이다.

```
# sudo rule-update
```

마지막으로, 예외 처리 내용을 반영하기 위해 룰 업데이트 명령을 실행한다. 이로써 오진 해결이 끝났다.

10 _ 의심스러운 PE 포맷 파일 다운로드 알람 추적

이번에는 'ET POLICY PE EXE or DLL Windows file download'라는 알람이 발생했다고 가정하자. 탐지명에서 추측할 수 있는 내용은 PE 포맷의 파일(윈도우에서 EXE이나 DLL에서 사용하는 포맷)이 다운로드됐다는 알람으로 보인다. 스쿼트부터 살펴보자. 소스 IP 주소가 117.18.232.232이고 데스티네이션 IP 주소가 192.168.1.101이지만 소스 IP 주소의 포트 번호가 80인 것으로 봐서 HTTP 트래픽 중 리스펀스 패킷이 잡힌 것이라고 생각해도 된다.

CATEGORIZE **0** EVENT(S) CREATE FILTER: src dst both

QUEUE	ACTIVITY	LAST EVENT	SOURCE	AGE	COUNTRY	DESTINATION	AGE	COUNTRY
1		2017-10-17 11:51:29	117.18.232.232	33	AUSTRALIA (.au)	192.168.1.101	34	RFC1918 (.lo)

ST	TIMESTAMP	EVENT ID	SOURCE	PORT	DESTINATION	PORT	SIGNATURE
RT	2017-10-17 11:51:29	3.23549	117.18.232.232	80	192.168.1.101	59957	ET POLICY PE EXE or DLL Windows file download

그림 13.35 탐지 로그

페이로드를 보니 '200 OK' 응답이 떨어진 후 "MZ......"가 있는 것으로 봐서 PE 포맷의 파일이 붙어있음을 알 수 있다. 윈도우 바이너리 분석을 해본 분들은 알겠지만 MZ는 PE 포맷의 파일을 시작하는 문자열이다.

```
00 00 00 00 55 8B EC 83 EC 5C 83 7D 0C 0F 74 2B     ....U...₩.}..t+
83 7D 0C 46 8B 45 14 75 0D 83 48 18 10 8B 0D B4     .}.F.E.u..H.....
EA 47 00 89 48 04 50 FF 75 10 FF 75 0C FF 75 08     .G..H.P.u..u..u.
FF 15 8C 92 40 00 E9 4B 01 00 00 53 56 8B 35 BC     ....@..K...SV.5.
EA 47 00 57 8D 45 A4 50 FF 75 08 FF 15 90 92 40     .G.W.E.P.u.....@
00 83 65 F4 00 89 45 0C 8D 45 E4 50 FF 75 08 FF     ..e...E..E.P.u..
15 94 92 40                                         ...@

HTTP/1.1 200 OK..Accept-Ranges: bytes..Cache-Control: max-age=604800..Content-Type: application/octet-stream..Date: Tue, 17 Oct 2017 11:51:29
GMT..Etag: "1703489449"..Expires: Tue, 24 Oct 2017 11:51:29 GMT..Last-Modified: Mon, 16 Oct 2017 08:07:22 GMT..Server: ECAcc (icn/2E66)..X-Ca
che: HIT..Content-Length: 11442160..Connection: close....MZ.....................@.............................................!..L.!This p
rogram cannot be run in DOS mode....$.......A{.k...8...8...8.b<8...8.b,8...8...8...8...8...8..%8...8.."8...8Rich...8........PE..L.....G
0.................t...z...B...8...........@................................x....@...............................@.......................
'~.......'............................................................................text....r.......t.................. ..'.rdat
a..n+.......,...x..............@..@.data...+.........................@....ndata...............................rsr
c..............................@..@.reloc............................@..
B
.....................................................................................................................................
U....₩.}..t+.}.F.E.u..H.....G..H.P.u..u..u....@..K...SV.5..G.W.E.P.u.....@..e...E..E.P.u.....@
```

그림 13.36 탐지 로그

이제부터는 브로를 이용해 추적할 예정이다. 다시 스쿼트에서 아까 탐지된 117.28.232.232에 마우스를 클릭하고 'ELSA'를 클릭한다.

그림 13.37 ELSA 확인

다음과 같이 엘사가 가동되면 왼쪽 하단에 여러 가지 메뉴가 보일 텐데, 여기서는 이 트래픽에 대한 도메인명을 확인할 예정이다. 왼쪽에 보이는 'bro_dns'를 클릭한다. 그럼 이 IP 주소에 연결된 DNS 쿼리를 브로에서 모아서 보여줄 것이다.

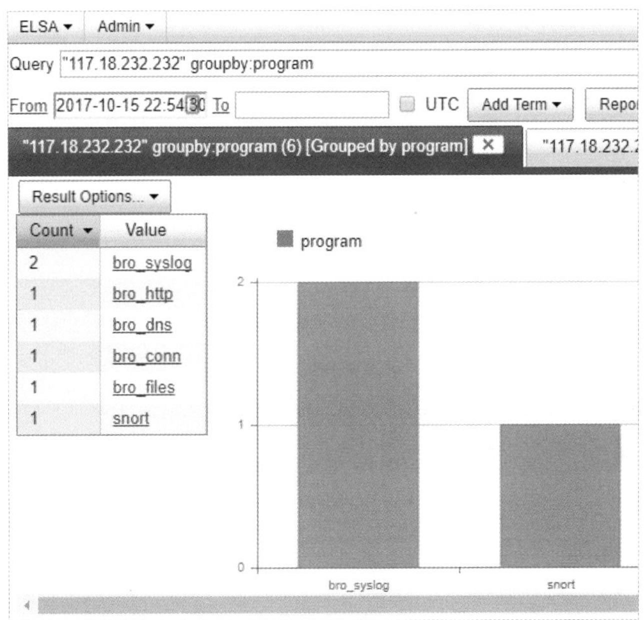

그림 13.38 탐지 로그

아래와 같이 로그가 나왔다. 다행히도 로그를 보니 NVIDIA인 것 같다. 이 트래픽은 NVIDIA의 패치와 연관돼 있을 가능성이 크다. 이번에는 위 화면으로 되돌아가 [bro_files]를 누르자. bro_files는 이 트래픽과 연관된 파일로 어떤 것이 있는지 브로가 추출한 것들이다.

```
1508241089.274126¦Cj6Jng1G9ld3ucDVqf¦192.168.1.101¦59457¦192.168.1.1¦53¦udp¦16621¦0.303758¦downlo
ad-cdn.gfe.nvidia.com¦1¦C_INTERNET¦1¦A¦0¦NOERROR¦F¦F¦T¦T¦0¦download.gfe.nvidia.com.global.ogslb.
com,cs486283.wpc.phicdn.net,117.18.232.232¦300.000000,86400.000000,3600.000000¦F

host=127.0.0.1 program=bro_dns class=BRO_DNS srcip=192.168.1.101 srcport=59457 dstip=192.168.1.1
dstport=53 proto=UDP hostname=download-cdn.gfe.nvidia.comanswer=download.gfe.nvidia.com.
global.ogslb.com,cs486283.wpc.phicdn.net,117.18.232.232 query_class=C_INTERNET query_type=A
return_code=NOERROR
```

파일 로그를 보니 다음과 같이 파일이 /nsm/bro/extracted/HTTP-FFl3oU2bO78cjUeaTa.exe라는 경로로 저장돼 있는 듯하다. 이것이 바로 이전 경보에 발생한 EXE 또는 DLL 파일일 가능성이 높다.

```
1508241089.594977¦FFl3oU2b078cjUeaTa¦117.18.232.232¦192.168.1.101¦CisZE64lwpyKNO6wgf¦HTTP¦0¦PE,SHA1,MD5
,EXTRACT¦application/x-dosexec¦-¦0.193333¦F¦F¦2650040¦11442160¦8792120¦0¦F¦-¦-¦-¦-¦/nsm/bro/extracted/
HTTP-FFl3oU2b078cjUeaTa.exe¦F¦-
host=127.0.0.1 program=bro_files class=BRO_FILES seen_bytes=2650040 total_bytes=11442160
missing_bytes=8792120 tx_hosts=117.18.232.232 rx_hosts=192.168.1.101 source=HTTPmime_type=application/
x-dosexec md5=- sha1=-
```

보안양파에 터미널로 접속해서 해당 경로로 이동해 보니 브로가 뽑아놓은 파일이 있음을 확인할 수 있다.

```
window31@WD-IDS:/nsm/bro/extracted$
window31@WD-IDS:/nsm/bro/extracted$ ls HTTP-FFl3oU2bO78cjUeaTa.exe -l
-rw-rw-r-- 1 sguil sguil 11442160 Oct 17 11:51 HTTP-FFl3oU2bO78cjUeaTa.exe
window31@WD-IDS:/nsm/bro/extracted$ 
```

그림 13.39 추출된 파일

그럼 이번에는 다시 엘사로 돌아가서 [bro_http]를 클릭한다. 그럼 아래와 같이 로그가 나타나는데, 이 로그를 토대로 분석해 보면 파일의 경로가 아래와 같다는 사실을 알 수 있다.

- http://download-cdn.gfe.nvidia.com/packages/DAO/production/22992436/0000AA79/0.dat

```
1508241089.586916¦CisZE64lwpyKNO6wgf¦192.168.1.101¦59957¦117.18.232.232¦80¦1¦GET¦downlo
ad-cdn.gfe.nvidia.com¦/packages/DAO/production/22992436/0000AA79/0.dat¦-¦1.1¦NVIDIA GFE
v20.16.6¦0¦11442160¦200¦OK¦-¦-¦(empty)¦-¦-¦-¦-¦-¦-¦FFl3oU2b078cjUeaTa¦-¦application/x-dosexec
```

```
host=127.0.0.1 program=bro_http class=BRO_HTTP srcip=192.168.1.101 srcport=59957 dstip=117.18.232.232
dstport=80 status_code=200 content_length=11442160 method=GET site=download-cdn.gfe.nvidia.com
uri=/packages/DAO/production/22992436/0000AA79/0.dat referer=- user_agent=NVIDIA GFE v20.16.6
mime_type=application/x-dosexec
```

확인해 보니 NVIDIA의 파일이 맞다는 것을 확인할 수 있다.

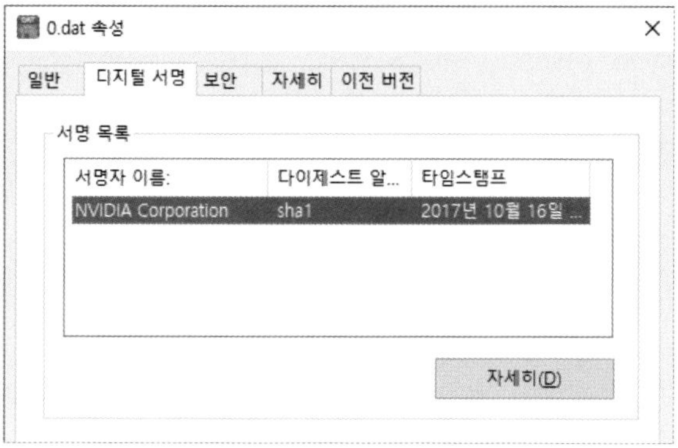

그림 13.40 디지털 서명 확인

즉, 이번에 발생한 의심스러운 EXE/DLL 파일이 다운로드됐다는 알람은 위와 같이 NVIDIA의 업데이트에 의해 모듈이 다운로드된 것으로 보인다. 그럼 매번 NVIDIA의 패치가 있을 때마다 이런 조사를 할 필요는 없으니 IDS 룰을 튜닝해 두자. 조사/추적을 마친 후에는 반드시 이 같이 탐지 로그 튜닝을 거쳐서 같은 조사를 두 번 이상 하지 않도록 조치하는 것이 중요하다.

```
alert tcp $EXTERNAL_NET any -> $HOME_NET any (msg:"ET POLICY PE EXE or DLL Windows file download";
flow:established,to_client; content:"MZ"; byte_jump:4,58,relative,little; content:"PE|00 00|";
distance:-64; within:4; flowbits:set,ET.http.binary; reference:url,doc.emergingthreats.net/bin/
view/Main/2000419; classtype:policy-violation; sid:2000419; rev:18; metadata:created_at 2010_07_30,
updated_at 2010_07_30;)
```

룰을 보면 "MZ"와 "PE|00 00|"만 보이면 알람을 발생시키는 것으로 보인다. 물론 몇 가지 조건이 있긴 하지만 이래서는 정상적인 EXE/DLL에 대해서도 거의 알람이 발동할 것으로 예상한다. 룰이 다소 과감하게 만들어진 것 같다는 느낌이 들지만 그렇다고 이를 완전히 없애버리기에는 진짜 침입을 놓치는 사태가 발생할 수 있으니 아래와 같이 소스 IP 주소를 기준으로 예외 처리를 한다.

```
# sudo nano /etc/nsm/센서이름/threshold.conf
```

```
suppress gen_id 1, sig_id 2000419 , track by_src, ip 117.18.232.232
```

그럼에도 이 룰을 더는 사용하고 싶지 않다면 완전히 예외 처리하는 것도 가능하다. 지난 장에서 배운 disablesid.conf를 사용하자. 이 파일에 알람을 발생시키고 싶지 않은 룰 ID를 입력하면 된다. 이 룰의 경우 2000419에 해당한다.

```
# nano /etc/nsm/pulledpork/disablesid.conf

# Remove "ET POLICY PE EXE or DLL Windows file download"
1:2000419
```

수정하고 나서 룰을 업데이트한다. 이렇게 또 하나의 오진을 해결했다.

```
# sudo rule-update
```

11 _ Xplico를 활용한 네트워크 포렌식

지금까지는 주로 브로를 이용해 네트워크 포렌식을 수행했지만 보안양파에서는 Xplico라는 또 하나의 훌륭한 패키지도 제공한다. 기본적으로 네트워크 트래픽 내에서 원하는 파일을 획득한다는 목적 자체는 브로와 유사할 수 있는데 사용법이 좀 더 쉽다는 장점이 있다. 더구나 GUI를 처음부터 제공하므로 패킷 분석에 익숙하지 않은 분들은 클릭 몇 번으로 기본적인 분석을 수행할 수 있다. 백문이 불여일견이니 곧바로 실행해서 확인해 보자.

보안양파가 설치된 서버를 보면 Xplico라는 아이콘이 바탕화면에 있다. 이 아이콘을 클릭해서 실행해도 무방하다. Xplico는 9876번 포트를 사용하므로 보안양파 내에서 9876번 포트를 허용해 두면 외부에서도 브라우저를 통해 접근할 수 있다.

- http://SO-IP:9876

처음 실행하면 다음과 같은 로그인 화면이 나오는데, 사실 보안양파 패키지를 구성할 때 스쿼트나 엘사의 계정은 통합돼 있지만 Xplico의 계정은 그렇지 못한 것으로 보인다. 따라서 기본 계정으로 로그인하면 된다. 사용자명과 비밀번호 모두 'xplico'다.

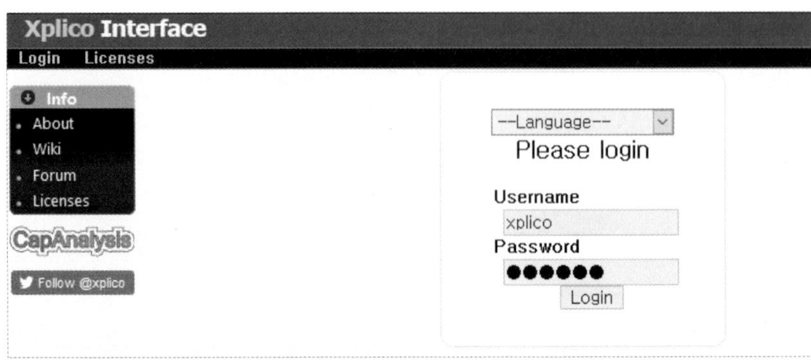

그림 13.41 Xplico

사용법은 간단하면서도 다소 번거로운 과정이 있는데 하나씩 잘 따라오길 바란다. 먼저 분석하고자 하는 pcap 파일을 준비해 둔다. 그리고 아래와 같이 왼쪽 메뉴에서 [New Case]를 클릭한다.

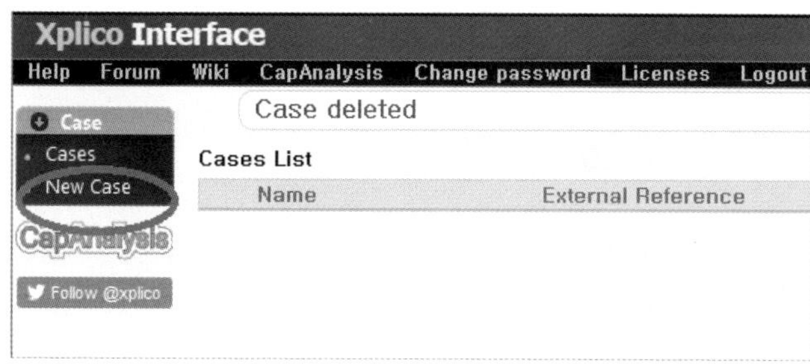

그림 13.42 Xplico

그럼 다음과 같은 화면이 나오는데 여기서는 pcap 파일을 업로드할 것이므로 [Uploading PCAP capture file/s]를 선택하고 [Case name]을 원하는 내용으로 입력한다. 여기서는 'Case1'로 지정했다.

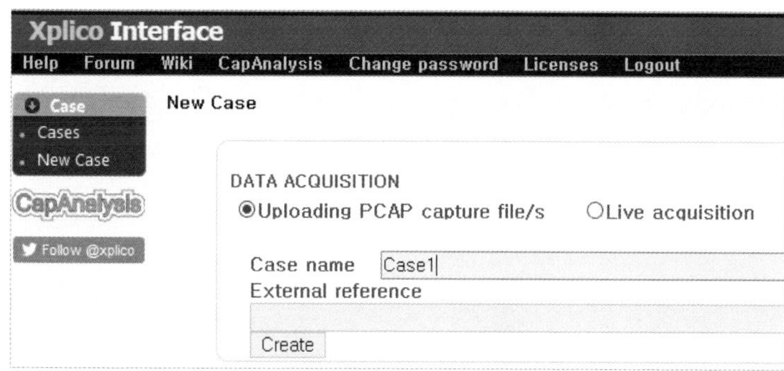

그림 13.43 Xplico

그럼 다음과 같이 'Case1'이 생성되고, 이를 클릭한다.

Xplico Interface
Help Forum Wiki CapAnalysis Change password Licenses Logout
Case
Cases
New Case
CapAnalysis
Follow @xplico
The Case has been created
Cases List

Name	External Reference	Type
Case1		Files

그림 13.44 Xplico

'Case1'에 들어오면 아래와 같이 왼쪽 메뉴가 약간 바뀌는데, [New Session]이라는 메뉴가 추가된 것을 알 수 있을 것이다. 이를 클릭한다.

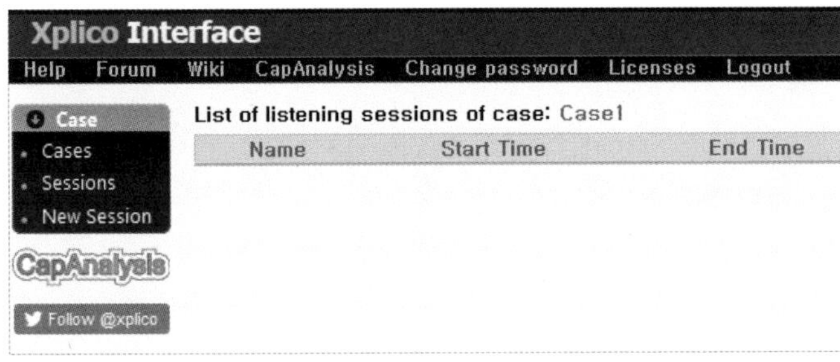

그림 13.45 Xplico

세션 이름을 적으라는 질문이 나오는데 'Session1'과 같이 적당한 이름을 입력하고 [Create] 버튼을 클릭한다.

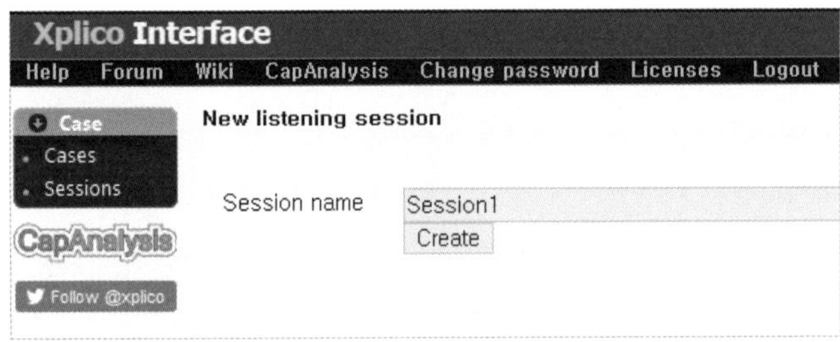

그림 13.46 Session name

이제 'Session1'까지 만들어졌다. 'Session1'을 클릭하면 이제 본격적인 Xplico의 화면이 등장할 것이다.

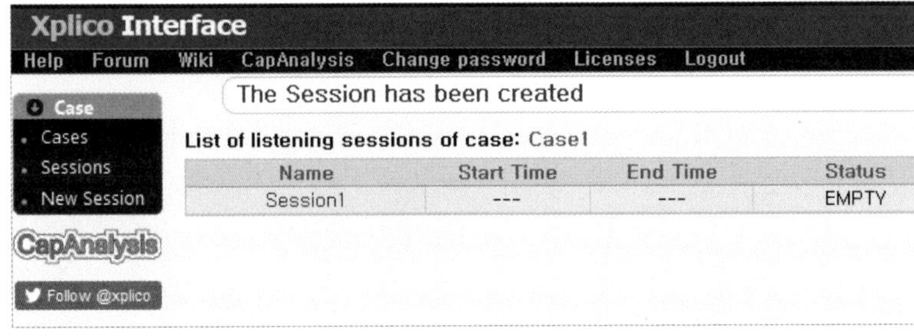

그림 13.47 세션 생성 완료

다음과 같은 화면이 등장하며 HTTP나 FTP 등 여러 프로토콜이 표시돼 있을 것이다. 물론 아직 패킷 분석을 시작하지는 않았으니 대부분의 데이터가 아직 0으로 카운팅돼 있다. 오른쪽 상단의 [Pcap set] 메뉴에서 [찾아보기]를 클릭해서 미리 준비해둔 pcap 파일을 업로드하자. 적당한 pcap 파일이 없다면 보안양파의 daily logs에서 복사해 와도 괜찮고 자신의 PC에서 와이어샤크를 설치하고 실행한 후 몇 분간 켜놓은 채 인터넷을 쓰면서 패킷을 캡처해도 좋다.

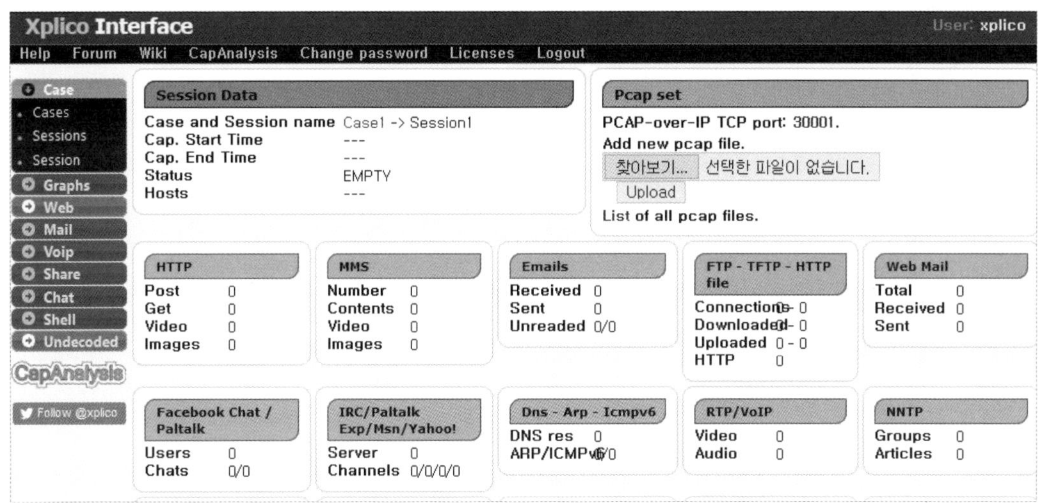

그림 13.48 Xplico

파일을 업로드하면 잠시 'File uploaded, wait start decoding'이라는 메시지가 나오며 대기 상태가 된다. Xplico가 파일을 분석하는 중이니 새로고침 같은 것을 하지 말고 잠시 기다리자.

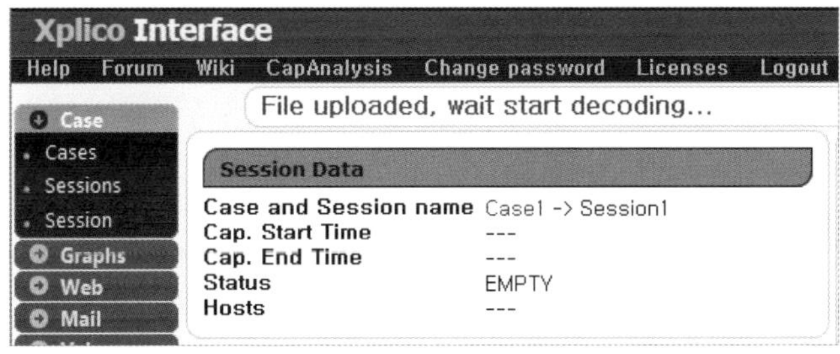

그림 13.49 Session Data

분석이 완료되면 다음과 같이 'DECODING COMPLETED'라고 바뀐다. 이제 본격적으로 Xplico를 이용해 패킷 분석을 시작할 수 있다.

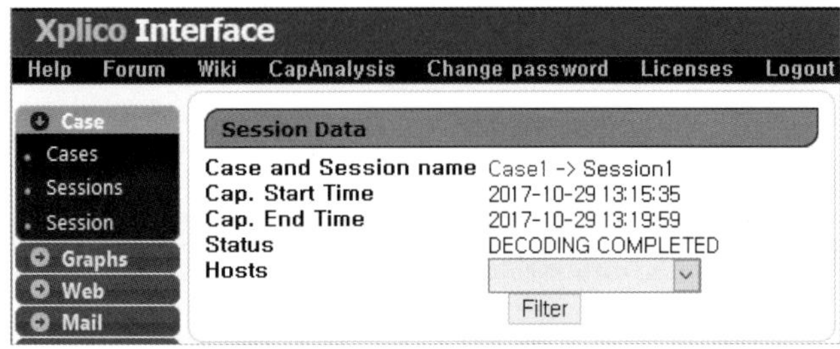

그림 13.50 Session Data

먼저 아래와 같이 각 프로토콜에 대해 분석된 만큼 카운팅이 늘어난다는 사실을 확인할 수 있다.

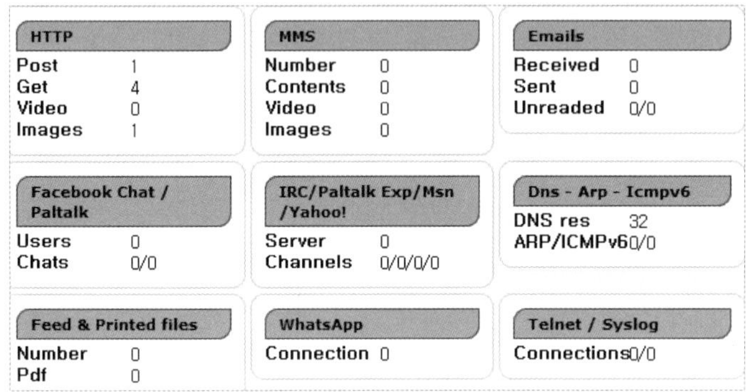

그림 13.51 분석 결과

이제 왼쪽 메뉴에서 보고 싶은 내용을 하나씩 클릭해 본다. 먼저 [Web] 메뉴에서 [Site]를 클릭하면 다음과 같이 이 트래픽에서 웹 접속을 시도했던 목록이 모두 나온다. 또한 이를 Html, Image, Flash, Audio, Json 등 파일 타입에 따라 분류까지 해 준다. 다음은 Json 타입의 웹 로깅만 모두 나열하게 한 것이며, 샘플로 하나를 클릭해 본 모습이다. Json 쿼리가 잘 기록돼 있음을 확인할 수 있다.

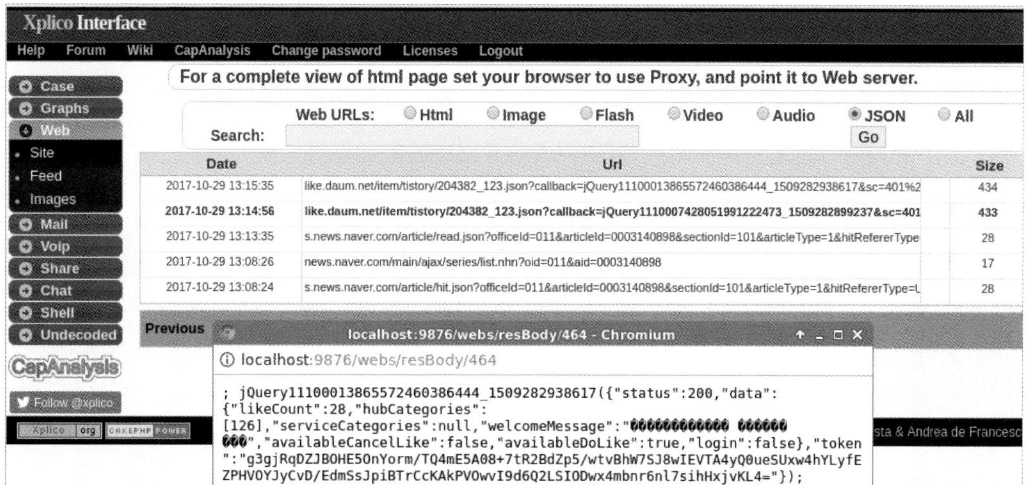

그림 13.52 분석 결과

각 URL마다 오른쪽에 보이는 [Info]를 클릭하면 다음과 같이 해당 사이트를 간단히 재구성해주기도 한다. 침해 분석 시 어떤 사이트에 들어갔고 그 사이트가 어떻게 생겼는지 확인하고 싶을 때 매우 요긴한 기능이다.

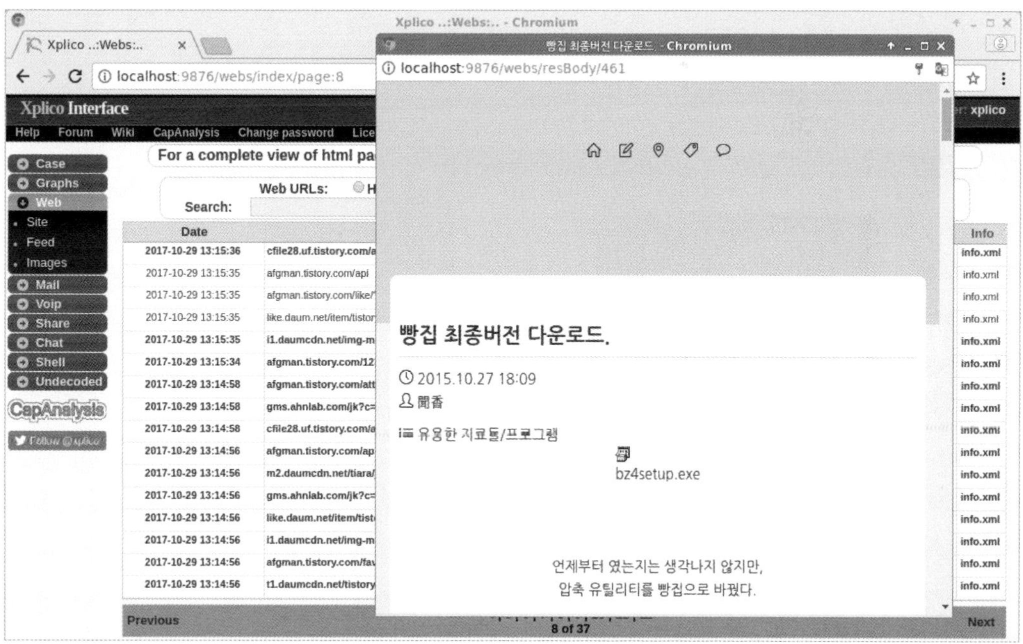

그림 13.53 분석 결과

그리고 다음은 [Images]를 클릭했을 때 나오는 화면이다. 이 트래픽에서 사용된 이미지를 모두 보여준다. 아래 케이스의 경우 뉴스 사이트에 많이 접속했다는 것을 짐작할 수 있다.

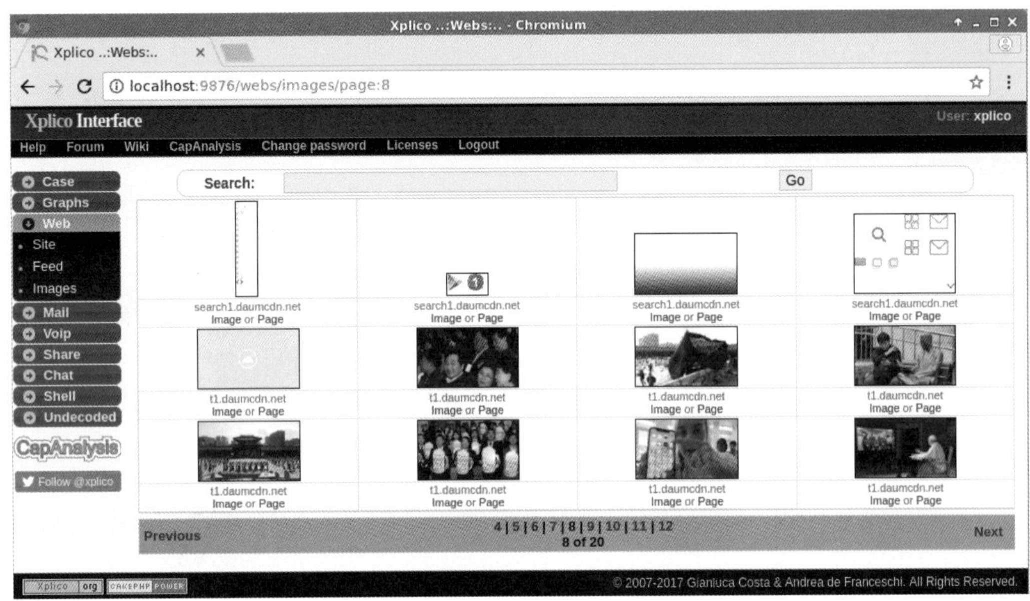

그림 13.54 분석 결과

항목을 클릭하면 좀 더 상세한 화면을 보여주기도 한다.

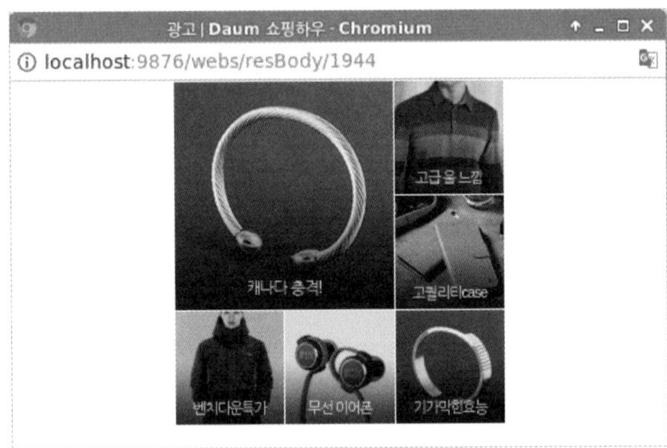

그림 13.55 추출된 사진

다음은 [Shell] 메뉴의 [syslog]를 클릭한 화면이다. 시스로그를 이용한 호스트가 어딘지 보여준다.

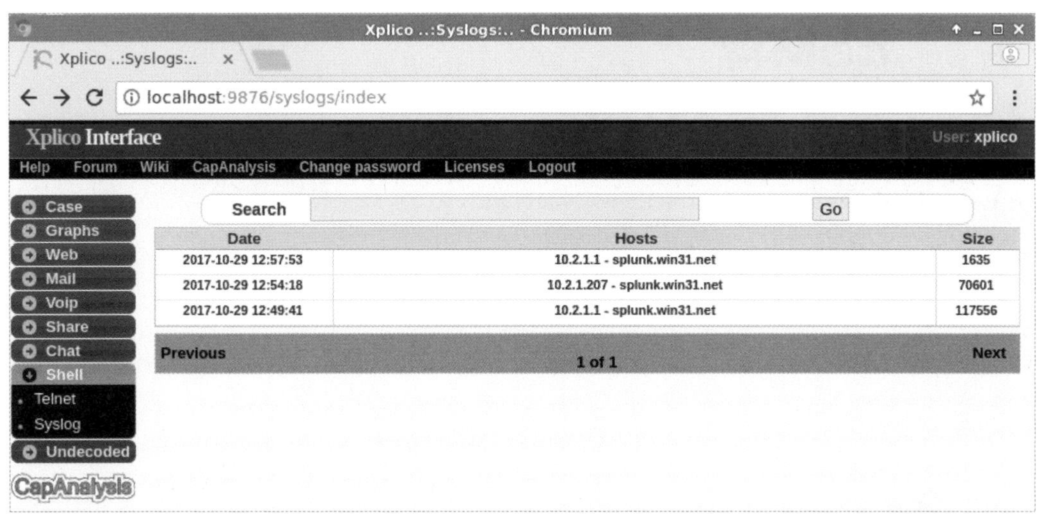

그림 13.56 시스로그 정보

항목을 클릭하면 시스로그의 상세 내역까지 알 수 있다. 만약 네트워크 트래픽 내에서 시스로그의 전송 내역을 확인하고 싶을 때 역시 매우 유용하게 활용할 수 있다.

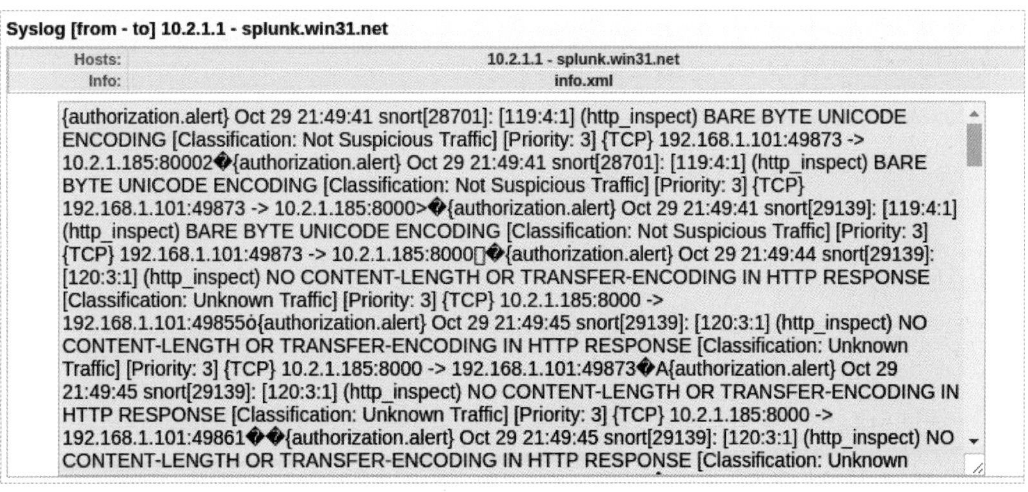

그림 13.57 탐지 로그

이런 식으로 Xplico를 이용하면 복잡한 명령이나 사용법 없이 간단하게 네트워크 분석을 할 수 있다. 특히 이미지나 접속 URL 등을 상세히 뽑아주므로 서비스망보다는 개인 PC의 침해 내역을 분석할 때 훨씬 더 효율적으로 활용할 수 있다. 간단한 툴이지만 큰 이점을 얻을 수 있으므로 꼭 사용법을 익혀두자.

4부 ESM과 보안 로그의 중앙 집중화

14장 ESM을 이용한 보안 로그의 중앙 집중화

이번 장부터는 ESM(Enterprise Security Management)에 대해 다룬다. ESM의 뜻을 풀이하자면 '전사적 보안 관리'라고 할 수 있는데, 구체적으로는 과연 어떤 의미일까? 지금까지 방화벽, IDS 등을 구축해 봤다. 일반적으로 보안 분야를 공부할 때는 어떤 로그가 발생했을 때 해당 로그를 분석하고 도출된 결과를 토대로 사후 액션을 수행한다. 하지만 모든 보안 장비가 그렇듯이 하루에도 엄청난 양의 로그가 만들어진다. 즉, 공부할 때 볼 수 있는 한두 줄의 예제 로그만으로 결과를 내는 것은 어렵지 않지만 실제로는 너무나 방대한 양의 로그가 쏟아지기 때문에 현업에서는 그러한 한두 줄을 찾는 과정이 너무도 어렵고 고통스러운 상황인 경우가 많다. 즉, 한두 줄의 로그를 찾기 위해 수많은 필터링 작업과 로그 수집 작업이 계속 선행돼야 하는 것이다.

더군다나 방화벽과 IDS 외에도 로그를 관리해야 할 대상은 많다. 윈도우나 리눅스 등의 OS 로그, VPN 로그, 웹 프락시 로그, 백신 로그 등 수많은 보안 시스템의 로그가 각 장비에 쌓인다. 여기서 만약 123.123.123.123이라는 IP의 흔적을 찾는다고 치자. 그러면 보안 시스템이 10대가 있다고 가정했을 때 어떤 체계화된 로그 관리 시스템이 있지 않는 한 10대의 시스템에 일일이 로그인해서 텍스트 찾기 기능을 이용해 모든 로그를 다 뒤져야 한다. 이것은 굉장히 고통스러운 작업이자 비효율적인 일이 아닐 수 없다.

그래서 등장한 것이 ESM이다. 광고에서는 통합 분석, 능동적인 대응 프로세스, 빅데이터 기반 로그 분석, 사업 분석을 통한 로그의 흐름 등등 거창한 이야기가 나오지만 쉽게 말해 로그를 한 군데로 모아주는 시스템이며, 그렇게 모인 로그를 토대로 여러 가지 통합 분석과 연관 분석을 할 수 있는 시스템을 가리킨다. 뒤이어 나오는 능동적인 프로세스 보안관제의 패러다임 등은 ESM을 잘 활용했을 때의 이야기지 ESM만 구축한다고 바로 되는 것은 아니다. 즉, 단지 로그를 한군데로 집중시켰다고 해서 그게 다가 아니라는 점이다. 또한 로그를 모았을 때 발생하는 여러 가지 문제가 있다. 예를 들어, 통일성 문제가 있는데, 가령 로그 생성 시간대를 로그 앞에 기록하는 경우가 있고 로그 뒤에 기록하는 경우도 있다. 또한 어떤 로그는 탐지 문자열에 'detection'이라는 단어를 쓰는데, 어떤 로그는 탐지 문자열에 대해 'found'라는 단어를 쓰기도 한다. 그래서 ESM을 구축할 때는 로그를 하나의 일관된 정책에 따라 만들어야 하고, 시간대를 통일시켜야 하는 문제가 있다.

ESM의 궁극적인 목표 자체가 상호간의 연관분석이다. 이 연관분석이 제대로 되려면 각 로그가 통일된 포맷 또는 한방에 잘 검색되는 구조로 만드는 것이 중요하다. 즉, 어떤 서버에서 백신의 탐지 로그가 발견됐을 때 해당 서버에 직접 들어가서 조사를 진행하는 정도로 그칠 것이 아니고, 또 다른 로그와의 교차 분석을 통해 해커가 어떤 작업을 어떤 순서로 진행했는지 파악하는 작업을 타임라인을 그리며 초 단위로 분석할 수 있어야 한다. 예를 들어, 10.10.1.2라는 서버에 IDS 탐지 로그가 발생하고 1분 후에

10.10.1.2라는 서버에서 로그인 시도 로그가 만들어졌다. 그렇다면 이러한 흐름은 해커가 어떤 침투 시도를 해서 그것이 IDS에 의해 1차적으로 적발됐고, 실제 로그인 시도까지 이뤄진 것으로서 어느 정도 단계까지는 서버에 접근하고 있다는 뜻이다. 여기서 또다시 수분 내에 10.10.1.2 서버에서 악성코드 탐지가 발생했다면 실제 서버에 악성코드까지 심었다고 가정할 수 있고, 이는 크리티컬 레벨로 등급이 올라가는 상황으로 여길 수 있다. 이런 식의 필터링 및 상관관계를 추출하는 것이 ESM의 근본적인 목표다.

앞에서 언급한 내용은 해킹 대응 프로세스 측면에서 설명한 것이지만 그 밖에 운영 문제나 법적인 문제로 로그 보관 문제가 있다. 예를 들어, 정보보호관리체계(ISMS)의 경우 중요 보안 로그를 6개월 이상 저장하게끔 돼 있다. 하지만 각 보안 장비의 로컬에 로그를 떨어뜨려 보관하면 해당 장비의 스토리지 문제상 실제로 1개월은커녕 2~3일도 보관할 수 없는 경우가 상당수라서 결국 이러한 ESM 같은 시스템을 만들어서 로그를 실시간으로 포워딩해서 보관해야 한다. 따라서 ESM은 법적 조건을 충족하기 위해서라도 어느 정도 규모가 있는 기업에서는 필수적으로 갖춰야 하는 시스템이다.

01 _ ESM의 의의와 수집하려는 시스템의 로그

이번 장부터는 ESM 구축 프로젝트를 진행할 예정이다. ESM에도 다양한 시스템이 있지만 여기서는 쉬운 접근과 이해를 위해 스플렁크(Splunk)라는 빅데이터 분석 시스템을 이용할 예정이다. 스플렁크로 방화벽 로그, 윈도우 이벤트 로그, 리눅스 시스로그, IDS 로그 등을 전송하는 시스템을 구축하는 것이 이번 프로젝트의 목표다. 이를 통해 지난 장에서 설치한 보안 시스템의 모든 로그를 스플렁크로 모을 것이다. 이번 실습의 구체적인 목표는 다음과 같다.

1. 방화벽 로그 수집
2. VPN 로그 수집
3. IPS 로그 수집
4. 스퀴드가드 로그 수집
5. IDS 로그 수집

위에 열거한 로그는 pfSense, 보안양파 등에 산발적으로 흩어져 있고, 데이터의 보관 주기도 길지 않아서 며칠 뒤면 로그가 다 사라져버리기도 한다. 또한 스퀴드가드의 경우 pfSense의 콘솔로 들어가지 않으면 웹 상에서는 로그를 확인조차 하기 힘든 구조이며, 무엇보다도 방대한 로그 안에서 우리가 원하는 검색 결과를 찾기도 힘들다. 그래서 이것들을 스플렁크로 모아보고 중앙에서 관리하려고 한다. 또한 각 로그를 어떤 식으로 분석하는지 교차 분석 방법도 공부하려고 하므로 기존 시스템에 이어 하나씩 직접 설치해 보며 잘 따라오길 바란다. 마지막으로 유의해야 할 점은 이 책에서는 ESM으로 스플렁크를 골랐지만 이것이 반드시 정답은 아닐 수 있다는 점이다. 스플렁크보다 ESM으로 더욱 유명세를 떨쳤던 IBM의 아크사이트(ArcSight)도 있고, 스플렁크와 아크사이트 모두 유료 제품이라서 비용 문제 때문에 부담이 되는 경우 오픈소스인 ELK Stack(Elasticsearch + Logstash + Kibana)을 선택할 수도 있다. 이 책에서 스플렁크를 선택한 이유는 스플렁크가 설치하거나 구축하기가 가장 쉽고 무료 버전을 제공하고 있으며, 훌륭한 인터페이스 덕분에 각종 로그의 내용을 빠르게 튜닝할 수 있기 때문이다. 이런 점을 감안해서 스플렁크를 선택했으니 나중에라도 ESM과 관련된 좀 더 다양한 시스템을 접해보고 싶은 분들은 이 책의 내용을 다 이해하고 나서 ELK 등으로 ESM을 다시 구축해 보는 방법을 권유한다.

02 _ 스플렁크 설치

스플렁크는 엔터프라이즈 급으로 쓸 때는 굉장히 비싼 상용 솔루션이지만 앞서 언급했듯이 무료 버전도 제공한다. 무료 버전은 하루에 500MB 데이터만 분석할 수 있는 용량의 제한과 실시간 이메일 알람이 제공되지 않는 등의 제한이 있다. 하지만 학습용으로 ESM을 구축하고 이해하는 데 크게 문제는 없고, 로그만 잘 튜닝하면 일일 500MB의 용량으로도 소규모 환경에서는 공식 ESM으로 활용할 수 있다. 또한 실시간 이메일 알람은 다음 장에서 소개할 자동화 부분에서도 충분히 극복할 수 있다.

먼저 설치부터 해 보자. 아래 URL로 이동해서 무료로 회원가입을 하면 스플렁크를 내려받을 수 있다. 이때 스플렁크 엔터프라이즈를 선택해서 내려받는다. 엔터프라이즈라고 해서 상용 버전인 것 같아도 이를 무료 버전으로 라이선스를 바꾸면 된다. 그 방법은 잠시 후에 설명한다.

- https://www.splunk.com/en_us/download.html

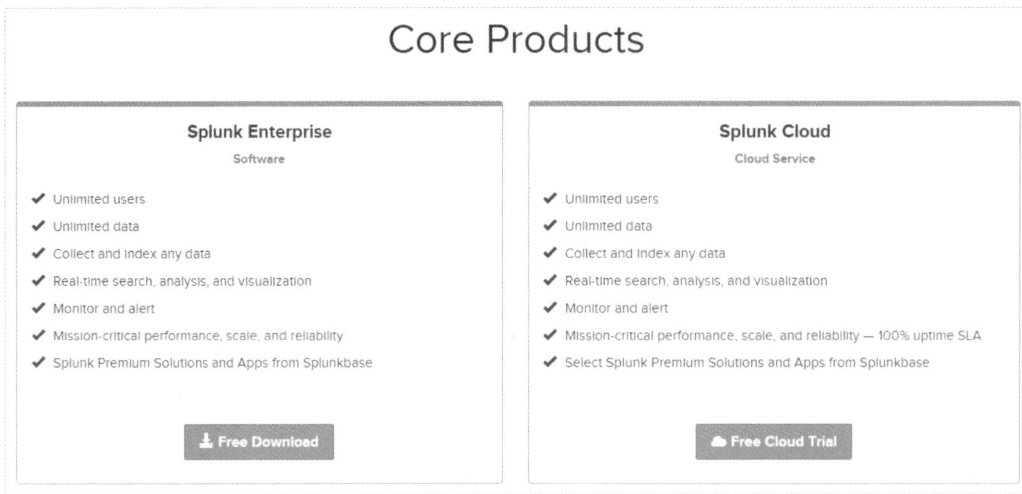

그림 14.1 스플렁크 다운로드

이 책에서는 우분투 리눅스에 설치할 것이므로 *.deb 버전으로 내려받는다. 그리고 리눅스에 설치하려면 아무래도 wget의 주소를 얻는 것이 편한데, 친절하게도 그 주소까지 제공하고 있으므로 오른쪽의 [Useful Tools]에서 [Download via Command Line (wget)]을 클릭해 주소를 복사한다.

그림 14.2 wget 경로

그리고 우분투 리눅스에서 해당 링크를 붙여넣는다. wget –O까지 친절하게 붙어있으므로 그냥 엔터만 치면 바로 다운로드가 시작된다.

```
window31@ubuntu:~/temp$
window31@ubuntu:~/temp$ wget -O splunk-6.6.3-e21ee54bc796-linux-2.6-amd64.deb 'https://www.spl
unk.com/bin/splunk/DownloadActivityServlet?architecture=x86_64&platform=linux&version=6.6.3&pr
oduct=splunk&filename=splunk-6.6.3-e21ee54bc796-linux-2.6-amd64.deb&wget=true'
--2017-08-28 23:20:40--  https://www.splunk.com/bin/splunk/DownloadActivityServlet?architectur
e=x86_64&platform=linux&version=6.6.3&product=splunk&filename=splunk-6.6.3-e21ee54bc796-linux-
2.6-amd64.deb&wget=true
Resolving www.splunk.com (www.splunk.com)... 54.230.249.248, 54.230.249.100, 54.230.249.194, .
..
Connecting to www.splunk.com (www.splunk.com)|54.230.249.248|:443... connected.
HTTP request sent, awaiting response... 302 Found
Location: https://download.splunk.com/products/splunk/releases/6.6.3/linux/splunk-6.6.3-e21ee5
4bc796-linux-2.6-amd64.deb [following]
--2017-08-28 23:20:43--  https://download.splunk.com/products/splunk/releases/6.6.3/linux/splu
nk-6.6.3-e21ee54bc796-linux-2.6-amd64.deb
Resolving download.splunk.com (download.splunk.com)... 54.230.249.6, 54.230.249.62, 54.230.249
.82, ...
Connecting to download.splunk.com (download.splunk.com)|54.230.249.6|:443... connected.
HTTP request sent, awaiting response... 200 OK
Length: 236237602 (225M) [application/octet-stream]
Saving to: 'splunk-6.6.3-e21ee54bc796-linux-2.6-amd64.deb'

 splunk-6.6.3-e21ee54bc  18%[====>                              ]  42.51M  15,1MB/s
```

그림 14.3 스플렁크 설치

이제 dpkg 명령어를 사용해 해당 deb 파일을 설치한다. 참고로 6.6.3 버전은 이 책을 쓸 때의 버전이며 스플렁크는 버전업이 잦기 때문에 독자들이 설치할 때는 다른 버전일 수도 있다는 점을 감안하길 바란다.

```
# sudo dpkg -i splunk-6.6.3-e21ee54bc796-linux-2.6-amd64.deb
```

```
window31@ubuntu:~/temp$
window31@ubuntu:~/temp$ sudo dpkg -i splunk-6.6.3-e21ee54bc796-linux-2.6-amd64.deb
Selecting previously unselected package splunk.
(Reading database ... 294425 files and directories currently installed.)
Preparing to unpack splunk-6.6.3-e21ee54bc796-linux-2.6-amd64.deb ...
Unpacking splunk (6.6.3) ...
```

그림 14.4 스플렁크 설치

설치가 완료되면 실행을 위해 아래 경로로 가서 명령어를 입력한다. 그러면 이용약관 내용이 등장하며 'y/n'을 묻는 화면이 나온다. 일일이 다 읽어볼 사용자는 상관없겠지만 빠르게 동의하고 넘어가고 싶은 분들은 페이지 다운이나 화살표 키로는 한도 끝도 없을 테니 스페이스바를 꾹 눌러서 내용 끝까지 빠르게 이동하자.

```
# sudo /opt/splunk/bin/splunk start
```

로딩이 되고 나면 다음과 같이 http://ubuntu:8000이라는 메시지가 나올 것이다('ubuntu'라는 글자는 서버의 IP 주소나 도메인이므로 독자의 테스트 환경에 따라 당연히 다를 수 있다). 이제 웹브라우저를 실행해 이 주소를 입력해 보자(참고로 저자는 DB 쪽의 VLAN 40에 스플렁크를 설치했으므로 10.40.1.2가 스플렁크 서버의 주소가 된다).

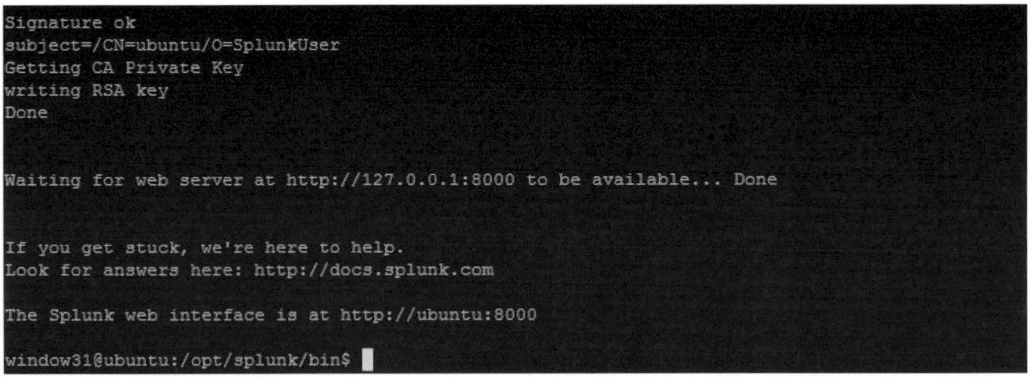
Signature ok
subject=/CN=ubuntu/O=SplunkUser
Getting CA Private Key
writing RSA key
Done
Waiting for web server at http://127.0.0.1:8000 to be available... Done
If you get stuck, we're here to help.
Look for answers here: http://docs.splunk.com
The Splunk web interface is at http://ubuntu:8000
window31@ubuntu:/opt/splunk/bin$

그림 14.5 스플렁크 설치

보다시피 로그인 창이 나타난다. 설치 자체는 벌써 끝났을 정도로 매우 간단하다. 화면에 보이는 내용대로 초기 사용자명과 비밀번호는 'admin'과 'changeme'다. 이 내용대로 로그인하면 바로 비밀번호를 바꾸라는 창이 나타날 것이다. 비밀번호를 변경한 뒤 라이선스를 무료 라이선스로 바꾸는 작업부터 시작하자.

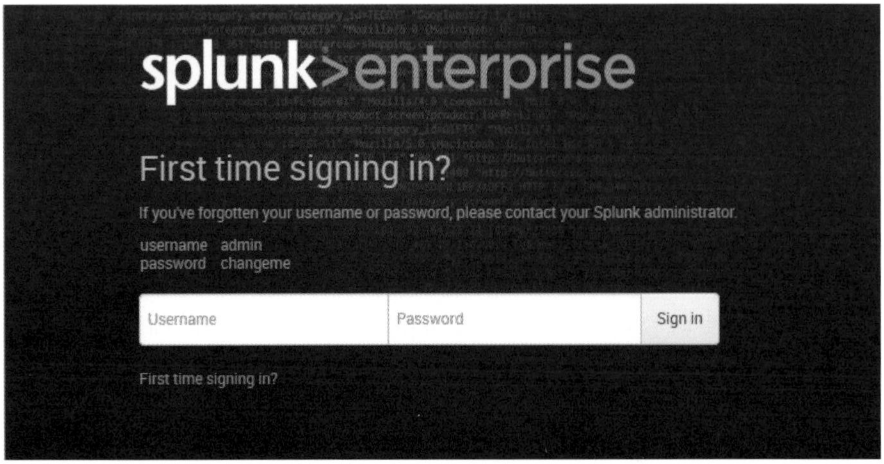
splunk>enterprise
First time signing in?
If you've forgotten your username or password, please contact your Splunk administrator.
username admin
password changeme
Username
Password
Sign in
First time signing in?

그림 14.6 로그인

메뉴에서 [Settings] → [Licensing]을 차례로 선택한다. 이곳으로 이동하면 현재 라이선스 그룹을 설정할 수 있다. [Change license group]을 클릭한 뒤 [Free license]를 선택하고 [Save] 버튼을 클릭한다. 그럼 이제 스플렁크는 재부팅을 요구할 것이다. [Restart Now]를 클릭해 바로 재부팅하자. 재부팅한 뒤 다시 메뉴에서 [Settings] → [Licensing]을 차례로 선택해서 확인해 보면 이제 무료 라이선스로 변경된 것을 확인할 수 있다.

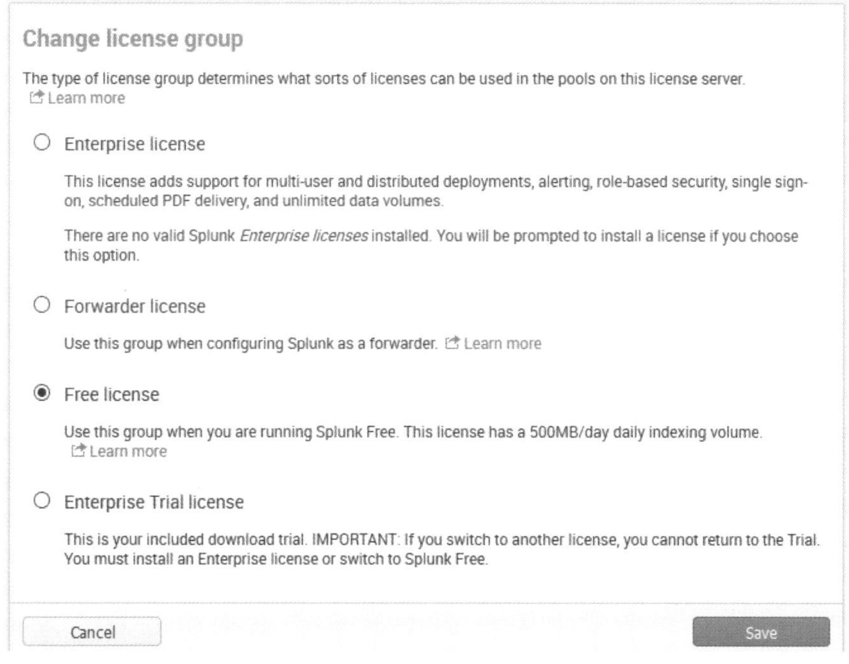

그림 14.7 프리 라이선스 선택

그리고 사실 약간 번거로운 작업이긴 한데 OS가 재부팅할 때 스플렁크가 자동으로 올라오도록 돼 있지 않다. 그래서 OS가 재부팅될 때 스플렁크도 함께 구동되도록 설정해야 한다. 이는 다음과 같은 명령어 한 줄로 끝난다.

```
# sudo /opt/splunk/bin/splunk enable boot-start
```

이로써 스플렁크를 설치했다. 아직 데이터가 아무것도 없기 때문에 보여줄 것이 하나도 없다는 점이 좀 아쉽기는 하지만 이제부터 스플렁크에서 데이터를 튜닝할 수 있도록 보안 시스템 로그를 하나씩 총집결해 보자. 스플렁크의 구체적인 사용법은 데이터를 넣어 가며 함께 설명하겠다.

03 _ 방화벽 로그와 VPN 로그를 스플렁크로 포워딩하기

먼저 방화벽과 VPN 로그부터 수집을 시작해 보자. 일반적으로 스플렁크는 데이터 수집을 위해 유니버설 포워더(Universal Forwarder)라는 별도의 에이전트 툴을 제공하는데, 이를 설치하기 어려운 시스템 또는 설치하기 싫은 경우에는 시스로그(syslog) 서버를 스플렁크 자체에서 제공하기 때문에 타 장비의 시스로그에서 스플렁크 시스로그로 로그를 전송하는 방법을 사용하기도 한다. 이 방법을 사용하면 유니버설 포워더를 각 장비에 일일이 설치하지 않아도 해당 장비에 시스로그 데몬만 떠 있다면 언제든지 별도의 에이전트 설치 없이 로그를 스플렁크로 전송할 수 있다. 사실 스플렁크 하면 유니버설 포워더 사용이 정석적인 방법이지만 시스로그를 사용하는 방법도 꽤 요긴한 편이므로 정석을 보기에 앞서 일단 이 방법부터 먼저 알아보자.

먼저 스플렁크 중앙 서버에서 미리 준비할 작업이 있는데, 맨 먼저 시스로그 데몬부터 띄우자. 스플렁크 메뉴에서 [Settings] → [Data input]으로 차례로 이동한다.

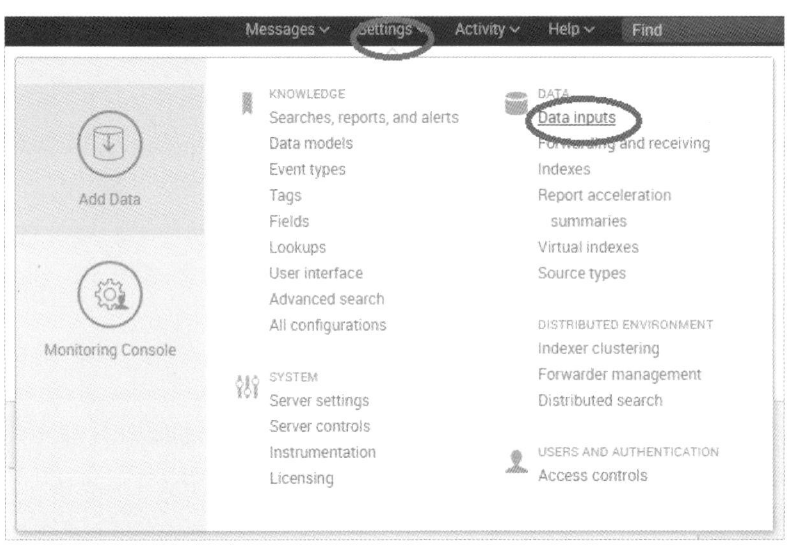

그림 14.8 Data Input

그리고 일반적인 시스로그인 UDP 514번 포트를 사용할 것이므로 여기서 UDP 메뉴의 [Add new]를 클릭한다.

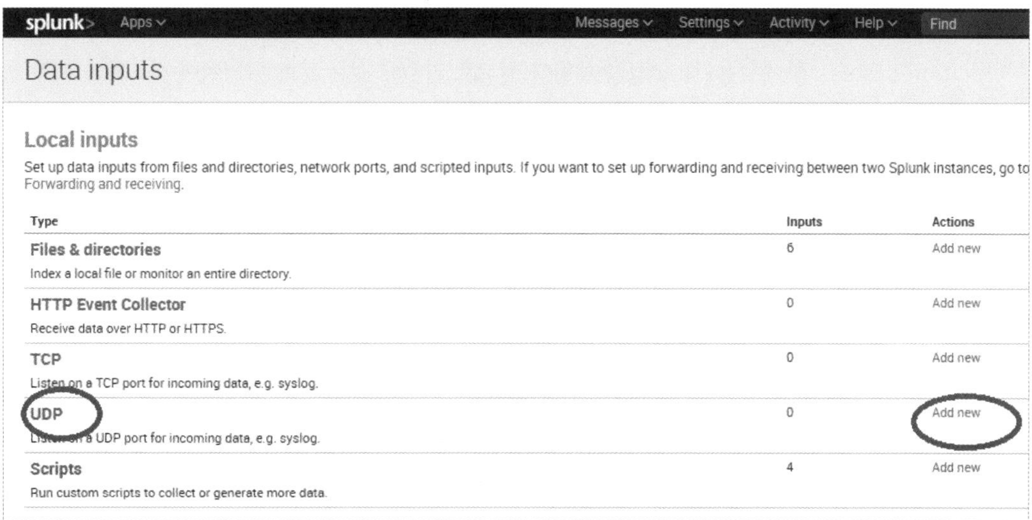

그림 14.9 UDP

UDP가 선택된 상태에서 514로 포트 번호를 지정하고 상단의 [Next] 버튼을 클릭한다. 물론 포트 번호는 원하면 바꿔도 무방하다.

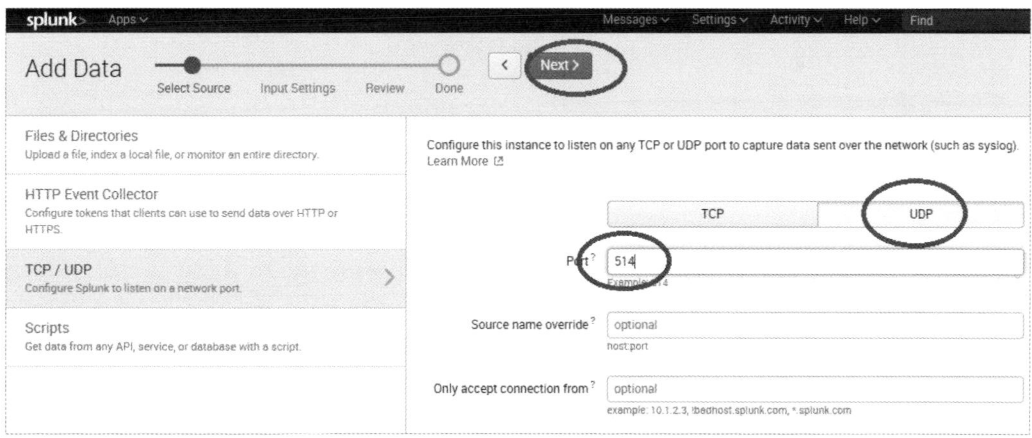

그림 14.10 UDP 514

다음으로 이 포트로 들어오는 로그에 대해 소스 타입(Source Type)을 지정하는 설정이다. 소스 타입은 스플렁크에서 굉장히 중요한 개념 중 하나인데, 간단하게 생각해서 현재 로그가 어떤 종류의 포맷을 가지고 있는지 지정하는 작업이다. 스플렁크의 장점 중 하나가 로그 파싱이며 이를 종류에 맞게 소스 타입으로 잘 지정해 두면 스플렁크는 복잡한 로그를 분류에 맞게 깔끔하게 구분해 준다. 따라서 현재 로그의 정확한 타입을 지정하는 것은 매우 중요하다.

일단 여기서는 시스로그 타입을 지정할 것이므로 [Source Type]에서 [Select] 버튼을 클릭하고 [Operation System] 중에서 [syslog]를 선택한다(참고로 기존에 없는 로그 타입이며 사용자가 직접 생성한 포맷의 로그라면 [New] 버튼을 클릭해 새로 생성할 수도 있다). 그리고 [Method]에서는 [IP]를 선택하고 [Index : Create new index]는 기본값으로 그대로 유지하고 'pfSense'라고 입력한다. 인덱스는 데이터의 종류에 따라 잘 구분해야 나중에 검색 속도에 지장이 없다. 인덱스에 대해서도 데이터 모델링이나 DB 튜닝 측면에서 설명하자면 책 한권을 낼 수도 있을 정도로 내용이 방대하지만 일단 여기서는 'pfSense'라는 전용 인덱스를 만든다는 것 정도로 넘어가고 [Review] 버튼을 클릭한다.

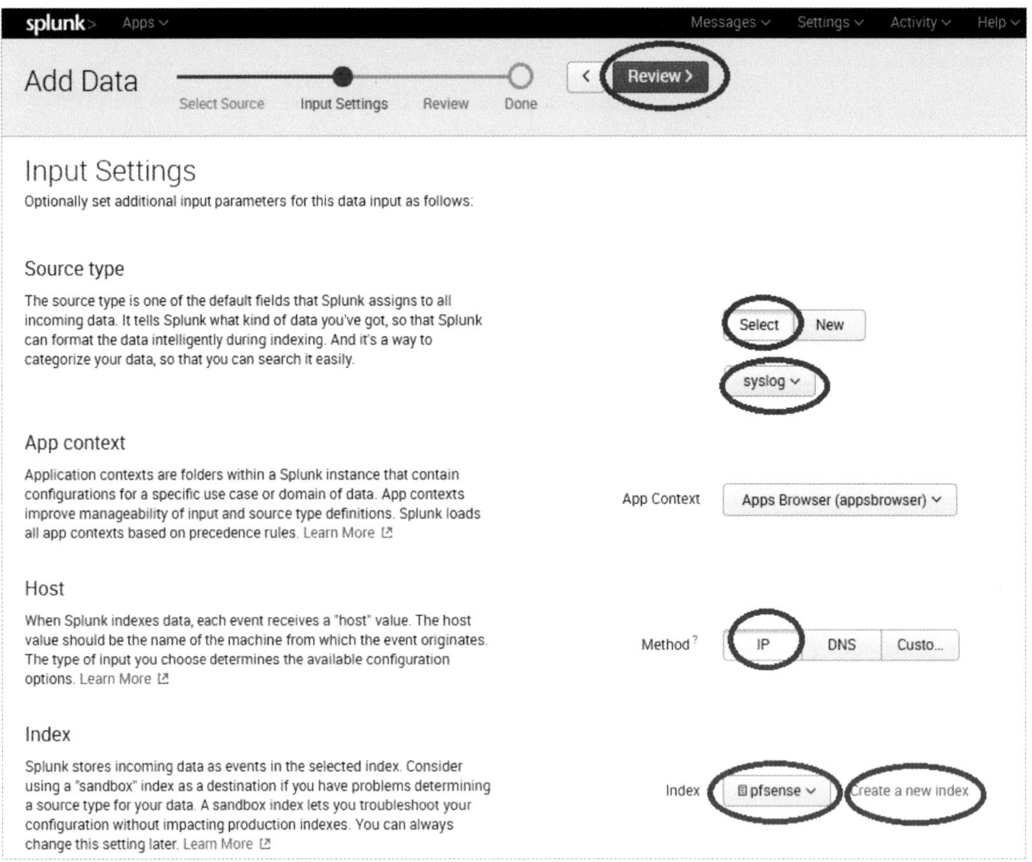

그림 14.11 설정

[Review] 이후에 나오는 버튼에서 기본적으로 선택된 것들을 누르면(스크린샷은 생략) 다음과 같이 완료된 페이지가 나온다. 이 상태가 되면 이제 시스로그의 514번 포트가 스플렁크 서버에서 가동되는 상태가 된다.

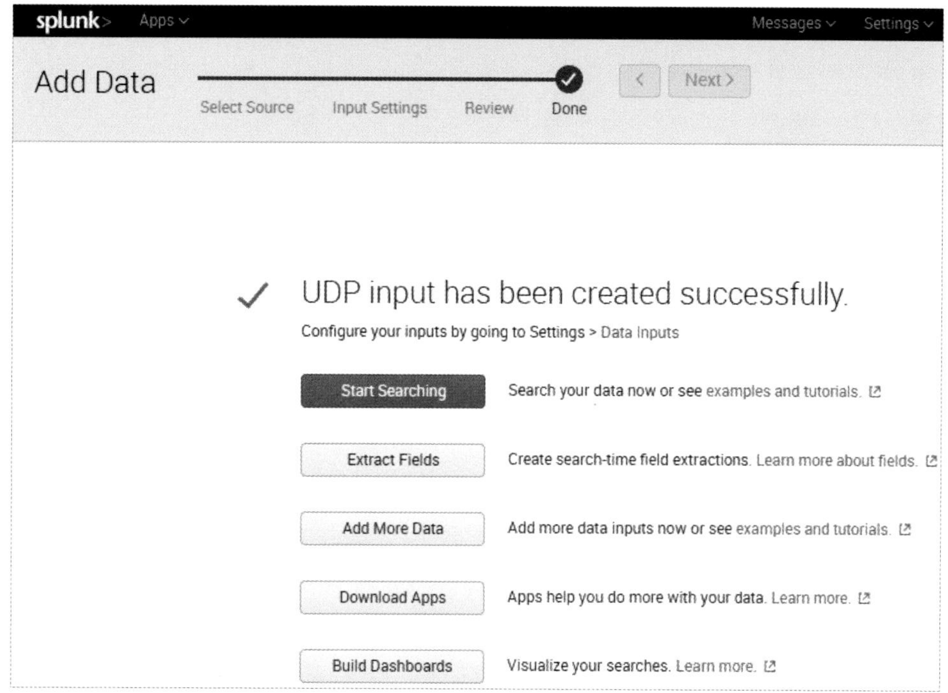

그림 14.12 설정 완료

이제 스플렁크 서버가 514번 포트를 리슨하는 상태로 준비가 끝났다. 그리고 이곳으로 들어오는 데이터는 스플렁크가 'pfSense'라는 소스 타입으로 데이터를 저장하게 돼 있으므로 이제 pfSense에서 스플렁크 서버인 10.40.1.2로 시스로그를 보내기만 하면 된다. 먼저 방화벽 로그부터 시작해 보자. 방화벽 로그는 메뉴에서 [Firewall] → [Rule]을 차례로 선택해서 ACL을 만들었을 때 각 ACL마다 일일이 설정해야 한다. 즉, 각 ACL 룰을 모두 각기 클릭해서 해당 룰이 로그를 보낼지 말지 체크해야 한다는 것이다. 사실 이것이 꽤 불편하고 시간이 오래 걸리는 작업이기는 하지만 어떤 룰은 로그를 반드시 받아야 하는 반면 또 어떤 룰은 로그를 받을 필요가 없기도 하므로 확실히 구분하기 위해서는 딱히 뾰족한 방법이 없다.

먼저 이전 장에서 망 분리를 위해 VLAN끼리의 트래픽은 모두 차단했었는데, 만약 다른 VLAN으로 접근 시도를 하는 트래픽이 있다면 해당 로그를 남기는 작업을 진행해 보겠다. 기억하고 있겠지만 VLAN끼리의 트래픽은 ACL 룰에서는 RFC1918 Aliasese를 만들어서 처리했다. 로그를 남기려면 이 룰에 들어가서 로그 기능을 켜면 된다. 먼저 'VLAN10_WEB'부터 시작해 보자. pfSense의 메뉴에서 [Firewall] → [Rules]를 차례로 선택한 후 'VLAN10_WEB' 탭으로 들어가고, 다음과 같이 [Actions]에서 연필 모양을 눌러 편집 화면으로 들어간다.

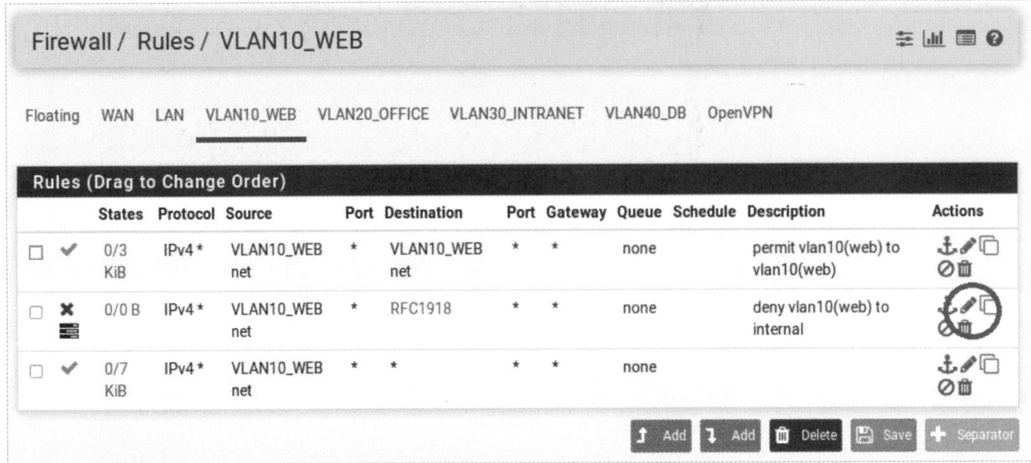

그림 14.13 방화벽 허용

밑으로 내려 보면 [Extra Options]에 [Log]라는 체크박스가 있다. 이를 체크하고 [Descriptions]에 적당한 이름을 입력한다. 여기서는 VLAN10에서 다른 VLAN으로 가는 것을 차단하는 룰이므로 'deny vlan10(web) to internal'이라는 이름을 입력했다.

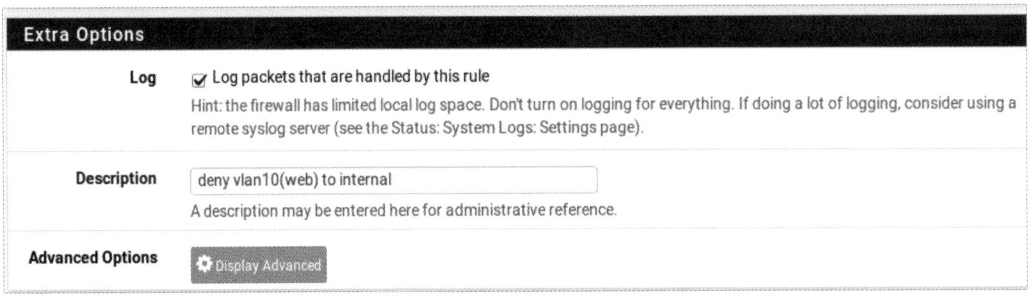

Extra Options

Log ☑ Log packets that are handled by this rule
Hint: the firewall has limited local log space. Don't turn on logging for everything. If doing a lot of logging, consider using a remote syslog server (see the Status: System Logs: Settings page).

Description deny vlan10(web) to internal
A description may be entered here for administrative reference.

Advanced Options Display Advanced

그림 14.14 로그 생성

이제 이 룰에 걸려서 차단되는 케이스는 pfSense에 로그가 기록된다. 그리고 이를 pfSense 메뉴에서 [Status] → [System Logs]를 차례로 선택해 확인할 수 있다. 이런 식으로 다음 룰도 체크박스를 통해 이 기능을 활성화해야 한다. 즉, 룰마다 체크박스를 모두 체크해야 하기 때문에 작업량이 좀 많다는 이야기가 이해될 것이다. 어쨌든 원하는 방화벽 로그를 보고 싶으면 모든 룰을 대상으로 이 작업을 해야 한다는 점을 잊지 말자. 그리고 이 책에서는 1개의 케이스만 소개했지만 지금부터는 독자의 몫으로 로그를 남기고 싶은 룰에 대해서는 일일이 앞에서 설명한 작업을 모두 해주자. 방화벽 허용 룰에도 체크하면 직원들이 인터넷을 쓰면서 나가는 모든 내역을 남길 수도 있고, 이 웹서버로 들어오고 나가는 모든 트래픽에 대해 로그를 남길 수도 있다. 어쨌든 이렇게 하면 pfSense의 메뉴에서 [Status] → [System Logs]를 차례로 선택해 로그를 볼 수 있게 된다.

이제 로그가 추가는 됐지만 앞서 언급한 대로 지속적으로 보관되는 로그의 양이 얼마 되지도 않고 검색어 사용도 쉽지 않기 때문에 원하는 로그를 찾기는 불가능에 가깝다. 그래서 이제부터는 본연의 목적이었던 로그를 스플렁크로 보내는 작업을 추가하자. pfSense의 메뉴에서 [Status] → [System Logs] → [Settings]를 차례로 선택한 후 밑으로 쭉 내려 가면 [Remote Logging Options]가 있다. 여기서 [Enable Remote Logging]을 체크한다. 그리고 [Remote log servers]는 앞에서 스플렁크를 설치한 서버인(514번 포트를 연) 10.40.1.2로 입력한다. 마지막으로 [Remote Syslog Contents]는 [Everything]을 선택한다. 이렇게 전체를 선택하면 방화벽 로그뿐 아니라 VPN 로그도 포함되어 전송된다.

Remote Logging Options
Enable Remote Logging
Send log messages to remote syslog server
Source Address
Default (any)
This option will allow the logging daemon to bind to a single IP address, rather than all IP addresses. If a single IP is picked, remote syslog servers must all be of that IP type. To mix IPv4 and IPv6 remote syslog servers, bind to all interfaces.
NOTE: If an IP address cannot be located on the chosen interface, the daemon will bind to all addresses.
IP Protocol
IPv4
This option is only used when a non-default address is chosen as the source above. This option only expresses a preference; If an IP address of the selected type is not found on the chosen interface, the other type will be tried.
Remote log servers
10.2.1.186
IP[:port]
IP[:port]
Remote Syslog Contents
Everything
System Events
Firewall Events

그림 14.15 로그 포워딩

이제 다시 스플렁크(http://splunk-ip:8000)를 띄워 놓은 웹 브라우저로 이동한다. 메인 화면으로 가서 왼쪽 상단의 초록색 아이콘인 [Search & Reporting]이라고 적힌 큰 버튼을 누른다.

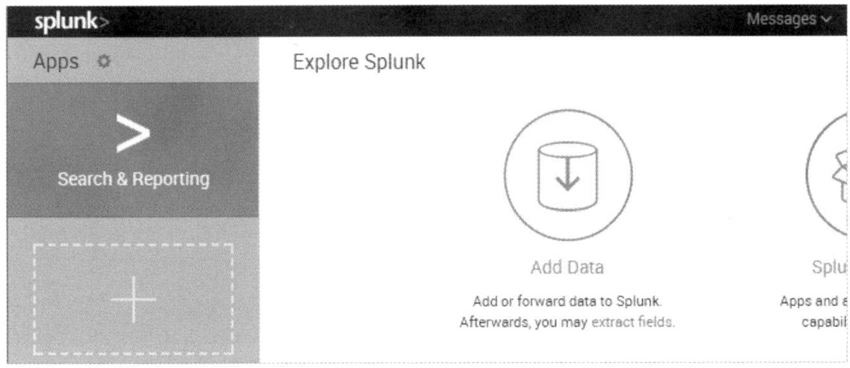

그림 14.16 Search & Reporting

검색 창이 하나 나오는데 거기에다 'index=*'를 입력해 보자. 스플렁크는 쿼리 기반이라서 검색을 원하는 명령어를 DB 쿼리처럼 입력해야 한다. 'index=*'라는 명령어는 모든 인덱스에 대해 조건 없이 검색하라는 명령이며, 우측에 보이는 [Last 24 hours]가 최근 24시간 동안의 로그에 대해서만 검색해 보라는 옵션이다. 좀 더 구체적인 쿼리나 로그 검색 방법에 대해서는 다음 장에서 계속해서 설명하겠다. 어쨌든 로그가 잘 들어오는지만 확인해 보기 위해 다음과 같이 입력한 것이고, 이제 로그가 들어오는 것을 확인할 수 있다.

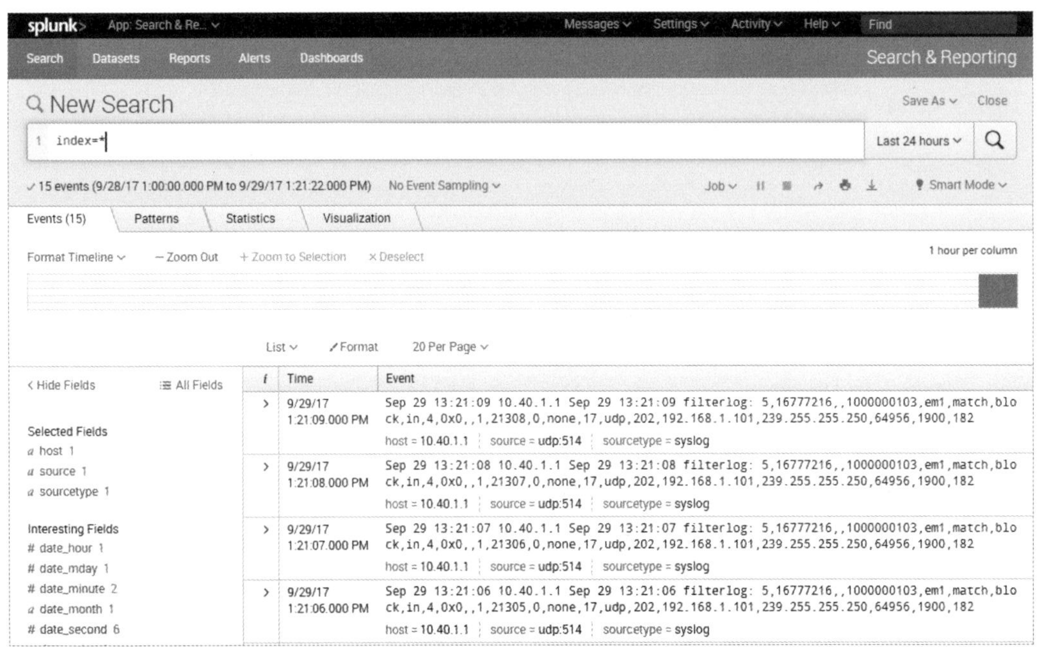

그림 14.17 검색

이로써 스플렁크를 설치해서 방화벽과 VPN 로그를 모으기 시작했다. 그럼 이 로그들이 어떤 의미를 가지는지 방화벽부터 시작해서 차근차근 알아보자.

04 _ 방화벽 로그를 해석하는 법

방화벽 로그의 내용을 확인하기에 앞서 해야 할 작업은 pfSense에서 정의된 각 ACL에 부여된 ID를 확인하는 것이다. 각 방화벽 로그에는 이 로그가 어떤 ACL에 의해 생성된 것인지를 표시한 고유 번호가 있다. 이는 룰 ID로서 pfSense의 터미널을 통해 특정 데이터를 내려받아야 이를 파악할 수 있으며, ID를 알아야 이 로그가 어떤 룰에 의해 걸린 것인지를 알 수 있다.

먼저 룰 ID 목록을 내려받는 작업부터 해 보자. 아쉽게도 이 데이터는 pfSense의 웹 콘솔에서 볼 수 없고 터미널로 들어가서 내려받아야만 한다. '이것도 웹에서 바로 볼 수 있게 만들어 뒀으면 좋을 텐데'라는 생각이 들지만 향후에 업데이트되길 기대하기로 하고 일단 터미널에서 해당 데이터를 가져와 보자. 먼저 터미널로 들어가려면 pfSense 메뉴의 System – Advanced로 가서 [Enable Secure Shell]을 클릭해 SSH 포트를 열어야 한다. 이렇게 해야 SSH로 접근 가능해진다.

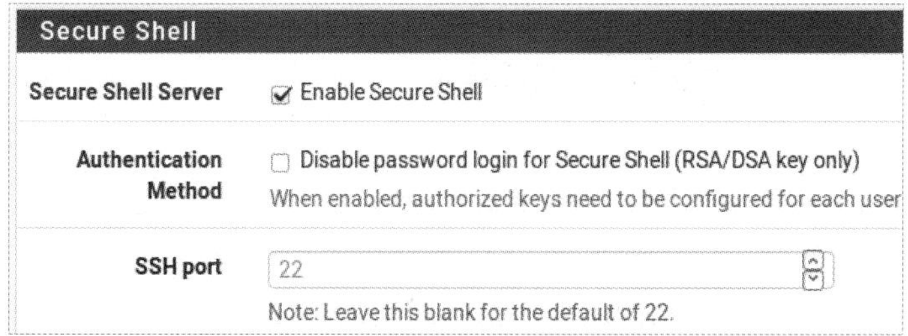

그림 14.18 SSH 허용

이제 PuTTY나 ssh 명령어 등을 사용해 Xubuntu에서 pfSense로 SSH를 통해 접속해 보자. 사용자명과 비밀번호는 pfSense의 웹 관리자에 접속할 때의 계정을 사용하면 된다. SSH로 접속하면 다음과 같은 메뉴가 나오는데 여기서 '8'을 눌러서 셸로 들어간다.

```
admin@10.20.1.1's password:
*** Welcome to pfSense 2.3.2-RELEASE (amd64 full-install) on pfSense ***

 WAN (wan)       -> em1        -> v4/DHCP4: 192.168.1.104/24
 LAN (lan)       -> em0        -> v4: 192.168.2.1/24
 VLAN10_WEB (opt1) -> em0_vlan10 -> v4: 10.10.1.1/24
 VLAN20_OFFICE (opt2) -> em0_vlan20 -> v4: 10.20.1.1/24
 VLAN30_INTRANET (opt3) -> em0_vlan30 -> v4: 10.30.1.1/24
 VLAN40_DB (opt4) -> em0_vlan40 -> v4: 10.40.1.1/24

 0) Logout (SSH only)                  9) pfTop
 1) Assign Interfaces                 10) Filter Logs
 2) Set interface(s) IP address       11) Restart webConfigurator
 3) Reset webConfigurator password    12) PHP shell + pfSense tools
 4) Reset to factory defaults         13) Update from console
 5) Reboot system                     14) Disable Secure Shell (sshd)
 6) Halt system                       15) Restore recent configuration
 7) Ping host                         16) Restart PHP-FPM
 8) Shell

Enter an option: 8

[2.3.2-RELEASE][admin@pfSense.localdomain]/root:
```

그림 14.19 셸 접속

셸로 들어가면 루트 권한으로 나오게 되는데 아래 명령어를 입력하면 룰 설명을 덤프할 수 있다. 파일의 이름으로 'fw_name.txt' 같은 적절한 이름을 지정해 명령을 입력해 보자.

```
# pfctl -vvsr > fw_name.txt
```

```
[2.3.2-RELEASE][admin@pfSense.localdomain]/root: pfctl -vvsr > fw_name.txt
[2.3.2-RELEASE][admin@pfSense.localdomain]/root:
```

그림 14.20 방화벽 룰 다운로드

이제 덤프한 이 파일을 가져와야 하므로 SFTP로 접속해 보자. 리눅스에 익숙한 분들이라면 이미 잘 알고 있겠지만 SSH만 열려 있으면 SFTP로도 같은 계정으로 접근할 수 있다. 파일질라(FileZilla) 같은 FTP 클라이언트를 작업용 데스크톱인 Xubuntu에서 열어서 pfSense의 IP 주소로 접근해 보자.

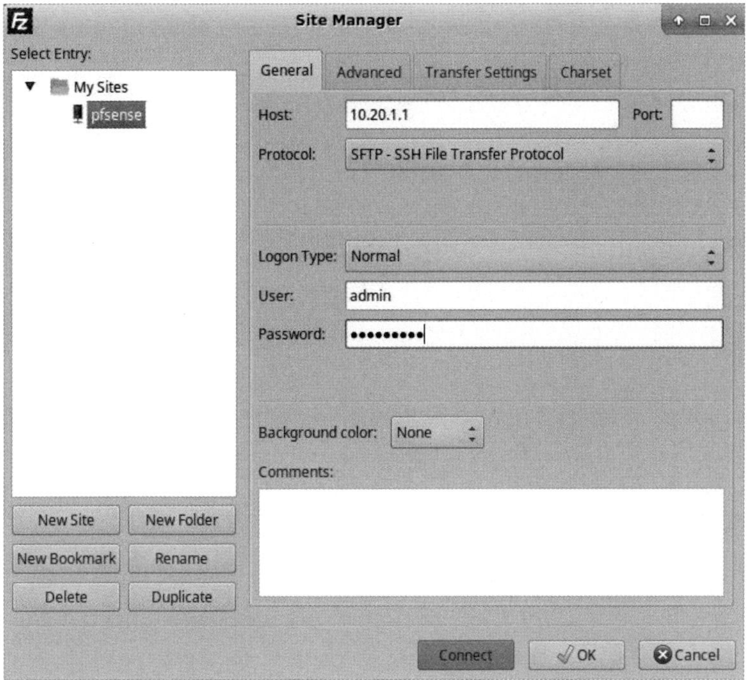

그림 14.21 SFTP 접속

파일을 내려받아 열어보면 아래와 같은 내용을 확인할 수 있다. 자세히 보면 앞에서 ACL 룰을 만들 때 [Description]에 입력한 내용도 보인다는 것을 알 수 있다. 지금부터 이 내용에 대해 포맷을 분석해 볼 텐데, 다짜고짜 설명부터 늘어놓으면 그다지 눈에 들어오지 않을 테니 실제 스플렁크로 들어온 방화벽 로그와 비교하며 살펴보자.

```
@124(1504840708) pass in quick on em0_vlan20 inet proto tcp from 10.20.1.0/24 to 10.10.1.0/24 port =
https flags S/SA keep state label "USER_RULE"
  [ Evaluations: 0        Packets: 0        Bytes: 0          States: 0     ]
  [ Inserted: pid 9233 State Creations: 0     ]
@125(1504801345) pass in quick on em0_vlan20 inet from 10.20.1.0/24 to 10.20.1.0/24 flags S/SA keep
state label "USER_RULE: permit vlan20(office) to vlan20(office)"
  [ Evaluations: 413      Packets: 4587     Bytes: 2751466    States: 2     ]
  [ Inserted: pid 9233 State Creations: 6     ]
@126(1504797295) block drop in log quick on em0_vlan20 inet from 10.20.1.0/24 to <RFC1918:3> label
"USER_RULE: deny vlan20(office) to internal"
  [ Evaluations: 372      Packets: 5        Bytes: 300        States: 0     ]
  [ Inserted: pid 9233 State Creations: 0     ]
```

```
@127(1504763065) pass in log quick on em0_vlan20 inet from 10.20.1.0/24 to any flags S/SA keep state
label "USER_RULE: permit vlan20(office) to any"
  [ Evaluations: 367       Packets: 252898     Bytes: 305914845    States: 2     ]
  [ Inserted: pid 9233 State Creations: 5      ]
@128(1504835868) pass in quick on em0_vlan30 inet from 10.30.1.0/24 to 10.30.1.0/24 flags S/SA keep
state label "USER_RULE: permit vlan30(intra) to vlan30(intra)"
  [ Evaluations: 819       Packets: 0          Bytes: 0            States: 0     ]
  [ Inserted: pid 9233 State Creations: 0      ]
@129(1504835836) block drop in log quick on em0_vlan30 inet from 10.30.1.0/24 to <RFC1918:3> label
"USER_RULE: deny vlan30(intra) to internal"
  [ Evaluations: 0         Packets: 0          Bytes: 0            States: 0     ]
  [ Inserted: pid 9233 State Creations: 0      ]
```

다음은 스플렁크에서 뽑아온 임의의 방화벽 로그이며, 이 가운데 맨 위에 있는 로그를 살펴보겠다.

>	9/29/17 1:37:51.000 PM	Sep 29 13:37:51 10.40.1.1 Sep 29 13:37:50 filterlog: 127,16777216,,1504763065,em0_vlan20,match,pass,in,4,0x0,,64,10840,0,DF,6,tcp,60,10.20.1.5,172.217.25.238,48948,443,0,S,2371018296,,29200,,mss;sackOK;TS;nop;wscale host = 10.40.1.1 ¦ source = udp:514 ¦ sourcetype = syslog
>	9/29/17 1:37:38.000 PM	Sep 29 13:37:38 10.40.1.1 Sep 29 13:37:38 filterlog: 7,16777216,,1000000105,em1,match,block,in,6,0x00,0x00000,1,UDP,17,97,fe80::ec35:49db:bc1f:48,ff02::1:2,546,547,97 host = 10.40.1.1 ¦ source = udp:514 ¦ sourcetype = syslog
>	9/29/17 1:37:37.000 PM	Sep 29 13:37:37 10.40.1.1 Sep 29 13:37:37 filterlog: 5,16777216,,1000000103,em1,match,block,in,4,0x0,,128,23038,0,none,17,udp,160,192.168.1.101,255.255.255.255,17500,17500,140 host = 10.40.1.1 ¦ source = udp:514 ¦ sourcetype = syslog
>	9/29/17 1:37:37.000 PM	Sep 29 13:37:37 10.40.1.1 Sep 29 13:37:37 filterlog: 5,16777216,,1000000103,em1,match,block,in,4,0x0,,128,23037,0,none,17,udp,160,192.168.1.101,255.255.255.255,17500,17500,140 host = 10.40.1.1 ¦ source = udp:514 ¦ sourcetype = syslog
>	9/29/17 1:37:37.000 PM	Sep 29 13:37:37 10.40.1.1 Sep 29 13:37:37 filterlog: 5,16777216,,1000000103,em1,match,block,in,4,0x0,,128,17820,0,none,17,udp,160,192.168.1.101,192.168.1.255,17500,17500,140 host = 10.40.1.1 ¦ source = udp:514 ¦ sourcetype = syslog

그림 14.22 방화벽 로그

먼저 로그에서 'filterlog:'라고 돼 있는 부분 이후부터 콤마를 구분자로 삼고 보면 4번째 숫자인 '1504763065'를 볼 수 있다. 이것이 바로 룰 ID다. 아까 pfSense 터미널에서 뽑아온 fw_name.txt 파일과 비교해 보자.

Sep 29 13:37:51 10.40.1.1 Sep 29 13:37:50 filterlog:

127,16777216,,**1504763065**,em0_vlan20,match,pass,in,4,0x0,,64,10840,0,DF,6,tcp,60,10.20.1.5,172.217.25.238,48948,443,0,S,2371018296,,29200,,mss;sackOK;TS;nop;wscale

'@127'이라는 숫자 뒤에도 '1504763065'가 있다는 것을 알 수 있다. 이것이 바로 앞에서 언급한 룰 ID이며, 뒤이어 따라오는 'USER_RULE: permit vlan20(office) to any'라는 문장을 보면 이 룰은 VLAN20의 인터페이스에서 10.20.1.0/24에서 any로 가는 룰이라는 것을 알 수 있다. 그리고 label은 ACL을 만들 때 입력했던 Description이며 이 역시 'permit vlan20(office) to any'라고 적혀 있음을 확인할 수 있다.

```
@127(1504763065) pass in log quick on em0_vlan20 inet from 10.20.1.0/24 to any flags S/SA keep state
label "USER_RULE: permit vlan20(office) to any"
  [ Evaluations: 367      Packets: 252898    Bytes: 305914845   States: 2     ]
  [ Inserted: pid 9233 State Creations: 5     ]
```

이런 식으로 비교하다 보면 아래와 같이 뽑을 수 있다. 각 VLAN에 대해 룰 ID가 어떤 것인지 따로 정리할 수 있다. 그리고 조금 혼동될 때는 pfSense의 웹콘솔에 들어가서 넣은 룰의 Description을 잘 보며 비교해 보면 된다.

```
Block Inbound (WAN) : 1480229388
Block Outbound1 (WAN) : 1446109704
Block Inbound (LAN) : 1483537833
Block Outbound (LAN) : 1480043189
Block Inbound (VLAN30) : 1482231037
Block Outbound (VLAN30) : 1480043334
Block Inbound (VLAN10) : 1482231059
Block Outbound (VLAN10) : 1480043062
Block Inbound (VLAN50) : 1482231073
Block Outbound (VLAN50) : 1480043383
Block Inbound (VLAN20) : 1482231087
Block Outbound (VLAN20) : 1480043404
```

이제 룰 ID가 무엇인지 파악했으니 나머지 내용도 마저 해부해 보자. 룰 ID에 의해 걸린 로그가 어떤 내용들이며 어떤 트래픽인지를 알려주는 내용들이 우리가 살펴볼 대상이다. 방화벽 로그에서 'filterlog:' 이후부터 나오는 내용을 살펴보자.

```
127,16777216,,1504763065,em0_vlan20,match,pass,in,4,0x0,,64,10840,0,DF,6,tcp,60,10.20.1.5,172.217.25.238,4
8948,443,0,S,2371018296,,29200,,mss;sackOK;TS;nop;wscale
```

여기서 '127'은 룰 번호이며, '16777216'은 서브룰 번호다. 룰 번호는 ACL 룰의 몇 번째에 위치한 룰인지를 의미하는데, 사실 중간에 새로운 룰을 끼워넣으면 이것이 변하게 되므로 크게 의미가 없다. 마찬가지로 이후에 등장하는 서브룰 번호인 '16777216' 역시 크게는 의미 없는 내용이다. 계속해서 다음 내용을 살펴보자.

```
127,16777216,,1504763065,em0_vlan20,match,pass,in,4,0x0,,64,10840,0,DF,6,tcp,60,10.20.1.5,172.217.25.238,4
8948,443,0,S,2371018296,,29200,,mss;sackOK;TS;nop;wscale
```

콤마를 기준으로 각 항목별로 설명을 추가했다. 굵게 표시한 부분부터 보자.

- **em0_vlan20**: 충분히 감이 오다시피 로그가 발생한 인터페이스다. VLAN20에서 발생한 룰의 로그라는 것을 알 수 있다.
- **match**: 로그가 발생한 이유다. 룰과 일치해서 로그가 발생했다고 보면 된다. 패킷 오류나 DDoS 공격이 아닌 이상 대부분 'match'로 기록될 것이다.
- **pass**: 허용 로그인지 차단 로그인지를 나타낸다. 차단된 로그였다면 'block'으로 표시될 것이다.

이번에는 다음의 굵게 표시한 부분을 보자.

```
127,16777216,,1504763065,em0_vlan20,match,pass,in,4,0x0,,64,10840,0,DF,6,tcp,60,10.20.1.5,172.217.25.238,
48948,443,0,S,2371018296,,29200,,mss;sackOK;TS;nop;wscale
```

여기서부터는 IP 패킷 헤더의 내용이 주를 이룬다. 역시 하나씩 설명하겠다. 패킷 헤더에 능통하지 않은 분들은 처음 보는 단어도 있을 수 있는데, 지금은 정보통신개론 시간이 아니므로 패킷 헤더의 개별 플래그에 대해서는 설명을 생략하겠다.

- **in**: 인바운드와 아웃바운드를 표기한다.
- **4**: IPv4를 뜻한다. IPv6에서 발생한 로그라면 '6'이라고 표시될 것이다.
- **0x0**: TOS(Type of service indentificaion)를 의미한다.
- **(no log)**: ECN(Explicit Congestion Notification)을 의미한다.
- **64**: TTL(Time To Live)을 의미한다.
- **10840**: 패킷 ID를 의미한다

- **0**: Fragment offset을 의미한다.
- **DF**: TCP 플래그를 의미한다.

그다음 항목부터는 쉽게 이해할 수 있을 것이다.

```
127,16777216,,1504763065,em0_vlan20,match,pass,in,4,0x0,,64,10840,0,DF,6,tcp,60,10.20.1.5,172.217.25.238,4
8948,443,0,S,2371018296,,29200,,mss;sackOK;TS;nop;wscale
```

보다시피 소스와 데스티네이션에 대한 정보가 대부분을 차지한다.

- **6**: 프로토콜 ID를 의미한다. 6은 TCP, 17은 UDP에 해당한다.
- **TCP**: 프로토콜 ID를 텍스트로 다시 입력한 내용이다. 6이니 TCP라고 표기한다.
- **10.20.1.5**: 소스 IP 주소에 해당한다.
- **172.217.25.238**: 데스티네이션 IP 주소에 해당한다.
- **48948**: 소스 포트에 해당한다.
- **443**: 데스티네이션 포트에 해당한다(https 트래픽이라는 것을 알 수 있다).

그리고 그다음부터는 TCP와 UDP가 데이터 포맷이 달라지므로 로그 내용이 약간 다르다.

```
127,16777216,,1504763065,em0_vlan20,match,pass,in,4,0x0,,64,10840,0,DF,6,tcp,60,10.20.1.5,172.217.25.238,4
8948,443,0,S,2371018296,,29200,,mss;sackOK;TS;nop;wscale
```

위 로그는 TCP 로그이므로 먼저 TCP부터 시작한다.

- **0**: data length를 의미한다.
- **S**: TCP 플래그를 의미한다. [S][A][.][F][R][P][U][E][W]의 값이 올 수 있다.
- **2371018296**: 시퀀스 번호를 의미한다.
- **no data**: ACK 번호를 의미한다.
- **29200**: TCP 윈도우 값을 의미한다.
- **no data**: URG를 의미한다.
- **mss;sackOK;TS;nop;wscale**: TCP 옵션을 의미한다.

참고로 UDP의 경우 조금 단순하다. data length까지만 나오고 끝난다.

- **참고**: https://doc.pfsense.org/index.php/Filter_Log_Format_for_pfSense_2.2

이렇게 이해하면 방화벽 로그에 대해 어떤 값이 기록되는지 알 수 있다. 이제 원하는 문자열을 다음과 같이 스플렁크에 집어넣으면 관련 내용이 쉽게 조회될 것이다. 다음은 방화벽에서 차단한 로그만 나열한 것이다.

```
index=* sourcetype=syslog block
```

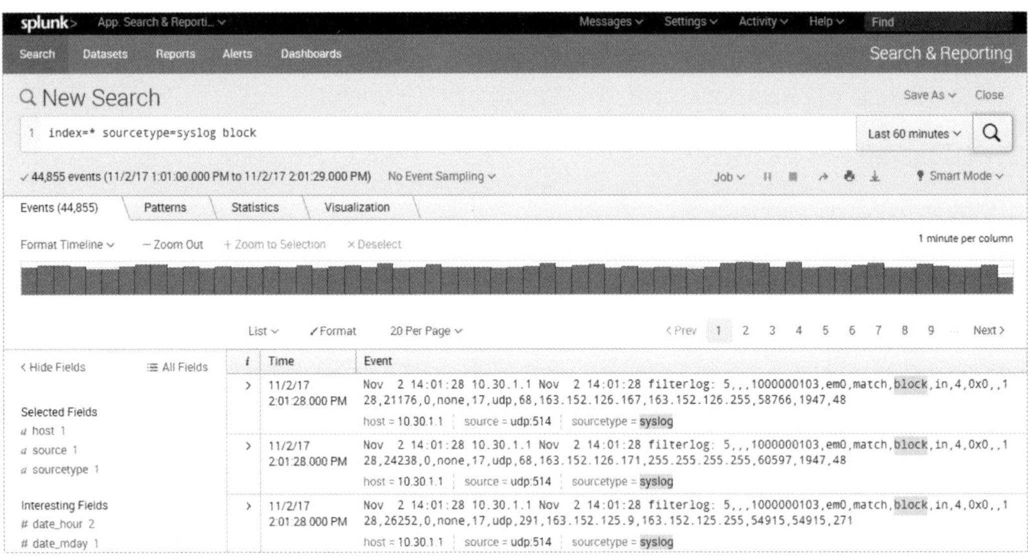

그림 14.23 차단 로그

05 _ VPN 로그

이번에는 VPN 로그를 살펴보자. 앞에서 언급했듯이 pfSense의 [Everything] 옵션으로 인해 VPN 로그도 이미 스플렁크로 흡수되고 있는 상황이다. 이제 스플렁크로 VPN 로그도 한번 검색해 보자. VPN에 한번 접속해 보고 다음과 명령어로 스플렁크에서 검색을 시도한다. 저자는 방금 VPN에 접속했으므로 검색 시간은 최근 15분으로 지정했다.

```
index=pfsense sourcetype=syslog openvpn
```

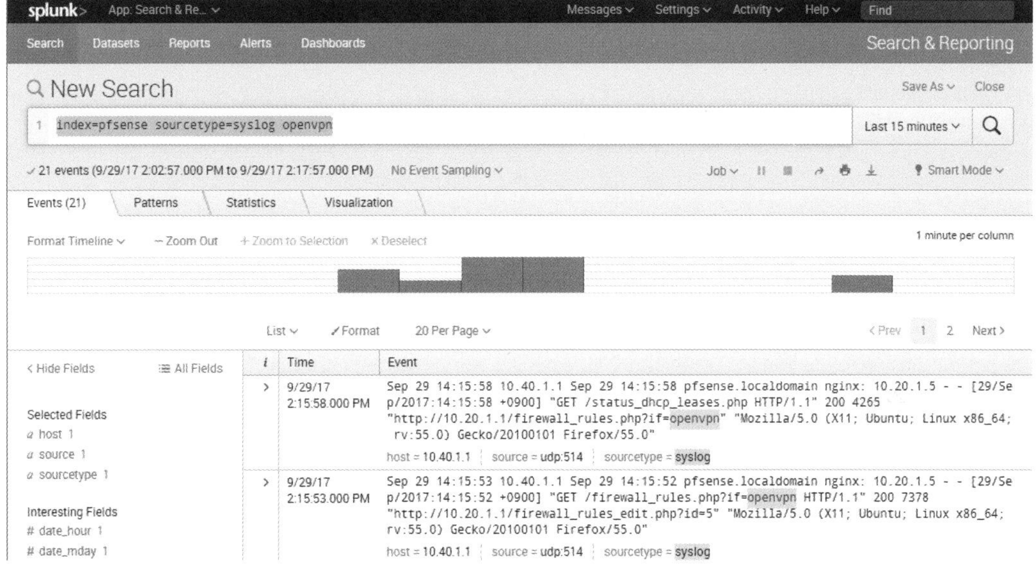

그림 14.24 VPN 로그

이렇게 검색하니 사실 'openvpn'이라는 문자열이 들어간 모든 로그가 다 나온다. 위에서 보이는 로그는 pfSense의 웹콘솔에서 OpenVPN 룰 관련 메뉴로 들어갔을 때의 웹로그로 보인다. 여기서는 먼저 VPN으로 로그인한 사용자의 로그를 보는 것을 목표로 삼고 다음과 같이 'authenticated'라는 문자열을 추가해서 인증과 관련된 로그를 살펴보자.

```
index=pfsense sourcetype=syslog openvpn authenticated
```

화면은 생략했지만 다음과 같은 VPN 로그가 나타난다. 즉, 'window31vpn'이라는 사용자가 192.168.1.101에서 접속을 시도했고, 10.50.1.2라는 IP 주소를 할당받았으며, 인증을 받았다는 로그를 볼 수 있다.

```
Sep 29 14:07:55 10.40.1.1 Sep 29 14:07:55 openvpn[24818]: window31vpn/192.168.1.101:1194 MULTI_sva: pool returned IPv4=10.50.1.2, IPv6=(Not enabled)

Sep 29 14:07:55 10.40.1.1 Sep 29 14:07:55 openvpn[24818]: 192.168.1.101:1194 [window31vpn] Peer Connection Initiated with [AF]
```

```
9/29/17 2:07:55.000 PM
Sep 29 14:07:55 10.40.1.1 Sep 29 14:07:55 openvpn: user 'window31vpn' authenticated
```

그리고 앞서 pfSense의 터미널에 들어가서 받아온 fw_name.txt 파일을 보면 방화벽 룰에 대한 설명이 있다고 했는데, 이를 토대로 'window31vpn'이라는 사용자가 VPN에 접속하고 나서 어디에 액세스하고 있는지 파악할 수 있다. 즉, VPN 인증을 받은 사용자가 가는 곳을 확인할 수 있는 셈이다. fw_name.txt를 보면 @104번에 'USER_RULE: permit vpn_eng to vlan10(web)'이 있다. 이 룰이 사용자가 VPN을 통해 VLAN10으로 들어가는 룰이며, '1505106228'에 대한 로그를 찾으면 해당 내용을 추적할 수 있다. 스플렁크로 이 로그를 찾아보자(잘 알겠지만 이 번호는 독자의 방화벽 룰 환경마다 달라질 것이다).

```
@104(1505106228) pass in log quick on openvpn inet from <VPN_ENG:1> to 10.10.1.0/24 flags S/SA keep
state label "USER_RULE: permit vpn_eng to vlan10(web)"
  [ Evaluations: 110      Packets: 0        Bytes: 0          States: 0     ]
  [ Inserted: pid 46357 State Creations: 0     ]
```

'1505106228'이라고 적힌 룰 번호를 찾았다. 그럼 스플렁크의 입력 쿼리로 다음과 같이 입력한다.

```
index=pfsense sourcetype=syslog 1505106228
```

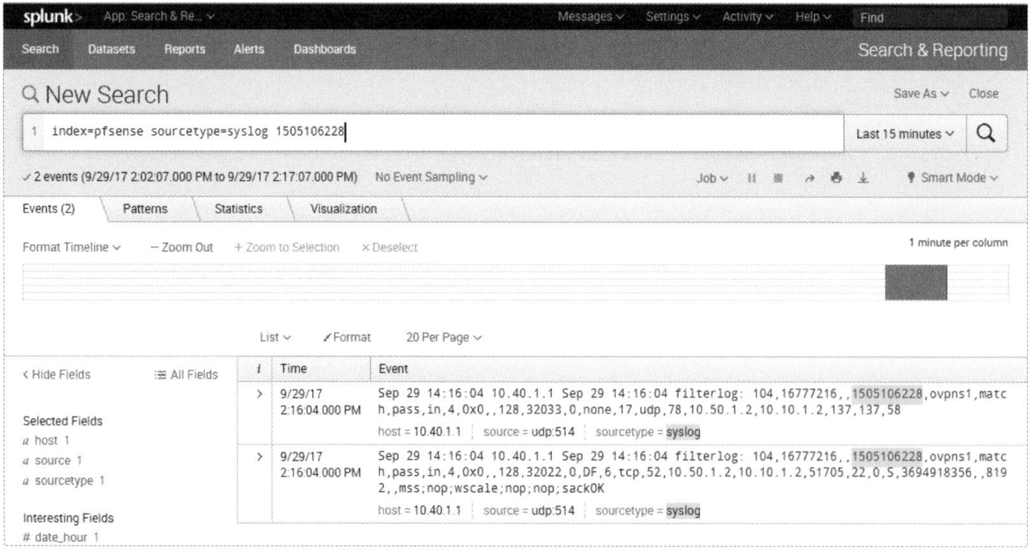

그림 14.25 특정 로그

두 번째 검색 결과인 로그 내용을 보니 10.50.1.2에서 10.10.1.2로 22번 포트를 통한 SSH 접속을 했다는 사실을 알 수 있다. 즉, 두 로그를 조합하면 'window31vpn' 사용자는 10.50.1.2를 할당받은 상황이며, VPN에 접속한 지 약 9분 후에 10.10.1.2로 SSH 접속을 시도했다는 사실을 알 수 있다.

- **9/29/17 2:07:55.000 PM**: 'window31vpn' 인증 완료(할당받은 IP 주소: 10.50.1.2)
- **9/29/17 2:16:04.000 PM**: 10.50.1.2에서 10.10.1.2로 SSH 접근

한 가지 케이스를 더 살펴보자. 이번에는 이 사용자가 VPN에 접속한 상태에서 내부 시스템이 아닌 어떤 외부 사이트에 접근했는지 확인해 보자. 이번에도 fw_name.txt 파일을 통해 룰 ID부터 확인해야 한다. 아래 @107번 룰을 보자. 'USER_RULE: permit OpenVPN wizard'가 바로 VPN을 타고 나서 외부로 나가는 ACL 룰이다.

```
@107(1506661763) pass in log quick on openvpn inet all flags S/SA keep state label "USER_RULE: permit
OpenVPN  wizard"
  [ Evaluations: 26      Packets: 1094     Bytes: 748918     States: 26    ]
```

룰 ID가 '1506661763'이므로 다음과 같이 스플렁크 쿼리를 날린다.

```
index=pfsense sourcetype=syslog 1506661763
```

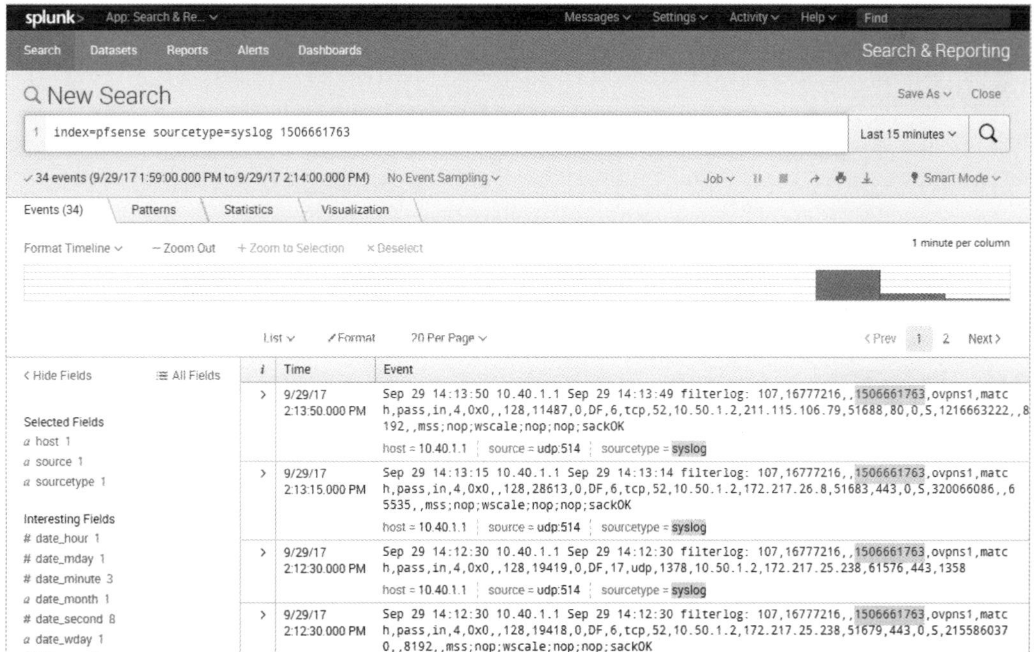

그림 14.26 특정 로그

최근 4개의 로그만 살펴보면 아래 3개로 축약할 수 있다. 모두 HTTP 아니면 HTTPS이므로

- 211.115.106.79:80
- 172.217.26.8:443
- 172.217.25.238:443

리버스 DNS Lookup 툴을 이용해 살펴보면 211.115.106.79는 안랩 사이트, 172.217.26.8과 172.217.25.238은 구글이라는 것을 알 수 있다. 'window31vpn' 사용자는 VPN에 접속한 이후 안랩 사이트에 HTTP 접속을 했고 구글에 들어갔다는 것을 짐작할 수 있다. 이런 식으로 VPN에 연결된 사용자가 접근한 곳을 추적할 수 있다.

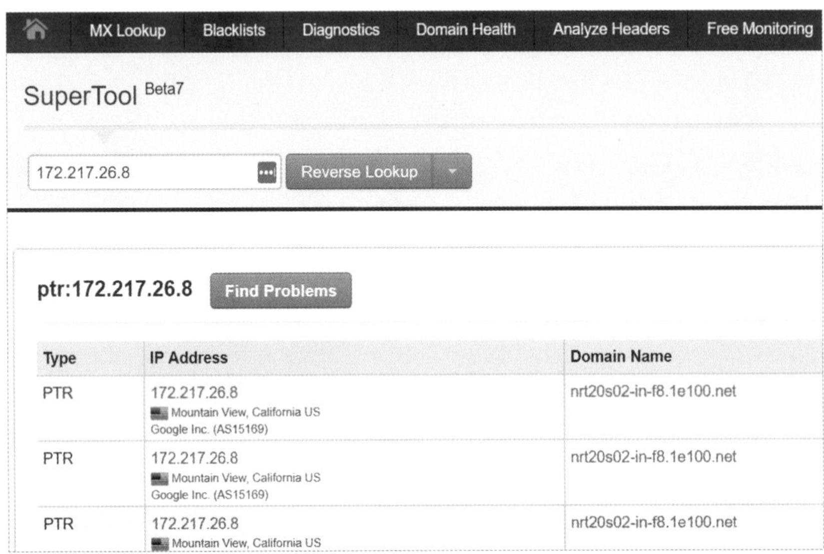

그림 14.27 mxlookup

06 _ IPS 로그

이번에는 스노트 IPS의 로그를 수집해서 스플렁크로 넘겨보자. 먼저 스노트 IPS에서 로그를 받으려면 [Snort Interface] 메뉴로 들어가서 반야드2(Barnyard2)를 활성화해야 한다(다음 그림에서 볼 수 있듯이 기본값은 DISABLED다). 반야드2에 대한 설명은 먼저 이 기능을 활성화한 이후에 하겠다. 지금은 스

노트에서 사용하는 패킷 수집, 로그 수집 시스템의 일종이라고만 생각하고 넘어가자. 참고로 반야드2는 스노트 IPS의 개별 인터페이스별로 각각 활성화해야 한다. 아래 그림 14.28을 보면 쉽게 이해할 수 있을 것이다.

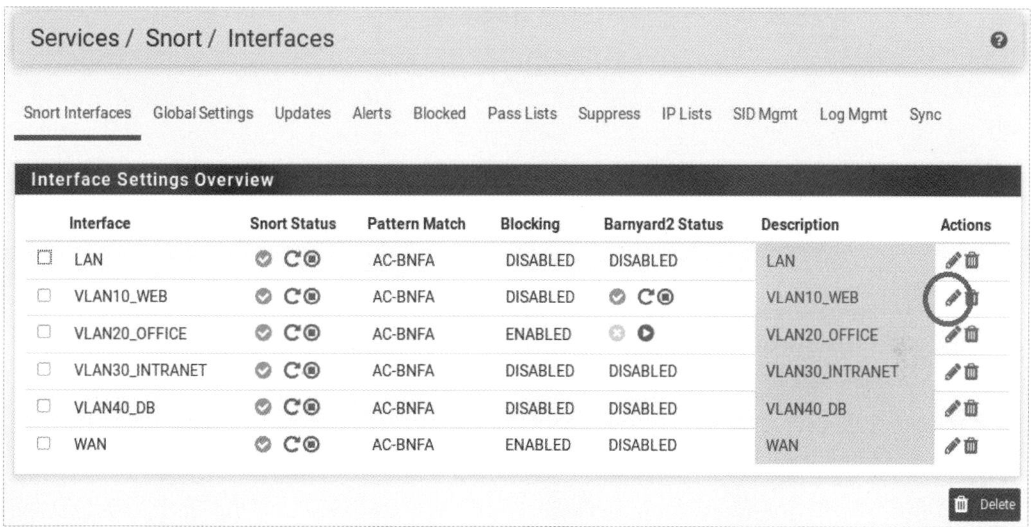

Interface	Snort Status	Pattern Match	Blocking	Barnyard2 Status	Description	Actions
LAN		AC-BNFA	DISABLED	DISABLED	LAN	
VLAN10_WEB		AC-BNFA	DISABLED		VLAN10_WEB	
VLAN20_OFFICE		AC-BNFA	ENABLED		VLAN20_OFFICE	
VLAN30_INTRANET		AC-BNFA	DISABLED	DISABLED	VLAN30_INTRANET	
VLAN40_DB		AC-BNFA	DISABLED	DISABLED	VLAN40_DB	
WAN		AC-BNFA	ENABLED	DISABLED	WAN	

그림 14.28 IPS 인터페이스

위 그림 14.28에서처럼 개별 인터페이스의 [Actions] 메뉴에 있는 연필 모양 아이콘을 클릭해서 편집 메뉴로 들어간 뒤, 다음의 4가지 작업을 한다. 그러면 반야드2가 활성화된다.

- [Enable Barnyard2]를 체크
- [Enable Syslog]를 체크
- [Remote Host]에 앞에서 만든 스플렁크 서버의 IP 주소를 입력(이 책의 실습에서는 10.40.1.2)
- [Remote Port]는 '514'를 선택하고 [Protocol]은 'UDP'를 선택

Syslog Output Settings

Enable Syslog	☑ Enable logging of alerts to a local or remote syslog receiver.
Operation Mode	DEFAULT Select the level of detail to include when reporting. DEFAULT mode is compatible with the standard Snort syslog format. COMPLETE mode includes additional information such as the raw packet data (displayed in hex format).
Local Only	☐ Enable logging of alerts to the local system only. This will send alert data to the local system only and overrides the host, port and protocol values below.
Remote Host	10.40.1.2 Hostname or IP address of remote syslog host
Remote Port	514 Port number for syslog on remote host. Default is 514.
Protocol	UDP Select IP protocol to use for remote reporting. Default is UDP.
Log Facility	LOG_USER Select Syslog Facility to use for remote reporting. Default is LOG_LOCAL1.
Log Priority	LOG_INFO Select Syslog Priority (Level) to use for remote reporting. Default is LOG_INFO.

그림 14.29 syslog 활성화

그런 다음 원래 메뉴인 [Interface Settings Overview]로 돌아와서 다음 그림처럼 반야드2를 활성화한 인터페이스를 재시작한다. 그리고 나면 IPS 탐지/차단 로그가 발생할 경우 아래 경로에 로그가 기록되며, 이 내용은 스플렁크 서버로 전송된다.

```
/var/log/snort/INTERFACE_NAME/alert
```

참고로 실습 환경의 경우 이 경로는 /var/log/snort/snort_em0_vlan2031058/alert에 해당한다.

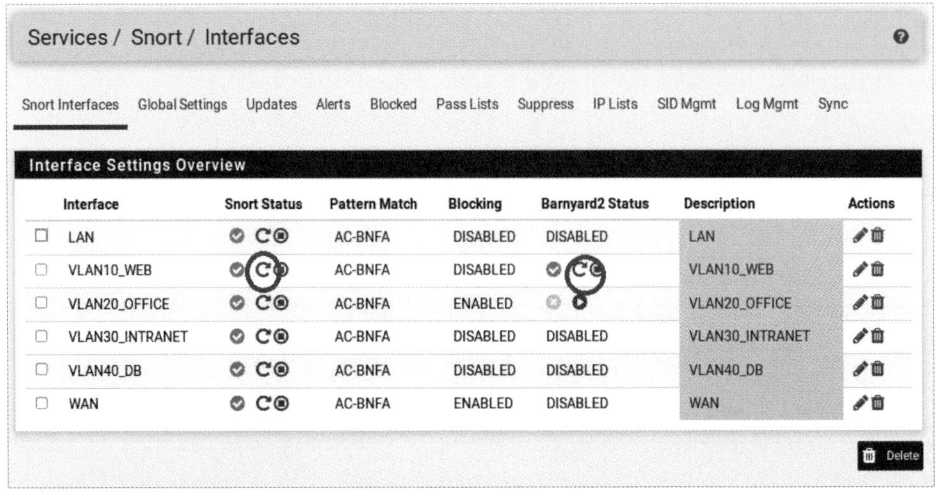

Interface	Snort Status	Pattern Match	Blocking	Barnyard2 Status	Description	Actions
LAN		AC-BNFA	DISABLED	DISABLED	LAN	
VLAN10_WEB		AC-BNFA	DISABLED		VLAN10_WEB	
VLAN20_OFFICE		AC-BNFA	ENABLED		VLAN20_OFFICE	
VLAN30_INTRANET		AC-BNFA	DISABLED	DISABLED	VLAN30_INTRANET	
VLAN40_DB		AC-BNFA	DISABLED	DISABLED	VLAN40_DB	
WAN		AC-BNFA	ENABLED	DISABLED	WAN	

그림 14.30 인터페이스 재시작

VLAN10은 웹서버 대역이므로 SQL Injection 샘플 패킷을 하나 보내면 바로 반응하도록 지난 장에서 튜닝한 바 있다. 한번 샘플 패킷을 던져보자. 다음과 같이 http 트래픽을 하나 날린다.

```
http://192.168.1.104/user.php?userid=5 AND 1=2 UNION SELECT password,username FROM users WHERE user-
type='admin'
```

그리고 아래와 같이 스플렁크 쿼리를 날려 보자. 잘 탐지되는 것을 확인할 수 있을 것이다.

```
index=pfsense sourcetype=syslog snort Classification
```

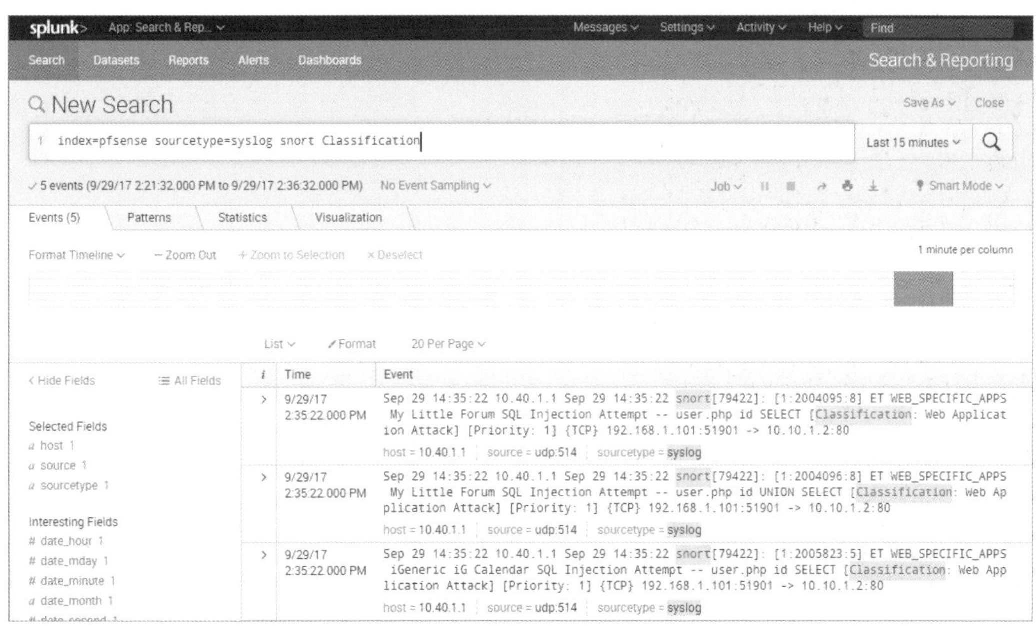

그림 14.31 스노트 로그 검색

로그에 대한 설명은 지난 장의 IDS 부분에서 충분히 설명한 바 있고 매우 직관적이고 단순한 로그라서 이해하지 못할 분은 없을 것이다.

```
Sep 29 14:35:22 10.40.1.1 Sep 29 14:35:22 snort[79422]: [1:2004095:8] ET WEB_SPECIFIC_APPS My Little
Forum SQL Injection Attempt -- user.php id SELECT [Classification: Web Application Attack] [Priority:
1] {TCP} 192.168.1.101:51901 -> 10.10.1.2:80
```

07 _ 반야드2

그럼 이쯤에서 반야드2(barnyard2)를 간략하게 알아보자. 반야드2는 수집 분야의 대표적인 툴이다. 반야드2를 설명하기에 앞서 먼저 unified2 타입을 이해할 필요가 있다. 본래 IDS에 어떤 내용이 탐지됐을 때 탐지된 로그는 텍스트 파일이고 패킷 캡처 파일은 pcap 형식으로 기록되기 때문에 서로 형식이 약간 다르다. 이 상황에서 일차원적으로 접근하면 텍스트 파일 따로, 패킷 캡처 파일 따로 관리해야 하는데, 이것은 패킷이 4 ~ 5개 이하일 때나 그렇게 할 만하지 엄청난 양으로 발생하는 로그를 처리하기에는 꽤나 불편한 작업이다.

이 같은 고민을 해결하기 위해 등장한 것이 바로 unified2 타입이다. unified2 타입은 앞서 설명한 탐지된 데이터의 텍스트 내용과 패킷 데이터를 함께 저장한다. 그래서 unified2 파일을 메모장 등으로 열어보면 완전히 깨진 형태로 표시되어 텍스트로는 읽을 수 없음을 확인할 수 있을 것이다. 바로 그것을 효율적으로 해주는 툴이 반야드2이다. 반야드2는 unified2 타입의 파일을 DB에 저장하는 IDS 업계의 표준으로 자리 잡고 있다. 물론 스노트 IPS에서 반야드2를 일일이 실행하며 뭔가를 할 일은 거의 없을 것이다. 그 이유는 반야드2가 스스로 백그라운드에서 돌면서 데이터를 수집하며 unified2 타입으로 저장하기 때문이다. 매번 인위적으로 가동시킬 필요 없는 툴을 소개한 것이 의아할 수도 있지만 반야드2가 이렇게 자동적으로 돌고 있기 때문에 패킷 데이터가 unified2 타입으로 잘 저장되고 있고, 분석가는 언제든 원하는 시간대에 해당하는 로그를 꺼내서 보기만 하면 된다는 것 정도로 이해하고 넘어가면 될 것 같다. 참고로 다음 장에서 설명할 보안양파에서도 반야드2가 당연히 돌아가고 있다. unified2 타입 없이는 IDS를 논하기 힘들 정도라는 말이 있을 정도로 unified2와 반야드2는 떼려야 뗄 수 없는 관계이며, 침입탐지/방지 분야에서 그만큼 중요한 작업을 하고 있기 때문에 반드시 기억해 두자.

08 _ 스퀴드가드 로그

이번에는 악성 사이트 접근에 대한 스퀴드가드 로그를 모아보자. 아쉽게도 스퀴드가드는 시스로그로 로그를 포워딩하는 기능을 제공하지 않는다. 그래서 직접 시스로그 서버를 하나 만들어서 그 안에서 스플렁크 서버로 보내는 방법을 추가해야 한다. 다행히 pfSense 패키지에는 syslog-ng라는 설치본을 제공한다. 이를 이용해 로그 전송 기능을 추가하자.

그 전에 먼저 스퀴드가드의 로그 자체를 발생시켜야 한다. 스퀴드 프락시에서의 옵션과 스퀴드가드의 옵션을 모두 활성화해야 한다. 먼저 스퀴드 프락시부터 시작하자. pfSense 메뉴에서 [Services] → [Squid

Proxy Server] → [General]을 차례로 선택한다. 그리고 [Logging Settings] 아래의 [Enable Access Logging]의 체크박스를 체크한다.

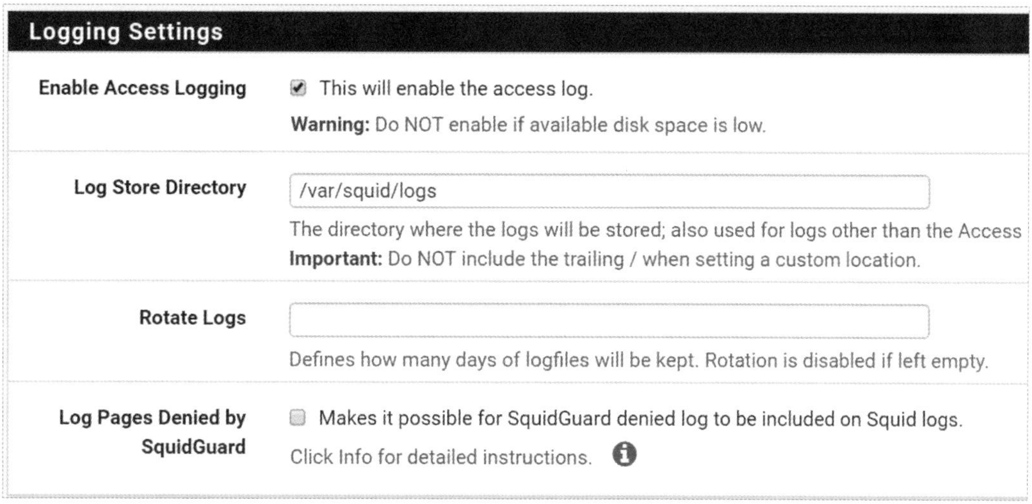

Logging Settings

Enable Access Logging ☑ This will enable the access log.
Warning: Do NOT enable if available disk space is low.

Log Store Directory /var/squid/logs
The directory where the logs will be stored; also used for logs other than the Access
Important: Do NOT include the trailing / when setting a custom location.

Rotate Logs
Defines how many days of logfiles will be kept. Rotation is disabled if left empty.

Log Pages Denied by SquidGuard ☐ Makes it possible for SquidGuard denied log to be included on Squid logs.
Click Info for detailed instructions.

그림 14.32 스퀴드가드 로그

변경사항을 저장한 후 다음으로 스퀴드가드의 로그 생성도 활성화하자. pfSense 메뉴에서 [Services] → [SquidGuard Proxy Filter] → [General Settings]를 차례로 선택한다. [Logging options]에 [Enable log]와 [Enable log rotation] 체크박스를 모두 체크한다.

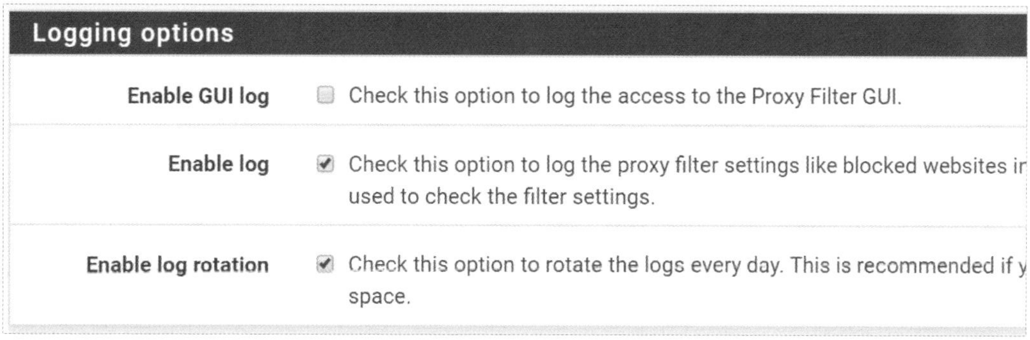

Logging options

Enable GUI log ☐ Check this option to log the access to the Proxy Filter GUI.

Enable log ☑ Check this option to log the proxy filter settings like blocked websites ir
used to check the filter settings.

Enable log rotation ☑ Check this option to rotate the logs every day. This is recommended if y
space.

그림 14.33 로그 활성화

이제 pfSense 안에는 스퀴드가드의 차단 로그가 기록된다. 로그가 저장되는 경로는 /var/squidGuard/log/block.log이며, 이를 syslog-ng를 이용해 시스로그로 보내는 작업을 추가하겠다.

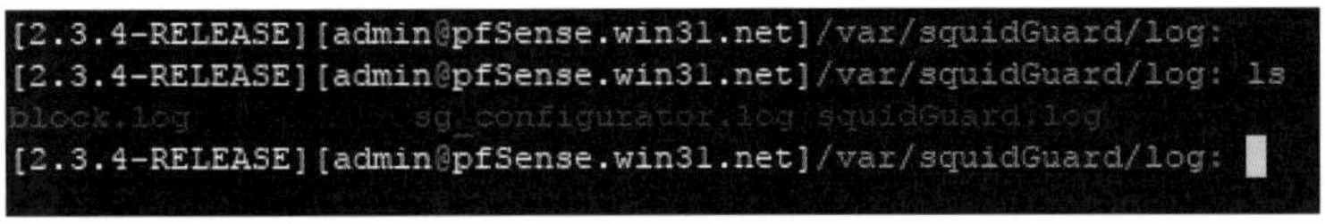

```
[2.3.4-RELEASE][admin@pfSense.win31.net]/var/squidGuard/log:
[2.3.4-RELEASE][admin@pfSense.win31.net]/var/squidGuard/log: ls
block.log          sg_configurator.log squidGuard.log
[2.3.4-RELEASE][admin@pfSense.win31.net]/var/squidGuard/log:
```

그림 14.34 스쿼드가드 로그

syslog-ng 패키지를 설치해야 하므로 pfSense 메뉴에서 [System] → [Package Manager] → [Available Packages]로 이동한다. [Search term]에 'syslog-ng'를 입력한다. syslog-ng가 나오면 [+ Install] 버튼을 클릭해 설치를 진행한다.

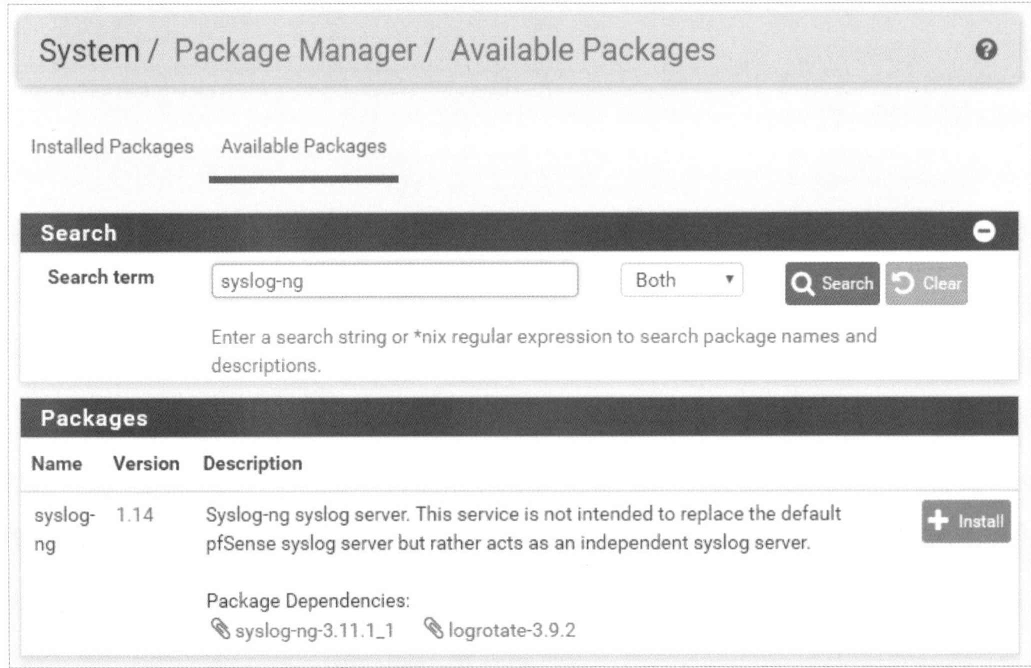

그림 14.35 syslog-ng

설치가 완료되면 이제 pfSense의 [Services] 메뉴에 [Syslog-ng]가 새로 생겼을 것이다. 이를 선택한 후 [Advanced] 탭을 클릭하자. 이제 본격적으로 로그 포워딩 설정을 시작할 것이다. 시스로그를 조금 써 봐서 문법을 아는 분들은 알겠지만 시스로그는 소스와 데스티네이션을 지정하면 해당 소스가 해당 데스티네이션으로 포워딩하는 식으로 작업이 진행된다.

- **소스**: /var/squidGard/log/block.log
- **데스티네이션**: 10.40.1.2:514

먼저 데스티네이션부터 오브젝트를 만든다. [Add] 버튼을 클릭한 후 다음과 같이 입력한다.

- [Object Name]: d_splunkserver
- [Object Type]: Destination
- [Object Parameters]: {udp("10.40.1.2" port(514));};

Services: Syslog-ng Advanced / Edit / Advanced

General Advanced Log Viewer

General Options

Object Name	d_splunkserver Enter the object name
Object Type	Destination Select the object type
Object Parameters	{udp("10.40.1.2" port(514));}; Enter the object parameters

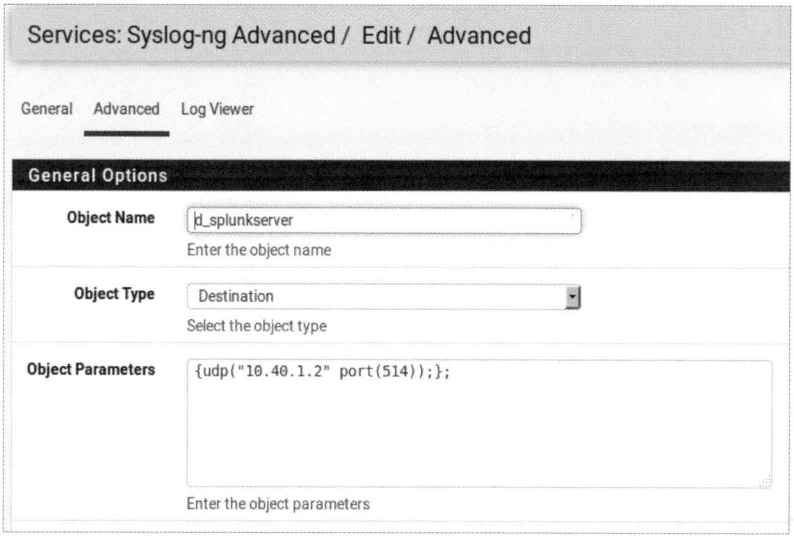

그림 14.36 syslog-ng 설정

마찬가지로 두 개의 오브젝트를 더 만든다.

- Object Name: s_squidguard_log
- Object Type: Source
- Object Parameters: { file("/var/squidGard/log/block.log");};

- Object Name: forward_squidguard
- Object Type: Log
- Object Parameters: {source(s_squidguard_log);destination(d_splunkserver);};

그리고 [General] 탭으로 가서 [Enable]을 클릭하고 연관된 인터페이스를 선택한다.

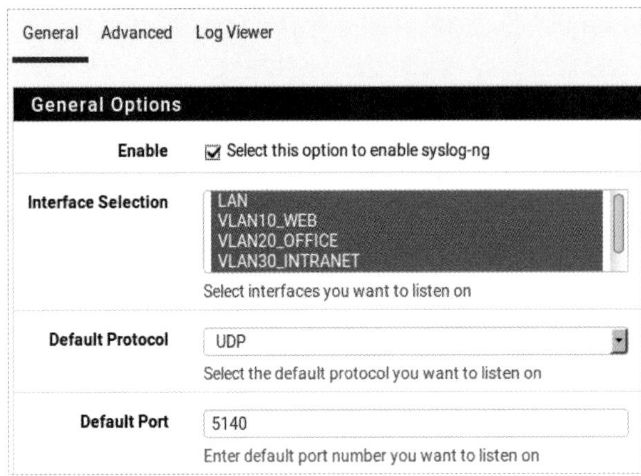

그림 14.37 인터페이스 선택

이제 브라우저를 열어서 스퀴드가드에서 차단할 법한 사이트를 몇 군데 들어가 보자. 여기서는 성인 사이트인 http://128v2.com에 접속해 봤다. 그리고 이제 스플렁크로 조회를 시도하자. 'Request'라는 문자열을 가진 것을 가져오라는 간단한 쿼리다.

```
index=pfsense sourcetype=syslog Request
```

그리고 다음과 같이 잘 들어오는 것을 확인할 수 있다. 이제 스퀴드 가드에서 차단된 로그까지도 ESM으로 보낼 수 있게 됐다.

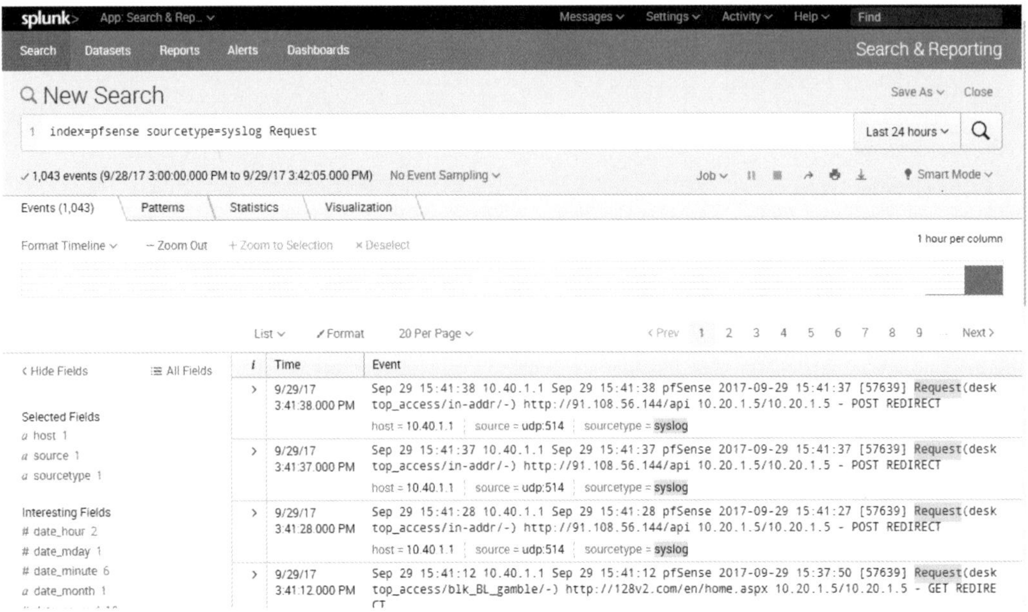

그림 14.38 스퀴드가드 로그 검색

09 _ IDS 로그 전송

이제 pfSense에서 제공하는 대부분의 로그 전송을 위한 설정은 완료됐고(방화벽/VPN/웹프락시) 다음으로 IDS의 로그를 전송할 차례다. 보안양파 역시 시스로그로 로그를 전송할 수 있다. 하지만 기본 설정으로는 탐지 로그가 MySQL 데이터베이스에 들어가고 있기 때문에 IDS의 로그를 시스로그로 발생시키기 위해서는 스구일드의 설정 파일을 열어 다음의 한 줄을 변경해야 한다.

```
# nano /etc/sguild/sguild.conf
```

```
set DEBUG 2
```

위와 같이 값을 '2'로만 바꾸고 보안양파를 재시작하면 그다음부터는 /var/log/nsm/securityonion/sguild.log에 저장되는 로그에 IDS 탐지 로그까지 포함된다. 이제 시스로그를 통해 필터링을 거는 설정 내용을 추가할 것이다. 일단 syslog-ng.conf 파일부터 연다.

```
# nano /etc/syslog-ng/syslog-ng.conf
```

다음과 같이 설정하면 스플렁크 서버로 로그가 포워딩되기 시작할 것이다. 시스로그의 설정 내용은 간단하므로 설명을 생략한다.

```
source s_sguil { file("/var/log/nsm/securityonion/sguild.log" program_override("sguil_alert")); };
filter f_sguil { match("Alert Received"); };
destination d_sguil_udp { udp("10.40.1.2" port(514)); };
log {
        source(s_sguil);
        filter(f_sguil);
        destination(d_sguil_udp);
};
```

이제 두 개의 서비스를 재시작한다. 그러고 나면 IDS 로그가 잘 들어오는 것을 확인할 수 있다. 시스로그에서 'Alert Received:'로 필터링했으므로 스플렁크에서도 해당 문자열로 찾으면 된다.

```
# sudo service syslog-ng restart
# sudo service nsm restart
```

```
index=* "Alert Received:"
```

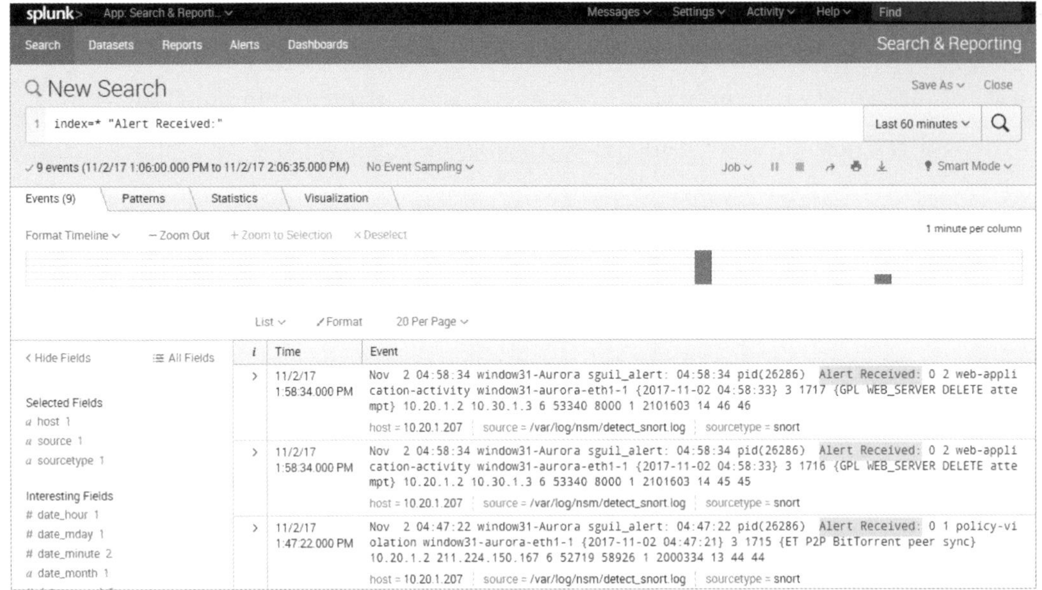

그림 14.39 IDS 로그 검색

10 _ 유니버설 포워더를 이용한 로그 전송

지금까지는 스플렁크에 시스로그 포트를 띄워서 로그를 포워딩하는 방법을 사용했지만 스플렁크로 로그를 수집할 때는 좀 더 정석에 가까운 방법이 있다. 그것은 바로 유니버설 포워더(Universal Forwarder)를 이용한 방법이다. 포워더를 사용할 때의 장점은 로그를 전송할 때 소스 타입이나 인덱스도 지정할 수 있기 때문에 특정 공간으로 로그가 몰리는 문제를 방지할 수 있다는 것이다. 앞에서 시스로그 514번 포트를 띄워서 방화벽/VPN/IDS/웹프락시 등의 로그를 전송했지만 엄밀히 말해 이것들은 서로 다른 유형의 로그이기 때문에 로그 타입을 분류해서 전송하는 것이 맞다. 하지만 시스로그를 통해 로그를 전송받을 때는 그런 식으로 분류하기는 어렵기 때문에 결국 뭉뚱그려 로그가 들어갈 수밖에 없었지만 유니버설 포워더를 쓰면 이야기가 달라진다. 로그를 쏘는 입장에서 원하는 로그를 손쉽게 정의할 수 있고, 스플렁크 중앙 서버는 약속한 대로 받아서 적절한 인덱스나 로그 타입으로 분배한다.

유니버설 포워더를 사용하는 방법은 간단하다. 로그 수집 대상 각각에 포워더를 설치하면 된다. 그럼 지금부터 윈도우와 리눅스의 로그를 유니버설 포워더를 이용해 전송하는 방법을 실습해 볼 텐데, 그 전에 먼저 해야 할 일은 네트워크 작업이다. 앞서 UTM에서 스플렁크로 데이터를 전송할 때는 514번 포트를 이용해 pfSense에서 스플렁크 서버로 데이터를 보냈기 때문에 별도의 네트워크 작업이 필요 없었다

(서로 같은 서브넷 안에서 보내는 데이터라 굳이 ACL을 열 필요 없이 통신이 가능하기 때문이다). 하지만 지금부터는 특정 OS에서 특정 ESM으로 데이터를 보내기 때문에 만약 서로 다른 VLAN이면 차단되는 문제가 발생한다. 따라서 네트워크를 여는 작업부터 해야 한다. 유니버설 포워더에서 네트워크에 통신하는 사용하는 일부 포트가 있고, 그 포트를 여는 작업부터 진행하자.

pfSense 메뉴에서 [Firewall] → [Aliases] → [Ports]를 차례로 선택한 후 스플렁크에서 주로 사용하는 포트에 대해 Alias를 만들어 두자. 여기서는 8089번 포트와 9997번 포트를 정의해 둔다.

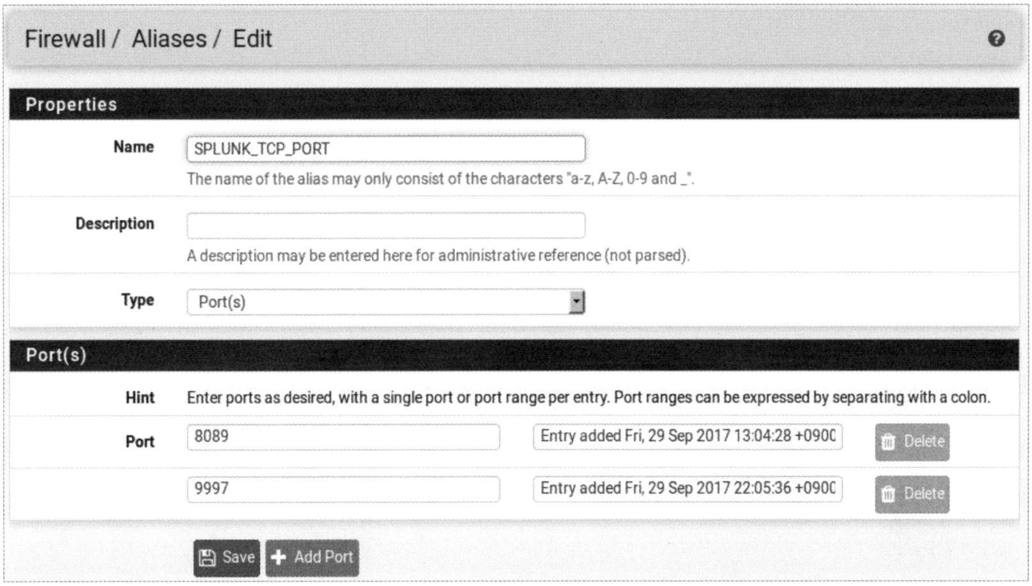

Firewall / Aliases / Edit

Properties

Name SPLUNK_TCP_PORT
The name of the alias may only consist of the characters "a-z, A-Z, 0-9 and _".

Description
A description may be entered here for administrative reference (not parsed).

Type Port(s)

Port(s)

Hint Enter ports as desired, with a single port or port range per entry. Port ranges can be expressed by separating with a colon.

Port 8089 Entry added Fri, 29 Sep 2017 13:04:28 +0900 Delete
9997 Entry added Fri, 29 Sep 2017 22:05:36 +0900 Delete

Save Add Port

그림 14.40 Aliases

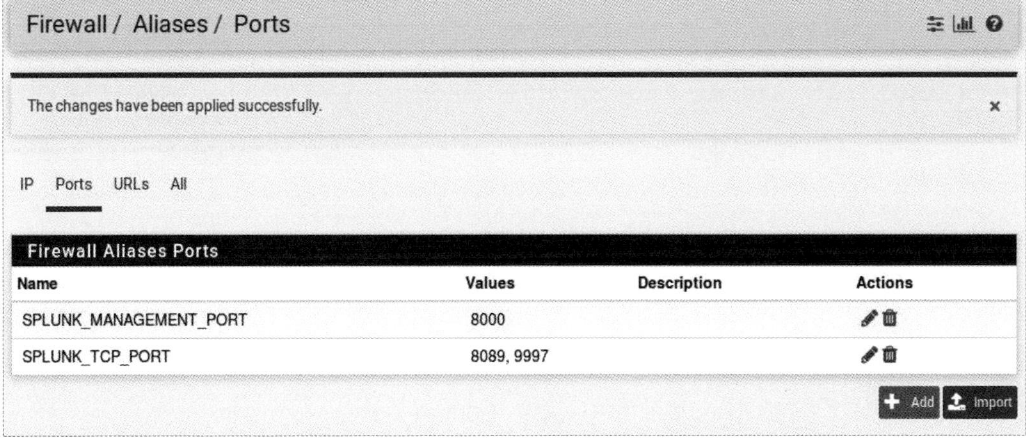

그림 14.41 Aliases

VLAN에 있는 모든 서버가 스플렁크 서버로 데이터를 전송해야 한다고 가정한다면 모든 VLAN에서 스플렁크 서버의 TCP 포트로 접근하는 룰부터 하나씩 만들어야 한다. 그럼 VLAN10부터 시작해보자. 방화벽 ACL을 만드는 방법은 이전 장에서 많이 연습했으므로 불필요한 화면 캡처는 생략하고 필요한 부분만 요약해서 간추렸다. 이런 식으로 모든 VLAN을 대상으로 작업한다.

- Interface: VLAN10_WEB
- Action: Pass
- Protocol: UDP
- Source: VLAN10_WEB net
- Destination: Single host or alias : SPLUNK
- Destination port range: From (other) SPLUNK_UDP_PORT To (other) SPLUNK_UDP_PORT

Firewall / Rules / VLAN10_WEB

The settings have been applied. The firewall rules are now reloading in the background.
Monitor the reload progress.

Floating WAN LAN VLAN10_WEB VLAN20_OFFICE VLAN30_INTRANET VLAN40_DB OpenVPN

Rules (Drag to Change Order)

	States	Protocol	Source	Port	Destination	Port	Gateway	Queue	Schedule	Description	Actions
✔	0/0 B	IPv4 TCP	VLAN10_WEB net	*	SPLUNK	SPLUNK TCP PORT	*	none		permit tcp vlan10(web) to splunk	
✔	0/2 KiB	IPv4 *	VLAN10_WEB net	*	VLAN10_WEB net	*	*	none		permit vlan10(web) to vlan10(web)	
✖	0/20 KiB	IPv4 *	VLAN10_WEB net	*	RFC1918	*	*	none		deny vlan10(web) to internal	
✔	0/21.77 MiB	IPv4 *	VLAN10_WEB net	*	*	*	*	none		permit vlan10(web) to any	

그림 14.42 ACL

이번에는 스플렁크 중앙 서버에서 인덱스를 미리 만들어두는 작업을 한다. 여기서는 OS의 로그를 위한 인덱스를 만들 것인데 리눅스와 윈도우의 것을 각각 하나씩 만들 예정이다. 스플렁크 웹콘솔 메뉴에서 [Settings]로 들어간 뒤 [DATA] 영역의 [Indexes]를 클릭한다.

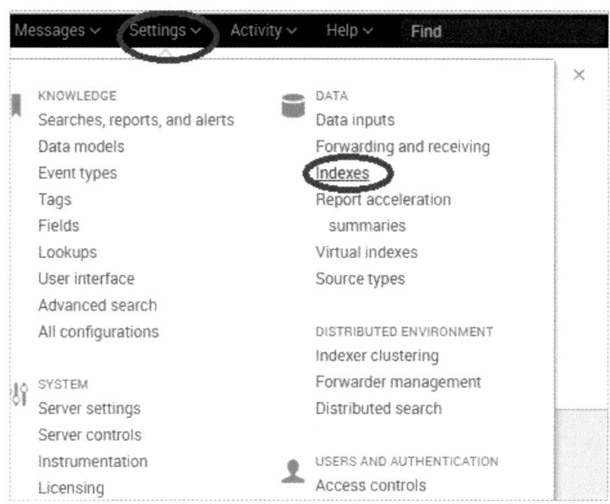

그림 14.43 인덱스

우측 상단에 있는 초록색 [New Index]를 클릭한다. [Index Name]에 'linux'를 입력한다. 다른 설정은 그대로 둬도 무방하다. [Save]를 클릭해 저장하면 인덱스가 만들어진다. 그리고 같은 방법으로 위 메뉴로 다시 한번 들어가서 'windows'라는 인덱스도 하나 만든다.

New Index

General Settings

Index Name: linux
Set index name (e.g., INDEX_NAME). Search using index=INDEX_NAME.

Index Data Type: Events | Metrics
The type of data to store (event-based or metrics).

Home Path: optional
Hot/warm db path. Leave blank for default ($SPLUNK_DB/INDEX_NAME/db).

Cold Path: optional
Cold db path. Leave blank for default ($SPLUNK_DB/INDEX_NAME/colddb).

Thawed Path: optional
Thawed/resurrected db path. Leave blank for default ($SPLUNK_DB/INDEX_NAME/thaweddb).

Data Integrity Check: Enable | Disable
Enable this if you want Splunk to compute hashes on every slice of your data for the purpose of data integrity.

Max Size of Entire Index: 500 GB
Maximum target size of entire index.

Max Size of Hot/Warm/Cold Bucket: auto GB
Maximum target size of buckets. Enter 'auto_high_volume' for high-volume indexes.

Frozen Path: optional

Cancel | Save

그림 14.44 스플렁크 설정

중앙 서버에서 기본적으로 한 번 해야 할 작업이 하나 더 있는데, 포워더를 쓰기 위해서는 [Settings]의 [Data] → [Receiveng]으로 가서 [New]를 클릭하고 9997번 포트를 띄워주는 작업을 해야 한다.

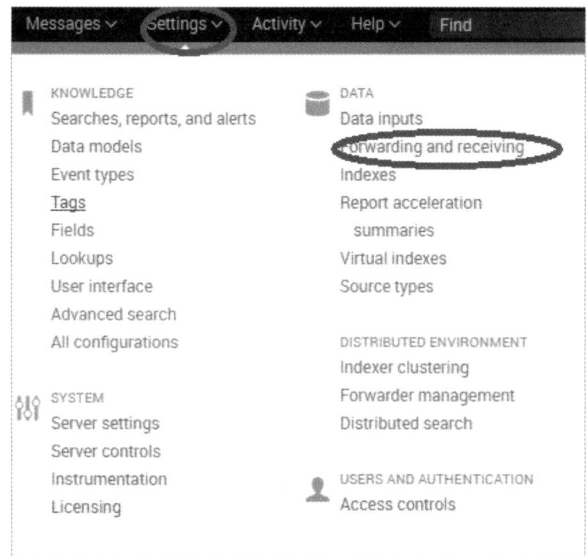

그림 14.45 포워딩

아래의 [Configure receiving]에서 [Add new]를 클릭한다.

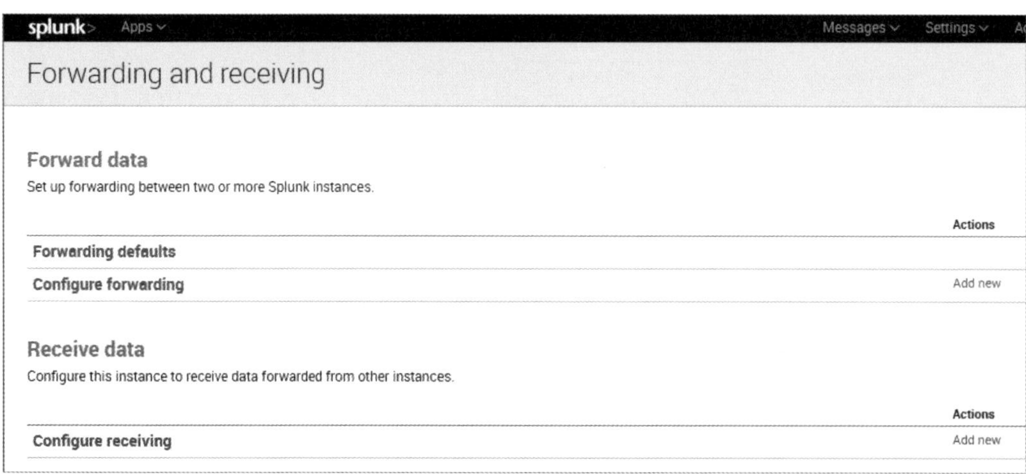

그림 14.46 포워딩 설정

그리고 [Listen on this port]에 '9997'을 입력하면 된다. 이로써 중앙서버 설정과 방화벽 네트워크 작업이 끝났다. 이제 중앙 서버는 유니버설 포워더의 데이터 전송을 받을 준비가 된 셈이고, 이제부터는 로그를 쏠 각 개별 서버의 설정을 진행하면 된다.

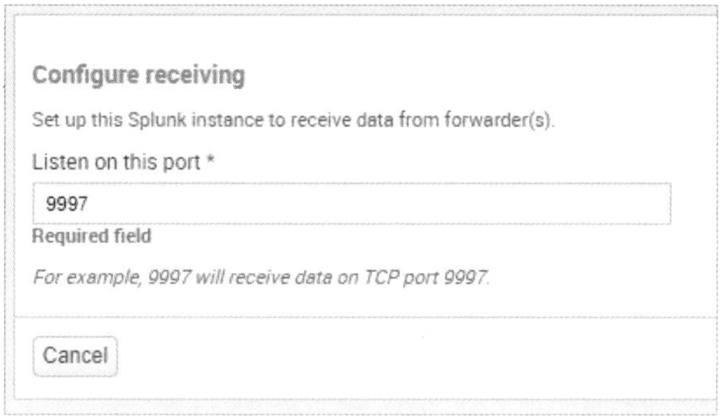

Configure receiving

Set up this Splunk instance to receive data from forwarder(s).

Listen on this port *

9997

Required field

For example, 9997 will receive data on TCP port 9997.

Cancel

그림 14.47 9997번 포트 설정

11 _ 리눅스 로그 수집을 위한 포워더 설치

먼저 유니버설 포워더를 내려받아야 하므로 구글에서 "splunk universal forwarder"로 검색한다. 스플렁크 공식 홈페이지(https://www.splunk.com)의 유니버설 포워더 다운로드 페이지가 나오면 이를 클릭한다.

그림 14.48 스플렁크 유니버설 포워더 검색

포워더의 종류로 [Linux]를 선택하고, 여기서는 우분투에 설치할 것이므로 64비트 .deb 버전을 선택한다. 로그인을 요구하면 앞에서 만든 계정으로 로그인한다.

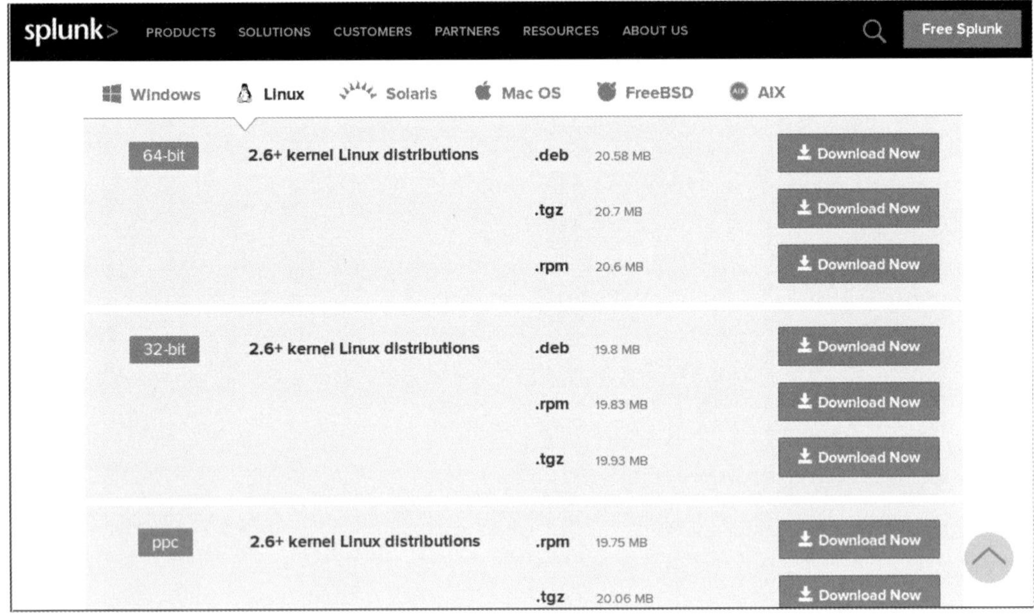

그림 14.49 다운로드 링크

이번에도 wget으로 쉽게 복사해서 붙여넣을 수 있는 링크를 제공하고 있으므로 이 링크를 복사한 후 로그를 전송하고 싶은 리눅스의 터미널에 붙여넣자. 그러면 해당 리눅스 서버에서 유니버설 포워더의 다운로드가 시작된다.

```
et?architecture=x86_64&platform=linux&version=7.0.0&product=universalforwarder&f
ilename=splunkforwarder-7.0.0-c8a78efdd40f-linux-2.6-amd64.deb&wget=true
Resolving www.splunk.com (www.splunk.com)... 54.230.249.213, 54.230.249.30, 54.2
30.249.227, ...
Connecting to www.splunk.com (www.splunk.com)|54.230.249.213|:443... connected.
HTTP request sent, awaiting response... 302 Found
Location: https://download.splunk.com/products/universalforwarder/releases/7.0.0
/linux/splunkforwarder-7.0.0-c8a78efdd40f-linux-2.6-amd64.deb [following]
--2017-09-29 21:29:53--  https://download.splunk.com/products/universalforwarder
/releases/7.0.0/linux/splunkforwarder-7.0.0-c8a78efdd40f-linux-2.6-amd64.deb
Resolving download.splunk.com (download.splunk.com)... 54.230.249.79, 54.230.249
.234, 54.230.249.118, ...
Connecting to download.splunk.com (download.splunk.com)|54.230.249.79|:443... co
nnected.
HTTP request sent, awaiting response... 200 OK
Length: 21574900 (21M) [application/octet-stream]
Saving to: 'splunkforwarder-7.0.0-c8a78efdd40f-linux-2.6-amd64.deb'

splunkforwarder-7.0 100%[===================>]  20.58M  7.83MB/s    in 2.6s

2017-09-29 21:29:56 (7.83 MB/s) - 'splunkforwarder-7.0.0-c8a78efdd40f-linux-2.6-
amd64.deb' saved [21574900/21574900]

window31@WD-UBUNTU-WEB:~$
```

그림 14.50 다운로드

```
# dpkg -i splunkforwarder-6.5.1-f74036626f0c-linux-2.6-amd64.deb
```

deb 파일이므로 dpkg 명령어를 이용해서 스플렁크를 설치하자. 설치가 끝난 후 유니버설 포워더가 자동으로 실행되게 만든다. 이것도 꼭 설정해야 재부팅했을 때 유니버설 포워더의 데몬이 올라오게 된다.

```
# sudo /opt/splunkforwarder/bin/splunk enable boot-start
```

그리고 중앙 서버를 어디로 바라봐야 할지 설정한다. 여기서는 10.40.1.2:9997 서버가 스플렁크 중앙 서버의 IP 주소가 된다.

```
# sudo /opt/splunkforwarder/bin/splunk add forward-server 10.40.1.2:9997
```

이제 가장 중요한 부분이다. 어떤 로그를 유니버설 포워더를 통해 중앙 서버로 보낼지 설정한다. 아래 경로의 inputs.conf 파일을 열어 편집을 시작한다.

```
# nano /opt/splunkforwarder/etc/system/local/inputs.conf
```

```
[default]
host = 10.20.1.2

[monitor:///var/log/auth.log]
disabled = false
index = linux
sourcetype = linux_audit
```

이런 식으로 로그를 보내고 싶은 파일을 추가하면 된다. 'index'는 앞에서 만든 인덱스명이며 'sourcetype'은 스플렁크에서 기본적으로 제공하는 타입으로, 리눅스의 'auth' 로그 포맷을 스플렁크가 직접 만들어 놓은 것이다. 이처럼 사전에 정의돼 있는 로그 타입을 사용하면 나중에 파싱할 때 훨씬 용이하게 작업할 수 있다.

추가로 전송하고 싶은 파일을 덧붙일 때는 다음과 같이 같은 문법으로 내용을 붙여넣기만 하면 된다. 참고로 다음은 브로 IDS의 http 트랜잭션 로그도 보낼 때 추가하는 내용이다.

```
[monitor:///nsm/bro/spool/bro/http.log]
disabled = false
index = main
sourcetype = bro_http
```

설정을 마치면 다음 명령으로 포워더를 재시작한다. 이제 각 에이전트에서의 작업 자체는 끝났다.

```
# sudo /opt/splunkforwarder/bin/splunk restart
```

```
root@WD-UBUNTU-WEB:/home/window31# sudo /opt/splunkforwarder/bin/splunk restart


splunkd is not running.

Splunk> Another one.

Checking prerequisites...
        Checking mgmt port [8089]: open
                Creating: /opt/splunkforwarder/var/run/splunk/appserver/i18n
                Creating: /opt/splunkforwarder/var/run/splunk/appserver/modules/
static/css
                Creating: /opt/splunkforwarder/var/run/splunk/upload
                Creating: /opt/splunkforwarder/var/spool/splunk
                Creating: /opt/splunkforwarder/var/spool/dirmoncache
                Creating: /opt/splunkforwarder/var/lib/splunk/authDb
                Creating: /opt/splunkforwarder/var/lib/splunk/hashDb
New certs have been generated in '/opt/splunkforwarder/etc/auth'.
        Checking conf files for problems...
        Done
        Checking default conf files for edits...
        Validating installed files against hashes from '/opt/splunkforwarder/spl
unkforwarder-7.0.0-c8a78efdd40f-linux-2.6-x86_64-manifest'
        All installed files intact.
        Done
All preliminary checks passed.

Starting splunk server daemon (splunkd)...
Done

root@WD-UBUNTU-WEB:/home/window31#
```

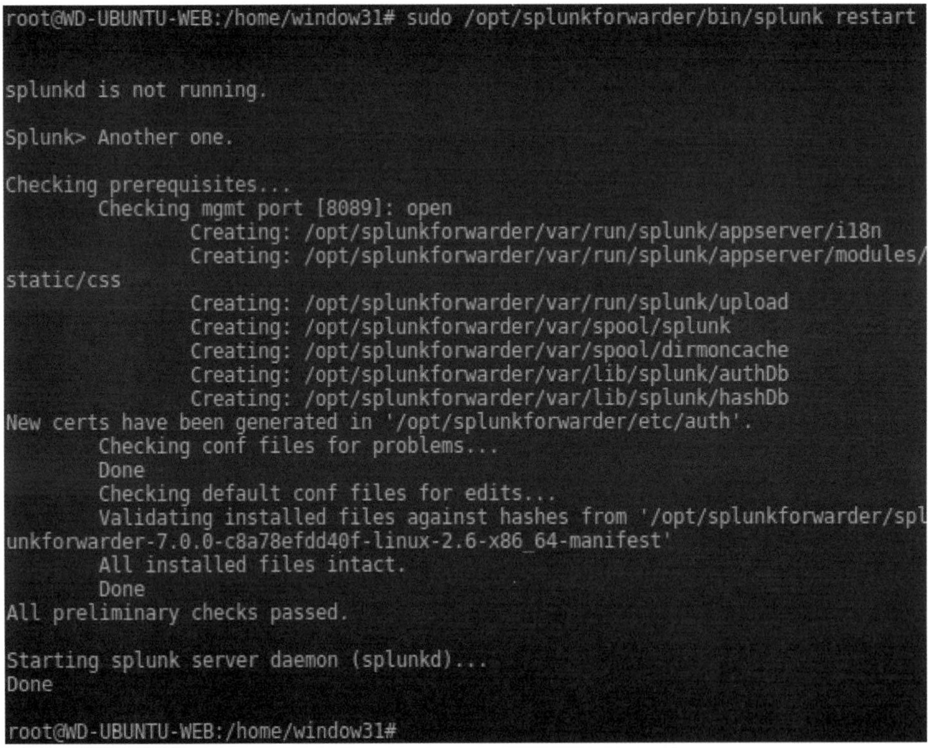

그림 14.51 설치

그럼 로그가 잘 들어오는지 스플렁크로 확인해 보자. 'index=linux sourcetype=linux_audit'으로 검색을 해보자('host' 정보는 넣지 않아도 무방하다). 로그가 잘 들어오는 것을 확인할 수 있을 것이다.

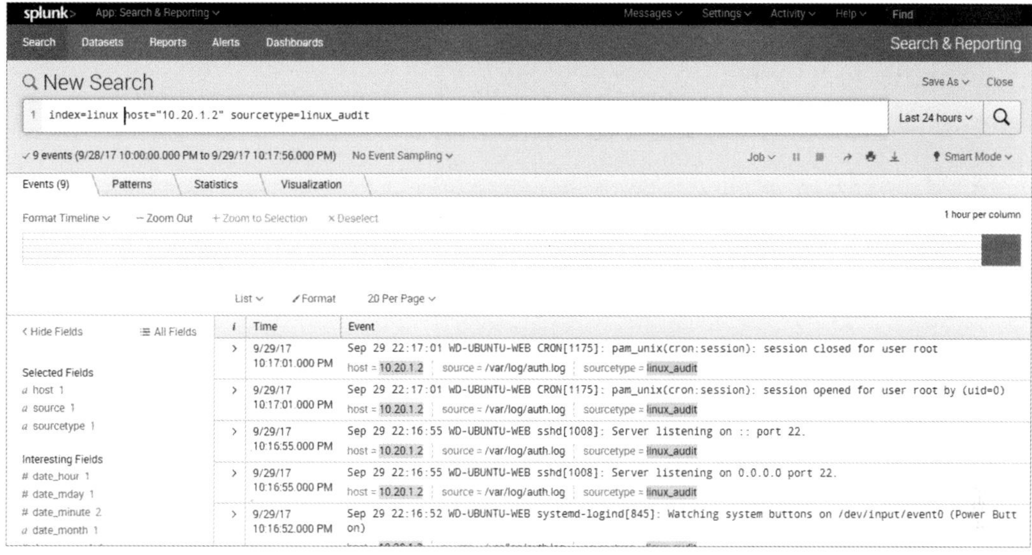

그림 14.52 스플렁크 검색

로그가 들어오지 않을 때

혹시 로그가 들어오지 않을 때는 네트워크 문제인 경우가 많다. 이때 다음 항목을 확인한다.

1. 스플렁크 중앙 서버에서 8089, 9997번 포트를 리슨하고 있는지 확인한다.
2. 각 에이전트에서 중앙 서버로 9997번 포트로 패킷을 잘 보내고 있는지 확인한다(netstat으로 확인해서 SYN_SENT 상태이면 문제가 있는 상태다).
3. pfSense 방화벽에서는 허용 ACL을 넣었는데 중앙 서버에 설치된 ufw 등의 로컬 방화벽에서 9997번 포트를 안 열어준 것인지 확인한다.

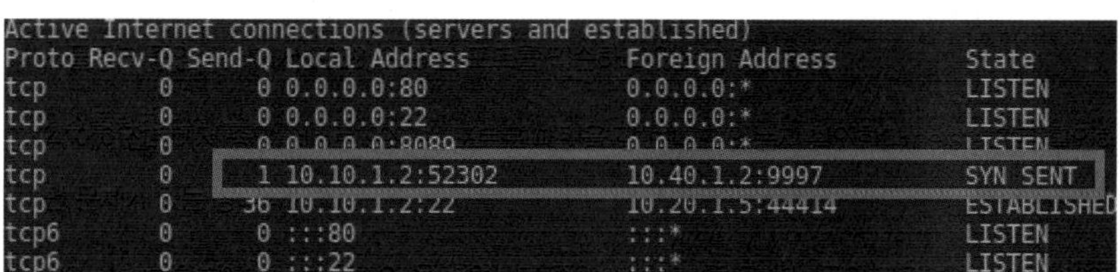

Active Internet connections (servers and established)
Proto Recv-Q Send-Q Local Address Foreign Address State
tcp 0 0 0.0.0.0:80 0.0.0.0:* LISTEN
tcp 0 0 0.0.0.0:22 0.0.0.0:* LISTEN
tcp 0 0 0.0.0.0:8089 0.0.0.0:* LISTEN
tcp 0 1 10.10.1.2:52302 10.40.1.2:9997 SYN_SENT
tcp 0 36 10.10.1.2:22 10.20.1.5:44414 ESTABLISHED
tcp6 0 0 :::80 :::* LISTEN
tcp6 0 0 :::22 :::* LISTEN

그림 14.53 SYN_SENT

```
root@WD-UBUNTU-DB:/home/window31# ufw status
Status: active

To                         Action      From
--                         ------      ----
22                         ALLOW       Anywhere
3306                       ALLOW       Anywhere
8000                       ALLOW       Anywhere
514                        ALLOW       Anywhere
22 (v6)                    ALLOW       Anywhere (v6)
3306 (v6)                  ALLOW       Anywhere (v6)
8000 (v6)                  ALLOW       Anywhere (v6)
514 (v6)                   ALLOW       Anywhere (v6)

root@WD-UBUNTU-DB:/home/window31# ufw allow 8089
Rule added
Rule added (v6)
root@WD-UBUNTU-DB:/home/window31#
```

그림 14.54 UFW

12 _ 윈도우 이벤트 로그 수집을 위한 포워더 설치

리눅스는 어느 정도 마무리됐고, 이번에는 윈도우 쪽을 설정해 보자. 리눅스에서 설정할 때와 마찬가지로 윈도우용 스플렁크 유니버설 포워더를 내려받는다(이 과정은 리눅스에서 설정할 때 이미 설명했으므로 스크린샷을 생략한다). 윈도우용 인스톨러를 실행하면 다음과 같은 화면이 등장하며 설치가 시작된다. 약관 동의 항목에 체크하고 넘어간다.

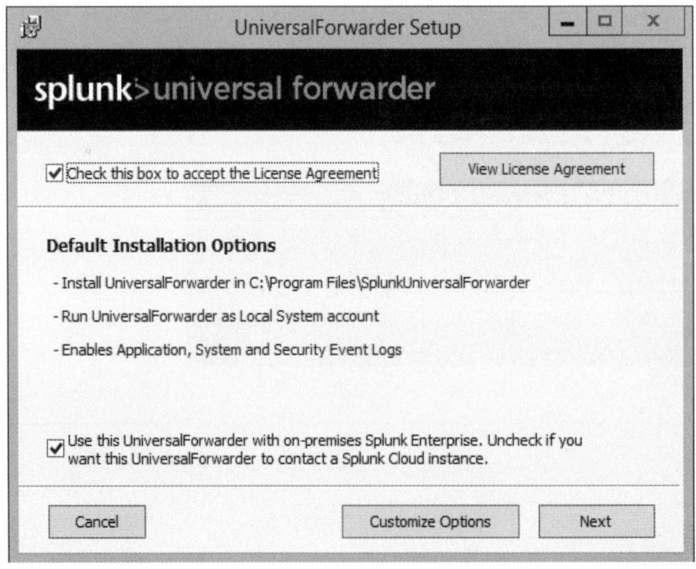

그림 14.55 설정

다음은 어떤 로그를 보낼지 체크하는 부분이다. 윈도우는 친절하게도 어떤 항목을 가져갈 것인지 미리 분류해서 제공하기 때문에 체크만 하면 된다. 보안 관련 로그만 일단 모을 것이므로 [Security Log]에 체크하고 [Next] 버튼을 누른다(여담이지만 Performance Monitor 등에서 CPU Load와 메모리 사용량 등도 체크할 수 있음을 알 수 있다. 따라서 독자들도 추측이 가능하겠지만 스플렁크는 리소스 모니터용으로도 활용할 수 있다).

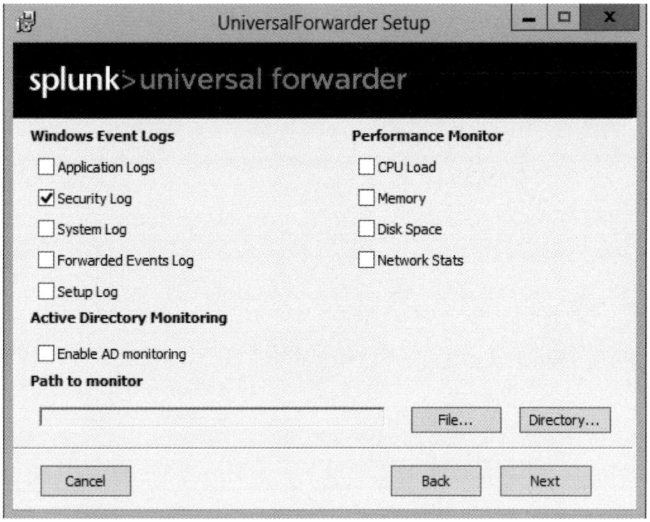

그림 14.56 설정

이어서 중앙 서버를 묻는 화면이 나오는데, 이때 스플렁크의 중앙 서버 IP 주소를 입력한다.

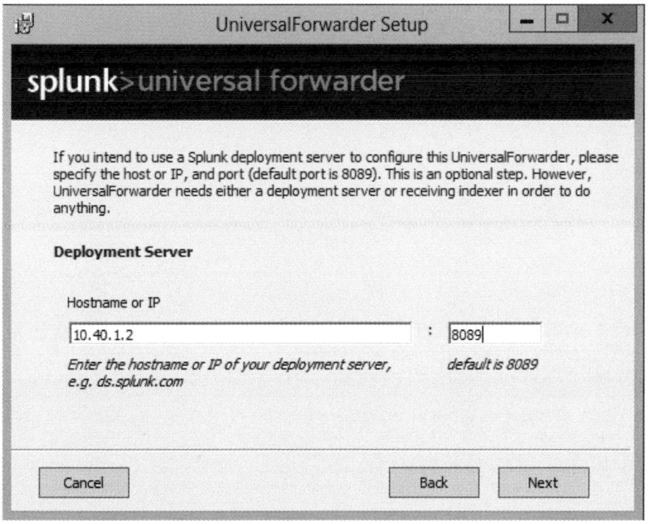

그림 14.57 IP 주소 설정

리눅스에서 설정했을 때와 마찬가지로 이 로그 파일을 어떤 인덱스 타입으로 보낼지 설정해야 한다. 아래 경로의 파일을 열어서 경로 아래의 내용을 추가한다. 한 가지 조심해야 할 것은 윈도우의 메모장은 리눅스와 달리 개행 처리를 2바이트로 하기 때문에 이 파일을 그대로 메모장으로 열었다가는 개행 처리가 엉망이 되어 알아보기 힘들어질 수 있다. 따라서 서브라임 텍스트(Sublime Text)나 노트패드 2(Notepad 2) 등을 설치해서 편집하자.

C:\Program Files\SplunkUniversalForwarder\etc\system\local\inputs.conf

```
[default]
host = 10.30.1.2

[WinEventLog://Security]
disabled = false
index = windows
```

이제 윈도우에서 어떤 액션이 발생할 때마다 [WinEventLog://Security]라는 소스 타입으로 정의되어 스플렁크로 전송될 것이다.

다음으로 처리할 부분은 로그 생성 부분인데, 만약 윈도우를 기본 옵션으로 설치한 상태라면 감사 로그의 이벤트 로그 생성 부분이 모두 비활성화돼 있어서 아무런 로그도 기록되지 않는 상태일 것이다. 따라서 이를 모두 활성화하는 작업을 하자. [시작] → [실행]을 차례로 선택한 후 'secpol.msc'를 입력해 로컬 보안 정책 편집기로 이동하자.

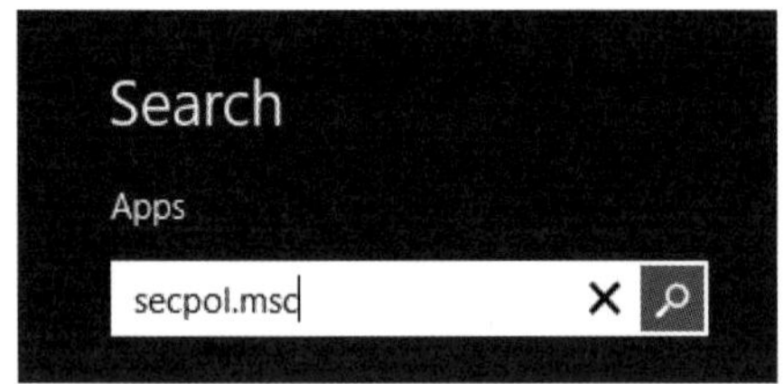

그림 14.58 secpol.msc

다음 그림에서 보다시피 [Local Policies]의 [Audit Policy] 부분이 모두 [No auditing]으로 돼 있을 텐데, 이렇게 돼 있으면 로그가 하나도 기록되지 않는다. 일단 이 부분을 모두 활성화한다(물론 이렇게 하면 엄청난 성능 저하에 불필요한 로그가 마구 생성되는 문제가 발생할 테지만 그것은 다음 장인 '윈도우 이벤트 로그'에서 튜닝할 예정이므로 일단 지금은 모두 활성화한다).

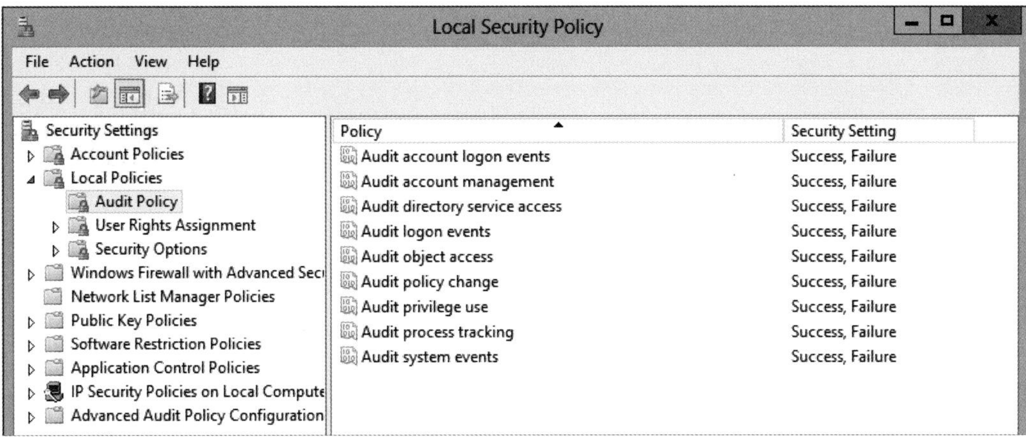

그림 14.59 로컬 폴리시

그런 다음 로컬 서비스로 가서 [SplunkForwarder Service]를 재시작한다. 그러면 이제 로그가 들어올 것이다.

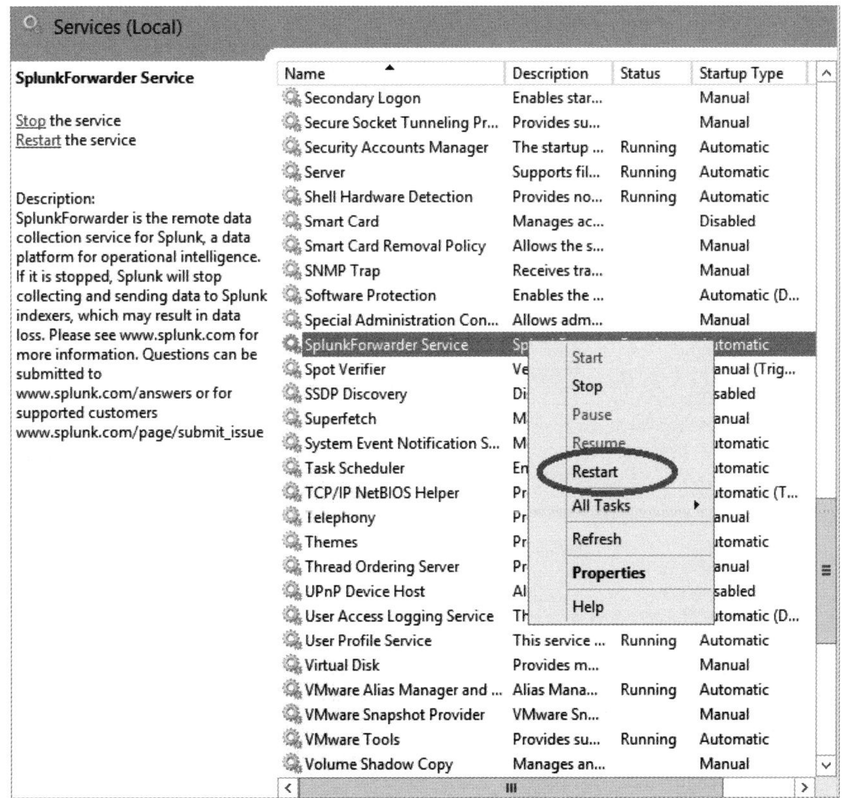

그림 14.60 서비스 리스트

로그가 들어오지 않을 때 2

랩에서 작업하다가 VMware Player를 Suspend해 놓고 며칠 후 다시 켰을 때 스플렁크 데이터가 제대로 들어오지 않는 듯한 현상이 보일 수 있다. 네트워크 문제를 아무리 점검해 봐도 좀처럼 원인을 찾지 못할 때는 시간 동기화 때문일 가능성이 크다. VMware는 21시에 Suspend한 채 작업을 종료하고, 다음 날 17시에 다시 Resume해서 켜보면 VMware 하위에 있는 VM 서버는 모두 여전히 21시를 가리키고 있을 것이기 때문에 시간이 어긋나버려 로그가 제대로 조회되지 않는 문제가 발생할 수 있다. 따라서 랩을 며칠 간격으로 사용할 때 시간 문제를 해결하려면 다음과 같이 시간을 업데이트한다(리눅스 서버에서도 체크해야 한다).

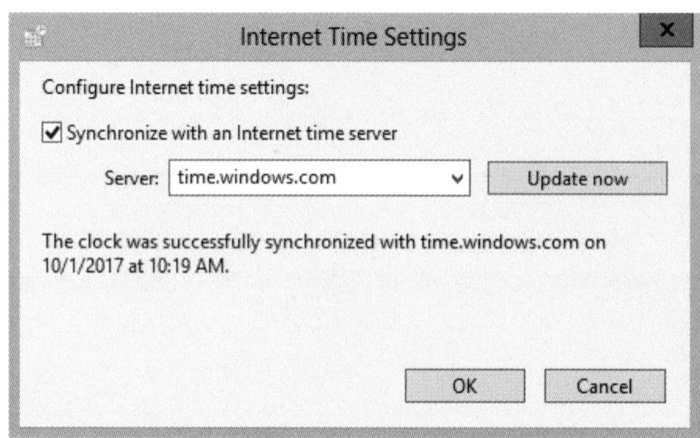

그림 14.61 타임 싱크

그리고 로컬 서비스를 보면 [Windows Time] 항목이 수동으로 돼 있는데 이것도 자동으로 바꾸는 것이 좋다.

서비스(로컬)

Windows Time

서비스 시작

설명:
네트워크의 모든 클라이언트와 서버에서 날짜 및 시간 동기화를 유지 관리합니다. 이 서비스가 중지되면 날짜 및 시간 동기화를 사용할 수 없습니다. 이 서비스를 사용하지 않도록 설정하면 이 서비스에 명시적으로 의존하는 서비스가 시작되지 않습니다.

이름	설명	상태	시작 유형	다음 사용자로 로
Windows Media Player Net...	다른 ...		수동	Network Service
Windows Modules Installer	Wind...		수동	Local System
Windows Push Notification...	이 서...		수동	Local System
Windows Remote Manage...	WinR...		수동	Network Service
Windows Search	파일,...	실행 ...	자동(지연...	Local System
Windows Store Service (W...	Wind...		수동(트리...	Local System
Windows Time	네트...		수동(트리...	Local Service
Windows Update	Wind...		수동(트리...	Local System
Windows 모바일 핫스팟 서...	다른 ...		수동(트리...	Local Service
Windows 백업	Wind...		수동	Local System
WinHTTP Web Proxy Auto-...	Win...	실행 ...	수동	Local Service
Wired AutoConfig	유선 ...		수동	Local System
WLAN AutoConfig	WLA...		수동	Local System
WMI Performance Adapter	네트...		수동	Local System
Work Folders	이 서...		수동	Local Service
Workstation	SMB...	실행 ...	자동	Network Service
WWAN AutoConfig	이 서...		수동	Local Service
Xbox Live 게임 저장	Xbox...		수동	Local System
Xbox Live 네트워킹 서비스	이 서...		수동	Local System
Xbox Live 인증 관리자	Xbox...		수동	Local System
소매 데모 서비스	소매 ...		수동	Local System

그림 14.62 서비스

13 _ 스플렁크의 기본 검색 사용법

지금까지 로그 수집을 하기만 했지 스플렁크로 어떻게 조회하는지는 구체적으로 살펴보지 않았다. 지금부터 자주 사용하는 간단한 명령어에 대해 알아보겠다. 고급 검색 방법은 이후 장에서 알아볼 예정이므로 지금은 기본기만 익히자. 먼저 다음 명령어는 익숙할 것이다. 인덱스와 소스로 확인하는 가장 기본적인 검색 방법이다.

```
index=windows source="WinEventLog://Security"
```

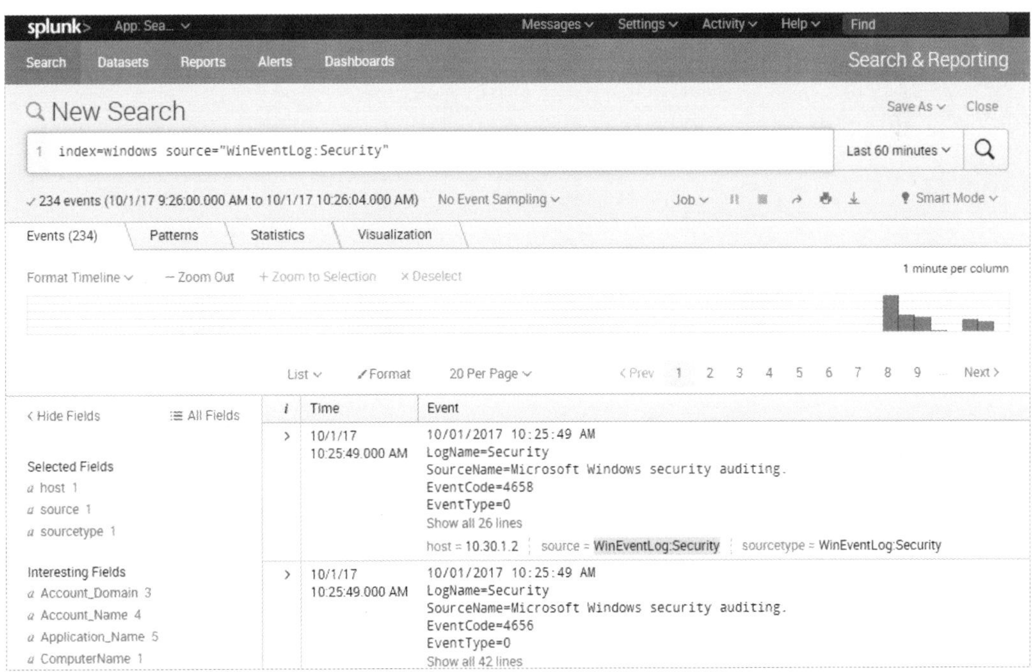

그림 14.63 이벤트로그 검색

소스 타입을 'WinEventLog::Security'로 지정했는데, 소스 타입을 사용하면 좋은 이유는 스플렁크가 주요 필드에 대해 미리 파싱해 두기 때문이다. 다음과 같이 Account_Domain, Account_Name, Application_Name에 대해 왼쪽 메뉴에 이미 파싱돼 있으며, 심지어 해당 필드를 클릭하면 간단한 즉석 통계도 내 준다. 아래 화면은 이벤트 코드에 대해 즉석 통계를 낸 화면이며 많이 발생한 로그에 대해 Count가 높은 순서대로 나열했다는 사실을 알 수 있다. 예를 들어, 4689 이벤트 코드가 46건으로 가장 많이 발생했으며 이는 전체 로그의 19.658%를 차지한다.

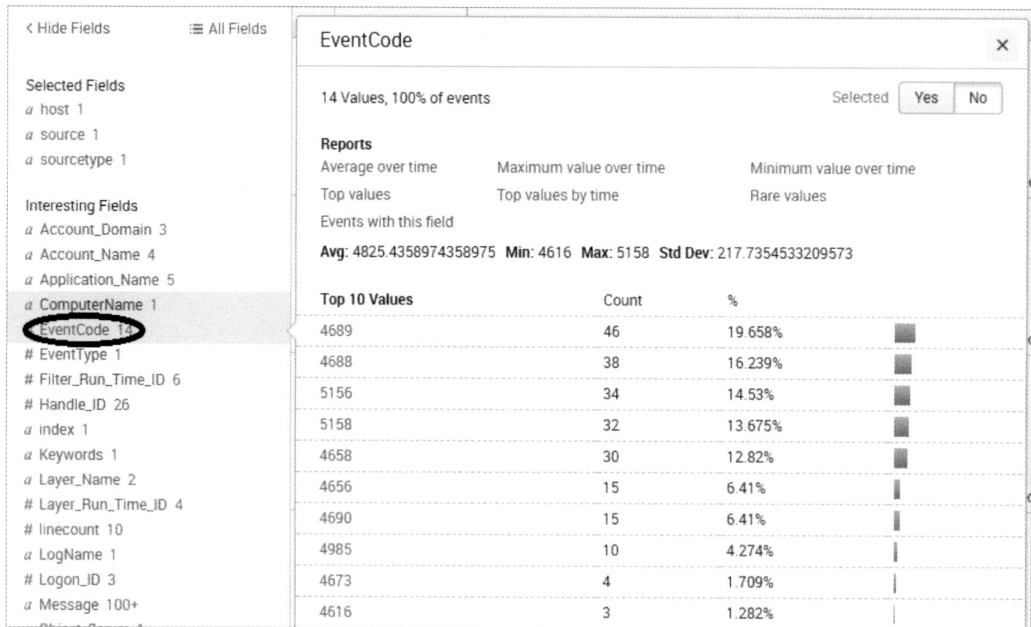

그림 14.64 EventCode

그리고 이 내용에 대해 즉석 그래프도 생성할 수 있다. 위 상태에서 [Top values]를 클릭해 보자. 그럼 다음과 같이 자동으로 그래프가 나타나며 일목요연하게 표로 보여 주니 이벤트 코드당 발생 비율을 쉽게 확인할 수 있다. 이를 응용하면 대시보드나 통계 그래프 같은 것을 아주 쉽게 제작할 수 있다.

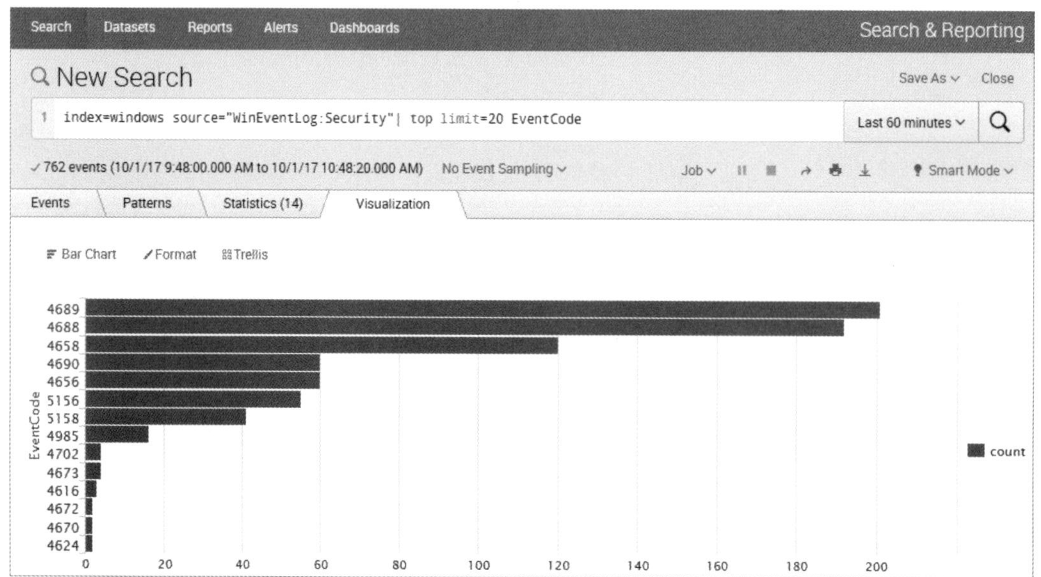

그림 14.65 표

이제 이쯤 되면 소스와 소스 타입에 대해서는 구분할 수 있을 것이다.

- host: 이벤트가 발생한 시스템의 IP 주소 또는 호스트 이름
- source: 이벤트가 발생한 디렉터리 경로나 파일 또는 네트워크 포트(예: 514)
- sourcetype: 해당 이벤트의 로그 포맷

다시 검색 방법으로 돌아와서 다음과 같은 식의 필터링도 가능하다는 것도 알아두자. 이렇게 입력하면 이벤트 코드 4702만 필터링해 주기도 한다.

```
index=windows source="WinEventLog:Security" EventCode=4702
```

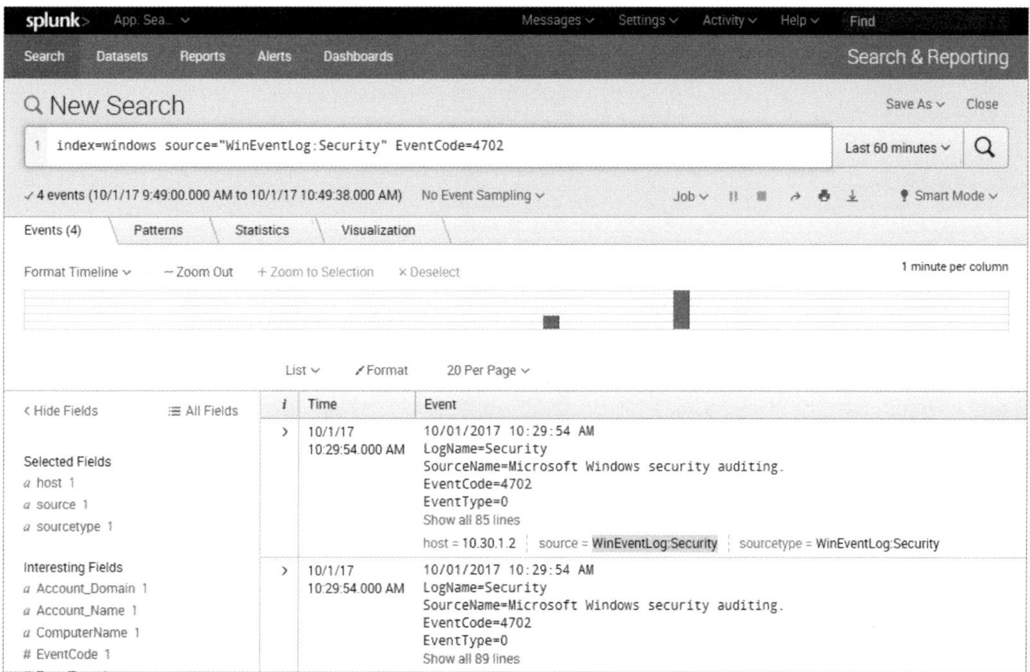

그림 14.66 이벤트 코드 4702

또한 다음과 같은 명령으로 전체 데이터를 가져오는 것도 가능하다.

```
index=windows source="WinEventLog:Security" EventCode=*
```

물론 이렇게 문자열로 검색할 수도 있다. 이렇게 하면 로그 중에 'calc'라는 문자열이 포함된 것은 모두 검색된다. 이 방법이 더 편해 보일 수도 있겠지만 실제로 이런 식으로 검색하면 해당 필드를 정확하게 필터링하지는 못하기 때문에(우연히 다른 필드에 'calc'라는 문자열이 들어간다거나) 이 검색 방법은 초기에나 사용하고, 제대로 된 쿼리를 만들 때는 위와 같이 필드명을 정확히 지정하는 것이 좋다.

```
index=windows source="WinEventLog:Security" calc
```

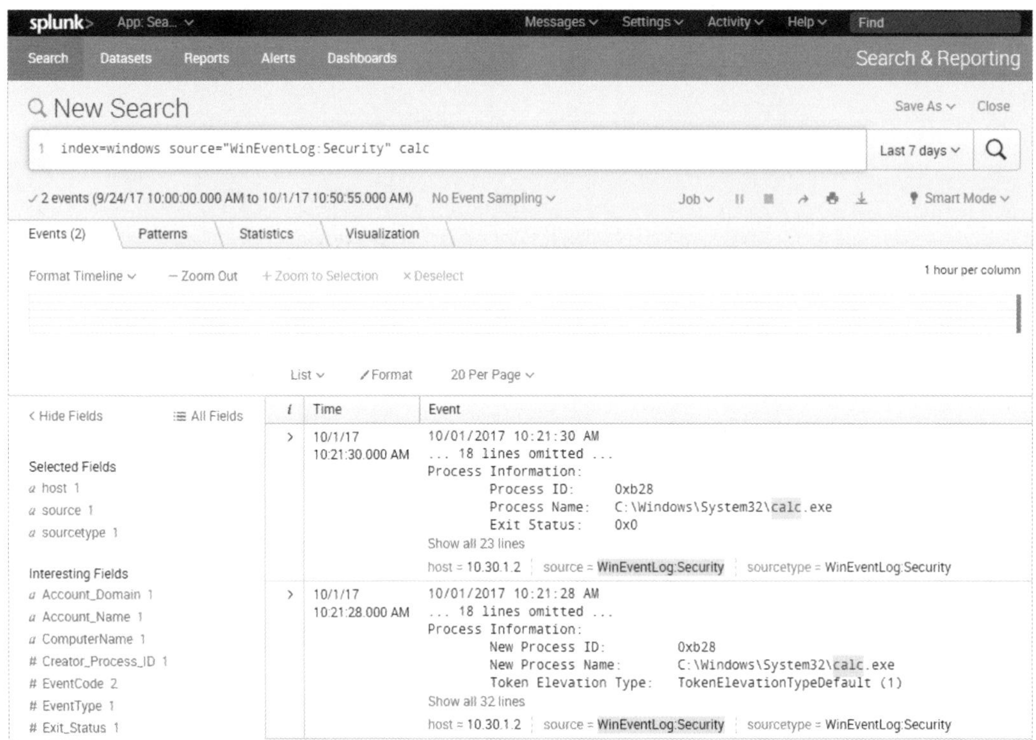

그림 14.67 이벤트로그

그리고 오른쪽의 [Last 7 days]라고 적힌 부분을 수정해서 원하는 시간대로 검색할 수 있다. 다음 화면만 봐도 별도의 설명 없이도 쉽게 이해할 수 있을 것이다.

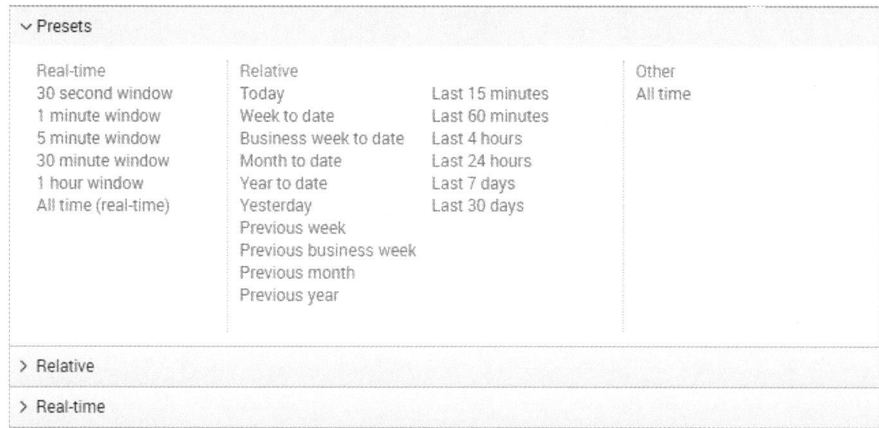

그림 14.68 Presets

아울러 =과 같은 연산을 지원하므로 마찬가지로 '같지 않음'을 나타내는 !=도 사용할 수 있다. 다음 쿼리는 이벤트 코드가 4688이 아닌 결과만 나열한다.

```
index=* source="WinEventLog:Security" EventCode!=4688
```

OR 문도 사용 가능하다. 다음 쿼리는 이벤트 코드가 4689 또는 4688인 것의 결과만 가져온다.

```
index=* source="WinEventLog:Security" EventCode=4689 OR EventCode=4688
```

참고로 AND 명령은 없다. 그냥 아무것도 안 붙이면 모두 AND로 간주한다. 다음 쿼리는 이벤트 코드가 4688이면서 '(AND) calc'라는 문자열이 들어간 것을 모두 가져온다.

```
index=* source="WinEventLog:Security" EventCode=4688 calc
```

필드가 사전에 정의된 경우에는 위와 같이 != 명령어를 사용했지만 필드가 없는 경우에는 NOT이라는 것을 사용해도 된다. 다음 쿼리는 이벤트 코드가 4688이면서 'calc'라는 문자열이 들어가지 않은 것을 가져온다.

```
index=* source="WinEventLog:Security" EventCode=4688 NOT calc
```

기본적인 내용은 이 정도만 알아보고, 좀 더 고급 쿼리는 이후 장에서 설명하겠다. 스플렁크가 쿼리 기반이라 어렵게 느껴질 수 있을지 모르지만 인덱스와 소스 타입, 소스만 명확히 지정하고 지금과 같은 1차원적 검색에서는 키워드만 잘 넣어도 우리가 원하는 것을 잘 뽑아낼 수 있으리라 생각한다.

15장

윈도우 이벤트 로그와 리눅스 로그의 분석

침해사고 대응이나 여러 가지 이상징후에 대해 로그 분석을 할 때 많은 새내기 보안 엔지니어에게 듣는 질문 중 하나는 윈도우 로그는 왜 그렇게 복잡하게 돼 있느냐와 대체 어떤 것을 중점적으로 봐야 할지 모르겠다는 것이 태반이다. 개인적으로 생각했을 때도 윈도우 로그는 너무 복잡하다. 리눅스처럼 깔끔하게 해당 상황에 대한 정보만 떨어지는 것이 아니고, 이 로그는 무엇이고 어떤 이유로 이렇게 로그를 생성했는지 같은 부수적인 메시지를 너무 많이 덧붙이는 터라 로그 규모도 지나치게 커지는 감이 있고 한 줄의 로그를 볼 때도 시간이 무척 많이 든다. 또한 로그 포맷도 그다지 깔끔하지 않아서 파싱하기도 쉽지 않기 때문에 윈도우 로그를 분석하는 도중에는 담배가 늘어가는 사람 또는 아예 중간에 나가떨어지는 사람이 상당히 많다.

따라서 윈도우 로그를 둘러싼 환경에는 이처럼 골치 아픈 사연이 있기 때문에 별도의 장으로 만들어서 설명하기로 했다. 어쨌든 복잡함과 불편함이 있지만 윈도우 서버나 데스크톱은 점유율 측면에서 비율이 상당히 높은 편이라서 이벤트 로그 분석은 절대로 포기할 수 없는 이유가 있다. 그뿐만 아니라 침해사고 대응을 할 때 직원 PC나 윈도우 서버를 통해 리눅스 서버로 불법 침입이 이뤄지는 경우가 상당히 많아서 필수적으로 익혀둬야 할 이유도 있다.

01 _ 이벤트 로그 포맷의 기초

과거에 윈도우 2000/XP/2003 시절과 이후 업그레이드된 버전의 OS가 혼재하던 시절에는 마이크로소프트가 2008년 이후 새 운영체제를 내놓으며 로그 저장 형태나 확장자, 심지어 이벤트 로그 파일이 저장되는 위치까지 변경해 버렸지만 이제 그러한 과거의 OS를 쓰는 곳은 거의 없으니(만약 있다면 이제와서 구형 이벤트 로그를 공부할 것이 아니라 오래된 버전의 OS를 윈도우 2008이나 2012 이상으로 업그레이드하는 편이 훨씬 낫다) 과거의 포맷은 버리고 윈도우 비스타/2008 이후에 나온 새로운 포맷에 대해서만 설명하겠다.

- **저장 형태**: 바이너리, XML
- **로그 확장자명**: *.evtx
- **저장 경로**: \Windows\System32\winevt\Logs

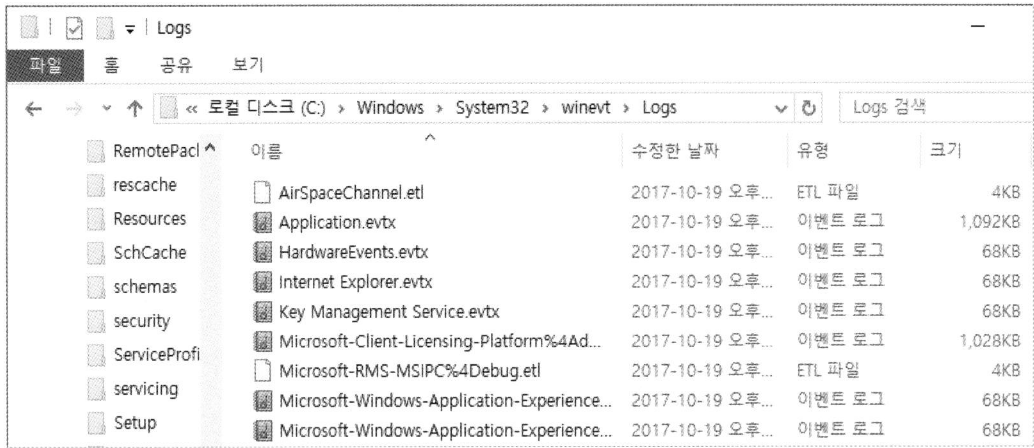

그림 15.1 이벤트 로그의 파일 위치

이처럼 파일로 존재하는 이벤트 로그를 보려면 커맨드 화면에서 'eventvwr'을 입력하면 된다.

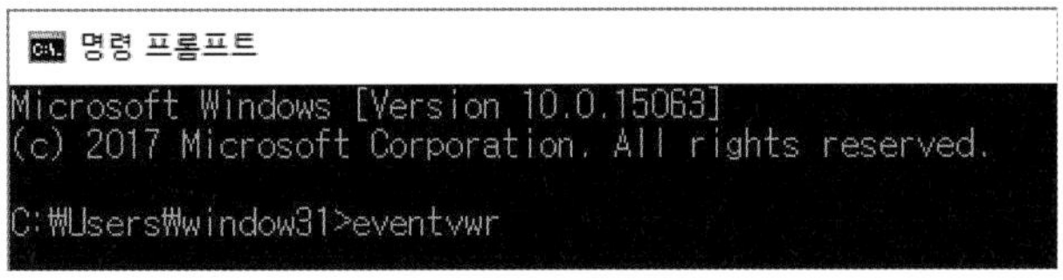

그림 15.2 eventvwr

그럼 아래와 같은 이벤트 뷰어를 볼 수 있다. 이벤트 뷰어에서 왼쪽 메뉴를 보면 크게 응용 프로그램/보안/설정/시스템 등이 보이는데 사실 침해대응을 위한 로그 추적을 할 때는 90% 이상 [보안] 탭의 로그만 중점적으로 살펴보면 된다. 하지만 나머지 탭도 아예 안 보는 것도 아니니 하나씩 설명해 보겠다.

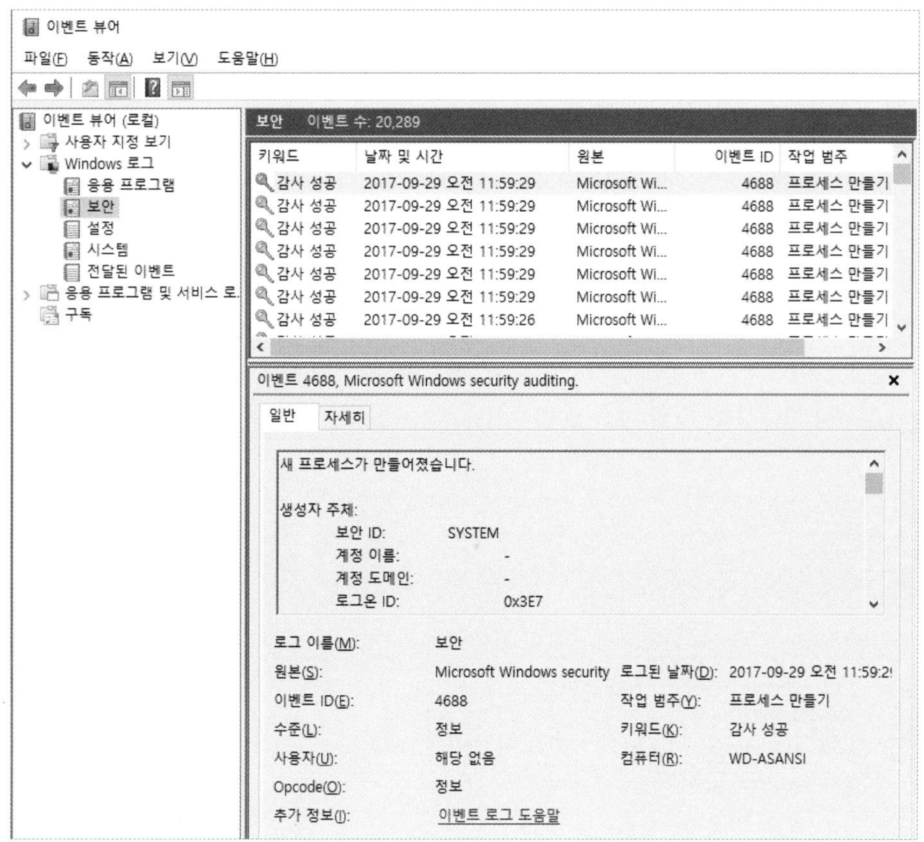

그림 15.3 이벤트 뷰어

응용 프로그램 로그

개별 애플리케이션 로그라고 보면 된다. 윈도우에는 각 개발자들이 만든 수많은 프로그램들이 프로세스나 DLL 단위로 돌아가고 있는데, 그러한 수많은 애플리케이션이 잘 실행됐다거나 종료됐다거나 또는 에러가 발생했다거나 업데이트를 했다거나 등, 기본적인 행위에 대한 로그를 저장하는 곳이 바로 응용 프로그램 로그다. 보통 자신의 프로그램 폴더 내에 .log 파일을 만들어서 로그를 생성하는 경우도 많지만 개발자의 취향에 따라서 그렇게 별도의 로그 파일로 관리하고 싶지 않고 이벤트 로그를 한 군데로 취합해서 보관하고 싶은 경우에는 이벤트 로그로 몰아넣도록 코드를 작성하는 개발자도 있다. 그래서 이 응용 프로그램에 로그가 기록되는 애플리케이션도 있고 아닌 것도 있다는 사실을 염두에 두자.

보안 로그

침해사고에 대응할 때 가장 중점적으로 살펴봐야 하는 로그다. 주로 점검하는 항목은 로그인, 계정 생성, 프로세스 생성 추적 등이며, 이를 통해 어떤 상황에 해커로 의심되는 불법 침입이 있었는지, 그들이 실행시킨 프로세스는 어떤 것들이 있는지 파악할 수 있다. 참고로 각 로그는 아래와 같이 마우스 오른쪽 버튼을 클릭한 후 속성을 보면 로그가 저장된 경로를 알 수 있다. 긴급하게 보안 로그만 가져오고자 할 때는 이 파일을 가져오면 된다. 그리고 자세히 보면 알겠지만 이벤트 로그를 저장하는 용량의 한계를 지정할 수 있다. 로그가 많이 쌓이면 하드디스크가 꽉 차서 용량 부족으로 문제를 발생시킬 수 있으므로 이처럼 로컬에 쌓이는 로그의 크기는 크게 잡지 않고, 앞에서 했던 것처럼 실시간으로 스플렁크 등의 ESM으로 보내는 작업을 해야 한다. 이를 보면 왜 ESM을 구축해서 로그를 별도로 보관하는지 더욱 와 닿을 것이라 생각한다.

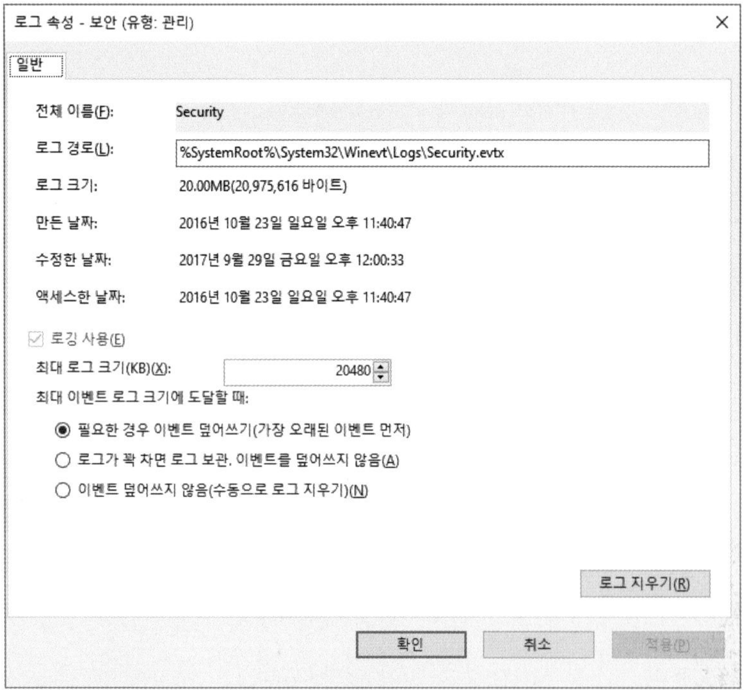

그림 15.4 로그 경로

시스템 로그

윈도우 시스템이 가동되는 데 필요한 내용이 이곳에 기록된다. 장비가 부팅됐거나 하드웨어 오류가 있다는 등 보안보다는 문제 해결을 위한 목적으로 많이 사용된다. 하지만 서비스 등록이나 가동 여부, 드라이버 로딩 등의 내용은 침해 대응 시에도 참고하는 내용이므로 이 부분도 잘 살펴봐야 할 때가 있다.

02 _ 이벤트 로그의 포맷

이번에는 이벤트 로그의 포맷에 대해 알아보자. 어떤 내용이 들어 있는지는 로그 샘플을 하나 살펴보며 바로 설명을 시작하겠다. 다음은 계정을 하나 만들었을 때 생성되는 로그로서 보안 로그 탭에 만들어지는 로그에 해당한다.

```
10/01/2017 07:07:35 PM
LogName=Security
SourceName=Microsoft Windows security auditing.
EventCode=4720
EventType=0
Type=Information
ComputerName=WIN-BISGOI8F8VH
TaskCategory=User Account Management
OpCode=Info
RecordNumber=29427
Keywords=Audit Success
Message=A user account was created.

Subject:
    Security ID:        S-1-5-21-291331989-3621620627-2245425022-500
    Account Name:        Administrator
    Account Domain:        WIN-BISGOI8F8VH
    Logon ID:        0x608C3A

New Account:
    Security ID:        S-1-5-21-291331989-3621620627-2245425022-1001
    Account Name:        test_account
    Account Domain:        WIN-BISGOI8F8VH
```

```
Attributes:
    SAM Account Name:    test_account
    Display Name:       <value not set>
    User Principal Name:    -
    Home Directory:       <value not set>
    Home Drive:       <value not set>
    Script Path:       <value not set>
    Profile Path:       <value not set>
    User Workstations:    <value not set>
    Password Last Set:    <never>
    Account Expires:       <never>
    Primary Group ID:    513
    Allowed To Delegate To:    -
    Old UAC Value:       0x0
    New UAC Value:       0x15
    User Account Control:
        Account Disabled
        'Password Not Required' - Enabled
        'Normal Account' - Enabled
    User Parameters:    <value not set>
    SID History:       -
    Logon Hours:       All

Additional Information:
    Privileges       -
```

맨 위에 있는 항목부터 하나씩 살펴보자.

```
10/01/2017 07:07:35 PM
LogName=Security
SourceName=Microsoft Windows security auditing.
```

날짜는 굳이 설명할 필요가 없고 LogName에는 'Security'가 들어있다. 이로써 보안 로그라는 것을 알 수 있다. SourceName에는 윈도우의 보안 로그라는 기본적인 내용이 들어간다. 이어서 다음 부분을 보자.

```
EventCode=4720
EventType=0
Type=Information
```

'4720'이라고 기록된 이벤트 코드가 바로 이벤트 로그를 처음 분석할 때 가장 중요한 내용이다. 윈도우 이벤트 로그는 각 액션에 대해 별도의 코드를 부여해서 해당 코드에 따라 침해와 관계 있는 행위인지 아닌지를 검사한다. 나중에 다시 설명하겠지만 계정 생성, 계정 접근, 프로세스 생성, 비밀번호 틀림 등 침해대응에 자주 사용되는 이벤트 코드가 있으며, 그 코드는 어딘가 잘 적어두거나 외워두는 편이 좋다. 이벤트 타입은 '0'과 'Information'이라고 돼 있는데, 대부분의 내용이 'Information'이기도 하고 시스템 로그 등을 살펴볼 때 'Error'나 'Warning' 등도 있다. 하지만 침해대응에서 정말 중요한 내용은 이벤트 코드로 충분히 분류할 수 있으므로 가볍게 'Information' 정도로만 알아두고 넘어가자. 그다음 부분은 다음과 같다.

```
ComputerName=WIN-BISGOI8F8VH
TaskCategory=User Account Management
OpCode=Info
RecordNumber=29427
```

ComputerName은 현재 이벤트 로그가 실행된 장비의 호스트명이다. TaskCategory는 로그가 발생한 카테고리를 나타내며, 이 로그의 경우 'User Account Management'라는 내용에서 알 수 있듯이 사용자 계정 관리와 관련된 카테고리에서 로그가 발생했음을 알 수 있다. OpCode는 위 이벤트 타입과 중복으로 기록되기도 하므로 가볍게 넘어가자. RecordNumber는 로그가 기록된 순번이라고 보면 된다. 숫자가 크다고 무조건 나중에 실행된 이벤트 로그는 아닌데, 일정 숫자를 넘어가면 다시 처음부터 시작하게 돼 있기 때문이다. 이어서 다음 부분을 보자.

```
Keywords=Audit Success
Message=A user account was created.
```

다음으로 Keywords는 성공한 액션인지 실패한 것인지를 나타낸다. 예를 들어, 로그인 실패의 경우 'Audit Failed'라는 로그가 발생할 것이다. 그리고 Message는 어떤 이벤트가 발생했는지 구체적으로 문장 형태로 알려주는 곳이다. 개인적인 생각이지만 이것도 이벤트 코드를 보면 충분히 알 수 있는 내용인데 괜히 문장 형태로 작성해서 로그에 포함시키는 바람에 포맷도 엉망이 되고 로그 크기도 커지는 것 같다는 느낌이 든다. 어쨌든 로그 내용 자체만으로 파악하기는 좋지만 중복의 여지도 있다는 점을 참고하길 바란다. 이벤트 코드만 훌륭히 꿰고 있다면 굳이 참고하지 않아도 되는 항목이기도 하다. 다음 부분을 보자.

```
Subject:
    Security ID:        S-1-5-21-291331989-3621620627-2245425022-500
    Account Name:        Administrator
    Account Domain:        WIN-BISGOI8F8VH
    Logon ID:        0x608C3A

New Account:
    Security ID:        S-1-5-21-291331989-3621620627-2245425022-1001
    Account Name:        test_account
    Account Domain:        WIN-BISGOI8F8VH
```

이벤트 로그의 세부 항목이 들어간다. 'Administrator'라는 사용자가 'test_account'라는 계정을 생성했다는 내용이다. Account Domain에 지정된 'WIN-BISGOI8F8VH'은 현재 로그상에서는 호스트명을 가리키는데, 따로 도메인을 사용하지 않을 때는 이처럼 호스트명으로 기록된다. 경우에 따라서는 이 안에 또 다른 Type이 들어가기도 한다. 예를 들어, RDP를 통해 로그인했을 때는 일반적인 네트워크 로그인과 구별하려 했을 때 이벤트 코드만으로는 구분되지 않고 이 Subject 안에 있는 Logon ID라는 숫자로 또 비교해야만 한다. 이래서 윈도우 이벤트 로그가 깔끔하지 못하다는 말이 나오는 것 같다. 다음 부분을 보자.

```
Attributes:
    SAM Account Name:    test_account
    Display Name:        <value not set>
    User Principal Name:    -
    Home Directory:        <value not set>
    Home Drive:        <value not set>
    Script Path:        <value not set>
    Profile Path:        <value not set>
    User Workstations:    <value not set>
    Password Last Set:    <never>
    Account Expires:        <never>
    Primary Group ID:    513
    Allowed To Delegate To:    -
    Old UAC Value:        0x0
```

```
    New UAC Value:       0x15
    User Account Control:
        Account Disabled
        <Password Not Required> - Enabled
        <Normal Account> - Enabled
    User Parameters:    <value not set>
    SID History:        -
    Logon Hours:        All

Additional Information:
    Privileges      -
```

이후 나오는 내용은 좀 더 부가적인 내용의 나열인데, 로그마다 내용이 달라지기도 하고 그다지 의미 없는 내용도 많기 때문에 그때그때 로그를 보며 직관적으로 파악하면 될 것 같다. 필드를 하나하나 설명하는 것은 생략하겠다.

03 _ 이벤트 로그 활성화 튜닝

지난 장에서도 설명했지만 강조에 강조를 거듭하기 위해 한 번 더 설명한다. 사실 윈도우가 가동됐다고 해서 무작정 모든 로그가 다 생성되는 것은 아니고, 로컬 보안 정책 편집기에 가서 어떤 로그를 발생시킬지 지정해야만 한다. 로컬 보안 정책 편집기를 여는 방법은 다음과 같다.

```
C:\>secpol.msc
```

서버를 설치하고 나서 맨 처음 로컬 보안 정책 편집기를 실행했을 때는 아무런 설정이 돼 있지 않을 것이다. 이것도 필자가 의아하게 생각하는 것 중 하나인데 윈도우를 설치할 때 기본적으로 모든 이벤트 로그가 비활성화 상태라는 것이다. 그래서 서버를 설치하자마자 맨 처음 해야 하는 것이 이벤트 로그를 활성화하는 작업인데, 보통은 보안 점검 시 점검하게 되지만 한번씩 누락하는 경우도 은근히 많은 편이다. 그럼 어떤 문제가 발생하게 될까? 이벤트 로그가 비활성화된 채로 서버가 가동되고, 시간이 지나면 이 서버에서 누가 언제 로그인했는지, 서버에서 무슨 일이 발생하고 있는지 알아낼 길이 없어진다. 그리고 꼭 나중에 보안 사고가 발생하는 서버는 이런 서버가 되는 경우가 많다. 결국 보안사고가 나도 추적할 방법이 아예 없는 심각한 문제로 이어질 수 있다. 그래서 나중에 언젠가 독자들이 침해사고 대응을 하면서 서버에 접속했을 때 다음과 같이 이벤트 로그가 모두 비활성화된 상태라면 좌절부터 시작해도 될 것이다.

그동안 이 서버에서 무슨 일이 발생했는지 알아낼 길이 영원히 사라져버렸기 때문이다. 그래서 서버를 설치한 후 보안 검수를 할 때는 이 항목을 활성화하는 것을 반드시 잊지 말자.

그림 15.5 로컬 보안 정책

지금까지 이벤트 로그의 기초를 살펴봤는데 지금부터는 조금 더 깊게 들어가서 실제 로그를 분석하는 방법을 알아보겠다. 이처럼 방대하고 내용도 많은 이벤트 로그는 어떤 식으로 접근하는 것이 좋을지 생각해 보자. 먼저 침해대응을 하는 입장에서 어떤 것을 자주 점검하는지 생각해 봐야 한다. 침해대응과 이벤트 로그를 엮어 봤을 때 우리가 중점적으로 점검해야 할 부분은 크게 다음과 같은 다섯 가지 항목으로 나눌 수 있다.

1. 계정 관리 감사: 계정의 생성/수정/삭제 등 계정 컨트롤에 대한 내용
2. 계정 로그온 감사: 계정이 언제 접근을 했는지와 로그인 성공 및 실패 로그
3. 프로세스 추적: 어떤 프로세스가 언제, 누구를 통해 실행됐는지
4. 시스템 이벤트: 이 서버나 장비에 대한 기본적인 시스템 변경 이벤트
5. 정책 변경: 제어판에 들어가 어떤 설정을 변경하거나 감사 변경을 했을 때 발생하는 이벤트

이러한 5가지 항목을 머릿속에 넣어 두고 이제 하나씩 로그를 파헤쳐 보겠다. 그리고 초기에 소개했던 이벤트 뷰어를 로그 뷰어로 언급하긴 했지만 실제로 이 뷰어는 로그 하나를 볼 때마다 개별적으로 클릭해야 하는 불편함이 있어서 대단한 실패작으로 평가되고 있고, 현업에서 이 뷰어로 로그 분석을 하는 사람은 거의 없다고 봐도 무방하다(다들 별도의 툴을 이용한다). 다행히도 이번 장에서는 윈도우 로그를 스플렁크를 통해 수집하고 있으므로 스플렁크의 간편한 UI를 통해 이벤트 로그를 살펴보겠다.

04 _ 계정 관리 감사와 관련된 로그 분석

다음과 같이 서버에서 계정을 생성했다고 가정하자. 이에 대한 로그가 어떤 식으로 생성되는지 알아보자.

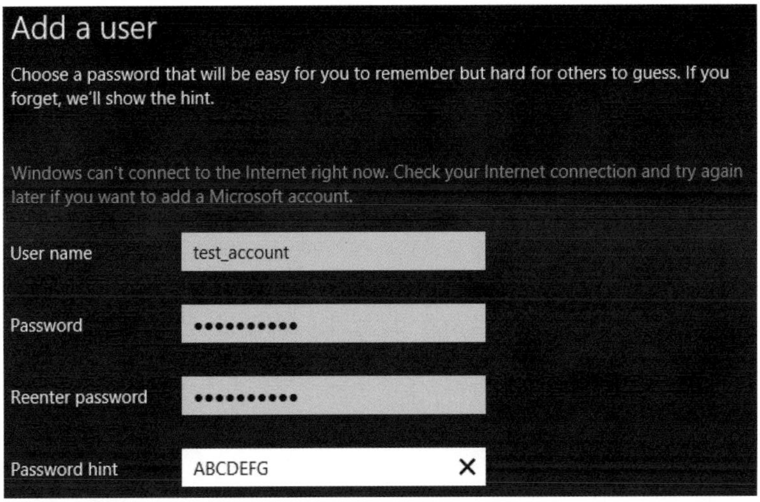

그림 15.6 계정 추가

먼저 이벤트 코드로는 '4720'이 기록된다. 해커들이 서버에 침입해서 자신만의 계정을 만드는 경우가 많으므로 침해사고가 발생했을 때 중점적으로 체크해야 할 이벤트 로그다. 다음과 같이 기록된 부분을 자세히 살펴보자.

```
10/01/2017 07:07:35 PM
LogName=Security
SourceName=Microsoft Windows security auditing.
```

```
EventCode=4720
EventType=0
Type=Information
ComputerName=WIN-BISGOI8F8VH
TaskCategory=User Account Management
OpCode=Info
RecordNumber=29427
Keywords=Audit Success
Message=A user account was created.

Subject:
    Security ID:        S-1-5-21-291331989-3621620627-2245425022-500
    Account Name:        Administrator
    Account Domain:        WIN-BISGOI8F8VH
    Logon ID:        0x608C3A

New Account:
    Security ID:        S-1-5-21-291331989-3621620627-2245425022-1001
    Account Name:        test_account
    Account Domain:        WIN-BISGOI8F8VH

Attributes:
    SAM Account Name:    test_account
    Display Name:        <value not set>
    User Principal Name:    -
    Home Directory:        <value not set>
    Home Drive:        <value not set>
    Script Path:        <value not set>
    Profile Path:        <value not set>
    User Workstations:    <value not set>
    Password Last Set:    <never>
    Account Expires:        <never>
    Primary Group ID:    513
    Allowed To Delegate To:    -
    Old UAC Value:        0x0
    New UAC Value:        0x15
    User Account Control:
        Account Disabled
        'Password Not Required' - Enabled
```

```
        'Normal Account' - Enabled
    User Parameters:    <value not set>
    SID History:        -
    Logon Hours:        All

Additional Information:
    Privileges
```

다음은 이 중에서 중요한 부분만 갈무리한 것이다. 이 로그는 2017 10/01 07:07:35 PM에 'WIN-BISGOI8F8VH'라는 호스트명을 가진 서버에서 'Administrator' 계정이 'test_account'라는 계정을 생성했음을 나타낸다. 앞에서 한번 살펴봤던 로그이므로 가볍게 넘어간다. 다만 'Account Disabled'라는 것이 보여서 계정을 비활성화 상태로 생성한 것인가?라는 의문이 들 수 있는데, 그것은 그다음 패턴으로 따라오는 이벤트 코드 4722에 대해 설명하면서 설명을 덧붙이겠다. 이벤트 코드 4722는 "A user account was enabled"라는 메시지에서 알 수 있듯이 사용자 계정이 활성화됐다는 로그다.

```
10/01/2017 07:07:35 PM
LogName=Security
SourceName=Microsoft Windows security auditing.
EventCode=4722
EventType=0
Type=Information
ComputerName=WIN-BISGOI8F8VH
TaskCategory=User Account Management
OpCode=Info
RecordNumber=29428
Keywords=Audit Success
Message=A user account was enabled.

Subject:
    Security ID:        S-1-5-21-291331989-3621620627-2245425022-500
    Account Name:        Administrator
    Account Domain:        WIN-BISGOI8F8VH
    Logon ID:        0x608C3A

Target Account:
    Security ID:        S-1-5-21-291331989-3621620627-2245425022-1001
    Account Name:        test_account
    Account Domain:        WIN-BISGOI8F8VH
```

위 로그는 비활성화 상태였던 계정이 활성화됐다는 내용밖에는 별것 없다. 바로 다음으로 이어지는 4738 이벤트 패턴으로 넘어가자. 4738의 메시지는 "A user account was changed"로서 계정이 변경됐다는 내용이다.

```
10/01/2017 07:07:35 PM
LogName=Security
SourceName=Microsoft Windows security auditing.
EventCode=4738
EventType=0
Type=Information
ComputerName=WIN-BISGOI8F8VH
TaskCategory=User Account Management
OpCode=Info
RecordNumber=29429
Keywords=Audit Success
Message=A user account was changed.

Subject:
    Security ID:        S-1-5-21-291331989-3621620627-2245425022-500
    Account Name:        Administrator
    Account Domain:        WIN-BISGOI8F8VH
    Logon ID:        0x608C3A

Target Account:
    Security ID:        S-1-5-21-291331989-3621620627-2245425022-1001
    Account Name:        test_account
    Account Domain:        WIN-BISGOI8F8VH

Changed Attributes:
    SAM Account Name:    test_account
    Display Name:        test_account
    User Principal Name:    -
    Home Directory:        <value not set>
    Home Drive:        <value not set>
    Script Path:        <value not set>
    Profile Path:        <value not set>
    User Workstations:    <value not set>
    Password Last Set:    <never>
```

```
    Account Expires:        <never>
    Primary Group ID:    513
    AllowedToDelegateTo:    -
    Old UAC Value:        0x15
    New UAC Value:        0x210
    User Account Control:
        Account Enabled
        <Password Not Required> - Disabled
        <Don>t Expire Password> - Enabled
    User Parameters:    <value not set>
    SID History:        -
    Logon Hours:        All

Additional Information:
    Privileges:        -
```

이번에도 'Administrator'가 'test_account'를 대상으로 작업한 내용이며, 'Password Not Required'(패스워드가 필요하지 않음)가 활성화 상태였던 것이 비활성화되며 패스워드가 필요한 계정이 됐고, 'Don't Expire Password(패스워드를 만료시키지 않음)'라는 메시지로 알 수 있듯이 기간 없는 패스워드를 가진 계정으로 바뀌었다. 그리고 바로 다음으로 4732 이벤트 코드를 가진 로그가 따라온다. 'A member was added to a security-enabled local group.'라는 메시지로 알 수 있듯이 이 이벤트는 어떤 계정이 보안 활성화 로컬 그룹에 들어갔다는 것을 의미한다. 그룹명은 보다시피 'Users'라고 돼 있다. 이 계정은 Admin 그룹은 아니라고 생각해도 된다. 즉, 관리자 계정은 아닌 것이다.

```
10/01/2017 07:07:35 PM
LogName=Security
SourceName=Microsoft Windows security auditing.
EventCode=4732
EventType=0
Type=Information
ComputerName=WIN-BISGOI8F8VH
TaskCategory=Security Group Management
OpCode=Info
RecordNumber=29430
Keywords=Audit Success
Message=A member was added to a security-enabled local group.
```

```
Subject:
    Security ID:        S-1-5-21-291331989-3621620627-2245425022-500
    Account Name:       Administrator
    Account Domain:       WIN-BISGOI8F8VH
    Logon ID:       0x608C3A

Member:
    Security ID:        S-1-5-21-291331989-3621620627-2245425022-1001
    Account Name:       -

Group:
    Security ID:        S-1-5-32-545
    Group Name:       Users
    Group Domain:       Builtin

Additional Information:
    Privileges:       -
```

다음으로 따라오는 내용은 이벤트 코드 4724로 사용자 계정에 암호가 설정됐다는 로그다.

```
10/01/2017 07:07:35 PM
LogName=Security
SourceName=Microsoft Windows security auditing.
EventCode=4724
EventType=0
Type=Information
ComputerName=WIN-BISGOI8F8VH
TaskCategory=User Account Management
OpCode=Info
RecordNumber=29433
Keywords=Audit Success
Message=An attempt was made to reset an account's password.

Subject:
    Security ID:        S-1-5-21-291331989-3621620627-2245425022-500
    Account Name:       Administrator
    Account Domain:       WIN-BISGOI8F8VH
    Logon ID:       0x608C3A
```

```
Target Account:
    Security ID:        S-1-5-21-291331989-3621620627-2245425022-1001
    Account Name:        test_account
    Account Domain:        WIN-BISGOI8F8VH
```

여기까지가 하나의 계정 생성에 대해 발생하는 로그다. 지금까지의 흐름을 정리해 보자.

4720(계정 생성) → 4722(계정 활성화) → 4738(계정 변경) → 4732(그룹 추가) → 4724(비밀번호 설정)

사용자는 단지 계정을 생성하려고 한 번 클릭했을 뿐이지만 윈도우 내부적으로 계정을 몇 가지 설정을 완료하지 않은 상태로 활성화하고 해당 계정에 대해 필요한 설정을 한 후 그룹에 추가하고 비밀번호까지 추가하는 식으로 하부 작업 내용이 모두 로그에 기록된다. 상세해서 좋은 측면도 있지만 윈도우 로그 생성 흐름을 큰그림으로 파악하는 작업을 사전에 해두지 않으면 혼동이 올 수도 있다. 왜냐하면 실제로 사용자가 계정에 대해 어떤 변경을 가할 때 4738이 발생할 수도 있고, 그룹 변경을 할 때 4732가 발생하기도 하기 때문이다. 실례를 들어보자. 앞에서 만든 'test_account'는 User 그룹이었지만 이를 다음과 같이 관리자 계정으로 바꾸는 작업을 해 보겠다.

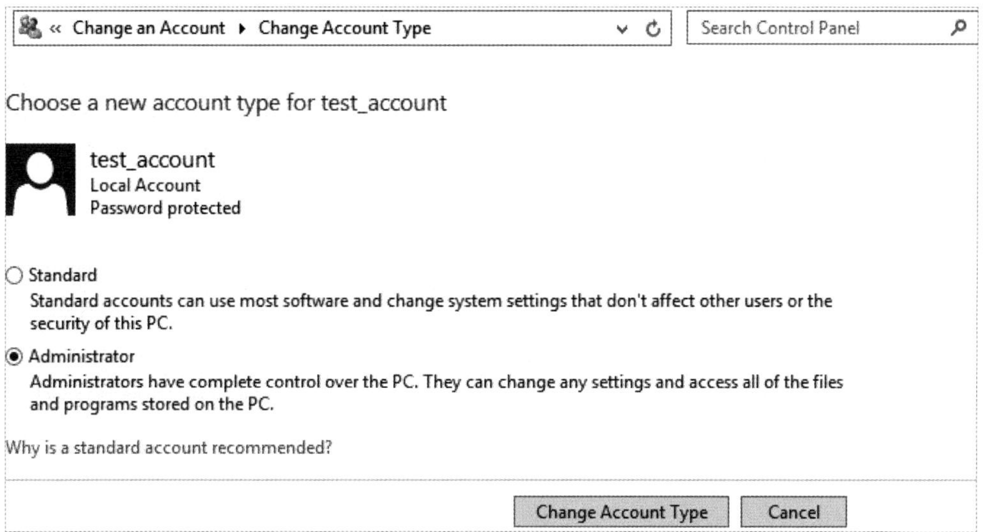

그림 15.7 관리자 권한으로 변경

아래 로그를 보면 알겠지만 역시 그룹 관련 이벤트 코드인 4732가 똑같이 발생했다. 그리고 이번에는 Group에 Admin이 지정됐음을 알 수 있다. 즉, 앞에서 한 작업은 OS가 내부적으로 4732 이벤트를 발생시킨 것이지만, 이번에는 사용자가 직접 4732 이벤트를 발생시킨 케이스에 해당한다. 그러므로 혼동이 오지 않도록 유의해야 한다.

```
10/01/2017 07:15:04 PM
LogName=Security
SourceName=Microsoft Windows security auditing.
EventCode=4732
EventType=0
Type=Information
ComputerName=WIN-BISGOI8F8VH
TaskCategory=Security Group Management
OpCode=Info
RecordNumber=29435
Keywords=Audit Success
Message=A member was added to a security-enabled local group.

Subject:
    Security ID:        S-1-5-21-291331989-3621620627-2245425022-500
    Account Name:        Administrator
    Account Domain:        WIN-BISGOI8F8VH
    Logon ID:        0x608C3A

Member:
    Security ID:        S-1-5-21-291331989-3621620627-2245425022-1001
    Account Name:        -

Group:
    Security ID:        S-1-5-32-544
    Group Name:        Administrators
    Group Domain:        Builtin

Additional Information:
    Privileges:        -
```

다음으로 계정을 삭제한 경우를 알아보자. 다음과 같이 제어판에서 'test_account'를 삭제했다고 가정하자.

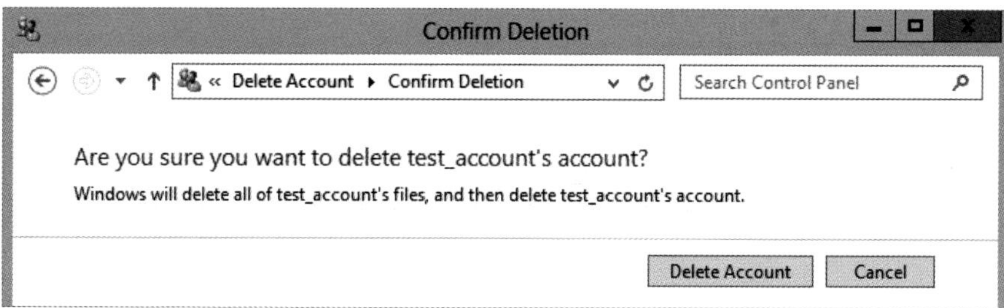

그림 15.8 계정 삭제

이때 이벤트 로그를 살펴보면 다음과 같이 먼저 로컬 그룹에서 사용자 계정을 제거하는 이벤트 코드인 4733이 먼저 발생한다. 보다시피 'A memeber was removed from a security-enabled local group'이라는 메시지를 확인할 수 있다. Administrator 계정이 'S-1-5-21-291331989-3621620627-2245425022-1001'이라는 Security ID를 가진 멤버를 로컬 그룹에서 삭제했다는 내용이다. 이 Security ID가 실제로 어떤 계정명인지는 이번 이벤트 로그에 나오지 않고 연이어 발생하는 로그에서 알 수 있다.

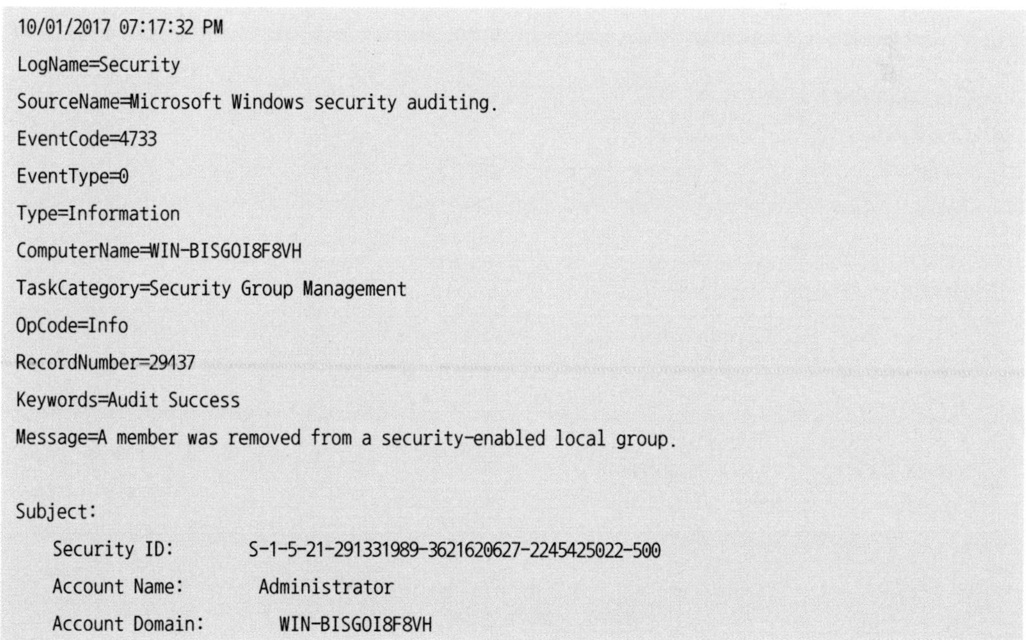

```
10/01/2017 07:17:32 PM
LogName=Security
SourceName=Microsoft Windows security auditing.
EventCode=4733
EventType=0
Type=Information
ComputerName=WIN-BISGOI8F8VH
TaskCategory=Security Group Management
OpCode=Info
RecordNumber=29137
Keywords=Audit Success
Message=A member was removed from a security-enabled local group.

Subject:
    Security ID:        S-1-5-21-291331989-3621620627-2245425022-500
    Account Name:        Administrator
    Account Domain:        WIN-BISGOI8F8VH
```

```
    Logon ID:        0x608C3A

Member:
    Security ID:        S-1-5-21-291331989-3621620627-2245425022-1001
    Account Name:        -

Group:
    Security ID:        S-1-5-32-545
    Group Name:        Users
    Group Domain:        Builtin

Additional Information:
    Privileges:        -
```

연이어 발생하는 이벤트 코드는 4726이다. 4726은 계정이 삭제됐을 때 반드시 체크하는 코드로서 대상 계정이 어떤 계정명인지 구체적으로 기록된다. 보다시피 'test_account'를 지웠다는 것을 알 수 있다.

```
10/01/2017 07:17:32 PM
LogName=Security
SourceName=Microsoft Windows security auditing.
EventCode=4726
EventType=0
Type=Information
ComputerName=WIN-BISGOI8F8VH
TaskCategory=User Account Management
OpCode=Info
RecordNumber=29439
Keywords=Audit Success
Message=A user account was deleted.

Subject:
    Security ID:        S-1-5-21-291331989-3621620627-2245425022-500
    Account Name:        Administrator
    Account Domain:        WIN-BISGOI8F8VH
    Logon ID:        0x608C3A

Target Account:
    Security ID:        S-1-5-21-291331989-3621620627-2245425022-1001
```

```
    Account Name:        test_account
    Account Domain:        WIN-BISGOI8F8VH

Additional Information:
    Privileges    -
```

이로써 계정 관리에 대한 이벤트 로그의 흐름을 대략적으로 파악했으리라 생각한다. 침해사고 대응을 조금이라도 해본 분들은 알겠지만 로그 분석에는 언제 무슨 일이 일어났고 그다음에 어떤 액션이 발생했는지 등의 타임라인이 무척 중요하다는 것을 느끼고 있을 것이다. 그리고 그러한 타임라인을 제대로 점검하기 위해서는 각 이벤트 로그가 먼저 어떤 흐름으로 이어지는지 파악해야 한다. 그래야 해커가 로그인하고 자신의 전용 계정을 생성하며, 어떤 툴을 실행했는지 확인할 수 있다. 이어서 계정 로그인/로그아웃에 대한 흐름을 파악해 보자.

05 _ 로그인 관련 감사 로그 분석

로그인하는 형태에는 여러 가지가 있다. 기본적으로 PC나 서버를 켰을 때 마우스나 키보드로 들어가는 경우를 비롯해 원격 데스크톱 연결(RDP)을 이용해 접속하는 경우, [시작] → [실행]을 선택한 후 ₩₩192.168.1.10처럼 SMB 프로토콜을 이용해 네트워크 드라이브에 연결하는 경우가 있다. 로그인 감사는 이 모든 로그인 행위에 대해 로그를 남기고 추적할 수 있는 정보를 제공한다. 해커들이 서버에 어떤 행위를 하려면 일단 해당 시스템에 로그인해야 하고, 이때 로그인과 연관된 로그가 남게 되므로 로그인 감사 로그를 분석하는 것은 침해대응을 할 때 최우선시되는 작업 중 하나다.

먼저 RDP를 통해 접속하는 경우가 가장 크리티컬한 케이스에 속하므로 이 로그부터 알아보자. 앞에서 계정 관리 케이스를 통해 느꼈겠지만 RDP 로그인 역시 정해진 패턴이 존재한다. 앞에서는 단계별로 알아봤지만 이번에는 이벤트 코드가 발생하는 순서부터 알아보자.

1. 4776: (알 수 없는 누군가로부터) 로그인 시도
2. 4648: (존재하는 계정으로부터의) 로그인 확인 with 소스 IP 주소
3. 4624: 로그인 성공(로그인 유형이 RDP인지 SMB인지 살펴봐야 함)
4. 4672: 로그인한 계정이 어떤 권한을 획득했는지(Administrator 그룹으로 로그인했는지)

일반적인 로그인은 위와 같은 4개의 조합으로 이뤄진다. 그럼 하나씩 살펴보자.

4776 - 4648 - 4624 - 4672

```
LogName=Security
SourceName=Microsoft Windows security auditing.
EventCode=4776
EventType=0
Type=Information
ComputerName=WIN-BISGOI8F8VH
TaskCategory=Credential Validation
OpCode=Info
RecordNumber=29473
Keywords=Audit Success
Message=The computer attempted to validate the credentials for an account.

Authentication Package:    MICROSOFT_AUTHENTICATION_PACKAGE_V1_0
Logon Account:    administrator
Source Workstation:    WIN-BISGOI8F8VH
Error Code:    0x0
```

맨 먼저 발생하는 이벤트 코드인 4776이다. 이것은 어떤 계정이 접근을 시도했다는 것을 의미한다. 이 계정이 정상 계정인지 비정상 계정인지는 하단에 보이는 'Error Code: 0x0'을 보면 알 수 있다. 지금은 administrator라는 계정으로 접근을 시도했고 이 계정은 현재 이 서버에 존재하는 계정이기 때문에 Error Code가 0x0으로 표기돼 있다. 만약 존재하지 않는 계정으로 로그인을 시도한다면 다음과 같이 0xC0000064로 기록된다. 아래의 별도의 샘플 로그를 보면 알겠지만 'anesra'라는 계정은 존재하지 않는다는 것을 알 수 있다.

```
10/23/2017 12:33:09 PM
LogName=Security
SourceName=Microsoft Windows security auditing.
EventCode=4776
EventType=0
Type=Information
ComputerName=WIN-B9Q3BNA0H29
TaskCategory=Credential Validation
OpCode=Info
```

```
RecordNumber=300622
Keywords=Audit Failure
Message=The computer attempted to validate the credentials for an account.
Authentication Package:    MICROSOFT_AUTHENTICATION_PACKAGE_V1_0
Logon Account:    anesra
Source Workstation:    DESKTOP-VLRPD12
Error Code:    0xC0000064
```

세부적인 오류 코드는 다음과 같다.

표 15.1 에러 코드

코드	설명
0x0	존재하는 계정으로 로그인 시도
0xC0000064	계정명이 존재하지 않음
0xC000006A	계정명은 올바르지만 패스워드가 틀림
0xC0000234	잠긴 계정으로 접근
0xC0000072	비활성화된 계정으로 접근
0xC000006F	로그온이 제한되는 시간에 로그인
0xC0000070	워크스테이션이 제한됨
0xC0000071	패스워드가 만료됨
0xC0000224	다음 로그인 시 패스워드 변경이 요구됨
0xC0000225	버그 발생

4776 - **4648** - 4624 - 4672

다음으로는 4648 이벤트 코드가 발생한다. 이번 이벤트 코드의 요점은 어떤 IP 주소에서 로그인이 시도됐는지 구체적으로 기입됐다는 점이다. 아래를 보면 Network Address가 192.168.1.101로 기록돼 있다. 하지만 이 정보는 그다음에 나오는 4624 이벤트에서도 중복으로 발생하기 때문에 가볍게 넘어가도 무방하다(실제로 침해사고에 대응할 때 가장 중점적으로 살펴보는 이벤트 코드는 4624이다).

```
10/01/2017 07:36:43 PM
LogName=Security
SourceName=Microsoft Windows security auditing.
EventCode=4648
```

```
EventType=0
Type=Information
ComputerName=WIN-BISGOI8F8VH
TaskCategory=Logon
OpCode=Info
RecordNumber=29474
Keywords=Audit Success
Message=A logon was attempted using explicit credentials.

Subject:
    Security ID:        S-1-5-18
    Account Name:        WIN-BISGOI8F8VH$
    Account Domain:        WORKGROUP
    Logon ID:        0x3E7
    Logon GUID:        {00000000-0000-0000-0000-000000000000}

Account Whose Credentials Were Used:
    Account Name:        Administrator
    Account Domain:        WIN-BISGOI8F8VH
    Logon GUID:        {00000000-0000-0000-0000-000000000000}

Target Server:
    Target Server Name:    localhost
    Additional Information:    localhost

Process Information:
    Process ID:        0xb00
    Process Name:        C:\Windows\System32\winlogon.exe

Network Information:
    Network Address:    192.168.1.101
    Port:        0
```

4776 - 4648 - **4624** - 4672

가장 중요한 4624 이벤트 코드다. 여기서 Logon Type이라는 것이 등장하는데 이 숫자에 따라서 RDP 로그인인지 SMB 로그인인지 서비스에 의한 로그인인지 등이 구분된다. 아래 보이는 'Logon Type :

10'은 RDP 접속을 의미한다. 그리고 여기에 소스 IP 주소가 함께 기록되므로 이 부분도 유의해서 살펴봐야 한다. 간혹 실무자들의 실수로 외부 네트워크로 RDP 포트가 열리는 경우가 있고, 외부에서 서버에 RDP 접속을 하게 되는 보안사고가 발생하기도 하며, 이때 ESM에서는 이 IP 주소를 파싱해서 사설 IP 주소가 아닌 외부 IP 주소라면 알럿을 발생시키는 등의 활동도 하곤 한다.

```
10/01/2017 07:36:43 PM
LogName=Security
SourceName=Microsoft Windows security auditing.
EventCode=4624
EventType=0
Type=Information
ComputerName=WIN-BISGOI8F8VH
TaskCategory=Logon
OpCode=Info
RecordNumber=29475
Keywords=Audit Success
Message=An account was successfully logged on.

Subject:
    Security ID:        S-1-5-18
    Account Name:        WIN-BISGOI8F8VH$
    Account Domain:        WORKGROUP
    Logon ID:        0x3E7

Logon Type:            10

Impersonation Level:        Impersonation

New Logon:
    Security ID:        S-1-5-21-291331989-3621620627-2245425022-500
    Account Name:        Administrator
    Account Domain:        WIN-BISGOI8F8VH
    Logon ID:        0x675CDB
    Logon GUID:        {00000000-0000-0000-0000-000000000000}

Process Information:
    Process ID:        0xb00
    Process Name:        C:\Windows\System32\winlogon.exe
```

```
Network Information:
    Workstation Name:    WIN-BISGOI8F8VH
    Source Network Address:    192.168.1.101
    Source Port:        0

Detailed Authentication Information:
    Logon Process:        User32
    Authentication Package:    Negotiate
    Transited Services:    -
    Package Name (NTLM only):    -
    Key Length:        0
```

참고로 로그온 타입은 다음과 같다.

표 15.2 로그온 타입

Type	Action
Type 2	콘솔에서 키보드로 직접 로그인
Type 3	SMB 프로트콜로 네트워크 로그인(파일 공유)
Type 4	스케줄러에 등록된 작업으로 인한 로그인
Type 5	서비스가 실행될 때 미리 설정된 계정 정보로 로그인
Type 7	화면보호기 잠금 해제
Type 8	Type 3과 동일하지만 평문으로 로그인 시도가 있을 때. 예를 들어, 기본 인증을 사용해 IIS 서버를 인증할 때 이 로그가 발생
Type 9	실행(RunAS)에서 프로그램 실행 시 /netonly 옵션을 지정할 때
Type 10	RDP 로그인 등 원격 접속
Type 11	PC에 캐시로 저장된 암호로 자동 입력 로그인

4776 - 4648 - 4624 - **4672**

마지막으로 4672 이벤트가 발생한다. 이 이벤트는 로그온한 계정이 어떤 권한을 가졌는지를 알려준다. 다음과 같은 로그는 Administrator 그룹에 있는 권한을 가지고 로그인한 케이스에 해당한다.

```
10/01/2017 07:36:43 PM
LogName=Security
SourceName=Microsoft Windows security auditing.
EventCode=4672
EventType=0
Type=Information
ComputerName=WIN-BISGOI8F8VH
TaskCategory=Special Logon
OpCode=Info
RecordNumber=29476
Keywords=Audit Success
Message=Special privileges assigned to new logon.

Subject:
    Security ID:        S-1-5-21-291331989-3621620627-2245425022-500
    Account Name:        Administrator
    Account Domain:        WIN-BISGOI8F8VH
    Logon ID:        0x675CDB

Privileges:        SeSecurityPrivilege
            SeTakeOwnershipPrivilege
            SeLoadDriverPrivilege
            SeBackupPrivilege
            SeRestorePrivilege
            SeDebugPrivilege
            SeSystemEnvironmentPrivilege
            SeImpersonatePrivilege
```

여기까지는 로그인하며 세션이 새로 생성될 때의 로그 패턴에 해당하는데, 경우에 따라서는 살아있는 세션에 붙어서 로그인되는 케이스도 있다. 이 경우는 앞서 작업을 끝낼 때 로그오프를 하지 않고 윈도우의 x 버튼을 눌러서 그냥 창만 닫은 경우로서 세션은 살아있고 접속만 끊긴 경우에 해당한다(꽤 많은 작업자들이 깔끔하게 로그오프하지 않고 그냥 RDP 창만 닫는 경우가 있다). 이 케이스에서 재로그인할 때는 4778이라는 이벤트 코드가 생성된다. 아래 로그를 보면 Message 부분에서 세션이 윈도우 스테이션에 재접속됐다는 내용을 볼 수 있다.

```
10/01/2017 08:01:30 PM
LogName=Security
SourceName=Microsoft Windows security auditing.
EventCode=4778
EventType=0
Type=Information
ComputerName=WIN-BISGOI8F8VH
TaskCategory=Other Logon/Logoff Events
OpCode=Info
RecordNumber=29495
Keywords=Audit Success
Message=A session was reconnected to a Window Station.

Subject:
    Account Name:       Administrator
    Account Domain:       WIN-BISGOI8F8VH
    Logon ID:       0x675CDB

Session:
    Session Name:       RDP-Tcp#0

Additional Information:
    Client Name:       WD-ASANSI
    Client Address:       Unknown

This event is generated when a user reconnects to an existing Terminal Services session, or when a
user switches to an existing desktop using Fast User Switching.
```

06 _ 로그오프/로그인 실패 로그 분석

지금까지 설명한 내용을 잘 따라왔다면 윈도우 이벤트 로그 생성 스타일이 어떤지 이제 감을 좀 잡았을 것이다. 이제부터는 속도를 좀 내서 주요 이벤트 코드만 알아보자. 먼저 로그오프했을 때 이벤트 코드가 4647이 발생하며 어떤 계정이 로그오프했는지 보여준다. 직관적인 내용이 대부분이므로 크게 설명할 것은 없다. 참고로 로그오프도 이벤트 로그의 구조상 여러 가지 이벤트 코드의 조합으로 진행되는데, 뒤이어 4634 이벤트 코드가 또 등장하게 되지만 이때는 로그오프한 아이디가 나오지 않으므로 4647 하나만 봐도 크게 문제는 없다.

```
10/01/2017 07:22:21 PM
LogName=Security
SourceName=Microsoft Windows security auditing.
EventCode=4647
EventType=0
Type=Information
ComputerName=WIN-BISGOI8F8VH
TaskCategory=Logoff
OpCode=Info
RecordNumber=29440
Keywords=Audit Success
Message=User initiated logoff:

Subject:
    Security ID:        S-1-5-21-291331989-3621620627-2245425022-500
    Account Name:        Administrator
    Account Domain:        WIN-BISGOI8F8VH
    Logon ID:        0x608C3A

This event is generated when a logoff is initiated. No further user-initiated activity can occur.
This event can be interpreted as a logoff event.
```

그리고 앞서 언급한 케이스인, 완전히 로그오프하지 않고 그냥 창만 닫은 경우에는 이처럼 4779의 이벤트 코드가 기록된다. 메시지 내용을 다시 확인하자.

```
10/01/2017 07:56:25 PM
LogName=Security
SourceName=Microsoft Windows security auditing.
EventCode=4779
EventType=0
Type=Information
ComputerName=WIN-BISGOI8F8VH
TaskCategory=Other Logon/Logoff Events
OpCode=Info
RecordNumber=29478
Keywords=Audit Success
Message=A session was disconnected from a Window Station.
```

```
Subject:
    Account Name:       Administrator
    Account Domain:        WIN-BISGOI8F8VH
    Logon ID:       0x675CDB

Session:
    Session Name:       RDP-Tcp#0

Additional Information:
    Client Name:       WD-ASANSI
    Client Address:        Unknown
```

이번에는 로그인에 실패하는 케이스로 넘어가자. 이벤트 코드는 4776 ~ 4625로 움직인다. 4776은 앞에서 살펴봤듯이 로그인 시도에 대해 첫 번째로 기록되는 로그라고 이해했을 것이다. 또한 위 표에서 한 번 정리했지만 Error Code가 0xC000006A로서 "계정명은 올바르지만 패스워드가 틀림"에 해당하는 코드가 기록된다. 그리고 특이할 만한 사항으로 Keywords가 'Audit Failure'로 등장한다. 즉, 실패한 로그라는 얘기다.

```
10/02/2017 03:25:50 PM
LogName=Security
SourceName=Microsoft Windows security auditing.
EventCode=4776
EventType=0
Type=Information
ComputerName=WIN-BISGOI8F8VH
TaskCategory=Credential Validation
OpCode=Info
RecordNumber=29821
Keywords=Audit Failure
Message=The computer attempted to validate the credentials for an account.

Authentication Package:    MICROSOFT_AUTHENTICATION_PACKAGE_V1_0
Logon Account:    administrator
Source Workstation:    WD-ASANSI
Error Code:    0xC000006A
```

또한 연이어 나오는 4625에서 같은 내용을 좀 더 정확하게 표시해 준다(어떤 면에서는 중복이라고도 볼 수 있다). 특별히 어려운 내용은 없으므로 부수적인 설명은 생략한다.

```
10/02/2017 03:25:50 PM
LogName=Security
SourceName=Microsoft Windows security auditing.
EventCode=4625
EventType=0
Type=Information
ComputerName=WIN-BISGOI8F8VH
TaskCategory=Logon
OpCode=Info
RecordNumber=29822
Keywords=Audit Failure
Message=An account failed to log on.

Subject:
    Security ID:        S-1-0-0
    Account Name:        -
    Account Domain:        -
    Logon ID:        0x0

Logon Type:            3

Account For Which Logon Failed:
    Security ID:        S-1-0-0
    Account Name:        administrator
    Account Domain:        WD-ASANSI

Failure Information:
    Failure Reason:        Unknown user name or bad password.
    Status:            0xC000006D
    Sub Status:        0xC000006A

Process Information:
    Caller Process ID:    0x0
    Caller Process Name:    -
```

```
Network Information:
    Workstation Name:    WD-ASANSI
    Source Network Address:    -
    Source Port:        -

Detailed Authentication Information:
    Logon Process:        NtLmSsp
    Authentication Package:    NTLM
    Transited Services:    -
    Package Name (NTLM only):    -
    Key Length:        0
```

07 _ 프로세스 추적 로그 분석

프로세스 생성과 연관된 이벤트 코드는 4688이다. 아래 로그를 보면 알겠지만 전체 경로와 함께 어떤 프로세스가 어떤 계정으로부터 언제 생성됐는지 기록해 준다. 이 로그도 직관적이므로 그다지 추가로 설명할 내용은 없다.

```
10/02/2017 03:30:26 PM
LogName=Security
SourceName=Microsoft Windows security auditing.
EventCode=4688
EventType=0
Type=Information
ComputerName=WIN-BISGOI8F8VH
TaskCategory=Process Creation
OpCode=Info
RecordNumber=29946
Keywords=Audit Success
Message=A new process has been created.

Subject:
    Security ID:        S-1-5-18
    Account Name:        WIN-BISGOI8F8VH$
    Account Domain:        WORKGROUP
    Logon ID:        0x3E7
```

```
Process Information:
    New Process ID:        0x798
    New Process Name:    C:\Program Files\SplunkUniversalForwarder\bin\splunk-winprintmon.exe
    Token Elevation Type:    TokenElevationTypeDefault (1)
    Creator Process ID:    0x49c
```

만약 이 프로세스가 얼마만큼 가동됐는지 체크하고 싶다면 프로세스의 종료 코드까지 함께 확인하면 된다. 프로세스가 종료될 때의 이벤트 코드는 4689다. 그리고 Process ID를 함께 살펴봐야 하는데, 그 이유는 이름이 같은 프로세스가 두 번 이상 실행될 수도 있기 때문이다. 따라서 같은 Process ID가 언제 실행되고 종료되는지 체크해야 한다. 위 로그와 아래 로그 같은 케이스는 Process ID가 0x798인 프로세스가 10/02/2017 03:30:26 PM에 실행되고 10/02/2017 03:30:27 PM에 종료됐음을 보여준다.

```
10/02/2017 03:30:27 PM
LogName=Security
SourceName=Microsoft Windows security auditing.
EventCode=4689
EventType=0
Type=Information
ComputerName=WIN-BISGOI8F8VH
TaskCategory=Process Termination
OpCode=Info
RecordNumber=29947
Keywords=Audit Success
Message=A process has exited.

Subject:
    Security ID:        S-1-5-18
    Account Name:        WIN-BISGOI8F8VH$
    Account Domain:        WORKGROUP
    Logon ID:    0x3E7

Process Information:
    Process ID:    0x798
    Process Name:    C:\Program Files\SplunkUniversalForwarder\bin\splunk-winprintmon.exe
    Exit Status:    0x1
```

08 _ 정책 변경 로그 분석

이번에는 몇 가지 주요 정책 변경에 대한 이벤트 코드를 알아보자. 먼저 아래 화면을 통해 윈도우 방화벽을 비활성화했을 때의 케이스를 다뤄보겠다.

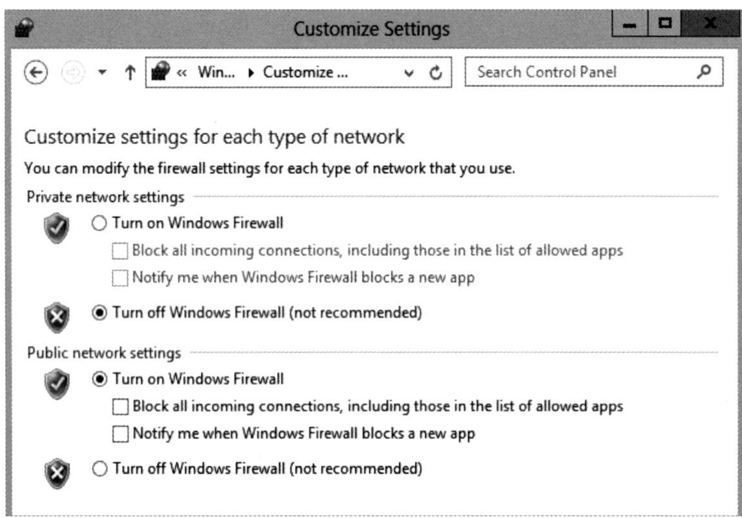

그림 15.9 방화벽 설정 변경

이벤트 로그는 4950이 생성된다. New Setting의 Type을 보면 Enable Windows Firewall이 'No'라고 돼 있는 것을 볼 수 있다. 방화벽 활성화가 '아니오'이므로 비활성화했다는 것을 짐작할 수 있다. 만약 'Yes'로 나온다면 활성화 로그가 될 것이다.

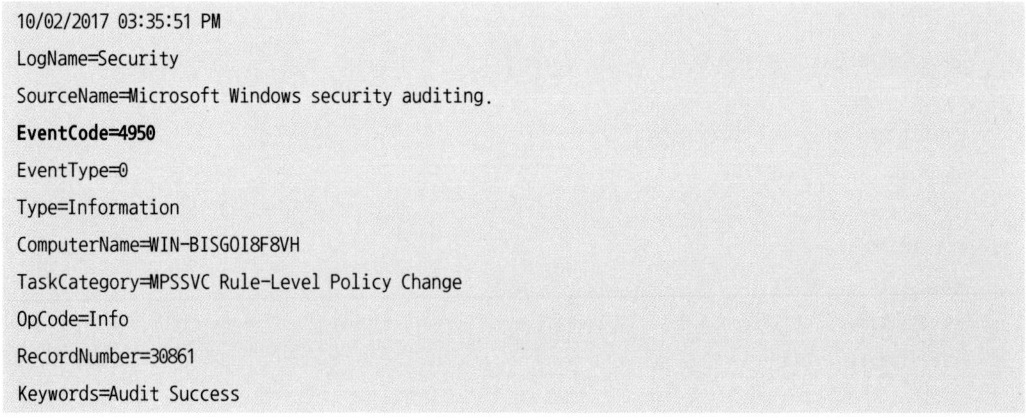

```
10/02/2017 03:35:51 PM
LogName=Security
SourceName=Microsoft Windows security auditing.
EventCode=4950
EventType=0
Type=Information
ComputerName=WIN-BISGOI8F8VH
TaskCategory=MPSSVC Rule-Level Policy Change
OpCode=Info
RecordNumber=30861
Keywords=Audit Success
```

```
Message=A Windows Firewall setting was changed.

Changed Profile:    Private

New Setting:
    Type:    Enable Windows Firewall
    Value:    No
```

이번에는 스케줄러 등록에 대해 알아보자. 스케줄러도 악성 스크립트 실행을 위해 해커들이 자주 사용하는 방법 중 하나다.

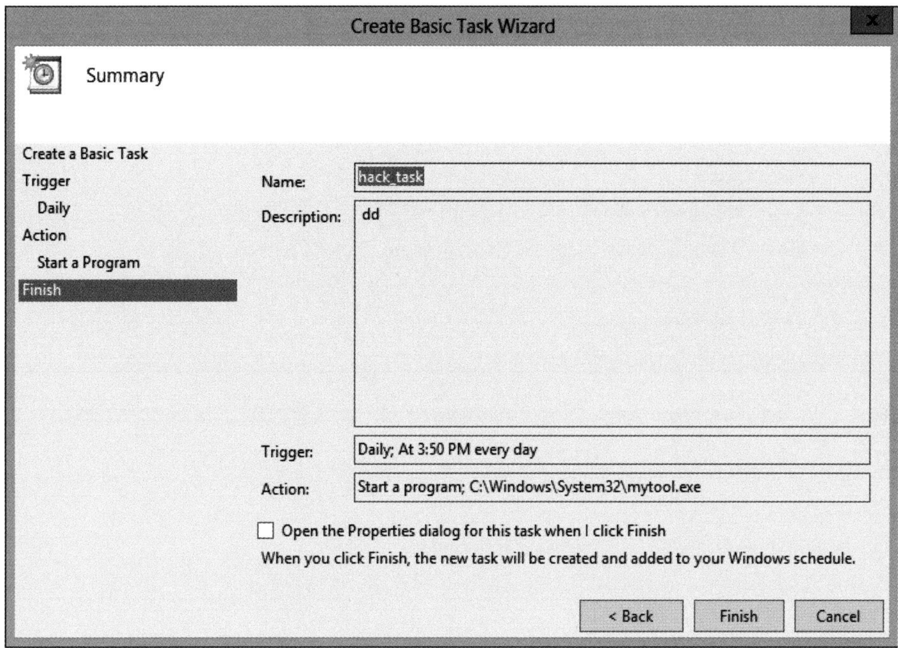

그림 15.10 스케줄러 등록

이벤트 코드가 4698로 기록된다. 그리고 스케줄러에 대한 내용이 XML 형태로 통째로 기록된다는 점에도 주목하자.

```
10/02/2017 03:52:42 PM
LogName=Security
SourceName=Microsoft Windows security auditing.
EventCode=4698
```

```
EventType=0
Type=Information
ComputerName=WIN-BISGOI8F8VH
TaskCategory=Other Object Access Events
OpCode=Info
RecordNumber=31237
Keywords=Audit Success
Message=A scheduled task was created.

Subject:
    Security ID:        S-1-5-21-291331989-3621620627-2245425022-500
    Account Name:        Administrator
    Account Domain:        WIN-BISGOI8F8VH
    Logon ID:        0x86CBC

Task Information:
    Task Name:        \hack_task
    Task Content:        <?xml version="1.0" encoding="UTF-16"?>
<Task version="1.2" xmlns="http://schemas.microsoft.com/windows/2004/02/mit/task">
  <RegistrationInfo>
    <Date>2017-10-02T15:52:42.3682497</Date>
    <Author>WIN-BISGOI8F8VH\Administrator</Author>
    <Description>dd</Description>
  </RegistrationInfo>
  <Triggers>
    <CalendarTrigger>
      <StartBoundary>2017-10-02T15:50:17.5370599</StartBoundary>
      <Enabled>true</Enabled>
      <ScheduleByDay>
        <DaysInterval>1</DaysInterval>
      </ScheduleByDay>
    </CalendarTrigger>
  </Triggers>
  <Principals>
    <Principal id="Author">
      <RunLevel>LeastPrivilege</RunLevel>
      <UserId>WIN-BISGOI8F8VH\Administrator</UserId>
      <LogonType>InteractiveToken</LogonType>
    </Principal>
```

```
  </Principals>
  <Settings>
    <MultipleInstancesPolicy>IgnoreNew</MultipleInstancesPolicy>
    <DisallowStartIfOnBatteries>true</DisallowStartIfOnBatteries>
    <StopIfGoingOnBatteries>true</StopIfGoingOnBatteries>
    <AllowHardTerminate>true</AllowHardTerminate>
    <StartWhenAvailable>false</StartWhenAvailable>
    <RunOnlyIfNetworkAvailable>false</RunOnlyIfNetworkAvailable>
    <IdleSettings>
      <Duration>PT10M</Duration>
      <WaitTimeout>PT1H</WaitTimeout>
      <StopOnIdleEnd>true</StopOnIdleEnd>
      <RestartOnIdle>false</RestartOnIdle>
    </IdleSettings>
    <AllowStartOnDemand>true</AllowStartOnDemand>
    <Enabled>true</Enabled>
    <Hidden>false</Hidden>
    <RunOnlyIfIdle>false</RunOnlyIfIdle>
    <WakeToRun>false</WakeToRun>
    <ExecutionTimeLimit>P3D</ExecutionTimeLimit>
    <Priority>7</Priority>
  </Settings>
  <Actions Context="Author">
    <Exec>
      <Command>C:\Windows\System32\mytool.exe</Command>
    </Exec>
  </Actions>
</Task>
```

참고로 위와 같은 스케줄러 등록을 이벤트 로그에 기록하게 하려면 다음과 같이 로컬 보안 정책에서 [Audit object access]가 'Success, Failure'로 모두 활성화돼 있어야 한다.

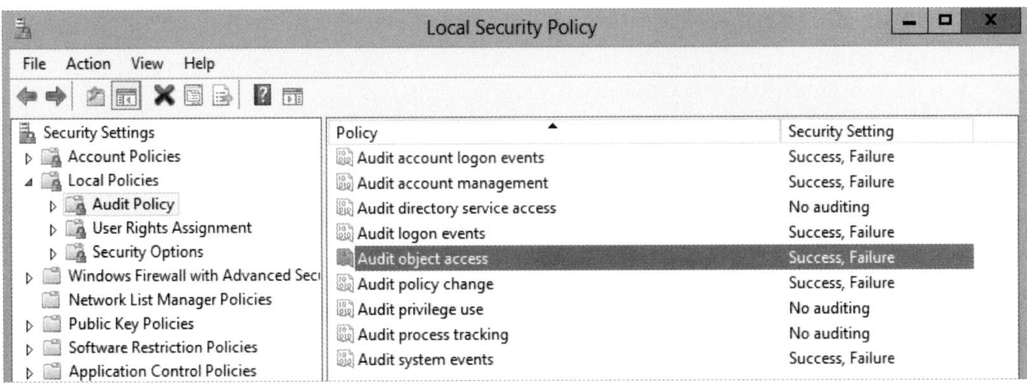

그림 15.11 Audit object access

하지만 실제로 이벤트 로그 관리를 해본 사람은 알겠지만 이 항목을 활성화하면 모든 오브젝트에 대한 접근 로그가 기록되므로 너무도 많은 이벤트 로그가 생성되고, 굳이 볼 필요 없는 로그가 늘어나고 로그 분석을 하기가 매우 어려운 환경이 된다는 문제가 있다. 예를 들어, 윈도우 방화벽을 사용한다면 모든 트래픽에 대한 로그가 기록될 것이다. 그래서 로컬 보안 정책에서는 다음 화면에서처럼 세부 항목별로 이벤트 로그를 켜거나 끌 수 있게 돼 있다. [Advanced Audit Policy Configuration]으로 이동하면 각 이벤트 로그 항목에 대한 세부사항을 다시 설정할 수 있는데, 다음과 같이 필요한 항목에 대해 활성화/비활성화를 선택하면 된다.

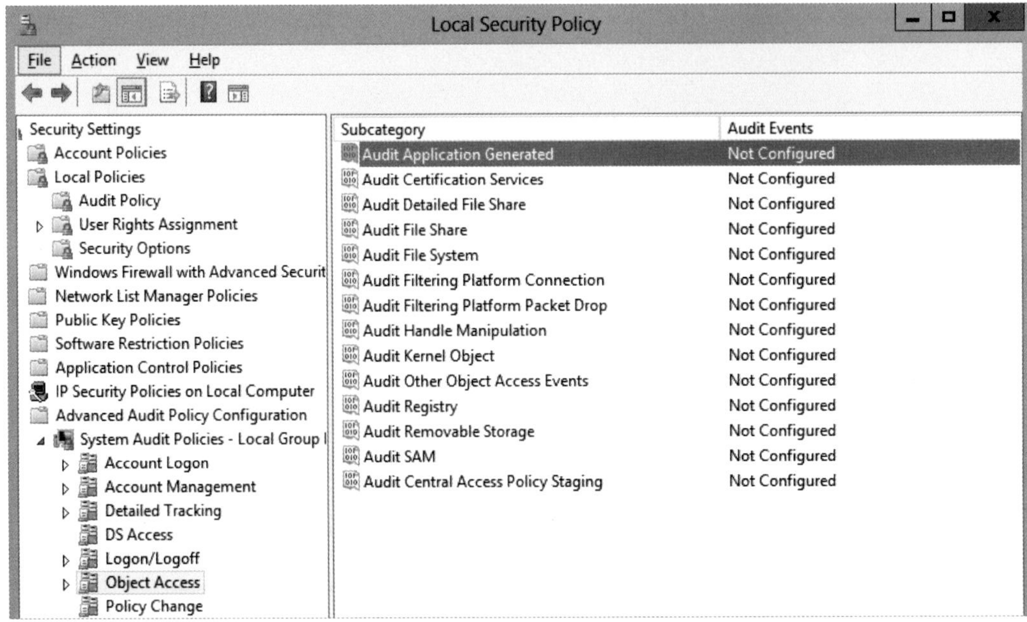

그림 15.12 Object Access

09 _ 불필요한 로그 필터링

그럼 실제로 불필요한 로그가 얼마나 쌓이는지 한번 살펴보고 튜닝은 어떻게 하는지도 알아보자. 먼저 로컬 보안 정책에서 전체 이벤트 로그 수집을 활성화하고, 아무것도 하지 않은 채로 윈도우 2012의 이벤트 로그를 한 시간 정도 수집했다. 다음은 스플렁크로 이벤트 코드만 모아서 분류한 화면이다.

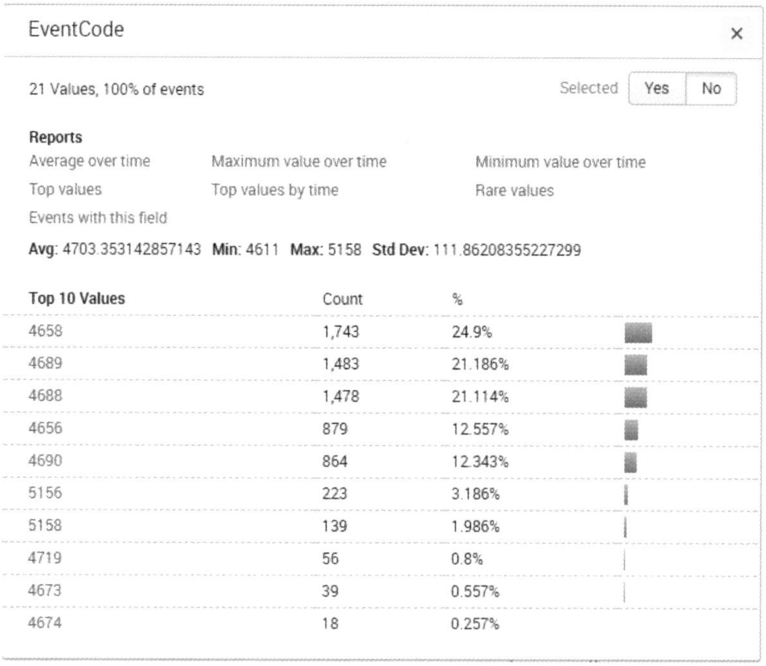

EventCode ×

21 Values, 100% of events Selected Yes No

Reports

Average over time Maximum value over time Minimum value over time

Top values Top values by time Rare values

Events with this field

Avg: 4703.353142857143 **Min:** 4611 **Max:** 5158 **Std Dev:** 111.86208355227299

Top 10 Values	Count	%
4658	1,743	24.9%
4689	1,483	21.186%
4688	1,478	21.114%
4656	879	12.557%
4690	864	12.343%
5156	223	3.186%
5158	139	1.986%
4719	56	0.8%
4673	39	0.557%
4674	18	0.257%

그림 15.13 EventCode

아무것도 하지 않았는데 정말 많은 로그가 수집됐다는 사실을 알 수 있다. 왜 이렇게 많은 로그가 발생할까? 위에서 가장 높은 비율을 차지하는 4658 이벤트를 살펴보자. 4658은 어떤 오브젝트에 대해 핸들이 닫혔을 때 발생하는 로그다. Win32 API 프로그래밍을 해보신 분들은 알겠지만 단지 CloseHandle(hObject)라는 코드 한 줄만 호출해도 발생한다고 보면 된다. 당연히 윈도우는 수시로 레지스트리나 파일 등 수많은 오브젝트의 핸들을 열고 닫는 작업을 반복하고 있으므로 이 이벤트 코드가 엄청나게 많이 발생한다. 다음 로그는 서비스 호스트에서 사용하는 어떤 핸들을 닫았다는 단순한 로그에 해당한다.

```
10/01/2017 02:10:14 PM
LogName=Security
SourceName=Microsoft Windows security auditing.
EventCode=4658
EventType=0
Type=Information
ComputerName=WIN-BISGOI8F8VH
TaskCategory=Registry
OpCode=Info
RecordNumber=24346
Keywords=Audit Success
Message=The handle to an object was closed.

Subject :
    Security ID:        S-1-5-20
    Account Name:        WIN-BISGOI8F8VH$
    Account Domain:        WORKGROUP
    Logon ID:       0x3E4

Object:
    Object Server:        Security
    Handle ID:       0xbb4

Process Information:
    Process ID:       0x3a0
    Process Name:        C:\Windows\System32\svchost.exe
```

이번에는 4656 같은 경우를 알아보자. 4656은 오브젝트의 핸들을 요구했을 때 발생하는 이벤트다. 위 케이스와 마찬가지로 윈도우 내부적으로 핸들을 요구하는 작업은 셀 수 없을 정도로 많은 상황에 발생한다. 예를 들어, 다음과 같이 그냥 탐색기를 열어서 계산기 파일(C:\Windows\system32\calc.exe)의 속성을 보는 작업을 하기만 해도 핸들이 요구된다.

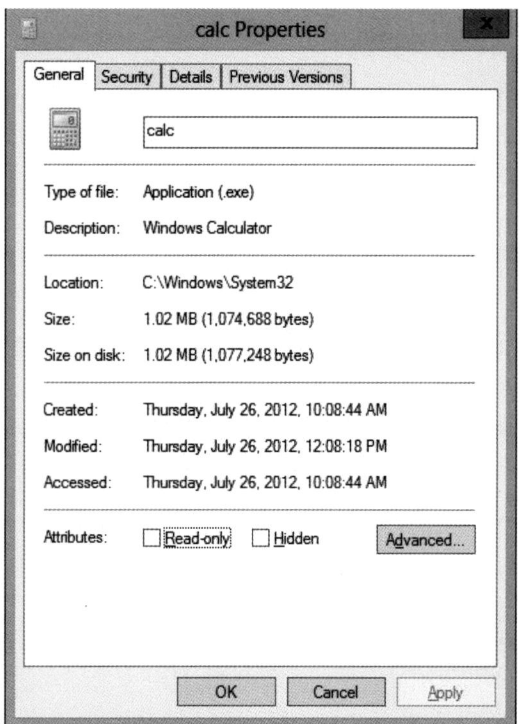

그림 15.14 계산기 속성 보기

이 상황에 다음과 같은 4656 이벤트 코드가 생성된다.

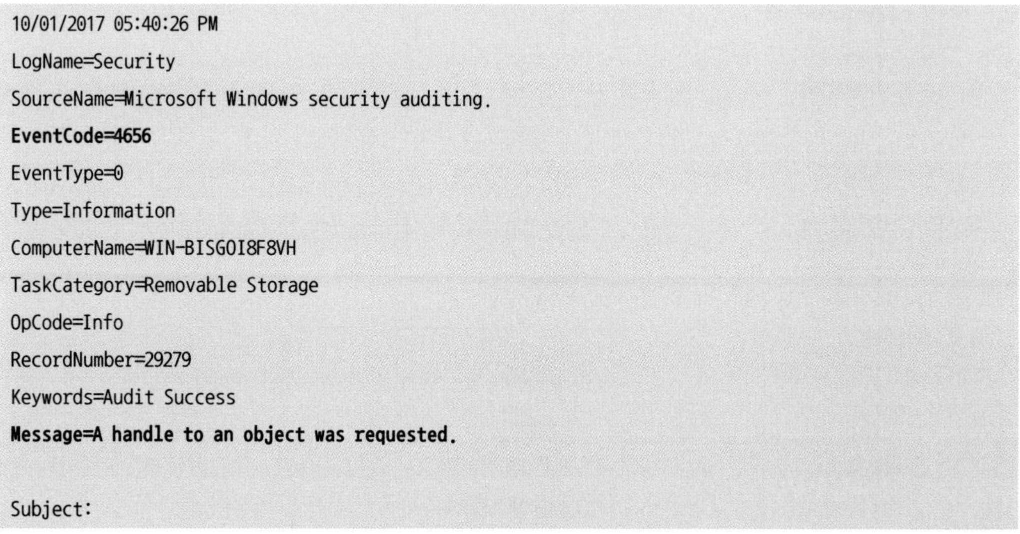

```
10/01/2017 05:40:26 PM
LogName=Security
SourceName=Microsoft Windows security auditing.
EventCode=4656
EventType=0
Type=Information
ComputerName=WIN-BISGOI8F8VH
TaskCategory=Removable Storage
OpCode=Info
RecordNumber=29279
Keywords=Audit Success
Message=A handle to an object was requested.

Subject:
```

```
    Security ID:        S-1-5-21-291331989-3621620627-2245425022-500
    Account Name:        Administrator
    Account Domain:        WIN-BISGOI8F8VH
    Logon ID:        0x55C61

Object:
    Object Server:        Security
    Object Type:        File
    Object Name:        C:\Windows\System32\calc.exe
    Handle ID:        0xe8c
    Resource Attributes:    -

Process Information:
    Process ID:        0xa70
    Process Name:        C:\Windows\explorer.exe

Access Request Information:
    Transaction ID:        {00000000-0000-0000-0000-000000000000}
    Accesses:        WRITE_OWNER

    Access Reasons:        WRITE_OWNER:    Granted by    SeTakeOwnershipPrivilege

    Access Mask:        0x80000
    Privileges Used for Access Check:    SeTakeOwnershipPrivilege
    Restricted SID Count:    0
```

또 많은 비율을 차지하는 4689 이벤트의 경우 앞에서 한번 언급했지만 프로세스 종료에 해당하는 이벤트로서 엄청나게 많은 상황에 발생한다. 심지어 제어판을 닫기만 해도 발생한다.

```
10/01/2017 05:33:38 PM
LogName=Security
SourceName=Microsoft Windows security auditing.
EventCode=4689
EventType=0
Type=Information
ComputerName=WIN-BISGOI8F8VH
TaskCategory=Process Termination
OpCode=Info
```

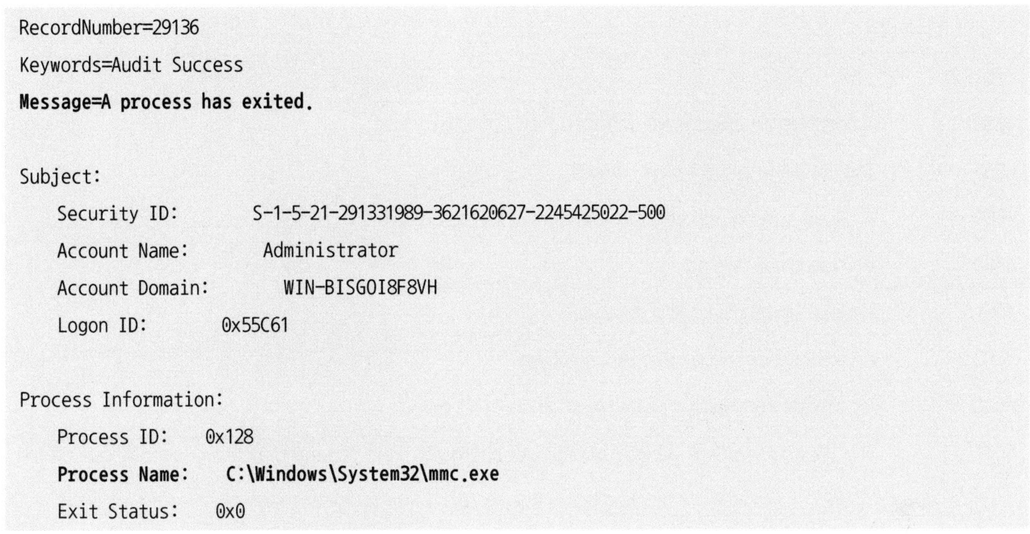

```
RecordNumber=29136
Keywords=Audit Success
Message=A process has exited.

Subject:
    Security ID:        S-1-5-21-291331989-3621620627-2245425022-500
    Account Name:        Administrator
    Account Domain:        WIN-BISGOI8F8VH
    Logon ID:        0x55C61

Process Information:
    Process ID:    0x128
    Process Name:    C:\Windows\System32\mmc.exe
    Exit Status:    0x0
```

따라서 이러한 경우에는 로컬 보안 정책의 [Audit object access]에서 Success, Failure로 활성화해 둔 것을 [No Auditing]으로 비활성화하고, 앞에서 언급한대로 [Advanced Audit Policy Configuration]에서 필요한 항목만 찾아 활성화하면 된다.

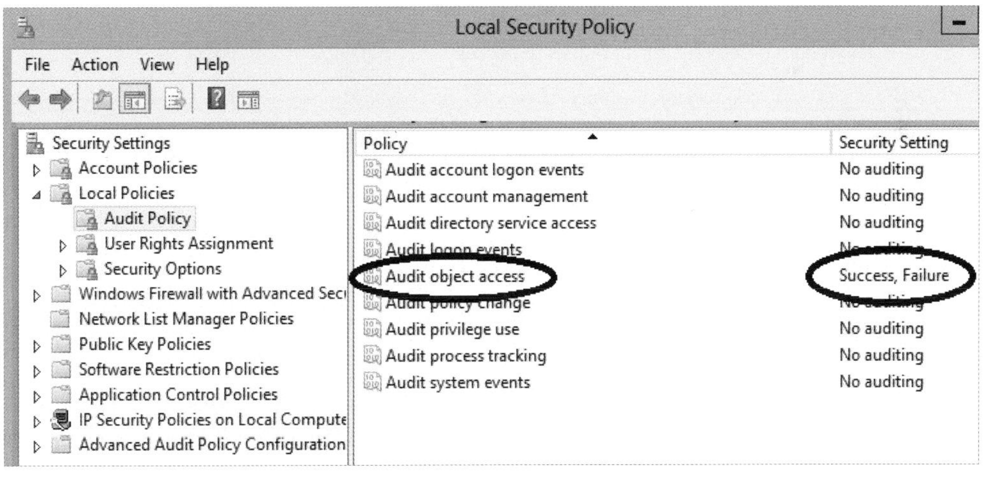

그림 15.15 Audit object access

기업마다 상황은 다르겠지만 주로 수집 대상에서 제외하는 이벤트 코드는 다음과 같다. 물론 이것은 어디까지나 참고사항이지 절대적인 권고사항은 아니다. 각 기업에서 필요한 로그가 무엇인지 직접 튜닝해 보고 원하는 것을 활성화하도록 환경을 잘 분석해야 한다.

표 15.3 이벤트 코드

이벤트 ID	설명
4656	A handle to an object was requested
4658	The handle to an object was closed
4659	A handle to an object was requested with intent to delete
4660	An object was deleted
4661	A handle to an object was requested
4663	An attempt was made to access an object
4690	An attempt was made to duplicate a handle to an object
5031	The Windows Firewall Service blocked an application from accepting incoming connections on the network.
5145	A network share object was checked to see whether client can be granted desired access
5148	The Windows Filtering Platform has detected a DoS attack and entered a defensive mode; packets associated with this attack will be discarded.
5149	The DoS attack has subsided and normal processing is being resumed.
5150	The Windows Filtering Platform has blocked a packet.
5151	A more restrictive Windows Filtering Platform filter has blocked a packet.
5152	The Windows Filtering Platform blocked a packet
5153	A more restrictive Windows Filtering Platform filter has blocked a packet
5154	The Windows Filtering Platform has permitted an application or service to listen on a port for incoming connections
5155	The Windows Filtering Platform has blocked an application or service from listening on a port for incoming connections
5156	The Windows Filtering Platform has allowed a connection
5157	The Windows Filtering Platform has blocked a connection
5158	The Windows Filtering Platform has permitted a bind to a local port
5159	The Windows Filtering Platform has blocked a bind to a local port

10 _ 리눅스 로그 분석

리눅스 로그는 윈도우 이벤트 로그와는 스타일이 다소 다르다. 기본적으로 /var/log 안에 다양한 로그가 있되, 목적에 따라 로그 파일이 달라지는 것이 차이점이다. 따라서 먼저 필요한 로그의 위치를 정확히 아는 것이 중요하다. 기본적인 로그의 위치는 아래와 같다.

```
/var/log/*.*
ex)
/var/log/message : 리눅스 커널 로그
/var/log/auth.log : 계정 관련 로그
/var/log/boot.log : 시스템 부팅 시의 로그
/var/log/dpkg.log : 패키지 설치 로그
```

그리고 윈도우와 달리 리눅스 서버는 반드시 검은 화면에 명령을 날려야 어떤 액션이 시작되므로 사실 로그인/로그아웃 등의 접근 로그와 커맨드 로그만 제대로 파악해도 90% 이상은 로그 분석이 가능하다고 봐도 무방하다. 그래서 로그를 분류하기가 깔끔한 편이며 윈도우와 같이 불필요한 설명이 마구 들러붙지도 않기 때문에 윈도우 환경에 비해 설명할 내용이 적다. 어쨌든 기업 보안을 하는 입장에서 로그 분석을 할 때 살펴봐야 할 주안점은 아래와 같다.

1. **계정 관리(생성/삭제)**: 커맨드 로그로 확인 가능
2. **로그인 감사**: auth 로그로 확인 가능
3. **프로세스 추적 정책 변경**: 커맨드 로그로 확인 가능

계정 로그인 관련 로그는 아래 경로의 auth.log에 기록되며, 커맨드 로그는 .bash_history라는 파일에 기록된다.

- /var/log/auth.log: 계정 로그인 관련 로그
- /home/user/.bash_history: 일반 사용자의 명령어
- /root/.bash_history: 루트 사용자의 명령어

먼저 auth.log 로그를 분석하는 예제를 하나 보자. 해커가 다음 명령어를 입력해서 계정을 생성했다고 가정하자.

```
# useradd test_hack
```

이로써 아래와 같이 로그가 생성됐다. 이번에도 밑에서부터 해석한다. 윈도우 이벤트 로그 분석과 마찬가지로 수많은 작업이 있다는 것을 감안하고 한 줄씩 분석해 보자. 리눅스의 로그는 윈도우 이벤트 로그와 달리 불필요한 내용이 적은 편이므로 어렵지 않게 분석할 수 있을 것이다. 보다시피 그룹을 새로 만들고 새로운 계정을 생성하며 패스워드를 부여하는 식으로 흐름이 진행된다는 것을 쉽게 알 수 있다.

```
Oct 2 12:07:25 WD-UBUNTU-WEB chfn[1381]: changed user 'test_hack' information
- host =10.20.1.2source =/var/log/auth.logsourcetype =linux_audit

Oct 2 12:07:20 WD-UBUNTU-WEB passwd[1380]: pam_unix(passwd:chauthtok): password changed for test_hack
- host =10.20.1.2source =/var/log/auth.logsourcetype =linux_audit

Oct 2 12:07:17 WD-UBUNTU-WEB useradd[1373]: new user: name=test_hack, UID=1002, GID=1002, home=/home/
test_hack, shell=/bin/bash
- host =10.20.1.2source =/var/log/auth.logsourcetype =linux_audit

Oct 2 12:07:17 WD-UBUNTU-WEB groupadd[1369]: new group: name=test_hack, GID=1002
- host =10.20.1.2source =/var/log/auth.logsourcetype =linux_audit

Oct 2 12:07:17 WD-UBUNTU-WEB groupadd[1369]: group added to /etc/gshadow: name=test_hack
- host =10.20.1.2source =/var/log/auth.logsourcetype =linux_audit

Oct 2 12:07:17 WD-UBUNTU-WEB groupadd[1369]: group added to /etc/group: name=test_hack, GID=1002
```

다음은 로그인 감사 로그다. 역시 직관적인 내용으로 window31이라는 계정이 10.10.1.2로부터 SSH 접근을 했다는 것을 쉽게 알 수 있다.

```
Oct  2 12:19:05 WD-UBUNTU-WEB sshd[1415]: pam_unix(sshd:session): session opened for user window31 by
(uid=0)

Oct  2 12:19:05 WD-UBUNTU-WEB sshd[1415]: Accepted password for window31 from 10.10.1.2 port 47378
ssh2
```

루트 권한으로 로그인했을 때는 아래와 같다. window31이라는 계정이 sudo su 커맨드를 날려서 'Successful su for root by root'라는 내용에서 볼 수 있듯이 sudo 권한을 얻었다는 것을 알 수 있다.

```
# sudo su
```

```
Oct  2 12:20:21 WD-UBUNTU-WEB su[1460]: pam_unix(su:session): session opened for user root by
window31(uid=0)

Oct  2 12:20:21 WD-UBUNTU-WEB su[1460]: + /dev/pts/1 root:root

Oct  2 12:20:21 WD-UBUNTU-WEB su[1460]: Successful su for root by root

Oct  2 12:20:21 WD-UBUNTU-WEB sudo: pam_unix(sudo:session): session opened for user root by
window31(uid=0)

Oct  2 12:20:21 WD-UBUNTU-WEB sudo: window31 : TTY=pts/1 ; PWD=/home/window31 ; USER=root ; COMMAND=/
bin/su
```

exit 명령어를 써서 루트 권한에서 빠져 나왔을 때 역시 간단하다.

```
Oct  2 12:21:37 WD-UBUNTU-WEB sudo: pam_unix(sudo:session): session closed for user root
Oct  2 12:15:05 WD-UBUNTU-WEB su[1353]: pam_unix(su:session): session closed for user root
```

로그인할 때 패스워드가 틀린 경우도 간단하다. 다음은 10.10.1.2로부터 window31 계정이 SSH 접속을 시도했지만 인증에 실패했다는 로그에 해당한다.

```
sshd[1425]: Failed password for window31 from 10.10.1.2 port 43798 ssh2
sshd[1425]: pam_unix(sshd:auth): authentication failure; logname= uid=0 euid=0 tty=ssh ruser=
rhost=10.10.1.2  user=window31
```

11 _ 커맨드 로깅 툴 스누피 설치

앞에서 기본적인 계정 관련 로그를 간단히 살펴보기는 했지만 서버 내에서 실행되는 배시 스크립트나 해커가 입력하는 모든 명령어까지 .bash_history 로그만으로는 파악하기가 쉽지 않다. 또한 로그의 내용을 보기 위해 로그인돼 있는 사용자를 강제로 로그오프해야 하는 문제도 있다. 그래서 이 같은 상황을 보완하기 위해 제공되는 서드파티 툴이 바로 스누피(Snoopy)다. 리눅스 진영에는 여러 가지 커맨드 로깅 툴이 있지만 스누피가 거의 끝판왕이라고 알려져 있고 꽤나 많은 라이브 서버에도 사용하고 있으므로 안정성도 어느 정도 보장됐다고 볼 수 있다.

설치 방법도 간단하다. 데비안 계열에서는 이미 리파지토리에 포함돼 있으므로 업데이트를 한 번 하고 'snoopy'라는 이름으로 설치하면 된다.

```
# sudo apt-get update
# sudo apt-get install snoopy
```

설치 도중에 경고문구가 하나 나오는 것 때문에 많은 사람들이 불안감에 스누피를 설치하지 못하는 경우가 있다. 메시지의 내용은 /etc/ld.so.preload 파일이 시스템에 로드될 텐데, 그것이 해를 끼칠 가능성도 있으니 유의하라는 내용이다. 경고라고는 하지만 그 정도로 위험하지는 않고 일종의 참고사항 정도로 보면 될 것 같다. [Yes]를 선택해 설치를 계속한다.

설치가 완료되면 아무 커맨드나 날려보고 /var/log/auth.log를 보자. 앞에서 계정 관련 로그는 auth.log에 기록된다고 했던 것을 기억할 것이다. 스누피에서 생성하는 커맨드 로그는 이 auth.log에 함께 포함된다. 텍스트 편집기로 열어보면 다음과 같이 스누피 로그가 들어온다는 것을 알 수 있다.

```
Feb 12 23:33:27 vpn sshd[5908]: Accepted password for pi from **.**.**.** port 50862 ssh2
Feb 12 23:33:27 vpn sshd[5908]: pam_unix(sshd:session): session opened for user pi by (uid=0)
Feb 12 23:33:27 vpn snoopy[5916]: [uid:1000 sid:5916 tty: cwd:/home/pi filename:/bin/bash]: bash -c
/usr/lib/openssh/sftp-server
Feb 12 23:33:27 vpn snoopy[5916]: [uid:1000 sid:5916 tty: cwd:/home/pi filename:/usr/lib/openssh/sftp-
server]: /usr/lib/openssh/sftp-server
```

메시지 포맷은 다음과 같다. 'cwd:' 뒤에 커맨드 내용이 온다. 몇 가지 예제를 보자.

```
message_format = "[username:%{username} uid:%{uid} sid:%{sid} tty:%{tty} cwd:%{cwd}
filename:%{filename}]: %{cmdline}"
```

설치가 잘 되지 않을 때

리파지토리를 통해 설치가 잘 되지 않을 때는 깃허브에서 직접 내려받아 설치하는 방법이 있다. 아래 가이드대로 진행해 보길 바란다.

```
# rm -f snoopy-install.sh &&
# wget -O snoopy-install.sh https://github.com/a2o/snoopy/raw/install/doc/install/bin/snoopy-install.
sh && chmod 755 snoopy-install.sh && ./snoopy-install.sh stable
```

첫 번째 예제로, 다음과 같은 엔진엑스 서비스를 재시작하는 커맨드를 보자.

```
# service nginx restart
```

auth.log가 스플렁크로 들어오고 있다고 가정하고, 다음과 같이 검색하면 스누피가 포함된 로그가 조회될 것이다.

```
index=linux
```

다음과 같은 로그가 조회된다. 맨 밑에서부터 시작하므로 거기서부터 살펴보자.

```
cwd:/home/window31 filename:/usr/sbin/service]: service nginx restart
```

위와 같은 명령어가 보일 것이다. 그리고 이후에 나오는 로그는 service라는 배시 스크립트가 내부적으로 또 많은 커맨드를 날리고 있기 때문에 그것들의 내용이 모두 기록된 것이다. 이처럼 배시 스크립트 내부적으로 날리는 커맨드 내용도 함께 기록된다.

```
Oct  2 11:48:06 WD-UBUNTU-WEB snoopy[1374]: [uid:0 sid:1347 tty:/dev/pts/0 cwd:/ filename:/bin/
systemctl]: systemctl restart nginx.service

 Oct  2 11:48:06 WD-UBUNTU-WEB snoopy[1374]: [uid:0 sid:1347 tty:/dev/pts/0 cwd:/ filename:/sbin/
systemctl]: systemctl restart nginx.service

Oct  2 11:48:06 WD-UBUNTU-WEB snoopy[1374]: [uid:0 sid:1347 tty:/dev/pts/0 cwd:/ filename:/usr/bin/
systemctl]: systemctl restart nginx.service

Oct  2 11:48:06 WD-UBUNTU-WEB snoopy[1374]: [uid:0 sid:1347 tty:/dev/pts/0 cwd:/ filename:/usr/sbin/
systemctl]: systemctl restart nginx.service

Oct  2 11:48:06 WD-UBUNTU-WEB snoopy[1374]: [uid:0 sid:1347 tty:/dev/pts/0 cwd:/ filename:/usr/local/
bin/systemctl]: systemctl restart nginx.service

Oct  2 11:48:06 WD-UBUNTU-WEB snoopy[1374]: [uid:0 sid:1347 tty:/dev/pts/0 cwd:/ filename:/usr/local/
sbin/systemctl]: systemctl restart nginx.service

Oct  2 11:48:06 WD-UBUNTU-WEB snoopy[1378]: [uid:0 sid:1347 tty:/dev/pts/0 cwd:/ filename:/bin/
systemctl]: systemctl —quiet is-active multi-user.target
```

```
Oct  2 11:48:06 WD-UBUNTU-WEB snoopy[1377]: [uid:0 sid:1347 tty:/dev/pts/0 cwd:/ filename:/usr/bin/
which]: which initctl

Oct  2 11:48:06 WD-UBUNTU-WEB snoopy[1376]: [uid:0 sid:1347 tty:/dev/pts/0 cwd:/home/window31
filename:/usr/bin/basename]: basename /usr/sbin/service

Oct  2 11:48:06 WD-UBUNTU-WEB snoopy[1375]: [uid:0 sid:1347 tty:/dev/pts/0 cwd:/home/window31
filename:/usr/bin/basename]: basename /usr/sbin/service

Oct  2 11:48:06 WD-UBUNTU-WEB snoopy[1374]: [uid:0 sid:1347 tty:/dev/pts/0 cwd:/home/window31
filename:/usr/sbin/service]: service nginx restart
```

두 번째 예제로 ifconfig와 netstat -an | more를 살펴보자. 너무도 간단한 명령어이므로 구체적인 설명은 생략한다.

```
# ifconfig
# netstat -an ¦ more
```

역시 스플렁크로 확인해보면 로그가 잘 들어온다는 것을 알 수 있다. 다만 파이프(|)로 구분된 명령어는 우리가 입력할 때는 한 줄이지만 실제 명령어는 구분되어 실행된다는 것을 짐작할 수 있다.

다음 예제는 tail이다. 이런 명령어도 로그가 잘 남는다. 간단한 한 줄 명령이고 한 줄 로그로만 남는다는 것을 알 수 있다.

```
# tail - 5 /etc/passwd

[uid:0 sid:1398 tty:/dev/pts/0 cwd:/home/window31 filename:/usr/bin/tail]: tail -5 /etc/passwd
```

이처럼 스누피 로그는 거의 모든 커맨드를 다 기록해 준다는 것을 알 수 있다. 리눅스는 모두 커맨드 기반이라 이처럼 커맨드만 수집해도 대부분의 행위는 파악할 수 있다. 그래서 세부 커맨드라인까지 모두 로깅하는 스누피는 이처럼 유용하게 활용할 수 있다.

16장 윈도우 로그 분석의 최강자 시스몬

지난 장에서 느꼈겠지만 필자는 윈도우 이벤트 로그의 불편한 점을 계속 거론하는 등 부정적인 내용을 많이 언급한 편이다. 사실 무작정 마이크로소프트를 비난하려고 그런 것이 아니고 이번 장부터 설명할 시스몬(sysmon)이라는 툴의 위력을 보여주기 위해 앞에서 살짝 밑밥을 뿌려둔 것이라고 생각해도 좋다.

몇 년 전 마이크로소프트에서 간만에 놀랄 만한 툴을 내놓았다. 무료이면서 마이크로소프트의 공식 제품이기도 한 이 시스몬은 이벤트 로그의 부족한 모든 점을 보완해준다. 커널 드라이버 단에서 동작하며 시스템에 상주한 채 시스템을 모니터링한다. 우리가 알고 싶은 파일 접근, 레지스트리 접근, 프로세스 행위, 커맨드의 내용, 네트워크 접속 내역, 심지어 CreateRemoteThread를 통해 일명 루트킷이라고도 하는 몸체 없는 스레드를 만드는 경우까지 탐지한다. 또한 로그의 내용도 윈도우 이벤트 로그와 달리 매우 깔끔하게 XML 형식으로 뽑아주기 때문에 파싱하거나 분석하기도 매우 쉬운 형태다. 한마디로 섬세한 로그 분석을 위해서는 윈도우 서버에 필수적으로 설치해야 하는 툴이라고 봐도 무방하다. 이번 장에서는 이 시스몬을 스플렁크랑 연동해서 어떤 식으로 활용할 수 있을지 알아보겠다.

01 _ 시스몬 설치

바로 설치부터 시작해 보자. 시스몬은 에이전트 기반이므로 당연히 각 서버마다 모두 설치해야 한다. 구글에서 'sysmon download'로 검색했을 때 나오는 마이크로소프트의 페이지로 이동한다.

그림 16.1 구글 검색

시스몬은 커맨드로도 설치할 수 있다. 다음은 매우 기본적이자 필수적인 옵션으로, 간단한 설명을 덧붙였다.

- i: 설치
- h sha1: 로그 발생 시 생성된 프로세스를 sha1 기반의 해시로 기록할 것. 두 개 이상의 해시도 지정할 수 있다. 만약 –h MD5,IMPHASH라고 입력하면 MD5와 바이러스토탈 기반의 해시를 기록한다.
- n: 네트워크 연결도 로그로 기록
- accepteula: 사용자 약관 수락

```
C:\<시스몬 설치 경로>Sysmon64.exe -i -h md5,imphash -n -accepteula
```

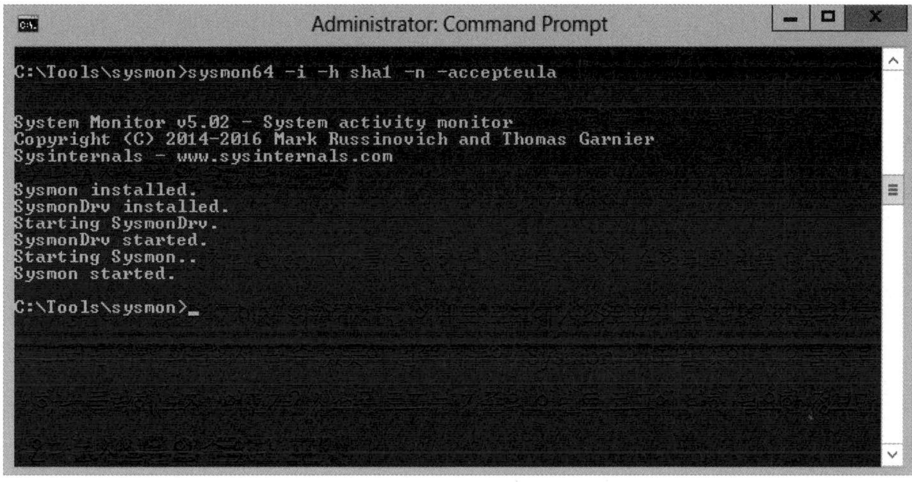

그림 16.2 시스몬 설치

매우 간단하지 않은가? 이제 이렇게 하면 이벤트 로그에 시스로그가 포함되어 기록되기 시작할 것이다.

02 _ 시스몬의 로그 포맷

지난 장에서 배운 것처럼 eventvwr를 실행하면 이벤트 뷰어가 실행되고 왼쪽 메뉴에서 [Applications and Services Logs] → [Microsoft] → [Windows] → [Sysmon] → [Operational]을 차례로 선택한다. 그러면 아래 화면에서 볼 수 있듯이 왼쪽 메뉴에 [Sysmon]이 보일 것이다. 이를 선택하고 아무 로그나 하나 클릭해 보자. 어떤가? 시스몬 로그는 기존의 이벤트 로그에 비해 필요한 정보만 훨씬 간결하게 나온다는 사실을 알 수 있다.

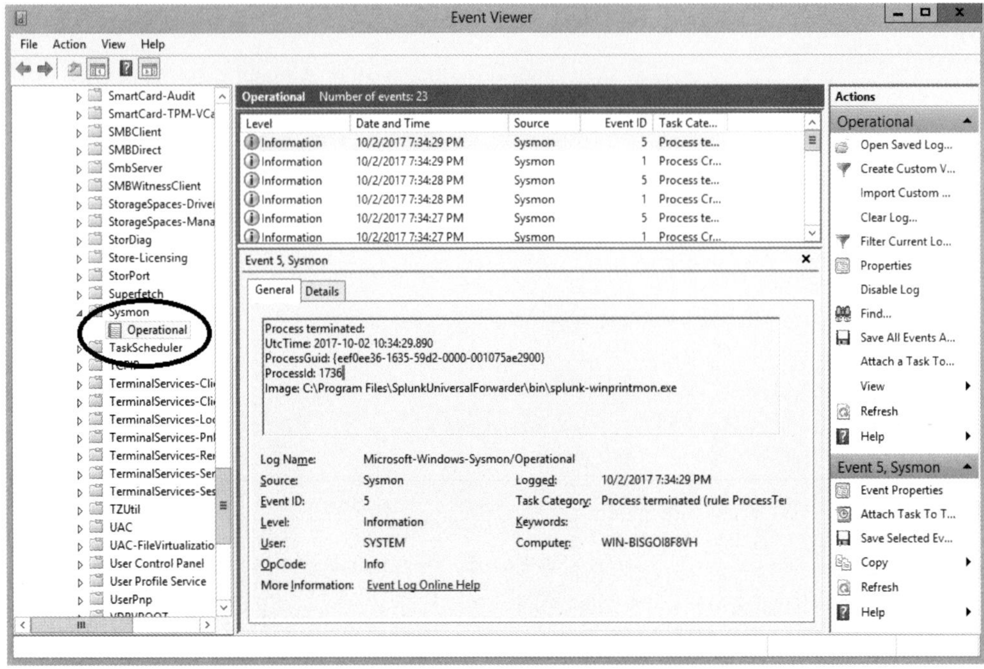

그림 16.3 시스몬 로그

기본적으로 정보의 나열은 이런 식이다. XML 기반의 깔끔한 타입이다.

```
<Sysmon schemaversion="3.20">
                <!-- Capture all hash types -->
                <HashAlgorithms>*</HashAlgorithms>
                <EventFiltering>
                ...conditions go here...
                </EventFiltering>
</Sysmon>
```

그럼 로우 데이터를 보며 하나씩 해부해 보자. Event ID 1의 경우 프로세스 생성에 대한 로그에 해당한다.

```
<Event xmlns='http://schemas.microsoft.com/win/2004/08/events/event'>

<System>
<Provider Name='Microsoft-Windows-Sysmon' Guid='{5770385F-C22A-43E0-BF4C-06F5698FFBD9}'/>
```

```
<EventID>1</EventID>
<Version>5</Version>
<Level>4</Level>
<Task>1</Task>
<Opcode>0</Opcode>
<Keywords>0x8000000000000000</Keywords>
<TimeCreated SystemTime='2017-10-02T12:22:05.116129100Z'/>
<EventRecordID>1691</EventRecordID>
<Correlation/>
<Execution ProcessID='1740' ThreadID='760'/>
<Channel>Microsoft-Windows-Sysmon/Operational</Channel>
<Computer>WIN-BISGOI8F8VH</Computer>
<Security UserID='S-1-5-18'/>
</System>

<EventData>
<Data Name='UtcTime'>2017-10-02 12:22:05.116</Data>
<Data Name='ProcessGuid'>{EEF0EE36-2F6D-59D2-0000-001051523600}</Data>
<Data Name='ProcessId'>2904</Data>
<Data Name='Image'>C:\Program Files\SplunkUniversalForwarder\bin\splunk-regmon.exe</Data>
<Data Name='CommandLine'>"C:\Program Files\SplunkUniversalForwarder\bin\splunk-regmon.exe"</Data>
<Data Name='CurrentDirectory'>C:\Windows\system32\</Data><Data Name='User'>NT AUTHORITY\SYSTEM</
Data>
<Data Name='LogonGuid'>{EEF0EE36-7921-59D2-0000-0020E7030000}</Data>
<Data Name='LogonId'>0x3e7</Data>
<Data Name='TerminalSessionId'>0</Data>
<Data Name='IntegrityLevel'>System</Data>
<Data Name='Hashes'>MD5=11AD8DA91D101312D00FCD73E8697502,
   IMPHASH=5967E2411F9362DDDA62364568490719</Data>
<Data Name='ParentProcessGuid'>{EEF0EE36-1700-59D2-0000-00109A952A00}</Data>
<Data Name='ParentProcessId'>2692</Data>
<Data Name='ParentImage'>C:\Program Files\SplunkUniversalForwarder\bin\splunkd.exe</Data>
<Data Name='ParentCommandLine'>"C:\Program Files\SplunkUniversalForwarder\bin\splunkd.exe"
service</Data>
</EventData>

</Event>
```

이 로그에서 기록된 새로 실행된 프로세스는 아래와 같다.

```
C:\Program Files\SplunkUniversalForwarder\bin\splunk-regmon.exe
```

그리고 해시 값은 다음과 같다.

```
MD5=11AD8DA91D101312D00FCD73E8697502
IMPHASH=5967E2411F9362DDDA62364568490719
```

아래는 부모 프로세스로서, 어떤 프로세스가 이 프로세스를 실행했는지 커맨드라인까지 포함해서 알려준다.

```
"C:\Program Files\SplunkUniversalForwarder\bin\splunkd.exe" service
```

이렇게 해시 값이 나오므로 바이러스토탈 등에 넣어서 이 파일에 대해 샘플이 없어도 바로 검사를 시작할 수 있고, 부모 프로세스를 알려주므로 드로퍼(Dropper)나 익스플로잇 등에서 가동되는 프로세스도 체크할 수 있다.

이번에는 Event ID 3을 보자. 이것은 네트워크 연결에 해당하는 이벤트다.


```
<Event xmlns='http://schemas.microsoft.com/win/2004/08/events/event'>

<System>
<Provider Name='Microsoft-Windows-Sysmon' Guid='{5770385F-C22A-43E0-BF4C-06F5698FFBD9}'/>
<EventID>3</EventID>
<Version>5</Version>
<Level>4</Level>
<Task>3</Task>
<Opcode>0</Opcode>
<Keywords>0x8000000000000000</Keywords>
<TimeCreated SystemTime='2017-10-02T12:04:12.510633300Z'/>
<EventRecordID>1438</EventRecordID>
<Correlation/>
<Execution ProcessID='1740' ThreadID='1708'/>
<Channel>Microsoft-Windows-Sysmon/Operational</Channel>
<Computer>WIN-BISGOI8F8VH</Computer>
<Security UserID='S-1-5-18'/>
```

```
</System>

<EventData>
<Data Name='UtcTime'>2017-10-02 12:04:10.374</Data>
<Data Name='ProcessGuid'>{EEF0EE36-7928-59D2-0000-0010FBE50000}</Data>
<Data Name='ProcessId'>936</Data>
<Data Name='Image'>C:\Windows\System32\svchost.exe</Data>
<Data Name='User'>NT AUTHORITY\NETWORK SERVICE</Data>
<Data Name='Protocol'>udp</Data>
<Data Name='Initiated'>false</Data>
<Data Name='SourceIsIpv6'>false</Data>
<Data Name='SourceIp'>10.30.1.5</Data>
<Data Name='SourceHostname'>WIN-BISGOI8F8VH.localdomain</Data>
<Data Name='SourcePort'>57287</Data>
<Data Name='SourcePortName'></Data>
<Data Name='DestinationIsIpv6'>false</Data>
<Data Name='DestinationIp'>10.30.1.1</Data>
<Data Name='DestinationHostname'></Data>
<Data Name='DestinationPort'>53</Data>
<Data Name='DestinationPortName'>domain</Data>
</EventData>

</Event>
```


다음 내용을 통해 C:\Windows\System32\svchost.exe에서 가동된 네트워크 접속이며,

```
<Data Name='Image'>C:\Windows\System32\svchost.exe</Data>
```

아래 내용을 통해 프로토콜이 UDP이고 10.30.1.5 -> 10.30.1.1로 53번 포트로 접속한 것으로 보인다. 도메인 이름은 공란이니 IP 주소로 바로 접근한 트래픽이라는 것을 알 수 있으며, 53번 UDP인 것으로 봐서 DNS 쿼리가 잡혀서 로그로 기록된 것으로 판단된다.

```
<Data Name='Protocol'>udp</Data>
<Data Name='SourceIp'>10.30.1.5</Data>
<Data Name='DestinationIp'>10.30.1.1</Data>
<Data Name='DestinationHostname'></Data>
<Data Name='DestinationPort'>53</Data>
```

지금까지 이런 식으로 이벤트 ID 1, 3에 대해 살펴봤는데, 각 이벤트 ID는 어떤 기록을 나타내는지 아래 표에 정리했다. Comment 부분은 부연 설명이 필요한 이벤트에 대해 필자가 추가 설명을 넣은 것이니 참고하길 바란다. 특별히 부연 설명이 필요없이 직관적으로 알 수 있는 이벤트는 공란으로 뒀다.

표 16.1 표 이벤트 ID에 대한 설명

Event ID	Event	Comment
1	프로세스 생성	
2	프로세스가 파일 생성을 변경함	악성코드가 감염시간을 속이기 위해 파일 시간을 변경하는 경우가 많다. 하지만 정상적인 경우에도 파일 시간이 변경되는 경우도 있으므로 이 정보를 맹신해서는 안 된다.
3	네트워크 연결	
4	시스몬 서비스 상태 변경	시스몬 서비스가 시작 또는 종료됐을 때 로그를 발생시킨다. 정상적으로 재시작하는 경우도 있겠지만 악성코드가 시스로그를 종료시키는 경우도 있으므로 점검할 필요가 있다.
5	프로세스 종료	
6	드라이버가 로드되었음	
7	이미지가 로드됨	
8	CreateTemoteThread	루트킷 탐지
9	RawAccessRead	₩₩ 등을 사용해 드라이브에서 읽기 작업을 수행할 때 기록되는 로그
10	ProcessAccess	프로세스가 타 프로세스의 메모리 공간을 열어서 읽을 때 발생하는 이벤트. 대표적인 예로 계정 해킹에 사용되는 기법으로 Lsass.exe에 기록된 계정의 해시를 읽어 비밀번호를 획득하는 경우 이 로그에 포착된다.
11	FileCreate	레지스트리 관련 동작이 기록된다. 특히 키나 값을 생성하거나 삭제하는 경우에 발생한다.
12	RegistryEvent	
13	RegistryEvent	이벤트 ID 12와 마찬가지로 레지스트리 관련 동작이지만 기존에 존재하는 값을 수정하는 경우에 발생한다.
14	RegistryEvent	역시 레지스트리 관련 액션이지만 이번에는 기존 키의 이름을 바꿀 때 기록된다.
15	FileCreateStreamHash	

03 _ 스플렁크와 시스몬의 연동

이제 시스몬을 설치했으니 로그가 각 서버마다 로컬 폴더에 저장되고 있을 것이다. 우리는 스플렁크라는 훌륭한 ESM을 가지고 있으므로 이제 그 로그를 실시간으로 스플렁크를 통해 수집하는 방법을 알아보자. 먼저 이미 아래 경로에 유니버설 포워더를 설치해 뒀을 것이다. 거기에다 아래 내용을 추가하자. 굵게 표시한 내용을 추가하면 된다.

```
C:\Program Files\SplunkUniversalForwarder\etc\system\local\inputs.conf
```

```
[default]
host = 10.30.1.2

[WinEventLog://Security]
disabled = false
index = windows

[WinEventLog://Microsoft-Windows-Sysmon/Operational]
disabled = false
renderXml = true
```

그리고 유니버설 포워더의 서비스를 재시작한다.

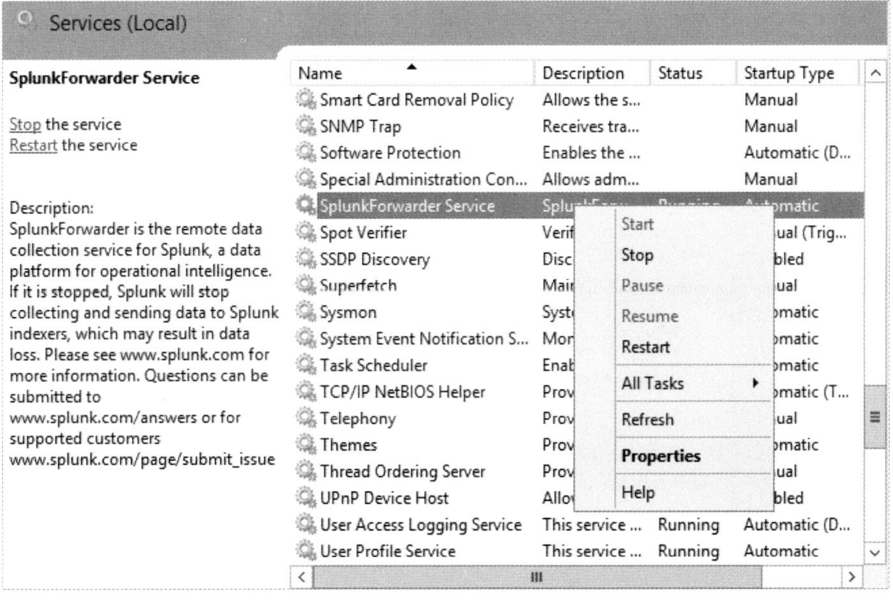

그림 16.4 서비스 재시작

자, 이제 특정 호스트 하나를 넣고 로그가 들어오는지 간단한 쿼리로 먼저 조회해 보자. 다음과 같이 XML 타입의 로그가 잘 들어온다는 사실을 알 수 있다.

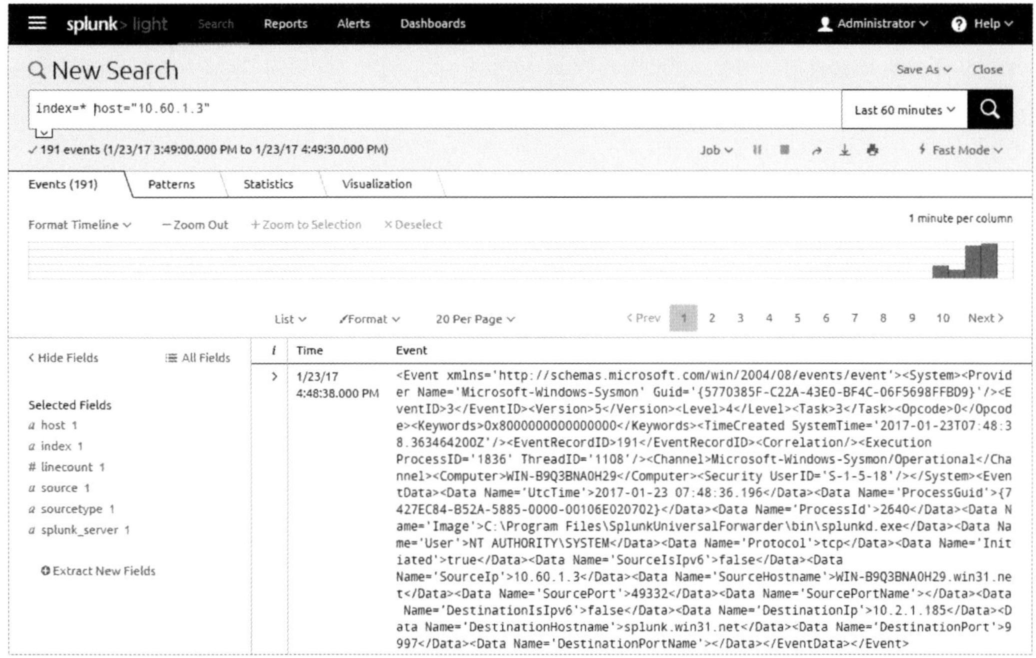

그림 16.5 스플렁크에서 검색

유니버설 포워더에서 [WinEventLog://Microsoft-Windows-Sysmon/Operational]을 넣어서 포워딩을 시작했으므로 source를 보면 아래와 같이 돼 있다는 사실을 알 수 있다. 이제 시스몬 로그는 이 source로 구분하면 된다.

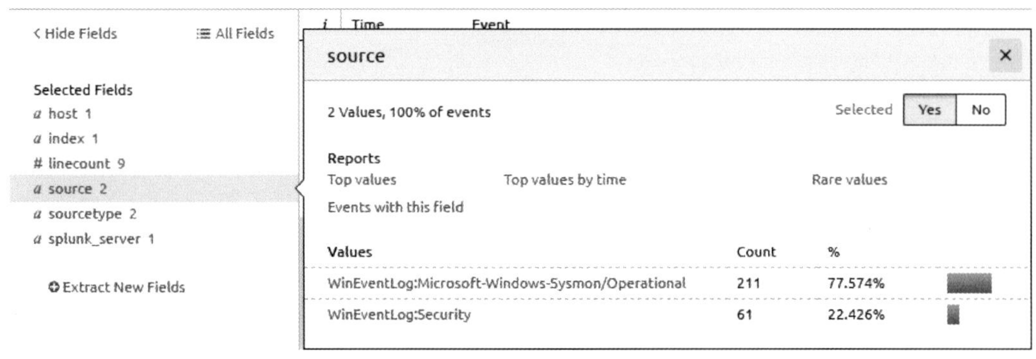

그림 16.6 시스몬 로그 확인

그런데 지금은 단지 로그 수집만 되고 있을 뿐이고 아직 파싱은 안 되어 있는 상태이니 불편한 감이 없지 않아 있다. 스플렁크를 쓰는 장점을 제대로 활용해 보자. 스플렁크 공식 블로그에서 제공하는 파싱 방법[1]이 있는데 이 내용을 토대로 지금부터 연동해 보겠다. 궁극적으로 아래와 같이 깔끔하게 분류된 화면을 만드는 것이 목표다.

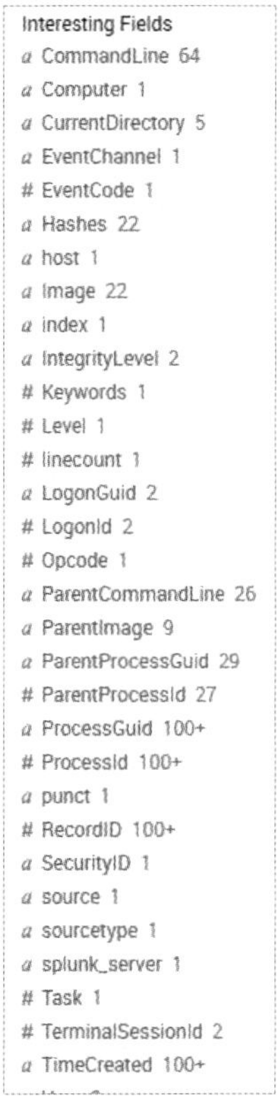

Interesting Fields
a CommandLine 64
a Computer 1
a CurrentDirectory 5
a EventChannel 1
EventCode 1
a Hashes 22
a host 1
a Image 22
a index 1
a IntegrityLevel 2
Keywords 1
Level 1
linecount 1
a LogonGuid 2
LogonId 2
Opcode 1
a ParentCommandLine 26
a ParentImage 9
a ParentProcessGuid 29
ParentProcessId 27
a ProcessGuid 100+
ProcessId 100+
a punct 1
RecordID 100+
a SecurityID 1
a source 1
a sourcetype 1
a splunk_server 1
Task 1
TerminalSessionId 2
a TimeCreated 100+

그림 16.7 시스몬 파싱

먼저 스플렁크 중앙 서버에서 작업을 시작한다. props.conf 파일을 열어서 다음과 같이 넣는다. 붙여넣기가 힘들 수 있으므로 이 내용은 구글에서 'splunk sysmon'으로 검색해서 나오는 첫 번째 내용이 blog.splunk.com의 글일 것이므로 이 글에서 복사하면 된다. "Monitoring Network Traffic with Sysmon and Splunk"이라는 포스팅이다.

```
# nano /opt/splunk/etc/system/default/props.conf
```

1 http://blogs.splunk.com/2014/11/24/monitoring-network-traffic-with-sysmon-and-splunk/

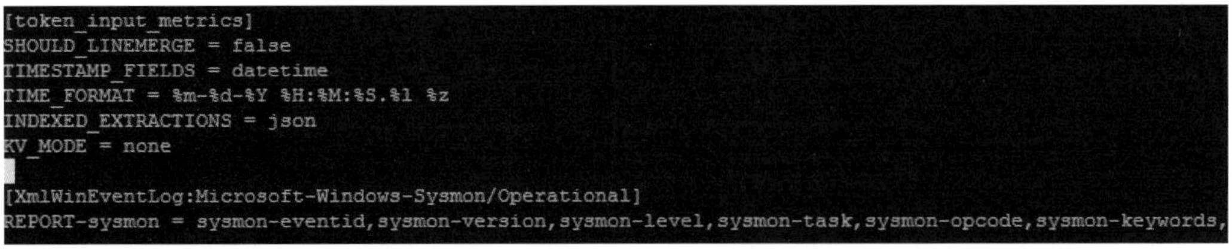

```
[token_input_metrics]
SHOULD_LINEMERGE = false
TIMESTAMP_FIELDS = datetime
TIME_FORMAT = %m-%d-%Y %H:%M:%S.%l %z
INDEXED_EXTRACTIONS = json
KV_MODE = none

[XmlWinEventLog:Microsoft-Windows-Sysmon/Operational]
REPORT-sysmon = sysmon-eventid,sysmon-version,sysmon-level,sysmon-task,sysmon-opcode,sysmon-keywords,
```

그림 16.8 스플렁크 설정

```
[XmlWinEventLog:Microsoft-Windows-Sysmon/Operational]
REPORT-sysmon = sysmon-eventid,sysmon-version,sysmon-level,sysmon-task,sysmon-opcode,sysmon-keywords,sysmon-created,sysmon-record,sysmon-correlation,sysmon-channel,sysmon-computer,sysmon-sid,sysmon-data
```

그리고 다음 작업으로 transforms.conf 파일을 열어서 정규표현식을 넣는다. 이번에도 마찬가지로 복사/붙여넣기할 내용이 많으므로 위 가이드대로 인터넷에서 이 블로그를 찾아 붙여넣자.

```
# nano /opt/splunk/etc/system/default/transforms.conf
```

```
[sysmon-eventid]
REGEX = <EventID>(\d+)</EventID>
FORMAT = EventCode::$1

[sysmon-version]
REGEX = <Version>(\d+)</Version>
FORMAT = Version::$1

[sysmon-level]
REGEX = <Level>(\d+)</Level>
FORMAT = Level::$1

[sysmon-task]
REGEX = <Task>(\d+)</Task>
FORMAT = Task::$1

[sysmon-opcode]
REGEX = <Opcode>(\d+)</Opcode>
FORMAT = Opcode::$1
```

```
[sysmon-keywords]
REGEX = <Keywords>(0x[0-9a-fA-F]+)</Keywords>
FORMAT = Keywords::$1

[sysmon-created]
REGEX = <TimeCreated SystemTime='(.*?)'/>
FORMAT = TimeCreated::$1

[sysmon-record]
REGEX = <EventRecordID>(\d+)</EventRecordID>
FORMAT = RecordID::$1

[sysmon-correlation]
REGEX = <Correlation>(.*?)</Correlation>
FORMAT = Correlation::$1

[sysmon-channel]
REGEX = <Channel>(.*?)</Channel>
FORMAT = EventChannel::$1

[sysmon-computer]
REGEX = <Computer>(.*?)</Computer>
FORMAT = Computer::$1

[sysmon-sid]
REGEX = <Security UserID='(S-[0-9a-fA-f-]+)'/>
FORMAT = SecurityID::$1

[sysmon-data]
REGEX = <Data Name='(.*?)'>(.*?)</Data>
FORMAT = $1::$2
```

이제 스플렁크 서버를 재부팅하고 나면 위 내용이 모두 반영돼 있을 것이다. 이제 다음과 같이 검색하면 아래 화면이 나온다. 제대로 파싱된 것을 알 수 있다.

```
index=* sourcetype="XmlWinEventLog:Microsoft-Windows-Sysmon/Operational"
```

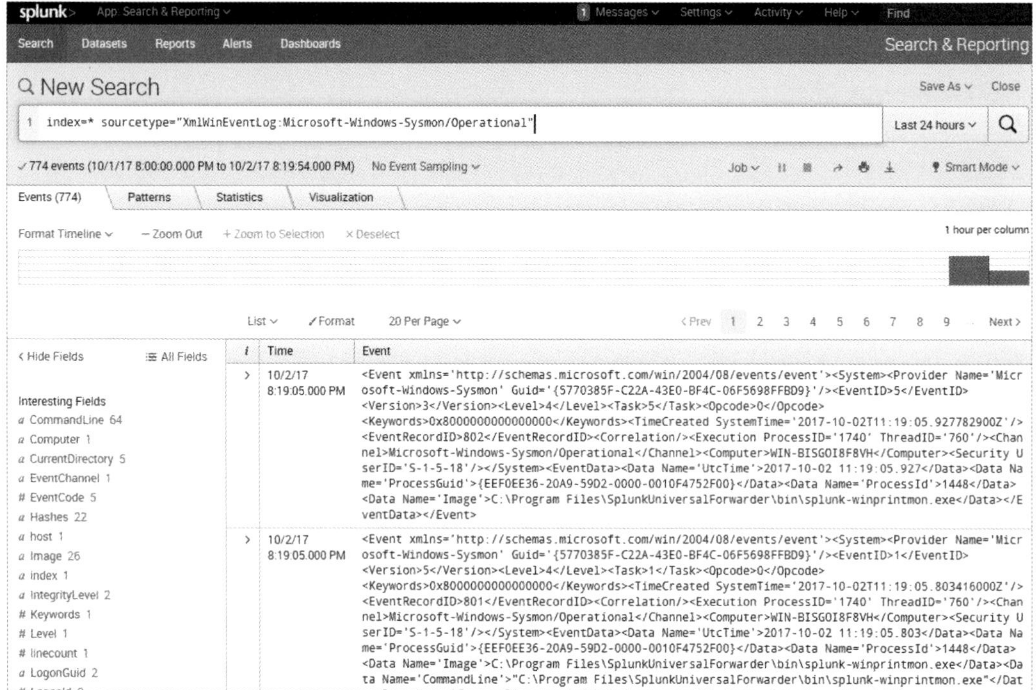

그림 16.9 시스몬 로그 확인

드디어 다음과 같은 쿼리를 마음껏 날릴 수 있다.

```
index=* sourcetype="XmlWinEventLog:Microsoft-Windows-Sysmon/Operational"  CommandLine!=blablabla
index=* sourcetype="XmlWinEventLog:Microsoft-Windows-Sysmon/Operational"  Hashes=xxxxxxxxxxxxxxxx
```

몇 가지 예를 들어 보자. 인터넷 익스플로러가 실행한 프로세스를 한번 찾아내 보자. 부모 프로세스(ParentImage)가 iexplore.exe인 것을 찾으면 된다.

```
index=* sourcetype="XmlWinEventLog:Microsoft-Windows-Sysmon/Operational" ParentImage="C:\\Program
Files\\Internet Explorer\\iexplore.exe"
```

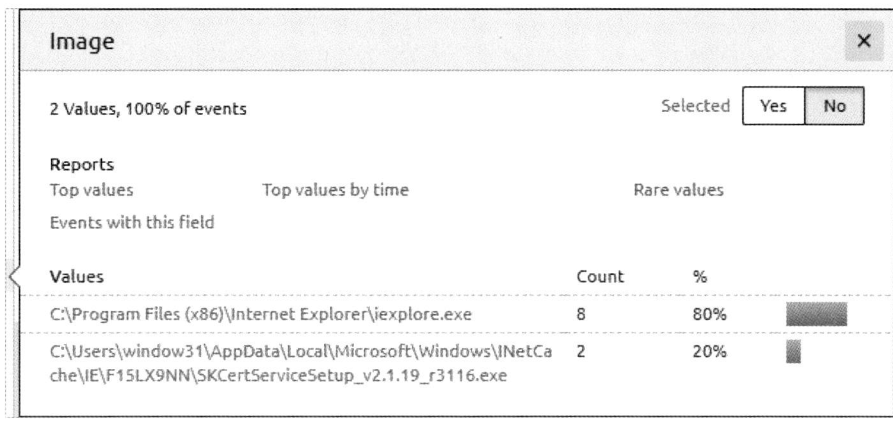

그림 16.10 프로세스 로그 확인

위와 같은 결과가 나왔다. 보통 인터넷 익스플로러가 정체불명의 프로세스를 실행했다면 그것은 익스플로잇일 가능성이 크다. 하지만 위에서 발생한 케이스는 IE 자신이거나 인터넷뱅킹 인증서 관련 설치 파일로 보인다(인터넷 뱅킹을 할 때 액티브엑스로 뭔가를 설치했다면 그것의 부모 프로세스는 당연히 인터넷 익스플로러일 것이고, 이는 당연히 정상적인 행위다).

다음으로 psexec를 실행한 로그를 찾아 보자. psexec은 시스템 관리용으로 사용되는 툴이지만 원격 접속을 커맨드라인으로 할 수 있다는 이유로 해킹에도 많이 활용되곤 한다. 다음과 같이 스플렁크 쿼리를 날려 보자.

```
index=* sourcetype="XmlWinEventLog:Microsoft-Windows-Sysmon/Operational" Image=*psexec64.exe
```


```
<Event xmlns='http://schemas.microsoft.com/win/2004/08/events/event'><System><Provider
Name='Microsoft-Windows-Sysmon' Guid='{5770385F-C22A-43E0-BF4C-06F5698FFBD9}'/><EventID>1</
EventID><Version>5</Version><Level>4</Level><Task>1</Task><Opcode>0</Opcode><Keywords>-
0x8000000000000000</Keywords><TimeCreated SystemTime='2017-10-05T13:38:27.443780600Z'/><Event
RecordID>84705</EventRecordID><Correlation/><Execution ProcessID='3268' ThreadID='3688'/><C
hannel>Microsoft-Windows-Sysmon/Operational</Channel><Computer>WD-NUC</Computer><Security
UserID='S-1-5-18'/></System><EventData><Data Name='UtcTime'>2017-10-05 13:38:27.442</Data><Data
Name='ProcessGuid'>{7691C324-35D3-59D6-0000-0010727F8906}</Data><Data Name='ProcessId'>19376</
Data><Data Name='Image'>C:\Tools\psexec\psexec64.exe</Data><Data Name='CommandLine'>psexec64.exe  -s
\\192.168.1.101 -u window31 -p ********* -c "notepad.exe" -a</Data><Data Name='CurrentDirectory'>C:\
Tools\psexec\</Data><Data Name='User'>WD-NUC\window31</Data><Data Name='LogonGuid'>{7691C324-2837-
59D6-0000-002085B16705}</Data><Data Name='LogonId'>0x567b185</Data><Data Name='TerminalSessionId'>4</
Data><Data Name='IntegrityLevel'>High</Data><Data Name='Hashes'>MD5=9321C107D1F7E336CDA550A2BF04910
```

```
8,IMPHASH=159D56D406180A332FBC99290F30700E</Data><Data Name='ParentProcessGuid'>{7691C324-3233-59D6-
0000-00106D2D7306}</Data><Data Name='ParentProcessId'>18792</Data><Data Name='ParentImage'>C:\Windows\
System32\cmd.exe</Data><Data Name='ParentCommandLine'>"C:\WINDOWS\system32\cmd.exe"  /s /k pushd
"C:\Tools\psexec"  </Data></EventData></Event>
```


윈도우 이벤트 로그의 경우 실행되는 프로세스 추적이 되긴 하지만 커맨드라인이 기록되지 않는 불편함이 있다. 그래서 'notepad.exe hello.txt'라고 입력해도 이벤트 로그에는 notepad.exe까지밖에 기록되지 않는다. 하지만 시스몬은 이처럼 커맨드라인 부분도 매우 자세히 기록된다는 사실을 알 수 있다(참고로 비밀번호는 일부러 ****로 처리한 것이고 실제로 이렇게 기록되는 것은 아니다).

하나만 더 살펴보면 해시로도 잡아낼 수 있기 때문에 다음과 같이 검색하는 것도 가능하다. 입력한 '159D56D406180A332FBC99290F30700E'는 psexc의 해시값이다.

```
index=* sourcetype="XmlWinEventLog:Microsoft-Windows-Sysmon/Operational"  Hashes=*159D-
56D406180A332FBC99290F30700E
```


```
<Event xmlns='http://schemas.microsoft.com/win/2004/08/events/event'><System><Provider
Name='Microsoft-Windows-Sysmon' Guid='{5770385F-C22A-43E0-BF4C-06F5698FFBD9}'/><EventID>1</
EventID><Version>5</Version><Level>4</Level><Task>1</Task><Opcode>0</Opcode><Keywords>-
0x8000000000000000</Keywords><TimeCreated SystemTime='2017-10-05T13:33:22.766484800Z'/><Event
RecordID>84683</EventRecordID><Correlation/><Execution ProcessID='3268' ThreadID='3688'/><C
hannel>Microsoft-Windows-Sysmon/Operational</Channel><Computer>WD-NUC</Computer><Security
UserID='S-1-5-18'/></System><EventData><Data Name='UtcTime'>2017-10-05 13:33:22.764</Data><Data
Name='ProcessGuid'>{7691C324-34A2-59D6-0000-00100E5C7E06}</Data><Data Name='ProcessId'>14424</
Data><Data Name='Image'>C:\Tools\psexec\test64.exe</Data><Data Name='CommandLine'>test64.exe  -s
\\192.168.1.101 -u window31 -p ******* -c "notepad.exe" -a</Data><Data Name='CurrentDirectory'>C:\
Tools\psexec\</Data><Data Name='User'>WD-NUC\window31</Data><Data Name='LogonGuid'>{7691C324-2837-
59D6-0000-002085B16705}</Data><Data Name='LogonId'>0x567b185</Data><Data Name='TerminalSessionId'>4</
Data><Data Name='IntegrityLevel'>High</Data><Data Name='Hashes'>MD5=9321C107D1F7E336CDA550A2BF04910
8,IMPHASH=159D56D406180A332FBC99290F30700E</Data><Data Name='ParentProcessGuid'>{7691C324-3233-59D6-
0000-00106D2D7306}</Data><Data Name='ParentProcessId'>18792</Data><Data Name='ParentImage'>C:\Windows\
System32\cmd.exe</Data><Data Name='ParentCommandLine'>"C:\WINDOWS\system32\cmd.exe"  /s /k pushd
"C:\Tools\psexec"  </Data></EventData></Event>
```


로그를 보면 알겠지만 psexec를 test64.exe로 이름을 바꿔서 실행했다는 사실을 알 수 있다. 해시로 검색하는 기능도 있기 때문에 이름을 바꾼 경우에도 탐지할 수 있다. 좀 더 심화된 검색 기술은 다음 장에서 구체적으로 설명하겠다.

04 _ 시스몬 필터를 이용한 로그 다이어트

사실 시스몬도 훌륭한 로그를 제공하기는 하지만 경우에 따라 불필요한 로그가 너무 쌓이는 것 때문에 분석에 방해를 받을 때가 있다. 예를 들어, 앞에서 언급한 유니버설 포워더의 프로세스 같은 케이스가 있다. 이 프로세스는 계속 실시간으로 실행됐다가 종료됐다가를 반복하는데, 이 로그가 만약 전체 로그의 80%를 차지한다면 어떨까? 가장 많은 로그지만 전혀 봐야 할 필요가 없는 로그라면 이것은 과감히 필터링하는 것이 좋을 것이다. 그래서 시스몬에서는 특정 조건문을 지정하면 해당 조건에 부합하는 경우 아예 수집을 에이전트 단에서 제외하는 기능을 제공한다. 지금부터 그 방법을 알아보자.

먼저 어떤 로그 파일을 제외할지가 담긴 설정 파일이 필요하다. sysmon.conf라는 이름으로 파일을 생성하자. 시스몬에서 규정하는 문법으로 설정 파일을 만들면 되는데, 문법을 기계적으로 설명하기보다는 바로 예제를 살펴보며 시작하자.

```
<DriverLoad onmatch="exclude">
<Signature condition="contains">microsoft</Signature>
<Signature condition="contains">windows</Signature>
</DriverLoad>
```

위 설정 파일을 하나씩 해부해 보자.

```
<DriverLoad onmatch="exclude">
</DriverLoad>
```

로딩된 드라이버에서 제외할 내용을 선언한다는 것이다. 보다시피 XML 문법처럼 태그로 구성돼 있다.

```
<Signature condition="contains">microsoft</Signature>
<Signature condition="contains">windows</Signature>
```

시그니처(Signature)를 봐서 'microsoft'와 'windows'라는 글자가 들어가면 제외한다는 내용이다. condition에 "contains"라는 문자열을 넣으면 그것을 포함하는 내용을 의미한다.

간단하지 않은가? 그럼 케이스를 하나 더 보자. 다음 내용을 보자.

```
<ProcessCreate onmatch="exclude">
<Image condition="contains">System32\backgroundTaskHost.exe</Image>
```

```
<Image condition="contains">McAfee</Image>
<Image condition="contains">Symantec</Image>
<Image condition="contains">TrendMicro</Image>
<Image condition="contains">Tanium</Image>
<CurrentDirectory condition="contains">Tanium</CurrentDirectory>
<Image condition="contains">Cortana</Image>
<Image condition="contains">Cisco</Image>
<Image condition="contains">Splunk</Image>
<Image condition="contains">NVIDIA Corporation</Image>
<Image condition="end with">System32\BackgroundTransferHost.exe</Image>
<Image condition="end with">Microsoft.ActiveDirectory.WebServices.exe</Image>
<Image condition="end with">System32\dllhost.exe</Image>
<Image condition="end with">System32\smartscreen.exe</Image>
<Image condition="end with">System32\SearchFilterHost.exe</Image>
<Image condition="end with">System32\audiodg.exe</Image>
<ProcessCreate onmatch="exclude">
```

이번에는 프로세스 생성에 대한 내용이다.

```
<Image condition="contains">System32\backgroundTaskHost.exe</Image>
<Image condition="contains">McAfee</Image>
<Image condition="contains">Symantec</Image>
```

앞에서는 시그니처에 들어간 문자열을 검사했기에 Signature condition으로 시작했지만 이번에는 이미지 이름이나 프로세스의 전체 경로가 대상 문자열이 된다. 'System32\backgroundTaskHost.exe'라는 문자열이나 'McAfee', 'Symantec' 등의 문자열이 들어가면 제외하는 내용이다. 백그라운드 프로세스로 계속 잡히는 프로세스와 백신 관련 프로세스는 예외 처리하는 것이라고 보면 된다.

다음 표에 이러한 문법을 정리했다. 워낙 내용이 간단하므로 이 정도 예제만으로 충분히 원하는 문장을 구현할 수 있을 것이다.

표 16.2 문법

구문	설명
is	기본 문장
is not	값이 아닐 때
contains	해당 값에 특정 문자열이 포함됐을 때

구문	설명
excludes	해당 값에 특정 문자열이 포함되지 않았을 때
begin with	특정 문자열로 시작될 때
end with	특정 문자열로 끝날 때
less than	~보다 작을 때
more than	~보다 클 때
image	프로세스 전체 경로

파일 작성을 완료하면 시스몬에 -c 인자와 파일명을 지정하고 실행하면 된다.

```
C:\YOUR_PATH> Sysmon.exe -c sysmon.cfg
```

하지만 사실 이렇게 필터링하는 것에 대해서는 의견이 분분하다. 왜냐하면 로그의 양을 줄이려다가 악성코드를 탐지하지 못하는 사태가 발생할 수도 있기 때문이다. 예를 들어, 앞의 필터링 방법을 그대로 사용한다면 악성코드에 'McAfee'라는 문자열만 들어가도 해당 프로세스는 탐지하지 않게 되는 문제점이 발생한다. 따라서 로그를 줄이기 위해서는 반드시 전체 경로를 사용하는 등 조건을 최대한 범위를 좁게 만들어서 보안 구멍이 생기지 않도록 필터를 잘 작성해야 한다. Splunkmon이라는 깃허브 저장소[2]에 보면 sysmon.cfg 파일에서 주로 제외하는 문자열이 들어있는데 그것들을 보며 평소에 로그량을 많이 차지하는 것들이 어떤 것인지 살펴보고, 이 파일을 그대로 사용하지 않고 좀 더 정밀하게 필터링하는 방법에 대해서도 논의하면 좋겠다.

2 https://github.com/crypsisgroup/Splunkmon/blob/master/sysmon.cfg

17장 시각화와 교차분석을 통한 탐지 능력 고도화

지금까지 로그를 열심히 모으긴 했지만 로그가 쌓이다 보면 눈으로 확인하기 힘들 정도로 방대해져서 어떤 로그를 어떻게 봐야 할지 감이 제대로 오지 않는 경우가 생긴다. 그때 필요한 것이 바로 시각화다. 로그의 통계 시스템을 만들어서 현재 트렌드나 탐지 비율 같은 것을 대시보드로 제작하면 어떤 로그가 잘 들어오고 있는지 혹은 장애가 없는지 같은 기본적인 현상을 파악할 수 있고, 현재 공격의 탐지 흐름이나 추세 같은 것도 알 수 있으며, 침입 탐지에 대해 잘 모르는 경영진에게 보여주기에도 좋다.

또 한 가지 ESM의 꽃이라고도 할 수 있는 것 중 하나는 바로 교차분석이다. 일차원적으로 대응하기에는 너무나 많은 로그가 쌓이기 때문에 보안팀에서 거기에 일일이 대응할 수 없는 한계가 있다. 따라서 여러 가지 로그를 섞어서 연관분석을 수행한다. 서로 다른 타입의 단발성 로그를 모아 그것을 마치 하나의 로그처럼 간주해서 해킹 시도의 흐름을 좀 더 정확하게 판별하는 작업을 하면 오진과 정탐을 더욱 정확히 구분할 수 있고 보안 대응의 효율성을 높일 수 있다. 이번 장에서는 이 같은 시각화를 위한 대시보드 작성 방법과 교차분석의 개념과 원리를 알아보겠다.

01 _ 스플렁크 대시보드 작성

먼저 대시보드부터 만들어 보자. 어찌 보면 실제로 눈에 보이는 뭔가를 만들 수 있는 작업임과 동시에 외부에 보여주기 위한 가장 화려한 화면을 만드는 작업이라서 작업의 성과가 느껴질 수도 있기 때문에 대시보드를 만들고 나면 종종 형용할 수 없는 뿌듯함을 느껴질 때도 있다. 또한 스플렁크의 장점 중 하나가 바로 대시보드 제작 기능이다. 보안 엔지니어에게 그래프를 그리는 재주까지 필요한 것이냐고 반문할 수 있겠지만 스플렁크에서는 데이터만 있으면 그다지 깊은 트레이닝 과정 없이도 아주 간편하게 대시보드를 손쉽게 만들 수 있다.

다음 화면은 시간별로 탐지된 IDS 그래프다. 탐지가 많은 구간과 오늘 하루에 대한 탐지 흐름을 파악할 수 있을 것이다. 첫 번째로 이런 타입의 그래프를 만들어 볼 것이다.

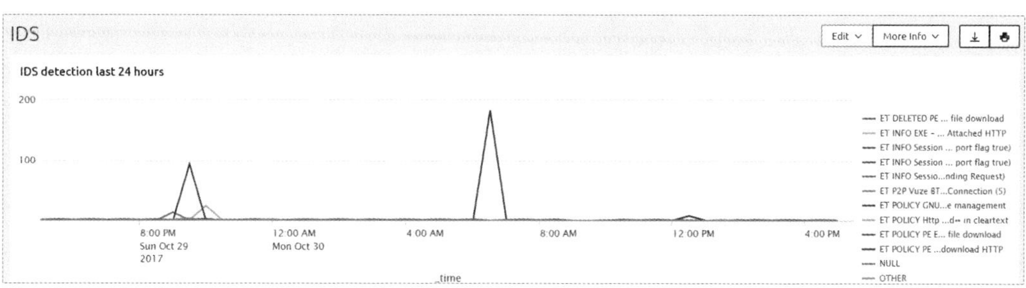

그림 17.1 IDS 탐지 로그

그리고 또 많이 사용되는 그래프 유형으로 파이 그래프라는 것이 있다. 다음 그림과 같이 많이 탐지된 것들에 대해 백분율로 분류하는 방식이다. 이 그래프도 함께 제작해 보겠다.

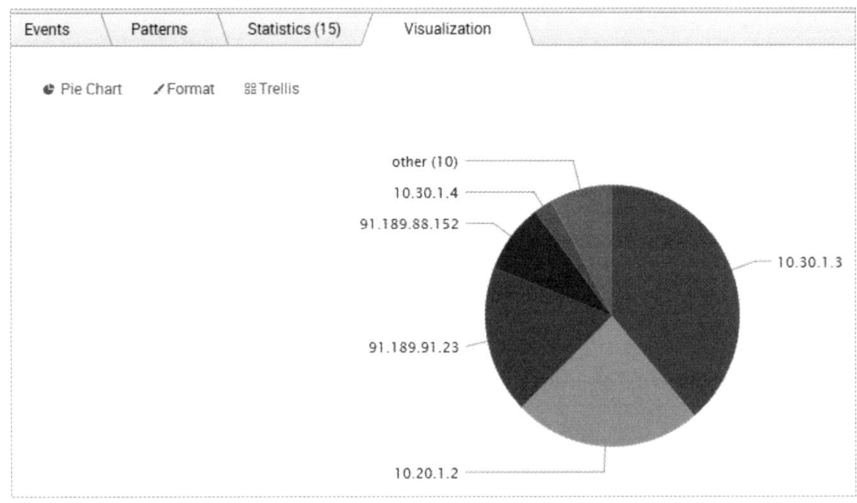

그림 17.2 IP 주소별 탐지 그래프

02 _ 스플렁크를 이용한 데이터 추출과 파싱

그래프를 사용하기 전에 반드시 해야 하는 작업은 데이터 추출이다. 만들고 싶은 그래프에 사용될 데이터명을 정확히 분류해야 한다. 그래야 해당 데이터를 토대로 선이든 원이든 그릴 수 있기 때문이다. 먼저 기본적인 쿼리를 날려서 검색부터 해 본다. 여기서는 IDS의 로그를 기본 대상으로 작업할 것이고 해당 IP 주소는 10.2.1.207에 있으며 소스 타입은 시스로그라고 가정하자.

```
index=* sourcetype=syslog host="10.2.1.207"
```

당연히 수많은 결과가 나올 텐데, 이 데이터들이 단지 로우 포맷으로 한 줄 덩그러니 표시될 뿐이라서 먼저 원하는 문자열로 분류하는 작업이 필요하다. 예를 들어, 탐지명, 분류명, 소스 IP 주소, 데스티네이션 IP 주소 등이 여기에 해당한다. 먼저 분류명을 한번 뽑아보자. 아래 로그에서 A라고 적힌 구간을 클릭하면 오른쪽에 [Event Actions]라는 버튼이 나오며, 이를 클릭하면 또다시 3개의 메뉴가 등장한다. 여기서 [Extract Fields]를 누른다.

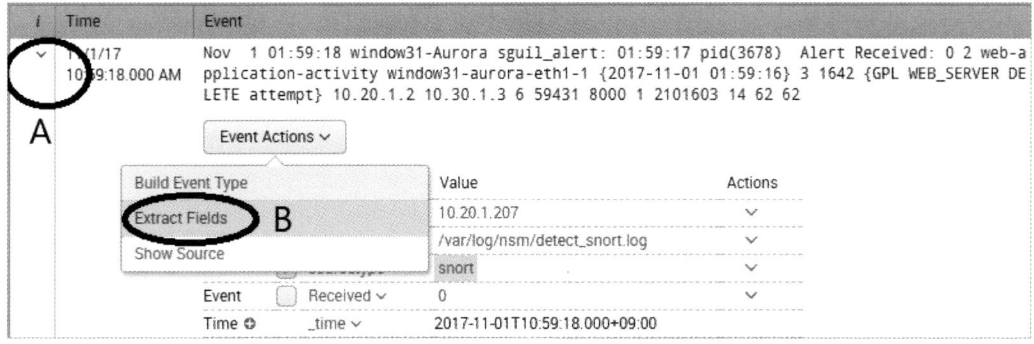

그림 17.3 Extract Fields

그럼 이 로그를 파싱하겠다는 메뉴로 들어온다. 사실 로그가 깔끔히 떨어지면 스플렁크의 Delimiters 기능으로 매우 쉽게 파싱할 수 있겠지만 아쉽게도 스노트 로그는 그런 형태가 아니므로 정규 표현식으로 직접 뽑아내야 한다. [Regular Expression]을 클릭한다.

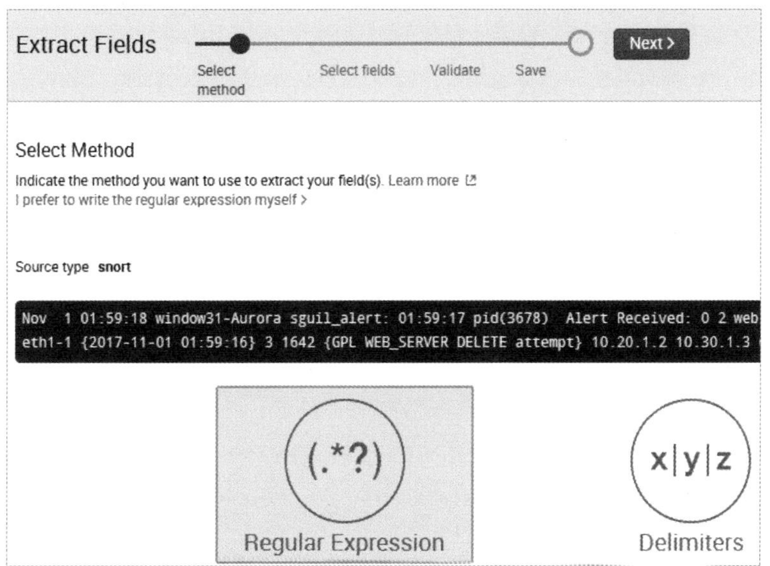

그림 17.4 정규표현식 선택

이 로그는 웹 애플리케이션 행위에 대한 스노트 로그이므로 'web-application-activity'라는 글자로 표시돼 있다. 여기서는 이를 캐치하고 싶으므로 이 문장을 마우스로 긁으면 아래와 같이 [Extract / Require] 메뉴가 나타난다. [Extract]가 선택된 그대로 두고 [Field Name]에 'snort_class' 같은 이름을 입력한다. 그런 다음 [Add Extraction]을 클릭한다.

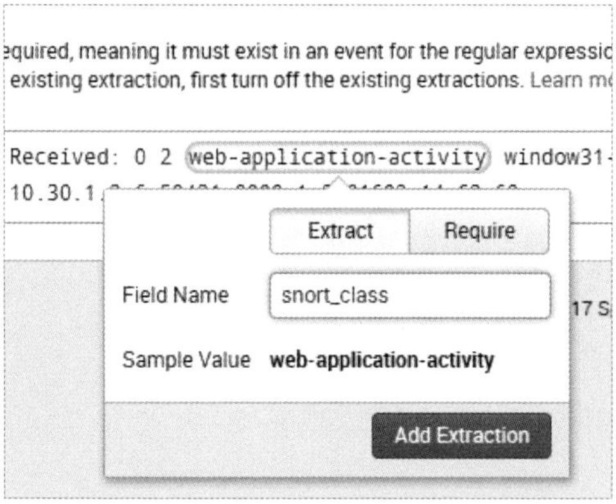

equired, meaning it must exist in an event for the regular expressic
existing extraction, first turn off the existing extractions. Learn m
Received: 0 2 web-application-activity window31
10.30.1
Extract
Require
Field Name
snort_class
Sample Value
web-application-activity
Add Extraction

그림 17.5 글자 파싱

그럼 이제 스플렁크가 'web-application-activity'와 유사한 패턴을 가진 문자열을 모두 뽑는다. 하지만 스플렁크도 만능이 아니다 보니 놓치는 문자열이 있다. 그럴 때는 새로운 분류 타입도 그냥 위 방식처럼 긁어서 다시 추가하면 된다. 아래에 보면 알겠지만 policy-violation 타입은 스플렁크가 캐치하지 못하기 때문에 음영 처리가 되지 않은 상태다. 따라서 이를 다시 긁어서 [Add Extraction]을 선택하면 스플렁크가 내부적으로 다시 한 번 자동으로 정규 표현식을 수정/보완하며 작업자가 원하는 문자열을 더욱 정확하게 추출할 수 있도록 로직을 업그레이드한다. 아래 화면을 보면 두 번의 과정을 거친 후 이제 모든 탐지 유형이 잘 파싱되어 분류됐다는 것을 확인할 수 있다.

Received: 0 2 web-application-activity window
10.30.1.3 6 59431 8000 1 2101603 14 62 62
t Received: 0 1 policy-violation window31-au
Field Name
snort_class
Sample Value
policy-violation
Add Extraction
ighlight

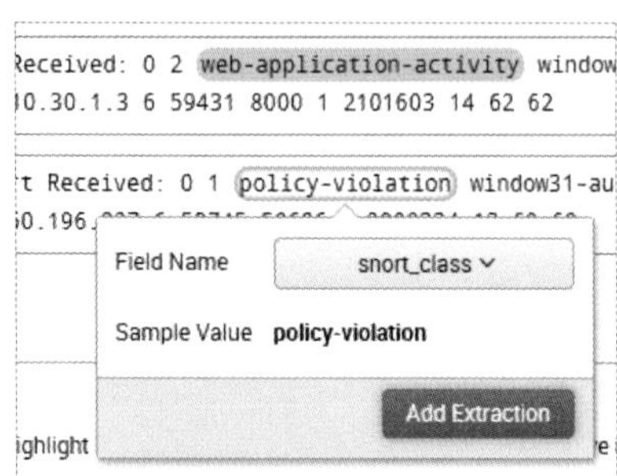

그림 17.6 글자 파싱

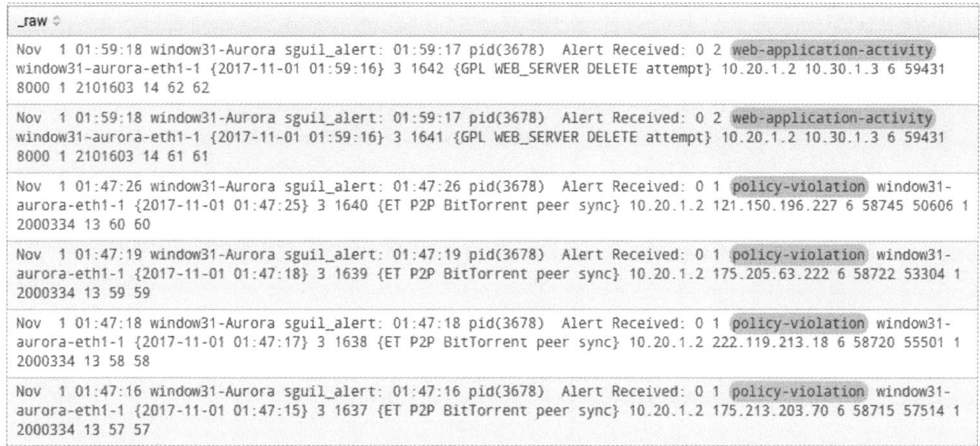

_raw
Nov 1 01:59:18 window31-Aurora sguil_alert: 01:59:17 pid(3678) Alert Received: 0 2 web-application-activity window31-aurora-eth1-1 {2017-11-01 01:59:16} 3 1642 {GPL WEB_SERVER DELETE attempt} 10.20.1.2 10.30.1.3 6 59431 8000 1 2101603 14 62 62
Nov 1 01:59:18 window31-Aurora sguil_alert: 01:59:17 pid(3678) Alert Received: 0 2 web-application-activity window31-aurora-eth1-1 {2017-11-01 01:59:16} 3 1641 {GPL WEB_SERVER DELETE attempt} 10.20.1.2 10.30.1.3 6 59431 8000 1 2101603 14 61 61
Nov 1 01:47:26 window31-Aurora sguil_alert: 01:47:26 pid(3678) Alert Received: 0 1 policy-violation window31-aurora-eth1-1 {2017-11-01 01:47:25} 3 1640 {ET P2P BitTorrent peer sync} 10.20.1.2 121.150.196.227 6 58745 50606 1 2000334 13 60 60
Nov 1 01:47:19 window31-Aurora sguil_alert: 01:47:19 pid(3678) Alert Received: 0 1 policy-violation window31-aurora-eth1-1 {2017-11-01 01:47:18} 3 1639 {ET P2P BitTorrent peer sync} 10.20.1.2 175.205.63.222 6 58722 53304 1 2000334 13 59 59
Nov 1 01:47:18 window31-Aurora sguil_alert: 01:47:18 pid(3678) Alert Received: 0 1 policy-violation window31-aurora-eth1-1 {2017-11-01 01:47:17} 3 1638 {ET P2P BitTorrent peer sync} 10.20.1.2 222.119.213.18 6 58720 55501 1 2000334 13 58 58
Nov 1 01:47:16 window31-Aurora sguil_alert: 01:47:16 pid(3678) Alert Received: 0 1 policy-violation window31-aurora-eth1-1 {2017-11-01 01:47:15} 3 1637 {ET P2P BitTorrent peer sync} 10.20.1.2 175.213.203.70 6 58715 57514 1 2000334 13 57 57

그림 17.7 글자 파싱

아래 보이는 것처럼 새로 생긴 snort_class 탭을 누르면 분류된 것들을 다시 한 번 확인할 수 있다. 심지어 비율까지 나오므로 더블체크하기가 좀 더 요긴할 것이다. 모든 분류명만 잘 뽑아서 파싱했다는 것을 확인한 후 다음 페이지로 넘어가서 [Explore the fields I just created in Search]를 누르자. 파싱이 이제 거의 완료됐다.

Events | snort_class

✓ 127 events (before 11/1/17 11:10:49.000 AM) Original search included: ?

filter | Apply | Sample: 1,000 events ⌄ | All events ⌄

Values	Count	%
web-application-activity	52	40.945
not-suspicious	34	26.772
policy-violation	28	22.047
attempted-recon	12	9.449

그림 17.8 snort_class 파싱

이제 [Finish]를 클릭해 완전히 종료한다. 이때 추출명은 'EXTRACT-snort_class'가 된다.

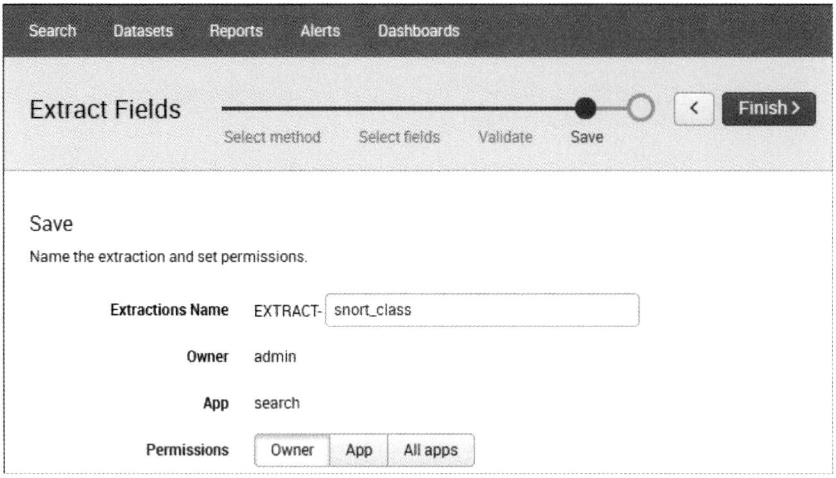

Search Datasets Reports Alerts Dashboards

Extract Fields

Select method Select fields Validate Save

< Finish >

Save

Name the extraction and set permissions.

Extractions Name EXTRACT- snort_class

Owner admin

App search

Permissions Owner App All apps

그림 17.9 글자 파싱

이제 다시 스플렁크로 검색해 보면 왼쪽 메뉴에 드디어 기존에 없었던 새로운 분류명이 생겼다는 것을 알 수 있다. 방금 우리가 만든 snort_class가 있음을 확인할 수 있다. 이를 클릭하면 역시 현재 가진 데이터를 비율이 많은 순서로 다시 한 번 보여준다.

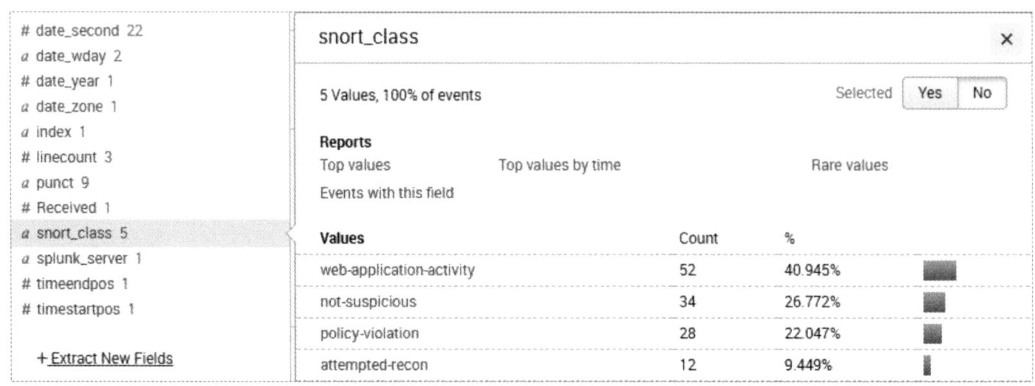

그림 17.10 완료된 파싱

이렇게 탐지 분류명에 대해 파싱을 마쳤으니 이번에는 탐지명으로 파싱하자. 다시 같은 방법으로 [Event Actions]에서 [Extract Fields]를 눌러서 파싱을 진행하면 된다.

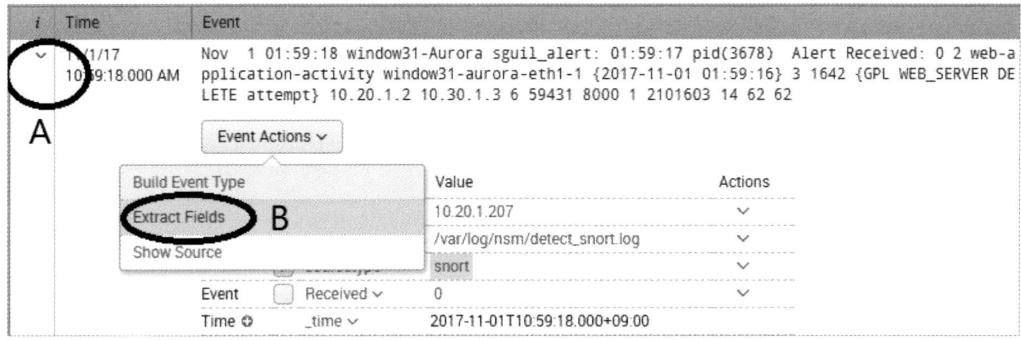

그림 17.11 글자 파싱

이번에는 실제 탐지명이니 'GPL WEB_SERVER DELETE attempt'를 마우스로 긁고 역시 똑같은 방법으로 [Field Name]을 입력한 후 작업을 계속 진행하면 된다.

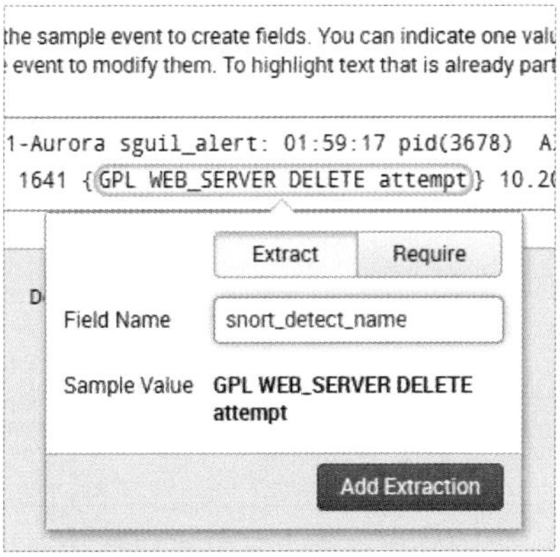

그림 17.12 글자 파싱

다음과 같은 식으로 탐지명으로 잘 파싱됐음을 확인한 후 계속 작업한다.

Events | snort_detect_name

✓ 127 events (before 11/1/17 11:14:23.000 AM)

filter | Apply | Sample: 1,000 events | All events

Values
GPL WEB_SERVER DELETE attempt
ET POLICY GNU/Linux APT User-Agent Outbound likely related to package management
ET POLICY PE EXE or DLL Windows file download
GPL WEB_SERVER 403 Forbidden
ET P2P BitTorrent peer sync
ET P2P BitTorrent DHT announce_peers request
ET P2P BitTorrent DHT ping request
[OSSEC] Web server 400 error code.

그림 17.13 snort_detect_name 파싱

파싱이 완료되면 snort_detect_name이라는 메뉴가 왼쪽에 생기며, 이제 검색 결과가 이렇게 나온다. 또 하나의 데이터 분류 파싱에 성공했다.

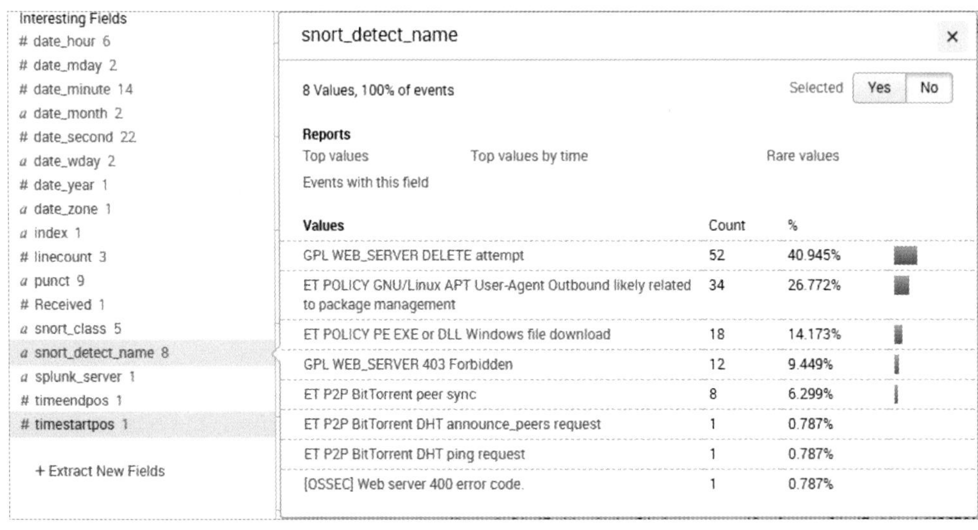

그림 17.14 글자 파싱

같은 방법으로 소스 IP 주소, 데스티네이션 IP 주소 등에 대해서도 작업한다. 비슷한 내용이 반복되므로 화면 캡처는 생략했다.

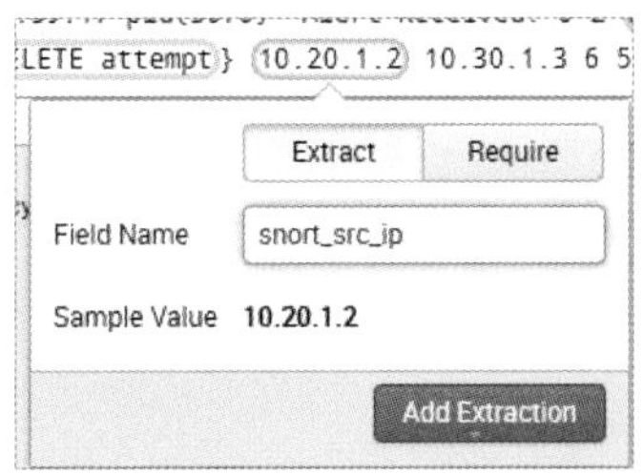

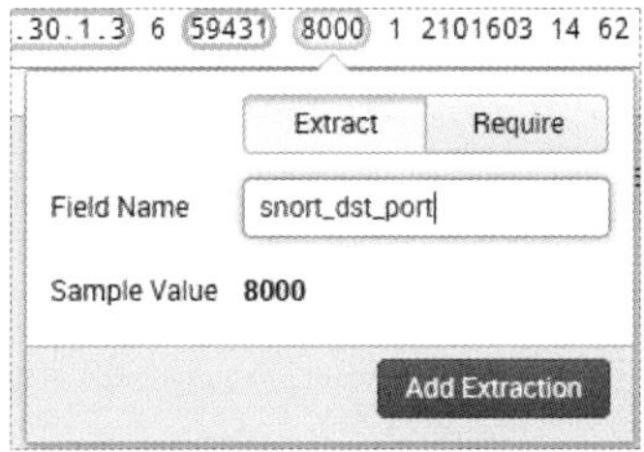

그림 17.15 글자 파싱

03 _ 스플렁크로 그래프 한방에 그리기

이제 다시 검색해 보면 우리가 원하는 데이터 분류는 'snort_'라는 접두어를 가진 채 왼쪽 메뉴를 통해 분류돼 있음을 확인할 수 있다. 이제 이 데이터를 토대로 그래프를 만들면 된다. 먼저 시간별로 로깅된 탐지명 그래프부터 만들어 보자. 왼쪽 메뉴에서 [snort_detect_name]을 클릭한 뒤 오른쪽에 나오는 메뉴에서 [Top values by time]을 클릭하자.

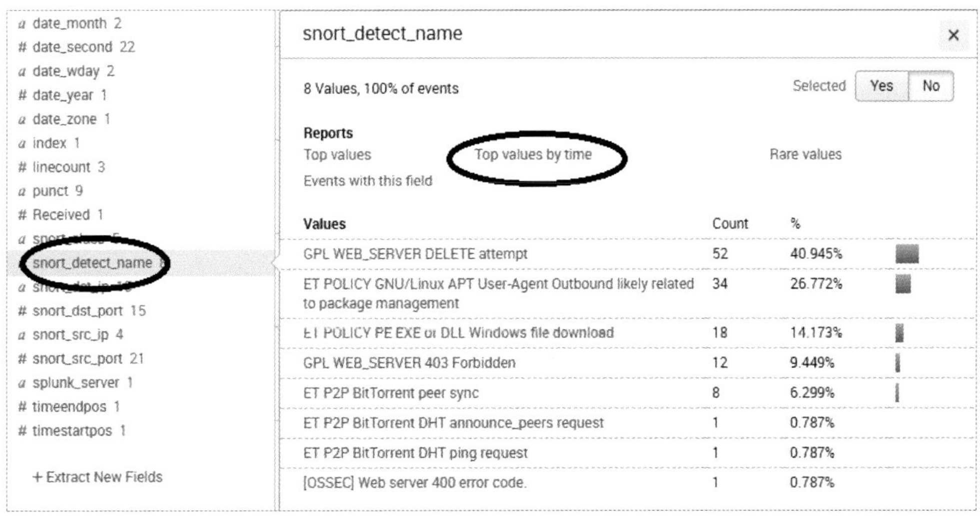

그림 17.16 시간별 분류

그럼 쿼리가 아래와 같이 자동으로 입력되며 그래프가 즉석에서 그려진다. 일단 이 쿼리명을 노트패드 어딘가에 잘 복사해 둔다. 앞으로 이 그래프만 입력하면 해당 그래프가 현재 시간을 기준으로 즉석에서 뿌려지게 된다.

```
index=* sourcetype=syslog| timechart count by snort_detect_name limit=10
```

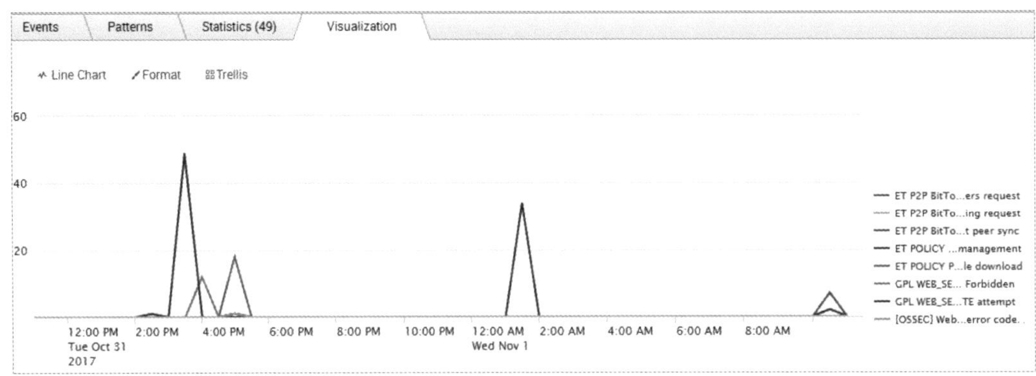

그림 17.17 라인 차트 그래프

이번에는 탐지 유형을 위와 같은 방식으로 뽑아보자. [snort_class]를 선택한 뒤 [Top values]를 클릭한다.

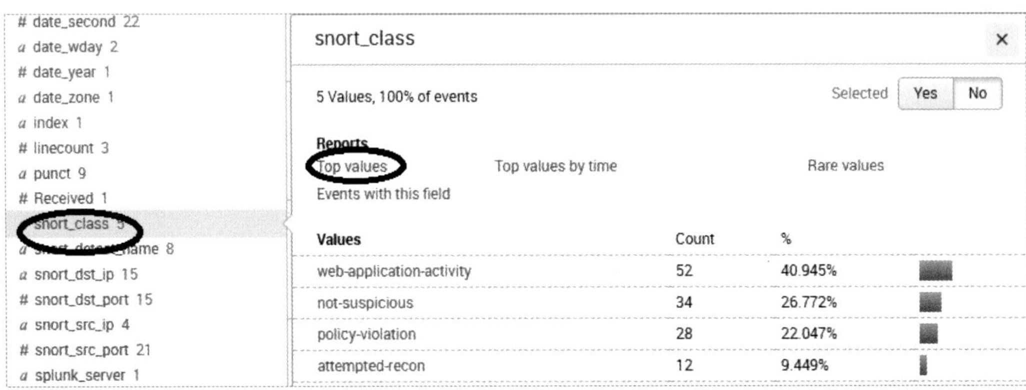

그림 17.18 Top values

역시 다음과 같이 쿼리가 생성되며 이번에는 막대 그래프가 그려졌을 것이다. 이 쿼리도 잘 보관해 둔다.

```
index=* sourcetype=syslog| top limit=20 snort_class
```

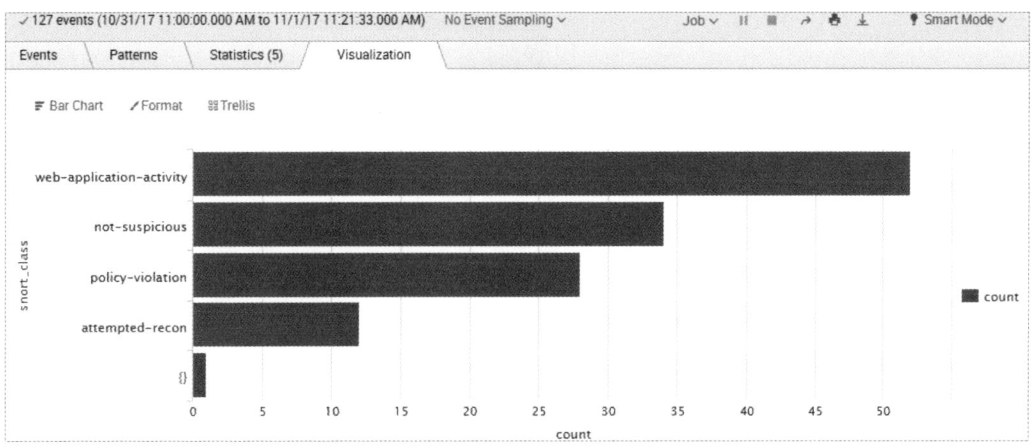

그림 17.19 바 차트

다음으로 소스 IP 주소를 처리해 보자. 역시 [Top values]를 클릭한다.

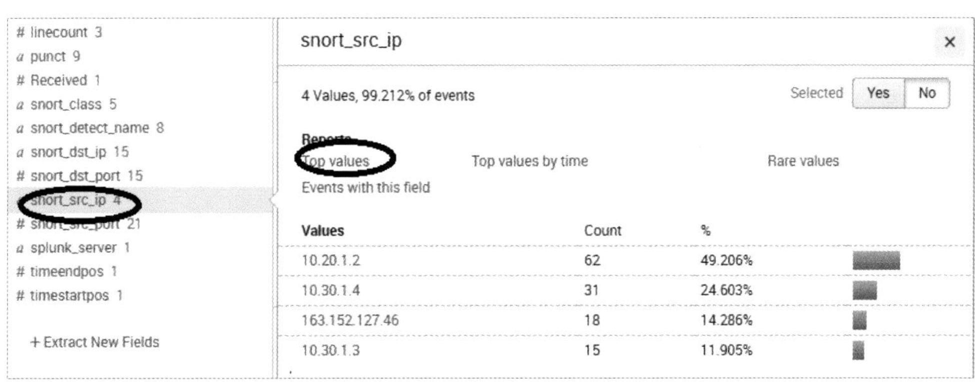

Values	Count	%
10.20.1.2	62	49.206%
10.30.1.4	31	24.603%
163.152.127.46	18	14.286%
10.30.1.3	15	11.905%

그림 17.20 Top values

쿼리는 아래와 같이 기록된다. 역시 잘 보관해 두고, 그리고 이번에는 [Bar Chart]를 눌러서 파이 차트를 선택하자.

```
index=* sourcetype=syslog| top limit=20 snort_src_ip
```

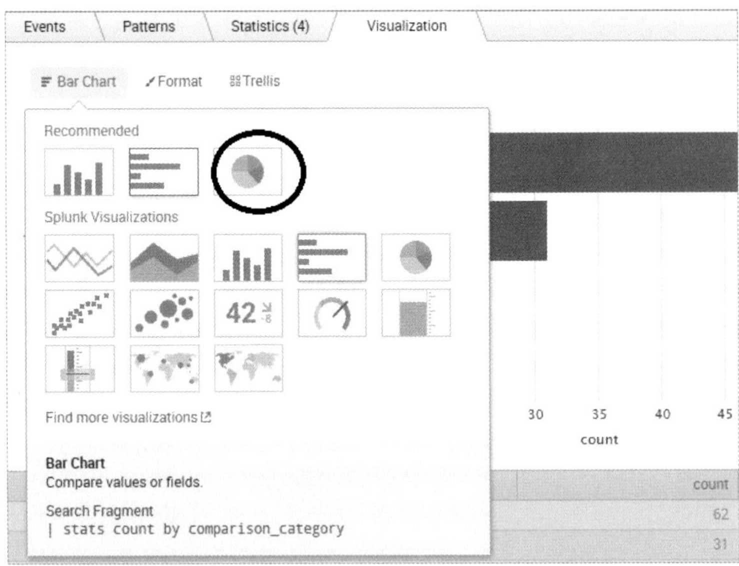

그림 17.21 파이 차트 선택

그럼 아래와 파이 차트로 그려질 것이다.

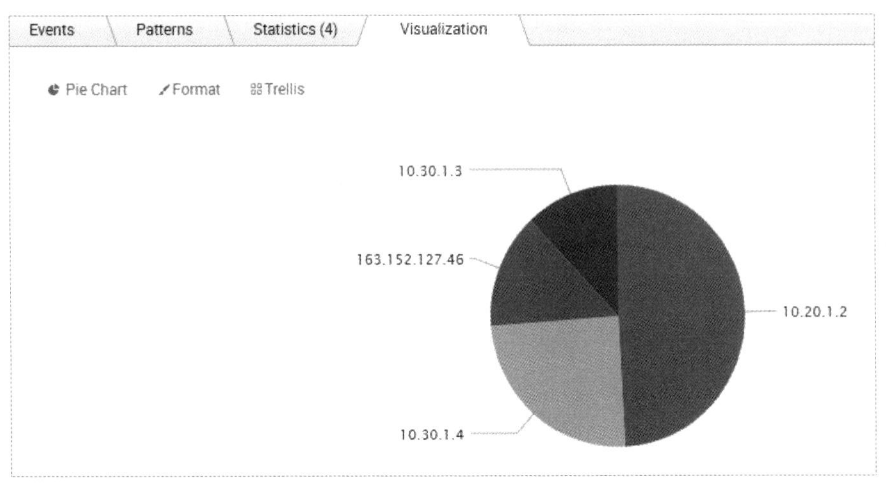

그림 17.22 파이 차트

같은 방식으로 데스티네이션 IP 주소도 처리한다.

```
index=_* OR index=* sourcetype=syslog¦ top limit=20 snort_dst_ip
```

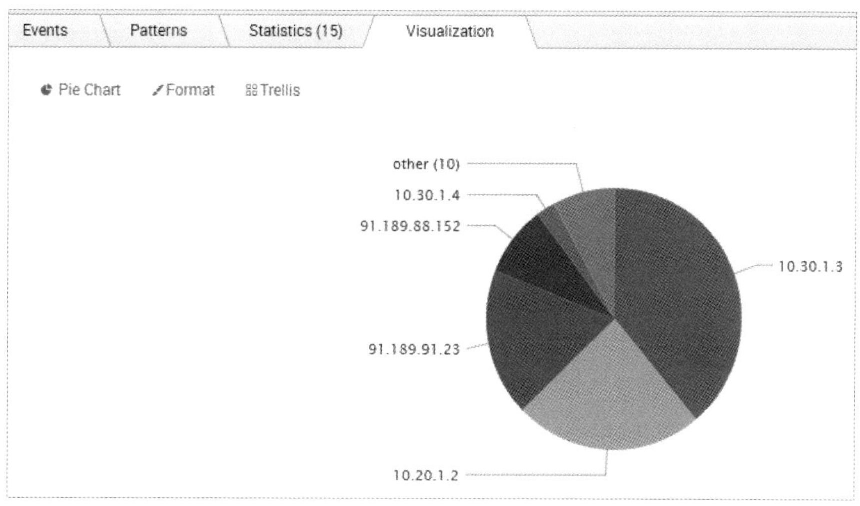

그림 17.23 파이 차트

이렇게 개별 그래프를 그렸는데 이것들을 각각 보는 것은 다소 불편하므로 대시보드를 만들어서 한 화면에 표시해 보자. 아래 화면에서 [Dashboards]를 클릭하면 대시보드를 만들 수 있는 인터페이스로 들어간다. 거기서 [Create New Dashboard]를 클릭하자.

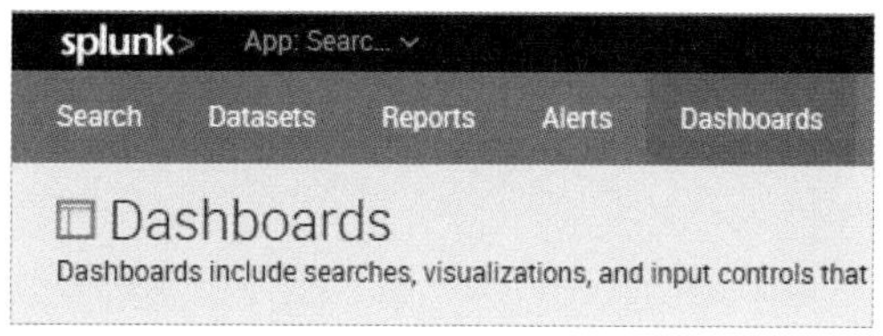

그림 17.24 Create New Dashboard

이름은 적당히 'IDS Monitoring' 정도로 입력한다.

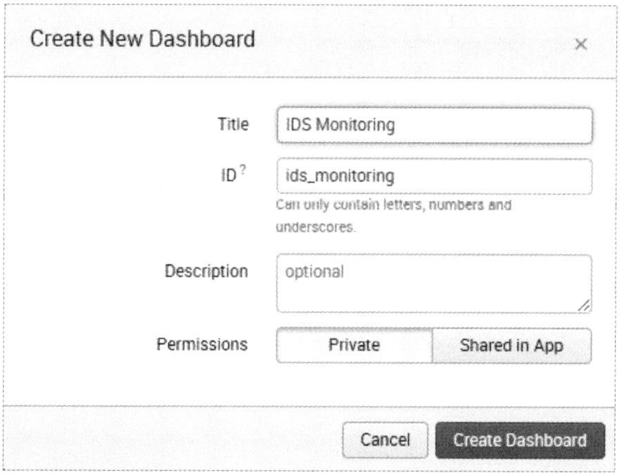

그림 17.25 이름 등록

이제 빈 대시보드가 나올 텐데 [+ Add Panel] → [Line Chart] 순으로 클릭한다.

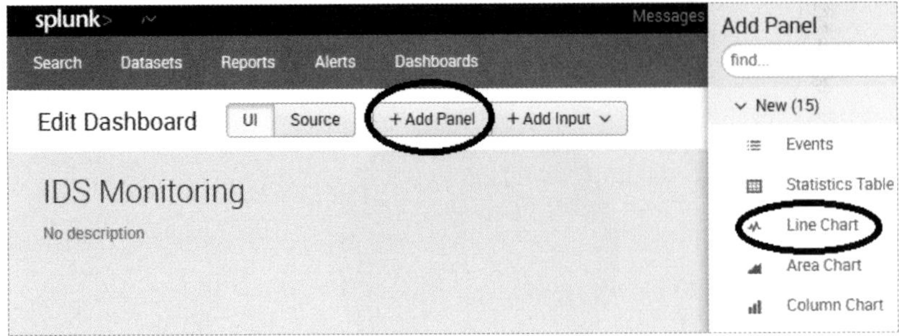

그림 17.26 Add Panel

그리고 아래와 같이 선택 및 입력하고, 앞에서 저장해 둔 쿼리를 [Search String]에 넣는다. 완료되면 [Add to Dashboard]를 클릭한다.

- User time picker – Last 24 hours
- Content Title: Detection Name Last 24 hours
- Search String: index=* sourcetype=syslog| timechart count by snort_detect_name limit=10

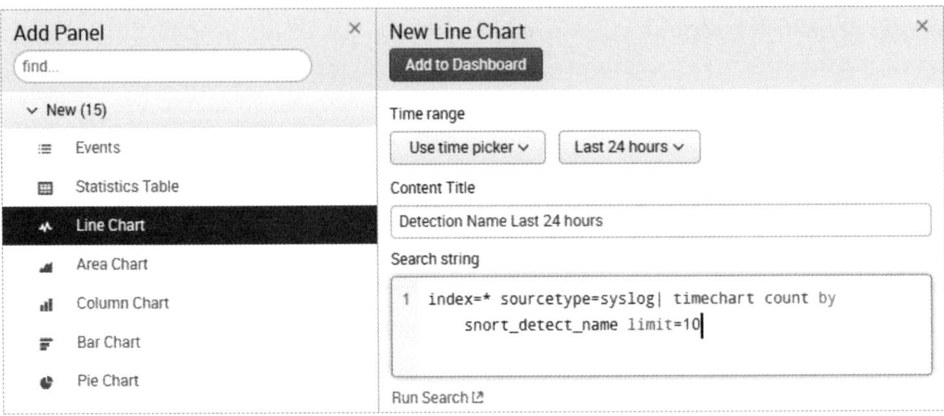

그림 17.27 Add to Dashboard

그럼 다음과 같이 대시보드에 맨 처음에 그렸던 그래프가 추가된다. 물론 이것으로 끝나는 것이 아니고 계속 그래프를 이곳에 추가할 수 있다.

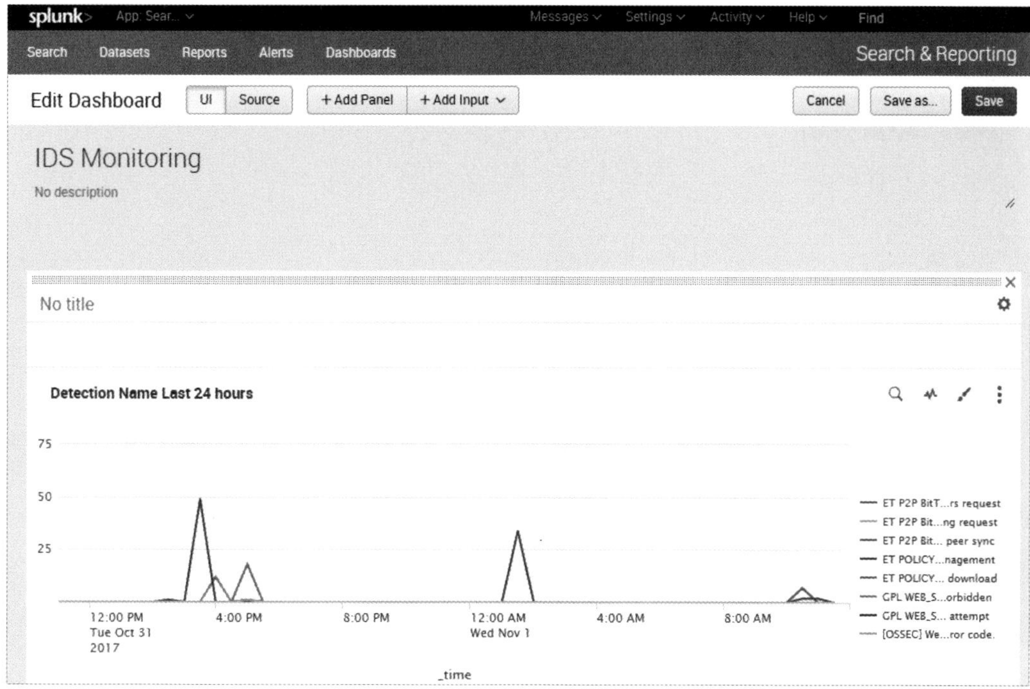

그림 17.28 그래프 완성

다음에는 탐지 유형 그래프를 넣어보자. 위 화면에서 [+ Add Panel]을 클릭한 후 [New] → [Column Chart]를 차례로 선택한다(이후부터는 스크린샷은 생략하겠다).

그런 다음 다음과 같이 선택 및 입력한다.

- User time picker – Last 24 hours
- Content Title: Snort Class Last 24 hours
- Search String: index=* sourcetype=syslog| top limit=20 snort_class

그럼 두 번째 그래프도 대시보드에 추가되는데, 다음 화면처럼 방금 만들어진 칼럼 차트를 드래그해서 오른쪽 상단으로 옮길 수 있다. 위치는 언제든 마음대로 변경할 수 있다.

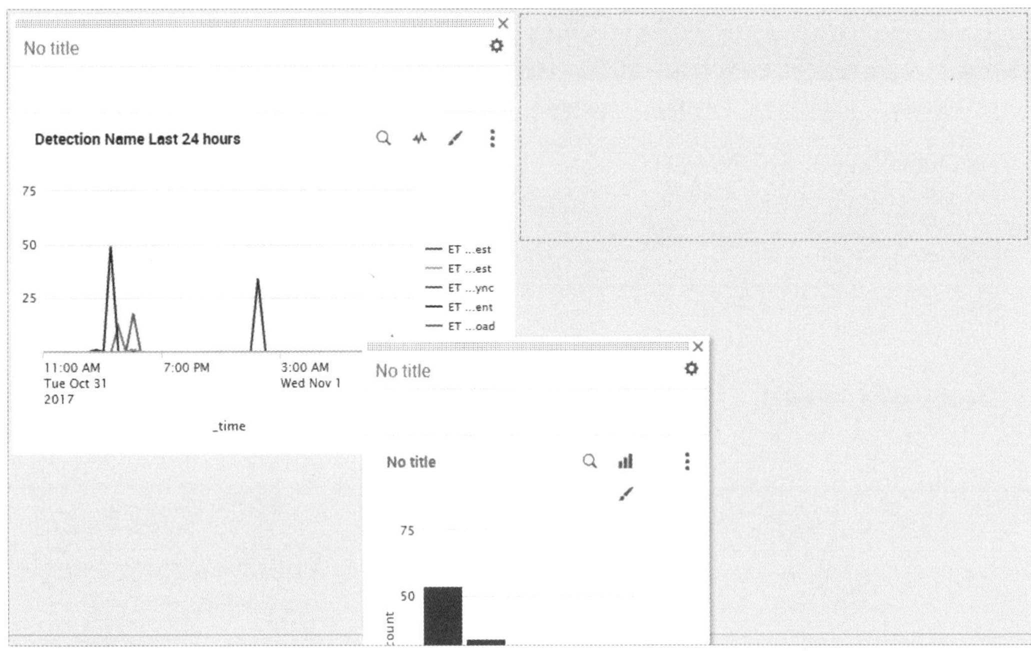

그림 17.29 그래프 추가

같은 방법으로 데스티네이션 IP 주소에 대해서도 처리한다. [+ Add Panel] → [New] → [Pie Chart]를 차례로 선택한 후 다음과 같이 선택 및 입력한다.

- User time picker – Last 24 hours
- Content Title: Snort Dst IP Last 24 hours
- Search String: index=* sourcetype=syslog| top limit=20 snort_dst_ip

이번에는 소스 IP 주소에 대해 처리한다. [+ Add Panel] → [New] → [Pie Chart]를 차례로 선택한 후 다음과 같이 선택 및 입력한다.

- User time picker – Last 24 hours
- Content Title: Snort Src IP Last 24 hours
- Search String: index=* sourcetype=syslog| top limit=20 snort_src_ip

그래프 추가가 완료되면 [Save] 버튼을 클릭한다. 이제 다음과 같이 4개의 그래프가 하나의 대시보드에 표시된다. 지금은 단순히 1차원적인 데이터를 그래프화한 것이지만 쿼리만 잘 작성하면 어떤 내용도 그래프로 구현할 수 있다. 지금까지 살펴본 방법을 토대로 각자 입맛에 맞는 그래프를 만들어 보자.

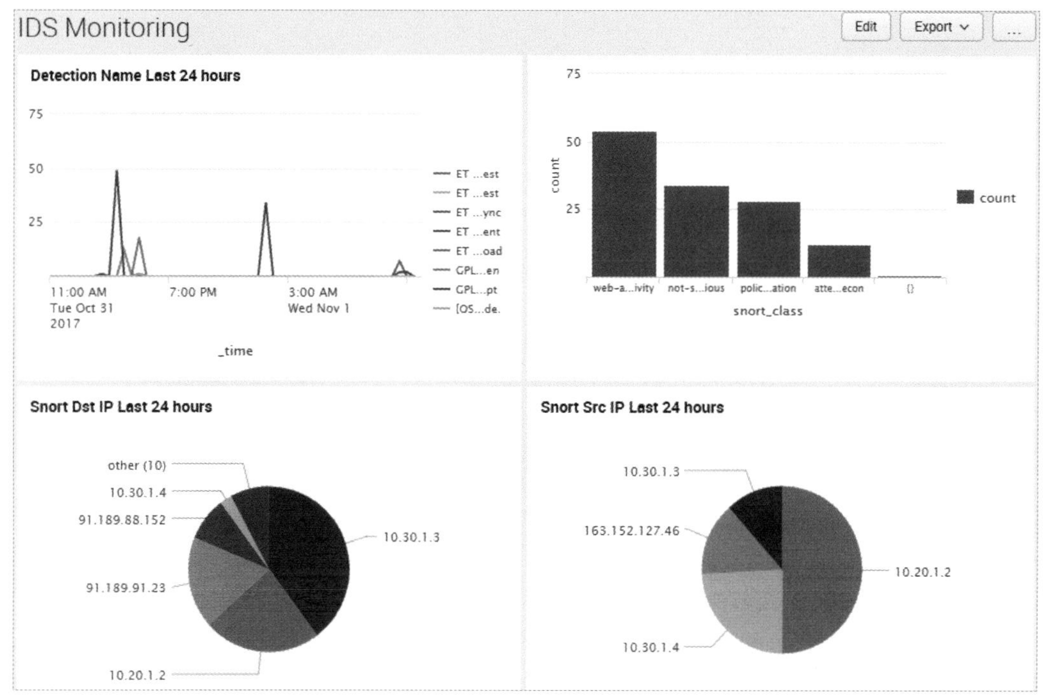

그림 17.30 그래프 완성

04 _ 스플렁크 고급 검색을 활용한 악성코드 svchost.exe 탐지

해커들은 악성코드를 제작할 때 윈도우의 시스템 파일처럼 보이게끔 노력하는 편이다. 이를 감안하면 악성코드로 둔갑하는 파일 가운데 단골손님은 svchost.exe가 아닐까 한다. svchost.exe는 윈도우에서 서비스 가동을 위해 반드시 실행되는 프로세스다. 그래서 반드시 로딩돼 있으며 여러 프로세스가 동시에 가동되기 때문에 다음과 같이 스플렁크로 svchost.exe에 대해 검색해 봐도 무수히 많은 관련 프로세스가 보인다는 사실을 알 수 있다.

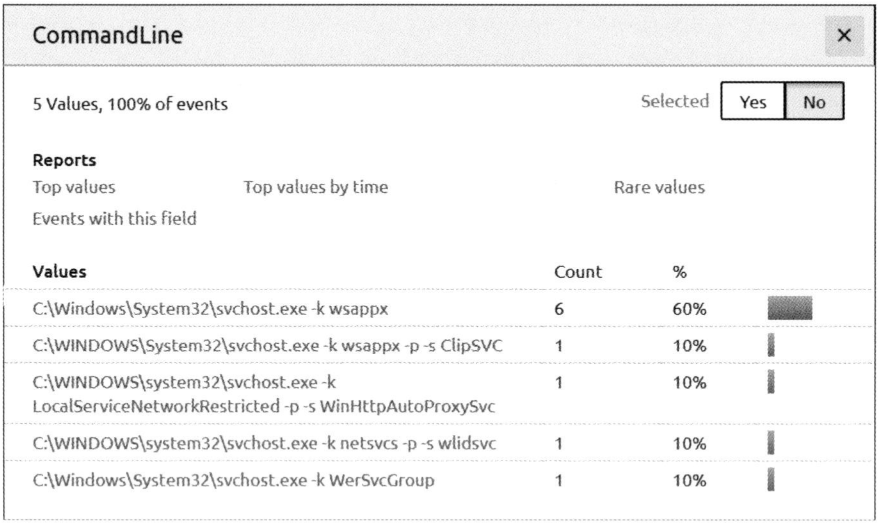

CommandLine ×

5 Values, 100% of events — Selected: Yes / No

Reports
Top values Top values by time Rare values
Events with this field

Values	Count	%
C:\Windows\System32\svchost.exe -k wsappx	6	60%
C:\WINDOWS\System32\svchost.exe -k wsappx -p -s ClipSVC	1	10%
C:\WINDOWS\system32\svchost.exe -k LocalServiceNetworkRestricted -p -s WinHttpAutoProxySvc	1	10%
C:\WINDOWS\system32\svchost.exe -k netsvcs -p -s wlidsvc	1	10%
C:\Windows\System32\svchost.exe -k WerSvcGroup	1	10%

그림 17.31 svchost

하지만 본래 svchost.exe는 다음 경로에 존재한다(OS가 C:₩에 설치됐다고 가정한다). 작업 관리자 등으로 봤을 때 전체 경로까지 나오지 않기 때문에 svchost.exe라는 프로세스만 떠 있어도 정상으로 오인하기 쉽다.

```
C:\Windows\System32\svchost.exe
C:\Windows\SysWOW64\svchost.exe
```

그래서 많은 악성코드들은 최대한 svchost.exe처럼 보이려고 노력한다. 대표적인 경우가 다음과 같이 둔갑하는 경우다.

```
C:\Windows\svchost.exe
C:\Users\window31\AppData\svchost.exe
```

지금부터 이 같은 경우를 스플렁크를 통해 잡아내는 쿼리를 제작하겠다. 새로 등장하는 명령어도 있지만 이 정도 쿼리는 그다지 난이도가 높지 않으므로 가벼운 마음으로 잘 따라오길 바란다. 먼저 기본 검색 쿼리다.

```
index=* sourcetype="xmlwineventlog:microsoft-windows-sysmon/operational" EventCode=1 svchost.exe
```

소스 타입은 시스몬의 것이라는 것을 알 수 있고, EventCode=1로 새로 생성된 프로세스의 이벤트를 찾아낸다. 그리고 svchost.exe를 찾는다. 이대로 사용하면 아마 결과가 어마어마하게 많이 나올 것이다. 따라서 결과를 좁히기 위한 쿼리를 추가한다.

```
index=* sourcetype="xmlwineventlog:microsoft-windows-sysmon/operational" EventCode=1 svchost.exe |
search Image="*\\svchost.exe*"
```

'| search'라는 명령어가 나왔다. 파이프 명령어를 이용해 하위 검색을 시도하는 것이다. |는 이전 결과를 다음 연산의 입력으로 삼는다. 앞의 검색 결과에 이어 search를 다시 해서 Image가 `*\\svchost.exe`인 것을 찾는다. 그렇게 하면 괜히 프로세스 이름에 svchost.exe가 끼어들어간 것이 아니고 확실히 svchost.exe인 것만 찾아낸다. 하지만 이대로도 부족하다. 다음과 같이 커맨드에 `svchost.exe -k **` 형태의 것이 여전히 함께 많이 검색되기 때문이다.

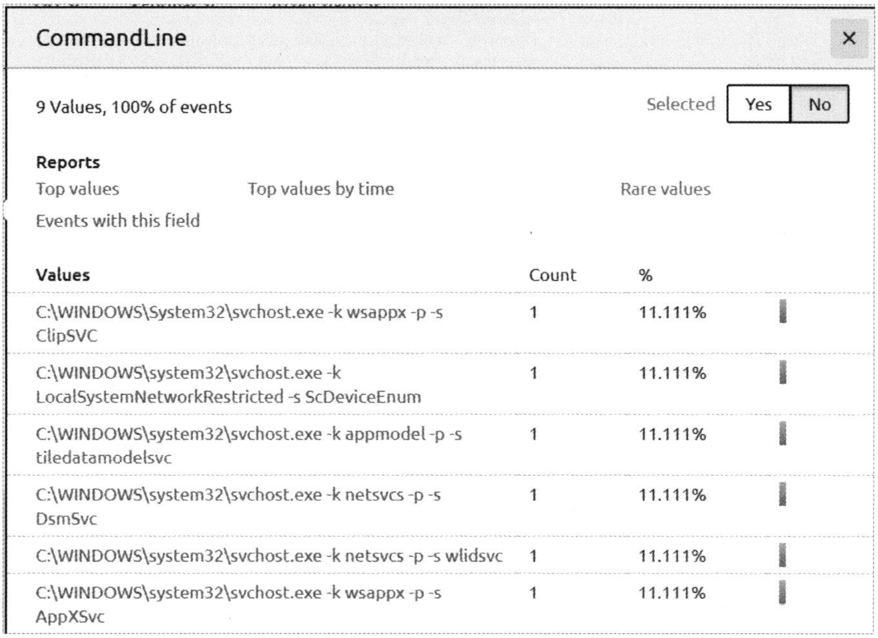

CommandLine ×

9 Values, 100% of events Selected Yes No

Reports
Top values Top values by time Rare values
Events with this field

Values	Count	%
C:\WINDOWS\System32\svchost.exe -k wsappx -p -s ClipSVC	1	11.111%
C:\WINDOWS\system32\svchost.exe -k LocalSystemNetworkRestricted -s ScDeviceEnum	1	11.111%
C:\WINDOWS\system32\svchost.exe -k appmodel -p -s tiledatamodelsvc	1	11.111%
C:\WINDOWS\system32\svchost.exe -k netsvcs -p -s DsmSvc	1	11.111%
C:\WINDOWS\system32\svchost.exe -k netsvcs -p -s wlidsvc	1	11.111%
C:\WINDOWS\system32\svchost.exe -k wsappx -p -s AppXSvc	1	11.111%

그림 17.32 svchost

이번에는 아래와 같이 `CommandLine!="* -k *"` 룰을 추가한다.

```
index=* sourcetype="xmlwineventlog:microsoft-windows-sysmon/operational" EventCode=1 svchost.exe |
search Image="*\\svchost.exe*" CommandLine!="* -k *"
```

그리고 또 한 가지 체크해야 할 것으로 svchost.exe는 다음과 같이 service.exe가 주로 실행한다. 따라서 부모 프로세스는 특별한 이변이 없는 한 C:\Windows\system32\services.exe가 될 것이다. 이 내용도 추가한다.

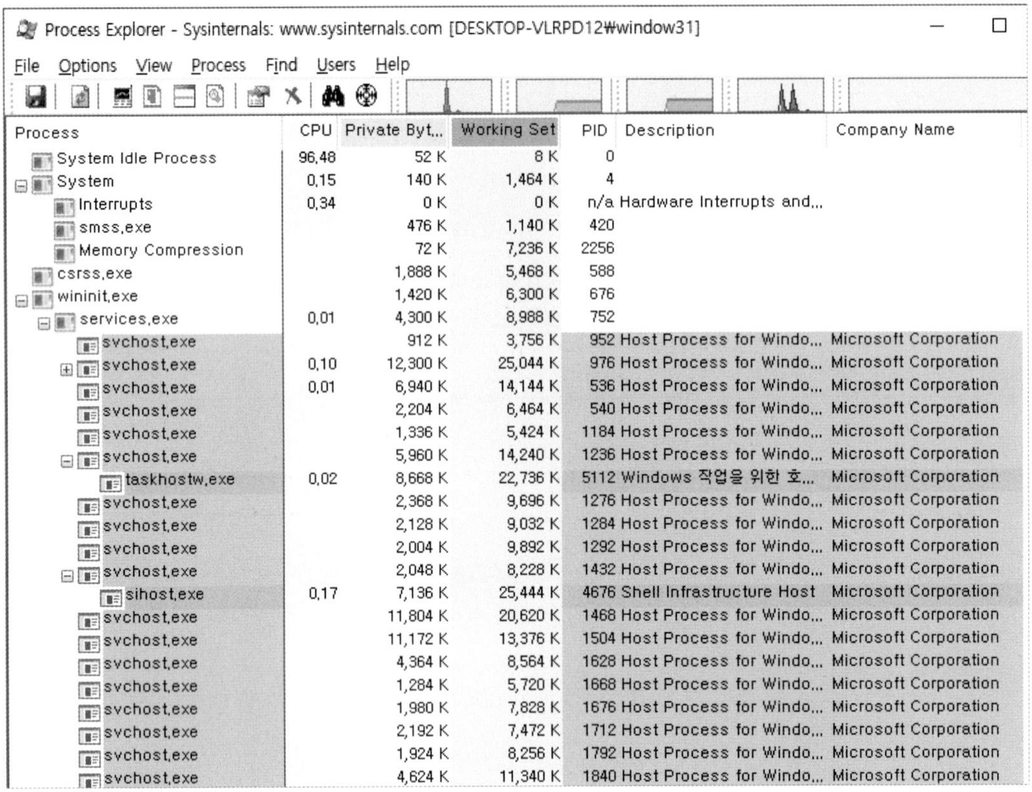

Process Explorer - Sysinternals: www.sysinternals.com [DESKTOP-VLRPD12₩window31]

File Options View Process Find Users Help

Process	CPU	Private Byt...	Working Set	PID	Description	Company Name
System Idle Process	96.48	52 K	8 K	0		
System	0.15	140 K	1,464 K	4		
Interrupts	0.34	0 K	0 K	n/a	Hardware Interrupts and...	
smss.exe		476 K	1,140 K	420		
Memory Compression		72 K	7,236 K	2256		
csrss.exe		1,888 K	5,468 K	588		
wininit.exe		1,420 K	6,300 K	676		
services.exe	0.01	4,300 K	8,988 K	752		
svchost.exe		912 K	3,756 K	952	Host Process for Windo...	Microsoft Corporation
svchost.exe	0.10	12,300 K	25,044 K	976	Host Process for Windo...	Microsoft Corporation
svchost.exe	0.01	6,940 K	14,144 K	536	Host Process for Windo...	Microsoft Corporation
svchost.exe		2,204 K	6,464 K	540	Host Process for Windo...	Microsoft Corporation
svchost.exe		1,336 K	5,424 K	1184	Host Process for Windo...	Microsoft Corporation
svchost.exe		5,960 K	14,240 K	1236	Host Process for Windo...	Microsoft Corporation
taskhostw.exe	0.02	8,668 K	22,736 K	5112	Windows 작업을 위한 호...	Microsoft Corporation
svchost.exe		2,368 K	9,696 K	1276	Host Process for Windo...	Microsoft Corporation
svchost.exe		2,128 K	9,032 K	1284	Host Process for Windo...	Microsoft Corporation
svchost.exe		2,004 K	9,892 K	1292	Host Process for Windo...	Microsoft Corporation
svchost.exe		2,048 K	8,228 K	1432	Host Process for Windo...	Microsoft Corporation
sihost.exe	0.17	7,136 K	25,444 K	4676	Shell Infrastructure Host	Microsoft Corporation
svchost.exe		11,804 K	20,620 K	1468	Host Process for Windo...	Microsoft Corporation
svchost.exe		11,172 K	13,376 K	1504	Host Process for Windo...	Microsoft Corporation
svchost.exe		4,364 K	8,564 K	1628	Host Process for Windo...	Microsoft Corporation
svchost.exe		1,284 K	5,720 K	1668	Host Process for Windo...	Microsoft Corporation
svchost.exe		1,980 K	7,828 K	1676	Host Process for Windo...	Microsoft Corporation
svchost.exe		2,192 K	7,472 K	1712	Host Process for Windo...	Microsoft Corporation
svchost.exe		1,924 K	8,256 K	1792	Host Process for Windo...	Microsoft Corporation
svchost.exe		4,624 K	11,340 K	1840	Host Process for Windo...	Microsoft Corporation

그림 17.33 Process Explorer

그리고 64비트인 경우도 예외 처리하면 최종적으로는 다음과 같은 쿼리가 된다.

```
index=* sourcetype="xmlwineventlog:microsoft-windows-sysmon/operational" EventCode=1 svchost.exe |
search Image="*\\svchost.exe*" CommandLine!="* -k *" OR (Image!="C:\\Windows\\System32\\svchost.exe"
Image!="C:\\Windows\\SysWOW64\\svchost.exe") OR ParentImage!="C:\\Windows\\system32\\services.exe"
```

이대로 쿼리를 날려 보니 다음과 같이 딱 하나의 이상 증상이 있는 svchost.exe만 등장했다. 이를 통해 제대로 걸러내고 있음을 확인할 수 있다. 참고로 이번에 설명한 내용은 BotConf 2016에서 Tom Ueltschi라는 사람이 만든 의심스러운 svchost.exe 탐지 쿼리를 좀 더 상세히 설명한 것이다.

Image ×

1 Value, 100% of events Selected Yes No

Reports

Top values Top values by time Rare values

Events with this field

Values	Count	%
C:\temp_del\svchost.exe	1	100%

그림 17.34 svchost

05 _ 의심스러운 곳으로 접속하는 프로세스 탐지

이번에는 프로세스마다 어떤 네트워크에 연결돼 있는지 찾아내는 방법이다. 예를 들어, 악성코드가 a.exe라는 프로세스명을 갖고 있고, 우리가 모르는 IP 주소인 130.140.150.160이라는 IP 주소에 999번 포트로 연결돼 있다면 이것은 정상적인 범주에서 벗어난다고 간주하고 이를 분류해서 탐지하는 것이다. 이번 예제도 스플렁크의 공식 블로그인 http://blog.splunk.com에서 가져왔다. 그럼 스플렁크 쿼리부터 바로 시작한다. 먼저 다음과 같은 쿼리를 작성한다.

```
sourcetype="XmlWinEventLog:Microsoft-Windows-Sysmon/Operational" EventCode=3 Protocol=tcp
Initiated=true
```

EventCode가 3인 것은 네트워크 연결을 의미하며, 프로토콜은 tcp를 선택했다(알다시피 udp는 커넥션이 없기 때문에 프로세스로부터 정보를 찾기가 쉽지 않다). 그리고 Initiated=true라는 문장은 실제 접속이 제대로 이뤄진 것만 찾으라는 의미다. 스플렁크에서 쿼리를 날리면 대략 다음과 같이 꽤 많은 결과가 보일 것이다. 일단 로우 데이터만 뽑은 셈이라고 봐도 되는데, 이 로그를 대상으로 좀 더 범위를 좁히고 보기 좋게 편집하는 작업을 시작해 보자.

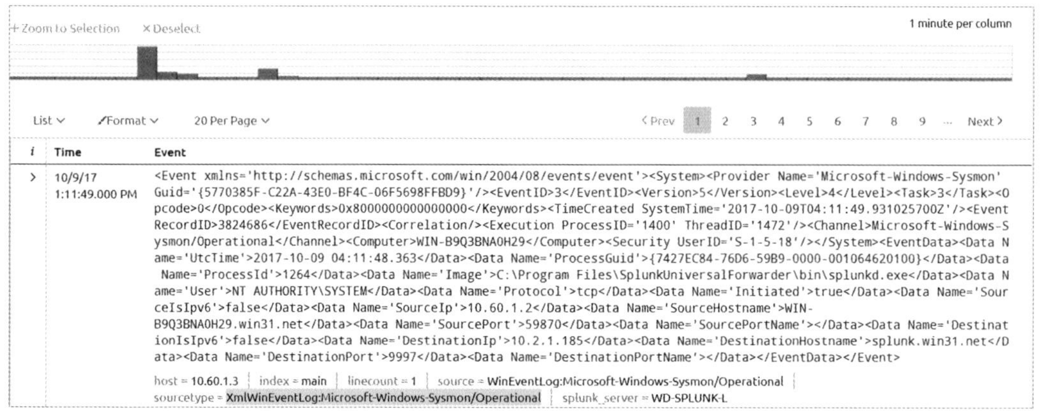

그림 17.35 시스몬 로그

이제 이 쿼리에 다음과 같은 내용을 추가한다.

```
sourcetype="XmlWinEventLog:Microsoft-Windows-Sysmon/Operational" EventCode=3 Protocol=tcp
Initiated=true | eval src=if(isnotnull(SourceHostname), SourceHostname+":"+SourcePort,
SourceIp+":"+SourcePort)
```

처음 등장하는 단어로 eval이라는 것이 나왔다. 이것은 일종의 변수 선언으로 eval src=f(x)라고 친다면 src라는 변수를 선언하고 f(x)의 결과를 src 안에 넣으라는 의미다. 이를 염두에 두고 이 문장을 다시 보자.

```
eval src=if(isnotnull(SourceHostname), SourceHostname+":"+SourcePort, SourceIp+":"+SourcePort)
```

문장이 꽤 길어보이는데 사실 분해해 보면 별것 아니다. f(x)에 해당하는 함수는 if() 문이다. if 문은 다음과 같이 구성된다.

```
if (조건문, 그렇다면, 아니라면)
```

조건문에 해당한다면 "그렇다면"이라고 결과를 주면 되고, 조건문에 해당하지 않는다면 "아니라면"을 반환하면 된다. 그럼 이를 위 식에 조금씩 적용해 보자.

```
eval x = if(isnotnull(SourcdHostname), "A", "B")
```

isnotnull(SourceHostname)은 SourceHostname이 NULL이 아니라면, 즉 빈 값이 아니라면 x는 "A"가 되고, 그렇지 않고 빈 값이라면 x에는 "B"가 들어오게 된다. 여기까지 이해했으면 이제 제대로 확장해 보자.

```
eval src=if(isnotnull(SourceHostname), SourceHostname+":"+SourcePort, SourceIp+":"+SourcePort)
```

SourceHostname이 NULL이 아니라면 SourceHostname:SourcePort 형태로 만들어서 반환하고, NULL이라면 SourceIp:SourcePort 형태로 반환하라는 의미다. 즉, 현재 커넥션에서 도메인 정보가 있다면(예를 들어, SERVER01.window31.net 같은 정보가 있다면) SERVER01.window31.net:48634를 src에 반환하고, 도메인 정보가 없다면 10.20.30.40:48634라는 IP 주소 형태로 반환해서 src에 전달한다. 도메인이 있는 경우와 없는 경우를 친절하게 가려서 표기하라는 코드로 이해하면 되겠다.

일단 여기까지만 쿼리를 만들어서 스플렁크에 넣고 src 변수에 대해 뽑아보면 다음과 같이 나온다. 뭔가 좀 더 분류가 된 것 같다.

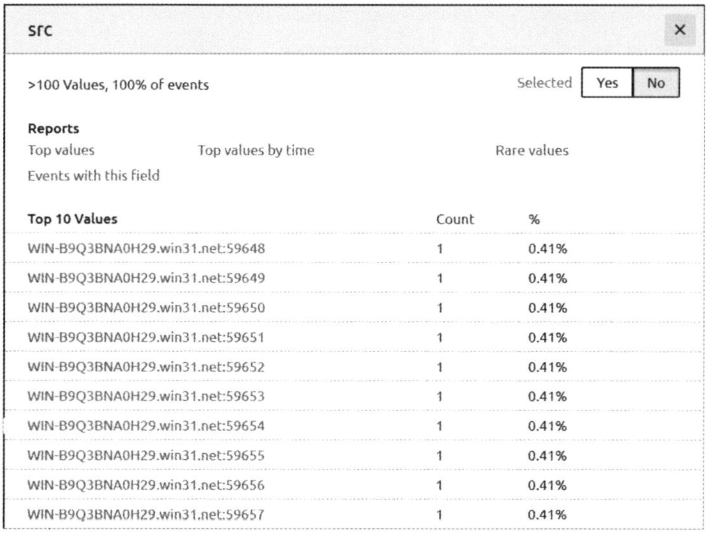

src ×

>100 Values, 100% of events Selected Yes No

Reports
Top values Top values by time Rare values
Events with this field

Top 10 Values	Count	%
WIN-B9Q3BNA0H29.win31.net:59648	1	0.41%
WIN-B9Q3BNA0H29.win31.net:59649	1	0.41%
WIN-B9Q3BNA0H29.win31.net:59650	1	0.41%
WIN-B9Q3BNA0H29.win31.net:59651	1	0.41%
WIN-B9Q3BNA0H29.win31.net:59652	1	0.41%
WIN-B9Q3BNA0H29.win31.net:59653	1	0.41%
WIN-B9Q3BNA0H29.win31.net:59654	1	0.41%
WIN-B9Q3BNA0H29.win31.net:59655	1	0.41%
WIN-B9Q3BNA0H29.win31.net:59656	1	0.41%
WIN-B9Q3BNA0H29.win31.net:59657	1	0.41%

그림 17.36 로그 분류

그리고 같은 개념으로 dest도 만든다.

```
sourcetype="XmlWinEventLog:Microsoft-Windows-Sysmon/Operational" EventCode=3 Protocol=tcp
Initiated=true | eval src=if(isnotnull(SourceHostname), SourceHostname+":"+SourcePort,
SourceIp+":"+SourcePort) | eval dest=if(isnotnull(DestinationHostname),
DestinationHostname+":"+DestinationPort, DestinationIp+":"+DestinationPort)
```

그리고 dest도 뽑아보면 다음과 같다. 접속 대상이 되는 곳이 명확히 드러났다.

dest

5 Values, 100% of events

Selected Yes No

Reports

Top values Top values by time Rare values

Events with this field

Values	Count	%
splunk.win31.net:9997	30	62.5%
splunk.win31.net:8089	15	31.25%
nrt12s13-in-f206.1e100.net:443	1	2.083%
nrt12s14-in-f14.1e100.net:443	1	2.083%
nrt12s14-in-f3.1e100.net:443	1	2.083%

그림 17.37 데스티네이션 URL

다음으로 등장한 쿼리는 + 구문으로 파이썬에서의 문자열 처리와 비슷하다고 보면 된다.

```
sourcetype="XmlWinEventLog:Microsoft-Windows-Sysmon/Operational" EventCode=3 Protocol=tcp
Initiated=true | eval src=if(isnotnull(SourceHostname), SourceHostname+":"+SourcePort,
SourceIp+":"+SourcePort) | eval dest=if(isnotnull(DestinationHostname),
DestinationHostname+":"+DestinationPort, DestinationIp+":"+DestinationPort) | eval src_dest=src
+ " => " + dest
```

문자열 두 개를 합치고 그 사이에 =>를 넣으라는 얘기다. A:xxxx => B:xxxx 형태로 기록될 것이며, 소스에서 데스티네이션으로 접속이 이뤄졌음을 표현하려는 의도로 이해하면 된다.

src_dest

48 Values, 100% of events

Selected Yes No

Reports

Top values Top values by time Rare values

Events with this field

Top 10 Values	Count	%
WIN-B9Q3BNA0H29.win31.net:59887 => splunk.win31.net:9997	1	2.083%
WIN-B9Q3BNA0H29.win31.net:59888 => splunk.win31.net:8089	1	2.083%
WIN-B9Q3BNA0H29.win31.net:59889 => splunk.win31.net:9997	1	2.083%
WIN-B9Q3BNA0H29.win31.net:59890 => splunk.win31.net:9997	1	2.083%
WIN-B9Q3BNA0H29.win31.net:59891 => splunk.win31.net:8089	1	2.083%

그림 17.38 로그 정리

다음에 추가될 쿼리는 stats이다. stats는 일종의 표를 만들라는 명령어이며, values() 함수를 이용해 src_dest 변수를 넣어서 표시하라는 의미다. 이 명령을 사용하면 결과가 다음 그림과 같이 Staticstics 탭에 표시된다. 'as Connection'은 이 표의 헤더를 'Connection'으로 표기하라는 의미다.

```
sourcetype="XmlWinEventLog:Microsoft-Windows-Sysmon/Operational" EventCode=3 Protocol=tcp
Initiated=true | eval src=if(isnotnull(SourceHostname), SourceHostname+":"+SourcePort,
SourceIp+":"+SourcePort) | eval dest=if(isnotnull(DestinationHostname),
DestinationHostname+":"+DestinationPort, DestinationIp+":"+DestinationPort) | eval src_dest=src
+ " => " + dest | stats values(src_dest) as Connection
```

이제 아래 화면을 통해 이해할 수 있을 것이다.

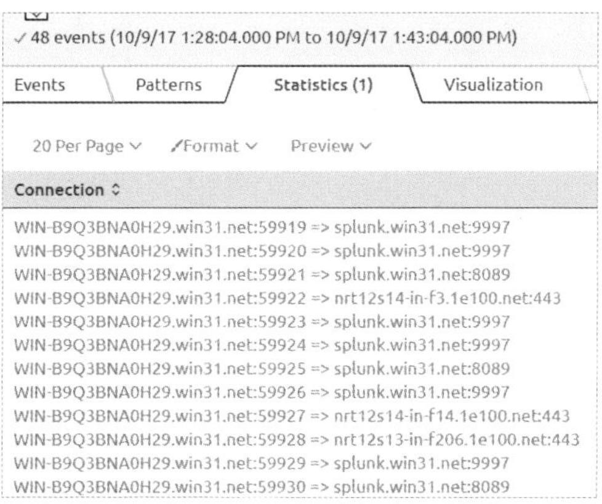

그림 17.39 로그 정리

이제 명령어는 대부분 알았을 테니 간단하게 설명만 언급하겠다. 다음 쿼리의 요점은 ProcessGuid별로 정렬하라는 의미다. 각 프로세스별로 어떤 커넥션을 맺고 있는지 분류하는 작업인데, 이때 프로세스명으로 하지 않고 ProcessGuid별로 정렬한 이유는 같은 이름의 프로세스나 재시작된 프로세스도 있을 수 있기 때문이다.

```
sourcetype="XmlWinEventLog:Microsoft-Windows-Sysmon/Operational" EventCode=3 Protocol=tcp
Initiated=true | eval src=if(isnotnull(SourceHostname), SourceHostname+":"+SourcePort,
SourceIp+":"+SourcePort) | eval dest=if(isnotnull(DestinationHostname),
DestinationHostname+":"+DestinationPort, DestinationIp+":"+DestinationPort) | eval src_dest=src
+ " => " + dest | stats values(src_dest) as Connection by ProcessGuid
```

ProcessGuid ⇕	Connection ⇕
	WD-NUC.win31.net:64411 => a23-35-218-205.deploy.static.akamaitechnologies.com:443 WD-NUC.win31.net:64412 => a23-35-218-205.deploy.static.akamaitechnologies.com:443 WD-NUC.win31.net:64413 => a23-35-218-205.deploy.static.akamaitechnologies.com:443 WD-NUC.win31.net:64631 => a23-74-16-178.deploy.static.akamaitechnologies.com:443 WD-NUC.win31.net:64633 => a23-74-16-178.deploy.static.akamaitechnologies.com:80
{7427EC84-0EBF-59DA-0000-0010B076E706}	WIN-B9Q3BNA0H29.win31.net:56821 => nrt12s02-in-f14.1e100.net:443
{7427EC84-630E-59DA-0000-001022180007}	WIN-B9Q3BNA0H29.win31.net:57904 => nrt12s14-in-f14.1e100.net:443
{7427EC84-76D5-59B9-0000-001031FE0000}	WIN-B9Q3BNA0H29.win31.net:56590 => 13.107.4.50:80 WIN-B9Q3BNA0H29.win31.net:56591 => 191.232.80.60:443 WIN-B9Q3BNA0H29.win31.net:59746 => nrt12s14-in-f14.1e100.net:80 WIN-B9Q3BNA0H29.win31.net:59747 => cache.google.com:80 WIN-B9Q3BNA0H29.win31.net:59750 => cache.google.com:80 WIN-B9Q3BNA0H29.win31.net:59751 => cache.google.com:80 WIN-B9Q3BNA0H29.win31.net:59754 => cache.google.com:80 WIN-B9Q3BNA0H29.win31.net:59756 => cache.google.com:80
{7427EC84-76D5-59B9-0000-0010F5180100}	WIN-B9Q3BNA0H29.win31.net:55975 => 23.35.218.180:80 WIN-B9Q3BNA0H29.win31.net:59410 => a23-76-153-40.deploy.static.akamaitechnologies.com:80
{7427EC84-76D6-59B9-0000-001064620100}	WIN-B9Q3BNA0H29.win31.net:55431 => splunk.win31.net:9997 WIN-B9Q3BNA0H29.win31.net:55432 => splunk.win31.net:9997 WIN-B9Q3BNA0H29.win31.net:55433 => splunk.win31.net:8089 WIN-B9Q3BNA0H29.win31.net:55434 => splunk.win31.net:9997 WIN-B9Q3BNA0H29.win31.net:55435 => splunk.win31.net:9997 WIN-B9Q3BNA0H29.win31.net:55436 => splunk.win31.net:8089

그림 17.40 로그 분류

앞에서는 'by ProcessGuid'를 이용해 정렬했는데 Image도 붙이면 전체 경로도 다음과 같이 나온다.

```
sourcetype="XmlWinEventLog:Microsoft-Windows-Sysmon/Operational" EventCode=3 Protocol=tcp
Initiated=true ¦ eval src=if(isnotnull(SourceHostname), SourceHostname+":"+SourcePort,
SourceIp+":"+SourcePort)  ¦ eval dest=if(isnotnull(DestinationHostname),
DestinationHostname+":"+DestinationPort, DestinationIp+":"+DestinationPort)  ¦ eval src_dest=src
+ " => " + dest ¦ stats values(src_dest) as Connection by ProcessGuid Image
```

{7427EC84-EFAD-59DA-0000-00104BED3407}	C:\Program Files (x86)\Google\Update\GoogleUpdate.exe	WIN-B9Q3BNA0H29.win31.net:59771 => nrt12s14-in-f14.1e100.net:443
{7691C324-1E5A-59DA-0000-001068B34611}	C:\Windows\System32\svchost.exe	WD-NUC.win31.net:61577 => 184.25.184.233:80 WD-NUC.win31.net:61578 => 207.46.154.155:80
{7691C324-1E87-59DA-0000-0010F8334A11}	<unknown process>	WD-NUC.win31.net:61600 => 13.107.4.52:80
{7691C324-1E87-59DA-0000-0010F8334A11}	C:\Windows\System32\rundll32.exe	WD-NUC.win31.net:61601 => 13.107.4.52:80 WD-NUC.win31.net:61602 => 65.55.252.202:443
{7691C324-1E93-59DA-0000-0010BB1F4F11}	C:\Windows\System32\svchost.exe	WD-NUC.win31.net:61584 => a184-25-184-233.deploy.static.akamaitechnologies.com:80 WD-NUC.win31.net:61585 => 207.46.154.155:80
{7691C324-1ECF-59DA-0000-0010B3306C11}	C:\Windows\System32\svchost.exe	WD-NUC.win31.net:61591 => a184-25-184-233.deploy.static.akamaitechnologies.com:80 WD-NUC.win31.net:61592 => 207.46.154.155:80
{7691C324-1F80-59DA-0000-0010A67B7411}	C:\Windows\System32\svchost.exe	WD-NUC.win31.net:61606 => a23-35-222-116.deploy.static.akamaitechnologies.com:80 WD-NUC.win31.net:61607 => 207.46.154.155:80
{7691C324-2134-59DA-0000-0010303D9B11}	C:\Windows\System32\svchost.exe	WD-NUC.win31.net:61666 => a23-35-222-116.deploy.static.akamaitechnologies.com:80 WD-NUC.win31.net:61668 => 207.46.154.155:80

그림 17.41 로그 분류

그런데 실제 결과를 뽑아보면, 정상 트래픽에서 같은 도메인으로 반복적으로 사용되는 커넥션이 너무 많다는 사실을 알 수 있다. 다음 그림을 통해 splunk.win31.net으로 접속하는 로그가 태반인 것을 알 수 있다. 이런 것들은 과감히 필터링해 버리자.

ProcessGuid	Image	Connection
		WIN-B9Q3BNA0H29.win31.net:59754 => cache.google.com:80 WIN-B9Q3BNA0H29.win31.net:59756 => cache.google.com:80
{7427EC84-76D5-59B9-0000-0010F5180100}	C:\Windows\System32\svchost.exe	WIN-B9Q3BNA0H29.win31.net:55975 => 23.35.218.180:80 WIN-B9Q3BNA0H29.win31.net:59410 => a23-76-153-40.deploy.s
{7427EC84-76D6-59B9-0000-001064620100}	C:\Program Files\SplunkUniversalForwarder\bin\splunkd.exe	WIN-B9Q3BNA0H29.win31.net:55431 => splunk.win31.net:9997 WIN-B9Q3BNA0H29.win31.net:55432 => splunk.win31.net:9997 WIN-B9Q3BNA0H29.win31.net:55433 => splunk.win31.net:8089 WIN-B9Q3BNA0H29.win31.net:55434 => splunk.win31.net:9997 WIN-B9Q3BNA0H29.win31.net:55435 => splunk.win31.net:9997 WIN-B9Q3BNA0H29.win31.net:55436 => splunk.win31.net:8089 WIN-B9Q3BNA0H29.win31.net:55437 => splunk.win31.net:9997 WIN-B9Q3BNA0H29.win31.net:55438 => splunk.win31.net:9997 WIN-B9Q3BNA0H29.win31.net:55439 => splunk.win31.net:8089 WIN-B9Q3BNA0H29.win31.net:55440 => splunk.win31.net:9997 WIN-B9Q3BNA0H29.win31.net:55441 => splunk.win31.net:9997 WIN-B9Q3BNA0H29.win31.net:55442 => splunk.win31.net:8089 WIN-B9Q3BNA0H29.win31.net:55443 => splunk.win31.net:9997 WIN-B9Q3BNA0H29.win31.net:55444 => splunk.win31.net:9997 WIN-B9Q3BNA0H29.win31.net:55445 => splunk.win31.net:8089 WIN-B9Q3BNA0H29.win31.net:55446 => splunk.win31.net:9997 WIN-B9Q3BNA0H29.win31.net:55447 => splunk.win31.net:9997 WIN-B9Q3BNA0H29.win31.net:55448 => splunk.win31.net:8089 WIN-B9Q3BNA0H29.win31.net:55449 => splunk.win31.net:9997 WIN-B9Q3BNA0H29.win31.net:55450 => splunk.win31.net:9997 WIN-B9Q3BNA0H29.win31.net:55451 => splunk.win31.net:8089

그림 17.42 로그 분류

'| search'를 사용하면 현재 쿼리의 결과에서 다시 검색을 날려서 원하는 결과를 뽑을 수 있다. src_dest에서 *splunk.win31.net에 해당하는 로그를 제외하고 그것을 다시 stats로 뽑아서 표로 만들면 된다.

```
sourcetype="XmlWinEventLog:Microsoft-Windows-Sysmon/Operational" EventCode=3 Protocol=tcp
Initiated=true | eval src=if(isnotnull(SourceHostname), SourceHostname+":"+SourcePort,
SourceIp+":"+SourcePort)  | eval dest=if(isnotnull(DestinationHostname),
DestinationHostname+":"+DestinationPort, DestinationIp+":"+DestinationPort) | eval src_dest=src
+ " => " + dest | search  src_dest!="*splunk.win31.net*" | stats values(src_dest) as Connection by
ProcessGuid Image
```

{7427EC84-0EBF-59DA-0000-0010B076E706}	C:\Program Files (x86)\Google\Update\GoogleUpdate.exe	WIN-B9Q3BNA0H29.win31.net:56821 => nrt12s02-in-f14.1e100.net:443
{7427EC84-630E-59DA-0000-001022180007}	C:\Program Files (x86)\Google\Update\GoogleUpdate.exe	WIN-B9Q3BNA0H29.win31.net:57904 => nrt12s14-in-f14.1e100.net:443
{7427EC84-76D5-59B9-0000-001031FE0000}	C:\Windows\System32\svchost.exe	WIN-B9Q3BNA0H29.win31.net:56590 => 13.107.4.50:80 WIN-B9Q3BNA0H29.win31.net:56591 => 191.232.80.60:443 WIN-B9Q3BNA0H29.win31.net:59746 => nrt12s14-in-f14.1e100.net:80
{7427EC84-76D5-59B9-0000-0010F5180100}	C:\Windows\System32\svchost.exe	WIN-B9Q3BNA0H29.win31.net:55975 => 23.35.218.180:80 WIN-B9Q3BNA0H29.win31.net:59410 => a23-76-153-40.deploy.static.akam
{7427EC84-A95E-59DA-0000-0010F2CC1407}	C:\Program Files (x86)\Google\Update\GoogleUpdate.exe	WIN-B9Q3BNA0H29.win31.net:58806 => nrt12s14-in-f14.1e100.net:443
{7427EC84-BA67-59D9-0000-00101F58CC06}	C:\Program Files (x86)\Google\Update\GoogleUpdate.exe	WIN-B9Q3BNA0H29.win31.net:55733 => nrt12s02-in-f14.1e100.net:443
{7427EC84-CCF0-59D9-0000-0010B5FFD106}	C:\Windows\System32\wsqmcons.exe	WIN-B9Q3BNA0H29.win31.net:55973 => 65.55.252.93:443
{7427EC84-D820-59DA-0000-00105C832207}	C:\Windows\System32\wsqmcons.exe	WIN-B9Q3BNA0H29.win31.net:59408 => 65.55.252.93:443
{7427EC84-E48A-59DA-0000-0010A1862607}	C:\Program Files (x86)\Google\Update\GoogleUpdate.exe	WIN-B9Q3BNA0H29.win31.net:59569 => nrt12s14-in-f14.1e100.net:443
{7427EC84-ED05-59DA-0000-001000833107}	C:\Program Files (x86)\Google\Chrome\Application\chrome.exe	WIN-B9Q3BNA0H29.win31.net:59680 => tm-in-f94.1e100.net:443 WIN-B9Q3BNA0H29.win31.net:59681 => nrt12s14-in-f3.1e100.net:443 WIN-B9Q3BNA0H29.win31.net:59682 => nrt12s14-in-f3.1e100.net:443 WIN-B9Q3BNA0H29.win31.net:59683 => nrt12s14-in-f237.1e100.net:443 WIN-B9Q3BNA0H29.win31.net:59684 => nrt12s14-in-f14.1e100.net:443

그림 17.43 로그 분류

이제 더욱 깔끔한 결과가 나오도록 만들었다. 이제 이 결과를 토대로 커넥션을 하나씩 필터링하면 된다. 다음과 같은 식으로 구글을 제외할 수도 있다.

```
|search src_dest!="*splunk.win31.net*" src_dest!="*cache.google.com:80"
```

06 _ 연관분석 시나리오 만들기

이제 로그도 다 모았고, 대시보드를 만드는 방법도 알아봤으며, 스플렁크 쿼리를 좀 더 다양하게 작성하는 방법도 알아봤다. 이렇게 해서 기본적인 내용은 습득했으니 ESM의 궁극적인 목표인 연관분석에 대해 알아보자.

지금까지 수집한 로그는 1차원적인 분석 방법을 위주로 활용했다. 예를 들면, 로그인 이벤트가 발생했다거나, 의심스런 프로세스가 실행됐다거나, 악성 URL에 접근했다거나 하는 내용이 여기에 해당한다. 물론 이것만으로도 어느 정도 이상징후를 탐지할 수는 있지만 현업에서 이처럼 1차원적 분석 로그만을 기반으로 보안 관제 작업을 하다 보면 실제 해킹 징후보다는 오진 처리가 더 많은 경우가 대부분이고, 오진을 처리하느라 상당수의 시간을 허비하게 된다는 것을 알 수 있다. 몇 가지 상황을 들어보자.

서버 접속 시 비밀번호를 3회 이상 틀린 경우 알람 발생

해커가 브루트 포싱을 날릴 수 있으니 비밀번호를 몇 회 이상 지정된 임계치 이상 틀릴 경우 이상징후에 가깝다고 알람을 발생시키는 발상을 할 수 있지만 실제로 현업에서 이런 경우는 무수히 많이 발생한다. 현업에서도 실수로 비밀번호를 틀리거나 깜빡해서 잘못 입력하는 경우가 부지기수이기 때문에 아마 비밀번호가 틀렸다는 이벤트 코드를 모아보면 수백 건 이상이 될 테고, 그때마다 침해대응 조사에 들어간다는 것은 거의 불가능에 가깝다. 따라서 이는 절대로 알람으로 활용할 수 없다.

SSH 접속이 발생했는데 소스 IP 주소가 내부 IP 주소가 아니고 외부 대역일 경우 알람 발생

이번에는 로그인 성공에 대한 경우인데, 밖에서 누군가가 SSH 접속을 했다고 가정하면 정말 무서운 일이 아닐 수 없다. 하지만 이 역시 현업에서는 사용하기 어려운 이유가 SFTP 서버를 열어두고 외부 조직과 파일을 주고받는 경우가 많기 때문이다. 하지만 로그상으로는 SSH 접속과 SFTP 접속을 구분하기가 쉽지 않기 때문에 이 역시 경보 발생으로 상황을 만들기에는 어려운 감이 있다. 따라서 외부 조직과 주고받는 IP 주소에 대해서는 화이트리스트 처리 등을 미리 해두는 것이 좋다. 하지만 문제는 IP 주소가 끝도 없이 늘어나는 경우가 생기기 때문에 이 역시 100% 위험 상황의 알람으로 간주하기가 어렵다.

IDS에서 관리자 페이지 등을 획득하기 위한 시도로 보이는 웹 공격 탐지 로그가 생성되어 알람 발생

IDS는 침입탐지 시스템이므로 IDS 알람에 대해 곧바로 이메일이든 SMS든 별도 알람을 발생시키는 경우가 있다. 하지만 IDS 탐지 결과는 하루에도 수도 없이 생성되므로 이 결과를 바로 알람으로 직결시키면 정말 수많은 알람에서 헤어나오지 못할 것이다. 위에서 언급한 웹 공격으로 의심되는 경우도, 문자열의 조합에 따라 발생하는 것이기 때문에 만약 웹 개발팀에서 새로운 페이지를 개발해서 외부에 오픈했을 경우 공격 패턴과 유사하게 발생할 수도 있다.

게다가 스노트를 많이 써본 분들은 알겠지만 상당수의 웹 관련 시그니처가 오진을 지나치게 많이 발생시키곤 한다. 물론 그렇다고 해서 정탐을 발견하지 못하는 것도 아니기 때문에 이 룰을 완전히 빼버리기에는 아쉽지만 그렇다고 매번 알람을 울려서 뛰어다닐 수도 없는 복잡한 문제가 발생한다. 또한 이것이 실제 공격 패킷인 정탐이 맞다 하더라도 공격에 반드시 성공했다는 얘기는 아니다. IDS는 단지 시도에 한해서도 모두 경보를 발생시키므로 이 로그를 통해 효과적인 공격이 이뤄졌는지 아닌지는 다른 시스템을 통해 파악해야 한다는 문제도 있다. 이처럼 IDS 알람 하나를 바로 알람과 직결시키는 것도 그다지 효율적인 작업이 아니다.

07 _ 1차원적 로그도 제대로 분석하지 않는 상황

지금까지 언급한 상황을 보면 대략 감이 올 것이다. 1차원적 분석 로그는 너무 많기 때문에 실제 대응으로 이어지는 프로세스로 엮을 수 없다. 하지만 그렇다고 해서 1차원적 알람을 아예 안 볼 것인가는 또 다른 문제다. 지금부터는 1차원적 로그를 알람으로는 값어치가 떨어진다고 생각해서 아예 보지 않는 케이스에서 발생하는 문제를 알아보겠다. 예를 들면, 다음과 같은 케이스가 있다.

해커가 A라는 회사의 웹서버에 대해 이런저런 시도를 하며 공격하던 중 IDS에 한 번 탐지됨

앞서 언급한 대로 1차원적 분석만 하는 대부분의 회사에서는 로그와 경보의 홍수에서 허우적거리다가 결국 이처럼 단발성으로 들어오는 IDS는 매번 실시간으로 체크하지 않고 경보를 무시해 버리는 경우가 있다("너무 많아서 일일이 다 볼 수 없다..."라는 말을 하면서). 따라서 만약 위 상황에 대해 해커가 공격을 성공했다 하더라도 IDS 로그만 하나 발생했기 때문에 보안팀이나 대응팀은 아무런 작업도 하지 않게 된다. 그리고 2번 상황으로 이어진다.

해커가 A 서버에 들어오고 계정을 하나 생성함. 그리고 해당 계정으로 로그인

만약 로그인/비밀번호 틀림 같은 단발성 로그만 체크하고 있었다면 하루에도 수십 수백 건 이상의 로그인 관련 로그가 발생할 것이므로 보안팀은 실시간으로 로그를 받지 않을 것이고, 혹시 실시간으로 받고 있다 하더라도 그냥 실무자들 중 누군가가 로그인했겠거니 하고 수많은 알람 중 하나로 치부하고 가볍게 넘어가는 문제가 발생할 수 있다.

이후 해커가 A 서버에서 test_tool.exe라는 악성코드를 실행

이것도 만약 프로세스 실행에 대한 단일 로그만 분석하고 있었다면 아무리 새로운 프로세스가 생성됐다고 하더라도 test_tool.exe이라는 이름 때문에 어떤 개발자가 만든 툴을 테스트하고 있겠거니 하고 생각할 수 있다. 실제로 개발팀에서 그러한 새로운 프로세스명에 해당하는 툴을 만들어서 테스트하는 케이스가 많다면 보안팀에서 그걸 일일이 조사할 수도 없을 테고, 일일이 조사했다가 헛수고만 여러 번 겪었을 것이 분명하기 때문에 이번에도 그냥 이 알람을 무시하게 된다.

이처럼 1차원 분석만으로 접근했을 때 탐지할 수 있는 건도 오진이겠거니 또는 실무팀에서 실제로 한 작업이겠거니 하며 넘어가는 일이 발생할 수 있다. 그리고 결국 해커는 원하는 작업을 달성했고, 보안팀은 회사가 털렸는지 아닌지도 알 수 없는 심각한 상황에 처하게 된다.

08 _ 연관분석의 개념과 원리

이 두 가지 상황을 해결하기 위해서는 1차원적 로그를 먼저 반드시 확인하는 프로세스를 만들되, 그것을 사람이 하지 않고 시스템이 하게 만들어야 한다. 그리고 시스템이 뽑아낸 1차원적 로그 중에서 다시 한 번 또 다른 조건으로 그것을 걸러내도록 만들어야 한다. 바로 이것이 ESM이 필요한 이유다. 단 한 가지 로그만 가지고 1차원적인 분석의 결론을 내지 말고 여러 로그와의 조합을 통해 현재 이 상황이 침해와 가까운지 아닌지를 조금이라도 더 정확한 상황을 뽑아내는 것이 ESM의 근본적인 목적이다. 그리고 이를 상관분석 또는 연관분석이라 한다.

그럼 앞에서 언급한 상황을 연관분석을 통해 알람으로 이어지도록 만들어 보자. 다시 한 번 상황을 정리한다. 그리고 이 상황이 어떤 로그에 걸렸는지 옆에 굵게 표시했다.

1. 해커가 A라는 회사의 웹서버에 대해 이런저런 시도를 하며 공격하던 중 IDS에 한 번 탐지됨 → **IDS 로그에 기록**

2. 해커가 A 서버에 들어오고 계정을 하나 생성함. 그리고 해당 계정으로 로그인 → **윈도우 이벤트 로그에 기록**

3. 이후 해커가 A 서버에서 test_tool.exe라는 악성코드를 실행 → **sysmon 로그에 기록**

이 세 가지 유형의 로그는 모두 스플렁크 같은 ESM에 기록됐을 것이다. 그럼 다음과 같은 룰을 작성할 수 있다.

1. IDS에 기록된 로그 중 소스 IP 주소를 A, 데스티네이션 IP 주소를 B로 분류

2. 서버 공격의 일종으로 탐지된 IDS 로그가 있으면 그것을 C 타입으로 분류

3. C 타입의 로그가 발생한 후 3분 이내에 B 주소의 서버에 로그인 성공/실패 이슈가 발생하면 알람

4. C 타입의 로그가 발생한 후 5분 이내에 B 주소의 서버에 평소에 보지 못하던 새로운 프로세스가 생성되면 알람

이 경우 3번 단계까지 탐지됐다면 해커가 로그인할 수 있는 인터페이스까지 와서 문을 두드린 경우에 해당하므로 나름 높은 등급의 알람을 줄 수 있고, 4번 단계에서 알람이 발생했다면 이것은 개발자가 단지 처음 실행한 테스트용 프로세스가 아니고 1번 ~ 4번 단계까지 진행한 해커가 실행한 악성코드일 가능성이 높다. 따라서 3번 상황보다 좀 더 높은 레벨의 알람을 발생시키고 긴급하게 조사하는 프로세스로 태워야 한다.

연관분석에 대한 알람 튜닝은 이런 식으로 작업하며, 침해 시나리오만 잘 가지고 있다면 수많은 상황을 만들어서 해커가 어떤 새로운 방법을 시도해도 오진 없이 탐지할 수 있게 침해 프로세스를 구성할 수 있다. 보안팀이 무가치한 알람에 대해 일일이 대응할 필요 없이 정말 필요한 상황에 움직일 수 있게 만드는 작업이 얼마나 중요한지 잘 깨달았을 거라 생각한다. 여기서는 연관분석에 대한 접근법만 다뤄봤는데 실제로 매우 상세한 시나리오와 룰 작성 방법에 대해서는 이 책의 후속편에서 좀 더 자세한 쿼리와 함께 알아보겠다.